普通高等院校"十三五"规划教材——畜牧兽医类

家畜传染病学

主　编　王国栋　章四新　冯东亚
副主编　朱凤霞　陈　奎　周大勇
参　编　张三军　陈小兵

西南交通大学出版社
·成都·

图书在版编目（CIP）数据

家畜传染病学 / 王国栋，章四新，冯东亚主编. —成都：西南交通大学出版社，2017.9
普通高等院校"十三五"规划教材. 畜牧兽医类
ISBN 978-7-5643-5524-1

Ⅰ. ①家… Ⅱ. ①王… ②章… ③冯… Ⅲ. ①家畜–传染病–兽医学–高等学校–教材 Ⅳ. ①S855

中国版本图书馆 CIP 数据核字（2017）第 144871 号

普通高等院校"十三五"规划教材——畜牧兽医类

家畜传染病学

主编　王国栋　章四新　冯东亚

责任编辑	陈　斌
特邀编辑	韩琴英
封面设计	何东琳设计工作室
出版发行	西南交通大学出版社 （四川省成都市金牛区二环路北一段 111 号 西南交通大学创新大厦 21 楼）
邮政编码	610031
发行部电话	028-87600564　87600533
官网	http://www.xnjdcbs.com
印刷	成都中铁二局永经堂印务有限责任公司
成品尺寸	185 mm×260 mm
印张	24.25
字数	604 千
版次	2017 年 9 月第 1 版
印次	2017 年 9 月第 1 次
定价	56.00 元
书号	ISBN 978-7-5643-5524-1

课件咨询电话：028-87600533
图书如有印装质量问题　本社负责退换
版权所有　盗版必究　举报电话：028-87600562

前 言

家畜传染病是对养殖业危害最严重的一类疾病，它不仅引起大流行和大批动物死亡，造成巨大的经济损失，影响人民生活、对外贸易和国际声誉，而且一些人畜共患的传染病，还能对人们的健康甚至生命安全产生严重威胁。近几年来，禽流感、口蹄疫、猪链球菌病、猪流感、猪繁殖障碍病等疾病对畜牧业发展和人类健康构成严重威胁，特别是动物传染病的混合感染和继发感染，使动物传染病情况复杂化，动物传染病的防疫失败，疫病大面积爆发的现象屡有发生，形式严峻。因此，掌握动物传染病的基本知识及防制技术，对阻止动物传染病的发生和流行、发展畜牧业生产、提高畜产品质量、保障人民身体健康和促进对外贸易的发展都具有十分重要的意义。

本书的编写，从多位长期在动物传染病防治一线的兽医工作者的角度出发，突出理论联系实际，结合我国当前动物疾病尤其是动物传染病防治的实际情况，以技术技能人才培养为目标，以动物医学专业疾病防制方面的岗位能力需求为导向，将动物传染病的知识和技能列出，进行归类和教学设计，并且在各章节附有思考题，便于读者对各章重要内容更好地理解和掌握。本书适宜作为畜牧兽医类专业学生教学用书，也可作为相关行业从业人员自学参考。

家畜传染病学全书包括绪论，畜禽传染病的传染和流行过程，畜禽传染病的防疫措施，人畜共患传染病，猪的传染病，家禽的传染病，反刍动物的传染病，马的传染病，犬、猫、兔和貂的传染病，实验指导等内容。

本书由王国栋（安阳工学院）编写第一章、第三章和第九章，冯东亚（河南省南乐县农业畜牧局）编写第六章，章四新（河南省诸美种猪育种集团有限公司）、朱凤霞（河南省驻马店市动物疫病预防控制中心）、陈奎（河南省驻马店市动物疫病预防控制中心）、周大勇（河南省上蔡县动物卫生监督所）、张三军（河南省驻马店市动物疫病预防控制中心）、陈小兵（河南省上蔡县动物卫生监督所）编写其他章节。全书审核由王国栋、章四新、冯东亚负责，朱凤霞、陈奎、周大勇也参与部分章节的审核。

由于编者水平有限及编写时间仓促，书中难免存在不足及疏漏之处，恳请各位读者批评指正。

编 者
2017 年 6 月

目 录

绪 论 ·· 1

第一章 畜禽传染病的传染和流行过程 ··· 4
第一节 感染和传染病的概念 ·· 4
第二节 感染的类型 ·· 6
第三节 传染病病程的发展阶段 ··· 8
第四节 畜禽传染病流行过程的基本环节 ··· 9
第五节 疫源地和自然疫源地 ··· 12
第六节 流行过程的某些规律性 ··· 13
第七节 影响流行过程的因素 ··· 14

第二章 畜禽传染病的防疫措施 ··· 17
第一节 防疫工作的基本原则和内容 ··· 17
第二节 疫情报告和诊断 ·· 19
第三节 检 疫 ·· 22
第四节 隔离和封锁 ·· 24
第五节 传染病病畜的治疗 ··· 25
第六节 消毒、杀虫、灭鼠 ··· 28
第七节 免疫接种和药物预防 ·· 34

第三章 人畜共患传染病 ·· 38
第一节 口蹄疫 ··· 38
第二节 痘 病 ·· 42
第三节 狂犬病 ··· 49
第四节 流行性乙型脑炎 ·· 52
第五节 流行性感冒 ·· 56
第六节 轮状病毒感染 ··· 60
第七节 传染性海绵状脑病 ··· 63
第八节 大肠杆菌病 ·· 67
第九节 沙门氏菌病 ·· 75
第十节 巴氏杆菌病 ·· 81

1

第十一节 弯曲菌病 ……89
第十二节 土拉杆菌病 ……91
第十三节 布鲁菌病 ……93
第十四节 绿脓杆菌病 ……96
第十五节 葡萄球菌病 ……98
第十六节 链球菌病 ……102
第十七节 李氏杆菌病 ……109
第十八节 棒状杆菌病 ……111
第十九节 结核病 ……114
第二十节 炭疽 ……116
第二十一节 破伤风 ……119
第二十二节 肉毒梭菌毒素中毒症 ……122
第二十三节 坏死杆菌病 ……124
第二十四节 钩端螺旋体病 ……126
第二十五节 衣原体病 ……129

第四章 猪的传染病 ……133
第一节 猪瘟 ……133
第二节 猪伪狂犬病 ……136
第三节 猪细小病毒感染 ……137
第四节 猪繁殖与呼吸综合症 ……138
第五节 猪传染性胃肠炎 ……140
第六节 猪流行性腹泻 ……141
第七节 猪水疱病 ……142
第八节 猪圆环病毒感染 ……142
第九节 猪丹毒 ……144
第十节 猪梭菌性肠炎 ……146
第十一节 猪痢疾 ……147
第十二节 猪支原体肺炎 ……148
第十三节 猪接触传染性胸膜肺炎 ……149
第十四节 猪传染性萎缩性鼻炎 ……150
第十五节 猪副嗜血杆菌病 ……152

第五章 家禽的传染病 ……155
第一节 新城疫 ……155

第二节　传染性喉气管炎 161
第三节　传染性支气管炎 164
第四节　鸡马立克氏病 167
第五节　禽白血病 174
第六节　传染性法氏囊病 177
第七节　禽呼肠孤病毒感染 181
第八节　禽脑脊髓炎 183
第九节　禽腺病毒感染 186
第十节　鸡传染性贫血 189
第十一节　病毒性关节炎 192
第十二节　鸭瘟 193
第十三节　鸭病毒性肝炎 196
第十四节　番鸭细小病毒病 199
第十五节　小鹅瘟 201
第十六节　多病因呼吸道病 203
第十七节　家禽的其他传染病 206
第十八节　鸡毒支原体感染 210
第十九节　传染性鼻炎 214
第二十节　禽曲霉菌病 216
第二十一节　鸭传染性浆膜炎 218
第二十二节　鹅口疮 221

第六章　反刍动物的传染病 223

第一节　牛瘟 223
第二节　牛病毒性腹泻-黏膜病 225
第三节　牛传染性鼻气管炎 227
第四节　牛流行热 230
第五节　牛白血病 232
第六节　蓝舌病 234
第七节　羊传染性脓疱 236
第八节　气肿疽 238
第九节　副结核病 240
第十节　牛传染性角膜结膜炎 243
第十一节　牛传染性胸膜肺炎 245
第十二节　无浆体病 247

| | 第十三节 | 恶性卡他热 | 249 |
| | 第十四节 | 羊梭菌性疾病 | 251 |

第七章 马的传染病 260

- 第一节　鼻　疽 260
- 第二节　类鼻疽 263
- 第三节　流行性淋巴管炎 265
- 第四节　马传染性贫血 268
- 第五节　马传染性鼻肺炎 272
- 第六节　非洲马瘟 274

第八章 犬、猫、兔和貂的传染病 277

- 第一节　犬瘟热 277
- 第二节　犬传染性肝炎 281
- 第三节　犬细小病毒感染 283
- 第四节　犬冠状病毒感染 286
- 第五节　犬副流感病毒感染 288
- 第六节　犬疱疹病毒感染 290
- 第七节　犬埃里希氏体病 292
- 第八节　猫泛白细胞减少症 293
- 第九节　猫杯状病毒感染 296
- 第十节　猫白血病 298
- 第十一节　猫病毒性鼻气管炎 300
- 第十二节　泰泽氏病 302
- 第十三节　兔梭菌性下痢 304
- 第十四节　兔密螺旋体病 306
- 第十五节　兔黏液瘤 307
- 第十六节　兔病毒性出血症 309
- 第十七节　貂病毒性肠炎 312
- 第十八节　貂阿留申病 314

第九章 畜禽传染病实验指导 317

- 实验1　消　毒 319
- 实验2　病料的采取、送检及尸体处理 328
- 实验3　免疫接种 333

实验 4　畜禽传染病防疫计划的制订……337
实验 5　炭疽的诊断……339
实验 6　链球菌病的实验室诊断……342
实验 7　布氏杆菌病的检疫……346
实验 8　巴氏杆菌病的实验室诊断……352
实验 9　结核病的检疫……355
实验 10　钩端螺旋体病的实验室诊断……358
实验 11　附红细胞体病的诊断……362
实验 12　猪丹毒的诊断……365
实验 13　猪痢疾的诊断……367
实习 14　猪瘟的诊断和抗体监测……371
实习 15　伪狂犬病的诊断……375

参考文献……378

绪 论

动物传染病是由病原微生物引起的、具有传染性、对畜牧业危害最严重的一类疾病，它不仅可能造成大批畜禽死亡和畜产品的损失，影响人民生活和畜产品的经济贸易，而且某些人畜共患的传染病还会给人民健康带来严重威胁。现代畜牧业是集约化生产，更易受到传染病的侵袭。因此，掌握动物传染病的基本知识和防治技术，对阻止传染病的发生和流行、保护人民身体健康、促进畜牧业健康发展和动物及动物产品的国际贸易都具有重要意义。

兽医传染病学是研究动物传染病发生和发展的规律以及预防和消灭这些传染病方法的科学，是兽医科学的重要分支预防兽医学之一。该课程分为总论和各论两部分，总论部分阐述动物传染病的发生和发展的一般性规律以及预防和消灭传染病的常见措施；各论部分主要研究各种动物传染病的分布、病原、流行病学、发病机理、病理变化、临诊症状、诊断和防治措施等。通过学习兽医传染病学的总论，学生可掌握如何制订防控动物传染病的宏观措施；而各论的学习，则可使学生掌握不同传染病的具体防控措施及其在执行过程中的侧重点。

兽医传染病学与其他兽医学科有着广泛和紧密的联系，主要有：动物生物化学、兽医微生物学、兽医药理学、兽医免疫学、兽医病理学、兽医临床诊断学、兽医流行病学、兽医公共卫生学、兽医生物制品学等。随着现代生物技术的迅猛发展，基因工程学与兽医传染病学的关系越来越密切。

兽医传染病学形成独立的学科虽然为时不久，但有关兽医传染病知识的萌芽却可以追溯到几千年前。在古代埃及、希腊和我国的书籍里，都曾记载过畜禽传染病流行的史实。20世纪初，随着现代兽医科学传入我国，蔡无忌、程绍迥、罗清生等我国第一代兽医学家都以主要精力从事畜禽传染病的防治和研究，为我国畜禽传染病学的发展奠定了扎实的基础。20世纪以来，电子显微镜、鸡胚培养、细胞培养、无特定病原动物、各种抗菌药物、生物制品和免疫血清学技术在兽医工作中的应用，使畜禽传染病学无论在理论研究还是在实际应用方面都取得了很大进展。

一、畜禽传染病防制研究的主要成就

畜禽传染病的控制和消灭程度，是衡量一个国家兽医事业发展水平的重要标志，也代表一个国家的文明程度和经济发展实力。

1. 马、牛、羊传染病

我国在马、牛、羊传染病的防制和研究工作中，以消灭牛瘟、牛肺疫和控制马传贫所取得的成就最为突出。应用陈凌风、袁庆志等人研制的牛瘟兔化弱毒、牛瘟山羊化兔化弱毒和牛瘟绵羊化兔化弱毒疫苗扑灭牛瘟，到1956年全国已消灭了牛瘟，这为我国近代兽医史写下了光辉的一页。牛肺疫在我国于1996年宣告彻底消灭，这是我国畜禽疫病防制工作的又一个重要里程碑。沈荣显等人研制的马传染性贫血活毒疫苗是目前国际上唯一的，该成果达到国际先进水平。对马、驴接种后，免疫持续期较长，免疫保护率较高。

2. 猪传染病

在猪病中，猪瘟是危害最大、最受重视的一种疫病。我国的猪瘟兔化弱毒疫苗于 1955—1956 年由周泰冲等人研制成功，被证明有高度安全性和优良的免疫原性，且无残毒，毒力不返强，自 1957 年起，除在我国广泛应用外，已推广到欧亚很多国家，使这些国家控制或消灭了猪瘟。该疫苗被公认为目前世界上比较理想的猪瘟疫苗，这是我国兽医工作者的一大杰出贡献。猪瘟单克隆抗体试剂盒是 1994 年中国兽药监察所研制成功的，可以区分猪瘟强毒、弱毒以及牛病毒性腹泻病毒和羊边界病病毒。该诊断试剂的研制成功，为我国控制和消灭猪瘟提供了有效的检测手段。

3. 家禽传染病

禽病主要集中研究禽流感、马立克氏病、新城疫、传染性支气管炎、传染性喉气管炎、传染性法氏囊病、鸡传染性贫血、网状内皮组织增生病等。尤其是禽流感的研究成果最为突出，在禽流感诊断技术、禽流感病毒生物学特性和分子遗传学以及禽流感疫苗研究方面均有重要进展，新近研制成禽流感、新城疫重组二联活疫苗为世界首创的转基因产品，成本仅为灭活苗的 1/5。

4. 小动物传染病

兔病毒性出血症是 1984 年由我国首先发现的一种兔病毒性急性传染病。狂犬病是一种危害极其严重的人畜共患病，我国对该病的防制进行了大量工作，已基本控制其传播。

5. 完善了动物防疫法规

动物防疫法规是做好动物传染病防制工作的法律依据。1985 年国务院颁发了《中华人民共和国家畜家禽防疫条例》；1991 颁发了《中华人民共和国进出境动植物检疫法》；《中华人民共和国动物防疫法》已于 1998 年 1 月正式实施；《畜牧法》于 2006 年 7 月正式实施。认真贯彻实施这些法律和法规有助于提高我国防控动物传染病工作的水平。

二、畜禽传染病防制研究的发展动向

1. 基础研究

对一些重要的畜禽传染病应进行分子病原学和流行病学研究，开展病原微生物的基因结构分析、遗传变异规律和耐药性机理及免疫原性分析，探明目前一些重要传染病免疫保护和治疗效果欠佳的原因，同时为选择疫苗种毒、提高疫苗效力和筛选新型兽药提供依据。开展重要传染病的流行病学研究，建立较完整的疫病流行病学数据库和流行趋势计算机模拟预测模型。开展畜禽传染病发病和免疫机理的研究，为免疫防制提供科学依据。

现有疫苗普遍存在保存期短，保存条件要求高，稳定性差，病毒疫苗的病毒滴度不高，多联、多价苗生产水平低等问题。因此，需要研制适应变异性强、型别多的多价疫苗，能够在有限的免疫制剂体积内容纳多种足量抗原；研制有效的抗原保护剂、稀释剂、佐剂和免疫增强剂，以提高疫苗的稳定性，简化保存条件，延长保存期和免疫期，并且加快更新换代，不断发展和提高我国兽药及生物制品产业的水平。这些都需要在针对性很强的基础性研究方面加快步伐，才能有效地取得突破性的进展。

2. 应用研究

研究我国各地不同规模化、集约化养殖条件下畜禽疫病防制的系统工程，主要疫病疫情的监测预报、免疫程序、疫病净化、环境卫生监测和消毒以及各种防疫卫生配套措施。研究制订符合我国国情的、达到国际标准的诊断技术，使现有的抗原生产、诊断试剂、种毒、生物制剂生产工艺和监察方法标准化。尽快完善新技术并迅速加以推广应用，对提高我国畜禽传染病的防制技术水平将会起到极为重要的作用。

动物传染病的防制任重道远，作为畜牧兽医工作人员，必须努力学习并掌握动物传染病防制的有关知识和技术，为我国畜牧业可持续发展和人民身体健康做出应有的贡献。

第一章 畜禽传染病的传染和流行过程

（1）重点掌握：感染的概念；传染病的概念；传染源、传播媒介、易感动物的概念；疫点、疫区、疫源地的概念；传染病的流行形式。

（2）难点：病毒的持续性感染；慢病毒感染；自然疫源性疾病。

第一节 感染和传染病的概念

一、感染

疾病是动物机体或其某些器官状态的变化过程，此期间可表现为一系列特定的临床症状和某些指标的异常。在兽医临床上按照发病的原因，将疾病分为具有传播、扩散特点的传染性疾病和包括营养代谢病、中毒病、内科病及外科病等在内的非传染性疾病。传染性疾病的发生和发展都是从活的病原体侵入机体开始的。

（一）感染的概念

感染通常是指病原微生物侵入动物机体，并在一定的部位定居、生长繁殖并引起机体一系列不同程度的病理反应过程。动物感染病原微生物后会有不同的临床表现，从完全没有临床症状到明显的临床症状，甚至死亡。这是病原的致病性、毒力与宿主特性综合作用的结果。也就是说，病原对宿主的感染力和使宿主的致病力表现出很大差异，这不仅取决于病原本身的特性（致病力和毒力），也与动物的遗传易感性和宿主的免疫状态以及环境因素有关。

病原微生物侵入机体后的结局有以下几种可能性：第一，由于动物机体具有一定的免疫力，入侵的病原微生物达到机体的组织或体液之前就被免疫系统迅速消灭并清除。第二，病原微生物能够在体内增殖，并通过分泌物或排泄物散播到外界环境中。第三，通过正确的处理措施如焚烧、深埋和严格进行环境消毒，大部分病原微生物和感染死亡的动物尸体同时消失。第四，在感染的过程中病原微生物与动物机体之间出现暂时的平衡状态，此时病原体不能对动物机体造成严重的损害，而动物也不能完全清除体内存在的病原微生物，这种状态持续时间的长短与感染后机体的状态及病原微生物的特性密切相关。

（二）抗感染免疫

在多数情况下，动物机体的内环境并不适合侵入的病原微生物生长繁殖，或动物机体能迅速动员全身的防御力量将该病原微生物消灭，使其不出现明显的病理变化和临床症状，这种现象称为抗感染免疫。

病原微生物侵入动物机体并引起损伤的过程中，也同时伴随着机体的非特异性免疫和特异性免疫反应，以清除体内的病原体及毒性产物，维持机体的稳定与平衡。由于病原体的致病特点不同，机体免疫反应的性质也不同。了解抗感染免疫的特点，对传染病的防制具有重要意义。

1. 非特异性免疫

非特异性免疫是指动物体在长期种系发育与进化过程中逐渐建立起来的、对大多数病原微生物都具有一定的抵抗和杀伤作用的天然防御机能。动物机体的非特异性免疫受遗传控制，并与动物结构、饲养管理条件和营养状况等因素有关。非特异性免疫的构成因素主要包括屏障抵抗力、炎症和吞噬作用以及其他抗感染因子等。

2. 特异性免疫

特异性免疫是指个体在生命活动过程中与病原体及其产物等抗原物质接触后产生的免疫。特异性免疫是在非特异性免疫基础上建立起来的，具有明显的针对性和记忆性，可因再次接受相同的抗原刺激而大幅度提高免疫效果。特异性免疫由局部免疫和全身免疫两部分组成。为了抵抗病原微生物的感染，机体黏膜组织构成了动物抵抗病原体入侵的第一道屏障。当黏膜组织受到抗原刺激后，该系统能够产生相应的分泌型IgA，这种抗体对再次入侵的病原体具有调理和中和作用，从而达到阻止入侵作用。全身免疫是指抗体或淋巴细胞介导的、针对机体内外病原微生物及有害物质的反应，它包括体液免疫和细胞免疫。

二、传染病

（一）传染病的概念

凡是由病原微生物引起，具有一定的潜伏期和临诊表现，并具有传染性的疾病，称为传染病。当机体抵抗力较强时，病原微生物侵入后一般不能生长繁殖，更不会出现传染病的临床表现，因为动物能迅速动员机体的非特异性免疫力和特异性免疫力而将该侵入者消灭或清除。动物对某种病原微生物缺乏抵抗力或免疫力时，则称为动物对该病原体具有易感性，而具有易感性的动物常被称为易感动物。病原微生物侵入易感动物机体后可以造成传染病的发生。

（二）传染病的特征

传染病的表现虽然多种多样，但亦具有一些共同特性，根据这些特性可与其他非传染病相区别。这些特性是：

1. 传染病是由病原微生物所引起的

每一种传染病都有其特异的致病性微生物存在，如猪瘟是由猪瘟病毒引起的，没有猪瘟病毒就不会发生猪瘟。

2. 传染病具有传染性和流行性

从患传染病的病畜体内排出的病原微生物，侵入另一有易感性的健畜体内，能引起同样症状的疾病。像这样使疾病从病畜传染给健畜的现象，就是传染病与非传染病相区别的一个重要特征。当一定的环境条件适宜时，在一定时间内，某一地区易感动物群中可能有许多动物被感染，致使传染病蔓延散播，形成流行。

3. 被感染的机体发生特异性的免疫学反应

在传染发展过程中由于病原微生物的抗原刺激作用，机体发生免疫生物学的改变，产生特异性抗体和变态反应等。这种改变可以用血清学方法等特异性反应检查出来。

4. 耐过动物能获得特异性免疫

动物耐过传染病后，在大多数情况下均能产生特异性免疫，使机体在一定时期内或终生不再患该种传染病。

5. 具有特征性的临诊表现

大多数传染病都具有该种病特征性的综合症状和一定的潜伏期以及病程经过。

（三）构成传染病的必要条件

为了确定动物疾病的性质，除了根据传染病的传染性和流行性进行判定外，还要明确构成传染病的必要条件。为此，可按照Koch曾提出的4条基本原则进行操作和判定。

（1）在患病动物机体内发现有某种特定的病原微生物，且该微生物在体内的分布与临床观察的病灶相吻合。

（2）该微生物在体外能够被分离培养和纯化，而且还能够继续增殖和传代。

（3）所分离的纯培养物接种易感动物时，能产生与自然病例相同的症状和病理变化。

（4）在上述人工发病易感动物体内，重心分离的微生物应与原来接种的微生物相同。

Koch法则对鉴定一种新传染病的病原体具有重要的指导意义，但也有一定的局限性。在实际工作中应注意某些特殊情况，如目前还无法分离培养的病原体、感染后不引起明显症状的病原体。近年来，随着分子生物学和免疫学的发展，病原体检测方法和技术得到了很大改善，再加上对动物本身因素和环境条件与传染病发生发展关系的深入研究，Koch法则也得到了不断充实。

第二节 感染的类型

按病原微生物与动物机体的相互作用及其表现，通常将感染分为不同的类型。

1. 按感染动物的临床表现分为显性感染和隐性感染、顿挫型和一过型感染

病原体侵入机体后，动物表现出该病特有临床症状的感染过程称为显性感染。机体不出现任何临床症状，呈隐蔽经过的感染称为隐性感染或亚临床感染。隐性感染动物体内的病理变化，依病原体种类和机体状态而不同，有些被感染动物虽然外表看不到症状，但体内可呈现一定的病理变化，而另一些隐性感染动物既无临床症状又无病理变化，一般只能通过微生物学或免疫学方法检查出来。

开始症状较轻，特征症状未见出现即行恢复者称为一过型（或消散型）感染。开始症状表现较重，与急性病例相似，但特征症状尚未出现即迅速消退恢复健康者，称为顿挫型感染。这是一种病程缩短而没有表现该病主要症状的轻病例，常见于疾病的流行后期。还有一种临床表现比较轻缓的类型，一般称为温和型。

2. 按感染发生的部位分为局部感染和全身感染

由于动物机体抵抗力较强，侵入机体的病原微生物毒力较弱或数量较少，致使病原体被局限在机体内一定部位生长繁殖而引起一定程度的病变，称为局部感染，如化脓性葡萄球菌、链球菌所引起的各种化脓疮等。如果感染的病原微生物或其代谢产物突破机体的防御屏障，通过血流或淋巴循环扩散到全身各处，并引起全身性症状则称为全身感染。全身感染的表现形式主要包括：菌血症、病毒血症、毒血症、败血症、脓毒症和脓毒败血症等。

3. 按病情缓急程度的差异分为最急性、急性、亚急性和慢性感染

通常将病程数小时至1d左右、发病急剧、突然死亡、症状和病变不明显的感染过程称为最急性感染，多见于牛羊炭疽、巴氏杆菌病、绵羊快疫和猪丹毒等疫病流行的初期；将病程较长，数天至二三周不等，具有该病明显临床症状的感染过程称为急性感染，如急性猪瘟、猪丹毒、鸡新城疫、鸡传染性法氏囊病和口蹄疫等；亚急性感染则是指病程比急性感染稍长、病势及症状较为缓和的感染过程，如疹块型猪丹毒和亚急性型仔猪红痢等。而慢性感染是指发展缓慢、病程数周至数月、症状不明显的感染过程，如鸡慢性呼吸道病、猪气喘病等。

疾病的严重程度和病程的长短取决于病原体致病力和机体抵抗力等因素。在一定条件下，上述感染类型可以相互转化。

4. 按感染的病原微生物来源分为外源性感染和内源性感染

通常将病原微生物从动物体外侵入机体而引起的感染称为外源性感染；内源性感染是指由于受到某些因素的作用，动物机体的抵抗力下降，致使寄生于动物体内的某些条件性病原微生物或隐性感染状态下的病原微生物得以大量生长繁殖而引起的感染现象，如猪肺疫、马腺疫等有时就是通过内源性感染发病的。

5. 按感染病原微生物的次序及相互关系分为单纯感染、混合感染、原发性感染、继发感染和协同感染

将一种病原微生物所引起的感染称为单纯感染。两种或两种以上病原微生物同时参与的感染称为混合感染。由病原微生物本身引起机体的首次感染过程称为原发性感染。而当动物机体感染了某种病原微生物引起抵抗力下降后，造成另一种或几种新侵入病原微生物的感染称为继发性感染，如慢性猪瘟经常继发感染多杀性巴氏杆菌或猪霍乱沙门氏杆菌等。协同感染是指在同一感染过程中有两种或两种以上病原体共同参与相互作用，使其毒力增强，而参与的病原体单独存在时则不能引起相同临床表现的现象。如专性厌氧菌可保护混合感染中的其他细菌不被吞噬，消除厌氧菌后吞噬细胞便可有效地消灭混合感染灶中的需氧菌而阻止感染的发生。协同感染的机制可表现为抑制白细胞吞噬功能或细胞内杀伤作用；提供必要的生长因子；改变局部环境以利于其他细菌的生长、繁殖；相互作用而提高毒力；改变抗生素的抗菌活性等。

目前，在兽医临床实践中，各种病原体的混合感染和继发感染非常普遍，厌氧菌和需氧菌同时存在可能导致协同作用的发生。细菌混合共存，其中一些菌能抵御或破坏宿主的防御系统，使共生菌得到保护。更为重要的是混合感染常使抗生素活性受到干扰，体外药敏试验常不能反映混合感染病灶中的实际情况。病原体之间相互作用还使一些疫病的临床表现复杂化，给动物疫病的诊断和防制增加了困难。

6. 持续性感染

是指在入侵的病毒不能杀死宿主细胞而形成病毒与宿主细胞间的共生平衡时，感染动物可在一定时期内带毒或终生带毒，而且经常或反复不定期地向体外排出病毒，但不出现临床症状或仅出现与免疫病理反应相关症状的一种感染状态。持续性感染包括潜伏性感染、慢性感染、隐性感染和慢发病毒感染等。疱疹病毒、副粘病毒、反转录病毒和阮病毒等科属的成员常能导致持续性感染。

7. 慢发病毒感染

又称长程感染，是指那些潜伏期长、发病呈进行性经过，最终以死亡为转归的感染过程。慢发病毒感染时，被感染动物的病情发展缓慢，但不断恶化且最后以死亡而告终。慢病毒可分为两类：一是反转录病毒科的慢病毒属的病毒，如梅迪-维斯纳病毒、山羊关节炎-脑炎病毒、马传贫病毒、人的Ⅰ型免疫缺陷病毒（HIV-1）等，又称为寻常病毒。二是亚病毒中的阮病毒，又称非寻常病毒，如牛海绵状脑病、绵羊痒病、人类库鲁病（Kuru）、传染性水貂脑病，都是中枢神经退化性疾病。

8. 典型感染和非典型感染

两者均属显性感染。在感染过程中表现出该病的特征性（有代表性）临床症状者，称为典型感染。而非典型感染则表现或轻或重，与典型感染不同。如典型马腺疫具有颌下淋巴结脓肿等特征症状，而非典型马腺疫轻者仅有鼻黏膜卡他，严重者可在胸膜腔内器官出现转移性脓肿。

9. 良性感染和恶性感染

一般常以病畜的死亡率作为判定传染病严重性的主要指标。如果该病并不引起病畜的大批死亡，可称为良性感染。相反，如果引起大批死亡，则可称为恶性感染。例如发生良性口蹄疫时，牛群的死亡率一般不超过2%，如为恶性口蹄疫，则病死率可大大超过此数。机体抵抗减弱和病原体毒力增强等都是传染病发生恶性病程的原因。

除上述不同的感染类型外，重复感染是指动物体对某种或某些病原的多次重复感染，其原因主要是机体的免疫力不足，免疫机能下降或与免疫抑制等因素有关。在生产实践中也常常按病原体的种类分为病毒感染、细菌感染和真菌感染等。

第三节 传染病病程的发展阶段

虽然不同传染病在临床表现上千差万别，但各个动物的发病过程在大多数情况下具有明显的规律性，大致可以分为潜伏期、前驱期、明显（发病）期和转归期四个阶段。

一、潜伏期

由病原体侵入机体并进行繁殖时起，直到疾病的临诊症状开始出现为止，这段时间称为潜伏期。不同的传染病其潜伏期的长短是不同的，就是同一种传染病的潜伏期长短也有很大的变动范围。这是由于不同的动物种属、品种、个体的易感性是不一致的，病原体的种类、数量、入侵门户、部位等情况也有所不同而出现差异，但相对来说还是具有一定的规律性。例如炭疽的潜伏期 1~14 d，多数为 1~5 d；猪瘟 2~20 d，多数 5~8 d。一般来说，急性传染病的变化范围小，慢性传染病以及症状不明显的传染病其潜伏期差异较大，常不规则。同一种传染病潜伏期短促时，疾病经过较严重；反之，潜伏期延长时，病程也常较轻微。了解传染病潜伏期的主要意义是：

（1）确定检疫期限。如炭疽最长潜伏期为 14 d，所以检疫期也是 14 d。

（2）判断传播媒介的种类和数量。如畜群中有较多动物发生某种传染病，若其首末病例发病日期的间距不超过该病的最长潜伏期，则所有病例感染可能来自同一传播媒介。

（3）推算病畜的感染日期。从出现临床症状之日向前推一个潜伏期，即为病初的感染日期。

（4）确定紧急免疫动物的观察期限。某些畜群发生传染病后，可用疫苗进行紧急接种，但处于潜伏期的动物，接种疫苗仍有可能发病，对这些动物就应该加强观察和确定观察期限。

（5）处于潜伏期的动物是危险的传染源。处于潜伏期的动物可随着其排泄物和分泌物等向外界排菌或排病毒，成为潜在的传染源。

（6）有助于评价防制措施的临床效果。与实施某措施后需要经过该病潜伏期的观察，比较前后病例数的变化便可评价该措施是否有效。

二、前驱期

前驱期是疾病的征兆阶段，其特点是临床症状开始表现出来。但该病的特征性症状仍不明显。从多数传染病来说，这个时期仅可察觉出一般的症状，如体温升高、食欲减退、精神异常等。各种传染病和各个病例的前驱期长短不一，通常只有数小时至一两天。

三、明显（发病）期

前驱期之后，病的特征性症状逐步明显地表现出来，这是疾病发展到高峰的阶段。这个阶段因为很多有代表性的特征性症状相继出现，在诊断上比较容易识别。同时，由于患病动物体内排出的病原体数量多、毒力强，故应加强发病动物的饲养管理，防止病原微生物的散播和蔓延。

四、转归期（恢复期）

疾病进一步发展为转归期。如果病原体的致病性能增强，或动物体的抵抗力减退，则传染过程以动物死亡为转归。如果动物体的抵抗力得到改进和增强，则机体便逐步恢复健康，表现为临诊症状逐渐消退，体内的病理变化逐渐减弱，正常的生理机能逐步恢复。机体在一定时期保留免疫学特性。在病后一定时间内还有带菌（毒）排菌（毒）现象存在，但最后病原体可被消灭清除。

第四节　畜禽传染病流行过程的基本环节

畜禽传染病的流行过程就是从畜禽个体感染发病发展到畜禽群体发病的过程，也就是传染病在畜群中发生和发展的过程。畜禽传染病能在畜禽之间直接接触传染或间接地通过媒介物互相传染的特性，称为流行性。传染病在畜群中蔓延流行，必须具备三个相互连接的条件，即传染源、传播途径及易感的动物。这三个条件统称为传染病流行过程的三个基本环节，当这三个条件同时存在并相互联系时就会造成传染病的发生。因此，掌握传染病流行过程的基本条件及其影响因素，有助于我们制订正确的防疫措施，控制传染病的蔓延或流行。

一、传染源

传染源（亦称传染来源）是指有某种传染病的病原体在其中寄居、生长、繁殖，并能排出体外的动物机体。具体说传染源就是受感染的动物，包括传染病病畜和带菌（毒）动物。

动物受感染后，可以表现为患病和携带病原两种状态，因此传染源一般可分为两种类型。

1. 患病动物

病畜是重要的传染源。不同病期的病畜，其作为传染源的意义也不相同。前驱期和症状明显期的病畜，可排出大量毒力强大的病原体，因此作为传染源的作用也最大。潜伏期和恢复期的病畜是否具有传染源的作用，则随病种不同而异。

病畜能排出病原体的整个时期称为传染期。不同传染病传染期长短不同。各种传染病的隔离期就是根据传染期的长短来制订的。为了控制传染源，对病畜原则上应隔离至传染期终了为止。

2. 病原携带者

病原携带者是指外表无症状但携带并排出病原体的动物。病原携带者是一个统称，包括带菌者、带毒者、带虫者等。

病原携带者排出病原体的数量一般不及病畜，但因缺乏症状不易被发现，有时可成为十分危险的传染源，如果检疫不严，还可以随动物的运输散播到其他地区，造成新的暴发或流行。

病原携带者一般分为潜伏期病原携带者、恢复期病原携带者和健康病原携带者三类。

潜伏期病原携带者是指感染后至症状出现前即能排出病原体的动物。在这一时期，大多数传染病的病原体数量还很少，此时一般不具备排出条件，因此不能起传染源的作用。但有少数传染病如狂犬病、口蹄疫和猪瘟等在潜伏期后期能够排出病原体，此时就有传染性了。

恢复期病原携带者是指在临诊症状消失后仍能排出病原体的动物。一般来说，这个时期的传染性已逐渐减少或已无传染性了。但还有不少传染病如猪气喘病、布鲁氏菌病等在临诊痊愈的恢复期仍能排出病原体。

健康病原携带者是指过去没有患过某种传染病但却能排出该种病原体的动物。一般认为这是隐性感染的结果，通常只能靠实验室方法检出。如巴氏杆菌病、沙门氏菌病等病的健康病原携带者为数众多，有时可成为重要的传染源。

病原携带者存在着间歇排出病原体的现象，因此仅凭一次病原学检查的阴性结果尚不能得出正确的结论，只有反复多次的检查均为阴性时才能排除病原携带状态。消灭和防止引入病原携带者是传染病防制中艰巨的主要任务之一。

二、传播途径

病原体由传染源排出后，经一定的方式再侵入其他易感动物所经的路径称为传播途径。

研究传染病传播途径的目的在于切断病原体继续传播的途径，防止易感动物受传染，这是防制畜禽传染病的重要环节之一。传播途径可分两大类：一是水平传播，即传染病在群体之间或个体之间以水平形式横向平行传播；二是垂直传播，即从母体到其后代两代之间的传播。水平传播在传播方式上可分为直接接触传播和间接接触传播两种。

1. 直接接触传播

病原体通过被感染的动物（传染源）与易感动物直接接触（交配、舐咬等）而引起的传播方式。以直接接触为主要传播方式的传染病为数不多，在畜禽中狂犬病具有代表性。直接接触而传播的传染病，其流行特点是一个接一个地发生，形成明显的链锁状。这种方式使疾病的传播受到限制，一般不易造成广泛的流行。

2. 间接接触传播

病原体通过传播媒介使易感动物发生传染的方式，称为间接接触传播。从传染源将病原体传播给易感动物的各种外界环境因素称为传播媒介。传播媒介可能是生物，也可能是无生命的物体。

大多数传染病如口蹄疫、猪瘟、鸡新城疫等以间接接触为主要传播方式，同时也可以通过直接接触传播。两种方式都能传播的传染病也可称为接触性传染病。

间接接触传播一般通过以下几种途径而传播：

（1）经空气（飞沫、飞沫核、尘埃）传播。经空气而散播的传染主要是通过飞沫、飞沫核或尘埃为媒介而传播的。

飞散于空气中带有病原体的微细泡沫而散播的传染称为飞沫传染。所有的呼吸道传染病主要是通过飞沫传播的，如口蹄疫、结核病、猪气喘病、猪流行性感冒、鸡传染性喉气管炎等。一般来说，干燥、光亮、温暖和通风良好的环境，飞沫飘浮的时间较短，其中的病原体（特别是病毒）死亡较快；相反，畜群密度大、潮湿、阴暗、低温和通风不良，则飞沫传播的作用时间较长。

从传染源排出的分泌物、排泄物和处理不当的尸体散布在外界环境的病原体附着物，经干燥后，由于空气流动冲击，带有病原体的尘埃在空气中飘扬，被易感动物吸入而感染，称为尘埃传染。能借尘埃传播的传染病有结核病、炭疽、痘等。

（2）经污染的饲料和水传播。以消化道为主要侵入门户的传染病如口蹄疫、猪瘟、鸡新城疫、沙门氏菌病等，其传播媒介主要是污染的饲料和饮水。传染源的分泌物、排出物和病畜尸体及其流出物污染了饲料、牧草、饲槽、水池，或由某些污染的管理用具、车船、畜舍等辗转污染了饲料、饮水而传给易感动物。因此，在防疫上应特别注意防止饲料和饮水的污染，并做好相应的防疫消毒卫生管理。

（3）经污染的土壤传播。随病畜排泄物、分泌物或其尸体一起落入土壤而能在其中生存很久的病原微生物可称为土壤性病原微生物。它所引起的传染病有炭疽、破伤风、恶性水肿、猪丹毒等。

（4）经活的媒介物而传播。非本种动物和人类也可能作为传播媒介传播畜禽传染病。主要有：

① 节肢动物。节肢动物中作为畜禽传染病的媒介者主要是虻类、螫蝇、蚊、蠓、家蝇和蜱等。传播主要是机械性的，它们通过在病畜、健畜之间的刺螫吸血而散播病原体。亦有少

数是生物性传播，某些病原体（如立克次体）在感染畜禽前，必须先在一定种类的节肢动物（如某种蜱）体内通过一定的发育阶段，才能致病。

②野生动物。野生动物的传播可以分为两大类：一类是本身对病原体具有易感性，在受感染后再传染给禽畜，在此野生动物实际上是起了传染源的作用。另一类是本身对该病原体无易感性，但可机械地传播疾病，如乌鸦在啄食炭疽病畜的尸体后从粪内排出炭疽杆菌的芽孢。鼠类可能机械地传播猪瘟和口蹄疫等。

③人类。饲养人员和兽医在工作中如不注意遵守防疫卫生制度，消毒不严时，容易传播病原体。兽医的体温计、注射针头以及其他器械如消毒不严就可能成为传播媒介。有些人畜共患的疾病，人也可能作为传染源，因此结核病的患者不允许管理畜禽。

垂直传播从广义上讲属于间接接触传播，它包括下列几种方式：

①经胎盘传播。受感染的孕畜经胎盘血流传播病原体感染胎儿，称为胎盘传播。可经胎盘传播的疾病如猪细小病毒感染等。

②经卵传播。由携带有病原体的卵细胞发育而使胚胎受感染，称为经卵传播。主要见于禽类。可经卵传播的病原体如鸡白痢沙门氏菌等。

③经产道传播。病原体经孕畜阴道通过子宫颈口到达绒毛膜或胎盘引起胎儿感染。或胎儿从无菌的羊膜腔穿出而暴露于严重污染的产道时，胎儿经皮肤、呼吸道、消化道感染母体的病原体。

畜禽传染病的传播途径比较复杂，每种传染病都有其特定的传播途径，有的可能只有一种途径，有的有多种途径传播。掌握病原体的传播方式及各种传播途径所表现出来的流行特征，将有助于对现实的传播途径进行分析和判断。

三、畜群的易感性

易感性是抵抗力的反面，指畜禽对于某种传染病病原体感受性的大小。该地区畜群中易感个体所占的百分率，直接影响到传染病是否能造成流行以及疫病的严重程度。畜禽易感性的高低虽与病原体的种类和毒力强弱有关，但主要还是由畜体的遗传特征等内在因素以及特异免疫状态决定的。外界环境条件如气候、饲料、饲养管理卫生条件等因素都可能直接影响到畜群的易感性和病原体的传播。

第五节 疫源地和自然疫源地

疫源地是指具有传染源及其排出病原体污染的地区。疫源地的含义要比传染源广泛得多，除包括传染源外，还有被污染的物体、房舍、牧地、活动场所以及这个范围内所有可能被传染的可疑动物和储存宿主等。

疫源地范围的大小取决于传染源的分布及污染范围、病原体及其传播途径的特点和周围动物群的免疫状态等。它可能只限于个别圈舍、牧地，也可能是某养殖场、自然村或更大的地区。吸血昆虫、流动空气、运输车辆或河水作媒介时，范围则大；周围动物群已经构成免疫隔离带时，范围常常较小。

疫源地的消灭至少需要具备 3 个条件，即传染源被彻底扑杀并消除了病原携带状态，对污染的环境进行了全面彻底的消毒处理，经过该病的最长潜伏期，在易感动物中没有发生新的感染，而且血清学检查均为阴性反应。疫源地被消灭后，如果没有外来的传染源和传播媒介的侵入，这个地区就不会再有这种疫病的发生。

在实际工作中还常常使用疫点和疫区的概念。疫点是指范围较小的疫源地或单个传染源所构成的疫源地，有时也将某个比较孤立的养殖场或养殖村称为疫点。疫区是指有多个疫源地存在、相互连接成片而且范围较大的区域，一般指有某种疫病正在流行的地区。疫区的范围包括患病动物所在的养殖场、养殖村镇以及发病前后该动物放牧、饮水、使役、活动过的地区。

自然疫源性指某些疾病的病原体在一定地区的自然条件下，由于存在某种特有的传染源、传播媒介和易感动物而长期生存，当人或动物进入这一生态环境也可能被感染的特性，而驯养动物或人的感染和流行对这类病原体在自然界的生存并不必要。具有自然疫源性的疾病称为自然疫源性疾病，如狂犬病、伪狂犬病、日本乙型脑炎、非洲猪瘟、布鲁氏菌病和钩端螺旋体病等都具有自然疫源性。存在自然疫源性疾病的地区，称为自然疫源地。自然疫源性疾病在野生动物群中主要通过吸血昆虫传播，通常具有明显的地区性和季节性。

第六节　流行过程的某些规律性

一、流行过程的表现形式

在畜禽传染病的流行过程中，根据一定时间内发病率的高低和传染范围大小（即流行强度），可将动物群体中疾病的表现分为下列四种表现形式。

1. 散发性

疾病发生无规律性，随机发生，局部地区病例零星地散在发生，各病例在发病时间与发病地点上没有明显的关系时，称为散发。传染病为什么会出现这种散发的形式？可能是因为：

（1）畜群对某病的免疫水平较高。如猪瘟本是一种流行性很强的传染病，但在每年进行全面防疫注射后，易感动物这个环节基本上得到控制。但如平时预防工作不够细致，防疫密度不够高时，还有可能出现散发病例。

（2）某病的隐性感染比例较大。如流行性乙型脑炎等通常在畜群中主要表现为隐性感染，仅有一部分动物偶尔表现症状。

（3）某病的传播需要一定的条件。如破伤风、恶性水肿等。破伤风的发病由于需要有破伤风梭菌和厌氧深创同时存在的条件，因此在一般情况下常只能零星散发。

2. 地方流行性

在一定的地区和畜群中，带有局限性传播特征的，并且是比较小规模流行的畜禽传染病，可称为地方流行性。

3. 流行性

所谓发生流行，是指在一定时间内一定畜群出现比寻常为多的病例，它没有一个病例的绝对数界限，而仅仅是指疾病发生频率较高的一个相对名词。因此任何一种病当其称为流行时，各地各畜群所见的病例数是很不一致的。流行性疾病的传播范围广、发病率高，如不加防制常可传播到几个乡、县甚至省。这些疾病往往是病原的毒力较强，能以多种方式传播，畜群的易感性较高，如口蹄疫、鸡新城疫等重要疫病可能表现为流行性。

"爆发"，一般认为，某种传染病在一个畜群单位或一定地区范围内，在短期间（该病的最长潜伏期内）突然出现很多病例时，可称为爆发。

4. 大流行

是一种规模非常大的流行，流行范围可扩大至全国，甚至可涉及几个国家或地球上整个大陆。在历史上如口蹄疫、牛瘟和流感等都曾出现过大流行。上述几种流行形式之间的界限是相对的，并且不是固定不变的。

二、流行过程的季节性和周期性

1. 季节性

某些畜禽传染病经常发生于一定的季节，或在一定的季节出现发病率显著上升的现象，称为流行过程的季节性。出现季节性的原因，主要有下述几个方面：

（1）季节对病原体在外界环境中存在和散播的影响。夏季气温高，日照时间长，这对那些抵抗力较弱的病原体在外界环境中的存活是不利的。例如炎热的气候和强烈的日光曝晒，可使散播在外界环境中的口蹄疫病毒很快失去活力，因此，口蹄疫的流行一般在夏季减缓或平息。又如在多雨和洪水泛滥季节，如土壤中含有炭疽杆菌芽胞或气肿疽梭菌芽胞，则可随洪水散播，因而炭疽或气肿疽的发生可能增多。

（2）季节对活的传播媒介（如节肢动物）的影响。夏秋炎热季节，蝇、蚊、虻类等吸血昆虫大量孳生和活动频繁，凡是能由它们传播的疾病，都较易发生，如猪丹毒、日本乙型脑炎、马传染性贫血、炭疽等。

（3）季节对畜禽活动和抵抗力的影响。冬季舍饲期间，畜禽聚集拥挤，接触机会增多，如舍内温度降低，湿度增高，通风不良，常易促使经由空气传播的呼吸道传染病爆发流行。季节变化，主要是气温和饲料的变化，对畜禽抵抗力有一定影响，这种影响对于由条件性病原微生物引起的传染病尤其明显。如在寒冬或初春，容易发生某些呼吸道传染病和羔羊痢疾等。

2. 周期性

在某些畜禽传染病如口蹄疫、牛流行热等，经过一定的间隔时期（常以数年计），还可能表现再度流行，这种现象称为畜禽传染病的周期性。在传染病流行期间，易感畜禽除发病死亡或淘汰以外，其余由于患病康复或隐性感染而获得免疫力，因而使流行逐渐停息。但是经过一定时间后，由于免疫力逐渐消失，或新的一代出生，或引进外来的易感畜禽，使畜群易感性再度增高，结果可能重新爆发流行。

第七节　影响流行过程的因素

构成传染病的流行过程，必须具备传染源、传播途径及易感畜群三个基本环节。只有这三个基本环节相互联结、协同作用时，传染病才有可能发生和流行。保证这三个基本环节相互联结、协同作用的因素是动物活动所在的环境和条件，即各种自然因素和社会因素。它们对流行过程的影响是通过对传染源、传播途径和易感畜群的作用而发生的。

一、自然因素

1. 作用于传染源

如一定的地理条件对传染源的转移产生一定的限制，称为天然的隔离条件。季节变换、气候变化引起机体抵抗力的变动，如气喘病的隐性病猪，在寒冷潮湿的季节里病情恶化，咳嗽频繁，排出病原体增多，散播传染的机会增加。反之，在干燥、温暖的季节里，加上饲养情况较好，病情容易好转，咳嗽减少，散播传染的机会也小。

2. 作用于传播媒介

自然因素对传播媒介的影响非常明显。例如，夏季气温上升，在吸血昆虫孳生的地区，作为传播流行性乙型脑炎等病的媒介昆虫蚊类的活动增强，因而乙型脑炎病例增多。日光和干燥对多数病原体具有致死作用。当温度降低湿度增大时，有利于气源性感染，因此呼吸道传染病在冬春季发病率常有增高的现象。洪水泛滥季节，地面粪尿被冲刷至河塘，造成水源污染，易引起钩端螺体病、炭疽等的流行。

3. 作用于易感动物

自然因素对易感动物这一环节的影响首先是增强或减弱机体的抵抗力。例如，低温高湿的条件下，不但可以使飞沫传播媒介的作用时间延长，同时也可使易感动物易于受凉、降低呼吸道黏膜的屏障作用，有利于呼吸道传染病的流行。在高气温的影响下，肠道的杀菌作用降低，使肠道传染病增加。应激反应是动物机体对扰乱机体内环境稳定的任何不良刺激的生物学反应总和，应激可导致畜禽的病理性损害。饲养管理因素如畜舍的建筑结构、通风设施、垫料种类等都是影响疾病发生的因素。

二、社会因素

影响畜禽疫病流行过程的社会因素主要包括社会制度、生产力和人民的经济、文化、科学技术水平以及贯彻执行法规的情况等。它们既可能是促进畜禽疫病广泛流行的原因，也可以是有效消灭和控制疫病流行的主要关键。因为畜禽和它所处的环境，除受自然因素影响外，在很大程度上是受人们的社会生产活动影响的，而后者又取决于社会制度等因素。

总之，影响流行过程是多因素综合作用的结果。传染源、宿主和环境因素不是孤立地起作用，而是相互作用引起传染病的流行。

思考题

1. 动物传染病具有哪些与非传染病相区别的特性？
2. 传染病的发展可分为哪几个阶段（时期）？其含义是什么？
3. 何谓传染源？它可分为哪几种类型？

4. 为什么说病原携带者是十分重要的传染源？
5. 何谓传播媒介？它有几种类型？
6. 传染病的流行链锁是由哪几个基本环节构成的？在什么样的情况下，传染病就发生流行？而另在什么样的情况下，传染病就不能流行或终止流行？

第二章　畜禽传染病的防疫措施

（1）重点掌握：平时的预防措施、发病时的扑灭措施；疫情报告与疫病的诊断方法；检疫；隔离和封锁；免疫接种和药物预防；消毒、杀虫、灭鼠的方法。

（2）难点：检疫、隔离和封锁、免疫接种。

第一节　防疫工作的基本原则和内容

一、畜禽疫病防制基本原则

1. 建立和健全各级防疫机构，特别是乡镇动物防疫机构，以保证动物防疫措施的贯彻实施

畜禽防疫工作是一项与农业、商业、外贸、卫生、交通等部门都有密切关系的重要工作，只有在有关部门的密切配合下，从全局出发，通力协作，统一部署，全面安排，才能把动物防疫工作做好做实。

2. 贯彻"预防为主"的方针

做好畜禽饲养管理、防疫卫生、预防接种、检疫、隔离、消毒等综合性防疫措施，以达到提高畜禽的健康水平和抗病能力，控制和杜绝疫病的传播蔓延，降低发病率和死亡率。实践证明，只要做好平时的预防工作，很多畜禽疫病可以不致发生，一旦发生疾病，也能及时得到控制。特别是在当今，随着畜禽养殖大户的不断涌现和发展，"预防为主"方针的重要性更加显得突出。在大规模的畜禽养殖中，兽医工作的重点不是放在群发病的预防中，而是忙于治疗个别病畜，则势必造成大面积发病，工作完全陷入被动。所以说必须坚定不移地贯彻"预防为主"的方针，这是当今畜禽养殖的主要原则之一。

3. 贯彻国家制定和颁布的畜禽疫病防治的基本原则

1997年由全国人大常委会通过并由国家主席公布，自1998年起施行的《中华人民共和国动物防疫法》，对我国畜禽防疫工作的方针政策和基本原则做了明确而具体的叙述。1991年由全国人民代表大会常务委员会通过并由国家主席公布的《中华人民共和国进出境动植物检疫法》，将我国动物检疫的主要原则和办法做了详尽的规定。动物防疫法以及检疫法是我国目前执行的主要兽医法规。此外还有我国1985年由国务院发布的《畜禽家禽防疫条例》，同年农牧渔业部又颁布了防疫条例的实施细则等法律法规。

二、动物疫病防制的基本内容

畜禽疫病的流行是由传染源、传播途径和易感动物三个因素相互联结而形成的复杂过程，

因此，采取适当的防疫措施来消除或切断造成疫病流行的三个因素的相互联系，就可以使疫病不能传播，必须采取包括"养、防、检、治"四个基本环节的综合性措施。综合性防制措施可分为平时的防制措施和发生疫病时的扑灭措施两个方面。

1. 平时的防制措施

（1）加强饲养管理，增强畜禽机体的抗病力。畜禽最好是自繁自养，并且根据畜禽的生物学特性，不同种类、年龄、用途进行合理分群、分类饲养，饲养的圈舍要通风、向阳，有利于清洁卫生，同时要注意冬暖夏凉，饲料要营养丰富，定时定量。

（2）拟订和适时执行定期预防接种计划和补防计划。定期的预防接种是控制畜禽疫病的重要手段之一，要根据畜禽的种类、疫病流行状况、预防的病种科学地拟订预防接种计划。

（3）定期进行驱虫、圈舍消毒、粪便无害化处理工作。畜禽定期驱虫是减少疫病发生和流行的关键性措施之一，驱虫要根据畜禽的种类、季节，筛选好驱虫药物实行定期驱虫。猪最好是在断奶后、上圈前进行一次驱虫，牛、羊最好在每年的春、秋两季各驱虫一次。其他畜禽也要拟订和实施定期驱虫。圈舍定期消毒是预防、控制畜禽疫病发生和流行的重要措施，消毒也要根据饲养畜禽的种类、环境条件、消毒的方法等筛选好消毒药物，实行定期消毒，新建的圈舍必须先彻底消毒后，再饲养畜禽；老圈舍要先清除粪便、垫草，打扫清洁卫生，再进行消毒。清除的粪便、垫草要实行堆集发酵处理后再作农家肥。

（4）加强畜禽及其产品的检疫（验）工作，及时发现并消灭发疫源。目前，随着市场经济的发展，畜禽及其产品的流动日趋频繁，给疫病传播增加了机会。如有的地方出现的猪链球菌病、羊传染性胸膜肺炎等都是从外面传入，所以，加强畜禽及其产品的检疫（验）工作势在必行，并严格按照《动物防疫法》，配置相应的设施设备，提高动物检疫检验技能，依法实施畜禽及其产品的检疫（验）工作，控制疫病的传入或传出，确保畜禽健康发展。

（5）各乡镇畜牧兽医服务机构要认真调查研究当地的疫病分布情况，组织相邻的乡镇在上级行政主管部门的指导下，全面开展畜禽疫病联防工作，做到有计划、有步骤地控制或消灭畜禽疫病。

2. 发生疫病时的扑灭措施

（1）及时发现、诊断和上报疫情，并通告邻近地区做好预防工作。如发生畜禽疫病时，饲养户应及时报告当地畜牧兽医服务站，乡镇畜牧兽医服务站派技术人员进行初诊。同时上报疫情，如发生猪瘟、禽流感、鸡新城疫、口蹄疫等烈性畜禽疫病时，必须在 2 h 内电话报告相关部门，同时书面报告当地政府和县级主管部门，由当地政府部门在得到确诊后通告邻近地区，切实做好预防工作。

（2）迅速隔离病畜禽，封锁疫点（区）。发生疫病后，在兽医技术人员的指导下迅速隔离病畜禽，同时做好消毒处理。若发生危害性大的烈性、恶性畜禽疫病，如口蹄疫、禽流感、猪瘟、鸡新城疫、炭疽等应依法实施封锁，停止畜禽及其产品的交易、屠宰、加工、运输，并采取一系列的综合性措施防止疫情传出。

（3）紧急预防接种。就是在发生畜禽疫病后，对疫点（区）内、受威胁区的畜禽实施的紧急预防接种。紧急预防接种最好使用单苗，如发生猪瘟，应紧急接种猪瘟冻干苗；如发生鸡新城疫，应紧急接种鸡新城疫苗。接种必须头头注射，只只免疫。若是发生人畜共患的疫病，要及时通告当地卫生防疫部门，做好高危人员的防护和预防、免疫接种和监测工作。

（4）合理、科学地治疗病畜禽。若发生一般性畜禽疫病，对有价值和较大经济价值的病畜禽要及时、合理、科学地进行治疗，按不同畜禽种类、病种选用治疗药物，按疗程治疗，精心护理，使其早日康复。若是无价值的病畜禽，就必须淘汰和进行无害化处理。若是恶性、烈性、病毒性畜禽疫病，基本上无治疗效果，必须依法采取无害化处理。

（5）无害化处理病、死畜禽。发生疫病后不能治愈的畜禽和病死的畜禽，必须进行无害化处理，最好的处理方法是焚烧后深埋，无焚烧条件的，也可以深埋，深埋必须在1.5 m以上，并且深埋地点应选择在远离畜禽圈舍、道路、水源和畜禽放牧区。严禁将病死畜禽尸体乱丢乱放，影响社会公共卫生。对病畜禽的圈舍、用具、场地及周围环境必须按规定进行彻底消毒。如发生口蹄疫、禽流感等疫病，病畜禽污染的草场、道路、圈舍、用具必须采用两种以上的消毒药物交替使用，进行多次消毒。

（6）加强疫情监控，防止疫病再次发生。就是疫点（区）解除封锁后，兽医防疫机构要指派专业技术人员对原疫点（区）的畜禽实行监控，采取一系列的技术手段，防止疫病的再次发生。

第二节　疫情报告和诊断

任何单位和个人，发现畜禽传染病或疑似传染病时，必须立即报告当地畜禽防疫检疫机构或乡镇畜牧兽医站。特别是可疑为口蹄疫、炭疽、狂犬病、牛瘟、猪瘟、鸡新城疫、禽流感、牛流行热等重要传染病时，一定要迅速向上级有关领导机关报告，并通知邻近单位及有关部门注意预防工作。上级机关接到报告后，除及时派人到现场协助诊断和紧急处理外，根据具体情况逐级上报。若为紧急疫情，应以最迅速的方式上报有关领导部门。

当畜禽突然死亡或怀疑发生传染病时，应立即通知兽医人员。在兽医人员尚未到场或尚未做出诊断之前，应采取下列措施：将疑似传染病病畜进行隔离，派专人管理；对病畜停留过的地方和污染的环境、用具进行消毒；兽医人员未到达前，病畜尸体应保留完整；未经兽医检查同意，不得随便急宰，病畜的皮、肉、内脏未经兽医检验，不许食用。这些问题应经常向群众宣传解释，做到家喻户晓。

及时而正确的诊断是预防工作的重要环节，它关系到能否有效地组织防疫措施。诊断畜禽传染病常用的方法有：脂诊诊断、流行病学诊断、病理学诊断、病原学诊断和免疫学诊断等。诊断的方法有很多，但不是每一种传染病和每一次诊断工作都需要全面去做。由于病的特点各有不同，常需根据具体情况而定，有时仅需采用其中的一两种方法就可以及时做出诊断。现将各种诊断方法介绍如下：

1. 临诊诊断

临诊诊断是最基本的诊断方法。它是利用人的感官或借助一些最简单的器械如体温计、听诊器等直接对病畜进行检查。有时也包括血、粪、尿的常规检验。一般来说，都是简便易行的方法。对于某些具有特征临诊症状的典型病例如破伤风、放线菌病、马腺疫、猪气喘病等，经过仔细的临诊检查，一般不难做出诊断。但是临诊诊断有其一定的局限性，特别是对发病初期尚未出现有诊断意义的特征症状的病例，对非典型病例（如无症状的隐性患者）依靠临诊检查往往难于做出诊断。在很多情况下，临诊诊断只能提出可疑疫病的大致范围，必须结合其他诊断方法才能做出确诊。在进行临诊诊断时，应注意对整个发病畜群所表现的综合症状加以分析判断，不要单凭个别或少数病例的症状轻易下结论，以防止误诊。

2. 流行病学诊断

流行病学诊断是经常与临诊诊断联系在一起的一种诊断方法。某些畜禽疫病的临诊症状虽然基本上是一致的，但其流行的特点和规律却很不一致。例如口蹄疫、水疱性口炎、水疱病和水疱性疹等病，在临诊症状上几乎是完全一样的，无法区别，但从流行病学方面却不难区分。

流行病学诊断是在流行病学调查（即疫情调查）的基础上进行的。疫情调查可在临诊诊断过程中进行，如以座谈方式向畜主询问疫情，并对现场进行仔细观察、检查，取得第一手资料，然后对材料进行分析处理，做出诊断。调查的内容或提纲按各种不同的疫病和要求而制定，一般应弄清下列有关问题。

（1）本次流行的情况。最初发病的时间、地点，随后蔓延的情况，目前的疫情分布。疫区内各种畜禽的数量和分布情况、发病畜禽的种类、数量、年龄、性别。查明其感染率、发病率、病死率和死亡率。

（2）疫情来源的调查。本地过去曾否发生过类似的疫病；何时何地；流行情况如何；是否经过确诊；有无历史资料可查；何时采取过何种防治措施；效果如何；如本地未发生过，附近地区曾否发生；这次发病前，曾否由其他地方引进畜禽、畜产品或饲料；输出地有无类似的疫病存在？

（3）传播途径和方式的调查。本地各类有关畜禽的饲养管理方法，使役和放牧情况，牲畜流动、收购以及防疫卫生情况如何？交通检疫、市场检疫和屠宰检验的情况如何？死病畜处理情况如何？有哪些助长疫病传播蔓延的因素和控制疫病的经验？疫区的地理、地形、河流、交通、气候、植被和野生动物、节肢动物等的分布和活动情况，它们与疫病的发生及蔓延传播有无关系？

（4）该地区的政治、经济基本情况，群众生产和生活活动的基本情况和特点，畜牧兽医机构和工作的基本情况，当地领导、干部、兽医、饲养员和群众对疫情的看法如何，等等。

综上所述，可以看出，疫情调查不仅可给流行病学诊断提供依据，而且也能为拟定防治措施提供依据。

3. 病理学诊断

患各种传染病而死亡的畜禽尸体，多有一定的病理变化，可作为诊断的依据之一，如猪瘟、猪气喘病、鸡新城疫、禽霍乱、牛肺疫，都有特征性的病理变化，常有很大的诊断价值。有的病畜，特别是最急性死亡的病例和早期屠宰的病例，有时特征性的病变尚未出现，因此进行病理剖检诊断时尽可能多检查几头，并选择症状较典型的病例进行剖检。有些疫病除肉眼检查外，还需做病理组织学检查。有些病，还需检查特定的组织器官，如疑为狂犬病时应取脑海马角组织进行包涵体检查。

4. 微生物学诊断

运用兽医微生物学的方法进行病原学检查是诊断畜禽传染病的重要方法之一。一般常用下列方法和步骤：

（1）病料的采集。正确采集病料是微生物学诊断的重要环节。病料力求新鲜，最好能在濒死时或死后数小时内采取，要求尽量减少杂菌污染，用具器皿应尽可能严格消毒。通常可根据所怀疑病的类型和特性来决定采取哪些器官或组织的病料。原则上要求采取病原微生物含量多、病变明显的部位，同时易于采取，易于保存和运送。如果缺乏临诊资料，剖检时又难于分析诊断可能属何种病时，应比较全面地取材，例如血液、肝、脾、肺、肾、脑和淋巴结等，同时要注意带有病变的部分，如怀疑为炭疽，则非必要时不准做尸体剖检，只割取一块耳朵就可以了。

（2）病料涂片镜检。通常在有显著病变的不同组织器官和不同部位涂抹数片，进行染色镜检。此法对于一些具有特征性形态的病原微生物如炭疽杆菌、巴氏杆菌等可以迅速做出诊断，但对大多数传染病来说，只能提供进一步检查的依据或参考。

（3）分离培养和鉴定。用人工培养方法将病原体从病料中分离出来。细菌、真菌、螺旋体等可选择适当的人工培养基，病毒等可选用禽胚、各种动物或组织培养等方法分离培养，分得病原体后，再进行形态学、培养特性、动物接种及免疫学试验等方法做出鉴定。

（4）动物接种试验。通常选择对该种传染病病原体最敏感的动物进行人工感染试验。将病料用适当的方法进行人工接种，然后根据对不同动物的致病力、症状和病理变化特点来帮助诊断。当实验动物死亡或经一定时间杀死后，观察体内变化，并采取病料进行涂片检查和分离鉴定。一般应用的实验小动物有家兔、小鼠、豚鼠、仓鼠、家禽、鸽子等，在实验小动物对该病原体无感受性时，可以采用有易感性的大动物进行试验，但费用大，而且需要严格的隔离条件和严格的消毒措施，因此只有在非常必要和条件许可时才能进行。从病料中分离出微生物，虽是确诊的重要依据，但也应注意动物的"健康带菌"现象，其结果还需与临诊及流行病学、病理变化结合起来进行分析。有时即使没有发现病原体，也不能完全否定该种传染病的诊断。

5. 免疫学诊断

免疫学诊断是传染病诊断和检疫中常用的重要方法，包括血清学试验和变态反应两类。

（1）血清学试验。利用抗原和抗体特异性结合的免疫学反应进行诊断。可以用已知抗原来测定被检动物血清中的特异性抗体，也可以用已知的抗体（免疫血清）来测定被检材料中的抗原。血清学试验有中和试验（毒素抗毒素中和试验、病毒中和试验等）；凝集试验（直接凝集试验、间接凝集试验、间接血凝试验、SPA协同凝集试验和血细胞凝集抑制试验）；沉淀试验（环状沉淀试验、琼胶扩散沉淀试验和免疫电泳等）；溶细胞试验（溶菌试验、溶血试验）、补体结合试验以及免疫荧光试验（免疫酶技术、放射免疫测定、单克隆抗体和核酸探针等）。近年来，由于与现代科学技术相结合，血清学试验在方法上日新月异，发展很快，其应用也越来越广，已成为传染病快速诊断的重要工具。

（2）变态反应。动物患某些传染病（主要是慢性传染病）时，可对该病病原体或其产物（某种抗原物质）的再次进入产生强烈反应。能引起变态反应的物质（病原体、病原体产物或抽提物）称为变态原，如结核菌素、鼻疽菌素等，将其注入患病动物时，可引起局部或全身反应。

6. 分子生物学诊断

分子生物学诊断又称基因诊断。主要是针对不同病原微生物所具有的特异性核酸序列和结构进行测定。

（1）PCR 技术。又称为体外基因扩增技术。诞生于 1985 年，美国 PE-cetus 公司 Mullis 等人发明，1987 年得到美国专利局的专利授权。

PCR 技术主要是检测病原，做传染病的早期诊断和传染源的鉴定。传染病的病原体主要有真核生物、原核生物和非细胞型生物（病毒、朊病毒等）三大类。每类病原体都有其特异性的核酸。检测出特异性核酸就能确定致病的微生物，就能确诊是哪种传染病。

（2）核酸探针技术。核酸探针又称为基因探针、核酸分子杂交技术。该方法有三大组成部分：①待检核酸（模板）；②固相载体（NC 硝酸纤维膜或尼龙膜）；③用同位素、酶、荧光标记的核酸探针。

（3）DNA 芯片技术。该项技术在兽医传染病的诊断上还未见报道。但在人医的传染病诊断上已有研究报道。

第三节 检 疫

检疫就是应用前述各种诊断方法，对畜禽及畜禽产品进行疫病检查，并采取相应的措施，防止疫病的发生和传播。这是一项经常性的重要防疫措施，直接关系到畜牧业生产的发展、保障人民身体健康和维护对外贸易信誉等。

实施检疫的动物包括各种畜禽、家禽、皮毛兽、实验动物、野生动物和蜜蜂、鱼苗、鱼种等；动物产品包括生皮张、生毛类、生肉、种蛋、鱼粉、兽骨、蹄角等；运载工具包括运输动物及其产品的车船、飞机、包装、铺垫材料、饲养工具和饲料等。

根据动物及其产品的动态和运转形式，动物检疫可分为以下几种：

一、产地检疫

产地检疫是畜禽生产地区的检疫。做好这些地区的检疫是直接控制畜禽传染病的好办法。产地检疫可分两种：一种是乡镇内的集市检疫，主要是在集市上对农民饲养出售的畜禽进行检疫。由于集市上的畜禽比较集中，开展检疫工作也比较方便。一般由乡镇兽医对集市的畜禽进行健康检查，并出具检疫证明。到市场出售畜禽，必须持有检疫证。当地农牧部门，有权进行监督检查，禁止病畜及危害人畜健康的肉食品上市；遇有病畜则进行隔离、消毒、治疗或扑杀处理；对未预防注射的畜禽进行预防接种。这种集市检疫，已在全国各地普遍开展。另一种是畜禽收购检疫。这是集体和农户及国有农、牧场饲养的畜禽在出售时，由收购部门与当地检疫部门配合进行的检疫。收购检疫工作的好坏，直接影响中转、运输和屠宰前的发病率和病死率。如果收购时不检疫或不认真，不仅使经济遭受损失，而且有将病原散播到安全区畜禽的严重危险。

二、运输检疫

可分为铁路检疫和交通要道检疫两种。

① 铁路检疫。铁路检疫是防止畜禽疫病通过铁路运输传播，以保证农牧业生产和人民健康的重要措施之一。我国大多数省区已开展了铁路检疫和联防活动。铁路兽医检疫部门的主要任务是对托运的畜禽及其产品（如生皮、生毛等）进行检验，并查验产地（或市场）签发的检疫证，证明畜禽健康才能托运。如发现病畜时，畜主应根据铁路兽医意见对病畜禽和运载车辆进行处理。在没有铁路兽医检疫的地方，则由车站工作人员根据国家动物检疫规定查验产地检疫证书，证明为健康或为来自非疫区的畜禽及其产品时，方可托运。

② 交通要道检疫。无论水路、陆路或空中运输各种畜禽及其产品，起运前必须经过兽医检疫，认为合格并签发检疫证书，方可允许委托装运。一般在畜禽运输频繁的车站、码头等交通要道上设立检疫站，负责畜禽检疫工作。对在运输途中发生的传染病病畜及其尸体，要就地认真进行处理，对装运病畜的车辆、船只，要彻底清洗消毒，运输畜禽到达目的地后，要做隔离检疫工作，待观察判明确实无病时，才能与原有健康畜禽混群。

三、国境口岸检疫

为了维护国家主权和国际信誉，保障我国农牧业安全生产，既不能允许国外动物疫病传入，也不允许将国内动物疫病传到国外。为此，我国在国境各重要口岸设立动物检疫机构，执行检疫任务。动物检疫工作，必须根据《中华人民共和国进出境动植物检疫法》（全国人民代表大会常委会通过，1992年4月1日起实行）的规定，按照国家制定的《动物检疫操作规程》实施检疫。国境口岸检疫按性质不同又可分为下列数种。

（1）进出境检疫：这是对贸易性的动物及其产品在进出国境口岸时进行的一种检疫。只有对动物及其产品检疫而未发现检疫对象（国家规定应检疫的传染病）时，方准进入或输出。如发现由国外运来的动物及其产品有检疫对象时，应根据疾病性质，将病畜及可疑病畜就地烧埋、屠宰肉用或进行治疗、消毒处理等，必要时可封锁国境线的交通。我国规定：凡从国外输入畜禽及其产品，必须在签订进口合同前，向对方提出检疫要求。运到国境时，由国家兽医检疫机关按规定进行检查，合格的方准输入。输出的畜禽及其产品，由检疫机构按规定进行检疫，合格的发给"检疫证明书"，方准输出。

（2）旅客携带动物检疫：这是对进入国境的旅客、交通员工携带的或托运的动物及其产品进行的现场检疫。未发现检疫对象的可以放行，发现检疫对象的进行消毒处理后放行，无有效方法处理的销毁。如现场不能得出检疫结果，可出具凭单截留检疫，并将处理结果通知货主。出境携带的动物及其产品，可视情况实施检疫和出具证明。

（3）国际邮包检疫：邮寄入境的动物产品经检疫如发现检疫对象时，进行消毒处理或销毁，并分别通知邮局或收寄人。

（4）过境检疫：载有畜禽的列车等通过我国国境时，对畜禽及其产品进行检疫和处理。动物的传染病很多，并不是所有动物传染病都列入检疫对象的，例如从我国当前动物疫病的情况出发，国家规定的进口检疫对象分严重传染病和一般传染病两类。前者主要是一些危害大而目前预防控制困难的动物疫病、人畜共患和畜禽共患的动物疫病以及我国尚未发现的国外病等，应作为检疫的重点对象。进口检疫时如发现患有严重传染病的动物及其同群动物，应全群退回或全群扑杀并销毁尸体。如发现患有一般传染病的动物，应退回或扑杀并销毁尸体，同群动物在动物检疫隔离场或指定地点隔离观察。除国家规定和公布的检疫对象外，两国签订的有关协定或贸易合同中也可以规定某种畜禽传染病作为检疫对象。省（市、区）农业部门则可从本地区实际需要出发，根据国家公布的检疫对象，补充规定某些传染病列入本地区的检疫对象在省际公布执行。

第四节 隔离和封锁

一、隔 离

隔离病畜和可疑感染的病畜是防制传染病的重要措施之一。隔离病畜是为了控制传染源，防止病畜继续受到传染，以便将疫情控制在最小范围内加以就地扑灭。为此，在发生传染病流行时，应首先查明畜群中蔓延的程度，应逐头检查临诊症状，必要时进行血清学和变态反应检查（当进行大批畜禽逐头检查时，应注意不能使检查工作成为散播传染的因素）。根据诊断检疫的结果，可将全部受检畜禽分为病畜、可疑感染畜禽和假定健康畜禽等三类，以便分别对待。

1. 病畜包括有典型症状或类似症状，或其他特殊检查阳性的畜禽

它们是危险性最大的传染源，应选择不易散播病原体、消毒处理方便的场所或房舍进行隔离。如病畜数目较多，可集中隔离在原来的畜舍里。特别注意严密消毒，加强卫生和护理工作，须有专人看管和及时进行治疗。隔离场所禁止闲杂人畜出入和接近。工作人员出入应遵守消毒制度。隔离区内的用具、饲料、粪便等，未经彻底消毒处理，不得运出，没有治疗价值的畜禽，由兽医根据国家有关规定进行严格处理。

2. 可疑感染畜禽

未发现任何症状，但与病畜及其污染的环境有过明显的接触，如同群、同圈、同槽、同牧，使用共同的水源、用具等。这类畜禽有可能处在潜伏期，并有排菌（毒）的危险，应在消毒后另选地方将其隔离、看管，限制其活动，详加观察，出现症状的则按病畜处理。有条件时应立即进行紧急免疫接种或预防性治疗。隔离观察时间的长短，根据该种传染病的潜伏期长短而定，经一定时间不发病者，可取消其限制。

3. 假定健康畜禽

除上述两类外，疫区内其他易感畜禽都属于此类。应与上述两类严格隔离饲养，加强防疫消毒和相应的保护措施，立即进行紧急免疫接种，必要时可根据实际情况分散喂养或转移至偏僻牧地。

二、封 锁

当爆发某些重要传染病时，除严格隔离病畜之外，还应采取划区封锁的措施，以防止疫病向安全区散播和健康畜误入疫区而被传染。根据我国《畜禽家禽防疫条例》的规定，当确诊为牛瘟、口蹄疫、炭疽、猪水疱病、猪瘟、非洲猪瘟、牛肺疫、鸡瘟（禽流感）等一类传染病或当地新发现的畜禽传染病时，兽医人员应立即报请当地政府机关，划定疫区范围，进行封锁。封锁的目的是保护广大地区畜群的安全和人民的健康，把疫病控制在封锁区之内，

发动群众集中力量就地扑灭。

封锁区的划分，必须根据该病的流行规律、当时疫情流行情况和当地的具体条件进行充分研究，确定疫点、疫区和受威胁区。执行封锁时应掌握"早、快、严、小"的原则，亦即执行封锁应在流行早期，行动果断迅速，封锁严密，范围不宜过大。根据我国《畜禽家禽防疫条例》规定的实施细则，具体措施如下：

1. 封锁的疫点应采取的措施

（1）严禁人、畜禽、车辆出入和畜禽产品及可能污染的物品运出。在特殊情况下人员必须出入时，需经有关兽医人员许可，经严格消毒后出入。

（2）对病死畜禽及其同群畜禽，县级以上农牧部门有权采取扑杀、销毁或无害化处理等措施，畜主不得拒绝。

（3）疫点出入口必须有消毒设施，疫点内用具、圈舍、场地必须进行严格消毒，疫点内的畜禽粪便、垫草、受污染的草料必须在兽医人员监督指导下进行无害化处理。

2. 封锁的疫区应采取的措施

（1）交通要道必须建立临时性检疫消毒卡，备有专人和消毒设备，监视畜禽及其产品移动，对出入人员、车辆进行消毒。

（2）停止集市贸易和疫区内畜禽及其产品的采购。

（3）未污染的畜禽产品必须运出疫区时，需经县级以上农牧部门批准，在兽医防疫人员的监督指导下，经外包装消毒后运出。

（4）非疫点的易感畜禽，必须进行检疫或预防注射。农村城镇饲养及牧区畜禽与放牧水禽必须在指定疫区放牧，役畜限制在疫区内使役。

3. 受威胁区及其应采取的主要措施

疫区周围地区为受威胁区，其范围应根据疾病的性质、疫区周围的山川、河流、草场、交通等具体情况而定。受威胁区应采取如下主要措施：

（1）对受威胁区内的易感动物应及时进行预防接种，以建立免疫带。

（2）管好本区易感动物，禁止出入疫区，并避免饮用疫区流过来的水。

（3）禁止从封锁区购买牲畜、草料和畜产品，如从解除封锁后不久的地区买进牲畜或其产品，应注意隔离观察，必要时对畜产品进行无害处理。

（4）对设于本区的屠宰场、加工厂、畜产品仓库进行兽医卫生监督，拒绝接受来自疫区的活畜及其产品。

（5）解除封锁。疫区内（包括疫点）最后一头病畜禽扑杀或痊愈后，经过该病一个潜伏期以上的检测、观察，未再出现病畜禽时，经彻底消毒清扫，由县级以上农牧部门检查合格后，经原发布封锁令的政府发布解除封锁后，并通报毗邻地区和有关部门。疫区解除封锁后，病愈畜禽需根据其带毒时间，控制在原疫区范围内活动，不能将它们调到安全区去。

第五节 传染病病畜的治疗

畜禽传染病的治疗，一方面是为了挽救病畜，减少损失；另一方面在某种情况下也是为了消除传染源，是综合性防疫措施中的一个组成部分。目前对各种畜禽传染病的治疗方法虽不断有所改进，但仍有一些疫病尚无有效的疗法。当认为病畜无法治愈；或治疗需要很长时间，所有医疗费用超过病畜痊愈后的价值；或当病畜对周围的人畜有严重的传染威胁时，可以淘汰宰杀。尤其是当某地传入一种过去没有发生过的危害性较大的新病时，为了防止疫病蔓延扩散，造成难以收拾的局面，应在严密消毒的情况下将病畜淘汰处理。在一般情况下，我们既要反对那种只管治不管防的单纯治疗观点，又要反对那种从另一个极端曲解"预防为主""防重于治"，认为重在预防，治疗就可有可无的偏向。

传染病病畜的治疗与一般普通病不同，特别是那些流行性强、危害严重的传染病，必须在严密封锁或隔离的条件下进行，务必使治疗的病畜不致成为散播病原的传染源。治疗中，在用药方面坚持因地制宜、勤俭节约的原则。既要考虑针对病原体，消除其致病作用，又要帮助动物机体增强一般抗病能力和调整、恢复生理机能，采取综合性的治疗方法。病畜的治疗必须及早进行，不能拖延时间。还应尽量减少诊疗工作的次数和时间，以免经常惊扰而使病畜得不到安静的休养。不能单靠药物治疗，而应尽力扶持和增强病畜本身的抵抗力。

一、针对病原体的疗法

在畜禽传染病的治疗方面，帮助动物机体杀灭或抑制病原体，或消除其致病作用的疗法是很重要的，一般可分为特异性疗法、抗生素疗法和化学疗法等。简要介绍如下。

1. 特异性疗法

应用针对某种传染病的高度免疫血清、痊愈血清（或全血）等特异性生物制品进行治疗，因为这些制品只对某种特定的传染病有疗效，而对其他传染病无效，故称为特异性疗法。例如破伤风抗毒素血清只能治破伤风，对其他病无效。

高度免疫血清主要用于某些急性传染病的治疗，如小鹅瘟、猪瘟、猪丹毒、巴氏杆菌病、炭疽、破伤风等。一般在诊断确实的基础上在病的早期注射足够剂量的高度免疫血清，常能取得良好的疗效。如缺乏高度免疫血清，可用耐过动物或人工免疫动物的血清或血液代替，也可起到一定的作用，但用量须加大。使用血清时如为异种动物血清，应特别注意防止过敏反应。一般高度免疫血清很少生产，而且并非随时可以购得，因此在兽医实践中的应用远不如抗生素或磺胺类药物广泛。

2. 抗生素疗法

抗生素为细菌性急性传染病的主要治疗药物，近年来在兽医实践中的应用日益广泛，并已取得显著成效。抗生素的种类、性质和药理作用详见药理学。下面仅就在传染病的治疗工作中正确应用抗生素的问题做一简要说明。

合理地应用抗生素，是发挥抗生素疗效的重要前提。不合理地应用或滥用抗生素往往引起种种不良后果。一方面可能使敏感病原体对药物产生耐药性，另一方面可能对机体引起不良反应，甚至引起中毒。使用时一般要注意如下几个问题。

（1）掌握抗生素的适应症。抗生素各有其主要适应症，可根据临诊诊断，估计致病菌种，选用适当药物。最好以分离的病原菌进行药物敏感性试验，选择对此菌敏感的药用于治疗。

（2）要考虑到用量、疗程、给药途径、不良反应、经济价值等问题。开始剂量宜大，以便集中优势药力给病原体以决定性打击，以后再根据病情酌减用量；疗程应根据疾病的类型、病畜的具体情况决定，一般急性感染的疗程不必过长，可于感染控制后 3 d 左右停药。

（3）不要滥用。滥用抗生素不仅对病畜无益，反而会产生种种危害。例如常用的抗生素对大多病毒性传染病无效，一般不宜应用，即使在某种情况下应用于控制继发感染，但在病毒性感染继续加剧的情况下，对病畜也是无益而有害的。此外，还应注意，食用动物在屠宰前一定时间不准使用抗生素等药物治疗，因为这些药物在畜产品中的残留量对人类是有危害性的。

（4）抗生素的联合应用应结合临诊经验控制使用。联合应用时有可能通过协同作用增进疗效，如青霉素与链霉素的合用、土霉素与氯霉素合用等主要可表现协同作用。但是，不适当的联合使用（如青霉素与氯霉素合用、土霉素与链霉素合用常产生对抗作用），不仅不能提高疗效，反而可能影响疗效，而且增加了病菌对多种抗生素的接触机会，更易广泛地产生耐药性。

抗生素和磺胺类药物的联合应用，常用于治疗某些细菌性传染病。如链霉素和磺胺嘧啶的协同作用可防止病菌迅速产生对链霉素的耐药性，这种方法可用于布鲁氏菌病的治疗。青霉素与磺胺的联合应用常比单独使用的抗菌效果为好。

3. 化学疗法

使用有效的化学药物帮助动物机体消灭或抑制病原体的治疗方法，称为化学疗法。治疗畜禽传染病最常用的化学药物有：

（1）磺胺类药物。这是一类化学合成的抗菌药物，可抑制大多数革兰氏阳性和部分阴性细菌，对放线菌和一些大型病毒也有一定的作用，个别磺胺类药还能选择性地抑制某些原虫（如球虫等）。

（2）抗菌增效剂。这是一类新型广谱抗菌药物，与磺胺类药并用，能显著增加疗效，曾称为磺胺增效剂。后来发现这类药物亦能大大增加某些抗生素的疗效，故现称为抗菌增效剂。国内已大量生产供临诊使用的抗菌增效剂，有甲氧苄氨嘧啶（TMP）和二甲苄氨嘧啶（DVD，又称敌菌净）等。

（3）硝基呋喃类药。本类药物是广谱抗菌药，可对抗多种革兰氏阴性及阳性细菌，常用的有呋喃唑酮（痢特灵）等。低浓度（5~10 μg/mL）呈抑菌作用，高浓度（20~50 μg/mL）有杀菌作用，亦有抗球虫作用。本类药物性质稳定，其抗菌效力不受浓汁及组织分解产物的影响，外用对组织刺激性较小，多数细菌对本类药物不易产生耐药性。此外尚有价廉、使用方便等优点。但也存在一定毒性，使用时应予以注意。

（4）其他药物。抗菌药有黄连素、大蒜素等，这些药物抗菌谱广、抗菌活性强，多用于畜禽肠道感染。异烟肼（雷米封）等对结核病有一定疗效。抗病毒感染的药物近年来有所发展，但仍远较抗菌药物为少，毒性一般也较大。目前在人医临床上试用的药物有阿糖腺苷、三氮唑核苷（病毒唑）、阿糖胞苷、吗啉双胍（病毒灵）、三氟尿苷、阿昔洛韦和干扰素等十余种，但在兽医临床上应用的还很少。

二、针对动物机体的疗法

在畜禽传染病的治疗工作中，既要考虑帮助机体消灭或抑制病原体，消除其致病作用，又要帮助机体增强一般的抵抗力和调整、恢复生理机能，促使机体战胜疫病，恢复健康。

1. 加强护理

对病畜护理工作的好坏，直接关系到医疗效果的好坏，是治疗工作的基础。传染病畜的治疗应在严格隔离的畜舍中进行，冬季应注意防寒保暖，夏季注意防暑降温。隔离舍必须光线充足，通风良好，并有单独的畜栏，防止病畜彼此接触，应保持安静、干爽清洁，并经常进行随时消毒，严禁闲人入内。应供给病畜充分的饮水，因高热病畜经常需要喝水，每一病畜应单独有一水桶或水盆，每天更换清洁的饮水。给以新鲜而易消化的高质量饲料，少喂勤添，必要时可人工灌服。根据病情的需要，亦可用注射葡萄糖、维生素或其他营养性物质以维持其生命，帮助机体渡过难关。此外，应根据当时当地的具体情况、病的性质和该病畜的临诊特点进行适当的护理工作。

2. 对症疗法

在传染病治疗中，为了减缓或消除某些严重的症状、调节和恢复机体的生理机能而进行的内外科疗法，均称为对症疗法。如使用退热、止痛、止血、镇静、兴奋、强心、利尿、清泻、止泻、防止酸中毒和碱中毒、调节电解质平衡等药物，以及某些急救手术和局部治疗等，都属于对症疗法的范畴。

第六节　消毒、杀虫、灭鼠

一、消　毒

消毒是贯彻"预防为主"方针的一项重要措施，消毒的目的是消灭被传染源散播于外界环境中的病原体，以切断传播途径，阻止疫病继续蔓延。

根据消毒的目的，可分为以下三种情况：

（1）预防性消毒：结合平时的饲养管理对畜舍、场地、用具和饮水等进行定期消毒，以达到预防一般传染病的目的。

（2）随时消毒：在发生传染病时，为了及时消灭刚从病畜体内排出的病原体而采取的消毒措施。消毒的对象包括病畜所在的畜舍、隔离场地以及被病畜分泌物、排泄物污染和可能污染的一切场所、用具和物品，通常在解除封锁前，进行定期的多次消毒，病畜隔离舍应每天和随时进行消毒。

（3）终末消毒：在病畜解除隔离、痊愈或死亡后，或者在疫区解除封锁之前，为了消灭疫区内可能残留的病原体所进行的全面彻底的大消毒。

以下介绍防疫工作中比较常用的一些消毒方法。

（一）机械性清除

用机械的方法如清扫、洗刷、通风等清除病原体，是最普通、常用的方法。如畜舍地面的清扫和洗刷、畜体被毛的刷洗等，可以使畜舍内的粪便、垫草、饲料残渣清除干净，并将畜禽体表前污物去掉。随着这些污物的消除，大量病原体也被清除。在清除之前，应根据清扫的环境是否干燥、病原体危害性大小，决定是否需要先用清水或某些化学消毒剂喷洒，以免打扫时尘土飞扬，造成病原体散播，影响人畜健康。机械性清除不能达到彻底消毒的目的，必须配合其他消毒方法进行。清扫出来的污物，根据病原体的性质，进行堆放区发酵、掩埋、焚烧或其他药物处理。清扫后的房舍地面还需要喷洒化学消毒药或用其他方法，才能将残留的病原体消灭干净。

通风亦具有消毒的意义。它虽不能杀灭病原体，但可在短期内使舍内空气交换，减少病原体的数量。如在 80 m³ 的畜舍内，当无风与舍内外温差为 20 °C 时，约 9 min 就能交换空气一次；而温差为 15 °C 时就需 11 min。通风的方法很多，如利用窗户或气窗换气、机械通风等。通风时间视温差大小可适当掌握，一般不少于 30 min。

（二）物理消毒法

1. 高温消毒

高温对微生物有明显的致死作用，其主要原因是高温能使菌体蛋白质变性或凝固，酶失去活性，核酸结构遭到破坏等，从而导致其死亡。所以，热力灭菌是应用最早、效果最可靠、使用最广泛的一种方法。它包括干热灭菌法和湿热灭菌法。

（1）干热灭菌法。包括火焰灭菌法和热空气灭菌法。

① 火焰灭菌法。以火焰直接烧灼杀死物体上的全部微生物，其中包括灼烧和焚烧。灼烧主要用于耐烧物品，直接在火焰上烧灼，如接种针（环）、金属器具、试管口等。焚烧常用于烧毁物品等，如传染病畜禽及实验感染动物的尸体、病畜禽的垫料以及其他被污染的废弃物。

② 热空气灭菌法。利用干热灭菌器，以干热空气进行灭菌的方法。本方法适用于高温下不损坏、不变质的物品，如各种玻璃器皿、瓷器、金属器械等的灭菌。在干热情况下，由于热空气的穿透力较低，因此干热灭菌需在 160 °C 维持 1～2 h，才能达到杀死所有微生物及其芽孢的目的。灭菌时温度逐渐升降，切忌太快。

（2）湿热灭菌法。在相同温度下，湿热灭菌的效果比干热灭菌好。这是因为：① 蛋白质在含水多的环境中遇热容易凝固，湿热灭菌时，菌体蛋白质吸收水分，从而加速了蛋白质的凝固变性。② 湿热传导快，穿透性强，可使灭菌对象内部温度迅速上升，提高灭菌物体的温度。③ 湿热灭菌时，蒸气接触到物体表面即凝集成水，同时放出潜热，这种潜热能迅速提高灭菌物体的温度。

湿热灭菌法包括：

① 煮沸灭菌法。将被消毒物品放在水中煮沸，100 °C 持续 15 min，可杀死绝大多数病原微生物及一切细菌的繁殖体。芽孢常需煮沸 1～2 h 才被杀死。外科手术器械、注射器、针头以及食具等多用此法灭菌。

② 流通蒸汽灭菌法。利用蒸汽在蒸笼或流通蒸汽灭菌器内进行灭菌的方法。100 °C 的蒸汽维持 30 min，足以杀死细菌的繁殖体，但不能杀灭芽孢和霉菌孢子。

③ 巴氏消毒法。是利用不太高的温度，以杀死某些类型的微生物，但又不致严重损害营养与风味的消毒法。此法常用于牛奶和酒类的消毒。

④ 高压蒸汽灭菌法。是利用密闭的蒸汽锅加热灭菌的方法。通常在 1.05 kg（0.1 MPa）/cm²（约等于 15 b/in²）的压力下，温度达 121.3 °C，维持 15～20 min，可杀死所有的繁殖体和芽孢。如果其内混有冷空气，则压力表所示的压力与应达到的温度不符，影响灭菌效果。此法适用于多种耐热物品的灭菌。

2. 干燥消毒

水是微生物生命活动中不可缺少的物质。微生物在干燥的环境中失去大量水分，新陈代谢会发生障碍，甚至引起细胞内盐分浓度的增高和菌体蛋白质变性而导致死亡。不同种类的微生物对干燥的抵抗力差别很大。如巴氏杆菌、嗜血杆菌、鼻疽杆菌在干燥的环境中仅能存活几天，而结核杆菌能耐受干燥 90 d；细菌的芽孢对干燥有强大的抵抗力，如炭疽杆菌和破伤风梭菌的芽孢在干燥条件下可存活几年甚至数十年以上；霉菌的孢子对干燥也有强大的抵抗力。

由于微生物不能在干燥环境中生长繁殖，因此常用干燥法来保存食品、饲料、谷类、皮张、药材等。而利用高浓度的盐溶液或糖溶液保存食品，是由于高浓度的溶液吸取菌体内的水分，造成微生物细胞的生理性干燥而达到抑菌的目的。

3. 辐射消毒

辐射对微生物的灭活作用可分为电离辐射和非电离辐射两种。

（1）非电离辐射。包括日光、紫外线。

① 直射日光有强烈的杀菌作用，是天然的杀菌因素。许多微生物在直射日光的照射下，半小时到数小时即可死亡。芽孢对日光照射的抵抗力比繁殖体大得多，往往需经 20 h 才能死亡。日光的杀菌效力受环境、温度以及微生物本身的抵抗力等因素影响。在实际生活中，日光对被污染的土壤、牧场、畜舍、用具等的消毒以及江河的自净作用均具有重要的意义。

② 紫外线中波长 200～300 nm 部分具有杀菌作用，其中以 265～266 nm 段的杀菌力最强，它可损伤细菌的 DNA 构型，干扰其复制，导致细菌死亡或突变。实验室通常使用的紫外线杀菌灯，其波长为 253.7 nm，杀菌力强而且稳定。紫外线灯的消毒效果与照射时间和距离有关，一般灯管离地面距离为 2 m，照射 1～2 h，所以只能用于物体表面的消毒，常用于微生物实验室、无菌室、手术室、传染病房、种蛋室等的空气消毒，或用于不能用高温或化学药品消毒物品的表面消毒。此外，紫外线也是一种有效的诱变方法，常用于菌株、毒株的选育。紫外线对人体皮肤和眼睛角膜有刺激损伤作用，故不要在紫外线灯照射下工作。

（2）电离辐射。包括放射性同位素的射线（即 α、β、γ 射线）和 X 射线以及高能质子、中子等。它们能将被照射物质原子核周围的电子击出，引起电离产生致死微生物的效应。在实际工作中主要是 X 和 γ 射线等，常用于药品、毛皮、食品、生物制品、一次性使用的塑料注射器等方面的消毒。X 和 γ 射线对机体有害，应注意防护。

4. 其他物理因素

超声波是由超声波发生器产生的，对细胞有破坏作用，能使大多数细胞裂解死亡。但因为超声波费用颇大，故未用于消毒灭菌。目前主要用于裂解细胞，提取细胞组分，研究抗原、酶类、细胞壁的化学性质以及从组织内提取病毒等。

（三）化学消毒法

在兽医防疫实践中，常用化学药品的溶液来进行消毒。化学消毒的效果决定于许多因素，例如病原体抵抗力的特点、所处环境的情况和性质、消毒时的温度、药剂的浓度、作用时间长短等。在选择化学消毒剂时应考虑对该病原体的消毒力强、对人畜的毒性小、不损害被消毒的物体、易溶于水、在消毒的环境中比较稳定、不易失去消毒作用（如对蛋白质和钙盐的亲和力要小）、价廉易得和使用方便等。

根据化学消毒剂对微生物的作用，主要分为以下几类。

（1）凝固蛋白类的化学消毒剂。如酚（石碳酸）、甲醛及其衍生物（来苏儿、克辽林等）、醇、酸等。

（2）溶解蛋白质类的化学消毒剂。如氢氧化钙、石灰等。

（3）氧化蛋白质类的化学消毒剂。如漂白粉、氯胶、过氧乙酸等。

（4）阳离子表面活性消毒剂。如新洁尔灭、洗必泰等。

（5）其他消毒剂。如福尔马林、戊二醛、环氧乙烷等。

以上各类消毒剂，它们各有特点，可按具体情况加以选用。下面介绍几种在兽医防疫方面最常用的化学消毒剂。

① 氢氧化钠（苛性钠、烧碱）。对细菌和病毒均有强大的杀灭力，且能溶解蛋白质，常配成 1%~2%的热水溶液消毒被细菌（巴氏杆菌、沙门氏菌等）或病毒（口蹄疫、水疱病、猪瘟等）污染的畜舍、地面和用具等。1%~2%热氢氧化钠溶液中加 5%~10%的食盐时，可增加其对炭疽杆菌的杀菌力。本品对金属物品有腐蚀性，消毒完毕要冲洗干净。对皮肤和黏膜有刺激性，消毒畜舍时，应驱出畜禽，以水冲洗饲槽、地面后隔半天，方可让畜禽进圈。

② 碳酸钠。其粗制品又称碱，常配成 4%热水溶液洗刷或浸泡衣物、用具、车船和场地等，以达到消毒和去污的目的。外科器械煮沸消毒时在水中加本品 1%，可促进黏附在器械表面的污染物溶解，使灭菌更为完全，且可防止器械生锈。

③ 石灰乳。用于消毒的石灰乳是生石灰（氧化钙）1份加水 1份制成熟石灰（氢氧化钙，或称消石灰），然后用水配成 10%~20%的混悬液用于消毒。若熟石灰存放过久，吸收了空气中的二氧化碳，变成碳酸钙，则失去消毒作用。因此在配制石灰乳时，应随配随用，以免失效浪费。石灰乳有相当强的消毒作用，但不能杀灭细菌的芽孢，它适于粉刷墙壁、圈栏、消毒地面、沟渠和粪尿等。生石灰 1 kg 加水 350 mL 化开而成的粉末，也可撒在阴湿地面、粪池周围等处进行消毒。直接将生石灰粉撒播在干燥地面上，不发生消毒作用，反而会使蹄部干燥开裂。生石灰的杀菌作用主要是改变介质的 pH，同时夺取微生物细胞的水分，并与蛋白质形成蛋白化合物。

④ 漂白粉。又称氯化石灰，是一种广泛应用的消毒剂。其主要成分为次氯酸钙，是用气体氯将石灰氯化而成的。漂白粉遇水产生极不稳定的次氯酸，易离解产生氧原子和氯原子，通过氧化和氯化作用，呈现强大而迅速的杀菌作用。漂白粉的消毒作用，与有效氯含量有关。其有效氯含量一般在 25%~30%之间，但有效氯易散失，故应将漂白粉保存于密闭、干燥的容器中，放在阴凉通风处，在妥为保存的条件下，有效氯每月损失约 1%~3%。当有效氯低于 16%时即不适用于消毒。所以在使用漂白粉前，应测定其有效氯含量。常用剂型有粉剂、乳剂和澄清液（溶液）。其 5%溶液可杀死一般性病原菌，10%~20%溶液可杀死芽孢。常用浓度 1%~20%不等，视消毒对象和药品的质量而定。一般用于畜舍、地面、水沟、粪便、运输车船、水井等消毒。对金属及衣服、纺织品有破坏力，使用时应加注意。漂白粉溶液有轻度的毒性，使用浓溶液时应注意人畜安全。

⑤ 次氯酸钠（NaClO）。为广谱消毒剂，因易于分解，不易保存，未能广泛应用。现有国产次氯酸钠消毒液发生器，利用特制的电极电解氯化钠溶液（4%NaCl）制备次氯酸钠，成本低，高效，无毒，有推广价值。对细菌、真菌、病毒均有较强的杀灭作用。以 200 ppm 对入孵种蛋浸泡 5 min 消毒有效，对孵化率影响小。以 0.3%浓度 50 mL/m³ 剂量可用于室内带鸡气雾消毒。

⑥ 二氯异氰尿酸钠（Sodium dichloroisocyanuric acid）。为新型广谱高效安全消毒剂，对细菌、病毒均有显著的杀灭效果。以此药为主要成分的商品消毒剂有"强力消毒灵""灭菌净""抗毒威"等。为白色粉末，易溶于水、性稳定、易保存。以1∶200或1∶100水溶液可用于喷洒畜舍地面和笼具等消毒，1∶2 400用于浸泡消毒种蛋、器皿等。

⑦ 过氧乙酸。纯品为无色透明液体，易溶于水。市售成品有40%水溶液，性不稳定，须密闭避光贮放在低温（3~4 ℃）处，有效期半年。高浓度加热（70 ℃以上）能引起爆炸，但低浓度如10%溶液则无此危险。低浓度水溶液易分解，应现用现配。本品为强氧化剂，消毒效果好，能杀死细菌、真菌、芽孢和病毒。除金属制品和橡胶外，可用于消毒各种物品，如0.2%溶液用于浸泡污染的各种耐腐蚀的玻璃、塑料、陶瓷用具和白色纺织品；0.5%溶液用于喷洒消毒畜舍地面、墙壁、食槽、木质车船等。由于分解后形成一些无毒产物，不遗留残药，因此能消毒水果、蔬菜和食品表面（鸡蛋外壳、填鸭等），一般用0.01%~0.5%溶液浸泡（用0.03%溶液在25 ℃浸泡3 min可杀死填鸭外表污染的沙门氏菌）；用5%溶液按每立方米2.5 mL量喷雾消毒密闭的实验室、无菌室、仓库、加工车间等；用0.2%~0.3%溶液在鸡舍中喷雾，可作为10日龄以上雏鸡和成鸡的带鸡消毒。

本品稀释后不能久贮（1%溶液只能保效几天）。浓液能使皮肤和黏膜烧伤，稀液对黏膜也有刺激性，用时应注意。

⑧ 酒精（乙醇）。酒精可使菌体（细菌的繁殖型）蛋白变性而丧失生命活动力。一般配置75%的酒精溶液，做成酒精棉球，用于涂抹动物皮肤、外伤或消毒体温计、针头等，或浸泡刀、剪器械，30 min可达到消毒效果。

⑨ 碘酊。外用有较强的杀菌作用，能杀死病原微生物及其芽孢。常用5%碘酊消毒注射部位及外科手术部位。

⑩ 新洁尔灭（溴化苄烷铵）。为表面活性剂，对许多细菌（包括芽孢型）及霉菌杀菌力强。0.1%浓度用于清洗术部和手、擦拭器械设备以及浸泡器具。0.01%~0.05%浓度用于冲洗黏膜及深部感染伤口。

⑪ 福尔马林。是指市售36%~40%的甲醛溶液。甲醛能使蛋白质凝固变性，具有强大的杀菌作用。2%~4%的甲醛可杀死大多数细菌、芽孢和病毒，常用于喷洒畜舍、车间、用具、饲槽及污染场所等的消毒。仓库、实验室等的空气消毒和皮毛消毒，可用福尔马林熏蒸消毒法，按每立方米空间用福尔马林25 mL，加水12.5 mL，再加高锰酸钾25 g作为催化剂，使其产生蒸汽（倒入高锰酸钾后人应立即退出），密闭16~24 h，然后打开门窗通风换气，也可用浓氨水（每立方米2~5 mL）加热蒸发以消除甲醛的刺激。用于畜舍、孵化室、育雏室的消毒，按每立方米用15 mL福尔马林加热蒸发或加热高锰酸钾6 g氧化蒸发。用于炭疽芽孢污染的消毒，则每立方米用250 mL福尔马林加热蒸发或加入高锰酸钾氧化蒸发。

⑫ 来苏儿（煤酚皂溶液）。本品为无色液体，难溶于水，能溶于酒精及醚，有异臭。主要成分为煤酚（甲酚）。能杀灭细菌繁殖体，对结核杆菌、真菌也有一定的杀灭作用，也能抑制病毒。其5%~10%溶液用于消毒排泄物和实验废弃材料；3%~5%溶液用于浸泡、喷雾或湿抹器械、用具。1%~2%溶液用于消毒手和皮肤。

⑬ 苯酚（石碳酸）。本品为无色或淡红色针状结晶，有特异性的芳香味，可溶于水，易溶于醇、甘油等有机溶剂。能杀灭细菌，局部使用浓度过高，能引起组织损伤甚至坏死，稀溶液能止痒和止痛。配成3%~5%水溶液用于消毒外科器械（浸泡）、畜舍、用具及其他物品（喷

雾、湿抹）以及鸡场、孵化场等出入口的消毒池。

⑭ 菌毒敌。属于复合酚类消毒剂，对细菌和病毒都有良好的杀灭作用，是一种能同时杀灭口蹄疫和主传染性水疱病两种病毒的双效药物。使用时，取本品1份加水200份稀释混匀后，用于畜舍和动物场所的喷雾消毒，亦可按每平方米4 g剂量进行熏蒸消毒。

（四）生物热消毒

生物热消毒法主要用于污染粪便的无害化处理。在粪便堆积过程中，利用粪便中的微生物发酵产热，可使温度达到70 ℃以上。经过一段时间，可以杀死病毒、病菌（芽孢除外）、寄生虫卵等病原体而达到消毒的目的，同时又保持了粪便的良好肥效。

二、杀　虫

虻、蝇、蚊、蜱等节肢动物都是畜禽疾病的重要传播媒介。因此，杀灭这些媒介昆虫和防止它们的出现，在预防和扑灭畜禽疫病方面具有重要的意义。实际操作中，可根据昆虫的种类、具备的条件等选用适宜的杀虫方法。

（一）物理杀虫法

（1）以喷灯火焰喷烧昆虫聚集的墙壁、用具的缝隙，或以火焰焚烧昆虫聚居的垃圾等废物。
（2）利用100～160 ℃的干热空气杀灭物品上的昆虫以及虫卵。
（3）用沸水或蒸汽烫车船、畜舍和衣物上的昆虫。
（4）机械地拍、打、捕、捉等方法，亦能杀死一部分昆虫。

（二）生物杀虫法

这是以昆虫的天敌或病菌及雄虫绝育技术等方法以杀灭昆虫。如养柳条鱼或草鱼等杀灭蚊，1 d能食孑孓100～200条。利用雄虫绝育控制昆虫繁殖，是近年来研究的新技术，其原理是用辐射使雄性昆虫绝育，然后大量释放，使一定地区内的昆虫繁殖减少。使用过量激素，抑制昆虫的变态或蜕皮，影响昆虫的生殖；或利用病原微生物感染昆虫，使其死亡。这些方法由于具有不造成公害、不产生抗药性等优点，已日益受到各国重视。此外，消灭昆虫的滋生繁殖的环境，如排除积水、污水，清理粪便垃圾，间歇灌溉农田等改造环境的措施，都是杀灭昆虫的有效方法。

（三）药物杀虫法

药物杀虫法主要是使用化学杀虫剂来杀灭昆虫。根据杀虫剂对节肢动物的毒杀作用，可分为下列几种。

1. 胃毒药剂

当节肢动物摄食混有敌百虫的食物时，敌百虫在其肠内分解，可产生毒性作用，使之中毒而死。

2. 接触毒药剂

如除虫菊等，通过药物直接和虫体接触，经其体表侵入体内使之中毒而死，或将其气门闭塞使之窒息而死。

3. 熏蒸毒药剂

如敌敌畏、烟草等，通过吸入药物而死亡，但对正处于发育阶段呼吸系统的节肢动物不起作用。

4. 内吸毒药剂

如倍硫磷等喷于土壤或植物上，能为植物根、茎、叶表面吸收，并分布于整个植物体，昆虫在吸取含有药物的植物组织或汁液后，发生中毒而死亡。

目前使用的杀虫剂往往同时兼有两种或两种以上的杀虫作用。

三、灭 鼠

鼠类除了对人民经济生活造成巨大损失以外，对人畜健康也有极大的危害。鼠类是很多种人畜疫病的传播媒介和传染源，它们可以传播的畜禽传染病有炭疽、布鲁氏菌病、结核病、土拉杆菌病、李氏杆菌病、钩端螺旋体病、伪狂犬病、口蹄疫、猪瘟、猪丹毒、巴氏杆菌病和立克次氏体病等。因此，灭鼠具有保护人畜健康的重要意义。

灭鼠的工作应从两个方面进行：一方面根据鼠类的生态学特点防鼠、灭鼠，应从畜舍建筑和卫生措施方面着手，预防鼠类的滋生和活动，使鼠类在各种场所生存的可能性达到最低限度，使它们难以得到食物和藏身之处。例如，应经常保持畜舍及周围地区的整洁，及时清除饲料残渣，将饲料保藏在鼠类不能进入的房舍内，使家鼠不能得到食物。在畜舍建筑方面应注意防鼠的要求，在墙基、地面、门窗等方面都应力求坚固，发现有洞，随时堵塞。另一方面，则采取种种方法直接杀灭鼠类。灭鼠的方法大体可以分为两类，即器械灭鼠法和药物灭鼠法。

1. 器械灭鼠法

即利用各种工具以不同方式扑杀鼠类，如关、夹、压、粘、套、翻（草堆）、堵（洞）、挖（洞）、灌（水）等。此类方法可就地取材，简便易行。使用鼠笼、鼠夹之类工具捕鼠，应注意诱饵的选择、布放的方法和时间。诱饵以鼠类喜吃的为佳。捕鼠工具应放在鼠类经常活动的地方，如墙角、鼠的走道及洞口附近。放鼠夹应离墙 6~10 cm，与鼠道成"丁"字形，鼠夹后端可垫高 3~6 cm，晚上放，早上收。

2. 药物灭鼠法

依药物进入鼠体的途径，可分为消化道药物和熏蒸药物两类。消化道药物有磷化锌、杀鼠灵、安妥、敌鼠钠盐等。熏蒸药物包括氯化苦（三氯硝基甲烷）和灭鼠烟剂。氯化苦为淡黄绿色油状液体，在空气中易挥发，可用来熏蒸杀灭野鼠。使用时用器械将药物直接喷入洞内，或吸附在棉球中投入洞中，并以土封洞口。灭鼠烟剂亦可用于杀灭野鼠，同时可灭蚤、螨等。

第七节 免疫接种和药物预防

免疫接种是激发动物机体产生特异抵抗力，使易感动物转化为不易感动物的手段。有组织有计划地进行免疫接种，是预防和控制畜禽疫病的重要措施之一，在某些疫病如牛瘟、猪瘟、鸡新城疫等病的防制措施中，免疫接种更具有关键性的作用。根据免疫接种进行的实际不同，可分为预防接种和紧急接种两类。药物预防是为了预防某些疫病，在畜群的饲料饮水中加入某些安全的药物进行集体的化学预防，在一定时间内可以使受威胁的易感动物不受疫病的危害，这也是预防和控制畜禽传染病的有效措施之一。现分述如下。

一、预防接种

为了防患于未然，在经常发生某些传染病的地区，或有潜在疫病病原体的地区，或受到邻近地区某些传染病威胁的地区，在平时都应有针对性有计划地给健康畜禽进行免疫接种，即预防接种。

（一）预防接种需注意的问题

1. 周密的计划

预防接种应有周密的计划，注意调查了解，有的放矢，拟定本地区每年的预防接种计划。接种前，注意当地或周围地区有无疫病流行，如发现，则首先安排紧急预防，如无，按接种计划进行。

2. 调查了解

预防接种前，应对被接种的畜禽进行详细的检查和调查了解。特别注意其健康情况、年龄大小、是否怀孕或泌乳及饲养条件的好坏等。最好暂时不接种，改善饲养管理。

3. 计划外的预防接种

如果本地区正在流行某种传染病时，可进行计划外的预防接种（疫苗、高免血清）。

4. 未曾发生过传染病的，无须进行该传染病的预防接种

如本地过去未曾发生过传染病，现在又未受到威胁，则无须进行该传染病的预防接种。

5. 接种时，应注意免疫的剂量、接种次数及时间间隔

免疫剂量过少刺激强度不够，过多容易引起免疫麻痹。接种的次数及间隔的时间：灭活苗接种往往产生抗体量低且消失快，如果在第一次接种后，2~4周再接种1次，抗体量迅速上升，3~5d达到高峰且持续时间长。因此灭活苗最好接种2次。实际应用中往往只免疫1次，不予加强免疫。

（二）免疫接种后的不良反应

免疫接种后，有的动物出现一些轻微不良反应，是正常的反应（原因：一次轻度感染、可能含内毒素等），是由于生物制品本身的特性而引起的反应。其性质与反应强度随制品而异。可通过改进生物制品质量和接种方法，加以缓解。部分疫苗可导致接种部位红肿，并引起局部淋巴结肿大、嗜睡、呕吐及一些过敏反应。如仔猪注射猪瘟疫苗就可能发生过敏，此时应马上注射脱敏药物（肾上腺素、地塞米松等）进行抢救，并对症治疗。

引起这些严重不良反应的主要原因有：

（1）某批生物制品质量较差。

（2）使用方法不当（剂量过大、技术不正确、接种污染、途径错误等）。

(3)个别动物过敏。该类反应可减少到最低限度。

(三)联合疫苗的使用

为了提高防疫工作的效率,最大限度地减少对畜禽正常代谢和生理的干扰,国内外已广泛使用联合疫苗。联合疫苗的制备必须通过严格的科学实验证明是否适用于每种动物,多种疫苗可联合使用。同时还应考虑动物机体对疫苗的刺激反应是有一定限度的,同时注入种类过多,机体不能忍受过多刺激时不仅可能引起较剧烈的不良反应,而且还可能大大地减弱机体产生抗体的机能,从而降低预防接种的效果。

首次免疫最好不用联合疫苗。

二、紧急接种

当传染病发生时,为迅速控制和终止疾病的流行,使疫区和受威胁区尚未发病的畜禽尽快建立起特异性保护所进行的应急性免疫接种。实践证明,在疫区内使用某些疫苗进行紧急接种是可行的和有效的。在疫区应用疫苗进行紧急接种前,需对受传染病威胁的畜禽进行仔细的观察和检查,仅能对正常无病的畜禽进行。对病畜(禽)及可疑畜(禽),须立即隔离、治疗,不能做紧急接种。紧急接种的动物中,隐性感染者(如潜伏期带菌),可促使它更快发病,故紧急接种后一段时间,动物中存在发病数增多的可能。但因疫苗接种后多数动物很快产生抵抗力,因而发病数不久即下降,流行得以控制和终止。另外,紧急接种须同疫区的封锁、隔离、治疗、消毒等综合措施相配合才能发挥紧急预防的效果。

三、药物预防

群体药物预防是防疫的一个新途径,某些疫病在具有一定条件时采用此方法可以收到显著的效果。

畜牧场可能发生的疫病种类很多,其中有些病目前已研制出有效的疫苗,还有不少病尚无疫苗可用,因此,防制这些疫病,除了加强饲养管理,做好检疫诊断、环境卫生和消毒工作外,应用药物防制也是一项重要措施。群体防制应使用安全而价廉的药物,最早大规模使用的适用于牛群灭蜱和羊群灭疥的药浴,以后发展了以安全药物加入饲料和饮水中进行的群体药物预防,即所谓的保健添加剂。现代化畜牧业进行工厂化生产,必须尽力做到使畜禽无病、无虫、健康。而密闭式的饲养制度,又极易使畜禽中流行传染病和寄生虫病,因而保健添加剂在近20年发展很快。常用于生产的有磺胺类药物、抗生素和硝基呋喃类药物。近年来常用的保健添加剂还有氟哌酸、吡哌酸和喹乙醇等。上述药物中除青霉素、链霉素供注射外,大多可混入饮水或拌入饲料进行口服。在饲料中添加上述药物对预防仔猪腹泻、雏鸡白痢、猪气喘病、鸡慢性呼吸道病等有良好的效果,但反刍动物及马口服土霉素等抗生素时常能引起肠炎等中毒反应,必须注意。

长期使用化学药物预防,容易产生耐药性菌株,影响防治效果,因此需要经常进行药物敏感实验,选择有高敏感性的药物用于预防。而且,长期使用抗生素等药物预防某种疾病如大肠杆菌病、雏鸡沙门氏菌病等还可能给人类健康带来严重的危害,因为一旦形成耐药菌株后，如有机会感染人类，则往往会贻误疾病的治疗。因此目前在某些国家倾向于以疫苗来防制这些疾病，而不主张采用药物预防的方法。

思考题

1. "养、防、检、治"综合性防制措施的含义是什么？
2. 平时预防传染病发生的措施有哪些？
3. 发生传染病时应采取哪些措施？
4. 诊断家畜传染病常用的方法有哪几种？
5. 何谓检疫？动物检疫主要分哪几种？
6. 当发生传染病时，疫区（点）内的动物应分为几种类型进行隔离饲养？封锁疫区的原则是什么？
7. 传染病的治疗原则是什么？
8. 根据消毒的目的可分为哪些种类？消毒的方法有几种？
9. 何谓预防接种？何谓紧急接种？
10. 何谓免疫程序？应如何确定？
11. 药物预防的含义是什么？有何利弊？如何正确应用？

第三章 人畜共患传染病

重点掌握：大肠杆菌病、沙门氏菌病、巴氏杆菌病、炭疽、口蹄疫、狂犬病、流行性感冒。

第一节 口蹄疫

口蹄疫是由口蹄疫病毒引起的一种急性、热性、高度接触性传染病。主要感染偶蹄动物，偶见人和其他动物。临诊上主要特征是口腔黏膜、蹄部及乳房等部位皮肤发生水疱和溃烂。病理变化主要以虎斑心为特征。由于本病传播迅速，能形成全球大规模流行，引起幼畜死亡，动物的生产性能降低，严重危害畜牧业的发展，因此，被国际兽疫组织列为 A 类传染病的首位。

1514 年，意大利学者比较详细地记载了口蹄疫。17～19 世纪，本病在欧洲广泛流行。1898 年，德国学者 Loffler 和 Frosch 证明病原体为滤过性病毒，为第一个确定的动物病毒。本病广泛分布于亚、欧、非、南美。除北美、大洋洲扑灭外，亚、非、拉美、欧在近代史上从未有过间断。

（一）病 原

口蹄疫病毒（FMDV）属于微核糖核酸病毒科（picornaviridae）中的口蹄疫病毒属（aphthavirus）。核酸为 RNA。病毒呈球形，口蹄疫病毒结构简单，由单股的核糖核酸和蛋白质组成，无囊膜。

FMDV 具有多型性、易变性的特点。根据其血清学特性，现已知有 7 个血清型，65 个亚型。即 O、A、C、SAT_1、SAT_2、SAT_3（即南非 1、2、3 型）以及 $Asia_1$（亚洲 1 型）。其中 A 型有 32 个亚型，O 型有 11 个亚型，C 型有 5 个亚型，南非 1、2、3 型分别有 7、3、4 个亚型，亚洲 1 型有 4 个亚型。各主型之间无交叉免疫，同一主型各亚型之间交叉免疫程度变化幅度较大，亚型内各毒株之间的抗原性有部分交叉免疫性。病毒的这种特性，给本病的检疫、防疫带来很大困难。我国口蹄疫的血清型主要是以 O、A 和 $Asia_1$ 为主。人类感染以 O 型多见。该病毒有 VP_1、VP_2、VP_3、VP_4 四种结构蛋白，其中 VP_1 和 VP_3 是主要的免疫性抗原。

口蹄疫病毒的毒力和抗原性都易变异，经过不断的"抗原漂移"过程，导致一系列新的亚型的产生。分析口蹄疫病毒结构蛋白的差异，可以发现 VP_1 的变异性最高，特别是其编码病毒抗原的核苷酸序列是一个高度可变区。VP_4 几乎不发生变异。四种衣壳蛋白的变异顺序为 $VP_1 > VP_3 > VP_2 > VP_4$。

FMDV 可在牛舌上皮、牛甲状腺、猪和羊胎肾、豚鼠胎儿、乳仓鼠肾等细胞内增殖，并引起细胞病变。其中以犊牛甲状腺细胞最为敏感，并能产生很高的病毒滴度，因此常用于病毒分离鉴定。

FMDV 对外界环境的抵抗力较强，耐干燥，在污染畜舍干燥的垃圾内可存活 14 d，潮湿的垃圾内 8 d；在污水中 17~21 ℃时 21 d，4~13 ℃时 103 d，尿中 39 d。FMDV 在含毒组织和污染的饲料、饲草、皮毛等可保持传染性达数天、数周，甚至数月之久。但对酸、碱和热十分敏感，最适 pH 为 7.4~7.6，于酸性环境中迅速灭活。不能抵抗 pH5.0，37 ℃于 48 h 内使病毒灭活。水疱液中的病毒在 60 ℃经 5~15 min 可灭活，鲜牛奶中的病毒在 70 ℃时 15 min 灭活，酸奶中的病毒迅速死亡。1%~2%氢氧化钠、3%~5%的福尔马林、0.2%~0.5%的过氧乙酸等都是良好的消毒剂。

（二）流行病学

口蹄疫主要以偶蹄兽多发。其中家畜以奶牛、黄牛最易感，猪也易感，牦牛、水牛、绵羊、山羊次之，骆驼的易感性较低。野生动物中黄羊、鹿、麝、野猪、长颈鹿、扁角鹿、野牛、瘤牛也可感染发病。幼龄动物较成年动物更易感，病死率也高；人也可以感染发病。实验动物主要以低于 10 日龄的小鼠、豚鼠易感。

虽然牛、羊、猪均易感口蹄疫，但口蹄疫病毒似乎已经发生了自然适应：某些病毒感染猪，不能感染牛；反之，自然适应于牛的某些病毒株也不使猪发病，但带毒牛排除的病毒，在通过猪群中增强毒力后，又可能感染牛群而引起严重的发病。

病畜和带毒动物是主要的传染源，在发病动物水疱液、水疱皮、奶、尿、唾液及粪便都含有毒量，特别是水疱皮和水疱液中含有的病毒数量最多。在发热期，每毫升的水疱液中的含毒量可达 $10^9 ID_{50}$ 值。此外，在潜伏期和康复期也可以排毒，牛的咽喉带毒可达 6~24 个月，绵羊和山羊 1~5 个月，猪在发病期和康复后 1 个月左右仍可带毒。牛、羊及野生偶蹄动物也可隐性带毒，但猪不能长期带毒。研究表明，FMDV 在有抗体存在时，可引起病毒演化，发生病毒持续性感染。FMDV 持续带毒的毒力较低，与流行期病毒的性质有所不同。持续感染带毒者在一定条件下可成为传染源，如各种应激因素使带毒者免疫力降低，或由于病毒变异增强了毒力，引起发病。Beck（1987）对欧洲近年来分离的 18 株 FMDV 和 9 株包括疫苗毒株在内的传统 FMDV 毒株，通过分析编码 VP_1 的 RNA 分析，发现大多数分离毒株与疫苗毒株有关，因此认为疫苗毒株的散毒和变异是引起近来欧洲口蹄疫暴发的主要原因。由此可见，康复动物带毒、隐性感染和病毒的持续性感染是消灭口蹄疫的一大障碍。

口蹄疫可通过直接接触和间接接触传播，其中间接接触传播更为重要，经消化道、呼吸道和损伤的皮肤、黏膜都可感染。近年来证明呼吸道感染更易发生，感染剂量可较口服时小 10 000 倍。且动物在感染后不久，病毒就能随鼻分泌物和呼出的气体传播，感染动物，特别是猪和牛或喷出传染性气溶胶，在阴湿的低温天气，可随风飘散至 50~100 km 以外的地区。被传染源污染的用具、饲料、垫草、运输工具、动物产品、空气都可以充当传播媒介，犬、猫、家禽、鼠类、鸟类也是活的传播媒介。此外，人的传播作用也是不可忽视的。

本病一年四季均可发病，但一般冬、春季较易发生大流行，夏季减缓或平息。在大群舍饲养的猪，无明显的季节性。家畜的口蹄疫多呈流行性或大流行，并有一定的周期性，每隔 1~2 年或 3~5 年流行一次。往往沿交通线蔓延扩散式传播，也可呈跳跃式远距离传播。同时饲养管理、卫生条件、营养状况、畜群的免疫状态对流行都有一定的影响。

（三）症　状

牛：潜伏期平均 2~4 d，最长可达一周左右。病牛体温升高达 40~41 ℃，精神沉郁，食欲减退，闭口，流涎，开口时有吸吮声，1~2 d 后，在唇内面、齿龈、舌面和颊部黏膜发生水疱。初为直径 1~2 cm 的白色水疱，水疱迅速增大，并常融合成片，口温高，此时病牛大量流涎，呈白色泡沫状，常常挂满嘴边，病牛采食、反刍完全停止。水疱约经一昼夜破裂形成浅表的红色糜烂，水疱破裂后，随后体温降至正常，糜烂逐渐愈合，全身症状逐渐好转。如有细菌感染，糜烂加深，发生溃疡，愈合后形成瘢痕。有时并发纤维蛋白性坏死性口膜炎和咽炎、胃肠炎。有时在鼻咽部形成水疱，引起呼吸障碍和咳嗽。在口腔发生水疱的同时或稍后，在足趾间蹄踵球部、蹄冠和踢叉等部位柔软的皮肤出现红肿、疼痛，迅速发生水疱，并很快破溃，出现糜烂，或干燥结成硬痂，逐渐愈合。如果病牛衰弱，或饲养管理不当，可发生继发性感染引起化脓、坏死，表现为跛行，严重的甚至蹄匣脱落。乳房部皮肤及乳头上有时也可出现水疱，并很快破裂形成烂斑，如涉及乳腺引起乳房炎，泌乳量显著减少，甚至泌乳停止。

成年牛多取良性经过，病程 1~3 周，但怀孕母牛经常出现流产，死亡率一般不超过 2%。幼龄牛常为恶性口蹄疫，多在恢复期突然恶化，常因心肌麻痹死亡，死亡率高达 50%~70%。哺乳的犊牛患病时，一般不出现明显水疱，主要表现为出血性和心肌炎。病愈牛可获得一年左右的免疫力。

绵羊和山羊：潜伏期一周左右，病状与牛相似，但流涎明显，感染率也较牛低。绵羊以蹄部的症状更明显。山羊多见于口腔，呈弥漫性口膜炎，水疱发生于硬腭和舌面，羔羊有时有出血性胃肠炎，常因心肌炎而死亡。

猪：潜伏期 1~2 d，主要以蹄部水疱为特征，体温升高，可达 40~41 ℃，精神沉郁，食欲减少或废绝。蹄冠、蹄叉、蹄踵等部出现局部皮肤发红、微热、敏感等症状，不久逐渐形成米粒大至蚕豆大的水疱，水疱破裂后表面出血，形成糜烂，一周左右康复。如有继发感染，严重者影响蹄叶、蹄壳脱落。患肢不能着地，常跛行或卧地不起，此外在口腔黏膜、鼻镜、乳房也常见到烂斑。哺乳仔猪多呈急性胃肠炎和心肌炎突然死亡，死亡率达 60%~80%。

鹿：与牛的症状相似，体温升高，在口腔黏膜上有散在的水疱或烂斑，流涎，四肢患病时常出现跛行，严重的蹄匣脱落。

人：人感染口蹄疫，主要是通过破损皮肤或由于食用消毒不彻底的感染乳。潜伏期一般为 3~8 d，常突然发病，发热、头晕、头痛、恶心头呕吐、精神不振，2~3 d 后，在唇、齿龈、舌面、颊部、指间、指基部，有时也在手掌、足趾、鼻翼和面部出现水疱，水疱破裂后形成结痂和溃烂，很快愈合。病程约一周左右，良性转归。严重的可并发胃肠炎、神经炎和心肌炎等。

（四）病　变

除口腔和蹄部的水疱和烂斑外，在咽喉、气管、支气管和前胃黏膜有时可见到圆形烂斑和溃疡，真胃和肠黏膜可见出血性炎症，心包膜有弥散性及点状出血，心肌松软，心肌切面有灰白色或灰黄色条纹和斑点，似老虎皮上的斑纹，故称"虎斑心"。

（五）诊　断

根据主要侵害偶蹄动物、发病急、传播迅速，呈流行性或大流行性发生，一般为良性转归以及口和蹄部出现特征性的水疱和烂斑可做出初步诊断。确诊需进行实验室检查。

（1）病毒分离鉴定：采取病畜水疱皮或水疱液，用PBS液制备混悬浸出液，或直接取水疱液接种BHK细胞、IBR1细胞或猪甲状腺细胞进行病毒培养分离，做蚀斑试验。

（2）血清学实验：可以通过补体结合试验、琼脂扩散试验、酶联免疫吸附试验（ELISA）等方法进行诊断及病毒的定型，由于ELISA反应灵敏，特异性强，操作快捷，目前是进出口动物血清检测的主要方法。

（3）酶联免疫吸附试验（ELISA）：由各型口蹄疫高免血清中提取IgG，按常规方法标记辣根过氧化物酶。应用双抗体夹芯法检测病毒抗原，先以未标记IgG包被聚苯乙烯微量滴定板的各孔，随后加入待检病料，最后加酶标IgG，并显色判定。虽然酶结合物与异型之间也可发生轻度结合，但显色后的OD值明显低于酶结合物与同型抗原的OD值。

此外，还可应用核酸探针、PCR等技术对口蹄疫病毒抗原或抗体进行检测。

（4）鉴别诊断：牛的口蹄疫应注意与牛瘟、牛黏膜病、牛恶性卡他热和传染性水疱性口炎的鉴别。牛瘟主要在口腔、真胃和小肠黏膜呈坏死性病变，无水疱的形成过程，有剧烈的腹泻，死亡率极高，但蹄部没有病变。牛黏膜病也不见水疱的过程，糜烂小而浅表，一般呈地方性流行。牛恶性卡他热除口腔黏膜糜烂外，在鼻腔黏膜和鼻镜也有坏死性病变，角膜浑浊，死亡率极高，呈散发。水疱性口炎，发病低，流行范围小，很少死亡。此外，马属动物也可感染。

猪的口蹄疫应与猪传染性水疱病、猪水疱性疹和水疱性口炎加以鉴别。四种水疱性疾病的诊断见表3-1。

表3-1　猪口蹄疫、猪传染性水疱病、猪水疱性疹和水疱性口炎诊断表

			猪口蹄疫	猪水疱病	猪水疱性口炎	猪水疱疹
病原	种类		口蹄疫病毒	猪水疱病病毒	猪水疱性口炎病毒	猪水疱疹病毒
	酸稳定性	pH5	不稳定	稳定	稳定	稳定
		pH3	不稳定	稳定	不稳定	不稳定
流行病学	易感动物		牛、羊、猪等偶蹄动物，人	猪、人	牛、猪、马动物，人	猪
	流行形式		流行性或大流行	流行性，主要发生于集中饲养的养猪场	散发	地方流行性或散发
	发病率		较高	较高	30%~95%	10%~100%
	病死率		成年猪3%~5% 仔猪60%~80%	无	无	无
症状	口腔水疱		少	少	少	100%
	蹄部水疱		100%	100%	100%	无或很少
动物接种试验	猪（舌、皮内）		+	+	+	+
	黄牛（舌、皮内）		+	-	+	-
	羊（舌、皮内）		±	-	+	-
	马（舌、皮内）		-	-	+	±

续表

		猪口蹄疫	猪水疱病	猪水疱性口炎	猪水疱疹
动物接种试验	1~2日龄乳鼠	死亡	死亡	死亡	不死亡
	7~9日龄乳鼠	死亡	不死亡	死亡	不死亡
	豚鼠	不规则	不死亡	死亡	不死亡
	成年鸡（舌内）	+	-	+	-

注：+（阳性）；±（不规则或轻度反应）；-（阴性）

（六）防 制

平时加强检疫工作，禁止从疫区或解除封锁不久的地区购入动物、动物产品或饲料等，常发地区应定期使用相应病毒型的口蹄疫疫苗进行预防接种。目前预防口蹄疫的疫苗有弱毒苗和灭活苗，弱毒苗有A型、O型和A、O的二联苗。对牛、羊均安全可靠，但对猪有一定的致病力。猪可使用BEI（二乙烯亚胺）灭活佐剂苗，免疫期可达6个月。

在发生口蹄疫时，应迅速上报疫情，及时诊断定型，划定并封锁疫点、疫区，对疫点、疫区内患病动物及同群动物进行扑杀，尸体进行焚烧或化制处理，对污染的环境和用具进行彻底消毒；对疫区内的假定健康动物及受威胁区的易感动物进行同型疫苗的紧急免疫接种，以及时消灭传染源。

第二节 痘 病

痘病是由痘病毒引起的各种家畜、家禽和人类的一种急性、热性、接触性传染病。其主要特征是在皮肤和黏膜上产生丘疹和痘疹。

痘病毒属于痘病毒科（Poxvifidae）脊椎动物痘病毒亚科（Chorodopoxvirinae），与痘病有关的有6个属：正痘病毒属（Orthopoxivrus）、山羊痘病毒属（Capripoxvirus）、禽痘病毒属（Avipoxvirus）、兔痘病毒属（Leporipoxvirus）、猪痘病毒属（Suipoxvirus）和副痘病毒属（Parapoxvirus）。各种动物的痘病毒分属于各个属，其宿主虽不同，但形态结构、化学组成和抗原性方面均相似。各种禽痘病毒与哺乳动物痘病毒之间不能交叉感染或交叉免疫，但各种禽痘病毒之间在抗原性上很相似，且都具有血凝活性。其他属的同属病毒各成员之间也存在着许多共同抗原和广泛的交叉中和反应。

病毒 DNA型病毒，呈砖形或卵圆形。砖形粒子大小为（220~450）μm×（140~260）μm；卵圆形粒子长250~300 μm，直径160~190 μm，有囊膜，是动物病毒中体积最大的病毒。

多数痘病毒能在鸡胚绒毛尿膜上生长，产生溃烂的病灶、痘斑或结节性病灶。各种痘病毒均可在同种动物的肾、睾丸、胚胎组织细胞上生长，并引起细胞病变或空斑。痘病毒虽然是DNA病毒，但它的整个复制过程，全部是在细胞浆内进行，形成嗜酸性质内包涵体。

病毒对外界环境的抵抗力较强，尤其对干燥有很强的耐受性，于干燥条件下，可耐受100 ℃ 5~10 min，但潮湿条件下，60 ℃时10 min即可灭活。对常用的消毒剂具有较强的抵抗力，但对脂溶性的消毒剂较敏感，易被20%的乙醚或绿仿灭活。

一、绵羊痘（Variola ovina; Sheep pox）

绵羊痘是由绵羊痘病毒引起的一种高度接触性传染病，其特征为全身的皮肤和黏膜上发生特异的痘疹，可见到斑疹、丘疹、水疱、脓疱和结痂等病理过程。绵羊痘发生于全世界许多地区，特别是在亚洲、中东地区和北非。

（一）流行病学

自然条件下，只有绵羊发生感染，不同品种、性别、年龄的绵羊都有易感性，以细毛羊最为易感，羔羊比成年羊易感。病羊和带毒羊是主要的传染源，主要是经过呼吸道传播，也可通过损伤的皮肤或黏膜感染。吸血昆虫也可能为机械性携带者。

本病多发生于冬末春初，气候严寒、饲草缺乏和饲养管理不良等因素都可促使本病的发生。绵羊痘一般的死亡率为5%，但在饲养或气候不良时可能增高至50%，甚至是80%，特别是羔羊。

（二）症　状

潜伏期平均为6~8 d。病羊体温升高达41~42 ℃，精神沉郁，食欲减少，呼吸急速，结膜潮红，鼻孔中流出浆液、黏液或脓性分泌物。1~2 d后，皮肤水肿，在眼周围、唇、鼻、颊、四肢、尾内侧、阴唇、乳房、阴囊和包皮等无毛或少毛部分皮肤出现红斑，1~2 d后形成突出皮肤表面淡红色或灰白色的丘疹，突出于皮肤的表面，呈半球形，结节状。丘疹经2~3 d变成水疱，在内部出现淡黄色透明的液体，中央呈脐状下陷，水疱液初为浆液性，后变成脓性，即为脓疱。如果无继发感染则脓疱随后干燥成棕色痂块，痂块脱落遗留一个红斑，后颜色逐渐变淡。病程3~4 d。

非典型病例呈"顿挫型"经过，常发展到丘疹期而告终止，不形成水疱和脓疱。有些病例有继发感染时，则痘疱发生化脓和坏疽，形成较深的溃疡，发出恶臭。常为恶性经过，病死率可达20%~50%。

（三）病理变化

除皮肤上的痘疹外，前胃或第四胃黏膜、咽和支气管黏膜上出现痘病变，且易破溃而遗留红色糜烂面或溃疡，但边缘常呈白色。在肺见有干酪样结节和卡他性肺炎区。肠道黏膜少有痘疹变化。呼吸道炎症、肺炎和胃肠炎等并发症也比较常见。

（四）诊　断

典型病例可根据流行情况、临床症状、病理变化进行初步诊断。对非典型病例可结合群的不同个体发病情况做出诊断。确诊可采取丘疹组织制成切片，染色后检查包涵体，如在胞浆内见有深褐色的球菌样圆形小颗粒（原生小体），用姬姆萨或苏木紫-伊红染色，镜检，见胞浆内的包涵体即可确诊。

（五）防　制

平时加强饲养管理，抓好秋膘，特别是冬春季节注意适当补饲、防寒。在常发地区的羊群，每年定期预防接种，使用羊痘鸡胚化弱毒疫苗尾部或股内侧皮内注射，剂量0.5 mL，注射后 4~6 d 产生可靠的免疫力，免疫期可持续一年。

对发病的羊群立即隔离病羊，封锁疫区，做好消毒工作，对尚未发病的羊只或邻近已受威胁的羊进行紧急接种。病死羊的尸体应深埋，圈舍和用具要彻底消毒。

本病尚无特效药。病羊可注射免疫血清或康复动物血清，每只羊皮下注射 10~20 mL。黏膜上的痘疹，可用 0.1%高锰酸钾液充分冲洗后，涂拭碘甘油或紫药水。继发感染时，肌肉注射青霉素 80~160 万单位，1日 1~2次或用 10%磺胺嘧啶钠 10~20 mL，肌注 1~3 次。

二、山羊痘（Vadola caprina；Goat pox）

山羊痘是由山羊痘病毒引起的，主要在皮肤和黏膜上形成痘疹。本病在欧洲地中海地区、非洲和亚洲的一些国家均有发生。我国 1949 年后在西北、东北和华北地区有流行，少数地区疫情较严重。目前由于广泛应用我国研制的山羊痘细胞弱毒疫苗，结合有力的防制措施，疫情已得到控制。

（一）流行病学

山羊痘多是通过购入受感染的山羊而传入羊群的，主要是通过直接或间接受感染的羊舍和牧场而传播，传染性极强，吸血昆虫也可能具有传播疾病的作用。在自然情况下，山羊痘流行时，仅感染同群的山羊，不常向其他羊群扩散。山羊痘不感染绵羊。幼龄山羊较老龄山羊更易感，但泌乳母羊也常发病。

（二）症　状

山羊痘的症状和病理变化与绵羊痘相似，经 5~14 d 的潜伏期，病羊发热，可达 40~42℃，精神沉郁，食欲减退或废绝，呼吸促迫，有时有轻咳，从鼻腔或眼角流出脓性分泌物，然后在皮肤无毛或少毛部位，如唇部、乳房、尾内侧和阴唇、会阴及肛门周围以及四肢内侧和公羊的阴囊上出现许多小的丘疹。丘疹增大而形成水疱，有时融合，中心凹陷，最后结痂。病程 3~4 周。

（三）病　变

尸体消瘦，喉头和气管黏膜充血，并混有浆液性分泌物，黏膜上有和体表相似的痘疹，其他器官无明显变化。

（四）诊　断

结合流行病学、临床表现可初步诊断。确诊可应用高免血清与痘疹或痘疱乳剂进行琼脂扩散试验，常可获得诊断结果，但需设置阴性抗原对照，以便鉴别特异性和非特异性沉淀线。

临床上应注意与羊的传染性脓疱的鉴别诊断，后者发生于绵羊和山羊，主要在口唇和鼻周围皮肤上形成水疱、脓疱，后结成厚而硬的痂，一般无全身反应。

防制同绵羊痘。

三、猪　痘（Vadola suilla；Swine pox）

猪痘是由猪痘病毒和痘苗病毒（VacciniaVirus）两种形态学极为近似的病毒引起的，猪痘最初发生于欧、美、日本等地，是养猪业发达地区常见的病毒性疾病。

（一）流行病学

猪痘病毒只引起猪发病，而痘苗病毒，能使猪和其他多种动物感染。猪痘病毒主要由猪血虱（Hematopinas suis）传播，其他昆虫，如蚊、蝇等也可传播，多发生于夏季，常在冬季开始时停止，常见于4~6周龄仔猪及断奶仔猪发生，成年猪有抵抗力。由痘苗病毒引起的猪痘，各种年龄猪均可感染发病，常呈地方流行性。

饲养管理、环境卫生条件欠佳和疾病都可促进和加重疾病的发生。在卫生条件不良的猪场，4月龄前的仔猪猪痘的发病率可接近100%，但死亡率一般低于5%。

（二）症　状

潜伏期平均4~7d，病猪体温升高，精神不振，食欲减退，鼻、眼有分泌物。痘疹主要发生于下腹部和四肢内侧以及背部或体侧部等处。病变渐进性发展，病初这些部位出现深红色的硬结节，突出于皮肤表面，表面平整，见不到形成水疱即转为脓疱，并很快结成棕黄色痂块。病程3~4周。本病多为良性经过，病死率不高，如饲养管理不当或有继发感染时，病死率增高。

乳猪可能在口周围上皮发生病变或形成全身病变，在皮肤的无毛处病变更加明显。还有报道偶尔发生先天性感染（Borst等，1990）。

（三）诊　断

根据病猪典型痘疹和流行病学材料即可作出诊断。区别猪痘是由何种病毒引起，可用家兔做动物接种，在接种部位引起痘疹为痘苗病毒。

临床上应注意与典型的水疱病、玫瑰糠疹、寄生虫性皮肤疾病、过敏性皮炎、葡萄球菌性皮炎的鉴别。

（四）防　制

加强饲养管理，做好卫生，消灭猪血虱和蚊、蝇等。新购入的生猪应隔离观察1~2周后，确认无病方可混群。一旦发现病猪要及时隔离，使用驱虫药控制体外寄生虫，对发病部位应重点清洁消毒。对病猪污染的环境及用具要彻底消毒，垫草焚毁。本病目前尚无有效疫苗，但康复猪可获得坚强免疫力。

四、牛　痘（Variola vaccina；Cow pox）

牛痘是由牛痘病毒（Cowpox Virus）引起牛的一种良性疾病。但也曾有过挤奶工人因接近接种痘苗病毒（Vaccinia Virus）传染给牛，使牛发生与牛痘一致的症状，人也可感染。

（一）流行病学和症状

病毒能感染多种动物，主要发生于乳牛。一般通过挤奶工人的手或挤奶机而传播。干奶期的母牛、公牛、处女牛和肉用牛等很少发生。人受感染是从接触牛的乳房或乳头病变而来，从人到人的传播非常罕见。潜伏期3~8d，病牛体温轻度升高，食欲减退，乳头和乳房局部温度略有增高,挤奶时较敏感。不久,在乳房和乳头的皮肤上出现多个红色丘疹,1~2 d 后形成约豌豆大小的圆形或卵圆形内含棕黄色或红色淋巴液的水疱,水疱中心有凹窝,边缘隆起呈现脐状,迅速化脓,然后结痂。病程 2~3 周。无细菌感染时,病牛常无全身症状。

本病传播迅速,很快感染全群,常传染挤奶工人,可在手、臂、甚至脸部发生痘疱,病灶常常坏死。

(二)诊　断

根据乳头和乳房皮肤上的特异病变及在牛群中迅速传播的流行特点,可做出诊断。确诊可采取病变部组织做包涵体检查,或采水疱液,以磷钨酸负染后电镜观察,可见典型的痘病毒粒子。也可将水疱液接种鸡胚、单层细胞或角膜划痕接种于家兔。牛痘病毒可在鸡胚绒毛尿囊上形成红色的出血性痘斑。家兔角膜划痕接种后,第二天在划痕处发生小的透明增生,滴上可卡因,切下角膜制备标本,HE 染色,可以发现胞浆内的包涵体。

补体结合反应的敏感性较高。采取水疱液,生理盐水 1∶5 稀释,1 500 r/min 离心沉淀 15 min,取上清液,58 ℃加热 30 min,作为待检抗原。用高免血清按常规方法做补体结合试验。值得注意的是补体结合试验须设置多种标准抗原对照,以区分牛痘病毒与痘苗病毒和天花病毒之间的抗原差异。

(三)防　制

应注意挤奶卫生,发现病牛及时隔离。治疗可用各种软膏(如抗生素、磺胺类、硼酸等软膏)涂抹患部,促使愈合和防止继发感染。

五、伪牛痘(Pseudocowpox)

伪牛痘又称挤乳者结节(milker, snodules),是由伪牛痘病毒(pseudocowpox virus)引起的一种人畜共患传染病。主要在泌乳母牛的乳房和乳头上引起增生性病变。本病主要见于人和牛,广泛分布于世界各地。

(一)流行病学

本病的自然宿主是牛,主要侵害泌乳母牛,通过挤乳工人或挤乳机而传播,传播迅速,泌乳母牛的发病率可高达 80%。人类感染主要与职业有关,挤奶工人经常发生感染。

(二)症　状

本病潜伏期 3~5 d,临诊与牛痘相似。主要在乳头、乳房、乳房间沟皮肤上出现黄豆粒大小的丘疹,随后变为樱红色水疱疹,2~3 d 内结痂,2~3 周内愈合。丘疹有时不发展成水疱,而直接变为痂皮。一般为良性转归。病牛常无全身症状。但常常会再度感染,形成周期性,感染的牛群往往可持续几个月之久。

人通常在手指及其他部位发生樱红色丘疹,随后逐渐增大而形成坚实有弹性的紫红色疹块,有痒感,不化脓,也无全身反应,逐渐消退,不留疤痕,病程 4~6 周。

(三)诊　断

依据泌乳母牛乳房和乳头上的病变,结合流行情况,可做出初步诊断。临诊上不易与牛痘区别。但伪牛痘病毒的形态特征与牛痘病毒不同，两者不难区别。此外，伪牛痘病毒可在牛、羊睾丸原代细胞分离培养，并引起细胞病变，但不能在鸡胚绒毛尿囊膜或兔皮肤上生长，而痘苗病毒和牛痘病毒可在这两者上生长。接种牛痘疫苗的犊牛对伪牛痘病毒无抵抗力。

防制措施与牛痘相同。

六、马 痘（Variola equina; Horse pox）

马痘是由正痘病毒属的马痘病毒所引起，通过损伤的皮肤和黏膜传染。根据发病部位可分为皮肤型、黏膜型和外阴型。皮肤型又称传染性脓疱性皮炎（Contagious pustular dermatitis），是轻微感染，只是在系部和球节处的皮肤上出现丘疹、水疱和脓疱等主要病变。由于局部疼疱可引起跛行，一般不表现为全身症状。黏膜型又称传染性脓疱性口炎（Contagious pustular stomatitis），通常在唇内侧、齿龈、舌、舌系带、颊部等黏膜上发生病变，偶尔波及鼻腔。病马发热，食欲减退，流涎，幼驹较为严重，可造成死亡。外阴型主要通过交配或人工授精和产道检查等传播，主要发生于阴门皮肤和阴道黏膜，可见局部出现水肿、疱疹和溃疡，甚至波及肛门和直肠黏膜，个别病例可引起全身症状。

康复后病马可获得坚强免疫力。马痘病毒与痘苗病毒在抗原性和血清学上可发生交叉反应，并可以使人感染发病。

防制措施首先是隔离病马，冲洗患部并涂擦抗生素或磺胺软膏等。饲养管理人员要注意消毒，防止自身感染或成为传播媒介。刷拭用具等要经常消毒，而且应固定使用。

七、禽 痘（Variola avium; Avian pox）

禽痘是由禽痘病毒属的病毒引起的禽类的一种接触传染病。主要特征是体表无毛、少毛的部位（头部的皮肤多见）出现散在的、结节状的增生性皮肤病灶（皮肤型），或在上呼吸道、口腔和咽喉黏膜的纤维素性坏死和增生性病灶（白喉型）为特征，有的病禽两者可同时发生（混合型）。

（一）流行病学

禽痘主要以鸡的易感性最高，不同年龄、性别和品种都可感染，其次是火鸡和野鸡（雉），鸽、鹌鹑也时有发生，鸭、鹅等水禽虽也有发生，但无严重症状。鸡以雏鸡和中鸡最常发病，其中最易引起雏鸡大批死亡。

禽痘主要是通过机械性传播到受损伤的皮肤和黏膜而引起的，脱落和碎散的痘痂是病毒散布的主要形式。蚊子及体表寄生虫可传播本病。蚊子的带毒时间可达 10~30 d。

本病一年四季均可发生，以春、秋两季和蚊子活跃的季节最易流行。拥挤、通风不良、阴暗、潮湿、体表寄生虫、维生素缺乏和饲养管理不良，可促使疾病的发生。鸡和火鸡的发病率一般很低，如有传染性鼻炎、慢性呼吸道等病合并感染，可造成大批死亡。鸽子的发病率和死亡率与鸡相似。

（二）症状和病变

鸡、火鸡和鸽自然感染的潜伏期为 4~10 d。根据侵犯部位不同，分为皮肤型、黏膜型、混合型，偶有败血型。

皮肤型：常见于冠、肉髯、喙角、眼皮和耳球上皮肤，有时见于腿、脚、泄殖腔和翅内侧等无毛、少毛的部位，在这些部位形成局灶性上皮组织增生。起初出现细薄的麸皮状覆盖物，迅速长出结节，初呈灰色，后呈黄灰色，逐渐增大如豌豆，表面凹凸不平，呈干而硬的结节，内含有黄脂状糊块。有时结节数目很多，互相连接融合，产生大块的厚痂，以致使眼睛完全闭合。一般常无明显的全身症状，病重的小鸡则有精神萎靡、食欲消失、体重减轻等全身症状。产蛋鸡可引起产蛋减少或完全停止。

黏膜型：病初呈鼻炎症状。病禽流浆性、黏液鼻汁，后转为脓性。如蔓延至眶下窦和眼结膜，则出现眼睑肿胀，结膜充满脓性或纤维蛋白渗出物。严重的可引起角膜炎导致失明。2~3 d 后，口腔、咽喉、气管等处黏膜出现黄白色稍突起的小结节，随后增大融合而成一层黄白色干酪样假膜，覆盖于黏膜的表面，随后变厚而成棕色痂块。凹凸不平，且有裂缝。痂块不易剥落，撕下假膜，则露出红色出血性溃疡面，假膜扩大和增厚，可能阻塞口腔和喉头，引起呼吸和吞咽困难，甚至窒息而死。死亡率较高，有时达 30%~50%。

败血型：很少发生，病初出现严重的全身症状开始，继而发生肠炎，病禽迅速死亡，有的急性症状消失，转变为慢性腹泻而死。

混合型：即皮肤黏膜均被侵害。

病变与临床表现相似。口腔黏膜的病变有时可蔓延到气管、食道和肠。肠黏膜可能有小点状出血。肝、脾和肾常肿大。组织学检查，见病变部位的上皮细胞内呈典型的空泡化或发生水肿样变性，胞浆内有大型的嗜酸性包涵体。气管黏膜分泌黏液的细胞病初肥大、增生，继而含有嗜酸性胞浆包涵体的上皮细胞肿胀。常可见成堆的如乳头状瘤的上皮细胞。

火鸡发病时，病初可见在眼睑、冠髯和头部的其他部位出现细小的淡黄色疹块，发炎区域常见覆盖着黏稠浆液性渗出物。嘴角、眼睑和口腔黏膜也常受到侵害，有时病变可波及身体有羽毛的部位。幼龄火鸡的头部、腿部以及足趾部可完全被病灶覆盖。严重的在输卵管、泄殖腔和肛门周围皮肤出现增生性病灶。

（三）诊 断

根据临床症状和发病情况，不难做出诊断。应用组织学方法寻找感染上皮细胞内的大型嗜酸性包涵体和原生小体，也具有诊断意义。

病毒的检出和分离：用灭菌的剪刀切取痘疹病变（新形成的痘疹最好），切成薄片做电镜检查。

病毒分离时，将病变组织置于灭菌的乳钵内，加入石英砂后充分研磨，加入 Hanks 液或生理盐水（每毫升含青、链霉素 1 000 IU 或 1 000μg），做成 10%乳剂。室温感作 1~2 h 后低速离心沉淀，吸取上清液做接种用。如为黏膜型，可取口腔或咽喉部的伪膜，按上述方法制备乳剂。

鸡胚接种：选用 9~12 日龄鸡胚，接种 0.1 mL 病料于绒毛尿囊膜上，接种后将鸡胚置 37 ℃继续孵化 5~7 d，检查绒毛尿囊膜上是否出现白色痘斑。非典型病变者，对病灶组织的镜检或继续继代具有参考价值。

幼龄鸡接种：取上述乳液涂抹在划破的冠、肉髯或皮肤上以及拔去羽毛的毛囊内，如有痘毒存在，被接种鸡在 5~7 d 内出现典型的皮肤痘疹症状，并常扩散到冠和身体的其他部位。

细胞培养物接种：将上述乳剂接种于原代鸡胚细胞或鸡胚皮肤细胞内，2~6 d 内可见病变，细胞变圆，折光性增强，随后变性破坏，接种后 48 h 出现胞浆内包涵体。

此外也可采用琼脂扩散沉淀试验、血凝试验、血清中和试验、荧光抗体技术和 ELISA 等方法进行诊断。

（四）防 制

平时加强饲养管理，做好禽场及周围环境的清洁卫生，做好定期消毒、灭蚊，尽量减少蚊虫叮咬，避免各种原因引起的啄癖或机械性外伤。

为预防痘病的发生，应在可能发生的日龄以前对易感禽有计划地进行预防接种。在秋、冬季多发病的地区，常在春季进行，在热带由于痘病四季可发，因而可在任何时间接种。我国目前使用的是鸡痘鹌鹑化弱毒疫苗，一般初生 6 日龄以上雏鸡用 200 倍稀释于鸡翅内侧无血管处皮下刺种 1 针；20 日龄以上鸡用 100 倍稀释疫苗刺种 1 针；1 月龄以上鸡可用 100 倍稀释液刺种 2 针。接种后约一周，局部出现绿豆大痘疱，以后逐渐形成结痂，免疫期约 5 个月。此外，鸡痘已成功地与传染性喉气管炎、新城疫疫苗联合应用，但需用非肠道接种途径。

一旦发生本病，应隔离病鸡，轻者治疗，重者淘汰，死者深埋或焚烧，健康家禽应进行紧急预防接种，污染场所要严格进行消毒。对病鸡皮肤上的痘疹一般不需治疗。如治疗时可先用 1%高锰酸钾液冲洗痘痂，而后用镊子小心剥离，伤口用碘酊或龙胆紫消毒。口腔病灶可先用镊子剥去假膜，用 0.1%高锰酸钾液冲洗，再涂碘甘油，或撒上冰硼散。为了防止继发感染，可在饲料中添加抗菌素和维生素 A，治疗效果较好。

第三节 狂犬病

狂犬病又称疯狗病，是由狂犬病引起人和所有温血动物共患的传染病。主要侵害中枢神经系统，其临床特征是病畜呈现狂躁不安和意识紊乱，最后发生麻痹而死亡。人感染后常有害怕喝水的突然临床表现，故称为恐水症。

狂犬病属于自然疫源性疾病，广泛地分布在世界各地。在亚洲的大多数国家，都有狂犬病的发生，尤其以中亚和东南亚为突出。我国主要在东部及南部地区严重。

（一）病 原

狂犬病病毒（Rabies virus）属于弹状病毒科（Rhabdoviridae）的狂犬病病毒属（Lyssavires）。病毒的核酸为单股 RNA。狂犬病病毒呈圆柱体，底部平，另一端顿圆。整个病毒粒子的外形呈炮弹或子弹状。长 130~200 nm，直径 75 nm。

在自然情况下分离的狂犬病流行毒株为"街毒"（streetvirus），街毒经过在家兔脑和脊髓内传代，其对家兔的潜伏期缩短，但对原宿主（犬）的毒力下降，这种具有固定特性的狂犬病病毒则称为"固定毒"（fixedvirus）。应用单克隆抗体进行中和试验，发现固定毒和街毒株之间在抗原组成上不同，而且已证明由街毒变异为固定毒的过程是不可逆的。

狂犬病毒可以凝集鹅和 1 日龄雏鸡的红细胞，凝集鹅红细胞的能力也可被特异性抗体所抑制，故可通过血凝抑制试验进行诊断。

狂犬病病毒可在原代鸡胚成纤维细胞以及小鼠和仓鼠肾上皮细胞培养中增殖，并在适当条件下形成蚀斑。

病毒的抵抗力不强，对湿热比较敏感，56℃时15~30 min，煮沸2 min可使其灭活，低于pH3.0或高于pH11可灭活。但在冷冻或冻干状态下可长期保存病毒。在4℃以下低温可保存数月，甚至几年；在50%甘油缓冲溶液保存的感染脑组织中病毒可存活1个月之久。病毒能抵抗自溶及腐败，在自溶的脑组织中可保持活力达7~10 d。1%甲醛溶液和3%来苏儿15 min可使其灭活。

（二）流行病学

狂犬病毒几乎可以感染所有的温血脊椎动物，自然界中主要的易感动物是犬科和猫科动物，以及翼手类（蝙蝠）和某些啮齿类动物。狼、狐、貉、臭鼬和蝙蝠等野生动物是狂犬病病毒主要的自然储存宿主。尤其是蝙蝠，南美的吸血蝙蝠是造成人畜特别是牛的狂犬病的重要传染源。野生啮齿动物如野鼠、松鼠、鼬鼠等对本病易感，实验动物仓鼠、小鼠、豚鼠、大鼠和家兔等也可感染发病。患狂犬病的犬和带毒犬是主要传染源。其次是猫，据报道，在有狂犬病自然病例的国家中，无临床病史的外观"健康"犬的血清中，约2%~18.3%具有抗体；在我国狂犬病流行地区，据不完全统计，在外观健康的犬中，有8.3%~25%的血清阳性率，说明也有较多的无症状病例或康复病例。病毒主要存在于病犬（畜）的延脑、大脑皮层、海马角、小脑和脊髓中，唾液腺和唾液中也有大量的病毒。主要是通过患病和带毒动物咬伤或伤口被含有狂犬病病毒的唾液直接接触传播。现已证明，狂犬病也可以通过气溶胶和消化道摄入传播。

本病为连锁式传播，呈散发性流行，致死率高达100%。人感染发生有明显的年龄和性别特征，一般以青少年及儿童患者较多，男女比例为2:1左右。

（三）症状与病变

潜伏期长短与感染病毒的数量、毒力、伤口距神经中枢的距离及动物的易感性有关。一般为2~8周，短者1周，长者可达数月或数年。猫、犬平均20~60 d，人为30~60 d。

犬：一般可分为狂暴型和麻痹型两种临床类型。

狂暴型：前驱期约1~2 d。病犬精神沉郁，举动反常，常躲在暗处，不愿和人接近，不听呼唤，强迫牵引则咬畜主。性欲亢进，性情、食欲反常，异嗜，好食碎石、泥土、木片等异物。喉头轻度麻痹，吞咽困难。瞳孔散大，刺激反应的兴奋性增强。唾液分泌增多，后躯软弱。兴奋期约2~4 d。病犬表现高度兴奋、狂暴并常攻击人畜或咬伤自身。狂暴发作常与沉郁交替出现。病犬疲惫卧地不动，但不久又立起，表现惶恐不安。疯狗很少恐水，相反，遇水时可能扑向水源，戏水。有的病例无目的地奔走，夹尾，甚至一昼夜奔走百余里，且多半不归。沿途随时都可能攻击人畜，病狗行为凶猛，间或神志清晰，重新认识主人。拒食，异嗜，如吞食木片、石子、煤块等，继而咽喉肌麻痹，吠声嘶哑，吞咽困难，唾液增多。随着病程发展，意识障碍，反射紊乱，显著消瘦，眼球凹陷，散瞳或缩瞳。麻痹期约1~2 d。麻痹症状急速发展，下颌下垂，舌脱出口外，流涎显著，不久后躯及四肢麻痹，卧地不起，最后因呼吸中枢麻痹或衰竭而死。整个病程约7~10 d。

麻痹型：麻痹型病犬以麻痹症状为主，没有兴奋期或兴奋期很短，很快进入麻痹期。麻痹始见于头部肌肉，病犬表现吞咽困难，随后发生四肢麻痹，进而全身麻痹以致死亡。一般病程约 5~6 d。

牛、羊：牛病初见精神沉郁，反刍、食欲降低，不久表现不安，用蹄刨地，高声吼叫，并啃咬周围物体，性机能亢进，如频频交配爬胯，局部或全身瘙痒导致自残、癫痫、眼耳警觉、低头和角弓反张。有些病例还出现吞咽困难、流涎及舌功能减弱症状，同时还见反映咽麻痹，不能饮水。最后倒地不起，衰竭而死。病程 3~6 d。羊的狂犬病较少见，多为麻痹型。

马：马狂犬病与破伤风相似。病初啃咬或摩擦被咬伤的部位。病马易于惊恐，两眼呆滞，瞳孔散大，继而呈脑炎症状，在短期狂暴后发生进行性麻痹，有鼻和口中逆流食物和液体，最后后肢强直，呈现不完全麻痹而死。

猪：突然发病，最初呈现应激性增高，病猪拱地，摩擦被咬部位，攻击人畜。在发作间歇期常钻入垫草中，稍有音响立即跃起，无目的地乱跑，最后共济失调，后躯麻痹，呈游泳状，流涎，全身肌肉阵发性痉挛。随着病程的发展，痉挛逐渐减弱，最后只见肌肉频繁微颤。病猪不能尖声嘶叫，体温不升高。约经 2~4 d 死亡。

禽：成年禽类对狂犬病有很强的抵抗力，但也偶见自然发病病例，病禽羽毛逆立，乱走乱飞，可用爪和喙攻击其他禽类和人。病程 2~3 d。

猫：多为狂暴型，症状与犬相似，多于出现症状后 2~4 d 死亡。发作时具有攻击性。

人：患者开始焦虑不安，不适，头痛，体温略高，随后兴奋和感觉过敏，流涎，对光、声敏感，瞳孔散大，咽肌痉挛，吞咽困难，并出现恐水症状，兴奋期可能持续至死亡，或在死前出现全身麻痹。病程 3~4 d。

（四）病　变

无肉眼可见的病理变化，组织病理学检查为非化脓性脑脊髓炎和神经炎，中枢神经系统有淋巴细胞性血管周围浸润和组织浸润。在大脑的海马回、大脑皮层和延脑等部位神经细胞浆内可见界限明显、圆形或卵圆形包涵体，即 Negri 小体，神经元呈现不同程度的变性和坏死。

（五）诊　断

本病的临床诊断比较困难，常与脑炎相混而误诊。如患病动物出现典型的病程，各个病期的临床表现十分明显，则结合病史可以做出初步诊断。确诊需进行必要的实验室检验。

1. 包涵体检查

剖检病犬取大小脑、延脑等，最好取海马回，可切取海马回，置吸水纸上，切面向上，载玻片轻压切面，制成压印标本，室温自然干燥，在已固定的标本上滴加染色液（4%碱性复红饱和无水甲醇溶液 3.5 mL 中加入 2%美蓝饱和无水甲醇 35 mL）数滴，经 8~10 s 后，流水冲洗，待干后镜检。检查特异包涵体。包涵体位于神经细胞胞浆内，直径 3~20 μm 不等，呈椭圆形、嗜酸性着染（鲜红色），但在其中常可见有嗜碱性（蓝色）小颗粒。神经细胞染成蓝色，间质呈粉红色，红细胞呈橘红色。检出 Negri 小体，即可诊断为狂犬病。但并非所有发病动物脑内都可找到包涵体，犬脑的阳性检出率为 70%~90%左右，人脑约 70%。

2. 荧光抗体法

压印标本干燥后，于-20 ℃用丙酮固定 4 h 后应用。滴加荧光抗体染色，感作处理后，在荧光显微镜下观察，胞浆内出现亮绿色荧光颗粒者为阳性，但同时一定要有准确的对照组（包括阳性和阴性对照）。狂犬病动物脑组织用荧光抗体法检查，阳性检出率很高，可达 95%。

3. 病毒分离

取脑或唾液腺等病料加缓冲盐水研磨成 10%乳剂，脑内接种 5~7 日龄乳鼠，每只注射 0.03 mL，每份标本接种 4~6 只乳鼠。唾液或脊髓则在离心沉淀和以抗生素处理后，直接作接种用。乳鼠在接种后继续由母鼠同窝哺养，3~4 d 后如发现哺乳减退，痉挛，麻痹死亡，即可取脑检查包涵体，并制成抗原，做病毒鉴定。如经 7 d 仍不发病，可杀死其中 2 只，剖取鼠脑做成悬液，如上传代。如第二代仍不发病，可再传代。连续盲传三代，总计观察 4 周而仍不发病者，做阴性结果报告。

4. 血清学检验

一般实验室常用的血清学诊断法为中和试验。此外还有斑点免疫测定、对流电泳、单克隆抗体技术、酶联免疫吸附实验等诊断方法。

5. 分子生物学诊断

PCR 具有快速、特异、操作简单等特点，在狂犬病诊断上有很好的应用前景。

（六）防　制

由于人和动物（尤其是伴侣动物）日渐亲近，尤其是发展中国家，人口密度大，犬的流动性也越来越大，狂犬病对人类的威胁性也日益增加，因此，消灭流浪犬和对家犬、猫进行有计划、全面地预防接种，是防制狂犬病的有效措施。

国内常用的兽用狂犬病有 3 种疫苗，即 AgG 株原代仓鼠弱毒佐剂疫苗、羊脑弱毒活疫苗和灭活疫苗、Flury 毒株鸡胚低代毒（LEP）适应于 BHK-21 细胞培养后制成的活毒疫苗。猫和牛需用毒力更低的 Flury 株鸡胚高代毒（HEP）疫苗，免疫期均在 1 年以上。近年来从国外引进的 ERA 株狂犬病弱毒疫苗比 LEP 株毒力较弱，经肌肉注射，对成年牛、山羊、绵羊、犬和家兔均安全有效，可用于各种动物的免疫。

人和动物被咬伤后，伤口应用大量肥皂水或 0.1%新洁而灭和清水冲洗，再局部应用 75%酒精或 2%~3%碘酒消毒，穿通伤口，应将导管插入伤口内接上注射器灌输液体冲洗。在局部清洗的同时，应围绕伤口局部做浸润注射抗狂犬病免疫血清或人源抗狂犬病免疫球蛋白（RIGH）。对患病动物应立即扑杀，不宜治疗，尸体必须焚烧或深埋。

第四节　流行性乙型脑炎

流行性乙型脑炎又称日本乙型脑炎（Japanese encephalitis B），是由流行性乙型脑炎病毒引起的一种人畜共患的蚊媒急性病毒性传染病。在人和马呈现脑炎症状，猪表现为母猪的流产、死胎和公猪的睾丸炎、附睾炎，其他家畜和家禽大多呈隐性感染。

流行性乙型脑炎于 1935 年首先在日本人群中发生感染，同时为了与当地流行的一种嗜眠型脑炎或甲型脑炎相区别，故称为日本乙型脑炎。1936 年，日本马脑炎大流行，随后又曾从猪、牛、山羊等动物体内分离到同样的病毒。

（一）病　原

流行性乙型脑炎病毒属于黄病毒科（Flaviviridae）黄病毒属（Flavivirus）。有囊膜，病毒为单股 RNA。中心为一圆形的核衣壳，外层为含糖蛋白的纤突。外层纤突具有血凝活性，能凝集鹅、鸽、绵羊和雏鸡的红细胞，但不同毒株的血凝滴度有明显差异。乙脑病毒的各个毒株，虽然常在毒力和血凝特性上具有比较明显的差异，但抗原性没有明显的差异。

乙型脑炎病毒易在 7~9 日龄的鸡胚内适应和增殖，导致鸡胚的死亡。也可以在多种组织培养细胞内增殖，例如鸡胚的成纤维细胞、鼠胚的肾细胞、牛胚的肾细胞、人羊膜细胞、猪肾细胞、仓鼠肾细胞传代。但通常只在羊胎肾细胞、猪肾细胞、仓鼠肾原代细胞上恒定地引起明显的病变，并可在琼脂覆盖下的鸡胚成纤维单层细胞上产生清晰的蚀斑。

病毒对外界环境的抵抗力不强，56 ℃时 30 min 或 100 ℃加热 2 min，均可使其灭活；在 -20 ℃可保存一年，但毒价降低，在-70 ℃可保存数年。在 50%甘油生理盐水中于 4 ℃可存活 6 个月。病毒在 pH7~10 稳定，常用消毒剂尤其是脂溶性消毒剂有良好的灭活作用。

（二）流行病学

流行性乙型脑炎是一种自然疫源性疾病，马、驴、骡、猪、牛、绵羊、山羊、犬、鸡等多种动物和人都有易感性，但多为隐形感染。经检查发现，在本病流行地区，畜禽的隐性感染率均很高，国内很多地区的猪、马、牛等的血清抗体阳性率在 90%以上，特别是猪的感染最为普遍。马属动物多以 3 岁以下的幼驹多发，猪多以 6 个月以内的幼猪较易临床发病。猪感染后，血中的病毒含量较高，媒介蚊又嗜其血，扩大病毒的传播。其他温血动物虽能感染本病毒，但随着血中抗体的产生，病毒很快从血中消失，作为传染源的作用不大。

本病主要通过带病毒的蚊虫叮咬而传播。主要以三带喙库蚊为主，此外还有伊蚊、按蚊属 10 多种都能传播，病毒能在蚊体内繁殖和越冬，且传至后代，因此蚊不仅是传播媒介，也是病毒的贮存宿主。

流行性乙型脑炎有明显的季节性，多发于蚊子的滋生季节，在亚热带和温带地区主要在夏季至初秋的 7~9 月份流行。在热带地区，本病全年均可发生。还常呈现 4~5 年流行一次的周期性倾向。

（三）症　状

马：潜伏期约为 1~2 周。病初病马出现短期高热，可视黏膜潮红或轻度黄染，精神沉郁，食欲减退，肠音稀少，粪球干小。有些病马由于病毒侵害脑和脊髓，出现明显的神经症状，表现沉郁、兴奋或麻痹。视力和听力减退或消失。针刺反应减弱，常有阵发性抽搐。有的病马以沉郁为主，表现或是呆立不动，低头垂耳，眼半开半闭，下颌抵靠饲槽或以头顶墙。四肢失去平衡，常出现异常姿势，感觉机能消失，后期卧地昏迷。或表现为狂暴不安，乱冲乱撞，最后因过度疲惫，倒地不起，四肢划动如游泳状，麻痹衰竭而死。一般病马多为沉郁和兴奋症状交替出现。

猪：一般呈散发型，隐性病例居多，潜伏期一般为 3~4 d。常突然发病，体温升高达 40~41 ℃，呈稽留热，精神沉郁、嗜睡。食欲减退，饮欲增加。粪便干硬附有灰白色黏液，呈球状，尿呈深黄色。有的猪后肢、肢关节肿胀、感疼、跛行。有的病猪表现为明显神经症状，乱冲乱撞，摆头，后肢麻痹，步行踉跄，最后倒地不起而死亡。

妊娠母猪常不表现明显的症状，突然发生流产。多在妊娠后期发生，可见到同窝有部分或仔猪及部分大小差异不大的流产死胎，有的超过预产期也不分娩，胎儿长期滞留，特别是初产母猪常见到此现象。流产后症状减轻，体温、食欲恢复正常。少数母猪流产后从阴道流出红褐色乃至灰褐色黏液，胎衣不下。母猪流产后对继续繁殖无影响。

流产胎儿多为死胎或木乃伊胎，或为弱仔。有的生后出现神经症状，全身痉挛，倒地不起，1～3 d死亡。

公猪除有上述一般症状外，常发生一侧或两侧睾丸炎。局部发热，有痛感，睾丸明显肿大，较正常睾丸大半倍到一倍，患病的阴囊发热，有痛感，触压发硬，两三天后肿胀消退，逐渐萎缩变硬，丧失配种能力。

牛、羊：自然发病者极为少见。主要表现发热，食欲废绝，呻吟、磨牙、痉挛、转圈以及四肢强直和昏睡等神经症状。急性者经1～2 d，慢性者10 d左右可能死亡。

山羊病初发热，从头部、颈部、躯干和四肢渐次出现麻痹症状，流涎、咬肌痉挛、牙关紧闭、角弓反张，四肢关节伸屈困难，视力、听力减弱或消失，步样蹒跚或后躯麻痹，卧地不起，约经5 d死亡。

人：潜伏期7～14 d，主要发生在儿童，3～6岁的小儿最易感染，绝大多数病人发生在8月份，其次为7月和9月份。多突然发病，常见发热、头痛、昏迷、嗜睡、烦躁、呕吐、惊厥等症状。颈部强直、腹壁反射及提睾反射消失，并有意识障碍、呼吸衰竭、死亡。

（四）病　变

马：肉眼病变不明显。脑脊髓液增量，脑膜和脑实质充血、出血、水肿，肺水肿，肝、肾浊肿，心内外膜出血，胃肠有急性卡他性炎症。脑组织学检查见有淋巴细胞和单核细胞浸润，血管周围有套管现象的非化脓性脑炎变化。

猪：脑的病变广泛地存在于大脑及脊髓，但主要位于脑部，以间脑、中脑等处病变为主，脑脊髓液增多，黄色透明，有时浑浊，硬脑膜和软脑膜轻度充血，有的可见大小不等的出血点和出血斑。脊髓膜浑浊、水肿。有的可见肝脏、肾脏肿胀变硬。心内外膜有点状出血。

流产母猪子宫内膜充血、水肿，黏膜有少量小点状的出血，并附有黏稠的分泌物，死胎有皮下水肿和胶样浸润，脑内积液。胎儿大小不等，有的呈木乃伊化。全身肌肉褪色，似煮肉样。

肿胀的睾丸实质充血、出血，切面可见有颗粒状的小坏死灶，最明显的变化是楔状或斑点状出血和坏死，鞘膜和白膜间有积液。阴囊与睾丸粘连。

组织学检查，可见中枢神经系统呈典型的非化脓性炎症病理变化。脑组织、脑膜及脊髓膜血管扩张、充血。血管周围的淋巴间隙增宽、出血、浆液渗出和细胞浸润。浸润细胞以淋巴细胞为主。其次为单核细胞，有时可见浆细胞和嗜中性细胞，在血管周围形成管套。神经细胞体积增大、变圆，细胞核偏于一侧，肿大，核内出现空泡。在神经组织坏死的部位常见胶质细胞增生，主要是小胶质细胞增生，呈弥漫性或灶性存在血管旁或坏死崩解的神经细胞附近，称为"卫星"现象。

牛、羊、鹿的脑组织学检查，均有非化脓性脑炎变化。

（五）诊　断

根据本病有严格的季节性，呈散在性发生，多发生于幼龄动物，有明显的脑炎症状，怀孕母猪发生流产，公猪发生睾丸炎。死后取大脑皮质、丘脑和海马角进行组织学检查，发现非化脓性脑炎等，可作为诊断的依据。确诊需做实验室诊断。

1. 病毒分离和鉴定

濒死期脑组织是首选的病毒分离材料。

脑组织以 pH7.8 的肉汤、0.5%乳白蛋白水解物 Hank's 液或 10%灭活正常兔血清盐水制成 10%~20%乳剂，离心沉淀后吸取上层液应用。血清和脱纤血可以直接做动物接种，如用以接种细胞培养物，则最好先将脱纤血液做冻融处理，待其全部溶血后应用。为了防止污染，可在接种材料中加入适量的抗生素。

乳鼠是最常用的试验动物，应用脑内-皮下同时接种的方法。乳鼠发病后离群、拒食、抽搐、消瘦，此时可采脑组织做进一步的鉴定。也可将上述病料接种于 7~9 日龄的鸡胚卵黄囊内，2~3 d 后收获胚体，再做乳鼠或细胞培养接种。

2. 血凝抑制试验

采集发病早期和病后 3~4 周的血液，分离血清，用鹅红细胞进行血球凝集抑制试验，如恢复期血清的血凝抑制抗体效价比急性期的血清效价高 4 倍以上。可做出诊断。

3. IgM 抗体检测

机体感染病毒 3~4 d 后可以产生特异性的免疫 IgM 抗体，两周即达高峰，因此检测血清乙型脑炎 IgM 抗体，对早期诊断有意义。采用 2-巯基乙醇（2-ME）法。在被检血清中加入 0.2mol/L 2-巯基乙醇液置 37 ℃ 作用 1 h，与不用 2-巯基乙醇处理的被检血清同时做血凝抑制试验。如被检血清中含有 IgM 抗体，则其大分子的 IgM 抗体球蛋白被 2-巯基乙醇裂解成无免疫活性的小分子球蛋白，血凝滴度降低。比较同一被检血清在 2-巯基乙醇处理前后的血凝抑制效价，如效价相差达到 4 倍以上，即可证明血清中血凝抑制抗体即是 IgM。此法在早期诊断可达 80%以上。

此外，还可通过补体结合试验、中和试验、荧光抗体法、酶联免疫吸附试验、反向间接血凝试验、免疫黏附血凝试验和免疫酶组化染色法等进行诊断。

4. 鉴别诊断

马属动物应与传染性脑脊髓炎鉴别。马传染性脑脊髓炎多发生于6~10岁的壮年马，除7~9月份多发外，在冬季也可散发。有明显的黄疸、胃肠迟缓和便秘症状以及中毒性肝营养不良病变。猪的日本乙型脑炎应注意和猪布鲁氏菌病鉴别。猪布鲁氏菌病无明显的季节性，流产多发生于怀孕后 3 个月，多为死胎，很少出现木乃伊胎。睾丸炎常为两侧性，附睾也发生脓肿。

（六）防　制

加强饲养管理，做好畜舍和周围环境卫生。排出积水，消灭蚊子的滋生地，杀灭蚊虫，切断蚊子等吸血昆虫传播疾病的途径。对发病动物的污染物、排泄物应严格进行处理。对出入养殖场和畜舍的人员、新购进家畜、饲料、饮水应进行严格消毒。

（七）免疫接种

患乙脑恢复后的动物可获得较长时间的免疫力。为了提高畜群的免疫力，可接种乙脑疫苗。马属动物和猪使用我国研制选育的仓鼠肾细胞培养的弱毒活疫苗，安全有效。在当地流行开始前 1 个月进行预防注射。猪已有猪乙型脑炎活疫苗和灭活苗。活疫苗系用乙型脑炎克隆 98 毒株（JEV-98 毒株）经原代鼠肾细胞培养后收获细胞培养液而制成，于本病流行前 1～2 月对青年母猪和公猪进行该疫苗免疫一次，免疫有效期一年。气候炎热的南方地区应一年免疫二次。灭活疫苗系也是用乙型脑炎克隆 98 毒株（JEV-98 毒株）经原代鼠肾细胞培养后收获细胞培养液，灭活并加入佐剂制成。种猪场最好用活疫苗。

目前，治疗本病没有特效药物。一旦发病，病畜应该立即隔离治疗，根据具体情况采取对症疗法和支持疗法，缩短病程，防止继发感染。对兴奋不安的动物，用氯丙嗪注射液，高热的配以可解热药物，使用降低颅内压的药物，减轻脑水肿，常用 25%山梨醇或 20%甘露醇静脉注射降低颅内压，用抗生素药物防止继发感染。同时加强护理，可收到一定的疗效。

第五节　流行性感冒

流行性感冒（简称流感），是由流行性感冒病毒引起人和动物共患的急性高度接触性传染病，传播迅速，呈流行性或大流行性。在人和哺乳动物，此病以发热、衰弱无力，伴有急性呼吸道症状为特征；在禽类则可有急性败血症、呼吸道感染以至隐性经过等多种临诊表现。流行性感冒发生于世界各地，我国也有马、猪和人类流感流行的多次报道。

病原：流感病毒属于正黏病毒科，为多节段单股负链 RNA 病毒。分为 A、B、C 三型，分别属于正黏病毒科下属的 A 型流感病毒属（1nfluenza virus A）、B 型流感病毒属（1nfluenza virus B）和 C 型流感病毒属（1nfluenza virus C）。典型的病毒粒子呈球形，有囊膜，囊膜上有两种不同类型的呈辐射状致密镶嵌的纤突，一种是血凝素（H 或 HA），是棒状的糖蛋白多聚体；另一种是神经氨酸酶（N 或 NA），呈蘑菇状，是完全不同于某些正常细胞中相应酶的糖蛋白多聚体。两型病毒均有内部抗原和表面抗原。内部抗原为核蛋白（NP）和基质蛋白（M_1），很稳定，具有种特异性，用血清学试验可将两型病毒区分开；表面抗原为 HA 和 NA，A 型流感病毒的 HA 和 NA 容易变异，已知 HA 有 16 个亚类（H_1～H_{16}），NA 有 9 个亚类（N_1～N_9），它们之间的不同组成，使 A 型流感病毒有许多亚型（如 H_1N_1、H_2N_2、H_3N_3、H_7N_7……），各亚型之间无交互免疫力。B 型流感病毒的 HA 和 NA 则不易变异，无亚类之分。HA 在 4 ℃条件下能凝集马、驴、猪、羊、牛、鸡、鸽、豚鼠和人的红细胞，但在 37 ℃时，由于 NA 对受体的破坏作用，使病毒迅速从红细胞上释放。根据此特性可应用血凝试验和血凝抑制试验诊断。C 型流感病毒的形态大小与 A、B 型者相似。含有由 7 个节段组成的单股 RNA。囊膜内只含有一种糖蛋白（HEF），具有血凝、与 N-乙酰基神经氨酸结合、破坏受体以及诱导膜融合等功能。

病毒可以在发育鸡胚肾、牛胚肾、猴胚肾和人胚肾细胞内增殖，但各毒株产生细胞病变的能力有一定差异。

流感病毒对外界环境的抵抗力不强，56 ℃时 30 min 或 60 ℃时 20 min 可使病毒灭活。

一般消毒剂对病毒均有作用，对碘蒸气和碘溶液特别敏感。

流行病学：A型流感病毒可自然感染猪、马、禽类和人，貂、海豹、鲸等动物也可感染。多发病突然，传播迅速，呈流行性或大流行性。现已证明A型流感病毒可种间传播，猪源H_1N_1病毒能传播到禽群中并能引起火鸡发病（Mhoan等，1981；Ludwig等，1994）。

病畜（禽）和带毒畜（禽）是主要的传染源，病愈后的病猪可带毒6~8周。病毒存在于病猪和带毒猪的鼻液或气管、支气管渗出液以及肺和肺淋巴结内，主要的传播途径是经呼吸道传播。禽流感病毒除可通过呼吸道传播外，还可通过病禽的各种排泄物、分泌物和尸体等污染饮水和饲料，经消化道或经伤口传播。没有证据表明流感病毒可以垂直传播。

本病多发在秋末、春初气候骤变的季节和寒冷冬季。饲养管理、环境卫生条件差、营养不良、体内外寄生虫病都可促进本病的发生和流行。常呈地方性流行或大流行。

一、猪流行性感冒

猪流感是由A型流感病毒引起猪的一种急性、传染性呼吸道疾病。其特征为突然发病、咳嗽、呼吸困难、发热、衰竭及迅速康复。

引起猪流行感冒主要是由H_1N_1、H_1N_2、H_1N_7、H_3N_2、H_3N_6，其中H_1N_1、H_3N_2能引起猪大群流行，且与人流感关系密切。

（一）症　状

不同年龄、性别和品种的猪均有易感性。潜伏期1~3 d。突然发病，猪群中多数猪同时出现症状，表现为病猪体温突然升高到40.3~41.7 ℃，精神委顿，不愿走动，食欲减退，甚至废绝，出现结膜炎、鼻炎症状，眼和鼻流出黏性分泌物，有时鼻分泌物带有血色，打喷嚏，有阵发性咳嗽。呼吸急促、呈腹式呼吸。病程较短，如无并发症，多数病猪可于5~7 d后康复。本病发病率高，可达100%，但死亡率低，通常不到1%。如继发胸膜肺炎放线菌、多杀性巴氏杆菌、猪副嗜杆菌、猪链球菌-2型时可导致猪只的死亡率明显增加。

临床上除显性感染外，也经常发生亚临床感染，如在育肥猪未发生明显的呼吸道表现，而血清学表明H_1N_1、H_3N_2两个亚型的阳性率均较高。

（二）病　变

主要的病变在呼吸器官。肺脏病健组织有明显的界线，有紫红色的硬结，病变部通常限于尖叶、心叶和中间叶，常为两侧性呈不规则的对称，如为单侧性，则以右侧为常见。间质有明显的水肿。鼻、喉、气管和支气管黏膜出血，表面有大量泡沫状黏液，有时杂有血液。颈淋巴结和纵膈淋巴结肿大、充血、水肿，脾常轻度肿大，胃、肠有卡他性炎症。

组织学可见支气管和细支气管上皮广泛变性、坏死，支气管、细支气管、管腔和肺泡内充满渗出物夹着脱落的细胞、嗜中性细胞，后期大部分为单核细胞。

（三）诊　断

根据病的流行特点、临诊表现和病理变化可做出初步诊断。确诊需要做实验室诊断。

病毒的分离：可采取发病2~3 d急性病例的鼻分泌物或器官、支气管、支气管渗出物作为病料，进行病毒分离，也可扑杀急性病猪，采取脾、肝和肺淋巴结等作为病毒分离材料。

分离病毒常用 9~11 d 的鸡胚。将接种材料用灭菌生理盐水适当稀释后，经 3 000 r/min 离心沉淀 10 min，吸取上清液，加入青、链霉素，每毫升接种液中的青、链霉素最终含量各为 1 000 μ 或 1 000 μg，4 ℃ 感作 1 h，羊膜腔及尿囊腔各 0.2 mL，同时接种分离病毒。

也可采用病猪急性期和恢复期（相距 2~3 周）的双份血清，进行血凝抑制试验，如果恢复期血清的抗体效价比急性期血清升高 4 倍以上，即可诊断为流感。

但临床上需猪肺疫和猪急性气喘病进行鉴别。急性猪肺疫主要病变为纤维素性胸膜肺炎，死亡率高，耳静脉血涂片镜检可见两极着色的小球杆菌。急性气喘病一般无体温变化。

（四）防　制

猪流感尚无特异性疗法，重要的是注意防寒保暖，猪舍应保持清洁、干燥，避免应激。此外，应避免疑似流感病毒感染的人员与猪接触。发病时应采取隔离，防止病、健接触。发病猪在发热期应保持供给新鲜的洁净水。为控制继发感染，可用抗菌素和其他抗微生物制剂进行治疗。

二、马流感

马流感主要是 H_7N_7 和 H_3N_8 两个亚型引起的。自然情况下，只有马属动物易感，没有年龄、品种、性别的差异。主要是通过呼吸道、消化道传播，交配也可传播。本病传播迅速，在易感畜群中短期内引起广泛的流行，发病率极高。

（一）症状和病变

根据病毒类型的不同，表现的症状也不同，H_7N_7 亚型所致的疾病比较温和，H_3N_8 亚型所致的疾病较重，并易继发细菌感染。潜伏期 2~10 d，多在经 3~4 d 后发病，病马常症状轻微，呈顿挫型经过或呈隐性感染。

典型病例表现马匹突然发生高热，可达 40~41 ℃，呼吸、脉搏加速，精神沉郁，食欲减退，常伴有干咳，后变湿咳，常有鼻炎的症状，鼻孔有浆液性-脓性分泌物流出。畏光、流泪，眼睑水肿，伴有浆液性-黏液性乃至脓性分泌物。发热期中病马还常表现肌肉震颤，尤以肩部肌肉最为明显。H_7N_7 亚型感染时，常发生轻微的喉炎，有继发感染时才呈喉、咽和喉囊的病症。病马多呈良性转归，病死率不超过 1%，但没有母源抗体保护的幼驹，特别是引起胃肠炎和肺炎等严重并发症的，有时病死率超过 5%。

病变多见呼吸道下部，由 H_7N_7 亚型所致的病例呈现支气管炎、肺炎和肺水肿。

（二）诊　断

本病发病快，传播迅速，几天内便可波及全群，根据这些临床表现和流行病学特点，可初步诊断。确诊可做病毒分离。此外，血凝抑制试验、ELISA、单向辐射溶血试验（SRH）、荧光抗体法等都可以诊断。

（三）防　制

预防接种可获得良好的免疫效果，目前使用的疫苗是鸡胚化马流感双价苗，每年注射 2

次，间隔 3 个月，以后每年注射一次。本病尚无特效药物，一般采用对症疗法和使用抗生素防止继发感染。

三、禽流感

禽流感又称欧洲鸡瘟，首次报道于 1878 年（意大利）。目前，禽流感病毒常见的血清型有 H_5N_1、H_5N_2、H_7N_1、H_9N_1，根据 A 型流感病毒致病性的不同，可将其分为高致病性毒株和低致病性的毒株。高致病性毒株，如 H_5、H_7 中少数亚型引起禽类的大批死亡，而低致病性毒株，如 H_9 中的某些亚型多引起轻微的呼吸道症状，主要引起产蛋鸡产蛋下降和产蛋品质的下降等症状。禽流感主要以鸡和火鸡最易感，珍珠鸡、鹌鹑、雉鸡、鹧鸪、八哥、孔雀、鸭、鹅及各种候鸟都可感染发病。禽流感受饲养和野生禽类的分布、禽类生产的产地、迁徙路线、季节等多种因素的影响。

禽流感在欧、美、亚、非洲等不少国家中均有发生。

（一）症 状

鸡：潜伏期为 3~5 d。高致病性禽流感常突然爆发，流行初期的急性病例可出现无任何征兆突然死亡。病程稍长的，出现体温升高，达 41.5 ℃ 以上，精神沉郁，食欲减退或废绝，羽毛松乱，头翅下垂，呈昏睡状态。冠与肉髯呈黑紫色，有淡色的皮肤坏死区。头、颈部出现水肿，眼睑、冠髯和跗关节肿胀，结膜发炎，分泌物增多，鼻有黏液性分泌物，病鸡常甩头，企图甩出分泌物。口腔黏膜有出血点，甚至有纤维蛋白渗出物。腿部角质鳞片下出血。产蛋鸡产蛋下降。病死率可达 50%~100%。亚急性病鸡有的出现神经症状，惊厥、瘫痪、失明、共济失调。病程往往很短，常于症状出现后数小时内死亡。

温和性禽流感的表现从无症状直至严重的呼吸道症状，蛋鸡产蛋量明显下降。病死率 0~15%。

鸭：潜伏期与病毒毒株的强弱、感染剂量、感染途径有关。短的几小时，长的可达数天。有些雏鸭感染后，无明显症状，很快死亡，但多数病鸭会出现呼吸道症状。病初打喷嚏，鼻腔内有浆液性或黏液性分泌液，鼻孔经常堵塞，呼吸困难，常有摆头、张口喘息症状。一侧或两侧眶下窦肿胀。慢性病例，羽毛松乱，消瘦，生长发育缓慢。

（二）病 变

口腔、腺胃、肌胃角质层下和十二指肠出血，头、眼睑、肉垂、颈和胸等部位的肿胀组织呈淡黄色，气管黏膜出现水肿，并伴有浆液性到干酪样不等的渗出物，肝脏、脾脏、肾脏和肺常可见到坏死灶，胰脏常有淡黄色的坏死斑点和暗红色区域。气囊增厚并有纤维素性或干酪样渗出物，腹膜和输卵管表面有黄色渗出物，并常见有纤维素性心包炎。

鸭流感的主要病变是鼻腔黏膜发炎，在鼻腔和眶下窦中，充有浆或黏液，有的病例则呈干酪样。鼻咽部和气管黏膜充血，气囊浑浊、水肿，或有纤维素性炎症。

组织学可见非化脓性脑炎的变化，出现血管袖套现象，神经细胞变性，坏死灶周围有神经细胞增生。脾有细胞性淋巴结节坏死。

（三）诊 断

根据病的流行特点、临诊表现和病理变化可做出初步诊断，临床上应注意与新城疫的鉴别。确诊有赖于实验室诊断。

病毒的分离和鉴定：用灭菌棉拭子取鼻咽部分泌物，置于 1~2 mL 的肉汤中，每毫升肉汤中加青霉素 1 万单位，硫酸链霉素 2 mg，庆大霉素 1 mg，卡那霉素 650 μg，两性霉素 B 20 μg，以控制细菌和霉菌的污染。或者将病变的组织磨碎后用上述肉汤做成 10%悬液，离心沉淀除去组织碎屑，每份病料以各 0.2~0.3 mg 剂量接种于孵化 9~11 d 的鸡胚尿囊腔和羊膜腔内，在 37 ℃ 培养 4 d，收获 24 h 以后的死胚及培养 4 d 仍存活的鸡胚尿囊液，分装标记后，稀释鸡胚液，测其血凝价。如尿囊液为 HA 阴性，则应再同以上方法盲传 2~3 代，以免病毒量小而将病毒丢失。

血凝和血凝抑制试验：在证明鸡胚液有 HA 活性之后，首先要排除新城疫病毒，取一滴 1∶10 稀释的正常鸡血清（最好是 SPF 鸡血清）和一滴新城疫抗血清，置于一块玻璃板上，将有 HA 活性的鸡胚液各一滴分别与上述血清混合，再各加上一滴 5%鸡红细胞悬液。如果这两滴血清中都出现 HA 活性，即证明没有新城疫病毒的存在。如果新城疫抗血清抑制了 HA 活性，即证明有新城疫病毒的存在。

琼脂扩散试验也可用于检测禽类血清中的抗体，效果较好，但不能分辨病毒的亚型。此外，病毒的中和试验、神经氨酸酶抑制试验、ELISA 等也可以用于诊断。

（四）防　制

目前预防禽流感主要采用综合性防疫措施。加强饲养管理，做好环境卫生，定期消毒，严格检疫，杜绝病原的传入。疫苗的研究虽然取得了很大的进展，但由于禽流感病毒的抗原成分复杂，而且易变异，亚型之间缺乏明显的交叉免疫性，给防疫工作带来很大困难。目前对于禽流感已研制多种类型的疫苗，并在临床上得以成功应用。如禽流感的灭活苗（异源全病毒灭活疫苗，H_5，N_{28} 株）H_5N_1 重组禽流感病毒灭活苗、禽流感 H_5 和 H_9 的二联疫苗、H_5 亚型禽流感重组鸡痘病毒载体活疫苗等。

发病后，应及时对病禽进行隔离、诊断、上报疫情。坚持"早、快、严、小"的指导原则，对疫区进行封锁。以疫点为中心，将半径 3 km 内的区域划为疫区；将距疫区周边 5~10 km 内的区域划为受威胁区。扑杀疫点、疫区内所有禽类，关闭禽类产品交易市场，禁止易感活禽进出和易感禽类产品运出；对禽类排泄物，被污染饲料、垫料、污水等按有关规定进行无害化处理；对被污染的物品、交通工具、用具、禽舍和场地进行严格彻底消毒，消灭疫源。对受威胁区所有易感禽类采用国家批准使用的疫苗进行紧急强制免疫接种，非疫区也要做好各项防疫工作，完善疫情应急预案，加强疫情监测，防止疫情再发生。疫区内所有禽类及其产品按规定处理后，经过 21 d 以上的监测，未出现新的疫源，由动物防疫监督人员审验合格后，由当地兽医行政管理部门向发布封锁令的人民政府申请解除封锁。

第六节　轮状病毒感染

轮状病毒感染主要是婴幼儿和多种幼龄动物的一种急性肠道传染病，以腹泻和脱水为特征。成人和成年动物多呈隐性经过。

最早于 1968 年由 Mebus 等在美国内阿拉斯加州一农场犊牛腹泻病例中发现，欧、美洲各国以及澳大利亚、新西兰和日本等都发现了牛轮状病毒引起的腹泻，澳大利亚和英、美等国均有轮状病毒引起的腹泻。轮状病毒感染引起严重的经济损失。以英国为例，犊牛轮状病毒性腹泻的发病率为60%~80%，死亡率0~50%，1~4周龄仔猪群的发病率超过80%，死亡率7%~20%。

轮状病毒感染引起的腹泻是一种世界性的传染病，根据统计，全世界幼儿发生的肠炎至少有50%是由轮状病毒引起的。

（一）病 原

轮状病毒（Rotavirus）属呼肠孤病毒科、轮状病毒属。病毒体呈圆球形，有双层衣壳，每层衣壳呈20面体对称。内衣壳的壳微粒沿着病毒体边缘呈放射状排列，形同车轮辐条。病毒体的核心为双股RNA，由11个不连续的节段组成。各种动物和人的轮状病毒外衣壳上具有型特异性抗原，在内衣壳上共同抗原。病毒的特异性可以用中和试验和酶联免疫吸附试验区别开来，当血清浓度高时可能出现交叉中和现象，但同源痊愈血清的中和滴度要比异源者高。而利用补体结合、免疫荧光、免疫扩散和免疫电镜法也可以对内衣壳上共同抗原进行鉴定。

轮状病毒分为A、B、C、D、E、F、G 7个群，A群又分为两个亚群（SⅠ和SⅡ）。A群为常见的典型病毒，宿主包括人和各种动物，其他几个群则不常见。B群轮状病毒也叫非典型轮状病毒、类轮状病毒，宿主为猪、牛、大鼠和人。C群轮状病毒也称副轮状病毒，宿主为猪、牛、人。E群只在英国发现于猪中，D、F和G群为鸡和火鸡。

病毒在感染细胞中能合成结构蛋白（VP_1、VP_2、VP_3、VP_4、VP_6、VP_7）和非结构蛋白（NS1-4）。其中VP_1、VP_2、VP_3及VP_6是核心及内衣壳蛋白，VP_2是病毒子中含量最大的结构蛋白，是唯一有核酸结合活性的结构蛋白，VP_3在RNA复制中起一定作用，VP_4是非糖基化的外衣壳蛋白，有血凝素作用，能抑制病毒在组织培养细胞中生长，但在胰酶作用下可裂解成VP_5和VP_8，从而提高病毒的感染性。但并不是所有的轮状病毒都有血凝素。VP_6与多聚酶活性有关，具有轮状病毒的群特异抗原，也有亚群特异性。VP_7主要与轮状病毒的特异性抗原有关。

轮状病毒在细胞培养物中很难培养，可在MA-104株（恒河猴胚肾细胞）CV-1（非洲绿猴肾传代细胞）、AGMK（原代非洲绿猴肾细胞）和CMK（一种猴的原代肾细胞）传代。但通常需要用胰蛋白酶处理激活。这一过程是通过胰蛋白酶作用于VP_4实现的。在营养液中加入胰蛋白酶可提高病毒数倍或百倍。

一些A群轮状病毒具有血凝性，例如牛NCDV株能凝集人O型以及豚鼠、马、绵羊等红细胞。绵羊和人株能凝集鸡、绵羊、兔、豚鼠及人的红细胞。我国江苏省分离到毒株能凝集豚鼠、马、犊牛、绵羊及人O型的红细胞。红细胞浓度0.5%，最适pH7.2~7.4，温度37℃。

轮状病毒对理化因子的作用有较强的抵抗力。能耐受乙醚、氯仿和去氧胆酸钠处理不影响其感染性。该病毒耐酸、碱，在pH3~9之间都具有感染性。加热到60℃，30 min存活，但63℃时，30 min则被灭活。在37℃下须经3 d始能灭活，67%次氯胺T和95%酒精可使病毒丧失感染力。

（二）流行病学

轮状病毒的宿主范围较广，已知的牛、猪、绵羊、山羊、牦牛、马、犬、猫、猴、羚羊、鹿、兔、鸡、火鸡、雉鸡鸭、珍珠鸡、鹌鹑、鸽子和人等都可感染，但成年动物和人多呈隐性感染，主要感染幼龄动物和婴、幼儿。患病的人、病畜和隐性患畜是本病的传染源。病毒主要存在于肠道内，经消化道途径传染易感家畜。痊愈动物从粪中排毒持续期至少3周。

轮状病毒可以在种间传播，如人的轮状病毒可以感染犊牛、猴、仔猪、羔羊，但不能使小鼠和家兔发病，牛和鹿的轮状病毒均可感染仔猪等。分离自火鸡和雉的轮状病毒可感染鸡。但禽类的轮状病毒不感染哺乳动物，反过来也一样。而猪的轮状病毒似乎只能感染给猪。

本病多发生在晚秋、冬季和早春寒冷季节。传播迅速，寒冷、潮湿、不良的卫生条件、营养不良和其他疾病等应激因素，均可促使或加重疾病的发生。

（三）症　状

牛：潜伏期1~4d。多发于出生后3d至15周龄的犊牛。病犊精神委顿，体温正常或略有升高。吮乳减少，腹泻，粪便黄白色、灰白色或褐色，稀薄如水，含有未消化的凝乳块，有时带有黏液和血液，随着腹泻时间的延长，则出现脱水明显。严重的常有死亡。病死率可达50%。病程1~8d。恶劣的寒冷气候常使许多病犊在腹泻后爆发严重的肺炎而死亡。

猪：潜伏期1~2d。呈地方流行性。多见7~14日龄的哺乳仔猪，同群的仔猪几乎同时发病，病初厌食，精神委顿，数小时后出现腹泻，粪便呈水样或糊状，黄白色、灰色或黄绿色，含有不等量的絮状物，有腥臭味，少数病猪有呕吐，腹泻有的可延续3~5d，而后7~14d粪便逐渐恢复正常。病猪脱水严重。症状轻重决定于发病日龄、机体的免疫状态和环境条件因素。没有吃到初乳的新生仔猪症状较重，病死率可高达100%；10~20d的哺乳仔猪的症状轻微，常经2~3d的腹泻后康复，死亡率低。环境温度下降或继发大肠杆菌病，常使病情加重，病死率增高。

驹：多发于1~6周龄的幼驹，病驹体温略高，精神委顿，食欲减退，甚至停止泌乳，腹泻，排黄白色或带绿色的水样便，粪便中常混有未消化的凝乳块。病驹脱水、衰弱。病程4~7d，多数康复。幼龄动物也有死亡。

羔羊等动物也表现腹泻、厌食和脱水等症状，病程3~5d。多数可自行康复。

人：主要是婴儿感染。潜伏期2~4d，患儿呕吐、腹泻，并可能有腹痛的症状。脱水严重，一般持续3~5d可自行恢复。据初步调查统计，全世界婴幼儿秋冬腹泻至少有50%是由轮状病毒引起的。

（四）病　变

各种动物轮状病毒感染的病理变化基本相同。病变主要侵害小肠，特别是小肠的后2/3~1/2肠壁菲薄，半透明，肠腔松软膨胀，含有大量的水分和絮状物，内容物呈灰黄或灰黑色。有时小肠广泛出血，肠系膜淋巴结肿大。幼龄动物胃壁弛缓，内充满凝乳块和乳汁。小肠绒毛用电镜切片观察和免疫荧光检查，可看到绒毛萎缩变短，隐窝细胞增生，圆柱状的绒毛上皮细胞被鳞状或立方形的细胞所取代，而绒毛固有层有淋巴细胞浸润。

（五）诊　断

根据发生在寒冷季节、多侵害幼龄动物、突然发生水样腹泻、发病率高和病变集中在消化道等特点可做出初步诊断。确诊需要实验室检查。

电镜检查：先将腹泻的粪便标本（必要时用PBS液适当稀释）做3 000 r/min离心沉淀

30 min，吸取上清液，以孔径 0.2 μm 的滤膜过滤，过滤后收集滤液，38 000 r/min 离心沉淀 90 min，弃掉上清液，将沉淀物研磨或超声波处理，悬浮于少量蒸馏水中，滴加于铜丝上，负染镜检。可观察到独特的车轮状形态结构。电镜检查只能看到在粪便的标本内含 106 个以上病毒粒子，如果粪汁中的病毒粒子太少时，电镜难以检出。

免疫电镜检查：首先制备免疫血清，即以上述提纯的轮状病毒，加入等量弗氏不完全佐剂后，多次肌肉注射家兔或豚鼠，并于最后一次注射后一个月采血，析出血清。也可以采用康复动物血清。在 1 份粪滤液内加入 4 份 1∶50 稀释（根据抗体效价高低调整）的免疫血清或康复动物血清。稀释血清需先用 G-6 号玻璃滤器或孔径为 0.22 μm 的滤膜过滤。震荡混合后置 37 ℃ 感作 30~60 min，翌晨以 10 000 r/min 离心沉淀 30 min，弃掉上清液，将沉淀物如上悬浮几滴蒸馏水或管壁残留液中，随后滴加于铜网上进行负染镜检。电镜检查可观察到成堆的病毒粒子。

荧光抗体检测：将腹泻粪便适当稀释后作成涂片，风干后用冷丙酮固定 10 min，随后用荧光素标记的特异性抗体（IgG）染色，在荧光显微镜下检查荧光细胞。或先用兔抗轮状病毒抗体感作处理，随后再用荧光素标记的抗兔 IgG 进行间接法染色。

要注意与仔猪黄痢、白痢进行鉴别诊断。仔猪黄痢主要侵害 1 周龄以上的仔猪，排黄色浆状的稀便，死亡率为 100%；仔猪白痢多发于 10~30 日龄，排白色糊状稀便，生长迟缓。

（六）防　制

加强饲养管理，做好环境卫生。严格遵守全进全出的管理措施，不同批次猪群间的房舍应彻底清洁、消毒，建议使用甲醛或含氯的消毒剂。增强母畜和仔畜的抵抗力。在疫区要做到新生仔畜应及早吃到初乳，获得母源抗体，减少和减轻发病。

免疫预防可采用猪源弱毒疫苗、牛源弱毒疫苗及猪传染性胃肠炎-轮状病毒感染二联疫苗，可有效降低轮状病毒感染发病率。猪传染性胃肠炎-轮状病毒感染二联疫苗给新生仔猪乳前肌注，30 min 后哺乳，免疫期可达 1 年以上；给妊娠母猪分娩前注射，也可使仔猪受到良好的保护。另外，利用猪源轮状病毒灭活苗和牛源轮状病毒-大肠杆菌二联灭活苗分别对仔猪和母牛免疫，均可取得良好的效果。

为了预防婴儿感染轮状病毒，应做到便后饭前洗手，保持乳房奶头的清洁卫生，人工哺乳奶头应以开水冲洗。尽量用母乳喂养婴儿，提高婴幼儿的抵抗力。

发现病畜后除采取一般防疫措施外应停止哺乳（猪则通过减少母猪的饲料以减少排乳），用葡萄糖盐水给病畜自由饮用。对病畜进行对症治疗，如投用收敛止泻剂，使用抗菌药物以防止继发的细菌性感染，静脉注射葡萄糖盐水和碳酸氢钠溶液以防止脱水和酸中毒等，一般都可获得良好效果。

第七节　传染性海绵状脑病

传染性海绵状脑病是由朊病毒引起的人和动物的一组具有共同特征的亚急性、渐进性、致死性中枢神经系统变性疾病，又称朊病毒病。包括羊痒病、牛海绵状脑病、貂传染性脑病和人的克-雅氏病、格-斯氏综合征、库鲁病等。这些疾病的共同特征是潜伏期长，一般为几个月、几年甚至十几年，机体感染后不发热，不出现炎症症状；病程缓慢，病死率高。主要表现为进行性共济失调、震颤、姿势不稳、知觉过敏、痴呆和行为反常等神经症状。组织病理学变化主要以神经元空泡化、脑灰质海绵状病变等为特征。

一、痒病（Scrapie）

痒病又称慢性传染性脑病，俗名"震颤病""驴跑病""瘙痒病"，是绵羊和山羊的一种缓慢发展的传染性中枢神经系统疾病。其特征为潜伏期长、剧痒、肌肉震颤、衰弱、精神委顿、运动失调最后瘫痪死亡。本病早在18世纪中叶就发生于英格兰，随后传播到欧洲大陆、北美和印度。我国1983年从英国进口羊群中发现疑似病例，根据病羊症状并通过脑组织病理组织学检查确诊为本病。

（一）病原

本病的病原属于亚病毒因子中的朊病毒（Prion），朊病毒是一种特殊传染因子，它不含核酸，而是一种特殊的糖蛋白。研究表明，在多种正常动物和人的脑细胞及其他细胞中也有朊蛋白存在，用PrP代表（Pr代表Prion，P代表Protein）。

PrP有两类：一类是正常细胞具有的，存在于细胞表面，无感染性，对蛋白酶敏感，易被其消化降解，用PrPc代表；一类有致病性PrP，对蛋白酶K有一定抵抗力，用PrP^{sc}代表。两者在mRNA和氨基酸水平无任何差异，但生物学特性和立体结构不同。

PrP^{sc}（致病性朊病毒）分子与正常机体细胞膜成分结合在一起，不易为机体免疫系统所识别，因而不能通过一般的抗原-抗体反应检测出来。

PrP^{sc}在感染动物的各种组织中的含量不同，其中以脑为最高，脊髓次之，其他淋巴结、骨骼、肺、心、肾、肌肉等组织含量较低。

PrP^{sc}的抵抗力很强，尤其对热、辐射、酸碱和常规消毒剂有很强的抵抗力。病畜脑组织匀浆经134~138℃高温1 h，对实验动物仍有感染力，所以用含有PrP^{sc}的组织制成的饲料（肉骨粉）或用于人类食品或化妆品的添加剂，干热180℃ 1 h仍有部分感染力。病畜组织在10%~20%福尔马林中几个月仍有感染性，还能耐受2 mol/L的氢氧化钠达2 h。

（二）流行病学

不同性别、不同品种的羊均可发生痒病，但以英国品种suffolk和绵羊的易感性高。在品种内某些受感染的谱系发病率高，可能与垂直传播有关。一般发生于2~4岁的羊。绵羊与山羊之间可以接触传播。病羊和带毒羊是主要的传染源。本病存在于明显的家族史，病羊所产生后代最常见。

（三）症状及病变

潜伏期很长，自然感染的潜伏期为1~5年或更长，人工感染为4~22月。因此，1岁半以下的羊极少出现临诊症状。病初病羊表现易惊、抬头、竖耳、眼凝视，行走时高抬腿，驱赶时常反复跌倒。多数病例有瘙痒-奇痒。病羊在物体上摩擦或啃咬身体的痒部。用手抓搔时常可使其咬唇反射。随着病的进展，共济失调逐渐严重，后肢更为明显，病羊不能跳跃，常反复跌倒，最后不能站立。头颈部发生震颤，常在兴奋时肌肉震颤加重，休息时减轻。病羊体温、采食正常，但日渐消瘦，病程几周到几个月，几乎100%死亡。

除摩擦和啃咬引起的羊毛脱落及皮肤创伤和消瘦外，内脏器官常无眼观变化。病理组织学变化主要见于中枢神经系统的海绵状变性。大量神经元发生空泡变性，特别是纹状体、间脑、脑干和小脑皮层最为明显。神经元胞浆内含有多个空泡，形成所谓的泡沫细胞。

（四）诊 断

根据潜伏期很长，有遗传痒病的病史、奇痒、反射性咬唇和运动性共济失调等典型的症状和在丘脑和延脑可发现特征性海绵状变性，可初步诊断。确诊必须进行有关的实验室诊断。

动物接种：将被检标本（脑、脊髓、脾等）悬液，接种小鼠、豚鼠、山羊、绵羊，能将病毒传给这些动物，绵羊脑内接种，可在绵羊体内连续传代，接种后经6个月至2年，人工感染的绵羊出现与自然病例相似的症状和病理组织学变化。脑内接种小鼠，传代后潜伏期缩短到3~4个月，小鼠出现中枢神经系统的症状。病理组织学观察可见中枢神经系统的海绵状变性。

（五）防 制

迄今为止无预防痒病的疫苗。一般采用加强海关检疫，严禁从疫情发生地区引种。培育对痒病具有抵抗力的品种。一旦发病，采取隔离封锁，扑杀所有发病动物和与发病动物有过接触的易感动物，而且淘汰其所有后代。

二、牛海绵状脑病（Bovine spongiform encephalopathy；BSE）

又称"疯牛病"，以潜伏期长，病情逐渐加重，主要表现行为反常、共济失调、轻瘫、体重减轻、脑灰质海绵状水肿和神经元空泡形成为特征。

本病首次发现于南苏格兰（1985），以后在欧洲许多国家，加拿大、阿曼和苏丹等也有发病。

（一）病 原

本病病原为与痒病病毒相类似的一种朊病毒。一般认为，BSE是因"痒病相似病原跨越了种属屏障"引起牛感染所致。BSE（Bovine spongiform encephalopathy）朊病毒在病牛体内的分布仅局限于病牛脑、颈部脊髓、脊髓末端和视网膜等处。

（二）流行病学

BSE可传至猫和多种野生动物，也可传染给人。患痒病的绵羊、种牛及带毒牛是本病的传染源。动物主要是由于摄入混有痒病病羊或病牛尸体加工成的骨肉粉而经消化道感染的。

主要发生于3~11岁的牛，但多集中于3~5岁的成年牛，迄今尚无牛传羊或羊传牛的传播确切证据。

（三）症 状

病程一般为2.5~8年，病牛常易惊，行为反常，对声音和触摸过分敏感。共济失调，步态不稳，常乱踢乱蹬以致摔倒。少数病牛可见头部和肩部肌肉颤抖和抽搐。最后常极度消瘦而死亡。

(四) 病　变

肉眼变化不明显。组织学检查主要的病理变化是脑组织呈海绵样外观（脑组织的空泡化）。脑干灰质发生双侧对称性海绵状变性，在神经纤维网和神经细胞中含有数量不等的空泡。

(五) 诊　断

根据特征的临诊症状和流行病学特征可以做出 BSE 的初步诊断。脑干神经原及神经纤维网空泡化具有诊断意义。确诊需进行实验室诊断，可通过动物接种试验，详见痒病中所述。

(六) 防　制

加强海关检疫，严禁从发病地区引种，捕杀和销毁患牛，禁止从发病国家进口牛、牛精液、胚胎和任何肉骨粉等，以防止该病传入国内。

三、水貂传染性脑病（transmissible mink encephalopathy，TME）

水貂传染性脑病是成年貂类似痒病的疾病。病理学特征也是慢性进行性脑海绵状变性。病死率几乎 100%。病原因子的特性与痒病朊病毒相似。潜伏期约为 8~18 个月，病貂临床上表现为高度易惊，运动障碍，继而嗜眠、昏迷死亡。病程 4~6 周衰竭而亡。诊断和防制措施参照痒病。

四、库鲁病（Kuru）

库鲁病又称震颤病，是人类的一种亚急性海绵状脑病。以小脑变性为特征的中枢神经系统疾病。库鲁病的病原因子与痒病朊病毒一样，人感染潜伏期长约 4~20 年，主要症状是运动失调、震颤、步态不稳、说话含糊不清、发音和吞咽困难，最终瘫痪死亡。病程 3~9 个月，病理学变化主要表现为严重的神经变性和丧失胶质增生和灰质海绵样变。

五、克-雅氏病（Creutzfeldt-Jacob disease，CJD）

克-雅氏病是 1920 年法国 Creutzfeldt 首先报告的，次年 Jacob 又进行了详细描述，故以这两人的名字命名该病，又称 C-J 病、老年痴呆。临床表现为急性进行性痴呆，发病年龄平均为 65 岁。潜伏期长达数年至 30 年。症状有视觉模糊、言语不清、肌肉痉挛、共济失调、嗜眠，出现进行性痴呆。组织病理学检查显示神经元缺损、神经胶质重度增生，脑实质呈海绵状病变和淀粉样斑块形成等病变。

六、新型克-雅氏病（Variant Creutzfeldt-Jacob disease，vCJD）

新型克-雅氏病是一种新型的人朊病毒病，1994 年首次发现于英国。vCJD 于 BSE 发生和流行后约 10 年出现，且集中分布于英国，在时间和空间上与 BSE 一致。1996 年英国公布一项专家研究报告，提出疯牛病可能通过食物传染人，使人患一种新变异型克-雅氏病，叫人海绵状脑病，在欧洲引起极大恐慌。1997 年英、美科学家经实验研究证明，疯牛病 PrP^{sc} 病确能导致人类患 vCJD。

vCJD 与典型克-雅氏病不同，主要发生于青年，以常吃牛肉馅汉堡包的人最易感染，发病年龄多为 14~40 岁，平均为 26.3 岁；病程平均 14 个月。临床上主要表现焦虑、抑郁、孤僻、萎靡和其他行为异常；在病程早期均表现肢体和脸部的感觉障碍。随后出现记忆力障碍、肌阵挛，后期出现痴呆等症状。组织病理学检查，海绵状病变多见于基底神经节、丘脑，而在大脑和小脑内侧是以灶状形式存在。这与 CJD 海绵状病变多见于大脑皮层不同。

防制措施参见牛海绵状脑病。

第八节 大肠杆菌病

大肠杆菌病是由大肠杆菌的部分血清型引起的一种人兽共患的传染病，主要引起人和动物严重腹泻和败血症，尤其对婴儿和幼龄畜（禽）危害更为严重。

病原：大肠杆菌是革兰氏阴性、非抗酸性、染色均一、不形成芽孢的直杆菌。大小（2~3）$\mu m \times$（0.4~0.7）μm，两端钝圆，多散在或成对存在，多数菌株有周鞭毛，能运动。除少数菌株外，通常无可见荚膜，但常有微荚膜。

本菌为兼性厌氧菌，对营养的要求不高，在普通培养基上能良好生长。在琼脂平板上 37 ℃ 培养 24 h 后，其菌落低而隆凸，无色光滑、湿润，直径为 2~3 mm，边缘整齐的露滴状菌落。在肉汤中生长良好，呈浑浊生长。管壁有黏性的沉淀，液面管壁有菌环。在伊红美蓝琼脂上产生带有金属光泽黑色的菌落，在麦康凯琼脂上形成红色菌落。在 SS 琼脂上一般生长不好或不生长。

大肠杆菌能分解葡萄糖、麦芽糖、甘露醇、木糖、甘油、鼠李糖、山梨醇和阿拉伯糖，产酸产气。但不分解糊精、淀粉或肌醇。少数菌株不发酵或缓慢发酵乳糖。甲基红试验阳性，V-P 试验阴性，在 Kligler 氏铁培养基上不产生 H_2S，有氰化钾时不生长，不水解尿素，不液化明胶，不在枸橼酸盐培养上生长。

大肠杆菌抗原主要有菌体（O）抗原、表面（K）抗原和鞭毛（H）抗原三种，迄今，已确定菌体（O）抗原 173 种，表面（K）抗原 103 种，鞭毛（H）抗原 60 种。因而构成许多血清型。血清型用 O:K:H（如 $O_8:K_{25}:H_9$）、O:K（如 $O_8:K_{88}$）、O:H（如 $O_{16}:H_{27}$）表示。

O 抗原是光滑型细菌溶解后释放出的内毒素，其化学组成是多糖-磷脂复合物，并含耐煮沸的蛋白质。K 抗原是含有 2%还原糖的聚合酸。这种抗原与细菌的毒力有关，存在于细菌表面，能干扰 O 凝集反应，可被 100 ℃ 加热 1 h 破坏，某些菌株则需 121 ℃ 加热 2.5 h，根据耐热性不同，K 抗原又分成耐热的 A 抗原、不耐热的 L 抗原和介于二者之间的 B 抗原，除 K_{88} 和 K_{99} 是两种抗蛋白质原外，其余均属多糖 K 抗原。H 抗原是一类不耐热的鞭毛蛋白抗原，在大肠杆菌分离株的鉴定中不常用。加热至 80 ℃ 或经乙醇处理后即可被破坏其抗原性。

此外，还有一种 F 抗原（菌毛抗原）。菌毛抗原与细菌对细胞的黏附作用有关。根据 F 抗原划分为甘露糖敏感型和甘露糖耐受型。哺乳动物的 F 抗原常与大肠杆菌的毒力有关，但在禽病中的作用还不十分清楚。最常见的血清型 K_{88} 和 K_{99}，现被分别命名为 F_4 和 F_5 型。

大肠杆菌在人和动物的肠道中，多数为正常条件下是不致病的共栖菌，只有在特定的条件下才能发病。但还有少数的大肠杆菌是病原性大肠杆菌，正常情况下极少存在于健康体内。这些病原大肠杆菌分为五类：肠致病性大肠杆菌（简称 EPEC）、肠产毒素性大肠杆菌（简称

ETEC)、肠侵袭性大肠杆菌(简称 EIEC)、肠出血性大肠杆菌(简称 EHEC)、志贺氏大肠杆菌。

流行病学:病原性大肠杆菌很多的血清型都可引起各种家畜和家禽发病,其中,O_8、O_{45}、O_{138}、O_{139}、O_{141} 等多见于猪,O_8、O_{78}、O_{101} 等多见于牛羊,O_{10}、O_{85}、O_{119} 多见于兔,O_1、O_2、O_{36}、O_{78} 等多见于家禽。一般使仔猪致病的血清型往往带有 K_{88} 抗原,而使犊牛和羔羊致病的多带有 K_{99} 抗原。

幼龄畜禽对本病最易感。仔猪黄痢常发于 1 周以内,其中以 1~3 日龄多发,仔猪白痢多发于 10~30 d 龄,以 10~20 d 龄多发,猪水肿病主要见于断乳前后的营养状况好的仔猪较为常见;牛主要是 10 d 龄以内的犊牛多发。羊是 6 d 至 6 周龄多发。鸡常发生于 3~6 周龄;兔主要侵害 20 d 龄及断奶前后的仔兔和幼兔。人在各年龄组均有发病,但以婴幼儿多见。

发病畜(禽)和带菌者是本病的主要传染源,在发病动物的粪便中,含有大量的大肠杆菌,污染饲料、饮水、母畜的乳头和皮肤等。经消化道而感染。此外,牛也可经子宫内或脐带感染,鸡也可经呼吸道感染,或病菌经种蛋使胚胎发生感染。人主要经消化道感染。

本病一年四季均可发生,但犊牛和羔羊多发于冬春舍饲时期。饲养管理不善,环境卫生差、潮湿,气候骤变,母畜营养低下,乳牛饲养管理条件的改变均为本病的诱因。

一、仔猪大肠杆菌病

根据仔猪生长期和感染病原大肠杆菌血清型的不同,临床上可表现为三个类型:仔猪黄痢、仔猪白痢和猪水肿病。

(一)仔猪黄痢(Yellow scour of newborn pigets)

仔猪黄痢又称早发性大肠杆菌病,是 1 周龄以内的新生仔猪的一种急性败血性传染病。1~3 日龄发病率最高,7 日龄以上很少发病。主要是以剧烈的黄色水痢和迅速脱水死亡为特征。主要病理变化为急性卡他性肠炎和败血症。引起仔猪黄痢的大肠杆菌血清型很多,且各地有一定差异,以 O_8、O_{45}、O_{101}、O_{115}、O_{138}、O_{139}、O_{141}、O_{149}、O_{157} 等群多见,少数有 K_{88} 表面抗原,能产生肠毒素。

(1)症状:潜伏期短,出生后 12 h 以内即可发病,长的也仅 1~3 d。一窝仔猪出生时体况正常,突然有 1~2 头发病,表现全身衰弱,迅速死亡,以后其他仔猪相继发病,排出黄色浆状稀粪,内含气泡或凝乳小片,有腥臭味,肛门哆开、肿胀,周围有黄白色稀便污染,最后由于肛门松弛而失禁。较严重流行时,少数病猪可能有呕吐,病猪精神沉郁、迟钝,眼睛无光,皮肤呈蓝灰色,质地枯燥,很快消瘦、脱水、体重下降,昏迷而死。

(2)病变:剖检尸体脱水严重,皮下常有水肿。胃部胀满,常有未消化的凝乳块,肠道膨胀,有多量黄色液状内容物和气体,肠黏膜呈急性卡他性炎症变化,以十二指肠最严重,大肠病变较小肠轻微,肠系膜淋巴结轻度的肿胀,呈淡黄红色或红色,切面多汁,有弥漫性小点出血,肝脏稍肿,淤血呈紫红色。肾色淡,皮质表面有一定数量的针尖大小出血点。肝、肾有凝固性小坏死灶。肺脏有明显的水肿。

(3)诊断:根据初生仔猪在 1 周龄内发生剧烈黄色的腹泻,通常为窝发,病死率高等特征,可初步诊断。确诊取新死亡猪小肠前段内容物,接种麦康凯和伊红美兰培养基上,18~24 h 培养,在麦康凯培养基上长出粉红色的菌落,伊红美兰培养基上形成具有金属光泽的紫黑色菌落。挑取该菌落做进一步的培养和生化试验。或用大肠杆菌因子血清鉴定血清型。

鉴别诊断：临床上应与仔猪的梭菌性肠炎、传染性胃肠炎和轮状病毒感染相区别。仔猪的梭菌性肠炎主要是排红色的黏液性腹泻便，病变主要在空肠具有特征性，空肠段呈红色，肠内充气，内容物黄红色，混有气泡。黏膜上有黄色或灰色坏死性伪膜。肠内容物有坏死的组织碎片。猪传染性胃肠炎可见于任何年龄的猪多发，传播迅速，迅速地波及全群，除仔猪死亡外，年龄大的猪多可自行康复。此外粪便的 pH 值可能有助于诊断。仔猪黄痢的腹泻便为碱性，而传染性胃肠炎或轮状病毒引起代谢紊乱的腹泻液 pH 值多为酸性。

（4）防制：加强饲养管理，做好环境卫生和消毒工作；母猪产房要保持清洁干燥、保温、消毒；接产时用 0.1% 的高锰酸钾清洗乳房和乳头。减少应激因素的影响。常发地区，可选用大肠杆菌 $K_{88}ac$-LTB 双价基因工程菌苗、新生猪腹泻大肠杆菌 K_{88}、K_{99} 双价基因工程苗、新生猪腹泻大肠杆菌 K_{88}、K_{99}、987P 三价灭活苗产前 15~20 d 妊娠母猪注射，以通过母乳获得被动免疫。治疗可用氟苯尼考（20% 0.1 mL/kg 体重，隔 48 h 一次，连用 2~3 次）、复方痢菌净（2% 痢菌净+1% 恩诺沙星，0.2 mL/kg 体重，每日 1~2 次，连用 3~5 d）、喹诺酮类等药物。

（二）仔猪白痢（White scour of pigets）

仔猪白痢又称迟发性大肠杆菌病，是哺乳仔猪的一种肠道传染病。引起仔猪白痢的大肠杆菌有一部分与仔猪黄痢和水肿病相同，以 O_8、K_{88} 较多见。主要是以仔猪排乳白色或灰白色的下痢为特征。

本病发生于 10~30 日龄的仔猪，其中以 10~20 日龄仔猪多发。一个月龄以上仔猪很少发生。一年四季都可发生，但在冬春气温骤变、阴雨连绵的季节多发。每窝的发病头数不同，有的仅 1~2 头发病，有的 80% 发病。此外仔猪白痢发生还与各种应激因素有关。如母猪的过肥或过瘦，乳汁的过浓或不足，营养缺乏，饲料品质的突然改变，气候骤变等。

（1）症状：病猪突然发生腹泻，排出乳白色或灰白色的浆状、糊状黏腻性粪便，腥臭，有时带有气泡或血丝。有时有呕吐。体温与食欲无明显变化。随着病情的加剧，病猪出现精神委顿、被毛粗乱、体表无光、消瘦、脱水。病程 2~3 d，长的 1 周左右，能自行康复，很少死亡，但常常生长迟缓。

（2）病变：病猪尸体消瘦，黏膜苍白，肛门及周围被粪便污染。肠黏膜呈卡他性炎症，肠壁变薄，结肠内有乳白色或灰白色糊状或油膏状内容物。肠系膜淋巴结轻度肿胀。

（3）诊断：根据 10~30 日龄内的哺乳仔猪出现白色或灰白色的下痢，发病率高，病死率低等特征，可初步诊断。必要时可以由小肠内容物分离出大肠杆菌，用血清学方法鉴定可确诊。

（4）防制：加强母猪的饲养管理，合理搭配饲料。母猪妊娠期间和产后应保持充足的营养，确保母猪泌乳量的平衡。秋冬季节应做好仔猪的防寒保暖工作，及早补料。猪舍应保持干燥、清洁、定期消毒。

免疫预防和药物治疗参考仔猪黄痢。

（三）猪水肿病（Edema disease of pigs）

猪水肿病是某些溶血性大肠杆菌引起断奶仔猪的一种肠毒血症，引起本病的大肠杆菌一部分与仔猪的黄痢相同，常见的有 O_2、O_8、O_{138}、O_{139}、O_{141} 等群。临床上主要表现为眼睑及其他部位水肿、共济失调和麻痹为其特征，剖检可见胃壁、肠系膜和其他某些部位发生水肿。发病率虽不很高，但病死率很高。

本病主要发于断乳前后的体况健壮、生长快的仔猪，小到几日龄，大到4月龄以上的猪均可发生。其发生似与饲料和饲养方法的改变、气候变化、卫生条件等有关。初生时发过黄痢的仔猪一般不发生本病。一般无明显的季节性，但春秋季节较多见。

（1）症状：发病前2~3d可见有轻度的腹泻，排灰色糊状的稀便，有的未见腹泻即突然发病，精神沉郁，食欲减少或口流白沫，心跳加快，呼吸困难。病猪静卧一隅，肌肉震颤，不时抽搐，四肢划动做游泳状，触动时表现敏感，发呻吟声或有嘶哑的叫声。随着病程的发展，出现共济失调，行走时四肢无力，步态摇摆不稳，盲目前进或做圆圈运动；有的两前肢跪地，两后肢直立。脸部、眼睑、结膜、齿龈出现特征性的水肿，有时波及颈部和腹部的皮下。一般体温正常。有些病猪没有水肿的变化。病程短的仅数小时，一般为1~2d，也有长达7d以上的。发病率10%左右，病死率高达90%。

（2）病变：水肿是本病特征性的病变。胃壁水肿，多见于大弯部和贲门部，有时也可波及胃底部和食道部，黏膜层和肌层之间有一层胶冻样水肿，严重的厚达2~3cm，范围约数厘米，切开时有黄色的液体渗出。胃底黏膜潮红，有弥漫性出血。大肠系膜的水肿也很常见，结肠的肠间膜水肿，有些病猪直肠周围也有水肿。小肠黏膜有弥漫性出血。全身的淋巴结水肿和不同程度的充血、出血。尤以下颌淋巴结最为明显。心包液、胸腔液和腹腔液增加，暴露空气则很快凝成胶冻状。有些病例肾包膜增厚、水肿，积有红色液体，接触空气则凝成胶冻样，皮质纵切面贫血，髓质充血或有出血变化。胆囊、喉头、肺脏和大脑也常有水肿。切开眼睑、颜面、额部、颌下、头顶部等，可见皮下有胶冻样的水肿。有的病例以出血性胃肠炎为主，水肿则不明显。

（3）诊断：根据流行病学、临床表现和病理变化一般不难诊断。必要时可做病原的分离、鉴定。

（4）防制：加强母猪和仔猪的饲养管理，消除诱因。合理配调饲料，仔猪断奶前逐步的补料，使之适应。同时，加喂必要的微量元素添加剂，补硒、补铁，避免突然改变饲养方法和饲料。圈舍应保持清洁、干燥，定期消毒。母猪产前或仔猪10~15日龄接种水肿病灭活苗。

本病缺乏有效的治疗方法，主要通过对症疗法。发病时，应停喂高蛋白饲料。当一窝发生一头发病时，应对全窝仔猪进行投药预防。治疗通常应用盐类泻剂，促进肠道细菌及其毒素的排出，服用强心、利尿、消肿药物；抗生素对慢性的病例有一定疗效。同时应注意补硒，提高疗效。

二、犊牛、羔羊大肠杆菌病

（一）症　状

（1）犊牛：本病多见于14日龄以内的犊牛，多发生于冬春舍饲犊牛群，放牧牛群很少发生。潜伏期很短，仅几个小时。根据症状和病理发生可分为四种类型。

败血型：大肠杆菌败血症主要发生于1~7日龄以内未吮初乳犊牛，管理不良，使犊牛接触到大量大肠杆菌和犊牛被动免疫球蛋白水平不高或缺乏，均可促进疾病发生，主要通过脐带、肠道、鼻、口腔黏膜感染新生犊牛。

最急性型：犊牛常常在7日龄以内，甚至刚出生不到24h即可感染发病。患犊精神沉郁、虚弱无力、心动过速、脱水。发热，精神不振，间有腹泻，吮吸反射严重下降甚至消失，黏膜高度充血，部分病例还可发现眼前房积脓，可视黏膜有点状出血，感觉过敏以及脑膜炎等症状，脐肿。常于症状出现后数小时至一天内急性死亡。有时病犊未见腹泻即归于死亡。从血液和内脏易于分离到致病性血清型的大肠杆菌。亚急性病例常在14日龄以内感染发病，表现为发热，严重的脐肿、腹泻、关节或骨骺肿胀、发热、眼色素层炎和神经症状。慢性病例表现为消瘦、虚弱、躺卧等症状。

肠毒血型：多于1~7日龄发病，较少见，最急性病例犊牛突然发病。数小时出现脱水，肌肉软弱无力，甚至昏迷、死亡。急性病例表现为明显的水样腹泻，进行性脱水，12~48 h内出现肌肉无力，低度发热或体温正常，全身状态下降，可视黏膜干、凉而黏，吸吮反应消失，持续性分泌性腹泻导致脱水和电解质缺乏，体重明显降低，特别是因吮乳减少而致摄水减少时。病牛体温正常，轻型病例较为常见，患牛排松软粪便或者水样粪便，吮吸正常，可自行康复或在给药（通常是口服抗生素）后好转。

肠型：多发于7~10 d的犊牛，病初体温升高达40 ℃，精神沉郁，食欲减少或废绝。数小时后开始下痢，排黄白色、灰白色粥样便或水样便，常混有未消化的凝乳块、凝血及泡沫，有酸败气味。有腹痛。病程长的，可出现肺炎及关节炎症状。多可治愈。但病犊恢复缓慢，发育迟滞。

（2）羔羊：潜伏期数小时至1~2 d。

败血型：多发于2~6周龄的羔羊，突然发病死亡。病程稍长的可见羔羊的体温升高达41.5~42 ℃。病羔精神沉郁，呼吸、心跳加快，结膜潮红，鼻有黏液性分泌物，很少出现腹泻。四肢僵硬，运步失调，继而卧地不起，磨牙，头向后仰，一肢或数肢做划水动作。最后昏迷死亡。有些关节肿胀、疼痛。很少或无腹泻。多于发病后4~12 h死亡。

肠型：多发7日龄以内的羔羊。病初体温升高到40.1~41 ℃，继而出现腹泻，排黄色、灰色半液状的混有气泡的腹泻便。有时混有血液和黏液。体温降至正常或略高于正常。此外，病羊还伴有精神委顿、虚弱、腹痛、拱背等全身症状，如不及时救治，可经24~36 h死亡，病死率15%~75%。

（二）病　变

（1）犊牛：败血症或肠毒血症死亡的病犊，常无特征性的病变。因腹泻死亡的病犊，可见急性胃肠炎的变化，真胃有大量的凝乳块，黏膜充血、水肿，肠内容物常混有血液和气泡，恶臭。小肠、直肠黏膜充血，部分黏膜上皮脱落。

（2）羔羊。

败血型：主要呈急性败血症的变化，皮下有时在肌膜上有出血斑点，全身的淋巴结肿大充血，心内外膜有出血。胸、腹腔和心包大量积液，内有纤维素渗出；关节肿大，切开可见内滑液增多、混浊，含纤维素性脓性絮片，以肘和腕关节多见。脑膜充血，有很多小出血点。

肠型：尸体严重脱水，真胃、小肠和大肠内容物呈黄灰色半液状，黏膜充血、出血，肠系膜淋巴结肿胀、充血。

（三）诊　断

根据犊牛、羔羊的发病日龄、临床症状和病理变化可做出初步诊断。必要时可通过细菌学检查。

鉴别诊断:牛大肠杆菌病与牛沙门氏菌病较为相似。牛沙门氏菌可引起各种年龄牛发病,而牛大肠杆菌病多发于犊牛。牛沙门氏菌病主要病变为肝、脾、肾等实质器官有坏死灶,与前者相区别。

(四)防 制

加强孕畜饲养管理,补以足够的蛋白质、维生素。圈舍保持清洁、干燥。对孕畜产前进行免疫预防接种,仔畜及时哺喂初乳,预防疾病的发生。此外,还应注意母畜乳房卫生,哺乳前用0.1%高锰酸钾对乳区进行擦拭,减少发病的机会。

对感染的犊牛和羔羊主要采取输液疗法,以缓解酸中毒和低血糖,改变脱水症状,同时加入氟苯尼考(20~30 mg/kg·bw,48 h注射1次,连用2~3次)、阿米卡星(5~10 mg/kg·bw,2次/d)、恩诺沙星(2.5~5 mg/kg·bw)等药物进行治疗。吸吮反应正常的可采取口服补液的方法。

三、犬、猫的大肠杆菌病

各种年龄的犬、猫都有易感性,一般幼龄的犬、猫比成年的更易感。宠物猫比家猫(土猫)易感,主要通过消化道、呼吸道途径传播。

(一)症 状

潜伏期多1~2 d。

幼龄的病猫、犬表现为体温升高,可达39.5~41 ℃,精神沉郁,体质衰弱,食欲不振,最明显的症状是腹泻,排绿色、黄绿色或黄白色,黏稠度不均,带腥臭味的粪便,并常混有血液和白色泡沫,肛门周围及尾部常被粪便所污染。至后期,病仔犬常出现脱水症状,可视黏膜发绀,两后肢无力,行走摇晃,皮肤缺乏弹力。临死前体温下降至36 ℃,部分呈现神经症状。

成年犬、猫呼吸和心率加速,精神沉郁,体温40 ℃左右,粪便稀软,后呈现水样腹泻,粪便带有黏液以及血液,间歇呈现神经症状。

(二)病 变

发病的犬、猫消瘦,脱水。胃黏膜有点状出血。十二指肠变厚,充血、出血,呈卡他性炎症。小肠充血、出血,肠内容物为黏液。大肠黏膜脱落,充满大量气体,有的混有血液。肠系膜淋巴结肿大、充血、出血。脾稍肿大,呈暗红色,肝肿胀有出血点,胆囊膨大且胆汁充盈。

(三)诊 断

一般根据流行病学、临诊症状和剖检病变可以做出初步诊断,确诊需进行实验室检查。涂片镜检可见革兰氏阴性短小杆菌,或进行细菌分离鉴定。

(四)防 制

加强饲养管理,做好环境卫生。尤其是母畜临产前,产房应彻底清扫消毒,母畜的乳房被粪便污染时，要及时清洗。同时，畜舍应定期消毒，垫料要柔软、干燥、清洁。

发现病犬应立即治疗。很多药物对大肠杆菌都有较好的疗效，但必须早期发现、早期治疗。常用的药物有氟苯尼考 20~25 mg/kg·bw，阿米卡星 5~10 mg/kg·bw，每天 2~3 次，连用 3~5 d。对重症病例，可静脉或腹腔注射葡萄糖盐水和碳酸氢钠溶液，并保证足够的清洁饮用水，预防脱水。

四、兔、貂大肠杆菌

兔：兔大肠杆菌主要是由 O_{10}、O_{85}、O_{119} 血清型引起的，一年四季都可以发病，多发于 1~4 月龄的仔兔，多呈爆发性，死亡率很高。

临床表现：潜伏期 4~6 d。最急性者突然死亡。多数病兔初期腹部膨胀，粪便细小、成串，外包有透明、胶冻状黏液，随后排除黄色至棕色水样稀便。体温低于正常或正常。病兔四肢发冷，磨牙，流涎，迅速脱水消瘦、死亡，病程急性型 1~2 d。亚急性型 7~8 d。

貂：貂大肠杆菌主要是有 O_5、O_{14}、O_{81} 和 O_{111} 血清型引起的，以断奶前后的仔貂多发，呈散发性流行。

临床表现：潜伏期 2~5 d。病貂精神委顿，少食，腹泻，粪便呈黄色糊状，随后下痢加剧，粪便呈灰白色，带黏液和泡沫。体温升高 40~41 ℃，有时有呕吐，并伴有全身症状。病貂迅速消瘦、脱水、死亡。濒死前体温下降。

（一）病　变

兔：剖检见胃膨大，充满液体和气体。胃黏膜有出血点。十二指肠充满气体和染有胆汁的黏液，空肠、回肠、盲肠充满半透明胶冻样液体，并混有气泡。结肠扩张，有透明胶样黏液。肠道黏膜和浆膜充血、出血。胆囊扩张，黏膜水肿。肝脏、心脏有小点坏死病灶。

貂：剖检可见胃肠有卡他性或出血性炎症变化，肠系膜淋巴结肿大、充血或出血，脾脏肿大 2~3 倍，肾柔软，心肌变性。

（二）诊　断

根据流行病学、临诊症状和剖检病变可以做出初步诊断，确诊需进行实验室检查。

（三）防　治

加强饲养管理，减少应激因素。同时，做好日常卫生消毒工作，及时消灭环境中的各种病原微生物。

一旦发生该病，除了做好病兔隔离、清洁消毒等工作外，应及时选用有效药物（必要时可做药敏试验），可选用氟苯尼考、环丙沙星等药物进行全群预防性拌料投服，可选用庆大霉素、卡那霉素、克林霉素、氟苯尼考、磺胺类等逐只进行肌肉注射。严重脱水和体弱的病兔可灌服口服补液盐或静脉补液。

五、禽大肠杆菌病

禽大肠杆菌病是大肠杆菌的某些血清型引起禽多种疾病的总称。主要表现为急性败血症、脐炎、气囊炎、全眼球炎、关节滑膜炎、输卵管炎和腹膜炎、全眼球炎、肉芽肿、输卵管炎和腹膜炎。引起禽大肠杆菌的常见的血清型为 O_1、O_2、O_{36} 和 O_{78}。

临床上多见于鸡、火鸡和鸭。各年龄、品种的鸡都有易感性。但雏鸡的易感性最高，一般 20~45 d 雏鸡多发，死亡率也高。

（一）症　状

潜伏期从数小时至 3 d 不等。急性型表现为体温升高，突然死亡，常无腹泻症状。经卵感染或在孵化后感染的鸡胚，出壳后几天内即可发生大批急性死亡，主要表现体温升高，达 43 ℃以上，精神沉郁，食欲减退或废绝，羽毛松乱，两翅下垂，腹泻，排黄绿色或灰白色的稀便。多在 1~3 d 死亡。慢性型呈灰白色剧烈腹泻，有时混有血液，死前有抽搐、转圈运动等神经症状，病程可拖延十余天，有时见全眼球炎。成年鸡感染后，多表现为关节滑膜炎、输卵管炎和腹膜炎。

（二）病理变化

剖检病死禽尸体，因病程、年龄不同，有下列多种病理变化。

急性败血症：肝脏肿大，呈绿色，表面有大小不等的出血点、出血斑和坏死灶；脾明显肿大及胸肌充血。肠浆膜、心外膜、心内膜有明显小出血点。肠壁黏膜有大量黏液。心包腔有多量浆液。

气囊炎：受到感染的气囊浑浊、增厚，表面有纤维素渗出物被覆，呈灰白色，随着病程的延长，呼吸面常有黄色的干酪样渗出物。

心包炎：大肠杆菌的许多血清型在发生败血症时常引起心包炎。心包膜增厚、浑浊，心外膜水肿，并覆有淡色渗出物，心包膜内常充满淡黄色纤维蛋白渗出液。心包炎也常伴发心肌炎，一般在显微病变出现前有明显的心电图异常。

肝周炎：肝被膜上附有纤维素性伪膜，肝肿大，被膜增厚，被膜下散在大小不等的出血点和坏死灶。

输卵管炎：输卵管扩张、变薄、充血、出血或分泌物增多，管腔内出现大干酪样团块。可持续存在几个月，并可随时间的延长而增大。鸡常在感染后 6 个月死亡，存活的鸡极少产蛋。产蛋鸡、鸭、鹅也可能由于大肠杆菌从泄殖腔侵入而患输卵管炎。

卵黄性腹膜炎：主要发生于产蛋鸡，大肠杆菌经输卵管上行至卵黄内，并迅速生长，卵黄落入腹腔内时，造成腹膜炎。病鸡表现腹部膨大、垂腹。腹腔内可见多量淡黄色的干酪样物，腹腔液增多、混浊，腹膜有灰白色渗出物。严重的造成整个腹腔的粘连。

关节滑膜炎：滑膜炎一般是败血症的后遗症，在禽的免疫力低下时可能发生。多见于肩、膝关节。关节明显肿大，滑膜囊内有不等量的灰白色或淡红色渗出物，关节周围组织充血水肿。

全眼球炎：病鸡的一侧或双侧眼睛结膜充血、出血，眼房液浑浊、积脓，严重的导致失明。虽然有些病鸡康复，但多数在发病后很快死亡。显微镜下可见全眼有异嗜细胞和单核巨噬细胞浸润，坏死区域周围有巨细胞，脉络膜充血，视网膜完全被破坏。

大肠杆菌性肉芽肿：在肝脏、盲肠、十二指肠和肠系膜等浆膜面出现结节性肉芽肿。有时在肺脏上也有出现。

胚胎死亡和脐炎：正常母鸡所产蛋内有 0.5%~6% 含有大肠杆菌。人工感染母鸡所产蛋中大肠杆菌含菌量高达 26%。当种鸡感染大肠杆菌性卵巢炎、输卵管炎或种蛋被粪便污染时，卵内的大肠杆菌在卵黄囊增殖，引起胚胎死亡。在胚胎期不死亡的，孵出后多为弱雏，卵黄囊吸收不全，脐带口发炎，可见在脐带的断端有"黑头"。

（三）诊　断

根据流行病学、临床症状和病理变化可做出初步诊断。确诊需进行细菌学检查。取病禽的肝、脾、心血以及肠内容物菌检的取材部位，进行分离培养，对分离出的大肠杆菌应进行生化反应和血清学鉴定，然后再根据需要，做进一步的检验。

（四）防　治

严格执行卫生防疫制度，加强饲养管理，做好环境卫生，做好禽舍通风和保暖，消除诱因，减少发病机会。

种蛋应来自无大肠杆菌病的鸡群，尽可能减少种蛋的污染，种蛋在保存和入孵前必须进行消毒，淘汰破损明显有粪便污染的种蛋，孵化器在孵化前应进行熏蒸消毒。控制好出雏温度，减少弱雏的数量；注意育雏温度，控制饲养密度，鸡舍和舍内用具应彻底消毒，注意饲料饮水卫生。发病地区可对本地（场）流行的大肠杆菌血清型制备的多价活苗或灭活苗接种种禽，可使雏禽获得母源抗体。

大肠杆菌对多种药物敏感，如氟苯尼考、氨苄青霉素、新霉素、阿米卡星、头孢类、土霉素，氟喹诺酮类。抗球虫药莫能菌素也有抗菌活性，可以减少大肠杆菌 $O_{157}:H_7$ 的定植。但大肠杆菌很容易对药物产生耐药性，因此临床上最好对分离的菌株进行药敏试验，筛选敏感性的药物进行治疗。

第九节　沙门氏菌病

沙门氏菌病，又名副伤寒（paratyphoid），由沙门氏菌属细菌引起畜禽和野生动物的疾病总称。临诊上多表现为败血症和肠炎，也可使怀孕母畜发生流产。

病原：沙门氏菌属（Salmonella）是一大属血清学相关的革兰氏阴性杆菌。形态和染色特性与同科的大多数其他菌属相似。呈直杆状，大小（0.7~1.5）μm×（2.0~5.0）μm，无芽孢，多无荚膜。除鸡白痢沙门氏菌和伤寒沙门氏菌无鞭毛外，其余各菌有周鞭毛，能运动。

本菌为兼性厌氧菌，在普通培养基上均能良好生长。37℃经 18~24 h 培养，在普通琼脂平板上形成 1~3 mm，圆形或卵圆性、边缘整齐的无色半透明的光滑菌落。羊流产、猪伤寒、鸡白痢和甲型副伤寒等沙门氏菌，常生长缓慢，形成比较小的菌落。本菌能在麦康凯或 SS 琼脂培养基上生长，大多数菌株不分解乳糖，产生无色的菌落。

沙门氏菌属有 O（菌体）抗原、Vi（荚膜）抗原和 H（鞭毛）抗原。迄今，沙门氏菌有 A~Z 和 O_{51}~O_{63} 以及 O_{55}~O_{67} 共 51 个 O 群，包括 58 种 O 抗原，63 种 H 抗原，已有 2 500 种以上的血清型，对人和温血动物致病的血清型绝大多数属于 A~F 群，在疾病中出现的不足 50 种。除了不到 10 个罕见的血清型属于邦戈尔沙门氏菌外，其余血清型都属于肠道沙门氏菌。

根据对宿主适应性或嗜性不同，可将沙门氏菌分成三群。第一群具有高度适应性，它们只对人或某种动物产生特定的疾病。例如马流产、牛流产和羊流产等沙门氏菌分别致马、牛、羊的流产等；猪伤寒沙门氏菌仅侵害猪；鸡白痢和鸡伤寒沙门氏菌仅使鸡和火鸡发病，伤寒与甲、乙、丙三型副伤寒以及仙台等血清型自然感染只引起人类发病，对动物不引起感染。第二群沙门氏菌是在一定程度上适应于特定动物，仅个别血清型，如猪霍乱和都柏林沙门氏菌，分别是猪和牛羊的强适应性菌型，多在各自宿主中致病，但也能感染其他动物。第三群是泛嗜性沙门氏菌，它们具有广泛感染性，能引起人和各种动物的沙门氏菌病。这群血清型占本属的大多数，鼠伤寒和肠炎沙门氏菌是其中的突出代表。常见的危害人和动物的泛嗜性沙门氏菌约20余种，加上专嗜性和偏嗜性菌型不过仅30余种。

本属细菌对干燥、腐败、日光等因素具有一定的抵抗力，在适合的有机物中可以生存数周或数月，如沙门氏菌在食肉动物粪便中存活8个月。对于热和化学消毒剂的抵抗力不强，鸡伤寒沙门氏菌经60 ℃时10 min将其杀死，一般常用消毒剂和消毒方法均能达到消毒目的。

流行病学：沙门氏菌属中的许多血清型均可引起多种动物和人发病。各种年龄、品种、性别的畜禽均可感染，但幼年畜禽较成年畜禽更易感。猪常以1~4月龄的仔猪较多发生。牛以出生30~40日龄的犊牛最易感。羊主要以断乳或断乳不久的羔羊最易感。

病畜和带菌者是本病的主要传染源。本病主要经消化道传播。病畜与健畜交配或用病公畜的精液人工授精时也可发生感染。子宫内感染也有可能。有人认为鼠类可传播本病。

禽沙门氏菌病有多种传播途径，最常见的是通过带菌卵而传播。感染鸡白痢或鸡伤寒沙门氏菌的母鸡所产的蛋带菌率高达33%。此外，感染鸡的互啄、啄食带菌蛋及通过皮肤的损伤均可传播。同时感染禽的粪便，污染的饲料、饮水及用具也是禽沙门氏菌的重要传染来源。

本病一年四季均可发生。但猪一般在多雨潮湿、气候骤变的季节发病，饲料和饲养方法的突然改变，饲养管理和环境卫生条件的不良可促进本病的发生。一般呈散发性或地方流行性。成年牛多于夏季放牧时发病，呈散发性，一个牛群仅有1~2头发病，第一个病例出现后，往往相隔2~3周再出现第二个病例；但犊牛发病后传播迅速，往往呈流行性。育成期羔羊常于夏季和早秋发病，孕羊则主要在晚冬、早春季节发生流产。

一、猪沙门氏菌病

猪沙门氏菌又称猪副伤寒（Paratyphussham）。引起猪沙门氏菌病主要是由猪霍乱沙门氏菌、猪霍乱沙门氏菌 Kunzendorf 变型、猪伤寒沙门氏菌、猪伤寒沙门氏菌 Voldagsen 变型、鼠伤寒沙门氏菌、德尔俾沙门氏菌、肠炎沙门氏菌等。

（一）症　状

潜伏期一般由2 d到数周不等。临诊上分为急性、亚急性和慢性。

1. 急性（败血型）

多发断奶前后的仔猪，突然发病，体温升高（41~42 ℃），精神不振，食欲减退或废绝。迅速死亡，病程稍长的表现为下痢，呼吸困难，耳根、胸前和腹下皮肤有紫红色斑点。转归多为死亡，多数病程为2~4 d。

2. 亚急性和慢性

这是本病临诊上多见的类型，多有急性转归而来或开始即为慢性经过。病猪体温升高（40.5~

41.5 ℃），精神不振，畏寒，逐渐消瘦，生长停止，眼有黏性或脓性分泌物，上下眼睑常被黏着。少数发生角膜炎，严重者发展为角膜溃疡。顽固性腹泻，粪便灰白色或黄绿色，恶臭，并混有大量的坏死组织碎片。在病的中、后期部分病猪皮肤出现弥漫性湿疹，特别在腹部皮肤，有时可见绿豆大、干涸的浆性覆盖物，揭开见浅表溃疡。病情往往拖延2～3周或更长，最后极度消瘦，衰竭而死。少数变成僵猪。

（二）病　变

急性者主要为败血症的病变。耳根、胸腹四肢内侧皮肤有紫红色斑点。全身的黏膜、浆膜均有不同程度的出血斑点。脾常肿大，色暗带蓝，坚度似橡皮，切面蓝红色，脾髓质不软化。肝、肾也有不同程度的肿大、充血和出血。有时肝实质可见极为细小的黄灰色糠麸状坏死小点。胃肠黏膜呈急性卡他性炎症。肠系膜淋巴结索状肿大。其他淋巴结也有不同程度的增大，软而红，呈类似大理石状。

亚急性和慢性的特征性病变为坏死性肠炎。盲肠、结肠肠壁增厚，黏膜上覆盖着一层弥漫性坏死性和腐乳状物质，剥开见底部红色，边缘不规则的溃疡面，有时波及至回肠后段。少数病例滤泡周围黏膜坏死，稍突出于肠壁表面，有纤维蛋白渗出，形成同心轮环状。肠系膜淋巴结索状肿胀，部分呈干酪样变。脾稍肿大。肝有时可见黄灰色坏死小点。

（三）诊　断

根据流行病学、临床表现、病理变化可进行综合诊断，确诊可通过实验室检查。

细菌学检查：采集急性病例的肝、脾、肺、肠系膜淋巴结等组织或分泌物、血液、尿液等，涂片、染色、镜检，可见革兰氏阴性球杆菌或短杆菌。

分离培养：将病料或增菌后的培养物接种于分别麦康凯培养基和SS琼脂培养基中，在35～37 ℃下培养，经18～24 h培养后菌落直径为1～3 mm的无色、透明、光滑的菌落；在SS琼脂平板上，产生H_2S的细菌，菌落中央往往呈灰黑色，可初步鉴定。必要时进行生化实验及动物接种实验等。

血清学诊断：对流免疫电泳（CIE）、协同凝集试验（COA）、酶联吸附试验（ELISA）、免疫荧光等均可用于沙门氏菌的快速诊断。

（四）防　制

加强饲养管理，消除诱发因素，保持饲料、饮水的清洁、卫生，减少疾病的发生。常发地区每年定期注射仔猪副伤寒疫苗预防接种。

一旦发病，应立即采取隔离病猪，同时对污染的环境、用具等进行消毒。尸体做无害化处理。对病猪可以用氟苯尼考（20～30 mg/kg·bw，间隔48 h注射1次，连用2次）、复方痢菌净（5～10 mg/kg·bw，2次/d，连用3 d）、氧氟沙星（2.5～5 mg/kg·bw，2次/d）、复方黄胺间甲氧嘧啶、卡那霉素、新霉素等进行治疗。

二、牛、羊沙门氏菌病

（一）症　状

牛：主要由鼠伤寒沙门氏菌、都柏林沙门氏菌或纽波特沙门氏菌所致。

犊牛常于2周至2月龄牛多发，急性型的病例体温升高达40~41℃，24 h后排出灰黄色液状粪便，粪便中常混有新鲜的血液和黏液及小的片状的黏膜，精神委顿，食欲废绝、反刍停止，鼻镜干燥，鼻孔周围有黏稠的分泌物。1~2 d死亡。慢性病例犊牛咳嗽，流鼻涕，少数有结膜炎，有黄绿色黏性的眼眵，有的发生关节炎，多见腕和跗关节，有的还有支气管炎和肺炎症状。

在成年牛，本病多呈散发性，急性的病例常以高热（40~41℃）、昏迷、食欲废绝、脉搏频数、呼吸开始困难，病牛迅速衰竭。大多数病牛于发病后12~24 h，粪中带血，不久腹泻，排出夹杂有纤维素絮片和黏膜、恶臭稀粪，多于1~5 d内死亡。慢性型可见病牛迅速脱水和消瘦，眼窝下陷，黏膜（尤其是眼结膜）充血和发黄，有腹痛。怀孕母牛多数发生流产，成年牛有时可取顿挫型经过，病牛发热、食欲消失、精神委顿，产奶量下降，但经过24 h后，自行康复。还有些牛感染后取隐性经过，仅从排泄物排出菌体，但数天后即停止排菌。

羊：主要由鼠伤寒沙门氏菌、羊流产沙门氏菌、都柏林沙门氏菌引起。本病据临诊表现可分为下痢型和流产型。

（1）下痢型：病羊体温升高达40~41℃，精神委顿、食欲减退、腹泻，排黏性带血稀粪，有恶臭。病羊虚弱、低头、弓背、卧地死亡，病程1~5 d。有的经两周后可康复。发病率可达30%，病死率25%。

（2）流产型：多见于怀孕母羊，怀孕绵羊于妊娠的后1/3期间发生流产或死产。流产前病羊体温上升到40~41℃，精神沉郁，食欲减退，阴道有分泌物流出，部分病羊有腹泻。有的产后有子宫炎和胎衣滞留。病程1~7 d。转归死亡。有的病母羊也可在流产后或无流产的情况下死亡。羊群爆发一次，一般持续10~15 d，流产率和病死率可达60%。其他羔羊的病死率达10%，流产母羊一般约有5%~7%死亡。

（二）病　变

牛：犊牛的病变，急性病例在心壁、腹膜以及真胃、小肠和膀胱黏膜有小点出血。肠系膜淋巴结水肿，有时出血。脾充血肿胀。在病程较长的病例可见肝脏色泽变淡，胆汁浓稠浑浊。肺常有不同程度的肺炎区。肝、脾和肾有时发现大小不等的坏死灶。关节肿大，腱鞘和关节腔含有胶样液体。

成年牛主要呈急性出血性肠炎。病死牛尸体消瘦，剖检可见肠黏膜潮红、出血，小肠后段和大肠黏膜脱落，出现纤维素性坏死区。真胃黏膜也可能炎性潮红。肝脏肿大、变性、质脆，色淡黄，脾肿，肠系膜淋巴结肿大、出血及水肿。病程长的病例可见肺尖叶和心叶多见肝变，呈紫红色，支气管内积有黏液，心内外膜有出血点。流产胎儿皮下水肿和腹腔积有血色液体。

羊：下痢型病羊真胃和肠道空虚，黏膜充血，有半液状内容物，肠黏膜水肿，并附有黏液和小血凝块，肠系膜淋巴结充血、肿大，胆囊黏膜水肿。心内外膜有散在的小出血点。

流产的、死产的胎儿或生后1周内死亡的羔羊，表现为败血症病变，组织水肿、充血，肝、脾肿大，有散在灰白色坏死灶。病死母羊有胎盘水肿、出血，急性子宫炎，流产或死产者其子宫肿胀，常含有坏死组织、浆液性渗出物和滞留的胎盘。

三、兔沙门氏菌病

兔沙门氏菌病由鼠伤寒沙门氏菌和肠炎沙门氏菌引起,主要以败血症、腹泻和流产为特征。

(一) 症 状

(1) 腹泻型:主发于断奶后仔兔,病兔体温升高,精神沉郁,食欲减退,顽固性腹泻,排出带有肠黏膜和血液的水样便,通常经1~7 d死亡。

(2) 流产型:流产多发生于妊娠1个月前后,孕兔从阴道流出脓性分泌物和胎儿,阴道黏膜充血,流产后病兔多数死亡。康复的母兔多不易受孕。

(二) 病 变

兔沙门氏菌的病变随疾病经过而有不同。最急性死亡病例见多个脏器淤血,胸腹腔积液,呈浆液或浆液血样;急性病例肝脏有小坏死灶,脾肿大,肠淋巴结水肿,肠黏膜肿胀、坏死、溃疡,有的病例可见肠黏膜淤血、出血及黏膜下水肿。流产母兔有化脓性子宫炎。

(三) 诊 断

根据症状、病变和流行特点可以做出初步诊断。确诊需做细菌学检查。

(四) 预 防

做好饲养管理和环境卫生,增强兔体抵抗力,消除兔场各种应激因素。严格执行兽医卫生制度。定期检疫,淘汰感染兔建立健康兔群。严格做好引进兔的检疫工作。对怀孕初期母兔可用鼠伤寒沙门氏菌灭活苗免疫,每年免疫2次。

(五) 治 疗

治疗可采用磺胺二甲嘧啶(100~200 mg/kg·bw,1次/d,连用3~5 d)、氟苯尼考(30~40 g/t饲料,连用3~7 d)进行治疗。

四、禽沙门氏菌病

禽沙门氏菌病是由禽沙门氏菌引起禽类多种疾病的总称。家禽沙门氏菌感染可分为三个型,由鸡白痢沙门氏菌所引起的称为鸡白痢,由鸡伤寒沙门氏菌引起的称为禽伤寒,由其他有鞭毛能运动的沙门氏菌所引起的禽类疾病,则统称为禽副伤寒。禽副伤寒的病原体包括很多血清型的沙门氏菌,其中以鼠伤寒沙门氏菌最为常见,其次为德尔俾沙门氏菌、海德堡沙门氏菌、纽波特沙门氏菌、鸭沙门氏菌等。

(一) 鸡白痢(Pullorosis)

各种品种的鸡对本病均有易感性,以2~3周龄以内雏鸡的发病率与病死率为最高,呈流行性。成年鸡感染呈慢性或隐性经过。近年来,育成阶段的鸡发病也日趋普遍。

鸡白痢对种鸡生产性能危害程度较重,据统计,鸡白痢阳性的种鸡可以使种蛋受精率降低4%~9%,孵化率降低8%~12%,死胚增多3%~8%,毛胚率增加4%~10%,产蛋率降低9%~35%,死淘率增加7%~28%。鸡白痢是目前养鸡业最难防治的疾病之一。

（1）临床表现。潜伏期4~5 d，出壳后感染的雏鸡，多在孵出后几天才出现明显症状。7~10 d后雏鸡群内病雏逐渐增多，在第二、三周达发病和死亡高峰。发病雏鸡呈最急性者，无症状迅速死亡。稍缓者表现精神委顿、食欲减退或废绝、绒毛松乱、两翼下垂、缩颈闭眼昏睡、不愿走动、畏寒，常拥挤在一起。腹泻，排稀薄白色糊状粪便或混有气泡，肛门周围绒毛被粪便污染，有的因粪便干结封住肛门周围，引起肛门周围炎。排便疼痛，故常发生尖叫声，最后因呼吸困难及心力衰竭而死。有的病雏出现眼盲，或关节炎，出现肢关节肿胀，呈跛行症状。病程短的1 d，一般为4~7 d，20 d以上的雏鸡病程较长，且极少死亡。耐过鸡生长发育不良，成为慢性患者或带菌者。雏火鸡和雏鸡的症状相似。

成年鸡感染多取慢性经过，常无临诊症状。但母鸡产蛋量，或腹泻和表现为产蛋停止。有的因卵黄性腹膜炎而引起"垂腹"现象。同时受精率和孵化率降低。有时成年鸡可呈急性发病。

（2）病变。最急性的病例，在育雏阶段的早期表现是突然死亡而没有病变。急性病例可见肝脏、脾脏、肾脏肿大，充血，有时肝脏可见白色坏死灶，胆囊肿大。病期延长者，卵黄囊吸收不良，卵黄囊内容物可能呈奶油状或干酪样黏稠物，在心肌、肺、肝、盲肠、大肠及肌胃肌肉中有白色结节，心肌上的结节增大时，有时能使心脏明显变形，心包增厚，内含黄色或纤维素性渗出液。输尿管充满尿酸盐而扩张。盲肠内容物中有干酪样栓子堵塞肠腔，有时还混有血液。死于几日龄的病雏，有出血性肺炎，稍大的病雏，肺有灰黄色结节和灰色肝变。育成阶段的鸡，突出的变化是肝肿大，可达正常的2~3倍，暗红色至深紫色，有的略带土黄色，表面可见散在或弥漫性的小红点或黄白色的粟粒大小或大小不一的坏死灶，质地极脆，易破裂，常见有内出血变化，肝表面有较大的凝血块，腹腔内积有大量血水。有的鸡表现为关节肿大，内含黄色的黏稠液体，以跗关节最为常见。

成年母鸡最常见的病变为卵子变形变色。受感染的卵子常常含有油性和干酪样物质，外面包有增厚的包膜。这些变性的卵泡可紧附于卵巢上，但有蒂可从卵巢体上脱落。输卵管含有多量的干酪样的渗出物。由于输卵管的功能失调，可出现向腹腔排卵或输卵管阻塞，引起广泛的腹膜炎及腹腔脏器粘连。有时可引起广泛性的腹膜炎和肝包膜炎。有心包炎，心包膜增厚、浑浊。成年公鸡的病变，常局限于睾丸及输精管，睾丸极度萎缩，有小脓肿，输精管管腔增大，充满稠密的均质渗出物。

（二）禽伤寒（Typhus avium）

本病主要发生于鸡，也可感染火鸡、珍珠鸡、鹌鹑、孔雀、雉鸡等鸟类，鸭、鹅、鸽对禽伤寒沙门氏菌有一定的抵抗力。成年鸡易感，但有的报道禽伤寒可致1月龄内的雏鸡死亡率高达26%。一般呈散发性。

（1）临床表现。潜伏期一般为4~5 d。在年龄较大的鸡和成年鸡，急性经过者突然停食，排黄绿色稀便，体温上升1~3 ℃。病鸡可迅速死亡，通常经5~10 d死亡。病死率10%~50%或更高些。

雏鸡和雏鸭发病时，其症状与鸡白痢相似。

（2）病变。雏鸡（鸭）病变与鸡白痢时所见相似。成年鸡，最急性者眼观病变轻微或不明显，急性者常见肝、脾、肾充血肿大；亚急性和慢性病例，特征病变是肝肿大呈青铜色，肝和心肌有灰白色、粟粒大坏死灶，心包炎。卵泡及腹腔病变与鸡白痢相同。

死于伤寒的雏鸭，肝脏呈青铜色，并有灰色坏死灶，胆囊肿大，充满胆汁，心包炎和心肌炎；病死成年鸭由于卵泡破裂而引起卵黄性腹膜炎，卵泡出血、变性。

（三）禽副伤寒（Paratyphusavium）

各种家禽及野禽均易感。家禽中以鸡和火鸡最常见。常在孵化后两周之内感染发病，3~7日龄达最高峰。呈地方流行性，病死率从很低到10%~20%不等，严重者高达80%以上。

（1）临床表现。经带菌卵感染或出壳雏禽在孵化器感染病菌，常呈败血症经过，往往不显任何症状迅速死亡。年龄较大的幼禽则常取亚急性经过，主要表现闭眼嗜睡、翅下垂、竖毛、厌食和消瘦。常可见到严重的水样腹泻。病程约1~4 d。1月龄以上幼禽一般很少死亡。

雏鸭感染本病常见颤抖、喘息及眼睑浮肿等症状。常猝然倒地而死，故有"猝倒病"之称。成年禽一般为慢性带菌者，常不出现症状。有时出现水泄样下痢。

（2）病变。死于鸡副伤寒的雏鸡，最急性者无可见病变。病期稍长的，肝、脾肿胀，有明显的出血条纹状和坏死灶，肾有时也有肿大、出血，也常见纤维素性肝周炎、心包炎和出血性肠炎。成年鸡，肝、脾、肾充血肿胀，有出血性或坏死性肠炎、心包炎及腹膜炎，产卵鸡的输卵管坏死、增生，卵巢坏死、化脓。

雏鸭感染莫斯科沙门氏菌（S.moscow）时，肝脏呈青铜色，并有灰色坏死灶。北京鸭感染鼠伤寒沙门氏菌和肠炎沙门氏菌时，肝脏显著肿大，有时有坏死灶，盲肠内形成干酪样物。

（3）诊断。根据流行病学、临诊和病理特征可初步诊断，确诊需做病原体的分离、鉴定。此外，凝集反应可以用作鸡白痢的大群检疫。凝集反应主要有全血平板法、血清平板法、卵黄平板法。其中全血平板法最为常用。

（4）防制。严格执行一般性的卫生消毒和隔离检疫等综合措施。建立无白痢鸡群。定期检疫，淘汰带菌鸡。在健康的鸡群中，每年春秋两次对种鸡进行检疫，对检出的阳性鸡采取淘汰处理。入孵前，应对种蛋、孵化器进行消毒。对雏鸡应保持好育雏室的温度，注意通风，控制饲养密度，喂以全价饲料，环境场地定期消毒。同时筛选抗菌药物进行预防。

近年来，根据竞争性排斥（Competitive exclusion.on，CE）原理研制的活菌制剂——CE培养物，在鸡沙门氏菌病的防制上取得了进展。国外许多研究已证实，用成龄鸡盲肠或粪排泄物或由此材料进行厌氧培养未精制的厌氧菌培养物，可减少各种PT沙门氏菌的肠内吸收和对内脏器官的侵入。国内自1986年以来，一些研究者在不同地区使用"促菌生"或其他活菌剂来预防雏鸡白痢，也获得了较好的效果。应注意的是，由于促菌生制剂是活菌制剂，因此应避免与抗微生物药物同时应用。

本病的药物治疗，可以应用氟苯尼考、硫酸新霉素、头孢类抗生素进行治疗，必要时应进行药敏试验，筛选敏感性药物进行治疗。

第十节 巴氏杆菌病

巴氏杆菌病是由多杀性巴氏杆菌所引起各种家畜、家禽、野生动物和人类的一种传染病的总称。动物急性病例以败血症和炎性出血过程为主要特征，慢性型常表现为皮下结缔组织、关节和各种脏器的化脓性病灶；人的病例罕见，几乎不发生败血症，且多呈伤口感染。

早在19世纪70~80年代先后报道了牛巴氏杆菌病、家禽霍乱、家兔败血症和猪肺疫。迄今为止本病广泛的分布，世界各地均有发生，尤其以热带和亚热带地区多发，曾是家畜和家禽很重要的一种传染病。

病原：多杀性巴氏杆菌（Pasteurella multocida）为球杆状菌，两端钝圆，中央微凸，大小（0.25~0.4）μm×（0.5~2.5）μm，革兰氏染色阴性，病料组织或体液涂片用瑞氏、姬姆萨氏法或美蓝染色镜检，两端着色深，中央部分着色较浅，所以又叫两极杆菌。用培养物所做的涂片，两极着色则不那么明显。用印度墨汁等染料染色时，可看到清晰的荚膜。无鞭毛。

本菌按特异性荚膜（K）抗原吸附于红细胞上做被动血凝试验，将本菌分为A, B, D, E和F 5个血清群。利用菌体（O）抗原做凝集反应，将本菌分为12个血清型。利用耐热抗原做琼脂扩散试验，将本菌分为16个菌体型。一般将K抗原用英文大写字母表示，将O抗原和耐热抗原用阿拉伯数字表示。因此，菌株的血清型可列式表示，如5：A, 6：B, 2：D, ……等，我国分离的禽多杀性巴氏杆菌以5：A为多，其次为8：A；猪的以5：A和6：B为主，羊的以6：B为多；家兔的以7：A为主。

巴氏杆菌对营养要求较严格。在普通培养基上生长贫瘠，在加有血液、血清或微量血红素的培养基中生长良好。在血清琼脂平板上培养37℃时18~24 h，可长成淡灰色、闪光的露滴状的菌落。菌落通过45°折射光观察，菌落呈蓝绿光带金光，边缘有狭窄红黄光带的，称为Fg型。Fg型菌对猪、牛、羊等家畜类有强大毒力，对禽类的毒力较弱。菌落呈橘红光带金光，边缘有乳白色光带的，称为Fo型，Fo型菌对禽类有强大毒力，对畜类毒力较弱。另一种既无色素，又无毒力的称为Nf型。在一定条件下，Fg和Fo可以发生相互转变。

本菌存在于病畜全身各组织、体液、分泌物及排泄物里，少数慢性病例仅存在于肺脏的小病灶里。健康家畜的上呼吸道也可能带菌。

抵抗力不强，56℃时15min或60℃时10 min可被杀死。在干燥空气中2~3 d可死亡。3%石碳酸、3%福尔马林等5 min可杀死本菌。

流行病学：多杀性巴氏杆菌对多种动物（家畜、野兽、禽类）和人均有致病性。家畜中以牛（黄牛、牦牛、水牛）、猪、兔、绵羊多发。山羊、鹿、骆驼、马、犬等亦可发病，但较少见；禽类中以鸡、火鸡和鸭易感。

患病动物和带菌动物以及野生动物均为本病的传染源。人类感染多由犬、猫和马等家畜咬伤、抓伤所致。动物群中发病时，常查不到传染源。一般认为家畜在发病前已经带菌。据统计，屠宰的牛、羊和猪的扁桃体的带菌率，牛为45%，羊达52%，猪高达63%。当家畜饲养不良、圈舍潮湿、拥挤、营养缺乏、气候骤变、长途运输等因素，而使机体抵抗力降低时，病菌迅速增殖，经淋巴液而入血流，发生内源性感染。病畜由其排泄物、分泌物不断排出有毒力的病菌，污染饲料、饮水、用具和外界环境。本病同种家畜之间能互相传染，而不同的家畜种之间偶尔见相互传播。

传播途径主要是通过消化道和呼吸道传播，也可通过吸血昆虫和损伤的皮肤、黏膜传播。

本病的发生一般无明显的季节性，但以冷热交替、气候剧变、闷热、潮湿、多雨的时期发生较多。一般为散发性，家禽，特别是鸭群发病时，多呈流行性。

一、猪巴氏杆菌病（猪肺疫）

猪肺疫多杀性巴氏杆菌的血清型主要为 5：A、6：B、8：A、2：D，由 Fg 型巴氏杆菌引起的多为地方性流行，呈最急性和急性经过。其主要特征为最急性呈败血症变化，咽喉部炎性肿胀，呼吸极度困难；急性型呈纤维素性胸膜肺炎。而 Fo 型引起的多为散发性，呈慢性经过，主要表现为慢性肺炎或慢性胃肠炎。

（一）临床表现

潜伏期 1~5 d，临诊上一般分为最急性型、急性型和慢性型。

最急性型：俗称"锁喉风"，多在流行的初期发生，突然发病，迅速死亡。病程稍长，可表现为明显的症状，体温升高可达 41~42 ℃，精神沉郁，食欲减退或废绝，全身衰弱。颈下咽喉部发热、红肿、坚硬，严重者蔓延到耳根和前胸。病猪极度呼吸困难，伸长头颈呼吸，常呈犬坐势，发出喘鸣声，口鼻流出泡沫样的液体，可视黏膜发绀，腹侧、耳根和四肢内侧皮肤出现红斑，很快死亡。病程 1~2 d。病死率 100%。

急性型：最常见，除具有败血症的一般症状外，主要表现为急性胸膜肺炎。体温升高达 40~41 ℃，初发生痉挛性干咳，鼻腔流黏稠液体，呼吸困难。后变为湿咳，咳时感痛，触诊胸部有剧烈的疼痛。常有黏脓性结膜炎。病势发展后，呼吸更感困难，张口吐舌，做犬坐姿势，可视黏膜蓝紫，初便秘，后腹泻。病猪消瘦无力，卧地不起，多因窒息而死。病程 5~8 d，耐过的转为慢性。

慢性型：主要多见于流行后期，表现为慢性肺炎和慢性胃炎症状。病猪持续性咳嗽、呼吸困难，口鼻的黏液性或脓性分泌物减少。常有腹泻。渐进性营养不良，极度消瘦，有时有关节炎，如不及时治疗，可衰竭死亡，病程多超过 2 周。病死率可达 60%~70%。

（二）病 变

最急性型：呈败血症变化。全身黏膜、浆膜和皮下组织大量出血点，尤以咽喉部及其周围结缔组织的出血性浆液浸润最为特征。切开颈部皮肤时，可见大量胶冻样淡黄或灰青色纤维素性浆液。水肿可蔓延至前肢。脾脏不肿大，常有出血。心外膜和心包膜有小出血点；肺急性水肿；全身淋巴结出血，切面红色；胃肠黏膜有出血性卡他性炎症；皮肤有紫红斑。

急性型：除了上述败血性病变外，特征性病变是纤维素性肺炎。肺有不同程度的肝变区，周围常伴有水肿和气肿，病程长的在肝变区内还有大小的坏死灶，肺小叶间浆液浸润，切面呈大理石纹理。胸膜常有纤维素性附着物，严重的胸膜、心包与肺部粘连。胸腔及心包积液。胸腔淋巴结肿胀，切面多汁、发红。在支气管、气管内含有多量泡沫状黏液，气管黏膜发炎。

慢性型：主要表现为慢性肺炎和慢性胃肠炎病变。肺、肝变区进一步扩大，在肝变区上有黄色或灰色坏死灶，外面有结缔组织包囊，内含干酪样物质，严重的形成空洞，与支气管相通。心包与胸腔积液，胸腔有纤维素性沉着，胸膜肥厚，整个胸腔粘连。有时在肋间肌、支气管周围淋巴结、纵膈淋巴结以及扁桃体、关节和皮下组织见有坏死灶。胃肠道有卡他性炎症。

（三）诊 断

根据病猪的临床表现、病理变化可初步诊断。确诊需要采集病变的组织或胸腔液、血液等进行涂片，经瑞氏、姬姆萨氏法或美蓝染色镜检，可见两极浓染的卵圆形小杆菌，结合临床症状可以诊断。必要时可以通过动物接种来验证。

鉴别诊断：急性猪肺疫在流行的初期易与急性的猪瘟、猪丹毒、猪副伤寒、急性的猪链球菌相混淆，应注意区别。慢性的猪肺疫与猪支原体性肺炎较难区分，猪支原体性肺炎病变主要局限于肺和肺门淋巴结，在肺的尖叶、心叶、中间叶和膈叶的前缘有两侧不完全对称的融合性支气管肺炎。

（四）防　制

加强饲养管理，改善猪舍的卫生环境，减少疾病的发生，对仔猪进行分群和早期断奶；采取全进全出式生产；封闭猪群，尽量减少从外地引猪（特别是育肥猪）混群、分群的应激；减少猪群的饲养密度，可有效防止疾病的发生。

免疫预防：每年定期进行预防免疫接种。断奶仔猪皮下或肌肉注射猪肺疫氢氧化铝苗5 mL/头，免疫期可达6个月；口服猪肺疫弱毒苗，免疫期为3个月。发病后应把病、健猪隔离治疗，早期可以用氟苯尼考、氟派酸、盐酸土霉素、杆菌肽锌等药物有一定疗效。病死猪禁止食用，应进行无害化处理，同时圈舍应进行消毒。

二、牛、羊、鹿巴氏杆菌病

（一）症　状

（1）牛：牛巴氏杆菌病又称牛出血性败血症。主要血清型为6：B、6：E。潜伏期2～5 d。根据临床表现可分为败血型、浮肿型和肺炎型。

败血型：多见于水牛，表现为体温升高，可达41～42 ℃，精神沉郁，食欲减退，泌乳和反刍停止，结膜潮红，鼻镜干燥。患牛表现腹痛，下痢，粪便初为粥状，后呈液状，常混有黏液、黏膜片及血液，粪便恶臭，有时鼻孔内和尿中有血。多在12～24 h死亡。

浮肿型：以牦牛多见。除呈现全身症状外，病牛在颈部、咽喉部及胸前的皮下结缔组织出现炎性水肿，初有热、痛，后变凉，疼痛也减轻，舌及周围组织高度肿胀，舌伸出齿外，呈暗红色，眼红肿，流泪，患畜呼吸高度困难，皮肤和黏膜普遍发绀。往往因窒息而死，病程多为12～36 h。

肺炎型：主要呈现急性纤维素性胸膜肺炎症状。体温升高可达39.5～41 ℃，精神沉郁，食欲减退，产奶量下降，鼻流浆液或脓性鼻液，痛性湿咳和呼吸频率加快。听诊时双侧肺前腹侧干性或湿性啰音。背侧区正常。病畜便秘，有时混有血液的下痢。病期较长的一般可到3～7 d左右。

（2）羊：羊巴氏杆菌病多发生于幼龄绵羊和羔羊，山羊很少发生，其血清型为1：D、4：D。本病多发于未断奶的2周到两个月龄羔羊及部分母羊；秋季一般发生于经过运输到饲养场的5～7月龄的羊。该病的发病率可达50%，死亡率一般较低。根据病程的长短可分为最急性型、急性型和慢性型。

最急性型：多见于哺乳羔羊。羔羊常突然发病，呈现寒战、虚弱、呼吸困难等症状，可于数分钟至数小时内死亡。

急性型：体温升高达41～42 ℃，精神沉郁，食欲废绝。呼吸急促，咳嗽，鼻孔有混血液的黏液性分泌物。眼结膜潮红，有黏性分泌物。初期便秘，后期腹泻，粪便常混有血液。颈部、胸下部发生水肿。常因虚脱而死，病程 2~5 d。

亚急性：病羊体温增高，衰弱，咳嗽，消化紊乱。眼、鼻有黏液-脓性的液体。此外，还有肠炎症状，排泄物初为绿色，渐呈深红色，恶臭。唇黏膜发生溃疡，间有龋齿。病羊消瘦，不久死亡，病程 1~3 周。

慢性型：主要多见于成年羊，病羊消瘦、食饮欲减退。流黏液脓性鼻液、咳嗽、呼吸困难。有时颈部和胸下部发生水肿。有角膜炎。病羊腹泻，粪便恶臭，临死前极度衰弱，四肢厥冷，体温下降。病程可达 3 周以上。

（3）鹿：潜伏期 1~5 d。

急性败血型：表现为全身症状，体温升高 41 ℃ 以上，先便秘后腹泻。严重时粪便带血，呼吸促迫，甚至张口呼吸和喘气，口鼻流泡沫样或带有血色液体，病程 1~2 d。

肺炎型（胸型）：除全身症状外，表现为呼吸促迫，咳嗽，步态不稳，严重病例呼吸困难，头向前伸，鼻翼扇动，口吐白沫，腹泻，间或粪便带血，全身肌肉震颤，卧地不起，病程 1~5 d。

（二）病　变

（1）牛：呈一般败血症变化。内脏器官出血，在黏膜、浆膜以及肺、舌、皮下组织和肌肉，都有出血点。脾脏有小出血点或无变化。肝脏和肾脏实质变性。淋巴结显著水肿。胸腹腔内有大量渗出液。

浮肿型：主要见于头、颈和咽喉部水肿，局部皮下和肌肉组织呈现胶样浸润或有出血，切开时有黄色透明液体流出。局部淋巴结水肿、出血；肝、肾、心脏等实质器官发生变性，脾脏一般不肿大。

肺炎型：主要表现胸膜炎和格鲁布肺炎。胸腔中有大量浆液性纤维素性渗出液。整个肺有不同肝变期的变化，小叶间淋巴管增大变宽，肺切面呈大理石状。有些病例由于病程发展迅速，在较多的小叶里能同时发生相同阶段的变化；肺泡里有大量红细胞，使肺病变呈弥漫性出血景象。病程进一步发展，可出现坏死灶，呈污灰色或暗褐色，通常无光泽。有时有纤维素性心包炎和腹膜炎，心包与胸膜粘连，内含有干酪样坏死物。

（2）羊。

最急性型：黏膜、浆膜及内脏出血，脾稍肿大，淋巴结急性肿胀。

急性型：一般在皮下有液体浸润和小点出血。胸腔内有黄色渗出物。肺淤血，小点出血和肝变，偶见有黄豆至胡桃大的化脓灶。胃肠道黏膜出血性炎症。淋巴节肿大，切面多汁，其他脏器呈水肿和淤血，间有小点出血，但脾脏不肿大。病期较长者尸体消瘦，皮下胶样浸润，常有纤维素性胸膜肺炎和心包炎，肝有坏死灶，心脏有淤血斑。

亚急性型：肺的前部多见支气管肺炎。胸膜或心包上常有纤维蛋白的伪膜，胸腔及腹腔有清亮或浑浊黄色渗出液。胸腔淋巴结肿胀。气管黏膜肿胀、潮红，鼻黏膜也有红色黏液或纤维蛋白性附着。

慢性型：肺常有肝变，呈灰红色，间有许多坏死点，肺胸膜变厚，且有粘连。有的羊只仅表现极端消瘦和贫血，体内并无明显病变。

（3）鹿：尸体腹部膨大，皮下组织浆液性浸润并有散在的出血点。真胃黏膜和十二指肠黏膜肿胀、充血，有不同大小的点状出血。胃肠道淋巴节发红、水肿。脾脏稍肿，边缘钝圆，脾髓暗红色，稍软化。肾脏有出血点。有肺炎表现的病例可见有纤维素性胸膜肺炎，肺脏暗红，有不同程度的肝变。淋巴结充血、水肿和出血。

（三）诊　断

根据流行病学、临床症状及病理变化做出初步诊断。必要时可采取淋巴结、肝、血液（涂片），送往实验室进行细菌学诊断。

鉴别诊断：对牛而言，本病的败血型与浮肿型应与炭疽、气肿疽和恶性水肿相区别，而肺炎型则应与牛肺疫区别。炭疽病牛濒死前常有天然孔道出血，血液凝固不良，血液呈暗紫色，死后尸僵不全尸体易腐烂，剖检脾脏急性肿大2~3倍；血液涂片镜检可见带有荚膜的两端平切的粗大杆菌。气肿疽多发于4岁以下的牛，肿胀多出现在肌肉丰满的部位，指压柔软，发出明显的捻发音；病变部位的肌肉切面呈黑色、海绵状、内含气泡，并发酸酪样。恶性水肿均发生外伤、分娩及去世之后，并在伤口周围呈炎性肿胀；病变部位切面苍白，肌肉呈暗红色，肿胀部触诊柔软，发轻度捻发音。

羊应与肺炎链球菌引起的败血症相区别，后者剖检时见脾脏肿大，取病料染色镜检可见成对排列的肺炎链球菌。

（四）防　制

平时做好饲养管理，提高家畜的抵抗力；尽量不到低洼、潮湿地方放牧；定期驱虫。常发地区及受威胁地区，应定期注射出血性败血症疫苗。如向外运送时，应在前两周注射出血性败血症疫苗。急运可以注射出血性败血病血清。

一旦发病，应立即隔离发病动物及可疑病畜，发病早期可注射出血性败血病血清。同时将病畜隔离于清洁、温暖而通风良好的圈舍，给予大量清水及少量干草，加入少量的谷粒及麸皮，减少精料的供给量。同时采用青霉素、链霉素、磺胺类药物和头孢噻呋等药物进行治疗。对健康动物进行紧急免疫接种。对污染的环境用10%漂白粉、20%石灰水或3%~5%石碳酸进行消毒。

三、兔、貂巴氏杆菌病

（一）症　状

（1）兔：兔巴氏杆菌病主要危害2~6月龄家兔，潜伏期长短不一，一般自几小时至5 d或更长。临床上可分5种类型。

鼻炎型：是常见的一种病型，其临诊病兔咳嗽、打喷嚏，有浆液性、黏液性或黏液脓性鼻漏。鼻部的刺激常因兔用前爪擦揉外鼻孔，导致鼻孔周围的被毛潮湿并缠结。

地方流行性肺炎型：最初的症状通常是食欲不振和精神沉郁，病程稍长的，有咳嗽，一般不表现出呼吸困难，常因败血病而迅速而亡。

败血型：通常不见临诊症状，突然死亡。常见与鼻炎和肺炎联合发生，并可看到相应的临诊症状。

中耳炎型：单纯的中耳炎常不出现临诊症状，如感染扩散到内耳或脑部，临床上有斜颈的临诊表现，故又称斜颈病。病兔的头部向一侧倾斜。严重的病例吃食、饮水困难，体重减轻，可能出现脱水现象。如感染扩散到脑膜和脑可能出现运动失调和其他神经症状。

其他病型：除上述类型外，本病还表现为结膜炎、子宫炎、睾丸炎、附睾炎和全身皮下及内脏器官的脓肿。

（2）貂：潜伏期1~5 d，也有更长的。

最急性型：多见于幼貂，一般见不到临床症状即突然死亡。

急性型：体温升高达40 ℃以上，病貂精神沉郁，食欲减少或废绝，鼻部干燥、呼吸困难，少数有腹泻，后期运步不稳，常有痉挛性抽搐、死亡。病程1~3 d。

慢性型：病初精神不振，食欲减退，体温反复升高，病情明显加重，鼻镜干燥、心跳、呼吸加快。腹泻，排出恶臭稀便，不食。一旦并发肺炎，病貂呼吸困难，气喘，运步蹒跚，共济失调，既而卧地不起，全身痉挛，四肢呈游泳状，最后麻痹、死亡。

（二）病　变

（1）兔：各个病型的变化不一致，但往往有两种或两种以上联合发生。

鼻炎型：鼻腔积有多量的黏性或脓性的分泌物。鼻孔周围皮肤发炎。鼻窦和副鼻窦内有分泌物，窦腔内层黏膜红肿。在较为慢性的阶段，仅见黏膜呈轻度到中度的水肿增厚。

地方流行性肺炎型：主要呈急性纤维素性肺炎变化，以肺的前下方最为明显。开始时呈急性炎症反应，表现为局部发生实变、膨胀不全。肺实质有出血，胸膜面有纤维素渗出。有时有脓肿和小的灰色结节性病灶，脓肿为纤维组织所包围，形成脓腔或整个肺炎叶发生空洞，是慢性病程最后阶段常发生的现象。

败血型：除一般败血症变化外，常见鼻炎和肺炎的变化。肝脏变性，并有许多坏死小点。胸腔和腹腔器官可能有充血。

中耳炎型：主要是一侧或两侧鼓室有奶油状的白色渗出物。初期鼓膜和鼓室内膜呈红色。有时鼓膜破裂，脓性渗出物流入外耳道。中耳或内耳感染如扩散到脑，可出现化脓性脑膜脑炎的病变。

（2）貂：急性病例，营养良好，尸僵不全，头颈部和鼠蹊部水肿、出血。胸腔有少量黄色黏稠渗出液，胸膜有出血点。心肌松弛，心内外膜及冠状沟出血点。乳头肌呈条索状出血。肺气肿，表面有出血点，断面有气泡流出，肝肿大，充血，并有许多出血点和灰白色的坏死灶。脾脏出血。肾皮质充血、出血，包膜下有出血点。肠系淋巴结肿大，切面多汁。胃内黏膜易脱落并有出血点，小肠黏膜出血，大肠黏膜呈卡他性炎症。

慢性病例营养不良，机体消瘦，贫血，各实质器官浆膜、黏膜出血，胃壁变薄，局限性出血，继发肺炎时，肺尖叶、心叶有炎症变化。

（三）诊　断

鉴别诊断：兔的巴氏杆菌应注意与兔病毒性出血症、葡萄菌病、波氏杆菌、副伤寒等区别。病毒性出血症主要侵害2月龄以上的青、壮年兔，有明显的季节性，常在冬季寒冷季节多发，发病急，死亡快。剖检可见实质器官淤血、出血和水肿，气管和肺脏严重淤血和出血。葡萄菌病、波氏杆菌、副伤寒可通过病原学检查加以鉴别。

四、禽巴氏杆菌病

禽巴氏杆菌病又名禽霍乱（Fowlcholera）、禽出血性败血症，是侵害家禽和野禽的一种接触性传染病。多发于鸡、火鸡、鸭和鹅。也见于捕获的野禽，伴侣鸟和其他鸟类等。其中以火鸡最易感，所有日龄的火鸡都有易感性，多发于年青的成年火鸡。鸡霍乱呈散发，多发于成年鸡，16周龄以下的鸡明显有抵抗力。鸭常呈流行性，常发4周龄以上的鸭，死亡率可达50%。急性型主要表现为败血症和下痢。发病率和死亡率均高。慢性型则表现为关节炎、鼻窦炎和肉髯肿胀。

（一）临床表现

自然感染的潜伏期一般为2~9 d，人工感染通常在24~48 h发病。

最急性型：常见于流行初期，以高产蛋鸡最常见。病鸡常无症状突然死亡。有的可见病鸡精神沉郁，突然倒地，拍翅挣扎抽搐、死亡。病程短者数分钟至数小时。

急性型：最为常见。病鸡体温升高到43~44 ℃，减食或不食，渴欲增加。呼吸困难，口、鼻流出黏液性的分泌物。鸡冠和肉髯变青紫色，有的病鸡肉髯肿胀，有热痛感。常有腹泻，病初排白色水样便，稍后即为略带绿色并含有黏液的稀便。产蛋鸡停止产蛋。最后衰竭、昏迷而死亡，病程短的1~3 d，病死率很高。

慢性型：慢性禽霍乱可由急性型转化而来的，也可由低毒力菌株的感染而致，以慢性肺炎、慢性呼吸道炎和慢性胃肠炎较多见。肉髯、鼻窦、腿或翅膀、足垫和胸骨囊出现肿胀，有持续性下痢。有的病鸡还有慢性的关节炎，导致关节的肿大，引起跛行和翼翅的下垂，病程1个月以上，病死率50%~80%。

鸭与鸡的症状相似，主要以急性为主，发病后不愿下水，常独蹲岸边，缩头曲颈，闭眼昏睡，羽毛松乱，双翅下垂。口、鼻和咽喉部分泌物增多，不断从口鼻流出黏液，呼吸困难，病鸭频频摇头，俗称"摇头瘟"。腹泻，排黄白色或绿色的腹泻便。病程1~3 d，病程长的发生关节炎，以腕、跗关节多见，关节肿大，跛行。

（二）病　变

最急性型：死亡的病鸡无明显病变，有时能看见心外膜有少许出血点。

急性型：急性型病变较为特征。通常表现全身性的出血，病鸡的心外膜、心冠脂肪、浆膜下、腹膜、皮下组织及腹部脂肪有小点状出血。心包变厚，心包内积有多量不透明淡黄色液体，有的含纤维素性絮状液体。肺有充血和出血点。肝脏的病变具有特征性，肝稍肿，质变脆，呈棕色或黄棕色，肝表面散布有许多灰白色、针头大的坏死点。脾脏一般不肿或稍微肿大，质地较柔软。肌胃出血显著，肠道尤其是十二指肠呈卡他性和出血性肠炎，肠内容物含有血液。产蛋鸡的卵巢常遭到侵害，成熟卵泡呈现松软的外观，腹腔中可见破裂的卵泡的卵黄物质。未成熟的卵泡常呈枝状充血。

慢性型：慢性型禽霍乱主要是局部感染为特点。当呼吸道症状为主时，见到鼻腔和鼻窦内有多量黏性分泌物，某些病例见肺硬变。局部感染也可于关节炎和腱鞘炎，关节肿大变形，有炎性渗出物和干酪样坏死。公鸡的肉髯肿大，内有干酪样的渗出物，母鸡常出现卵黄性腹膜炎，卵巢明显出血。

鸭、鹅的病变与鸡基本相似。

（三）诊　断

根据流行病学材料、临诊症状和剖检变化，结合对病畜（禽）的治疗效果，可对本病做出诊断，确诊有赖于细菌学检查。

直接镜检：取肝脏、脾脏等以剖面作涂片，用甲醇固定作革兰氏染色，可见有革兰色阴性、两端钝圆、中央微凸的短杆菌。标本用瑞氏或美蓝染色镜检，菌体呈卵圆形，两端深染，中央浅染，似双球菌。印度墨汁染色，可见清晰的荚膜。

分离培养：最好用麦康凯琼脂和血液琼脂平板同时分离培养，本菌在麦康凯琼脂上不生长，而在血液琼脂平板上生长，培养24 h后，可长出淡灰白色、圆形、湿润、不溶血的露滴状的菌落。涂片镜检为革兰氏小杆菌，需要进一步做生化试验鉴定。

鉴别诊断：急性鸡霍乱应注意与鸡新城疫的区别，鸡新城疫病程长，素囊积液，常发出"咯咯"的怪叫声，腺胃乳头有点状出血，肠道黏膜有"岛屿"状的坏死。急性鸭霍乱应注意与鸭瘟的区别，后者只感染鸭，主要表现头部肿大，眼流泪；剖检可见头颈部皮下有胶样液体浸润，口腔、咽、食道、泄殖腔黏膜上有一层黄色的伪膜，肠道有环状出血，肝脏坏死灶不规则。

（四）防　制

平时应注意饲养管理，消除可能降低机体抗病力的因素，定期消毒。每年定期进行预防接种。由于多杀性巴氏杆菌有多种血清群，各血清群之间不能产生完全的交叉保护，因此，应针对当地常见的血清群选用相同血清群菌株制成的疫苗进行预防接种。最好采用禽霍乱自场脏器苗（系将发病禽场的急性病禽肝脏研细、稀释，用甲醛灭能而成），紧急预防接种，免疫2周后，一般不再出现新的病例。

发病时可采用氟苯尼考、硫酸新霉素、头孢类抗菌素进行治疗。喹乙醇对禽霍乱有治疗效果，可以选用。

第十一节　弯曲菌病

弯曲菌病原名弧菌病，是由弯曲菌属中的有关致病菌引起的一种人兽共患病。对牛表现为不育、流产或腹泻；羊表现为流产；禽类表现为传染性肝炎；人感染后，可出现流产、腹泻、肺炎和脑膜炎等症状。

病原：弯曲菌是革兰氏阴性的细长弯曲杆菌，在感染组织中呈撇形、S形和弧形，在老龄培养物中呈螺旋状长丝或圆球形。该菌为微需氧菌，在含有10%二氧化碳的环境中生长良好，对1%牛胆汁有耐受性，于培养基内添加血液、血清，有利于初次分离培养。引起动物和人类疾病的主要是胎儿弯曲菌、空肠弯曲菌和大肠弯曲菌。本菌对外界环境因素抵抗力不强，对酸、热、干燥、阳光直射和一般消毒剂敏感。另外，该菌对四环素、氯霉素、庆大霉素和红霉素等药物敏感。

流行病学：患病动物和带菌者是主要的传染源。动物感染弯曲菌后，发生流产、腹泻，或康复后成为带菌者，病菌存在于流产胎盘及胎儿体内，并可通过粪便、乳汁和其他分泌物排菌，污染饮水、食物或饲料。易感动物主要通过消化道或交配、人工授精等途径发生感染。另外，家禽和猪的无症状带菌率可达 50%~90%，致使本菌在自然界分布广泛，严重威胁到人和其他动物的安全。

一、弯曲菌性流产

主要发生于牛、羊。牛主要通过人工授精和交配感染，羊主要通过消化道感染。

（一）症 状

（1）牛：公牛一般没有明显的临诊症状，精液也正常，包皮黏膜上可发生暂时性潮红，但精液和包皮带菌。母牛在交配感染后，病菌侵入子宫和输卵管中，可引起阴道卡他性炎、子宫内膜炎和输卵管炎，但临诊上不易确诊。母牛生殖道病变使胚胎早期死亡并被吸收，从而使母牛不断虚情，出现发情周期不规则和延长。如每次发情都使之交配，大多数（约占75%左右）母牛可于感染后 6 个月受孕。有些怀孕母牛的胎儿死亡较迟，则多于怀孕的第 5~6 个月发生流产，流产率约 5%~20%。胎盘水肿，胎儿的病变与在布鲁氏菌病所见者相似。

牛经第一次感染痊愈后可获得特异性抵抗力，即使与带菌公牛交配，仍能受孕。

（2）绵羊：本病通常在怀孕的后三个月发生流产、死胎或产出弱羔。多数流产母羊无先兆，少数羊精神不振，从阴道流出分泌物。大多数流产母羊迅速复愈，但有的羊因死亡胎儿在子宫内滞留，发生子宫炎和腹膜炎而死亡，病死率约 5%。流产率平均 20%~25%，有的群可高达 70%。

（二）诊 断

主要临诊症状为暂时性不育、发情期延长以及流产，但与其他生殖道疾病有类似之处，因此，确诊需进行实验室检查。

细菌学检查：采取流产胎膜进行涂片染色镜检，若出现弯曲菌的典型形态可做出诊断。如有必要，可取胎儿的新鲜材料、精液或宫颈、阴道黏液接种鲜血琼脂平板，置于 10%二氧化碳的环境中进行细菌的分离培养。

血清学检查：可采集流产牛子宫颈、阴道黏液进行试管凝集试验。方法是：将采集的子宫颈阴道黏液用生理盐水作倍比稀释，各加入等量抗原，37 ℃作用 24~40 h 后观察结果，若黏液无血液混杂，则凝集价达 1∶25 者，即可判为阳性。

（三）防 制

由于牛弯曲菌性流产主要是交配传染，因此，淘汰患病种公牛，选用健康种公牛进行配种或人工授精，是控制本病的重要措施。牛群爆发本病时，应暂停配种三个月，同时用抗生素治疗病牛，一般认为局部治疗较全身治疗有效。流产母牛，特别是胎膜滞留的病例，可按子宫炎进行常规处理，向子宫内投入链霉素和四环素族抗生素，连用 5 d。

预防羊的弯曲菌流产，主要是在产羔季节要实行严格的卫生措施。流产母羊严密隔离，用抗生素进行治疗。感染羊群不能作种畜出售。另外，对流产的胎儿和胎衣必须彻底销毁，对污染的圈舍进行彻底的消毒。使用多价苗免疫绵羊，可有效地预防流产。

二、牛弯曲菌性腹泻

又名牛冬痢或黑痢，是由空肠弯曲菌引起的牛的一种消化道疾病。

（一）流行病学

本病发生于秋冬季节的舍饲牛，经消化道感染。各种品种和年龄的牛均可发病，一般成牛较犊牛严重，呈地方流行性。气候多变和饲养管理不善可促进本病的发生。潜伏期约3~7 d。

（二）症　状

突然发病，一夜之间可使牛群中20%的牛只发生腹泻，2~3 d内80%的牛出现同一症状。病牛排出恶臭水样棕色稀粪，其中常带有血液。食欲、体温、脉搏、呼吸正常，病情严重者，表现精神委顿、食欲不振、弓背、毛逆立、寒战、虚弱、不能站立。病程2~3 d，如治疗及时，很少死亡。患牛还可出现乳房炎，乳中带菌。

（三）诊　断

根据流行病学、发病季节和临诊表现可做出初步诊断，确诊需进行空肠弯曲菌的分离鉴定。

（四）防　制

避免畜禽摄食被病菌污染的草料和饮水。病畜要隔离治疗，其粪便和垫草、垫料要及时清除，圈舍、用具要彻底消毒，并空置1周以上。

治疗可选用四环素族抗生素、链霉素。病牛应同时进行对症治疗，口服肠道防腐、收敛药物。松节油和克了林等量混合液25~50 mL，12 h灌服1次，连用两次，对于重症病例，还需输液补充电解质、葡萄糖等。

三、鸡弯曲菌性肝炎

鸡弯曲菌性肝炎，又称鸡传染性肝炎。由空肠弯曲菌引起，主要侵害开产不久的母鸡和将近开产的后备母鸡、发病鸡，发病率为10%~25%，产蛋率下降25%~35%，病死率为2%~15%。病鸡表现精神沉郁，体重减轻，鸡冠发白、干燥、萎缩，常有腹泻。死后剖检，最明显的病变在肝脏，可见肝肿大、褪色，有星状黄色小坏死灶散播于整个肝实质内，肝被膜下有大小不等的出血灶，严重者肝变脆，并布满菜花样大坏死灶；慢性病例肝变硬并萎缩，常伴有腹水或心包积液。从病鸡肠内容物和肝脏中均可分离到空肠弯曲菌。治疗本病可用痢特灵，土霉素，或在饮水中添加0.05%~0.1%的磺胺二甲嘧啶，连用5~6 d，疗效较好。

第十二节　土拉杆菌病

土拉杆菌病俗称野兔热，原发于野生动物，可传染家畜和人使之患病，因此也可作为一种人畜共患病。其主要特征是体温升高，肝脏、脾脏肿大、充血和多发性灶性坏死，淋巴结肿大并有针头大小的干酪样坏死灶。

（一）病　原

病原为土拉弗朗西斯氏菌。该菌是一种多形性细菌，在患病动物血液中为球形，在培养基上则呈多形性，如球形、杆状、长丝状等，在病料中可看到荚膜。革兰氏染色阴性，呈两极着色。在普通培养基（血琼脂、明胶培养基、蛋白胨肉汤）中土拉菌不生长，在含有胱氨酸、半胱氨酸的培养基上才能生长。本菌不同菌株之间无抗原差异性，但与布鲁氏菌及鼠疫耶尔辛氏菌具有共同抗原。

本菌在土壤、水、肉和皮毛中可存活数十天，在尸体中可存活一百余天。对热和常用消毒药都敏感，加热 55～60 ℃、10 min 即死亡，1%的来苏儿、3%的石碳酸经 3～5 min 可将其杀灭。对链霉素、氯霉素和四环素族等抗生素敏感。

（二）流行病学

易感动物种类很多，各种野生啮齿动物尤其是兔、水鼠、海狸等最为易感，目前已发现136种啮齿动物是本菌的自然宿主。其他野生动物、各种皮毛兽以及各种畜、禽都有发病的报道，人也可受到感染。家禽中自然发病的报道以火鸡较多，鸡、鸭、鹅很少，但可成为传染源。家畜发病一般只有个别或少数病例，绵羊尤其羔羊发病较为严重，可引起较大的经济损失。

野兔和其他野生啮齿动物是本病的主要传染源，通过蜱等吸血昆虫传染于家畜和人。栖居于水边洞穴和溪边的水鼠、海狸，也是本病的传染源。被发病动物污染的牧地、草料、饮水等也是重要的传染媒介。

病菌通过污染的饲料、饮水、用具以及吸血昆虫而传播，并通过消化道、呼吸道、伤口及皮肤与黏膜而入侵。本病常呈地方性流行，多发生于春末夏初啮齿动物与吸血昆虫繁殖滋生的季节。

（三）症状与病变

潜伏期为 1～9 d。临诊症状主要为体温升高、衰弱、麻痹和淋巴结肿大。

（1）兔：急性型多数不显症状即发生死亡，个别濒死前拒食与共济失调。大多数病程较长，常发生鼻炎，流鼻涕，体表淋巴结肿胀、发硬、化脓、体温升高、白细胞增多，呈高度消瘦和衰竭。

急性病例呈败血症变化，病程较长者，淋巴结肿大明显，并有炎症，切面呈紫红色，常有针尖状的灰白色干酪样坏死点。脾脏肿大，呈暗红色，表面和切面有灰白色或乳白色粟粒至豌豆大的坏死灶。肝脏肿大，伴有多发性针尖至粟粒大的白色坏死灶。肺充血，并含块状突变区。肾脏肿大，有灰白色粟粒大的坏死灶。

（2）猪：小猪较为多见。体温升高至 41 ℃ 以上，精神萎靡，行动迟缓，食欲不振，腹式呼吸，有时咳嗽。病程为 7～10 d，死亡者少。猪淋巴结肿大发炎和化脓，肝实质变性，支气管肺炎。

（3）羊：发病后体温升高达 40.5～41 ℃，精神委顿，步态僵硬、不稳，后肢软弱或瘫痪，体表淋巴结肿大，2～3 d 后体温恢复正常，但之后又常回升，一般 8～15 d 痊愈。妊娠母羊发生流产和死胎。羔羊发病较重，除上述症状外，见有腹泻，有的兴奋不安，有的呈昏睡状态，不久死亡；病死率很高。山羊较少患该病，症状与绵羊相似。

组织贫血明显，在皮下与浆膜下分布着许多出血点，淋巴结肿大，有坏死和化脓灶。肝、脾可能肿大，有坏死灶，心内外膜和肾上腺有小点出血。羔羊肺的尖叶与心叶可能有肺炎病变。

（4）牛：体表淋巴结可能肿大，有的有麻痹症状。妊娠母牛常发生流产。犊牛表现衰弱，体温升高，腹泻，经过缓慢。水牛常食欲消失。寒战，有时咳嗽，体表淋巴结可能肿大。病变牛曾见有肝脏变性和坏死。

（5）马：症状不明显，妊娠母马可发生流产。驴体温升高，持续十余天，食欲减少，逐渐消瘦。马流产后见胎盘有炎性病灶及小坏死点。

（6）人：突然发病，出现寒战，继以高热，体温达39～40℃，伴剧烈心痛，乏力，肌肉疼痛和盗汗。热程可持续1～2周，甚至迁延数月。肝、脾肿大、有压痛。特征性病变表现为局部淋巴结及其他淋巴结有急性炎症，各器官尤其是肝、脾、淋巴结内有结节性肉芽肿形成。

（四）诊　断

本病可根据流行病学特点、症状和剖检变化进行诊断，确诊需要进行细菌学或血清学检验。

微生物学诊断：采集可疑病畜或尸体采血液、淋巴结、肝、脾、肾的病变组织，做成悬液注射于豚鼠皮下，一般经4～10 d死亡，剖检肝、脾有多发性坏死灶。采血液和病变组织分离细菌进行鉴定。

血清学检查：家畜发病后第二周血清的凝集滴度显著升高且长期保持。采可疑病畜血清与标准抗原做凝集反应试验，如凝集价在1：100以上者为阳性。此法尤适用于畜群的普查。本菌与布鲁氏菌可发生交叉凝集反应，但本菌抗原与布鲁氏菌病血清的凝集价低，可以区别。如与变态反应同时进行，则可以提高诊断的准确性。另外，也可用间接血凝试验、抗体中和试验进行血清抗体的检查。

变态反应诊断：变态反应抗体通常在感染后3～5 d出现。用土拉杆菌素0.2 mL注射于家兔的背部或大腿部、猪耳部、羊尾根皱褶裙处皮内，24 h后检查，如局部发红、肿胀、发硬、疼痛者为阳性，但有一小部分病畜不发生反应。

（五）防　制

应重点做好疫区野生啮齿动物的扑杀，经常进行杀虫灭鼠，病畜及时进行隔离、消毒场舍用具，进行凝集反应试验和变态反应试验，直至全群变为阴性，并将吸血昆虫驱除之后，方可认为康复。个人防护可采用皮肤划痕法接种减毒活菌苗，接种1次，免疫力可维持5～7年。病畜可用硫酸链霉素10～20 mg/kg体重肌内注射，2次/d，连用3～5 d；四环素，50 mg/kg体重肌肉注射，2次/d，连用3～5 d。此外，也可用土霉素、金霉素、卡那霉素、庆大霉素等治疗。

第十三节　布鲁菌病

布鲁菌病简称布病，是由布鲁菌引起的人兽共患传染病。特征是生殖器官和胎膜发炎、引起流产、不育和各种组织的局部病灶。

（一）病　原

布鲁菌（Brucella）为革兰氏阴性的细小球形或球杆菌，不形成芽孢和荚膜，无鞭毛，柯氏染色法将本菌染成红色，可与其他细菌（蓝、绿色）相区别。

布鲁菌属有 6 个种，即马耳他布鲁菌、流产布鲁菌、猪布鲁菌、林鼠布鲁菌、绵羊布鲁菌和狗布鲁氏菌。习惯上称马耳他布鲁菌为羊布鲁菌，流产布鲁菌为牛布鲁菌。不同种别的布鲁菌各有其主要宿主动物，但也存在普遍的宿主转移现象。如羊布鲁菌主要感染绵羊、山羊，但也能感染牛、猪、鹿等；猪布鲁菌主要感染猪，也能感染鹿、牛、羊等。

本菌对外界环境的抵抗力较强，在污染的土壤和水中可存活 1~4 月，粪便中 120 d，流产胎儿中至少 75 d。但对湿热和消毒剂的抵抗力不强，巴氏灭菌法 10~15 min、0.1%升汞数分钟，1%来苏儿或 2%福尔马林或 5%生石灰乳 15 min 即杀死，煮沸立即死亡。

（二）流行病学

病畜及带菌者是本病的主要传染源。特别是受感染的妊娠母畜，在流产或分娩时，大量的布鲁菌随着胎儿、胎水和胎衣排出。另外流产后的阴道分泌物以及乳汁中长时间含有布鲁氏菌，容易造成环境污染、病原散播。患病公畜的精液中也有布鲁菌存在，可经交配传播。

本病的主要传播途径主要是消化道，但也可经皮肤、黏膜和交配感染。吸血昆虫（蜱等）通过叮咬，可以传播此病。

本病的易感动物范围很广，但主要是羊、牛、猪。流产布鲁氏菌主要宿主是牛，而羊、猴、豚鼠有一定易感性，马耳他布鲁氏菌，主要宿主是山羊和绵羊，可以由羊传入牛群，猪布鲁氏菌主要宿主是猪。绵羊布鲁氏菌主要引起公绵羊附睾炎，也可侵犯孕母绵羊导致胎盘坏死，而对未孕母绵羊则常是一过性。狗是狗布鲁菌的主要宿主。其中牛、羊、猪三型布鲁菌对人有致病作用，人感染羊和猪型布鲁菌后病情严重，治疗困难。

人的传染源主要是患病动物，患者具有明显的职业特征，凡与病畜、污染的畜产品接触频繁的人员，如兽医、实验室人员、饲养员、毛皮和肉类加工人员等，其感染和发病率均高于其他从业人员。

本病无明显季节性，但在产仔季节多发，并表现出一过性流产特征。

（三）症　状

（1）牛：潜伏期 2 周至 6 个月。母牛最显著的症状是流产。流产可以发生在妊娠的任何时期，最常发生在第 6 至第 8 个月，流产前出现阴唇乳房肿大，肩部与肋部下陷，阴道黏膜发生粟粒大红色结节，由阴道流出灰白色或灰色黏性分泌液等征兆。流产时常见胎衣滞留，特别是妊娠晚期流产者，常继续排出污灰色或棕红色分泌液，有时恶臭，分泌液迟至 1~2 周后消失。流产胎儿多为死胎、弱仔，不久死亡。公牛感染后多见睾丸炎及附睾炎。急性病例出现中发热与食欲不振、睾丸肿胀疼痛和附睾肿大，触之坚硬。另外还有关节炎（常见于膝关节和腕关节）、滑液囊炎和轻微乳房炎等症状。大多数流产牛经两个月后可以再次受孕。

（2）羊：流产发生在妊娠后 3~4 个月。流产前可出现食欲减退、口渴、委顿，阴道流出黄色黏液等症状。此外可能还有乳房炎、支气管炎、关节炎及滑液囊炎而引起跛行。公羊感染后发生睾丸炎和附睾炎。

（3）猪：母猪的主要症状是流产，多发生在怀孕的第 4~12 周。有的在妊娠的第 2~3 周即流产；早期流产的胎儿和胎衣多被母猪吃掉，常不被发现；流产前的症状也不明显，常见精神沉郁，阴唇和乳房肿胀，有时阴道流出黏性或黏脓性分泌液。流产的胎儿多为死胎，胎衣不下的情况较少，少数母猪可发生胎衣不下及引起子宫炎，影响其配种。重复流产的较少见，新感染猪场流产数多。公猪主要症状是睾丸发炎和附睾发炎。一侧或两侧无痛性肿大。有的症状较急，局部热痛，并伴有全身症状。有的病猪睾丸发生萎缩、硬化，甚至性欲减退或丧失，失去配种能力。

无论病公猪还是病母猪，都可能发生关节炎，多发生在后肢。偶见于脊柱关节，局部肿大、疼痛、关节囊内液体增多，出现关节僵硬、跛行和后肢麻痹。

（4）人：主要表现为长期低热，多汗，关节痛，脾肿大，一侧性睾丸炎，失眠，头痛，坐骨神经痛和多发性关节炎等病症。病程长，反复发作，可终身不育。

（四）病　变

牛、羊的病理变化比较相同：胎衣呈黄色胶冻样浸润，表面覆有纤维蛋白絮片和脓液或出现增厚和出血点。绒毛叶贫血呈苍黄色，覆有灰色、黄绿色纤维蛋白絮片或脂肪状渗出物。胎儿皮下呈出血性浆液性浸润。淋巴结、脾脏和肝脏有程度不等的肿胀，有的散有炎性坏死灶。真胃内有淡黄色或白色黏液絮状物。膀胱的浆膜下可能见有点状或线状出血。浆膜腔有微红色液体，或覆有纤维蛋白凝块。公牛睾丸和附睾可能有炎性坏死灶和化脓灶。

猪的病变基本相似，但常见的病变是睾丸和附睾、前列腺脓肿以及流产猪子宫黏膜多发性灰黄色粟粒状脓肿结节。

（五）诊　断

根据流行病学、临床症状和流产胎儿、胎衣的病理变化可做出初步诊断，但确诊需进行实验室检查。

细菌学检查：取流产胎儿、胎盘、乳汁、阴道分泌物或脓肿部的渗出物等作为病料，革兰氏染色或柯氏染色后镜检，或者接种含10%马血清的马丁琼脂培养基进行细菌的分离培养。

血清学试验：布鲁菌进入动物机体后，可刺激肌体产生凝集抗体、调理素和补体结合抗体等，因此血清学抗体的检查对于此病的诊断具有重要意义。

常用的方法有凝集试验（包括试管凝集试验、虎红平板凝集试验、平板凝集试验和全乳凝集试验）和补体结合试验，两种方法互相补充，在临床结合使用可起到较好的检疫效果。另外，布鲁氏菌病感染后20～25 d左右出现皮肤变态反应。此法可用于大群检疫（不宜用作早期诊断），目前广泛用于山羊、绵羊和猪群的检疫。除此之外，抗球蛋白试验、酶联免疫吸附试验（ELISA）、DNA探针和PCR等方法也可用于本病的检疫。

鉴别诊断：需与其他发生流产症状的疾病鉴别，如弯曲菌病、钩端螺旋体病、乙型脑炎、衣原体病以及弓形体病等疾病相区分。

（六）防　制

本病应采取以加强隔离和检疫培养健康种群以及免疫接种相结合的综合性防制措施。

在非疫区，采取自繁自养方式，用血清学方法定期进行检疫，一经发现，即应淘汰。必须引进种畜或补充畜群时，要严格执行检疫：隔离饲养两个月，并进行血清学检查，全群两次检查阴性者，方可混群。

在疫区，定期对畜群2~3个月进行一次检疫，阳性牲畜如数量不多，应及时淘汰。如数量较多且经济价值较高，也可将查出的阳性畜隔离饲养，继续利用。阴性者作为假定健康畜继续观察检疫，经1年以上无阳性者出现且已正常分娩，即可认为是无病群体。

患病母畜所产幼畜，出生吃3~7 d初乳后隔离饲养，至牛8个月、羊5个月和猪4个月时，用血清学方法检疫两次（间隔3周），阳性者淘汰，阴性群体以后每隔3个月检疫一次。全部阴性者可视为健康畜群。

畜群中如果发现流产，除隔离流产畜和消毒环境及流产胎儿、胎衣外，应尽快做出诊断，采取措施将其消灭。消灭布鲁氏菌病的措施是检疫、隔离、控制传染源、切断传播途径、培养健康畜群及主动免疫接种。

另外，在消灭布鲁氏菌病过程中，要实施严格的消毒措施，以切断传播途径。对流产胎儿、胎盘应深埋或焚烧，污染的圈舍、用具和场地等用2%烧碱进行彻底的消毒；疫区的生皮、羊毛等畜产品及饲草饲料等也应进行消毒或放置两个月以上才得利用。

疫苗接种是控制本病的有效措施。目前常用的疫苗有牛流产布鲁氏菌19号苗、猪布鲁氏菌2号弱毒活苗和马耳他布鲁氏菌5号弱毒活苗（简称M_5苗）等。

牛流产布鲁氏菌19号苗，主要用于牛、绵羊，对山羊的效果较差，对猪无效。一般皮下接种。犊牛生后6、18月各接种一次，免疫期可达数年。

猪种布鲁氏菌2号弱毒苗用于预防山羊、绵羊、猪和牛的布鲁氏菌病。口服：山羊和绵羊不论年龄大小，每头一律口服100亿活菌；牛为500亿活菌；猪口服两次，每次200亿活菌，间隔1个月。注射：皮下或肌肉注射均可，山羊每头注射25亿活菌，绵羊50亿活菌，牛500亿活菌，猪注射2次，每次200亿菌，间隔1个月。免疫期：羊为3年，牛为2年，猪为1年。

M_5苗用于预防牛、羊布鲁氏菌病，免疫持续期3年。可皮下注射、滴鼻、气雾及口服法免疫。在配种前1~2个月，牛皮下注射应含250亿个活菌，室内气雾250亿个活菌，室外气雾400亿个活菌。山羊和绵羊皮下注射10亿个活菌，滴鼻10亿个活菌，室内气雾10亿个活菌，室外气雾50亿个活菌，口服250亿个活菌。

预防职业人群感染，可用M_{104}冻干苗接种，免疫期一年。

药物治疗：本病用抗菌素疗法和化学疗法效果不好，抗菌素治疗只在病的菌血症阶段有效。对一般病畜应淘汰，无治疗价值，对价值较昂贵的种畜可在隔离条件下进行治疗。对流产伴有子宫内膜炎的母畜，可用0.1%高锰酸钾溶液冲洗阴道和子宫，每日早、晚各一次。另外，大剂量应用抗生素（如四环素、土霉素、链霉素等）治疗。

第十四节 绿脓杆菌病

绿脓杆菌病是由绿脓假单胞菌引起的一种人兽共患病。主要引起动物内脏器官脓肿，如乳牛子宫炎、乳房炎、出血性肺炎，常常导致幼龄动物的群体性爆发而大批死亡；人主要表现为外科术后、烧伤感染以及老年、重症患者的严重感染。

（一）病　原

绿脓假单胞菌是中等大小的革兰氏阴性杆菌，单在、成双或呈短链，多以端生单鞭毛运动。不形成芽孢，有时出现荚膜。本菌对营养要求不严格，在普通培养基上生长良好。在普通琼脂培养基上生长后，多形成光滑、湿润、蓝绿色、边缘整齐、中央隆起（形似煎蛋样）的菌落。

（二）流行病学

这种菌广泛存在于土壤、水和空气中，在正常人、畜的肠道、呼吸道和皮肤上也普遍存在。因具有多种致病因子和较强的侵袭力，因此本菌被认为是完全致病菌。动物感染与使用免疫抑制剂、长期使用广谱抗生素、烧伤和手术后的衰弱有关。病畜及带菌动物是主要传染源，经消化道、呼吸道及伤口感染。在畜禽饲养管理条件低下或长途运输，因应激反应导致体质下降，特别是环境污染和注射用具消毒不严时，可引起本病的群体爆发流行。

（三）临床症状

（1）鸡：动物中以雏鸡发病最为常见。本病常突然发生，病雏精神沉郁、食欲减退、羽毛粗乱、卧地不起，随后出现不同程度淡黄绿色水样下痢，严重者带有血丝。病鸡常因脱水消瘦，胸腹皮下水肿，全身衰竭而很快死亡。个别鸡眼周围出现水肿、潮湿、流泪、角膜或眼前房混浊等症状。

（2）兔：本病常突然发生。病兔精神沉郁，昏睡，呼吸困难，体温升高，鼻腔及眼内流出分泌物，下痢，排出血样的稀粪，很快死亡。慢性病例有腹泻症状或皮肤出现脓肿，病灶中散发出特殊的气味。有的病兔生前无任何症状，死后剖检才见有病理变化。

（3）貂：主要表现为急性出血性肺炎，病程1～2d，多以死亡告终。病貂死前精神沉郁、食欲废绝、体温升高、呼吸急促、流泪和鼻涕。个别呈现极度呼吸困难，腹式呼吸；个别病例出现咳血、口鼻流血等症状。

（4）人：主要发生在烧伤后感染和老弱重症人群，患者可出现呼吸道、消化道局部感染，脑膜炎，菌血症和脓毒血症。

（四）病　变

（1）雏鸡：外观消瘦、羽毛粗乱，泄殖腔周围粪便污染。头颈、胸腹部皮下出现淡绿色胶冻样浸润，严重者皮下可见出血点或出血斑。实质器官出现不同程度的充血、出血。肝、脾肿大，肝脏可见米粒大小灰黄色坏死灶。肺脏充血、表面有出血点。气囊混浊、增厚。肠黏膜充血、出血严重。

（2）兔：剖检可见病兔胃内有血样液体，肠道，尤其是十二指肠、空肠黏膜出血，肠腔内充满血样液体。内脏浆膜有出血点或出血斑；胸腔、心包腔和腹腔内积有血样液体。脾肿大，呈粉红色，肺有点状出血，肝脏有时会出现化脓灶。有些病例在肺部及其他器官形成淡绿色或褐色黏稠的脓液。

（3）貂：特征性病变为出血性肺炎。肺脏充血、出血和肝变，严重者呈现典型的大理石样外观，切开后有泡沫状血液流出。脾脏明显肿大，呈紫红色，有出血斑。淋巴结出血、水肿。

（五）诊　断

根据发病年龄、群发表现等流行病学，临床症状和病理变化等可进行初步诊断，确诊需进行细菌分离培养鉴定或血清学方法进行。

细菌学检查：取化脓性病灶、心血、脓性分泌物、乳汁、实质器官或血便等材料进行增菌后，画线接种于普通琼脂平板或接种于 NAC 鉴别培养基，根据菌落特征、色素以及生化反应予以鉴定。

血清学鉴定：可用玻板凝集试验进行所分离菌株的血清型鉴定。

（六）防　制

（1）预防：预防本病，应从加强饲养管理措施和实施严格的兽医卫生措施入手，平时做好饮水和饲料卫生，做好种蛋收集、保存和孵化环境、设备以及疫苗、药物接种器具的消毒和防鼠灭鼠等工作。接种马立克氏病疫苗时，一定要对所用的器械严格消毒。另外，进行外科手术时，应做好环境、用具的消毒和术后的抗感染措施。有本病史的养殖场，可用绿脓假单胞菌单价或多价灭活苗进行免疫接种。

（2）治疗：绿脓杆菌对多种抗生素产生抗药性，为确保治疗效果，最好先做药敏试验，选用高敏药物。临床常用的药物有庆大霉素、多黏菌素 B、羧苄青霉素、复方新诺明等。

① 鸡：治疗时可选择下例药物：蒽诺沙星（或环丙沙星、氟哌酸）0.005% 浓度饮水或加倍拌料，连用 3～5 d。氯霉素 0.05%～0.1% 浓度拌料，连用 3～5 d，庆大霉素 4～8 万 IU/L 水，连用 3～5 d。也可用中药，郁金 2 g、白头翁 2 g、黄柏 2 g、黄芩 2 g、黄连 1 g、栀子 2 g、白芍 2 g、大黄 1 g、诃子 1 g、甘草 1 g，共研细末，开水冲半小时后拌料。

② 兔：庆大霉素，每次 2～4 万 IU/只，肌肉注射，连用 3～5 d。多粘菌素 B，1 万 IU/kg 体重，肌肉注射，每天 2 次。羧苄青霉素，20～40 万 IU/只，肌肉注射，每天 2 次。连用 3 d。复方新诺明，200 mg/kg 体重，口服，每天 2 次。

第十五节　葡萄球菌病

葡萄球菌病通常称为葡萄球菌感染，是侵害家禽、哺乳动物和人的一种急性或慢性细菌性疾病。其特征是腱鞘、关节和滑液囊局部化脓、创伤感染、败血症、脐炎和细菌性心内膜炎。除鸡、兔等可呈流行性发生外，其他动物多为个体的局部感染。

病原：葡萄球菌为革兰氏阳性球菌，无鞭毛，不形成芽孢和荚膜，常呈葡萄串状排列，在脓汁或液体培养基中常呈双球或短链状排列。葡萄球菌为需氧或兼性厌氧菌，可在普通培养基、血琼脂上生长，在麦康凯培养基上不生长。葡萄球菌属分为金黄色葡萄球菌、表皮葡萄球菌和腐生性葡萄球菌 3 种，其中主要的致病菌为金黄色葡萄球菌。

葡萄球菌对外界环境的抵抗力较强。在尘埃、干燥的脓汁和血液中能存活 2～3 个月。加热 80 ℃、30 min 才能杀死。3%～5% 的石碳酸、1%～3% 龙胆紫、0.5%～1% 的新洁尔灭可很快将其杀死。该菌对磺胺类、青霉素、土霉素、新霉素、红霉素、庆大霉素等敏感，但易产生耐药性。

流行病学：葡萄球菌广泛分布于空气、饲料、饮水，地面及物体表面。在人和畜禽的皮肤、黏膜、肠道、呼吸道、消化道及乳腺中也有寄生。葡萄球菌可产生多种毒素和酶类，常引起两类疾病：一类是化脓性疾病，如动物的创伤感染、脓肿、乳腺炎、关节炎、脓毒败血症等；另一类是毒素性疾病，如中毒性呕吐、肠炎和毒素休克综合症。

各种途径均可感染，破裂和损伤的皮肤黏膜是主要的入侵门户，引起毛囊炎、疖、痈、蜂窝织炎、脓肿以及坏死性皮炎等。经消化道感染可引起食物中毒和胃肠炎；经呼吸道感染可引起气管炎、肺炎。也常成为其他传染病的混合感染或继发感染的病原。

葡萄球菌病的发生和流行，与各种诱发因素有密切关系，如饲养管理条件、恶劣环境、污染程度严重、有并发病存在，使机体抵抗力减弱等。

一、禽葡萄球菌病

禽葡萄球菌病是由金黄色葡萄球菌引起的一种急性或慢性传染病，多发生于40~80日龄的鸡，可造成20%以上的死亡。

（一）流行特点

金黄色葡萄球菌可侵害各种禽，尤其是鸡和火鸡。任何年龄的鸡，甚至鸡胚都可感染，在40~80日龄的中雏发生最多。

金黄色葡萄球菌广泛分布在自然界的土壤、空气、水、饲料、物体表面以及鸡的羽毛、皮肤、黏膜、肠道和粪便中。本病的主要传染途径是皮肤和黏膜的创伤，但也可通过直接接触和空气传播，雏鸡通过脐带也是常见的途径。

（二）症　状

急性败血症：主要发生于40~80日龄的幼鸡。病鸡体温升高，精神不振，不食不饮，部分病鸡出现腹泻，排灰白色或黄绿色稀粪。病鸡胸腹部皮下由于积累血性渗出物而产生紫色或紫黑色浮肿，触之有波动感，严重者会破溃流出棕红色液体。有的病鸡皮肤上有大小不等的出血和坏死病灶，局部形成暗红色的干燥结痂。病鸡多在发病后2~5d内死亡，死亡率10%~50%不等。

慢性关节炎型：成鸡患病后常表现为关节炎，病鸡多处关节肿大，尤其是足、翅关节，呈紫红或黑紫色。患鸡跛行并常蹲伏不动，因采食困难而逐渐消瘦，最后因衰竭死亡。此型病程可达10d。

趾瘤型：多见于成年鸡，尤其是重型肉用种鸡。病鸡的足底及周围组织由于局部细菌感染而形成一种球形脓肿。随着病情的发展，脓性渗出物凝固干燥变成干酪样物，有时足底溃烂而形成溃疡，病鸡因疼痛而行走困难。

脐炎型：病雏腹部膨大，脐孔发炎肿胀、潮湿，局部呈黄色或紫黑色，触之质硬。患脐炎的病雏，一般在出壳的2~5d内死亡。

（三）病理变化

急性败血症：患鸡胸腹部、腿部和翅等处羽毛脱落，呈紫黑色、水肿，切开皮肤可见皮下组织呈弥漫性紫红色，蓄积大量胶冻样的粉红色液体，肌肉可见点状和条纹状出血，肝脏肿大、充血。病程稍长者其肝、脾可见白色坏死灶，心包偶见蓄积有黄色混浊的渗出物。

关节炎型：病鸡肘、胫及趾等关节发炎、肿胀，滑膜增厚、充血和出血，关节内有浆液性、黏液性或纤维性渗出物。病程较长，关节周围结缔组织增生，致使关节畸形。

趾瘤型：仅见足底肿胀或化脓坏死。

脐炎型：1周内的雏鸡发病常是脐孔感染所致，病鸡除具一般的败血症症状外，还表现脐孔发炎、肿大、腹部膨大，俗称"大肚脐"。脐部发炎、肿胀，呈紫红色或紫黑色，有暗红色或黄色的渗出液。时间稍久则呈脓性或干酪样渗出物。卵黄吸收不良，呈污黄色、污红色或黑色，内容物稀薄、黏稠，豆腐渣状。肝肿大，有出血点。胆囊肿大。

二、兔葡萄球菌病

兔葡萄球菌病是由溶血性金黄色葡萄球菌引起的兔的一种常见传染病。其特征是致死性败血症或各器官部位的化脓性炎症。

（一）流行特点

金黄色葡萄球菌常存在于兔的鼻腔、皮肤及周围潮湿环境中，在适当条件下通过各种途径使兔感染，如通过飞沫传播，可引起上呼吸道炎症；通过表皮或黏膜的伤口侵入时，可引起转移性脓毒血症；通过脐带感染，可引起仔兔败血症；通过母兔的乳头感染，可引起乳房炎，仔兔吮乳后也可引起肠炎。病兔（特别是患病母兔）是主要传染源。

（二）症状与病变

根据感染途径和部位的不同，分为以下几种类型：

仔兔脓毒血症：仔兔生后2～3d，在胸、颈、颌下以及股内侧等处皮肤出现粟粒大、白色的小脓包。多数仔兔在病后2～5d内死于急性败血症。较大的乳兔，可在上述部位发生黄豆大至蚕豆大并隆出皮肤表面的脓疱。病程稍长，食欲紊乱，最后消瘦衰竭死亡。经治疗或耐过兔，脓肿可慢慢吸收，脓疱逐渐变干结痂，自行脱落。剖检时肺和心脏常见有小脓疱。

仔兔肠炎：俗称"黄尿病"，多由吸吮患乳房炎母兔的乳汁引起。一般全窝兔发病，病兔肛门周围和后肢被稀便污染，排腥臭味黄色水样便，昏睡，全身发软，病程2～3d，死亡率较高。剖检可见肠黏膜充血、出血，肠腔积液，膀胱扩张并充满淡黄色尿液。

转移性脓毒血症：可发生在全身各部位组织和各器官上。初期为红肿、硬结，然后变为有波动的脓肿。发生在内脏器官，可引起不同脏器的机能障碍。发生在皮下，开始无明显全身症状，皮下脓肿经1～2月可自行破溃，流脓汁，破口长时间不愈合。脓汁通过抓伤或血液可向其他部位扩散，并可引起败血症而死亡。剖检可见皮下及全身各器官常见有大小不一、数量不等的脓肿包囊，切开包囊，内含乳白色糊状或干酪样脓汁。如脓肿破裂可见胸腔或腹腔积脓。严重时可形成胸膜炎或腹膜炎。

乳房炎：多在母兔分娩后最初几天内出现，多由乳头被仔兔咬破、细菌侵入所致。急性型病兔体温略有升高，乳房患部皮温增高，乳房呈紫红色或深蓝色，乳汁带乳汁中有脓液、凝乳块或血液。慢性型病兔发病初期，乳房局部发硬并逐渐增大，最后形成脓肿，往往旧脓肿治愈结痂，新脓肿又形成，脓汁呈乳白色或淡黄色油状。

脚皮炎：常见于后腿跖趾区跖侧面皮肤。皮肤充血、肿胀、脱毛，继而化脓，破溃后伤口长期不愈。病兔不愿走动，食欲减退，逐渐消瘦。发生全身性感染时，会迅速出现败血症而死亡。

鼻炎：病兔流大量浆液性脓性鼻液，鼻孔周围有干痂，呼吸困难，打喷嚏，常用前爪抓鼻部，鼻黏膜充血，鼻腔有大量脓性分泌物，鼻窦黏膜充血，内积脓。后期易发生肺炎、肺脓肿和胸膜炎。

三、猪渗出性皮炎

猪渗出性皮炎是由表皮葡萄球菌引起的一种仔猪高度接触性皮肤疾病，以皮肤大面积出现渗出黏液并结痂为特征。

（一）流行特点

本病多见于 5~6 d 的哺乳仔猪、断奶仔猪，育成猪也可发生，一些母猪的乳房由于卫生条件差的原因也会感染本病。本病可通过各种途径感染，破裂和损伤的皮肤黏膜是主要的感染途径。本病多发于春夏季、高温及高湿季节，在环境条件和卫生条件较差的猪场，可引起产仔的各窝仔猪流行性发作。

（二）症　状

仔猪感染后 4~6 d 发病，病初首先在肛门和眼睛周围、耳郭和腹部等处皮肤出现红斑，接着出现 3~4 mm 大小的微黄色水疱。破裂后渗出清朗的浆液或黏液，与皮屑、皮脂和污垢混合，干燥后形成微棕色鳞片状结痂，发痒。痂皮脱落，露出鲜红色创面。患病仔猪食欲减退，饮欲增加，并迅速消瘦。一般经 30~40 d 可康复，但影响发育，严重病例于发病后 4~6 d 死亡。较大仔猪、育成猪或者母猪乳房发病时，病变轻微，无全身症状。

（三）剖检变化

外周淋巴结通常肿大，肾肿大、苍白、有小点出血，肾的髓切面中可见到尿酸盐沉积。

四、牛葡萄球菌乳房炎

牛葡萄球菌乳房炎主要由金黄色葡萄球菌引起，呈急性、亚急性和慢性经过。

急性乳房炎。乳房患部呈现炎症反应，红肿、增大、变硬呈蓝红色，仅能挤出少量微红色至红棕色含絮片分泌液，带有恶臭味，并伴有全身症状，有时表现为化脓性炎症。

慢性乳房炎。因多不表现症状，因此病初常被忽视，主要表现为产奶量下降。后期乳中出现絮片，乳房因结缔组织增生而硬化、缩小。

五、绵羊传染性乳房炎

绵羊传染性乳房炎是由金黄色葡萄球菌引起的一种病程极为短促的急性坏疽性乳房炎。患羊乳房发热、疼痛、高度肿胀，皮肤绷紧，呈蓝红色，分泌物呈红色至黑红色，带恶臭味。常于感染后 2~3 d 死亡。病羊食欲不振和虚弱。因乳房疼痛，放牧时后腿拖地前进，并抵制羔羊吮乳。羔羊表现为皮炎或脓毒血症。

（一）诊　断

根据发病特点、临床症状和病理变化等情况可以做出初步诊断。进一步确诊需进行实验室检查。

细菌学检查：采取脓汁、血液、肝、脾等病料涂片，革兰氏染色后镜检，或将病料接种于血琼脂平板进行细菌的分离培养鉴定。

动物试验：将分离培养物经肌肉接种于 40~50 日龄健康鸡，观察是否出现与自然病例相似的症状和病变。

血清学检查：可应用 ELISA 方法检查患畜或病人血清中的抗体，此法对于诊断葡萄球菌感染有一定的参考价值。

（二）防　制

由于葡萄球菌广泛存在于自然界中，首先做好畜舍内外的环境卫生，及时清除能造成机体损伤的各种因素，避免创伤感染；加强饲养管理，注意补充各种维生素和微量元素，提高机体抗病能力；做好术后、分娩、断脐、断尾、断牙、断喙、擦伤时的消毒及环境消毒和对分娩母畜的产道、外阴消毒。减少幼畜的外伤极为重要。

应用多价葡萄球菌灭活油乳剂苗，尤其是用发病畜群分离的菌株制备的自家疫苗，可收到一定的免疫预防效果。另外，在母畜分娩后可预防性投药，如在母兔产仔后每天喂服 1 片复方新诺明，连续 3 d，以预防乳房炎。

另外，在发病时应立即采取隔离治疗措施，同时对舍内环境、用具进行彻底消毒，选择敏感药物进行治疗。目前，葡萄球菌对新型的青霉素耐药性低，应为首选药。其他如红霉素、氯霉素、庆大霉素等也可考虑联合使用或单用。有条件的单位应根据药敏试验的结果选择药物。以便更有针对性、更有效地使用药物，对局部破溃的脓肿，可用 3%双氧水将其冲洗干净，再涂擦 3%碘酒或 5%龙胆紫酒精溶液。另外，全群可用氨基多维、VE、硒拌料，以增强机体抗病能力。对脱水严重的病例，可用葡萄糖盐水输液。

第十六节　链球菌病

链球菌病是主要由 β 溶血性链球菌引起的多种人畜共患病的总称。链球菌病的临床表现多种多样，可以引起各种化脓创和败血症，也可表现为各种局限性感染。

病原：链球菌的种类繁多，在自然界分布很广，水、尘埃、动物体表、消化道、呼吸道、泌尿生殖道黏膜、乳汁等都有存在。链球菌呈圆形或卵圆形，常排列成链状或成双，在固体培养基上常呈短链，在液体培养基中易呈长链排列。革兰氏阳性，老龄培养物呈阴性。不形成芽孢，大多数无鞭毛。

本菌大多数为兼性厌氧菌，少数为厌氧菌。在普通琼脂上生长不良，在加有血液、血清的培养基中生长良好。在菌落周围形成 α 型（草绿色溶血）或 β 型（完全溶血）溶血环，前者称草绿色链球菌，致病力较低，后者称溶血性链球菌，致病力强，常引起人和动物的多种疾病。

根据兰氏血清学分类法，将链球菌分为 20 个血清群（A、B、C…V，I，J 除外）。

链球菌对热和普通消毒药抵抗力不强，多数链球菌经 60 ℃ 加热 30 min，均可杀死，煮沸可立即死亡。常用的消毒药如 2%石碳酸、0.1%新洁尔灭、1%煤酚皂液，在 3～5 min 内可将其杀死。日光直射 2 h 死亡。0～4 ℃ 可存活 150 d，冷冻 6 个月特性不变。对青霉素、磺胺类药物敏感。

一、猪链球菌病

猪链球菌病是由多种不同群的链球菌引起的不同临诊类型传染病的总称。侵害各种年龄的猪只，急性的表现为败血症和脑炎，慢性的表现为关节炎、心内膜炎。

（一）流行病学

各种年龄、性别、品种的猪都易感。一年四季均可发生，通常以炎热的 7～10 月份出现大面积流行，发病多，死亡率较高。病猪和带菌猪是重要的传染源。未经无害处理的病死猪肉、内脏和废弃物是散播本病的主要原因。主要通过消化道和呼吸道感染，也可经皮肤、黏膜创伤感染。

（二）症　状

根据临床表现，可分为以下几种类型：

急性败血性型：多见于成年猪，病原为 C 群马链球菌兽疫亚种及类马链球菌，D 群（即 R、S 群）及 I 群链球菌也能引发本病。

潜伏期一般为 1～3 d，长的可在 6 d 以上。最急性者不见任何异常表现的情况下突然死亡。或突然减食或停食，精神委顿，体温升高达 41～42 ℃，卧地不起，呼吸促迫，多在 6.5～24 h 内迅速死于败血症。急性者体温升高达 40～41.5 ℃，继而升高到 42～43 ℃，呈稽留热，全身症状明显，喜饮水，眼结膜潮红，有出血斑，流泪。呼吸促迫，间有咳嗽。鼻镜干燥，流出浆液性、脓性鼻汁。颈部、耳郭、腹下及四肢下端皮肤呈紫红色，并有出血点。多在 1～3 d 死亡，死前从天然孔流出暗红色血液。

慢性型：多由急性型转化而来。主要表现为多发性关节炎，一肢或多肢关节发炎。关节周围肌肉肿胀，高度跛行，有痛感，站立困难。严重病例后肢瘫痪。最后因体质衰竭、麻痹死亡。

脑膜炎型：多见于哺乳仔猪和断奶仔猪。病初发热（40～42.5 ℃）、停食、便秘，有浆液性或黏液性鼻漏。病猪表现出神经症状，如共济失调、转圈、空嚼、盲目走动，继而后肢麻痹，前肢爬行，四肢做游泳状或昏迷不醒。急性型多在 30～36 h 死亡；亚急性或慢性病程稍长，主要表现为多发性关节炎，关节肿大，逐渐消瘦衰竭死亡或康复。

淋巴结脓肿型：多由 E 群链球菌引起，以颌下、咽部、颈部等处淋巴结化脓和形成脓肿为特征。病程约 2～3 周，一般不引起死亡。

（三）病　变

死于败血症的猪表现为天然孔流出暗红色血液，凝固不良，颈下、腹下及四肢末端等处皮肤有紫红色出血斑点。皮下、黏膜、浆膜出血，鼻镜、喉头及气管黏膜充血，内有大量气泡。肺充血肿胀，脾脏明显肿大、出血，色暗红或蓝紫。肾脏肿大、出血，皮质、髓质界限不清。胃肠黏膜、浆膜散在点状出血。全身淋巴结肿胀、出血。脑膜炎型主要表现为脑膜和脊髓软膜充血、出血。个别病例脑膜下水肿，脑切面可见白质与灰质，有小点状出血。慢性病例可见关节腔内多有浆液纤维素性炎症。关节囊膜面充血、粗糙、滑液浑浊，并含有黄白色奶酪样块状物。有时关节周围皮下有胶样水肿，严重病例周围肌肉组织化脓、坏死。

二、禽链球菌病

禽链球菌病是禽的一种急性败血性传染病。在世界各地均有发生，多呈地方性流行。

（一）流行病学

家禽中鸡、鸽、鸭、鹅、火鸡均易感，其中鸡最易感。各种年龄均有发病报道，多发生于雏鸡。禽链球菌主要通过消化道和呼吸道以及皮肤和黏膜伤口感染。另外，作为禽类肠道菌群之一，内源性感染也有发生的可能。禽链球菌病多呈继发感染，而不良的气候条件和饲养管理措施是导致该病继发的重要诱因。

（二）症　状

根据临诊表现，可分为急性型和慢性型。

急性型主要为败血症表现，发病急，病程一般为 1~5 d，有些没有临床症状即可死亡，死亡率 20%左右。雏鸡表现为全身水肿、光亮、呈淡红色。精神沉郁，呆立，嗜睡，部分病鸡表现拉白色稀粪、瘫痪等。雏鸭表现为嗜睡、缩颈、不愿走动，腹部肿大，步态蹒跚，排灰绿色稀粪，临死前痉挛、角弓反张等。

慢性型又分为两种：

（1）患雏精神不振、眼半闭、昏睡、停食。流出黏液性口水，步态蹒跚。胫骨下关节红肿或趾端发绀。症状出现后 1~3 d 死亡。

（2）神经症状明显，阵发性转圈运动，角弓反张。两翼下垂和足麻痹、痉挛，肌间隙和胸腹壁水肿。个别患雏出现结膜炎，多于 3~5 d 死亡。

（三）病　变

急性病例主要呈败血症变化，皮下、浆膜及肌肉出血、水肿，肝脏肿大，有黄褐色或白色坏死灶，脾、肾肿大，肺淤血水肿，卡他性肠炎，十二指肠、直肠出血。雏鸡可见皮下有淡红色胶冻样浆液渗出，胸、腿肌有针尖大出血点，卵黄吸收不全。

慢性病例主要是纤维素性关节炎、输卵管炎、纤维素性心包炎、肝周炎、坏死性心肌炎等。

三、兔链球菌病

兔链球菌病是由 C 群 β 型溶血性链球菌引起的一种急性败血性传染病。

病原菌可存在于健康兔的口、鼻、咽腔和阴道。一般经上呼吸道传播。一年四季均可发生，但以春秋两季多见。

症状和病变：病兔体温升高，停食，精神沉郁，呼吸困难，呈间歇性下痢。或死于脓毒败血症。剖检可见皮下组织出血性浆液浸润，脾肿大，肝、肾脂肪变性，肠黏膜弥漫性出血。

四、牛链球菌病

（一）牛链球菌乳房炎

牛链球菌乳房炎主要是由 B 群无乳链球菌引起，也可由乳房链球菌、停乳链球菌以及 C、I、N、O、P 等群链球菌引起。

本病分布广泛，乳牛的感染率一般为 10%～20%。

（1）症状。病初常不被人们注意，只有当奶牛拒绝挤奶时才被发现。呈急性和慢性经过。主要表现为浆液性乳管炎和乳腺炎。

急性型：乳房明显肿胀、变硬、发热、有痛感。此时伴有全身不适，体温稍增高，烦躁不安，食欲减退，产奶量减少或停止。乳房肿胀加剧时则行走困难。常侧卧，呻吟，后肢伸直。病初乳汁呈现微蓝色至黄色，或微红色，或出现微细的凝块至絮片。病情加剧时从乳房挤出的分泌液类似血清，呈浆液出血性，含有纤维蛋白絮片和脓块，呈黄色、红黄色或微棕色。

慢性型：多数病例为原发，也有不少病例是从急性转变而来。临床上无明显症状。产奶量逐渐下降，特别是在整个牛群中广泛流行时尤为明显。乳汁可能带有咸味，有时呈蓝白色水样，间断地排出凝块和絮片。用手触之可摸到乳腺组织中程度不同的灶性或弥漫性硬肿。乳池黏膜变硬。出现增生性炎症时，则可表现为细颗粒状至结节状突起。

（2）病变。急性型患病乳房组织浆液浸润，组织松弛。切面发炎部分明显膨起，小叶间呈黄白色，柔软有弹性。乳房淋巴结髓样肿胀，切面多汁，小点出血。乳池、乳管黏膜脱落、增厚，管腔为脓块和脓栓阻塞。

慢性型则以增生性发炎和结缔组织硬化，部分肥大，部分萎缩为特征。乳房淋巴结肿大。乳池黏膜可见细颗粒性突起。上皮细胞单层变成多层，可能角化。乳管壁增厚，管腔变窄，腺泡变成不能分泌的组织，小叶萎缩，呈浅灰色。切面膨隆，韧度坚实、有弹性、多细孔，部分浆液性浸润。还可见到胡椒粒大至榛实大囊肿。

（二）牛肺炎链球菌病

牛肺炎链球菌病是由肺炎链球菌引起的一种急性败血性传染病。主要发生于犊牛，曾被称为肺炎双球菌感染。患畜为传染源，3 周龄以内的犊牛最易感。主要经呼吸道感染，呈散发或地方流行性。

（1）症状。最急性病例病程短，仅持续几小时。病初全身虚弱，不愿吮乳，发热、呼吸困难，眼结膜发绀、心脏衰弱，出现神经紊乱、四肢抽搐、痉挛。常取急性败血性经过，几小时内死亡。如病程延长 1～2 d，鼻镜潮红，流脓液性鼻汁。结膜发炎，消化不良并伴有腹泻。有的发生支气管炎、肺炎伴有咳嗽，呼吸困难，共济失调，肺部听诊有啰音。

（2）病变。剖检可见浆膜、黏膜、心包出血。胸腔渗出液明显增量并积有血液。脾脏呈充血性增生性肿大，脾髓呈黑红色，质韧如硬橡皮，即所谓"橡胶脾"，是本病症特征。肝脏和肾脏充血、出血，有脓肿。成年牛感染则表现为子宫内膜炎和乳房炎。

五、羊链球菌病

羊链球菌病是 C 群马链球菌兽疫亚种引起的羊的一种急性、热性、败血性传染病。以咽喉部及下颌淋巴结肿胀，大叶性肺炎，呼吸异常困难，胆囊肿大为特征。绵羊最为易感，山羊次之。

（一）流行病学

病羊和带菌羊是本病的主要传染源，呼吸道为主要传播途径，也可经皮肤创伤、虱蝇叮咬等途径传播；病死羊的肉、骨、皮毛等亦可散播病原。新发区常呈流行性发生；老疫区则呈地方性流行或散发。本病的发生与气候变化有关，以冬、春季节气候寒冷、草质不良时发生较多。新疫区多在冬春季呈流行性发生，危害严重。常发区为散发。发病率为 15%~24%，病死率为 80%以上。

（二）症　状

本病的潜伏期，自然感染为 2~7 d，少数可长达 10 d。

最急性型：病羊初发症状不易被发现，常于 24 h 内死亡，或在清晨检查圈舍时发现死于圈内。

急性型：多见于新疫区，病羊病初体温升高到 41 ℃ 以上，精神委顿、垂头、弓背、呆立、不愿走动。食欲减退或废绝，停止反刍。眼结膜充血，流泪，随后出现浆液性分泌物。鼻腔流出浆液性脓性鼻汁。咽喉肿胀，颌下淋巴结肿大，呼吸困难，流涎、咳嗽。粪便有时带有黏液或血液。孕羊阴门红肿，多发生流产。最后衰竭倒地，多数窒息死亡。病程 2~3 d。

亚急性型：体温升高，食欲减退。流黏性透明鼻汁，咳嗽，呼吸困难。粪便稀软带有黏液或血液。嗜卧、不愿走动，走时步态不稳。病期较长，一般为 1~2 周。

慢性型：病情不稳定，一般轻度发热、消瘦、食欲不振、腹围缩小、步态僵硬。有的病羊咳嗽，有的病羊出现关节炎。病程 1 个月左右，最终死亡。

（三）病　变

尸僵不全，特征性病理变化可见各个脏器广泛性出血，淋巴结肿大、出血。鼻、咽喉和气管黏膜出血。肺水肿或气肿，出血，出现肝变区，常与胸膜粘连。心冠沟及心内外包膜有小点状出血。肝肿大呈泥土色，边缘钝厚，包膜下有出血点。肾脏肿大、质地柔软，有坏死灶，包膜不易剥离。各个器官浆膜面附有黏稠的纤维素性渗出物。脾脏稍肿大。十二指肠及一部分小肠黏膜脱落，呈深红色弥漫性出血，肠内容物混有血液呈暗红色。浆膜出血，肠系膜淋巴结出血、肿大。

六、马腺疫

马腺疫是由 C 群中的马链球菌马亚种引起马、骡、驴的一种急性传染病，其特征为颌下淋巴结呈急性化脓性炎症。

（一）流行病学

病菌存在于病马的鼻液和脓肿内、健康马的扁桃体及上呼吸道黏膜中。可通过污染的饲料、饮水、用具等经消化道感染，也可通过飞沫经呼吸道感染，还可通过创伤及交配感染。马对腺疫最易感，骡、驴次之，尤以1岁左右的幼驹多发。

气候环境突变、饲养管理不良、突然离乳等因素，可促进本病的发生。患过本病的马可获得坚强的免疫力。本病多发生于春秋季节，常呈地方流行性。

（二）症　状

潜伏期4～8 d，有的1～2 d。临诊上可出现3种病型：

一过型腺疫：主要表现为鼻黏膜的卡他性炎症，鼻黏膜潮红，流出浆液性或黏液性鼻液，体温轻度升高，颌下淋巴结轻度肿胀，如加强饲养管理，增强体质，则病菌常被消灭，很快自愈。

典型腺疫：病初精神沉郁，食欲减少，体温升高达39～41 ℃，结膜稍潮红黄染，呼吸、脉搏增数，心跳加快。继而发生鼻卡他，鼻黏膜潮红，当咳嗽和喷嚏时，常于鼻孔流出大量鼻液。颌下淋巴结肿大，可达鸡卵大或拳头大，充满整个下颌间隙。逐渐成熟而变软后皮肤表面渗出浅黄色液体，继而脓肿破溃，体温随之下降，炎性肿胀亦渐消退，全身症状好转。

恶性型腺疫：如果病马抵抗力很弱或治疗不当，病菌可由颌下淋巴结的化脓灶经淋巴或血液转移到其他淋巴结，特别是咽淋巴结、颈前淋巴结以及肠系膜淋巴结等，甚至转移到肺和脑等器官，发生脓肿。此型病马的病程长短不定，呈稽留热。如治疗不及时，常因极度衰弱或继发脓毒败血症而死亡。

（三）病　变

常见的是鼻黏膜和淋巴结的急性化脓性炎症。此外，还可见到脓毒败血症的病变，在肺、肾、脾、心、乳房、肌肉和脑等处，见有大小不一的化脓灶和出血点，并有化脓性心包炎、胸膜炎和腹膜炎。

七、新生畜链球菌感染

新生畜链球菌感染是一群经脐感染链球菌而引起的新生幼畜急性败血性传染病。特征是脐遭受感染后发生菌血症，进而转移至其他器官，特别是关节。病原以C群β型溶血性链球菌为主。

仔猪：常见于2～6周龄，主要表现关节炎和脑膜炎。一窝仔猪中常有几头同时发病。许多病例出现极轻微的脐静脉炎症状。患脑炎的仔猪表现发热、厌食、耳下垂、精神沉郁。患关节炎时的表现与驹相似，步态僵硬、后躯摇摆、肌肉震颤，最后倒地侧卧，四肢猛烈划动死亡。

犊牛：在刚出生后即能出现眼炎。关节炎常为慢性经过，很少引起全身性疾病。患脑膜炎的犊牛表现感觉过敏、僵硬、发热。

羔羊：潜伏期常为2～3 d，出生后迅速发病。关节出现肿胀后1～2 d内，即出现严重跛行。关节囊积脓，常破裂，关节炎通常能恢复。偶可因败血症死亡。

（一）病　变

患病幼畜通常为脐化脓，严重的呈化脓性关节炎，实质脏器出现脓肿。羔羊可表现为瓣膜性心内膜炎。死于心内膜炎的猪，在瓣膜上还可见到大的增生性损害。患脑膜炎死亡猪，还可见到脑脊液混浊，脑膜充血、发炎，蜘蛛膜下积脓，多数病例脉络丛严重受损。有些病例脑内积水，呈现液化性坏死。

（二）诊　断

根据流行病学、临床特征和病理变化可做出初步诊断。确诊需进行实验室检查。

细菌学检查：采取发病或病死动物的肝、脾、肾组织、血液、脓汁、关节液、乳汁等病料制成涂片或触片，美蓝染色或革兰氏染色后镜检，可见革兰氏阳性的单个或成双或呈长链的球菌。或将上述病料接种于含血液琼脂培养基，该菌呈现 β 型或 α 型溶血环（猪、羊、兔链球菌为 β 型，牛为 α 型）。

生化试验：结合各类糖发酵试验和生化反应特性，与伯杰氏手册对照。

动物试验：将病料 5～10 倍稀释或接种于马丁肉汤培养基 24 h 后的培养物，家兔皮下或腹腔注射 1～2 mL，12～24 h 死亡后，从死亡兔的心血和脏器中再进行细菌分离培养和鉴定。

鉴别诊断：猪链球菌病和猪瘟、猪丹毒和猪肺疫等疾病有许多相似之处；羊链球菌病要与羊快疫、羊巴氏杆菌病和羊大肠杆菌病相区分；禽链球菌病易和沙门氏菌病、大肠杆菌败血症、葡萄球菌病等相混淆。

（三）防　制

（1）预防。疫苗接种，对预防和控制本病有显著效果。

我国已研制出用于预防猪、羊链球菌病的灭活苗和弱毒苗。如猪可用猪链球菌 2 型-C 群二价灭活疫苗，妊娠母猪可于产前 4 周进行接种，仔猪分别于 30 日龄和 45 日龄各接种 1 次，后备母猪于配种前接种 1 次，有很好的预防效果。预防 C 群兽疫链球菌引起的猪链球菌病可用 ST171 株弱毒苗，皮下注射或口服，免疫后 7 d 产生保护力，保护期半年。

羊可用链球菌氢氧化铝菌苗，每年的 3 月、9 月两次防疫，接种部位为背部皮下注射，接种量为 6 月龄以下每只 3 mL，6 月龄以上每只 5 mL，免疫期半年。

平时应建立和健全消毒隔离制度。保持圈舍清洁、干燥及通风，经常清除粪便，定期更换褥草，保持地面清洁。引进动物时须经检疫和隔离观察，确证健康时方能混群饲养。加强管理，做好防风防冻，增强动物自身抗病力，也是预防本病的主要措施。

（2）治疗。应用抗菌药物治疗有效。当分离出致病链球菌后，应立即进行药敏试验。根据试验结果，选出具有特效作用的药物进行全身治疗。如猪可选用对革兰氏阳性菌最有效的青霉素、土霉素和四环素等。青霉素猪 1.5～2 万 IU/kg 体重，2 次/d，连用 2～3 d；羊 80～160 万 IU，肌肉注射 2 次/d，连用 2～3 d 或 10%磺胺嘧啶注射或口服；兔 5～10 万 IU、红霉素 50～100 mg 肌注，连用 3～5 d。

（3）局部治疗。先将皮肤、关节及脐部等处的局部溃烂组织剥离，脓肿应予切开，清除脓汁，清洗和消毒。然后用抗生素或磺胺类药物以悬液、软膏或粉剂置入患处。必要时可施以包扎。

第十七节 李氏杆菌病

李氏杆菌病，又名旋转病，是由单核细胞增多性李氏杆菌引起的人畜共患病。表现为脑膜脑炎、败血症、孕畜流产、坏死性肝炎和心肌炎及血液中单核细胞增多。

（一）病 原

单核细胞增多性李氏杆菌或称产单核白细胞李氏杆菌，是一种革兰氏阳性的球杆菌，在涂片中菌体排列多呈单个散在，有时两个排成"V"形。有时呈短链状。无芽孢和荚膜，有鞭毛，能运动。在普通培养基上能生长，在血液琼脂上生长良好呈 β 型溶血。

本菌的抵抗力较强，在土壤、粪便、青贮饲料和干草中能长期存活，对酸和碱耐受性强大，在 pH 5.0~9.6 和 10%盐溶液中仍能生长，在 20%盐溶液中经久不死，可生长温度范围广，4 ℃ 中也能缓慢生长，对热有一定的抵抗力，100 ℃ 15 min、70 ℃ 30 min 才能杀死。5%克辽林或来苏儿 10 min、2.5%氢氧化钠或福尔马林 20 min、0.1%升汞 5 min 均能杀死本菌。对链霉素、四环素和磺胺类药物敏感。

（二）流行病学

本病的传染源主要是患病动物和带菌动物，可从粪、尿、乳汁、精液以及眼、鼻分泌物、流产胎儿、子宫分泌物等排菌。传染主要通过粪-口途径。自然感染包括通过消化道、呼吸道、结膜及损伤的皮肤等污染的土壤和饲料是本病主要的传播媒介。pH 值高于 5.5 的青贮饲料利于本菌的繁殖，是该病的重要感染来源，因此本病又称为"青贮病"。

本病具有非常广泛的宿主范围，至今已经从 42 种哺乳动物、22 种禽类、鱼类等动物中分离到本菌。牛、羊、猪、兔、鸡、犬、猫、马、骡、驴、老鼠、人等都有易感性。其中牛、兔、犬和猫最易感，羊、猪和鸡次之。各种年龄的动物都可感染，但幼龄动物和妊娠母畜较为易感。

本病一般为散发，偶尔呈暴发流行。无明显季节性，但牛、羊发病多在冬、春饲草缺乏季节。

（三）症 状

（1）牛：病初患牛突然出现食欲废绝、精神沉郁、呆立、低头垂耳，体温升高 1~2 ℃，不久降为常温；流涎、流鼻液、流泪、不随群行动、不听驱使的症状。不久就出现头颈一侧性麻痹和咬肌麻痹，该侧耳下垂、眼半闭，沿头的方向旋转或作圆圈运动，遇障碍物，则以头抵靠不动。颈项强硬，有的呈现角弓反张。由于舌和咽麻痹，水和饲料都不能咽下，可见大量持续性的流涎，出现严重的鼻塞音。最后倒地不起，发出呻吟声，四肢呈游泳样动作，昏迷而死。病程短的 2~3 d，长的 1~3 周或更长。

犊牛除脑炎症状外，有时呈急性败血症，主要表现为发热、精神沉郁、虚弱、消瘦及下痢等。

（2）兔：本病潜伏期为 2~8 d。病兔可表现为三种类型：

急性型：多见于幼兔，病兔体温可达 40 ℃ 以上，精神沉郁，食欲废绝。鼻黏膜发炎，流出浆液性、黏液性、脓性分泌物，几个小时或 1～2 d 内死亡。

亚急性型：病兔精神不振，食欲废绝，呼吸加快，中枢神经机能障碍，呈间歇发作，无目的地前冲或转圈，头颈偏向一侧，全身震颤，运动失调。孕母兔流产，胎儿皮肤出血。一般经 4～7 d 死亡。

慢性型：病兔主要表现为子宫炎，分娩前 2～3 d 发病。病兔精神沉郁、拒食、流产，并从阴道内流出红色或棕褐色分泌物。有的出现头颈歪斜等神经症状，很快衰竭而死亡，但也有的病兔可延续数月之久。流产康复后的母兔长期不孕。

（3）羊：病羊短期发热，精神抑郁，食欲减退，羔羊以败血症为主，致死率高。成年羊以脑炎为主，妊娠羊常发生流产。病初体温升高到 41～42 ℃，食欲减少或废绝，很快出现神经症状，无目的地运动，多数病羊作长时间转圈运动，眼球突出，视力障碍。病羊咀嚼吞咽困难，全身肌肉间歇性震颤。颈部强直，咀嚼肌痉挛。步态强拘，后肢叉开，运步艰难，严重者出现角弓反张状态，卧地不起，四肢游泳状运动。妊娠母羊发生流产，并同时从阴道内流出污浊的液体。

（4）猪：猪李氏杆菌病的症状很不一致，可分为败血型、脑膜脑炎型和混合型，而常见的是混合型，多见于哺乳仔猪。病猪突然发病，初期体温升高达 41～42 ℃，吮乳减少或不吃，粪干尿少，中、后期体温降至常温或常温以下。多数病猪表现脑膜脑炎症状，兴奋不安，运动失调，步态踉跄，肌肉震颤，无目的地跑跳。有的病猪头颈后仰，四肢开张呈"观星"姿势。有的后肢麻痹不能站立。严重者躺卧，抽搐，口吐白沫，四肢乱划，病猪反应性增强、惊厥明显。病程 1～3 d，长的可达 4～9 d。幼猪病死率很高，成猪患病多为慢性型，表现为长期不食，消瘦、贫血、步态不稳、肌肉颤抖、体温低，病程拖延 2～3 周。孕猪常流产。有的在身体各部位形成脓肿。病猪多能痊愈，但成为带菌猪。

（5）鸡：多危害 2 月龄以内的雏鸡，多呈败血症经过，主要表现为精神沉郁、食欲废绝、下痢，离群，无目的地乱跑，尖叫。随着病情发展，两翅下垂，两腿软弱无力，很快死亡。病程较长的有痉挛、斜颈等症状。病死率在 85% 以上。

（四）病　变

有神经症状的病畜，脑膜和脑充血、出血和炎性水肿，脑脊液浑浊增多，脑干变软，组织学检查可见血管周围出现单核细胞浸润。脑组织有局部性脓性坏死灶，多见于脑桥和髓质部。

流产病畜可出现子宫炎，表现为有脓性渗出物或暗红色液体，子宫壁增厚并有坏死灶。流产胎儿自溶，肝脏有大量小坏死灶。

败血症病畜可出现败血症的典型病理变化。另外肝脏、心肌、肾、脾可能有散在或弥漫性针尖大的淡黄色或灰白色坏死点，淋巴结肿大。

（五）诊　断

根据患畜神经症状、流产和血液中单核细胞增多以及结合流行病学、剖检变化等可做出初步诊断。确诊需进行实验室检查。

细菌学检查：采集病畜血液、脑脊髓液、肝、脾、流产脓性分泌物等病料涂片染色后镜检，如发现革兰氏阳性球杆菌，菌体散在或呈"V"形，菌端钝圆，有时呈弧形，再结合临床症状，可初步诊断为本病；或将病料接种血琼脂平板或选择性培养基进行细菌的分离培养。

动物试验：家兔、小鼠和豚鼠均有易感性，一般在接种病料后 1~6 天内死亡；鼠和家兔用病料点眼后可出现化脓性结膜炎和角膜炎。

血清学方法：可用凝集反应或补体结合反应测定。另外，直接荧光抗体染色法可快速、准确地检出病菌。

鉴别诊断：临诊上需与牛、羊脑包虫病，伪狂犬病，猪传染性脑脊髓炎，兔巴氏杆病、野兔热等疾病相区别。牛、羊脑包虫病病程缓慢，剖检可见虫体；伪狂犬病除表现出神经症状外，还有局部奇痒症状。

（六）防　制

预防：严格执行兽医卫生防疫制度，做好环境卫生，消灭老鼠及其他啮齿类动物。管好饲草、水源，防止污染；笼舍用具及场地用 4%烧碱、3%来苏儿、10%漂白粉进行环境消毒。不从疫区引种，引种时加强检疫。少喂或不喂青贮饲料，特别是劣质青贮饲料等综合防疫和饲养管理措施。发生本病时应实施隔离、消毒、治疗等一般防疫措施。

（七）治　疗

发生本病时应实施隔离、消毒、治疗等一般防疫措施。患病初期治疗有一定效果。可选用青霉素、链霉素、四环素、磺胺类药物，新霉素以及中药制剂。如猪可用 20%葡萄糖注射液 20 mL，20%磺胺嘧啶钠注射液 6~10 mL，安钠咖注射液 2 mL，1 次静注，2 次/d，连用 3~5 d；羔羊可用青霉素 20 万 IU，链霉素 25 万 IU，注射水 5 mL，1 次肌内注射，2 次/d，连用 3~5 d；兔可用青霉素 10 万 IU 和庆大霉素 4 万 IU 联合使用，肌肉注射，2 次/d，连用 3~5 d 或肌肉注射青霉素，同时口服磺胺嘧啶 0.2~0.3 g，3~4 次/d，连用 5~7 d 或金银花、栀子根、野菊花、茵陈、钩藤根、车前草各 3 g，水煎服。

第十八节　棒状杆菌病

棒状杆菌病是由棒状杆菌属的细菌所引起的多种动物和人的一些疾病的总称。一般表现为某些组织和器官发生化脓性或干酪性的病理变化为特征。

病原：与兽医有关的棒状杆菌主要有：肾棒状杆菌、伪结核棒状杆菌（绵羊棒状杆菌）、牛棒状杆菌、膀胱炎棒状杆菌、纤毛棒状杆菌、库氏棒状杆菌。其中肾棒状杆菌可引起牛肾盂肾炎、膀胱炎、猪肾脓肿和母犬的肾盂肾炎、膀胱炎；伪结核棒状杆菌可引起羊干酪样淋巴结炎、流产以及羔羊关节炎和黏液囊炎等；膀胱炎棒状杆菌可引起母牛严重的出血性膀胱炎和肾盂肾炎。

棒状杆菌为一类多形态细菌。菌体细长，直或微弯，一端或两端膨大呈棒状。革兰氏染色阳性，无鞭毛，不产生芽孢。多数为兼性厌氧，生长最适温度为 37 ℃，在有血液或血清的培养基上生长良好，有的能产生毒力强大的外毒素。

一、肾棒状杆菌感染

本病以肾盂、肾组织、输尿管和膀胱的炎症为特征。本病主发于母牛，公牛很少见。

1. 牛肾棒状杆菌病

主要侵害肾脏，临床特征为血尿。排血尿之前多有发热、食欲减退、频频排尿、尿液浑浊等症状。后期病牛呈现贫血、消瘦，最终因衰弱致死。

（1）病理变化。剖检病肾肿大，严重的可达正常的2倍，肾表面有灰黄色坏死灶和化脓灶，肾盂增大，肾乳头坏死。有渗出物、混有纤维素凝块、小血块、坏死组织和石灰质。除此以外，膀胱壁增厚，黏膜肥厚，有出血、坏死和溃疡。输尿管膨大、积尿，黏膜增厚，混有脓汁或坏死灶。

（2）诊断。根据特殊症状、剖检变化和牛群发病情况可作出初步诊断，确诊需进行实验室检查。

细菌学检查：无菌采集尿液，离心后取沉渣检查或取病料作涂片，革兰氏染色后镜检。也可将病料画线于血琼脂平板上，培养24~36 h后挑取疑似菌落作纯培养，进行鉴定。

（3）治疗。牛群中发现本病后，应及时隔离病牛。可用青霉素肌肉注射，隔天一次，连用4~6周，可以治愈。治愈的病牛，需继续隔离观察1 d以上，如不复发才可认为痊愈。

2. 猪膀胱炎与肾盂肾炎

本菌多见于干奶母猪，且威胁都比较大，常导致死亡。有时也见青年母猪发病，甚至从未交配过的母猪。病菌主要存在于健康公猪的包皮及包皮憩室内，配种时，如果尿道口发生擦伤，则细菌可经尿道逆行到达膀胱生长繁殖，引起膀胱炎和肾盂肾炎。

（1）症状。轻症病猪，只见外阴部有脓性分泌物，排少量血尿。重症病猪，病变可波及尿道、膀胱、输尿管、肾盂及肾脏，表现频频排尿，尿中含有脓球、血块、纤维素及黏膜碎片，食欲减退或不食，精神沉郁，口渴，渐渐消瘦。

（2）病理变化。剖检可见膀胱、输尿管黏膜潮红，有黏液，重者有出血和纤维素性化脓性炎症变化；肾变性和坏死，肾表面有黄色结节或黄色病灶。

对存活患猪，通过尿中含浓、血的症状进行诊断并结合细菌学检查进行确诊。

（3）防制。发现病猪及时隔离治疗，大剂量肌注青霉素，4万 IU/kg体重，2次/d，连续3 d，接着肌注恩诺沙星，7 mg/kg体重，连续3 d有效。为了预防本病，对可疑带菌种公猪予以消毒药水如0.1%高锰酸钾冲洗包皮及包皮憩室，或给公猪的包皮内注入抗生素制剂，1次/d，连续5 d，这样可降低公猪传给母猪的细菌量。有条件的提倡猪人工授精。也可在断奶至配种后21 d这段时间里在母猪饲料表面拌药。对阴道受损伤的母猪，在配种后肌注青霉素2~3 d，具有较佳的预防作用。

二、假结核棒状杆菌感染

假结核棒状杆菌存在于土壤、肥料、肠道内和皮肤上。病畜和带菌动物体内的病菌可随粪便排出并污染环境。羊主要经皮肤创伤而感染，也可通过消化道、呼吸道以及吸血昆虫感染。病羊体表脓肿破溃后，其脓汁可污染羊舍、运动场、环境和健羊被毛。本病常为散发或地方性流行，有的羊群发病率很高，可达15%左右。世界许多国家的养羊地区均有此病存在。山羊最易感，奶山羊、肉用山羊都有发病报道，以群养舍饲的羊多发，主要发病年龄为2~4岁，但4月龄与5岁以上者亦有发病，公羊和母羊均受侵害。绵羊也可发病。

此外，本菌可引起马溃疡性淋巴管炎、牛化脓性淋巴管炎、骆驼脓肿和人化脓性淋巴管炎。多由皮肤破伤感染，有的可能因摄食污染的饲料而感染。

1. 羊假结核病

羊假结核病是由假结核棒状杆菌感染而引起羊的一种化脓性淋巴结炎，由于眼观与结核病结节相似，故称假结核病。有时脓肿也见于肺、肝、脾和子宫角等脏器，因脓汁如干酪，故又称干酪样淋巴结炎。

（1）症状。本病的潜伏期长短不一。按病变部位，可分为体表型、内脏型和混合型。

体表型：此型较多见。体表淋巴结肿胀化脓，但全身症状一般不明显，病变多发生于颈浅和髂下淋巴结，但也见于颌下、乳房等淋巴结。淋巴结逐渐肿大，呈圆形或椭圆形，大小如乒乓球，甚至拳头大，最后可破溃化脓，其脓汁最初较稀，以后变得黏稠，呈淡黄绿色。破溃处可结痂自愈或形成瘘管。有时可见几个体表淋巴结同时发生脓肿。

内脏型：体内淋巴结或内脏形成脓肿，脓汁如豆腐渣或干酪样，病羊常有体温升高、消瘦、食欲减小、咳嗽等症状，最后可因恶病质而死亡。死后剖检才发现内脏等处的脓肿病变。

混合型：兼有体表和内脏型的症状，病羊体表多处出现脓肿，全身症状较重，体弱无力，食欲减退、咳嗽、腹泻，最后虚弱而死，病程较长。

此外，还可引起羔羊化脓性关节炎，以腕关节、跗关节较常见。

（2）病理变化。尸体消瘦，体表淋巴结肿大，内含化脓性干酪样坏死物，脓肿切面可见钙化灶、结缔组织条索，有时切面呈同心层结构；脓肿外围有明显的厚包囊。上述脓肿也见于肺、肝、脾、肾等处。组织上，脓肿中的脓汁主要为坏死物质，有密集的核碎片，外围是肉芽组织和厚层纤维结缔组织构成的包囊。

（3）诊断。本病生前不易确诊，宰后如发现淋巴结的脓肿、化脓，脓汁呈干酪样等，即可作出诊断。如将脓汁作分离培养，则更易于确诊。

（4）防制。目前尚无有效疫苗进行预防接种。本病平时应注意羊舍及运动场的清洁卫生，剪毛时防止外伤，发生外伤后，及时进行外科处理。对体表发现脓肿的羊，可早期应用青霉素治疗。对没有全身症状的体表型病羊，最好的治疗办法是促使体表淋巴结脓肿成熟，及时切开排脓，再用双氧水和生理盐水先后冲净脓腔，最后涂擦碘酊，间隔3~5 d处理一次，一般2~3次即可治愈。

对有全身症状的病羊，早期可用黄色素（静脉注射）与青霉素联合治疗，可获得较好的疗效。

2. 骆驼脓肿病

其临诊特征是体表局部或肺脏发生大小不一的脓肿病灶。

症状：本病一般呈慢性经过。病初常有咳嗽，体温升高达到39~40 ℃以上。精神沉郁，驼峰下垂，食欲减退，体表出现脓肿。重病驼精神沉郁，反刍废绝，卧地不起，最后衰竭而死。脓肿可发生于体表的任何部位，大小不一，数目不等，多见于蹄部、腿部、颈部、肩部的肌肉或淋巴结，也可见于深层的组织；脓肿破裂后流出白色、牙膏样、质地均匀、无臭味的脓汁；四肢关节脓肿可引起跛行；肺脏的脓肿，常造成肺组织的坏死，坏死灶经液化吸收后，常常形成肺空洞。

根据本病特殊的临诊症状和病变，可以做出诊断。由未溃的脓肿采取脓汁，做微生物学检查可以确诊。

预防可用骆驼脓肿病甲醛菌苗。治疗早期可用青霉素或广谱抗生素，再结合磺胺类药物，可获得良好疗效。当脓肿成熟时，应施行外科疗法。平时应加强骆驼的体表卫生，防止发生外伤。

3. 马溃疡性淋巴管炎

多呈慢性经过。病菌通过创伤侵入真皮和皮下淋巴间隙，在此处生长繁殖，并沿淋巴管逐渐蔓延，形成结节和溃疡，当病菌转入内脏，特别是肾、肺时，则形成化脓灶，使病情恶化，甚至引起死亡。

本病具有特征的临诊症状，易于做出诊断，但其皮肤病变与皮肤鼻疽及流行性淋巴管炎相似，应注意鉴别。轻症病例，应用手术疗法，常可收到良好疗效。结节和溃疡在清洗消毒后可涂擦碘酊，若配合应用青霉素等全身疗法，可提高疗效。平时应保持马厩的清洁卫生，防止马匹发生外伤。

4. 人感染假结核棒状杆菌

人感染假结核棒状杆菌后，可发生化脓性淋巴管炎，表现为体表淋巴管肿胀，有热痛及化脓等症状。

第十九节　结核病

结核病是由结核分枝杆菌引起的一种人畜共患的慢性传染病，其病理特征是在多种组织器官形成结核性结节、干酪样坏死和钙化病变。

（一）病　原

本菌在自然界广泛分布，对动物致病性的主要有三种，即人结核分枝杆菌、牛结核分枝杆菌和禽结核分枝杆菌。结核分枝杆菌是直或微弯的细长杆菌，呈单独或平行相聚排列，多为棍棒状，间有分枝状；牛分枝杆菌稍短粗，且着色不均匀。禽分枝杆菌短而小，为多形性。

本菌为革兰氏染色阳性菌，不产生芽孢和荚膜，不能运动，能抵抗3%盐酸酒精的脱色作用，故常用齐-尼二氏抗酸染色法，本菌染为红色。分枝杆菌为专性需氧菌，对营养要求严格，初次分离培养时需用牛血清或鸡蛋培养基。

在自然环境中生存力较强，对干燥和湿冷的抵抗力很强。但对热的抵抗力差，60 ℃、30min即可死亡。在直射阳光下经数小时死亡。常用消毒药经4 h可将其杀死。本菌对链霉素、利福平、卡那霉素、异烟肼、氨基水杨酸和环丝氨酸等敏感。

（二）流行病学

患病畜禽和病人是主要的传染源，通过其咳嗽、痰液、粪尿、乳汁和生殖道分泌物等向外排菌，污染饲料、食物、饮水、空气和环境而散播传染。

本病主要经呼吸道、消化道感染，也可经生殖道、胎盘和损伤的皮肤、黏膜感染。饲养管理不当与本病的传播有密切关系，畜舍通风不良、拥挤、潮湿、阳光不足、缺乏运动，最易患病。

本病可侵害人和多种动物。家畜中牛最易感，特别是奶牛，其次为猪和家禽。结核分枝杆菌主要侵害人；牛分枝杆菌主要侵害牛，其次是猪、鹿和人，再次为马、狗、猫和羊；禽分枝杆菌主要侵害家禽和鸟类，其次是猪和羊。

（三）症　状

潜伏期长短不一，短者十几天，长者数月甚至数年。

（1）牛：主要由牛分枝杆菌引起。牛常发生肺结核、乳房结核和淋巴结核，也可发生肠结核、生殖器结核和脑结核等。

患肺结核时，病初食欲、反刍无变化，但易疲劳，常发短而干的咳嗽，尤其当起立运动，吸入冷空气或尘埃的空气时易发咳，随后咳嗽加重，频繁且表现痛苦。呼吸次数增多或发气喘。病畜日渐消瘦、贫血，有的牛体表淋巴结肿大，常见于肩前、股前、腹股沟、颌下、咽及颈淋巴结等。当纵膈淋巴结受侵害肿大压迫食道，则有慢性臌气症状。病势恶化可发生全身性结核，即粟粒性结核。胸膜、腹膜发生结核病灶即所谓的"珍珠病"，胸部听诊可听到摩擦音。病牛发生乳房结核时，可见乳房上淋巴结肿大无热无痛，泌乳量减少，乳汁初无明显变化，严重时呈水样稀薄。肠道结核多见于犊牛，表现为消化不良，食欲不振，顽固性下痢，迅速消瘦。生殖器官结核，可见性机能紊乱。发情频繁，性欲亢进，慕雄狂与不孕。孕畜流产，公畜副睾丸肿大，阴茎前部可发生结节、糜烂等。脑结核主要是脑与脑膜发生结核病变，常引起神经症状，如癫痫样发作、运动障碍等。

（2）禽：主要危害鸡和火鸡，成年鸡多发，鸭、鹅、鸽也可感染。临诊表现贫血、消瘦、鸡冠萎缩、跛行以及产蛋减少或停止、腹泻等。病程持续较长，但病禽最终因衰竭或因肝变性破裂而突然死亡。

（3）猪：猪对结核分枝杆菌、牛分枝杆菌和禽分枝杆菌都有易感性。猪感染结核主要经消化道感染，多表现在扁桃体、颌下、咽、颈等局部淋巴结发生肿大、化脓等病灶。当病灶发生在肠道时则表现为下痢。猪感染牛分枝杆菌则呈进行性病程，常导致死亡。

（4）鹿：常因牛分枝杆菌所致。其症状与病变和牛基本相同。

（5）人：患结核时表现为全身不适、乏力、食欲不良、低热、盗汗、心悸等病状。常见的病型有肺结核、颈淋巴结核、肠结核、肾结核、结核性腹膜炎、结核性脑膜炎和结核性胸膜炎等。

（四）病　变

特征是在多种组织器官形成结核性结节、干酪样坏死和钙化病变。

（1）牛：可见肺脏或其他器官常见有很多突起的白色结节。切面为干酪化坏死，有的见有钙化，切开时有沙砾感。有的坏死组织溶解和软化，排出后形成空洞。胸膜和腹膜发生密集结核结节，胃肠黏膜可能有大小不等的结核结节或溃疡；乳房结核剖开后可见有大小不等的病灶，内含有干酪样物质，还可见到急性渗出性乳房炎的病变。

（2）禽：可在肠道、肝、脾、骨和关节等处出现结节病灶或干酪样物。

（3）猪：在颌下、咽、肠系膜淋巴结及扁桃体等发生结核病灶。

（4）鹿：多在肺、肺门淋巴结、肝和脾等处出现结节病灶，但多无钙化现象。

(五) 诊 断

在畜（禽）群中有发生进行性消瘦、咳嗽、慢性乳房炎、顽固性下痢、体表淋巴结慢性肿胀等，可作为怀疑为本病。确诊须结合流行病学、临床症状、病理变化、变态反应，以及细菌学试验和血清学试验等综合进行。

细菌学检查：本法对开放性结核病的诊断具有实际意义。采取病畜的病灶、痰、尿粪及其他分泌物，作抹片检查（直接涂片镜检或用抗酸性染色法），分离培养和动物接种试验。采用免疫荧光抗体技术检查病料，具有快速、准确、检出率高等优点。

变态反应诊断：是目前动物结核病检疫的主要方法。

目前普遍使用提纯结核菌素诊断法。诊断牛结核病时，将牛分枝杆菌提纯菌素用蒸馏水稀释成 100 000 IU/mL，颈侧中部上 1/3 处皮内注射 0.1 mL。诊断鸡结核病用禽分枝杆菌提纯菌素，以 0.1 mL（2 500 IU）注射于鸡的肉垂内 24 h、48 h 判定，如注射部位出现增厚、下垂、发热、呈弥漫性水肿者为阳性。诊断猪结核病，用牛分枝杆菌提纯菌素 0.1 mL（10 000 IU）或老结核菌素原液 0.1 mL，在猪耳根外侧皮内注射，另一侧注射禽分枝杆菌提纯菌素 0.1 mL（2 500 IU），48～72 h 后观察判定，明显发生红肿者为阳性。诊断马、绵羊、山羊结核病，同时应用牛、禽分枝杆菌提纯菌素，以 1∶4 稀释液分别皮内注射 0.1 mL。马的部位与牛同，绵羊在耳根外侧，山羊在肩胛部。判定标准与牛检疫规程相同。

(六) 防 制

畜禽结核病应采取加强检疫，净化种群以及培育健康群体等综合性防制措施。

加强检疫：健康牛群（无结核病畜群），平时加强防疫、检疫和消毒措施。每年春秋两季定期进行结核病检疫。

净化群体：结核菌素反应阳性牛群，应定期与经常地进行临诊检查，必要时进行细菌学检查，发现开放性病牛立即淘汰。病牛所产犊牛出生后只吃 3～5 d 初乳，以后则由检疫无病的母牛供养或喂消毒乳。犊牛应在出生后 1 月龄、3～4 月龄、6 月龄进行 3 次检疫，凡呈阳性者必须淘汰处理。如果三次检疫都呈阴性反应，且无任何可疑临诊症状，可放入假定健康牛群中培育。

培育健康畜群：假定健康牛群为向健康牛群过渡的畜群，应在第一年每隔 3 个月进行一次检疫，直到没有一头阳性牛出现为止。然后再在一年至一年半的时间内连续进行 3 次检疫。如果 3 次均为阴性反应即可称为健康牛群。

加强消毒工作：每年进行 2～4 次预防性消毒，每当畜群出现阳性病牛后，都要进行一次大消毒。常用消毒药为 5%来苏儿或克辽林、10%漂白粉、3%福尔马林或 3%苛性钠溶液。

药物治疗：价值较高的种畜可用异烟肼、链霉素和对氨基水杨酸钠等敏感药物进行治疗。

相关从业人员应注意个人防护，平时应养成良好的生活习惯，牛乳应煮沸后饮用；婴儿普遍注射卡介苗；治疗人结核病有多种有效药物，以异烟肼、链霉素和氨基水杨酸钠等最为常用。

第二十节 炭疽

炭疽是由炭疽杆菌引起的家畜、野生动物和人的一种急性、热性、败血性传染病。临诊特征是突发高热，可视黏膜发绀和天然孔出血。其病变特点是呈败血症变化，以脾脏显著肿大，皮下及浆膜下结缔组织出血性浸润，血液凝固不良，呈煤焦油样为特征。

（一）病　原

炭疽杆菌（Bacillus anthracis）为革兰氏染色阳性大杆菌，大小为（1.0～1.2）μm×（3～5）μm，无鞭毛，不运动。在病料中此菌单在或呈2～5个短链排列，有荚膜，在培养基中则形成长链，并于培养18～24 h后开始形成芽孢。本菌在病畜体内和未剖开的尸体中不形成芽孢，但暴露于充足氧气和适当温度下能在菌体中央处形成芽孢。该菌为需氧菌，但在厌氧条件下也可生长。培养基要求不高，在普通琼脂培养基上生长良好，24 h后形成灰白色、粗糙、不透明、边缘不整齐的大菌落。在含有0.5 IU/mL青霉素的培养基中，该菌因细胞壁合成障碍，形成原生质体相互连接成串，称为"串珠反应"。

该菌繁殖体对外界理化因素的抵抗力不强，60 ℃、30～60 min即可杀死，常用的消毒剂短时间内可将其杀死。但芽孢则有坚强的抵抗力，在干燥的状态下可存活32～50年，121 ℃湿热灭菌5～10 min、150 ℃干热60 min方可杀死。现场消毒常用新配制的20%石灰乳或20%漂白粉，0.1%升汞，4%高锰酸钾，0.5%过氧乙酸。除此之外，过氧乙酸、次氯酸钠也有较好效果，来苏儿、石碳酸和酒精的杀灭作用较差。该菌对青霉素、链霉素等多种抗生素及磺胺类药物高度敏感。

（二）流行病学

本病的主要传染源是患病动物，当患畜处于菌血症时，可通过粪、尿、唾液及天然孔出血及死亡动物尸体等方式向外排菌，污染周围环境，尤其是形成芽孢后，可能成为长久疫源地。

本病主要通过经消化道感染，也可经吸血昆虫叮咬而感染。此外，附着在空气和尘埃中的炭疽芽孢可以通过呼吸道感染易感动物。

各种野生动物、家畜和人均有易感性。自然条件下，草食兽最易感。家畜中，羊、马、牛易感性最强，骆驼和水牛次之。猪的感受性较低，犬、猫、等肉食动物很少见，家禽几乎不感染，人对炭疽普遍易感，但主要发生于那些与动物及畜产品接触机会较多的畜牧兽医或相关领域从业人员。

本病呈世界性分布，一般为散发，有时呈地方性流行。一年四季均可发生，但干旱或多雨、吸血昆虫活动是促发因素。此外，从疫区输入病畜产品，如骨粉、皮革、羊毛等也常引起本病爆发。

（三）发病机理

炭疽芽孢进入动物机体后，在侵入局部的组织发育繁殖，形成一种有保护作用的荚膜，保护菌体不受机体细胞的吞噬和酶解。同时，该菌产生一种水肿毒素，使菌体在水肿液中繁殖，并经淋巴管进入局部淋巴结，最后侵入血流并大量繁殖，引起水肿、休克及发生败血症死亡。

（四）症　状

本病潜伏期一般为1～5 d，最长的可达14 d。

（1）牛：最急性病例病牛突然倒地，呼吸极度困难，全身战栗，可视黏膜发绀，天然孔流出带泡沫的暗红色血液，常于数分钟内死亡。多见于使役或放牧中。

急性型病例最常见，病牛体温升高至 42 ℃，表现兴奋不安，吼叫或顶撞人畜、物体，然后变为虚弱，食欲、反刍、泌乳减少或停止，呼吸困难，初便秘后腹泻带血，尿暗红，有时混有血液，乳汁量减少并带血，常有中度程度臌气，孕牛多迅速流产，一般 1~2 d 死亡。

亚急性病例常在颈部、咽部、胸部、腹下、肩胛或乳房等部皮肤、直肠或口腔黏膜等处发生炭疽痈，初期硬固有热痛，以后热痛消失，可发生坏死或溃疡，病程可长达 1 周。

（2）羊：多为最急性炭疽。病羊突然倒地，全身战栗、摇摆、昏迷、磨牙、呼吸极度困难，可视黏膜发绀，天然孔流出带泡沫的暗红色血液，常于数分钟内死亡。

（3）猪：多呈慢性经过，多不表现临床症状，或仅表现食欲减退和长时间伏卧，在屠宰时才发现颌下淋巴结、肠系膜及肺有病变。有的发生咽型炭疽，呈现发热性咽炎。咽喉部和附近淋巴结肿胀，导致病猪吞咽、呼吸困难，黏膜发绀最后窒息死亡。肠炭疽多伴有便秘或腹泻等消化道失常的症状。

（4）兔：病兔体温升高，呼吸困难，黏膜发绀，食欲不振，行走不稳，战栗，血尿和腹泻，在粪便中常混有血液和气泡。病程稍长，病兔的喉部、头部可发生水肿，导致呼吸困难。死后天然孔出血。

（五）病　变

急性炭疽为败血症病变，尸僵不全，尸体极易腐败，天然孔流出带泡沫的黑红色血液，黏膜发绀，剖检时，血凝不良，黏稠如煤焦油样，全身多发性出血，皮下、肌间、浆膜下结缔组织水肿，脾脏变性、淤血、出血、水肿，肿大 2~5 倍，脾髓呈暗红色，煤焦油样，粥样软化。局部炭疽死亡的猪，咽部、肠系膜以及其他淋巴结常见出血、肿胀、坏死，邻近组织呈出血性胶样浸润，还可见扁桃体肿胀、出血、坏死，并有黄色痂皮覆盖。局部慢性炭疽，肉检时可见限于几个肠系膜淋巴结的变化。膀胱积尿，黏膜出血。

（六）诊　断

根据死因不明、急性死亡、死后天然孔出血、凝血不良等败血症特征，可怀疑为本病。确诊需要进行实验室诊断。

细菌学检查：取末梢血液或脾脏等病料制成涂片后，用瑞氏或姬姆萨（或碱性美蓝）染色，发现有多量单在、成对或 2~4 个菌体相连的短链排列、竹节状有荚膜的粗大杆菌，即可确诊。或将新鲜病料直接于普通琼脂或肉汤中培养，对分离的可疑菌株可作串珠试验，如出现特异的"串珠反应"，即可确诊。

血清学试验：常用环状沉淀试验。肝、脾、血液等制成抗原于 1~5 min 内两液接触面出现清晰的白色沉淀环，而生皮病料抗原于 15 min 内出现白色沉淀环。此外，还可用琼脂扩散试验和荧光抗体染色试验。

（七）防　制

在疫区或常发地区，每年定期进行免疫接种，常用的疫苗是无毒炭疽芽孢苗和炭疽芽孢Ⅱ号苗。

发生本病时，要立即向上级有关兽医和卫生防疫部门报告，同时采取有效的封锁、消毒措施，防止本病传播、蔓延。对可疑患畜可用青霉素等抗生素或抗炭疽血清注射，对发病羊群可全群预防性给药，受威胁区及假定健康动物做紧急预防接种。

严格遵守兽医卫生制度，对病畜要彻底烧毁或深埋。被污染的场地和用具等，要用4%火碱或20%的漂白粉、0.1%升汞进行彻底消毒。

（八）治疗

治疗可用青霉素、链霉素、磺胺类药物，如与抗炭疽血清同时应用，效果更好。

第二十一节 破伤风

破伤风又名"强直病"，俗称"锁口风"，人医又称牙关紧闭症。是由破伤风梭菌经伤口感染后产生的外毒素引起的一种人、畜共患的急性、中毒性传染病。其特征为全身骨骼肌呈现持续地痉挛性收缩。病畜对外界刺激反射兴奋性增高，但仍保持其意识和敏感性。本病分布于世界各国。

（一）病原体

破伤风梭菌（clostridium tetani），又叫强直梭菌，它是一种纤细、形如鼓槌状的厌氧菌，有周身鞭毛，能运动，无荚膜，有芽孢。革兰氏染色呈阳性，培养48 h后可转为阴性。

本病在厌氧条件下液体或固体培养基上培养均可良好生长，并产生外毒素。其毒素有三种：一是破伤风痉挛毒素（作用于神经系统的一种神经毒素），毒性很强，仅次于肉毒毒素，能引起本病特征性症状和刺激保护性抗体的产生。二是溶血性（溶解红细胞）毒素，能引起局部组织坏死，为该菌生长繁殖创造条件。三是非痉挛性毒素（使神经末梢麻痹），其毒素的强弱与菌种、培养基和培养的时间、温度等有着密切关系。

该菌繁殖体对一般理化因素抵抗力不强，如在60~70 ℃时30 min死亡，一般消毒药均能在短时间内将其杀死，如5%石碳酸、10%碘酊、10%漂白粉等15 min可将其杀死。但其芽孢的抵抗力很强，在干燥处或病料中可存活十年以上；煮沸需1~3 h才能死亡。该菌对青霉素和磺胺类药物敏感。

（二）发病机理

破伤风病菌在损伤的组织内，如果条件适合（缺氧、组织化脓等）则破伤风病菌即大量生长繁殖，产生外毒素，毒素被吸收后，引起机体中毒而出现症状。

破伤风痉挛毒素主要作用于脊髓和延脑的运动神经细胞，使畜体对刺激的应激性增强，导致肌肉产生痉挛。病畜表现为易于受惊和全身肌肉强直性痉挛，不能采食和饮水，排粪困难，以致病畜发生脱水和自体中毒现象。最后由于呼吸极度困难而窒息死亡，或因误咽而继发异物性肺炎而死亡。

（三）流行病学

各种家畜均有易感性，其中马、驴、骡易感性最强，猪、牛、羊次之，犬和猫仅在例外情况下发病，家禽和兔有抵抗力。人对破伤风易感性也很高。实验动物中豚鼠最敏感，其次为小白鼠。

由于本菌广泛存在于自然界中，因而也可以通过各种创伤感染。如在被刺伤、割伤、断尾、断脐、去势、剪毛、骨折和产后等条件下均可感染。在临床上有不少病例见不到伤口，这可能是因为在破伤风潜伏期中伤口已经愈合，或可能是经消化道黏膜损伤和子宫感染。

破伤风是一种由创伤感染的中毒性传染病，一般不能由病畜直接传染于健畜。因此本病常以零星散发形式出现，无季节性。

（四）症　状

潜伏期一般为 7~16 d，短至 24 h（新生幼畜），长的达一个月以上。

（1）马：感染初期，出现运动稍显强直，咀嚼和吞咽缓慢，随后出现全身肌肉痉挛。在头部，因咬肌痉挛，轻则采食和咀嚼障碍，重则牙关紧闭，开口困难，口腔流涎，口内有恶臭气，吞咽困难；耳肌、眼肌、鼻肌及咽喉肌等痉挛时，两耳竖立，眼睑半闭，瞬膜外露（如将头部高举或刺激头部更为明显），瞳孔散大，鼻孔扩张呈喇叭口状；颈肌痉挛时，头颈伸直，运动不灵活，有时颈部向前上方反曲。背部长肌痉挛时，背肌坚硬，形成凹背。也有的出现相反症状，表现弓腰或角弓反张，尾根高举，全身肌肉硬固如板，腹围收缩，沿肋软骨部形成陷沟，大小便潴留。病畜四肢强直开张如木马，运动显著困难，重的不能站立。

病畜神志清楚，在病的过程中有饮、食欲，因开口困难，牙关禁闭而不能饮食；但应激性高，当受到轻微刺激（如触摸、音响、强光等），表现惊恐不安，痉挛和大量出汗，瞬膜外露。体温一般正常，死前体温上升到 42~43 ℃。病后期，心脏跳动加快，节律不齐，脉搏细弱，黏膜发绀，肠蠕动音减弱，排粪迟滞，粪球干硬。因呼吸肌痉挛，使呼吸浅表，气喘，严重者引起窒息而死亡。

（2）牛：症状略同于马属动物，症状稍缓和。因反刍和嗳气停止，腹肌紧缩而影响瘤胃蠕动，使瘤胃发生臌气，腰背弓起，活动不灵活。

（3）羊：初期症状不明显，仅出现卧下或起立不灵活的现象。病到后期，出现四肢强硬，高跷步态，牙关紧闭，流涎，角弓反张，瘤胃鼓胀，发生急性肠炎，引起腹泻，最后因营养不良、心力衰竭而死亡。

（4）猪：头部肌肉出现痉挛，叫声尖细，牙关紧闭，口流白沫，颈部伸直，四肢强硬，尾巴发硬，行走困难，站立像木猪，倒卧不能起立；咽部肌肉痉挛，表现为吞咽及采食困难，眼部变化呈现瞬膜外露症状。粪便干结，尿闭，有的滴尿。最后呼吸困难，心跳加快，缺氧而死亡。

（五）诊　断

根据病畜的特殊症状，如反射兴奋性增高，肌肉强直，神志清醒，体温正常，并多有创伤史，较易诊断。但临床上对经过轻慢的轻症病例或病初期症状不明显时，应注意和下列疾病鉴别诊断。

（1）鉴别诊断。

①脑炎、狂犬病：临床上病畜有时也出现牙关紧闭，角弓反张，肌肉痉挛，腰发硬等现象。但瞬膜不突出，尾巴不高举，有意识扰乱或昏迷不醒现象以及麻痹症状。

②急性肌肉风湿症：病畜头部伸直，四肢僵硬，但体温升高1℃以上，患部肌肉强硬，并有结节性肿胀和痛感，缺乏兴奋性，无创伤史和牙关紧闭及瞬膜外露等症状。

③马前（钱）子中毒：病畜出现兴奋性增高，肌肉强直，牙关紧闭。但马前子中毒肌肉痉挛发生迅速，有间歇期，能导致病畜迅速死亡或痊愈，并有中毒史。

（2）实验室诊断。采取病灶部渗出液涂片，革兰氏染色，可见鼓槌状芽孢杆菌。

（3）动物接种实验。把病料制成乳剂注射于小白鼠尾根部，一般经2~3 d后表现症状或采取病畜全血0.5 mL，肌肉注射小白鼠臀部，18 h后出现典型症状。

（六）防　制

平时加强饲养管理，圈舍要干净卫生，防止家畜受伤。一旦发生外伤，尤其严重创伤时，应及时清理伤口和消毒，或注射破伤风抗毒素血清。动物阉割及外科手术时要严格消毒，并在手术前后注射抗菌素或破伤风抗毒素，避免本病发生。发病较多的地区或养殖场，每年定期给家畜免疫接种破伤风类毒素。家畜皮下注射1 mL，注射后一个月产生免疫力，免疫期为一年，第二年再注射1 mL，免疫力可持续四年。

（七）治　疗

本病须早发现，早治疗。

（1）全身疗法：解毒、镇静、解痉、补液、消灭病原。

解毒用破伤风抗毒血清1~20万IU，静脉和肌肉注射各半，连用3~5 d。病情严重的可加大剂量到30万IU。为提高解毒和排毒的效果，可同时静脉注射40%乌洛托品。成年家畜量50 mL，幼畜减半，每天一次，连用一周。在注射破伤风抗毒血清的同时，也可皮下注射破伤风类毒素5~10 mL，来提高本病的治愈率。

解痉、镇静用10%葡萄糖生理盐水，加25%硫酸镁100 mL，一次静注，每天1~2次，或用氯丙嗪300~500 mg肌肉注射，每天1~2次。

补液用10%葡萄糖生理盐水、5%碳酸氢钠静脉注射。如病畜心脏衰弱，可用20%樟脑水25~30 mL肌肉注射。

消灭病原，可肌肉注射抗菌素或磺胺类药物；胃肠紊乱时用健胃剂；体温升高或有继续感染时（如肺炎等）可采用青霉素、链霉素和磺胺类药物。此外，可用加减千金散，防风散等中药治疗。

（2）创伤处理：创伤部位要及时进行清创。创伤深、创口小的要进行扩创，然后用3%高锰酸钾溶液消毒，彻底清除创内脓汁、异物，坏死组织及痂皮等，再用5%~10%碘酊溶液消毒创面，以彻底清除产生破伤风毒素的源泉，之后撒布碘仿磺胺粉。

（3）加强病畜护理护理：是治疗破伤风病畜的重要一环，必须认真做好病畜护理工作，维护病畜的抵抗力，防止继发症，才能收到较好疗效。方法是将病畜置于光线较暗的隔离厩舍内，避免各种刺激，减少病毒痉挛发作次数和强度；对采食困难的病畜给予易消化的饲料和草，并注意补给食盐和饮水，以防机体脱水和酸中毒；不能采食的病畜，用胃管给予流食物。

第二十二节　肉毒梭菌毒素中毒症

肉毒梭菌毒素中毒症是由肉毒梭菌（Clostridium botulinum）分泌的肉毒毒素引起的一种人兽共患病。特征是运动中枢神经麻痹。该病呈世界性分布，动物的发病多数是由于食入含有毒素的饲料所致。

（一）病　原

肉毒梭菌是两端钝圆、专性厌氧的革兰氏阳性杆菌，周身有鞭毛，无荚膜，多单在，在不利条件下可很快形成椭圆形芽孢，位于菌体的近端，芽孢广泛分布于自然界。

该菌在繁殖过程中可以产生毒力极强的外毒素，在动物尸体、肉类、饲料中繁殖时也可产生大量的外毒素。根据毒素的抗原性不同，可将肉毒梭菌分为A、B、C、D、E、F和G 7个毒素型，其中C型又分为C_α和C_β两个亚型。A、B、E、F型可引起人类的肉毒梭菌毒素中毒；C型和D型可引起多种动物发病。我国牛、羊、骆驼和水貂等中毒均为C型。

肉毒梭菌抵抗力一般，加热80 ℃、30 min或100 ℃时10 min即可将其杀死。但芽孢耐热性极强，沸水中6 h、120 ℃高压需10~20 min。肉毒毒素的抵抗力也很强，正常胃液和消化酶24 h不能将其破坏。在动物尸体、青贮饲料及发霉饲料中的毒素可保存数月。1%NaOH溶液、0.1%高锰酸钾溶液均能破坏毒素。

（二）流行病学

各种动物都可发病，其中以鸭、鸡、牛、马较为多见，绵羊、山羊次之，猪、犬、猫少见。实验动物中兔、豚鼠和小鼠都很敏感。人也易感。

肉毒梭菌广泛分布于自然界，该菌的芽孢存在于牧场、蔬菜、干草以及与土壤直接接触的各种物品中，也存在于某些健康动物的肠道和粪便中，通常不引起任何病理作用。但在适当的条件下可大量繁殖产生毒素，人和动物食入后即可发生中毒。饲料中毒时，因毒素分布不均匀，因此同批动物发病情况可出现差异，体格健壮、食欲较好的个体发病较为严重。

（三）发病机理

肉毒梭菌毒素摄入体内后，作用于外周神经肌肉结合点，抑制了神经冲动的传导，因而使运动神经麻痹。另外毒素还损害中枢神经系统的运动中枢导致呼吸肌麻痹，引起动物窒息死亡。

（四）症　状

（1）马：食入毒素后，多在3~4 d后发病。临床表现为运动麻痹，开始于头部，并迅速向后躯和四肢发展。患畜表现为肌肉软弱和麻痹、咀嚼和吞咽困难、流涎、共济失调、卧地不起，最后出现便秘、呼吸困难乃至呼吸麻痹等症状。死前体温、意识和反射仍正常，致死率80%~90%。轻者可逐渐康复。患畜无体温变化，意识反射正常。

（2）牛和羊：病初表现兴奋不安，继而出现软弱无力。病畜表现共济失调、起立困难；

步态僵硬或卧地不起。头部常偏向一侧。有的病例出现咀嚼和吞咽困难，下颌麻痹。有的病例胃肠蠕动音减弱，甚至无蠕动音，粪便秘结。有的病例，仅昏迷数小时即死亡。

（3）家禽：鸡、鸭、火鸡和鸵鸟都可发病。以运动神经麻痹为主要特征，病禽瘫痪，反应迟钝，颈部肌肉软弱无力，向下低垂，不能抬起，故称为"软脖病"。翅膀下垂，腿肌麻痹，行动困难。羽毛松乱，闭目昏睡，多于数小时或3~4d死亡。轻者可以康复。

（4）猪：临床很少见，常由于吞食含毒素的腐败动植物或饲料引起，主要表现为肌肉进行性衰弱和麻痹。

（5）人：发病主要是由于误食污染本菌的食品，表现乏力、头昏、视力模糊、吞咽困难，但神志清楚、体温正常、无感觉障碍，最后因呼吸麻痹死亡。

（五）病　变

动物肉毒梭菌毒素中毒症多无特异的病理解剖变化。有时可见胃肠黏膜有卡他性炎症和小点出血，心内外膜可能有小点出血，肺可能有充血、水肿变化。

（六）诊　断

根据有与含毒饲料、食物的接触史，同群中多数动物发生典型的麻痹症状，体温、意识、反射正常，剖检无明显变化可做出初步诊断。确诊需采集病畜血清、胃肠内容物及可疑饲料，检查有关毒素。

具体方法为：取饲料及胃内容物，加2倍无菌生理盐水，充分研磨制成混悬液。室温离心1~2h，取上清液加抗生素处理后，分成2份，一份不加热，毒素试验用，另一份100℃加热30 min供对照用。以鸡作实验动物时，分别吸取上述液体注射于鸡内眼角皮下，一侧供实验，另一侧供对照，注射量为每只0.1~0.2 mL。如注射后0.5~1 h试验眼出现闭合，而对照眼仍正常，试验鸡于10 h后死亡，则证明有毒素。用小鼠做试验时，则将上述两种液体分别给小鼠作皮下或腹腔注射，每只0.2~0.5 mL，如试验小鼠在1~2 h内麻痹死亡，而对照组正常，即可确诊。另外毒型鉴别，可用血凝抑制试验、免疫荧光法、琼脂扩散试验等。

鉴别诊断：应注意与霉玉米中毒、有毒植物中毒以及乙型脑炎、狂犬病、家禽传染性脑脊髓炎等疾病相区别。

（七）防　制

预防本病的主要措施是做好环境卫生，在牧场和畜舍中发现动物尸体、残骸时应及时清除；调制和保存饲料时应防止腐败，禁止动物饲料中加入腐败的肉食。在常发地区可用同型类毒素或明矾菌苗预防接种。

（八）治　疗

发病早期可用多价抗毒素治疗，如毒型确定则可选用同型抗毒素治疗。对确诊或可疑动物，应立即用5%碳酸氢钠洗胃、灌肠，以清除摄入的毒素。发生本病时，应立即查明毒素来源，及时更换饲料。另外，盐酸胍和维生素E单醋酸脂能促进神经末梢释放乙酰胆碱和加强肌肉的紧张性，对本病有良好的疗效。

第二十三节 坏死杆菌病

坏死杆菌病是由坏死杆菌引起的各种哺乳动物和禽类的一种慢性传染病。病的特征是在受损伤的皮肤和皮下组织、消化道黏膜发生坏死，有的在内脏形成转移性坏死灶。

（一）病　原

坏死杆菌为多形性的革兰氏阴性菌，在感染的组织内多为长丝状，也有呈短杆状或球杆状，新分离的菌株多呈长丝状。本菌无运动性，不形成荚膜和芽孢。

本菌为严格厌氧菌，在普通琼脂和肉汤中不生长，加入血液、血清、葡萄糖、肝块等可助其生长；加入亮绿或结晶紫可抑制杂菌生长，获得本菌的纯培养。在血液琼脂平板上，呈β溶血。

本菌对外界理化的抵抗力不强，55 ℃、15 min 即可杀死，常用消毒药短时间内可杀死本菌。但在污染的土壤中和有机质中能存活较长时间。对氯霉素、四环素、青霉素和磺胺类药物敏感。

（二）流行病学

坏死杆菌广泛存在于自然界。健康动物胃肠道、患病动物及其坏死组织内，以及被坏死组织和患畜的分泌物、排泄物污染的环境中，都有本菌的存在，沼泽、水塘、污泥、低洼地更适宜于坏死杆菌的生存。

患病和带菌动物是本病主要的传染源。本病主要经损伤的皮肤和口腔黏膜而感染，新生畜有时经脐带感染。人多经外伤感染。

多种畜禽和野生动物均有易感性，家畜中以猪、绵羊、山羊、牛、马最易感，禽易感性较小，人也可感染。本病多发生于低洼潮湿地区，常发于炎热、多雨季节，一般散发或呈地方流行性。饲养管理不善或环境条件较差，矿物质特别是钙磷缺乏、维生素不足、营养不良、长途运输等，均可促进本病的发生与发展。

（三）症状和病变

本病潜伏期数小时至 1~2 周，一般 1~3 d。

（1）猪：猪互相咬架，饲养场污泥很深，场地有突出的尖锐物体时，最易发生本病。多发生于多雨、潮湿及炎热的季节，一般为散发。根据发病部位不同，可分为 4 型：

坏死性皮炎：此型最常见。仔猪和架子猪多见。以体表皮肤及皮下发生坏死和溃疡为特征。多发生于体侧、臀部及颈部，患部脱毛，皮肤变白。创口流出灰黄色或灰棕色恶臭液体；有的病猪发生耳或尾干性坏死，最后脱落；个别病猪全身或大块皮肤干性坏死，如盔甲般覆盖体表，最后从其边缘逐渐剥离脱落。病猪全身症状不明显，严重者减食或拒食，体温升高，消瘦，常因恶病质而死亡。

坏死性口炎：多发生于仔猪。病猪不安，厌食，腹泻，消瘦，舌、齿龈、颊及扁桃体粘膜出现溃疡，上面附有伪膜或痂皮，下有淡黄色的化脓性坏死性病变。

坏死性鼻炎：在鼻黏膜上出现溃疡，并附有伪膜，有的还伴发鼻软骨和鼻骨的坏死，影响吃食和呼吸，还可蔓延到气管和肺。

坏死性肠炎：常继发于猪瘟和猪副伤寒，生前症状不明显，病猪严重下痢和消瘦。剖检时，可见胃、肠黏膜有溃疡。

（2）牛：多发生于乳牛，犊牛较成年牛易感。凡牛舍、运动场潮湿、泥泞或夹杂碎石、煤渣，饲料质量低劣，人工哺育不注意用具消毒等，均可引起本病。临床上常见的有腐蹄病和坏死性口炎。

腐蹄病：多见于成牛。当叩击蹄壳或钳压病部时，可见小孔或创洞，内有腐烂的角质和污黑臭水。这种变化也可见于蹄的其他部位，病程长者还可见蹄壳变形。严重者可导致病牛卧地不起、踢匣、趾端脱落，化脓性关节炎等，进而发生脓毒败血症而死亡。

坏死性口炎：多见于犊牛。病初厌食，发热、流涎、鼻漏、口臭和气喘。口腔黏膜红肿，增温，在齿龈、舌、腭、颊或咽等处，可见粗糙、污秽的灰褐色或灰白色的伪膜；发生在咽喉者有颌下水肿、呕吐，不能吞咽及严重的呼吸困难。病变有时蔓延至肺部，引起致死性支气管炎或在肺和肝形成坏死性病灶，常导致病牛死亡，病程约5~20 d。

（3）羊：绵羊患坏死杆菌病多于山羊，因患病部位和组织不同而有不同的病名，如腐蹄病、坏死性口炎、肝肺坏死杆菌病等。腐蹄病初呈跛行，多为一肢患病，开始红肿、热痛，而后溃烂，挤压肿烂部有发臭的脓样液体流出。以后可波及腱、韧带和关节，有时蹄匣脱落。肝肺坏死杆菌病表现肝脏质地坚硬，均匀散布蚕豆至胡桃核大的坏死病灶，颜色灰白，肺脏实变，有大小不等的白色坏死灶，形成典型的肺脓肿。

（4）兔：病兔废食、流涎。可在唇部、口腔黏膜、齿龈、颈部、头面部及胸部等处出现坚硬肿块，随后出现坏死、溃疡，形在脓肿；也可在病兔腿部和四肢关节的皮肤内繁殖，发生坏死性炎症，或侵入肌肉和皮下组织形成蜂窝织炎。病兔体温升高，最后衰竭死亡。

剖检可见病兔的口腔、齿龈、颈部和胸前皮下组织及肌肉组织等坏死。肝、脾、肺等处有坏死灶。腿部有深层溃疡病变。皮下肿胀，内含黏稠脓性或干酪性物质。

（5）鸡：多为坏死性口炎。病鸡精神委顿、不食、呼吸困难。在舌、咽、喉头和食道等处存在覆盖黄白色假膜的坏死灶。有的病例坏死也发生在呼吸道、胃肠黏膜和爪部。

（6）人：主要表现为手部皮肤、口腔、肺形成脓肿。与口腔感染、牙周炎、妇女生殖道感染及肠穿孔、创伤性感染有关。

（四）诊　断

根据本病临床症状，再结合流行病学资料，可以做出初步诊断。确诊需进行实验室诊断。

细菌学检查：从坏死病灶的病、健交界处采取病料制作涂片，以石碳酸复红或碱性美染色后，镜检可见佛珠状的菌丝，即为坏死杆菌，或将未被污染的病料接种于葡萄糖血琼脂平板进行细菌的分离鉴定。

动物试验：可用生理盐水或肉汤制取病料的悬液，接种兔耳外侧或小鼠尾根皮下，2~3 d后，接种动物逐渐消瘦，局部坏死，8~12 d死亡，从死亡动物实质器官易于获得分离物。

（五）防　制

本病预防应采取综合性防制措施，加强饲养管理，做好环境卫生和消除发病诱因，避免皮肤和黏膜损伤。畜群发病时及时隔离，并根据病型不同采取全身治疗和局部治疗。全身治疗可肌肉或静脉注射磺胺类药物，四环素、土霉素、金霉素、螺旋霉素等，有控制本病发展和继发感染的双重功效。此外还应配合强心、解毒、补液等对症疗法，以提高治愈率。如可用土霉素，20~40 mg/kg体重，肌肉注射，每天2次，连用3 d；氯霉素，50~100 mg/kg体重，肌肉注射，每天2次，连用3 d；磺胺二甲嘧啶，50~100 mg/kg体重，肌肉注射，每天2次，连用3 d。

患部局部治疗根据病型不同有所差异。

腐蹄病的治疗，首先要清除坏死组织，用食醋、3%来苏儿或1%高锰酸钾溶液冲洗，或用6%福尔马林、5%~10%硫酸铜溶液脚浴，然后用抗生素软膏涂抹，为防止硬物刺激，可将患部用绷带包扎。

对"白喉"病畜，应先除去伪膜，再用1%高锰酸钾冲洗，然后用碘甘油或10%氯霉素酒精溶液，每天2次至痊愈，或用硫酸铜轻擦患处至出血为止，隔日1次，连用3次。

坏死性皮炎患畜，首先彻底清除创内的坏死组织，露出红色创面，然用1%高锰酸钾液或3%过氧化氢液冲洗，最后涂擦抗生素药膏或用雄黄30g，陈石灰100g，加桐油调成糊状，填充创口。

第二十四节　钩端螺旋体病

钩端螺旋体病，简称钩体病，又称细螺旋体病，是一种重要的人畜共患传染病和自然疫源性疾病。动物多阴性感染，急性病例主要表现为贫血、黄疸、发热、血红蛋白尿、皮肤粘膜坏死和孕畜流产。人对钩体病普遍易感，我国以长江以南诸省比较常见。

（一）病　原

钩端螺旋体为细长圆形，呈螺旋状，一端或两端弯曲呈钩状，能活泼运动，用姬姆萨氏染色呈淡紫红色，用镀银染色呈棕黑色。

目前全世界已发现的钩端螺旋体共有23个血清群，200个血清型。我国已知有19群，161血清型，是世界上发现血清型最多的国家。我国较常见的有13个血清群、15个血清型。动物中流行的主要是波摩拿群、犬热群、秋季热群、黄疸出血群、流感伤寒群、土日热群和爪哇钩端螺旋体。钩端螺旋体的型别不同，对人和动物的毒力、致病力也不同。某些致病菌型在体内可产生如内毒素样物质、细胞毒性因子及溶血素等代谢产物。

钩端螺旋体在25~30 ℃的池塘、河流中，能生存3周以上。对干燥非常敏感，在干燥环境下数分钟即可死亡，极易被稀盐酸、70%酒精、漂白粉、来苏儿、石碳酸、肥皂水和0.5%升汞灭活。钩体对理化因素的抵抗力较弱，如紫外线、温热50~55 ℃、30 min均可被杀灭。

（二）流行病学

各种家畜和野生的哺乳动物以及人等均可感染，特别是鼠类最易感。病畜和带菌动物是传染源，特别是带菌鼠和感染猪在本病的传播上起着重要的作用。

畜禽中以猪、水牛、牛、犬和鸭感染率较高。猪和犬是易感动物重要的感染源。动物感染后，病原体从尿液排出，污染周围的水源、土壤，主要通过损伤的皮肤、黏膜和消化道而传染，也可通过交配、人工授精和吸血昆虫叮咬而传播。

农业劳动者，接触污染的田水，钩端螺旋体常经皮肤（特别是破损的皮肤）进入人体，引起本病的流行。在洪水泛滥或大雨后，也可有本病的流行，主要是猪的含菌排泄物污染水源所致。此外，污染的水或食物亦可经消化道黏膜引起感染；在患本病的孕妇，钩端螺旋体还可经过胎盘使胎儿受染。

本病多发生于夏秋季节，以气候温暖、潮湿多雨、鼠类繁多的地区发病较多。一般为散发或地方流行。饲养管理不善、导致机体抵抗力下降的各种因素都可促使本病的发生。

（三）发病机理

钩端螺旋体进入动物机体后，在血液中繁殖，引起机体发热，同时可大量破坏红细胞，使血中血红蛋白含量增多。另外，钩端螺旋体在肝脏大量繁殖，导致肝脏变性、坏死，使胆红素直接进入血液和组织中。因此，患畜表现为发热、黄疸和血红蛋白尿。

（四）症　状

钩端螺旋体侵入动物机体后进入血液，动物出现轻重不一的临床反应。

猪：潜伏期 2~5 d，可分为 4 种类型。

急性黄疸型：常发生于肥育猪，呈散发性。病猪精神沉郁、体温升高、厌食，皮肤干燥，大便秘结，呈羊粪状，颜色深褐，尿呈茶褐色或血尿，眼结膜及巩膜发黄。有时无明显症状，在食欲良好的情况下突然死亡。

水肿型：俗称"大头瘟"，常发生于中小猪。病初有不同程度体温升高，食欲减退，精神沉郁，眼结膜潮红，黄疸，几天后，部分病猪头部、颈部发生水肿，尿如浓茶或血尿。病死率 50%~90%。耐过的猪只往往生长缓慢，成为僵猪。

神经型：有些病猪发生抽搐，肌肉痉挛，行动僵硬，摇摆不定症状。

流产型：在本病流行期间，怀孕母猪出现流产，死胎腐败或呈木乃伊状，或产下弱仔，常于生后不久死亡。

（五）病　变

皮肤、皮下组织、浆膜和黏膜有程度不同的黄疸，胸腔和心包有黄色积液。肠系膜、肠、膀胱黏膜等出血。肝肿大呈棕黄色，胆囊肿大，淤血，膀胱积有血红蛋白尿和浓茶样蛋白尿，肾肿大淤血。慢性型有散在的灰白色病灶。水肿型，上、下颌，头颈、背、胃壁出现水肿。成年猪肾皮质出现 1~3 mm 的灰白色病灶，病程稍长，肾萎缩变硬，表面凹凸不平或呈结节状，被膜粘连，不易剥离。

（1）牛：本病发生于任何年龄的牛，但以幼牛发病率较高。饥饿、饲料质量差、饲喂不合理，管理混乱或其他疾病使牛体抵抗力下降时，常常引起本病的爆发和流行。

潜伏期一般为 2~20 d。急性型为突然发高烧，食欲废绝，呼吸和心跳加速，黏膜发黄，尿色呈红褐色，有大量白蛋白、血红蛋白和胆色素，常见皮肤干裂、坏死和溃疡。常于发病后 2~4 d 内死亡，死亡率很高；亚急性型常见于奶牛，体温有不同程度的上升，精神沉郁、食欲下降、黏膜发生黄染，产奶量明显下降或停止，乳汁变为黄色并常有血凝块。病牛死亡率低，经两周后可逐渐恢复，但产奶量往往需经较长时间才能恢复正常。

剖检可见皮肤、黏膜和皮下组织黄染，各器官有出血点，肝、肾等有坏死灶。

（2）马：急性病例高热稽留数日，不食，皮肤和黏膜发黄，有点状出血，皮肤干裂和坏死。后期出现血尿，死亡率约50%；慢性病例表现为发热、委顿和黄疸，死亡率较低。

（3）羊：本病潜伏期2~20 d。羊通常表现为隐性传染，临床表现体温升高、呼吸和心跳加速、结膜发黄、黏膜和皮肤坏死、消瘦、黄疸、血尿，迅速衰竭而死；孕羊流产。剖检病变可见皮下组织发黄，内脏广泛发生出血点；肾脏表面有多处散在的红棕色或灰白色小病灶，肝肿大，有坏死灶；膀胱内有红色尿液；淋巴结肿大，皮肤和黏膜坏死或溃疡。

（4）犬：本病潜伏期5~5 d。患病犬以发热、黄疸、贫血、出血、眼炎、蛋白尿和血红蛋白尿为特征。分为出血性黄疸型和犬伤寒型两种。

出血性黄疸型：精神沉郁、发热、食欲废绝、血便、呕吐、眼结膜和口腔黏膜充血或出血；尿呈豆油色，可视黏膜和皮肤黄染、出现黄疸，往往于发生黄疸后3~5 d死亡。

犬伤寒型：以肾炎为主要特征。精神沉郁、体温升高、肌肉僵硬疼痛、四肢无力，常呈坐姿而不愿动，眼结膜和口腔黏膜充血形成溃疡。发展为尿毒症的犬出现呕吐、血尿、无尿、尿臭及脱水。如果肝脏受到侵害，部分病犬出现黄疸。病情严重的于发病后5~7 d死亡。

剖检除见黄疸外，脾脏、肾脏、淋巴结肿胀，浆膜下、黏膜、肺脏等器官组织出血。

（5）人：感染后表现为高热、全身酸痛、乏力、球结合膜充血、淋巴结肿大和明显的腓肠肌疼痛。重者可并发肺出血、黄疸、脑膜脑炎和肾功能衰竭等。

（六）诊　断

本病的临床症状和病理变化多种多样，钩端螺旋体的血清群和血清型又十分复杂。感染的菌型不同而有明显的差异，单靠临床症状和病理解剖难以确诊，因此，本病的确诊需进行实验室诊断。

细菌学检查：可采取血液、尿液、脑脊液、肝、肾、脾、脑等病料。血液、尿、脊髓液以3 000 rpm离心30 min，取沉淀物制成压滴标本，在暗视野显微镜下检查；肝、肾、脾组织先制成1∶5~1∶10悬液，经1 500 rpm离心5~10 min，其上清液再以3 000 rpm离心30 min，沉淀物制片镜检。或将病料接种于柯索夫、希夫纳培养基或鸡胚培养进行病原体的分离培养鉴定。

血清学检查：凝集溶解试验、补体结合试验、间接血凝试验及酶联免疫吸附试验，均可用于诊断。

动物试验：采用鲜血、尿或肝、肾等组织制成乳剂，取1~3 mL接种于幼龄仓鼠、豚鼠或仔兔，3~5 d后体温升高，减食，黄疸，剖检见有广泛性黄疸和出血，且肝、肾涂片见有大量钩端螺旋体，即可确诊。

（七）防　制

预防：预防本病应采取综合管理措施。注意环境卫生，做好灭鼠、排水工作，预防鼠与猪之间及猪与猪之间的传播，管好犬、牛等其他家畜，防止钩端螺旋体污染水和食物。严防病畜尿液污染周围环境，对污染的场地、用具、栏舍可用1%石碳酸或0.1%升尔或0.5%甲醛液消毒。严禁从疫区引进种，必要时应隔离观察1个月确认无病后才能混群。常发地区应预防接种钩端螺旋体菌苗或接种本病多价苗。

（八）治　疗

本病要做到早期诊断、早期治疗。链霉素、青霉素和四环素族等抗生素对钩端螺旋体较为敏感。如链霉素 15～25 mg/kg，每日 2 次，肌肉注射，连用 3～5 d；土霉素 15～30 mg/kg，口服或注射，每天 1 次，连用 3～5 d。在进行上述治疗的同时，也应采取利尿、强心和补液等对症疗法，对提高治愈率有重要作用。

第二十五节　衣原体病

衣原体病又称鹦鹉热或鸟疫，是由鹦鹉热衣原体和牛、羊衣原体所引起的各种家畜和人类共患的传染病。以表现流产、肺炎、肠炎、结膜炎、多发性关节炎、脑炎等多种临诊症状为特征。

（一）病　原

衣原体属于衣原体科衣原体属。衣原体属目前有四个种，即沙眼衣原体、鹦鹉热衣原体、肺炎衣原体和牛、羊衣原体。鹦鹉热衣原体和牛、羊衣原体是动物衣原体病的主要致病菌，人也有易感性。

衣原体呈椭圆形或圆形，具有滤过性、严格细胞内寄生的革兰氏阴性的原核微生物。在宿主细胞繁殖过程中有两种形态：元体和网状体。元体较小，存在于细胞外，对人和动物具有高度传染性，但无繁殖能力，姬姆萨染色呈紫色；网状体又呈始体，形态较大，存在于细胞内、无感染性，有繁殖能力，姬姆萨染色呈蓝色。

衣原体系专性细胞内寄生物，能在鸡胚和易感动物细胞内生长繁殖。因此目前可用鸡胚、动物细胞和易感动物进行培养。

衣原体对热、脂溶剂和去污剂以及常用的消毒药均十分敏感。但对煤酚类化合物和石碳酸等有较强抵抗力。在低温下则可存活较长时间，如 4 ℃ 可存活 5 d，0 ℃ 存活数周。受感染的鸡胚卵黄囊在-20 ℃ 可保存若干年。严重感染的小鼠和禽类脏器组织在-70 ℃ 保存 4 年未丧失其毒力。0.1%福尔马林、0.5%石碳酸在 24 h 内，70%酒精数分钟、3%过氧化氢片刻，均能将其灭活。

衣原体对青霉素、金霉素、红霉素、四环素、氯霉素、多黏菌素 B 等药物敏感，对链霉素、庆大霉素、卡那霉素、新霉素及杆菌肽等有抵抗力。对磺胺类药物，沙眼衣原体敏感，而鹦鹉热衣原体和牛、羊动物衣原体则有抵抗力。

（二）流行病学

衣原体病是自然疫源性疾病，目前发现至少 17 种哺乳动物、190 余种鸟类和家禽能够自然感染。鹦鹉热衣原体广泛感染禽鸟类和哺乳动物，引起畜禽肺炎、流产、关节炎和人的肺炎；牛、羊衣原体则主要感染羊、牛、猪，引起患畜散发性肺炎、多发性关节炎和腹泻。

病畜（禽）和带菌者是本病的主要传染源。它们可由粪便、尿、乳汁以及流产的胎儿、胎衣和羊水排出病原菌，污染水源和饲料等，经消化道感染健畜，亦可由污染的尘埃和散布于空气中的液滴，经呼吸道或眼结膜感染。交配或人工授精也可发生感染，子宫内感染也有可能。蜱可通过叮咬传播本病，是本病重要的贮存宿主和传播媒介。

本病的季节性不明显，但犊牛肺肠炎病例冬季多于夏季，羔羊关节炎和结膜炎常见于夏秋。本病的流行形式多种多样，怀孕牛、羊、猪流产常呈地方流行性，羔羊、仔猪发生结膜炎或关节炎时多呈流行性，而牛发生脑脊髓炎时则为散发性。

饲养密度过大、运输、营养紊乱等应激因素可促进本病的发生。

（三）症　状

本病的潜伏期因动物种类和临诊表现而异，短则几天，长则可达数周，甚至数月。家畜感染后，有不同的临诊表现，常见的有以下几种病型。

（1）流产型：又名地方流行性流产，主要发生于羊、牛和猪。

羊的潜伏期为 50~90 d。临诊症状表现为流产、死产和产弱羔。流产发生于怀孕的最后一个月。产后多见胎衣滞留、阴道流出分泌物。有些母羊因继发感染细菌性子宫内膜炎而死亡。羊群第一次爆发本病时，流产率可达 20%~30%，以后则每年为 5%左右。流产过的母羊以后不再流产。

母牛一般在妊娠中后期流产，流产前无特殊征兆，体温升高 1~2 ℃，产出死犊或弱犊，胎衣排出迟缓，但一般不发生胎衣滞留。初产的母牛感染后易于引起流产，流产率高达 60%。同群青年公牛常发生精囊炎，表现为精囊、附性腺、附睾和睾丸的慢性发炎。

母猪感染后，表现为流产、死胎和产弱仔。初产母猪多见，流产率达 40%~90%。存活弱仔，常因胎内感染迅速出现体温升高、寒战、发绀、恶性腹泻等症状，多在生后 3~5 d 死亡。公猪发生睾丸炎、附睾炎、阴茎炎和尿道炎。

（2）肺炎型：主要发生于犊牛和羔羊。

牛主要见于 6 月龄以前的犊牛，患畜表现抑郁、腹泻，体温升高，鼻流浆黏性分泌物，流泪，以后出现咳嗽和支气管肺炎。犊牛表现的症状轻重不一，有的犊牛可呈隐性经过长期带菌。

羊通常呈慢性经过，一般以羔羊多见。羔羊感染后出现突然咳嗽、体温升高、精神沉郁、食欲下降、下痢、鼻流浆液性或脓性分泌物。之后痊愈或进一步出现呼吸困难、喘气、逐渐消瘦、衰弱、窒息死亡。常有链球菌或巴氏杆菌继发感染。

（3）肠道感染型：自然感染多见于 6 月龄以下犊牛，表现为体温升高、沉郁不食、严重腹泻，粪便稀薄、带血，病犊严重脱水、消瘦。

（4）关节炎型：又称多发性关节炎。

羊发病多见于 3~5 月龄羔羊。病羔出现体温升高、废食欲、离群、肌肉僵硬，一肢甚至四肢跛行，肢关节肿胀感痛，两眼发生滤泡性结膜炎。随着病的发展，跛行加重，羔羊弓背而立，有的羔羊长期侧卧，如隔离和饲养条件较好，病死率低。病程 2~4 周。

牛发病多见于 3 周龄以下犊牛，病初发热厌食，不愿站立和运动，关节肿大，后肢关节最严重，病状出现后 2~12 d 死亡。恢复的犊牛可产生免疫力。

仔猪的关节炎多呈良性经过，表现为体温升高、关节肿痛、跛行，很少死亡。

（5）结膜炎型：又称滤泡性结膜炎，主发于绵羊，尤其是肥育羔和哺乳羔。主要表现为病羊的一侧或双眼眼结膜充血水肿，流泪，角膜混浊、溃疡、穿孔，瞬膜和眼睑结膜上形成直径 1~10 mm 的淋巴样滤泡。某些病羊发生关节炎、跛行。病程一般为 6~10 d，但伴发角膜溃疡者，可长达数周。

(6) 脑脊髓炎型：以 2 岁以下的牛最易感。病牛体温升高达 40.5~41.5 ℃，食欲减退或不食、消瘦、流涎和咳嗽明显。行走摇摆，有的病牛有转圈运动或以头抵硬物。四肢主要关节肿胀、疼痛。有的病牛出现鼻漏、腹泻、角弓反张和痉挛。病死率约 30% 左右。耐过牛有持久免疫力。

禽类感染后称为鹦鹉热，多呈隐性经过，尤其是鸡、鹅、野鸡等，但幼龄鸭、鸽、鹦鹉感染后常引起死亡，表现为厌食、眼鼻有脓性分泌物、腹泻，后期因严重脱水消瘦死亡。

（四）病　变

流产型：羊主要表现为胎盘炎和羔胎病变。流产母羊胎膜水肿，血染，呈暗红色，胎膜周围的渗出物呈棕色。流产胎儿水肿，胸腹腔积液，心、肺浆膜出血，气管有淤血点；在牛，流产母牛多发生子宫内膜炎、子宫颈炎和阴道炎，胎膜常水肿，胎儿苍白，贫血，皮肤和黏膜有小点出血，皮下水肿，肝有时肿胀；对猪而言，可见流产胎儿皮肤上布有淤血斑，皮下水肿，胸、腹腔内积液，肝肿大呈红黄色，心内膜有出血点，脾肿大。

肺炎型：剖检可见鼻腔内有浆液性渗出液，鼻中隔、鼻甲充血肿胀，肺尖叶、隔叶和心叶灰白色实变区。

肠炎型：表现为急性卡他性胃肠炎，肠系膜和纵膈淋巴结肿胀充血；肺有灰红病灶，有时见有胸膜炎；肝脏颜色不均，表面有淡黄色坏死点，胸腺、脾脏和膀胱黏膜有点状出血。

关节炎型：关节周围组织充血、水肿，关节肿大。关节囊液混浊、内含纤维蛋白絮片，慢性病例可见增生性纤维素性关节炎，关节周围组织水肿。两眼呈滤泡性结膜炎。

结膜炎型：结膜充血和水肿明显，滤泡内见淋巴细胞增生。角膜水肿、糜烂和溃疡。

脑脊髓炎型：尸体常消瘦，脱水。腹腔、胸腔和心包有浆液渗出，以后浆膜面与附近脏器粘连。脾和淋巴结一般增大。脑出现弥散性脑脊髓炎和脑膜炎。

禽类的病理变化，除鹦鹉常见脾肿大外，各种禽类均可见肝肿大，有坏死灶。气囊发炎，呈现云雾样浑浊或有干酪样渗出物。常有纤维素性心包炎。有的有严重肠炎病变。

（五）诊　断

根据流行特点、临诊症状和病理变化仅能怀疑为本病，确诊需进行实验室检查。

细菌学检查：取流产胎儿的器官、胎盘和子宫分泌物，关节滑液，大脑、脊髓、肺、支气管淋巴结、肠道黏膜、粪便等。涂片后用姬姆萨氏法染色后镜检，即可确诊。或将病料接种于孵化 5~7 d 的鸡胚卵黄囊、小鼠或豚鼠，或进行细胞培养，进行病原的分离培养鉴定。

血清学检查：通常采取急性和恢复期双份血清，进行补体结合反应。如抗体滴度增高 4 倍以上，可判为阳性。

此外，也可进行血清中和试验、间接血凝试验、免疫荧光试验、酶联免疫吸附试验、PCR 和 DNA 探针等方法进行鉴定。

（六）防　制

（1）建立密闭的种群饲养系统。由于衣原体拥有广泛宿主，采用"全进全出"、自繁自养的密闭饲养系统可有效防止其他动物携带的疫源性衣原体的侵入和感染种群。

（2）建立严格的卫生消毒制度。严格做好工作区大门通道、产房、圈舍和场区环境消毒，对流产胎儿、死胎、胎衣要集中无害化处理，同时用2%~5%来苏儿或2%苛性钠等有效消毒剂进行严格消毒，1次/d，连续消毒7 d。加强产房卫生工作，以防新生幼畜感染本病。

（3）建立和实施衣原体疫苗免疫计划。可采用衣原体流产灭活苗和油苗对种畜和商品畜禽实施免疫接种。如采用猪衣原体病油乳剂灭活疫苗，公猪和母猪于配种前30 d和15 d，各注射1次。断奶仔猪肌肉注射2 mL，可预防由衣原体引起的母猪流产、死胎繁殖障碍，及仔猪 衣原体肺炎、关节炎等；采用羊流产衣原体灭活苗对母羊和种公羊进行免疫接种，可有效控制羊衣原体病的流行。

（4）药物治疗。衣原体病常用的治疗药物有盐酸四环素，静脉、肌内注射剂量：每千克体重，牛、马5~10 mg，猪、羊7~15 mg，犬10~20 mg，分作1~2次注射。片粉剂，内服，每千克体重，猪20~50 mg，犬30~100 mg，分2~3次服用，家禽拌料浓度0.04%~0.06%，连用5~7 d为一疗程。氯霉素，每千克体重，牛、马、猪、羊5~10 mg，犬、猫20 mg，2次/d，家禽拌料浓度0.1%~0.2%，连用5~7 d为一疗程。螺旋霉素、卡巴霉素对衣原体也有较好的疗效。中药制剂，川芎5 g、薏仁米100 g、柴胡5 g、黄连5 g、当归10 g、贝母7 g、双花10 g、麻黄3 g、大青叶50 g、甘草5 g，大的家畜50~100 g，家禽2~3 g喂服，对衣原体也有较好的治疗与预防作用。

思考题

1. 口蹄疫病毒有几种血清型？如何采集和送检样品？
2. 平时如何预防口蹄疫？发病后如何扑灭？
3. 狂犬病在临诊上有何特点？人被狂犬病动物咬伤后如何救治？
4. 怀孕母猪及4周龄以内的仔猪患伪狂犬病后各有哪些病状？本病如何确诊？
5. 日本乙型脑炎的流行病学有何特点？如何预防本病？
6. 牛海绵状脑病有何临诊特点？怎样预防？
7. 仔猪黄痢发生于多大周龄的猪？有什么症状？如何防治？
8. 猪水肿病的病变特点有哪些？如何防治？
9. 禽大肠杆菌病有哪些类型？急性败血症和卵黄性腹膜炎的病变特点有哪些？
10. 简述猪急性败血型链球菌病的症状和病变特点。如何防制本病？
11. 禽沙门氏菌病包括哪几种类型的疾病？禽副伤寒在公共卫生上有什么重要性？
12. 雏鸡白痢病发生于多大日龄的鸡？其症状和病变特点有哪些？如何防治？
13. 畜禽发生巴氏杆菌病后往往找不到外来的传染源，为什么？
14. 猪急性型巴氏杆菌病的症状和病变特点是什么？如何防制？
15. 急性禽霍乱有哪些特征性症状和病变？如何防制？
16. 如何防制家畜布鲁氏菌病？
17. 人类如何防止布鲁氏菌病的自身感染？
18. 如何防制乳牛结核病？
19. 炭疽的病性特点有哪些？本病发生后如何扑灭？
20. 破伤风的病性特点是什么？主要传播途径是什么？如何防治破伤风？
21. 如何预防和扑灭猪瘟？

第四章 猪的传染病

（1）掌握猪的各种传染病的病性特点。
（2）掌握猪的各种传染病的流行特点。
（3）掌握猪的各种传染病的症状和病变。
（4）掌握猪的各种传染病简要的实验室诊断方法。
（5）掌握猪的各种传染病的针对性的防制措施。
（6）猪传染病的相似症状和病变的鉴别诊断。

第一节 猪 瘟

猪瘟是由猪瘟病毒引起的一种急性、热性和高度接触传染的病毒性传染病。其特征为发病急、高热稽留和细小血管壁变性，引起全身泛发性小点出血、脾梗死。

（一）病 原

本病病原是猪瘟病毒（HCV），目前仍只有一个血清型，毒力差异很大，强毒株可引起急性疾病，中毒株产生慢性感染，低毒株只造成轻微感染，但胚胎或初生猪感染可致死亡，弱毒株可做疫苗。与牛病毒性腹泻病毒（BVDV）之间抗原关系密切。猪瘟病毒抵抗力不强，但存在于介质中的病毒抵抗力大为提高，2% NaOH 是最理想的消毒剂。

（二）流行病学

不同年龄和品种的猪均可感染发病。可通过采食带有猪瘟病毒的饲料或饮水或吸入带病毒的飞沫和尘埃发病，妊娠母猪感染低毒力的 HCV 时，可通过子宫感染胎儿。病毒进入体内的关键部位是扁桃体。本病发生无季节性，有高度的传染性，一般是一至数头猪发病，经一周左右，大批猪跟着发病，各种抗菌药物治疗无效。

（三）症 状

根据临床表现和其他特征，可分为急性、慢性及迟发型。

急性型病猪体温升高至 41~42 ℃，食欲减退或拒食，精神沉郁，不爱活动，畏寒怕冷；双眼无神，眼睑有多量黏脓性分泌物；病初拉干硬球状粪便，后拉稀，内混有黏液，有的还见呕吐现象；病初皮肤充血，后期耳根、鼻端、腹下、骨内侧见出血斑点；部分幼龄猪有神经症状，表现为昏睡、磨牙、运动障碍；白细胞及血小板显著减少，病程 1~3 周。

慢性型病猪病程可分为三期：早期具有明显的一般性表现和血相变化。中期体温趋于正常，一般性症状改善，仍有血相变化。后期重现明显的一般性表现，很快衰竭死亡，病程 1

月以上。

迟发型病猪是先天感染 HCV 的结果。病猪表现为流产，产死胎，木乃伊，弱仔或外表健康的感染仔猪（终生有高水平的病毒血症）；弱仔出生后很快死亡，外表健康的带毒仔猪免疫耐受，能存活较长时间，但最终不免死亡。

（四）病　变

急性型病死猪淋巴结水肿、出血，切面中心灰白，周边暗红，呈"大理石样"外观；肾脏色泽变淡，皮质表面有出血斑点，严重者可见肾盂及输尿管出血；脾脏不肿大，有出血性梗死，以边缘多见，呈紫黑色，稍高于周围表面；皮肤、全身浆膜、黏膜、膀胱、胆囊、喉头等见有大小不等数量不一的出血斑点。

慢性型病死猪盲、结肠黏膜上，尤其是回、盲瓣口附近，常有特征性的坏死和溃疡变化，呈"纽扣状"；年龄较小的猪，由于代谢紊乱，在肋骨与肋软骨交界处常形成"串珠样"肿。

迟发型先天性感染猪群引起死胎、木乃伊及畸形胎儿；死胎全身皮下水肿，有胸、腹腔积液；畸形胎儿表现为四肢变形，小脑发育不良；胸腺萎缩。

（五）诊　断

临床综合诊断：应注意与败血型副伤寒、猪丹毒、链球菌病、猪肺疫、弓形体病、传染性胸膜肺炎、附红细胞体病、猪繁殖与呼吸综合症等相区别。

确诊可进行实验室检查。

1. HCV 抗原检查

常用冰冻切片做直接荧光抗体染色，扁桃体是首选病料，其次是脾、肾。

2. 抗体检查

可用提纯强、弱毒抗原进行 ELISA 试验，区分疫苗弱毒感染、野毒感染和混合感染所引起的抗体反应。

3. 中和实验及兔体交互免疫实验等

已接种过猪瘟疫苗的猪群，间接血凝试验抗体低于 1∶16 时，要接种猪瘟疫苗，未接种过猪瘟疫苗的猪群，1∶16 为阳性感染。

单抗 ELISA 检测强毒感染或弱毒疫苗株，为消灭猪瘟所必须采用的诊断方法。

荧光抗体检查亮绿色荧光，表示检出猪瘟病毒抗原，但不能区分牛病毒性腹泻病毒与猪瘟病毒。

兔体交互试验诊断病料中的猪瘟病毒为强毒株或疫苗毒株。

中和试验区分猪瘟病毒抗体和牛病毒性腹泻抗体，不能区分猪瘟强毒和疫苗株产生的抗体。

在临床上，急性猪瘟与下列疾病有许多类似之处，应注意鉴别。

急性猪丹毒：多发生于夏天，病程短，发病率和死亡率比猪瘟低，体温很高，但仍有一定食欲。皮肤上的红斑，指压褪色，病程较长时，皮肤上有红色疹块。眼睛清亮有神，步态僵硬。剖检可见胃和小肠有严重出血，脾肿大呈樱红色，淋巴结和肾淤血肿大，青霉素等抗菌药物治疗有显著疗效。

最急性猪肺疫：夏天或气候和饲养条件剧变时多发，发病率和死亡率比猪瘟低，咽喉部急性肿胀，呼吸困难，口、鼻流泡沫，有咳嗽，皮肤发红或有少数出血点。剖检时咽喉部肿胀出血，肺充血水肿，颌下淋巴结出血，切面呈红色，脾不肿大。链霉素等抗菌药物治疗有显著疗效。

败血型链球菌病：多见于仔猪，常常有多发性关节炎和脑膜炎等症状，病程短，抗菌药物治疗有显著疗效。剖检可见器官充血、出血明显，心包液增量、脾肿大。有神经症状的病例，脑和脑膜充血、出血，脑脊髓液增量、浑浊，脑实质有化脓性脑炎变化。

急性猪副伤寒：多见于2～4月龄的猪，在阴雨连绵季节多发，一般呈散发性。先便秘后腹泻，有时粪便带血，有结膜炎，胸腹部皮肤呈蓝紫色。剖检肠系膜淋巴结显著肿大，肝可见黄色或灰色小点坏死，大肠有溃疡，脾肿大，抗菌素治疗有效。

慢性猪副伤寒：与慢性猪瘟易混淆，区别点是：慢性猪副伤寒顽固性下痢，体温不高，皮肤无出血点，有时咳嗽。剖检可见大肠有弥漫性坏死性肠炎变化，脾增生肿大，肝、脾、肠系膜淋巴结有灰黄色坏死灶或灰白色结节。抗菌素治疗有效。

弓形虫病：也有持续高热、皮肤紫斑和出血点、大便干燥等症状，容易同猪瘟混淆。但弓形虫病呼吸高度困难，磺胺类药治疗有效。采取肺和支气管淋巴结检查，可检出弓形虫。

（六）防 制

在有猪瘟流行的地区，常用疫苗接种辅以扑灭措施以控制本病。

1. 免疫程序

① 不稳定场，仔猪出生后马上用猪瘟疫苗超前免疫，1～2 h后再让小猪吃初乳。40日龄二免（多用4头份猪瘟疫苗），70日龄三免（多用4头份猪瘟疫苗），公猪每隔半年免疫1次（多用4头份猪瘟疫苗）。母猪在每次配种前免疫。② 稳定场，20日龄给仔猪首免，60日龄二免（多用4头份猪瘟疫苗），其他猪群同不稳定场。

2. 定期检查

公、母猪每年定期检查猪瘟抗体滴度，猪瘟间接血凝抗体滴度1∶32～1∶64，具有100%的保护，滴度低于1∶8时，完全不能保护，1∶（16～32）具有部分保护，对疫苗免疫力也有部分影响，但可用提高疫苗免疫剂量的方法来弥补。也可用PPA—ELISA检查，在酶联读数仪上测定490 nm波长的光密度(OD)，OD在0.3以上者具有100%的保护，大于或等于0.17、小于0.3有75%的保护，小于0.17不保护。

3. 免疫失败

多是亚临床感染的怀孕母猪，病毒经胎盘感染胎儿所致，早期感染流产，中期感染产弱仔，后期感染产表面健康的仔猪，但持续感染终身带毒，具有免疫耐受性，抗体水平低下，防止猪群亚临床感染，可加大免疫剂量。通过猪瘟荧光抗体试验或猪瘟单克隆抗体纯化酶联免疫吸附试验，检查或淘汰带猪瘟病毒的亚临床感染公、母猪。

4. 接种疫苗

发生猪瘟后全群猪用猪瘟活疫苗（多用4～6头份）紧急接种，病猪用抗猪瘟高免血清后有一定的疗效，肌肉或静脉注射每千克体重1 mL，每天1次，连用2～3 d；也有些猪场用砒霜卡耳治疗。由于猪瘟是一种烈性传染病，一般对病猪不提倡治疗，病猪淘汰。

第二节 猪伪狂犬病

本病是由伪狂犬病毒引起的畜禽及野生动物的一种急性传染病。其特征为发热、奇痒及脑脊髓炎。病猪的年龄不同，其临床表现也有差异，但都无明显的皮肤瘙痒表现。哺乳仔猪表现发热和神经症状，病死率较高，成年猪有轻度呼吸机能障碍，母猪流产、死胎、返情和屡配不孕。目前该病对养猪业影响很大，在许多国家的危害仅次于猪瘟。

（一）病　原

伪狂犬病毒属于疱疹病毒科、α疱疹病毒亚科，基因组为双股线状DNA。PrV的毒力是由几种基因协同控制，主要有gE、gD、gI和Tk基因；Pr基因工程疫苗株都有缺失以下一种或同时缺失几种基因。如gE、gC、gD、gG、gI和Tk；糖蛋白gE、gC和gD在病毒免疫诱导方面起着重要作用。只有一个血清型，但各毒株之间毒力差异很大。

伪狂犬病毒对外界抵抗力很强，一般消毒剂都有效。

（二）流行病学

对PrV易感的动物很多，除猪外，牛、羊、犬、猫、鼠等均可感染，家兔极为敏感，常用做实验动物。传染源主要是病猪、带毒猪以及带毒鼠类，带毒鼠类的粪尿中含有大量病毒。空气飞沫是本病的主要水平传播方式，消化道、皮肤伤口、交配也可传播本病，妊娠母猪感染本病时，可经胎盘感染胎儿。

（三）症　状

不同年龄段的猪感染，临床表现很大。

2周龄哺乳仔猪：体温升高到41℃以上，呕吐、腹泻、呼吸困难、有神经症状，最后衰竭死亡。

3~4周龄乳猪：病程略长，病死率40%~60%，部分耐过猪多有后遗症，发育受阻。

中猪症状轻微，仅见一过性发热、咳嗽，但影响生长发育速度和饲料转化率。

妊娠母猪：早期感染常见返情现象，受胎40 d以上感染时，常有流产、死胎及延迟分娩现象，死胎大小差异不显著，无畸形胎；末期感染时，可产活胎，但往往因活力差，于产后不久出现典型的神经症状而死亡。

（四）病　变

有神经症状者，脑膜明显充血、出血和水肿，脑脊髓液增多。肝、脾常可见有灰白色坏死灶。肺水肿，有小叶性间质性肺炎。肾和心肌有针尖大小的出血点。

（五）诊　断

仔猪：发病应注意与有神经机能障碍的其他疾病区别。如：链球菌病、李氏杆菌病、猪水肿病、破伤风、猪瘟、狂犬病、日本乙型脑炎、食盐中毒等。

妊娠母猪：应注意与有繁殖机能障碍的其他疾病区别。如：迟发型猪瘟、细小病毒感染、日本乙型脑炎、繁殖呼吸综合症、布鲁氏菌病、衣原体病、弓形体病等。

实验室检查：

（1）可取病猪脑组织，碎研，适当处理后接种于家兔后肢外侧皮下，家兔接种后 2～3 d 死亡，死前注射部位皮肤发生剧痒。

（2）取脑或扁桃体做成压片或冰冻切片，用直接免疫荧光检查。

（3）血清学检查：检测有无 PrV 抗体的存在或标记基因糖蛋白抗体的存在（用于检测基因缺失苗免疫猪）。

（4）中和试验、琼脂扩散试验、血凝及血凝抑制试验：① 血清抗体为 1∶2 时，均判为阳性感染；② 也可用于抗体水平监测，但目前尚无判定达到保护力的血清抗体滴度的标准，因为伪狂犬病病毒有潜伏感染，并可被激活的特性。

血清或全血乳胶凝集试验现场检疫，出现凝集，即判为阳性感染。

GE 缺失蛋白 - ELISA 鉴别 gE 基因缺失苗免疫猪和强毒感染猪。

PCR、核酸探针出现特异性扩增条或出现杂交信号。

（六）防　制

引种时进行严格的检疫，防止野毒进入健康猪群是伪狂犬病控制的一个非常重要和必要的措施。严格灭鼠，控制犬、猫、鸟类和其他禽类进入猪场，控制人员往来，做好消毒。

免疫接种有灭活疫苗和基因缺失弱毒疫苗。种猪在配种前用灭活苗免疫一次，分娩前 3 周免疫接种 1 次。免疫母猪所产仔猪，断奶后用弱毒苗免疫一次，间隔 4～6 周加强免疫一次。非免疫母猪所产仔猪及早免疫（乳前）。疫苗接种只能预防发病，不能消除病原。猪同时接种两种不同的基因缺失苗后，病毒会发生基因重组现象。

根除本病，方法有多种：屠宰、扑杀，适用于经济力量雄厚、疫点少或根除后期时。

血清学检查，淘汰阳性（隔 4 周一次），净化猪群；培育健康猪群，产仔断乳后，不混窝，从 16 周龄开始，隔 4 周做一次血清学检查，淘汰阳性，阴性合群。

第三节　猪细小病毒感染

本病可引起猪的繁殖障碍，其特征为受感染的母猪，特别是初产母猪产出死胎、畸形胎、木乃伊胎、流产及病弱仔猪，母猪本身无明显症状。

（一）病　原

猪细小病毒属细小病毒科、细小病毒属，无囊膜，直径 20 nm，基因组为单股 DNA。病毒能凝集人、猴、豚鼠（常用于试验）、小鼠和鸡的红细胞。病毒对热、消毒剂等的耐受性都很强，对 pH 值的适应范围也较宽。

（二）流行病学

猪对细小病毒易感，不论性别、年龄都可感染。传染源主要是感染本病毒的母猪和公猪。

妊娠母猪感染病毒可通过胎盘传给胎儿，其他猪群可通过消化道、呼吸道及交配感染。

流行特点：本病多见于初产母猪，在本病发生后，猪场可能连续几年不断地出现母猪繁殖失败。猪感染病毒 1～6 d 后可产生病毒血症，1～2 周后经粪便排毒；7～9 d 后可测出血凝抗体，21 d 抗体效价达高峰（1∶15 000），免疫力可持续数年。

（三）症　状

母猪不同孕期感染，可分别造成死胎、木乃伊胎、流产等不同表现。

在怀孕 30～50 d 之间感染时，主要产木乃伊胎。怀孕 50～60 d 感染时多产出死胎。怀孕 70 d 以后感染者，常造成流产，产出瘦小弱胎，这些胎儿常带有抗体和病毒。流产胎儿见有充血、出血、水肿、体腔积液、畸形等。

（四）诊　断

本病主要引起以初产母猪为主的繁殖障碍，注意与类似疾病区别。必要时进行实验室检查。70 日龄以下的木乃伊化胎儿或死胎，可取肺进行病毒的分离、鉴定，也可进行血凝实验。70 日龄以上的胎儿，可取心血或组织浸出液，检测血凝抑制抗体，1∶256 以上判为阳性。血凝抑制试验阻断夹心 ELISA 用于进口动物血清的检测：抗体滴度 1∶20 判为阳性，引进猪时饲养隔离 15 d，HI 价在 1∶256 以下或阴性时合群饲养。

平板或试管凝集试验，三月龄猪血清抗体为 1∶80 即判为阳性。

血清或全血乳胶凝集试验现场检疫，出现凝集，即判为阳性感染。

（五）防　制

没有可行的治疗措施，只能预防。严格执行综合性防制措施，从无病猪场引种。后备母猪常用猪细小病毒活疫苗在配种前两个月左右注射，15 d 后二免，经产母猪每年接种一次。仔猪的母源抗体可持续 14～24 周，在 HI 抗体效价≥1∶80 时可抵抗猪细小病毒感染。

第四节　猪繁殖与呼吸综合症

猪繁殖与呼吸综合症（PRRS）于 1987 年首发于美国，随后欧、美、亚等许多国家都相继报道了本病。当时由于病因不明，各地对其有多种命名。如：猪神秘病、兰耳病、猪流行性流产呼吸道综合症等。1992 年国际兽医局命名为 PRRS，主要特征为厌食、发热、呼吸困难、孕猪发生流产死胎和木乃伊胎。

（一）病　原

猪生殖与呼吸综合症病毒 PRRSV 属动脉炎病毒科、动脉炎病毒属，有囊膜，基因组为单股 RNA。病毒只能在猪肺泡巨噬细胞培养物上增殖，并产生细胞病变。以死胎或弱仔的肺脏含毒量最高。

（二）流行病学

各种年龄猪都易感，但主要危害孕猪及仔猪，其他阶段猪症状轻微。传染源主要是病猪和带毒猪，耐过猪可长期带毒并不断向体外排毒。空气传播是主要方式，孕猪感染可经胎盘垂直传播，公猪也可通过精液感染母猪。

（三）症　状

该病表现复杂多样，与猪的年龄、性别、生理阶段等因素有关。

母猪表现为精神倦怠、厌食、发热。妊娠母猪早产、死胎、木乃伊胎及弱仔。少数猪耳部有一过性发紫。

仔猪：1月龄内仔猪最易感，症状典型，死亡率可达80%。体温升高至40 ℃以上，食欲减退或废绝，腹泻，被毛粗乱。咳嗽、呼吸困难。肌肉震颤，共济失调。部分病猪耳紫和躯体末端皮肤发绀。少数猪眼睑水肿，结膜炎。

公猪：发病率低，表现为厌食、精神倦怠、咳嗽、呼吸急促、精子质量严重下降。

（四）病　变

主要病理是肺弥漫性间质性肺炎。患病仔猪和死胎见胸腔内有大量清亮液体。组织学检查发现肺泡壁增厚，肺泡腔有效呼吸面积减少，巨噬细胞系统受害。

（五）诊　断

可用简易的临床诊断方法，这种诊断方法有3项指标：① 20%以上的胎儿死产；② 8%以上的母猪流产；⑤ 断奶前有26%以上的仔猪死亡。如果这3项指标中有2项条件成立的话，则临床诊断成立。

实验室检查：

（1）病毒分离鉴定：取病猪肺，接种猪肺泡巨噬细胞培养，观察细胞病变，并且特异性荧光抗体检查PRRS抗原。

（2）血清或体液抗体检查：可用间接ELISA间接血凝、间接凝集等。

免疫过氧化物酶试验可检测感染后6 d的抗体，敏感性差。

间接免疫荧光同上。

血清中和试验可检测感染后11 d的抗体。

ELISA敏感、特异，可检测早期抗体。

（六）防　制

目前本病尚无有效的治疗药物，主要采取综合防制措施及对症疗法。

（1）免疫预防方面，由于主要通过细胞免疫应答产生抗感染作用，所以一般认为弱毒苗效果较佳。

（2）免疫程序：后备母猪在配种前进行两次免疫。首免在配种前2个月，间隔1月进行二免；小猪在母源抗体消失前首免，母源抗体消失后二免。公猪和母猪（妊娠）不能接种弱毒苗。

（3）弱毒苗的使用应注意安全问题，它可散毒，且免疫猪抗体产生也较慢，灭活苗很安全，但效果较差。

（4）也可用猪繁殖与呼吸综合征活疫苗，后备母猪接种方法与弱毒苗相同，经产母猪配种一次，临产一个月二免。后备种公猪配种前10~15 d接种，间隔20 d后，同样剂量接种一次；以后种公猪每半年注射一次。小猪在母源抗体消失前（可在 10~20 天龄）首免，母源抗体消失后二免。

第五节 猪传染性胃肠炎

猪传染性胃肠炎是猪的一种高度接触性肠道传染病，临床上以呕吐、腹泻和脱水为特征，各种年龄猪都可发病，10 日龄以内的猪病死率很高，可达 100%，5 周龄以上的猪死亡率很低，成年猪几乎没有死亡。

（一）病 原

本病的病原是猪传染性胃肠炎病毒。猪传染性胃肠炎病毒属于冠状病毒科、冠状病毒属，基因组为单股 RNA。只有一个血清型。不耐热，对消毒剂也较敏感，对胰酶和猪胆汁有抵抗性。

（二）流行病学

各种年龄的猪均易感，以 10 日龄内的猪发病率和病死率最高，断奶猪、肥育猪及成年猪发病，大多能自然恢复。传染源是病猪和带毒猪，病后康复带毒时间可长达 8 周，它们从粪、乳、鼻液排毒，污染饲料、饮水、空气及用具等。传播途径是消化道和呼吸道。

本病的流行特点：① 有明显的季节性，多发生于冬季。② 新疫区常呈流行性，传播迅速，在 1 周内可散播到各年龄组猪群；在老疫区呈地方流行性或间歇性发生，发病猪不多，而隐性感染率很高。

（三）症 状

仔猪：突然发病，首先呕吐。水样腹泻、粪便黄绿或灰白色，常见有未消化的凝乳块。极度口渴，明显脱水，病程 2~7 d，10 日龄内死亡率很高。

幼猪、肥猪、母猪：表现轻重不一，首先厌食或绝食，个别猪有呕吐。灰褐色水样腹泻呈喷射状，病程 5~8 d，极少死亡。

（四）病 变

病死猪尸体脱水明显，皮下干燥。胃内充满凝乳块，胃底黏膜充血、出血。肠管扩张呈半透明状，内充满黄绿或灰白色液体。组织学检查，小肠黏膜绒毛变短和萎缩。

（五）诊 断

临床上应注意与仔猪黄、白痢，仔猪红痢，流行性腹泻，轮状病毒感染等相区别。

实验室检查：可取粪便、肠内容物，空肠、回肠病料，处理后接种细胞培养，进行病毒分离和鉴定。或取空肠、回肠黏膜刮取物涂片或肠段冰冻切片，用荧光抗体染色，镜检。或取急性期和康复期双份血清样品，检查中和抗体，上升 4 倍以上者判为阳性。

荧光抗体检测：取空肠、回肠黏膜定性检测 TGEV。

中和试验：检测双份血清，康复期血清为急性期的 4 倍以上，判为阳性感染。

（六）防　制

（1）预防。妊娠母猪于产前 4~5 d 及 15 d 用弱毒 TGE 疫苗进行肌肉和鼻内各注射 1 mL，仔猪出生后吸吮免疫母猪初乳获得保护；未接种疫苗母猪所产仔猪，出生 1~2 d 内口服接种疫苗，4~5 d 产生免疫力。也可用传染性胃肠炎、流行性腹泻二联灭活苗，在分娩前 5 周和 3 周后还需免疫接种两次，乳猪通过吮吸初乳获得保护。加强管理，在晚秋至早春寒冷季节分娩应做好防寒保暖工作。

（2）治疗。没有特效药物，注意加强管理和对症治疗。可静注复方生理盐水，任意饮用口服补液盐（氯化钠 3.5 g、氯化钾 1.5 g、碳酸氢钠 2.5 g、葡萄糖 20 g、常水 1 000 mL）或复方葡萄糖溶液（葡萄糖 43.2 g、氯化钠 9.2 g、甘氨酸 6.6 g、柠檬酸 0.52 g、枸橼酸钾 0.13 g、无水磷酸钾 4.35 g，溶于 2 L 常水中）。加强护理，适当提高产仔猪温度 1~2 ℃，停止哺乳或喂料。

第六节　猪流行性腹泻

本病是由猪流行性腹泻病毒引起的一种急性接触性肠道传染病，其特征为呕吐、腹泻和脱水，临床表现和病理变化与 TGE 极为相似。

（一）病　原

本病病原是猪流行性腹泻病毒，属冠状病毒科、冠状病毒属。至今没有发现不同的血清型。

（二）流行病学

各种年龄的猪都能感染和发病，但以哺乳仔猪受害最严重。传染源主要是病猪，病毒存在于肠绒毛上皮和肠系膜淋巴结，病原随粪便排出。传播途径主要是消化道。多发于寒冷季节，即 12 月至次年 2 月份。

（三）症　状

本病在猪群中传播速度较缓慢。病猪主要症状为水样腹泻、呕吐，呕吐多发生于吃食和吃奶后。年龄越小，症状越重，1 周龄内仔猪发病死亡率可达 50%，年龄较大猪死亡不超过 3%，大多数能自愈。

（四）病　变

眼观变化仅见于小肠，小肠扩张，内充满黄色液体，肠系膜充血，肠系膜淋巴结水肿，小肠绒毛缩短。

（五）诊　断

本病在流行病学、临床表现及病理变化方面与传染性胃肠炎极相似，只是病死率稍低，传播速度稍慢，发病年龄范围稍宽，确诊必须依靠实验室方法。常用荧光抗体检查：取发病仔猪的小肠做冰冻切片或肠黏膜抹片，风干后丙酮固定，加荧光抗体染色，置荧光显微镜下检查。

间接免疫荧光试验亮绿色荧光，判为抗原阳性。

（六）防　制

预防可给母猪用传染性胃肠炎、流行性腹泻二联灭活苗，在分娩前5周和3周后海穴免疫接种两次，乳猪通过吮吸初乳获得保护。病猪没有特效药物，可参考传染性胃肠炎控制方法。

第七节　猪水疱病

本病是猪水疱病病毒引起猪的一种急性传染病。以蹄部、口腔黏膜、鼻端和母猪的乳头出现水疱，体温升高，跛行为特征。症状和口蹄疫相似。

（一）病原

猪传染性水疱病病毒。

（二）流行病学

各种年龄的猪都易感，而其他动物不发病。传染源是患病及愈后带毒动物。一般病毒通过粪、尿、水疱液（皮）排出，经消化道或伤口感染。

（三）症状和病变

蹄部皮肤发生水疱，在口部、鼻端和乳房周围皮肤也出现水疱。本病症状和口蹄疫相似，但不感染牛、羊等偶蹄动物。剖检内脏器官无肉眼变化。

（四）诊断

根据流行病学、症状和病变可做出诊断，必要时可进行实验室诊断。

（五）防制

有本病猪场注射猪水疱病疫苗，种猪每隔3个月注射一次，母猪配种前免疫，仔猪15~30 d免疫。

发现猪传染性水疱病后，应及时诊断，迅速报告疫情。立即采取封锁、隔离、消毒措施。病畜首先精心护理，喂给流汁食物，水疱溃疡面用消毒液处理，消毒，涂以碘甘油，包扎。为避免继发感染，还可适当使用抗菌素，一般病程约10~14 d。

第八节　猪圆环病毒感染

猪圆环病毒（PCV）是1974年德国学者Tischer首次从猪肾传代细胞系PK-15中发现的一种污染病毒，目前在猪群中新发现的几种疾病，如猪断奶后多系统衰竭综合征（PMWS）、猪皮炎与肾炎综合征（PDNS）、繁殖障碍、仔猪的先天性震颤、增生性坏死性肺炎都与PCV2

有关。猪断奶后多系统衰竭综合征（PMWS）是1991年在加拿大首先发现，主要发生于5~16周龄的仔猪，发病率为4%~30%，致死率为70%~80%。断乳猪和育成猪临床表现为进行性消瘦、呼吸困难、皮肤苍白、黄疸、腹泻和体表淋巴结肿大。病理变化包括淋巴结炎，肠系膜淋巴结肿大3~4倍，脾脏、胸腺萎缩，肠炎，肾炎，间质性、黏液性支气管肺炎，淋巴细胞减少等。

（一）病　原

PMWS的主要病原是猪圆环病毒（PCV）。PCV在分类上属于圆环病毒科，其共同特征为病毒无囊膜，由单股环状的DNA链组成。

PCV在猪体内长期演变过程中，产生变异株，对猪有致病性的是PCV-Ⅱ型；没有致病性的持续污染PK-15细胞的毒株为PCV-Ⅰ型。郎洪武等用ELESA方法在河北、天津、北京等省市猪场均检测到了PCV2抗体。曹胜波等用PCR（聚合酶链式反应）方法在河南、江西、湖北、广东等省检测到了PCV2，因此PCV2在我国已广为流行。实验表明，我国猪群PCV2阳性率为21.4%~33.3%，我国流行PCV毒株与欧洲毒株同源性高于美洲毒株，与法国分离的一个毒株同源性最高。

（二）流行病学

PMWS多发生于5~16周龄的猪，发病率3%~50%。猪对PCV具有较强的易感性，可经口腔、呼吸道途径感染。Allan（1996）证实少数怀孕母猪感染PCV后，在妊娠早期（胎儿产生免疫能力前）可通过胎盘感染胎儿，导致胎儿持续感染和病毒及抗原的不同分布。用PCV经口感染试验猪后，其他未接种猪的同群感染率达100%，感染猪可从鼻液和粪便中排出病毒。

（三）症状及病变

与圆环病毒Ⅱ型感染有关的猪病主要有以下五种疾病，其临床表现如下：

1. 猪断奶后多系统衰竭综合征（PMWS）

临床表现以多系统进行性功能衰竭为特征。表现为精神不振，食欲不佳，有的发热，被毛粗乱，生长发育不良，进行性消瘦；有的贫血，皮肤苍白，肌肉衰弱无力，还表现出咳嗽、喷嚏、呼吸困难等呼吸系统症状。体表淋巴结，特别是腹股沟淋巴结肿大，部分病例可见皮肤、可视黏膜黄疸，下痢及嗜睡。

最显著的病变是全身淋巴结，特别是腹股沟淋巴结，肠系膜淋巴结，气管、支气管淋巴结及下颌淋巴结肿大到2~5倍，有时可达10倍。切面硬度增大，呈均匀的苍白色，集合淋巴小结也肿大。发生细菌感染，则淋巴结可见炎症和化脓病变，使病变复杂化。肺肿胀，有散在、大而隆起橡皮状硬块，有黄褐色斑散布于肺表面。脾肿大，肾苍白，有散在白色病灶，肾盂周围组织水肿。胃在靠近食管区常有大片溃疡形成。盲肠和结肠黏膜充血或淤血。

2. 猪皮炎与肾炎综合征（PDNS）

病猪发热、不食、消瘦、苍白、跛行、结膜炎、腹泻等。特征性症状是在会阴部、四肢、耳朵等处的皮肤上出现圆形或不规则的红紫色病变斑点或斑块。

剖检见肾肿大、苍白，表面有出血点。脾轻度肿大，有出血点。肝呈橘黄色外观，心包、胸腔、腹腔积液，淋巴结肿大，切面苍白，胃有溃疡。

3. 母猪繁殖障碍

发病母猪体温升高达 41～42 ℃，食欲减退，出现流产、死胎、弱仔、木乃伊胎。剖检见新生仔猪胸腔、腹腔积液，心脏扩大、苍白。

4. 猪间质性肺炎

多见于保育期和育肥期的猪，病猪咳嗽、流鼻汁、呼吸加快、精神沉郁、食欲不振。剖检见弥漫性间质性肺炎，呈灰红色，肺泡腔内有透明蛋白。

5. 传染性先天性震颤

仔猪站立时震颤，卧下或睡觉时震颤消失，受外界刺激时可以引发或加重震颤。如精心护理，多数仔猪 3 周内可恢复。

（四）诊 断

本病的临床症状和病理变化有一定特征性，具有一定的诊断价值。但猪圆环病毒易与其他病毒、细菌混合感染，确诊本病需实验室诊断。

电镜检查：支气管淋巴结提取物负染后见到类圆环病毒颗粒（17 nm），在支气管淋巴结的超薄切片中，见到包涵体，由直径约为 20 nm 的电子致密性颗粒组成，呈晶状排列。

间接免疫荧光试验（IIF）：IIF 是一种比较特异的血清学方法，将病料接种 PK-15 细胞，用兔抗 PCV 高免血清与细胞培养物中的 PCV 反应，可对 PCV 进行检测和定型。试验时可用 PCV1 和 PCV2 两种高免血清分别与 PCV 的细胞培养物反应，虽然这两种血清与 PCV 反应时会出现一些反应，但同型抗原与抗体反应时，血清的稀释效价要高于异型反应。

竞争性酶联免疫吸附试验（C-ELISA）：C-ELISA 的敏感性和特异性达到 99.58% 和 97.14%，C-ELISA 可用于大规模猪群的 PCV 快速诊断。

聚合酶链式反应（PCR）：根据 PCV DNA 的核苷酸序列，设计特异性引物进行 PCR 反应，可直接检测组织病例及其细胞培养物中的病毒核酸，是一种快速简便特异的方法。

（五）防 制

本病没有有效的治疗方法，但抗生素的使用和良好的饲养管理，有助于控制二重感染，如使用病毒唑、支原净、强力霉素等。目前还没有疫苗可供应用。主要采取的对策是：加强饲养管理，降低饲养密度，实行严格的全进全出制，减少环境应激因素，如温度变化、贼风和有害气体。实施严格的生物安全措施，防止 PCV 和其他感染因子的混合感染。用早期发现疑似猪进行检查、淘汰。避免从疫区引进猪只，严格控制来访者、车辆、货物进入猪场。

PMWS 严重影响猪的生长发育，但对其发病机理、传染源等问题还不完全清楚，许多问题亟待解决。我国是一个养猪大国，且 PMWS 已在我国广为流行，应引起我国兽医工作者的高度重视，及早开展 PMWS 的研究和调查。

第九节 猪丹毒

本病是由猪丹毒杆菌引起的一种急性、热性传染病。临床主要表现为急性败血型和亚急性疹块型，也有表现为慢性多发性关节炎或心内膜炎或皮肤坏疽。

（一）病　原

本病的病原是红斑丹毒丝菌，俗称丹毒杆菌。红斑丹毒丝菌是纤细平直的革兰氏阴性小杆菌，在动物组织中呈单在、成对或小丛状排列，在血液或血清琼脂上生长良好，其中光滑型菌落毒力强，粗糙型菌落毒力弱。抵抗力较强，它和结核分枝杆菌是非芽孢菌中抵抗力最强的。

（二）流行病学

本病主要发生于猪，其他的畜禽也有发病的报告。传染源主要为病猪和带菌猪，约有35%~50%的健康猪扁桃体和其他淋巴组织中带菌。主要经消化道传播，也可经吸血昆虫传播，也可条件性致病。夏秋季节多发，架子猪多发，有诱因多发。

（三）症　状

急性败血型：病猪体温升高至42~43℃，食欲减退，心率呼吸均加快。有呕吐现象，先便秘，后拉稀。眼结膜充血，但无脓性分泌物。皮肤出现红斑，指压褪色，指去复原，病死率80%左右。

亚急性疹块型：有类似于急性败血型的一般症状但略轻。皮肤出现斑块，先呈淡红色，后呈紫红色以致黑紫色，坚实，隆起，触摸突出于皮肤表面。

慢性型：常见浆液性纤维素性关节炎、疣性心内膜炎、皮肤坏疽。

（四）病　变

以急性败血症的病理变化最为特征。病死猪周身淋巴结肿胀，潮红，切面多汁。脾脏充血，肿大，呈樱桃红色。肾淤血，肿大，暗红，有出血性肾小球肾炎变化。胃肠道有卡他性出血性炎，尤以胃和十二指肠最为明显。周身皮肤红斑（大红袍）。

（五）诊　断

可根据流行病学、临床表现和尸体剖检资料进行综合分析，并进行类症鉴别。确诊可进行病原学检查。心血、肝、脾、肾、淋巴结涂片，染色，镜检。新鲜病料接种血琼脂分离培养，观察菌落及细菌形态。

动物试验：病料适当处理后接种小鼠、鸽、豚鼠，观察能否致死及死后菌检。

（六）防　制

每年按计划预防接种，用猪丹毒、猪肺疫二联弱毒菌苗，仔猪于35日龄和70日龄各免疫1次，种猪于每年3月和9月份各免疫1次，母猪在配种前免疫（配种后两周内，妊娠末期及哺乳母猪暂不做注射），用猪丹毒氢氧化铝菌苗免疫时间同上。

治疗：首选药物为青霉素，按每千克体重1.5万单位剂量，每天两次肌肉注射，连用3 d。其次可选用四环素，剂量为每千克体重2万单位肌注，每天两次。治疗中要做到剂量要足，疗程要够，病愈后巩固疗效2 d。

公共卫生：人也可感染，称类丹毒，是职业病。主要经皮肤创伤感染，表现为红、肿、热、痛，但不化脓，不坏死。

第十节 猪梭菌性肠炎

猪梭菌性肠炎，也叫仔猪红痢、猪传染性坏死性肠炎、仔猪肠毒血症，是由 C 型产气荚膜梭菌引起的 1 周龄内仔猪高度致死性的坏死性肠炎，主要表现为出血性下痢、肠坏死、病程短、病死率高。

（一）病　原

猪梭菌性肠炎的病原是 C 型产气荚膜梭菌。C 型产气荚膜梭菌是革兰氏阳性，有荚膜，不运动的厌氧大杆菌，芽孢卵圆形，位于菌体中央，大于菌体宽度，菌体外观似梭状。能产生 α、β 毒素，尤其是 β 毒素，可引起仔猪肠毒血症，肠坏死。形成芽孢后，对外界抵抗力很强。

（二）流行病学

本病主要发生于 1 周龄内的猪，其他年龄的猪也可发病，但较少见。本菌在自然界分布很广，猪场一旦发生本病，不易清除；病菌常存在于部分母猪肠道中。仔猪通过吸吮母乳经消化道感染。

（三）症　状

最急性型：常发生于出生后 1~2 d 内的仔猪，拉血样稀便，很快晕倒和死亡。

急性型：常发生于 2~3 d 的猪，病猪拉含有灰色坏死组织的红褐色液状稀粪，消瘦，虚弱死亡。

亚急性、慢性型：常发生于 5~7 d 的猪，拉黄色软、稀便，内含坏死组织碎片，极度消瘦，脱水，死亡。

（四）病　变

急性型病猪腹腔内有较多呈樱桃红色液体。空肠肠壁呈深红色，病、健交接明显。肠内容物为暗红色液体。肠黏膜及黏膜下层有广泛性出血及数量不等的小气泡。亚急性、慢性型病猪肠出血病变不明显，以坏死性炎症为主，切开肠壁则见肠黏膜附有灰黄色坏死性假膜。

（五）诊　断

根据流行病学、症状及病理变化可以做出初步诊断。注意与传染性胃肠炎、流行性腹泻、轮状病毒感染、仔猪黄白痢等相区别。确诊可取病猪肠内容物，适当处理后给小鼠静脉接种，同时设抗血清中和对照。

（六）防　制

本病发生后疗效不佳，主要靠平时的预防。严格执行产房及猪体消毒工作。第一、二胎妊娠母猪分娩前四周及二周接种一次疫苗，以使仔猪出生后吸吮母乳获取较多的母源抗体。必要时可用抗菌药物对刚出生仔猪口服，每日2～3次，作为紧急的药物预防。

第十一节 猪痢疾

本病是由猪痢疾蛇形螺旋体引起的危害严重的猪肠道传染病，其特征为大肠黏膜发生卡他性出血性炎，进而发展为纤维素性坏死性炎。主要症状为黏液性或黏液出血性下痢。本病可导致病猪死亡，生长发育受阻，饲料利用率降低，给养猪业带来巨大经济损失。

（一）病　原

本病的病原是猪痢疾蛇形螺旋体。猪痢疾蛇形螺旋体有4～6个弯曲，两端尖锐，呈螺丝线状，能活泼运动，革兰氏阴性。严格厌氧，对培养基要求严格，在一个大气压80%H_2、20%CO_2，以钯为催化剂的厌氧罐内培养。含血液的特殊培养基上产生明显的β溶血。对外界自然的抵抗力较强，对消毒剂抵抗力不强，一般消毒剂能迅速将其杀死。

（二）流行病学

本病各种年龄猪均可感染，以7～12周龄保育猪发病较多。病猪、临床康复猪（可带菌数月）和无症状带菌猪是主要传染源，经粪便排菌，病原污染环境、饲料、饮水，经消化道感染。

本病的流行特点：本病传播缓慢，流行期长，一旦传入很难消清；各种应激因素，如阴雨潮湿、猪舍积粪、气候多变、拥挤、长途运输及饲料突变，均可使本病发生和流行。

（三）症　状

病猪病初精神沉郁，食欲减退，粪便变软，表面附有条状黏液。随着病情发展，粪便恶臭，内混有黏液、血液及纤维素碎片，体温升高至40～40.5℃。病程较长的病猪弓背吊腹，脱水、消瘦，最后虚弱而死亡。转为慢性者生长发育受阻，饲料转化率下降。

（四）病　变

病死猪主要局限于大肠，分界明显。大肠黏膜肿胀，并覆盖着黏液和带血块的纤维素，严重者黏膜表面坏死，形成假膜。大肠内容物稀薄，并混有黏液、血液和组织碎片。

（五）诊　断

临床上应注意与猪传染性胃肠炎、猪流行性腹泻、轮状病毒感染、仔猪副伤寒、仔猪红痢、仔猪黄白痢、猪瘟、鞭虫病等相区别。

实验室检查常用镜检法：取新鲜粪便（最好为带血的黏液）或大肠黏膜直接抹片，每片至少观察10个视野，当多数视野中有3条以上猪痢疾蛇形螺旋体时，可判为猪痢疾。注意慢性型及用药后的病例检出率较低，有条件者可进行分离培养鉴定。

（六）防　制

本病尚未有可用的疫苗，主要靠综合性防疫措施。发病猪药物治疗有较好效果，但易复发，易耐药。常用药：痢菌净、氟哌酸、杆菌肽、新霉素等。

第十二节　猪支原体肺炎

本病也称猪地方流行性肺炎、猪气喘病，是由猪肺炎支原体引起猪的一种慢性呼吸道传染病，主要症状为咳嗽和气喘，病变特征是肺的对称性肉变或胰变。我国各地普遍存在，患猪生长发育不良，饲料转化率低下，当继发感染时经济损失更大。

（一）病　原

猪肺炎支原体因无细胞壁，故呈多形性，且不易着色。对培养条件要求严格，一般不易成功。猪肺炎支原体抵抗力不强，在室温条件下36 h即失去致病力，但对低温抵抗力较强。猪肺炎支原体对青霉素、磺胺类药物不敏感，对壮观霉素、土霉素、卡那霉素、泰乐菌素、恩诺沙星敏感。

（二）流行病学

传染源主要是病猪和带菌猪，隐性感染比例很高，症状消失后带菌时间也很长。病猪咳嗽、气喘、喷嚏将病原体喷射出来，易感猪经呼吸道吸入而感染。各种年龄猪都易感，但以乳猪、保育猪、妊娠后期及哺乳母猪最易有症状表现，存在其他疾病情况下往往加重病情。

流行特点：以冬春寒冷季节多发。猪群拥挤、通风不良、气候骤变及其他疾病影响时，可加重病情。

（三）症　状

潜伏期差异很大，临床表现有急性、慢性和隐性三类。

急性型病猪发病突然，精神沉郁，食欲减退或废绝，体温一般无变化。呼吸次数剧增，喘气，呈犬坐或腹式呼吸。

慢性型病程很长，表现为咳嗽和喘气，尤其清晨进食和运动时，咳嗽最为明显。食欲、体温几乎没有变化。病猪较瘦，饲料转化率低，生长发育迟缓。

隐性型在老疫区猪群中占有较高比例。病猪不见任何症状，偶见咳嗽和喘气，发育几乎正常。X光检查或剖检时见有肺炎病变。

（四）病　变

肺脏的心叶、尖叶、中间叶、急膈叶前缘呈对称性"胰变"或"肉变"（融合性支气管肺炎）。肺门及纵隔淋巴结显著肿大，呈灰白色，切面湿润多汁。

（五）诊　断

间接血凝试验大于1∶10为阳性，小于1∶5为阴性，介于两者之间为可疑，阴性和可疑者4周后重检，如两次为阴性，判为无喘气病，两次结果为可疑，判为阳性。

（六）防　制

临床上注意综合性措施，即杜绝传入、免疫接种和健康猪群培育。

有条件的猪场可用猪支原体肺炎活疫苗或猪支原体肺炎灭活疫苗接种。公猪每半年接种一次，母猪每次配种前接种，仔猪20~50天龄接种。

治疗病猪可选用土霉素、卡那霉素、泰乐菌素、壮观霉素、恩诺沙星等药物拌料或注射。

第十三节　猪接触传染性胸膜肺炎

本病是由胸膜肺炎放线杆菌（以前称为胸膜肺炎嗜血杆菌）引起猪的呼吸道传染病。急性者以纤维素性出血胸膜肺炎、慢性者以纤维素性坏死性胸膜肺炎为主要特征，它是严重危害养猪业的主要疫病之一，在我国的发生也很严重。

（一）病　原

胸膜肺炎放线杆菌（APP）为革兰氏阴性、有荚膜的球杆菌，APP根据荚膜多糖分类，目前已报道有14个血清型，其中5型又分为5A和5B两个亚型。不同的血清型对猪的毒力不同，主要血清型之间无显著的交叉免疫，我国发现多种血清型，但以5、7型居多。不同亚型菌苗免疫，只对同亚型的菌株起保护作用。最适生长温度37℃，通常用于分离的最适培养基为巧克力琼脂，需要5%~10%的CO_2环境，24 h形成菌落。在绵羊血液琼脂上产生β溶血，是区别猪的其他嗜血杆菌的一个特征。生长需要V因子（NAD/辅酶I）或前体，可用［巧克力琼脂(70℃、30min)或加酵母浸液的琼脂］不溶血的大肠杆菌或葡萄球菌与病料交叉画线，在含CO_2条件下培养24 h后，可见在保姆株周围有β溶血的小菌落。本菌抵抗力不强，主要存在于病猪的呼吸道、鼻腔、气管、肺部组织及分泌物中。对四环素、青霉素、磺胺、喹诺酮类敏感，但易耐受。

（二）流行病学

各种年龄猪均易感，但以2~3月龄的猪最易感，并有前移趋势。在急性爆发期，发病率高，可达85%~100%。病猪和带菌猪是主要传染源，无症状无病变、有病变隐性带菌猪较常见。主要通过空气飞沫，在大群集约化饲养条件下最易接触传播。

流行特点：本病在猪群之间传播主要由引进带菌猪引起。通风不良、拥挤、气温急剧变化等应激因素可促进本病的发生和传播。

（三）症　状

本病的病程可分为最急性、急性、亚急性和慢性。

最急性：同圈或不同圈的几头猪突然发病，病情严重。体温升高，可至41.5℃，沉郁、厌食，有短暂轻微腹泻和呕吐。开始呼吸症状不明显，但心跳加快。病的后期呈犬坐势，张口呼吸，耳、鼻、腿及全身皮肤发红与出现紫斑。一般经24~36 h死亡，死前从口和鼻孔流出带泡沫血样渗出物。

急性型：体温升高至41~42℃，精神沉郁，食欲减退或废绝，被毛粗乱，嗜睡。心血管循环障碍，鼻背侧、耳、后腿、体侧皮肤发绀，拉稀。严重时呼吸困难，咳嗽，喘气，腹式呼吸，临死前从口、鼻流出带血样泡沫液体。

慢性型：病程较长，体温滞留在 39.5~40 ℃ 之间，间歇性咳嗽，食欲不振，增重缓慢，有时可见关节肿大、跛行等现象。

（四）病　变

病变主要存在于呼吸道，肺炎大部为两侧性，涉及心叶、尖叶和部分隔叶，肺炎病变为局灶性，且界限分明。色深而质地坚实，间质增宽充满血色胶样液体，肺水肿、充血或出血。纤维素性胸膜很明显，胸腔内有血样液体。在急性死亡病例，气管和支气管充满泡沫状血样黏液性渗出物。全身多处淋巴结肿大，出血，呈紫红色。在较慢性病例，肺隔叶上有大小不等的脓性结节。有些区域胸膜粘连，在许多病例肺部病变消失，只残留部分病灶与胸膜粘连。心外膜、包膜粘连。

（五）诊　断

确诊需做细菌学检查，以支气管或鼻腔分泌物、肺部病变取样，接种巧克力琼脂，培养 24 h，形成圆形、隆起、直径 1~1.5 mm 菌落。并进行生化鉴定，也可通过血清学方法进行抗原或抗体检测。

快速玻片凝集试验、试管凝集试验、间断血凝试验有混合抗原和分型抗原检测。

（六）防　制

（1）预防：首先把住病原引入关，无病场应防止引入带菌猪。由于本病血清型多，不同血清型之间交互免疫性不强，所以应以当地分离的胸膜肺炎放线杆菌菌株，制备灭活苗，公猪每半年免疫接种一次，妊娠母猪在配种前免疫接种一次，免疫母猪新生仔猪在 40~50 日龄时免疫接种一次，4 周后加强免疫一次。对非免疫母猪新生仔猪在 14 日龄免疫接种一次，4 周后加强免疫一次。

（2）治疗：早期应用抗菌素治疗，有一定效果，后期基本无效。对初发病猪可用青霉素、氨苄青霉素、四环素、磺胺、头孢（先锋）霉素、恩诺沙星、氟苯尼考等大剂量注射给药。若猪吃食和饮水正常，也可采取注射与口服同时给药。同群未发病猪可在饲料中添加土霉素、阿莫西林等做预防性治疗。

第十四节　猪传染性萎缩性鼻炎

猪传染性萎缩性鼻炎，是由支气管败血波氏杆菌引起猪的一种慢性呼吸道传染病。临床主要表现为咳嗽、鼻塞等鼻炎症状和颜面部变形或歪斜，病变特征为鼻甲骨萎缩，尤以鼻甲骨下卷曲部最常见，病猪生长缓慢，饲料转化率低下，常见于 2~5 月龄猪群。

（一）病　原

主要是支气管波氏杆菌的Ⅰ相菌（Bb-Ⅰ）和产毒素的多杀性巴氏杆菌（Pm-A、D 株）。Bb-Ⅰ为 G⁻球杆菌，有荚膜，呈两极浓染，有周身鞭毛。严格需氧，菌落中等大小，呈透明烟灰色，产生 β 溶血。具有 K 抗原和坏死毒素（似内毒素）。易发生变异，有三个菌相，其中Ⅰ相菌病原性最强，有荚膜，Ⅱ、Ⅲ相菌毒力弱，且Ⅰ相可变异为Ⅲ相。抵抗力不强，在外界很快死亡，在病猪体内可存活1年以上。

（二）流行病学

任何年龄的猪都可感染本菌，但以仔猪易感性最强；哺乳期感染，常在数周后发生鼻炎，并引发鼻甲骨萎缩；断奶后感染，一般只产生轻微病变。主要通过带菌母猪经过呼吸道感染其仔猪，后仔猪相互传播扩大到全群。

（三）症　状

早期症状多见于6～8周。表现为鼻炎，出现喷嚏，吸气困难，剧烈地将鼻端向周围东西上摩蹭。由于鼻泪管阻塞，眼液流出眼外，眼下形成半月形黄黑色泪斑。继鼻炎后出现鼻甲骨萎缩，致使鼻腔和面部变形，外观鼻短缩或鼻歪向一侧。体温一般正常，但日增重减少，饲料效率下降。

（四）病　变

一般局限于鼻腔和临近组织，最特征的病变是鼻甲骨的萎缩，特别是下骨甲骨的下卷曲最常见，可在两侧第一、二对前臼齿间的连线上将鼻腔横断锯开，观察鼻甲骨的形状和变化。

（五）诊　断

注意泪斑病猪有三高：细菌、凝集阳性、鼻甲骨萎缩出现率均高。也可沿两侧第一、二对臼齿间或第一臼齿与犬齿间的连线锯成横断面，可观察鼻甲骨的形态和变化。发生萎缩时，卷曲变小而钝直，甚至消失。或X线检查，对早期病例的诊断有一定价值，对症状可疑的病猪，做鼻面部的X线摄影，能查出鼻甲骨有无萎缩，但不能查出是否带菌。对有急性症状的患病仔猪进行细菌学检查有较高的检出率。但确诊需做细菌的分离鉴定，用灭菌鼻拭子探进鼻腔的1/2深处，小心转动数次，取黏液性分泌物做细菌分离培养，最常用的培养基是含1%葡萄糖的血清麦康凯琼脂，37 ℃、48 h后观察，如菌落呈烟灰色，中等大小，透明，培养物有特殊腐霉气味，染色为革兰氏阴性杆菌，用支气管败血波氏杆菌的兔免疫血清进行玻板凝集反应为阳性，则移植于肉汤、琼脂进一步做生化鉴定。最后用抗O、抗K血清做凝集反应来确认Ⅰ相菌。隐性猪检查可用凝集、CF、ELISA等，感染后早在一周，晚至1～2月可产生凝集抗体，如被检血清与等量抗原混合，37 ℃、24 h后出现1∶80++为阳性，1∶20以下为阴性。

（六）类症鉴别

坏死性鼻炎：发生外伤之后，由坏死杆菌引起鼻腔软组织、软骨、颜面骨发生坏死性病变，形成瘘管，流出腐败恶臭的分泌物。

骨软病：面骨疏松，鼻部肿大，呼吸困难，但不喷嚏和流泪，鼻甲骨不萎缩。

传染性鼻炎：绿脓杆菌引起的出血性化脓性鼻炎。病猪体温升高，全身症状严重，可能出现中枢神经紊乱，甚至死亡。剖检时，鼻腔、鼻窦的骨膜、嗅神经和视神经鞘下或脑膜有出血。

包涵体鼻炎：由猪细胞巨化病毒感染所致，症状与本病相似，少数病例也引起鼻端变形，鼻甲骨萎缩。在鼻黏膜组织切片中可见特征性成丛的巨化细胞，带有嗜碱性核内包涵体，可做出确诊。

（七）防 制

不从有病猪场引进种猪。疫区用当地分离的致病菌（Bb-Ⅰ、Pm-D）制成油乳剂灭活苗，初次应用妊娠母猪分娩前2个月及1个月各注射接种1次，下一胎在产前4周注射接种1次；免疫母猪所生仔猪3周龄注射接种1次，非免疫母猪所生仔猪7～10日龄注射1次，2～3周后补注1次；种公猪每年1次。妊娠母猪分娩前1个月用土霉素500～1 000 g/T，SD100 g/T，金霉素100 g/T连续拌料。乳猪每隔一周注射一次增效磺胺，连用3次，也可用敏感的抗菌素鼻内喷雾，每周1～2次，直至断奶。加强饲养管理，采用全进全出的饲养体制，降低猪群饲养密度，改善通风条件，适当空舍和严格消毒。

病猪用泰乐菌素、林可霉素/壮观霉素、泰妙灵、螺旋霉素、先锋霉素等抗生素治疗可减轻临床症状，改善猪群饲料利用率和增重速度。

第十五节 猪副嗜血杆菌病

猪副嗜血杆菌病又称纤维素性浆膜炎和关节炎，为革兰氏阴性小杆菌，呈散发性的多发性浆膜炎和关节炎。随着世界养猪业的发展、规模化饲养技术的应用和饲养高度密集，以及突发新的呼吸道综合征等因素存在，使得该病日趋流行，危害日渐严重。近两年来，我国副嗜血杆菌在养猪场引起猪多发性浆膜炎和关节炎的报道屡见不鲜，特别是规模化猪场在受到蓝耳病、圆环病等感染之后免疫功能下降时，猪副嗜血杆菌病伺机暴发，导致较严重的经济损失。

（一）病 原

猪副嗜血杆菌病又称多发性纤维素性浆膜炎和关节炎，也称格拉泽氏病。革兰氏阴性短小杆菌，形态多变，有15个以上血清型，其中血清型5、4、13最为常见（占70%以上）。该菌生长时严格需要烟酰胺腺嘌呤二核苷酸（NAD或V因子），一般条件下难以分离和培养，尤其是应用抗生素治疗过病猪的病料，因而给本病的诊断带来困难。据报道，猪副嗜血杆菌的真实发病率可能为实际确诊的10倍之多。本菌属于条件性细菌，饲养环境不良时本病多发。断奶、转群、混群或运输也是常见的诱因。

（二）流行病学

猪副嗜血杆菌只感染猪，可以影响从2周龄到4月龄的青年猪，主要在断奶前后和保育阶段发病，通常见于5～8周龄的猪，发病率一般在10%～15%，严重时死亡率可达50%。

（三）症 状

急性病例，往往首先发生于膘情良好的猪，病猪发热（40.5～42.0 ℃），精神沉郁，食欲下降，呼吸困难，腹式呼吸，皮肤发红或苍白，耳梢发紫，眼睑皮下水肿，行走缓慢或不愿站立、腕关节、跗关节肿大，共济失调，临死前侧卧或四肢呈划水样。有时会无明显症状突然死亡。慢性病例多见于保育猪，主要是食欲下降，咳嗽，呼吸困难，被毛粗乱，四肢无力或跛行，生长不良，直至衰竭而死亡。母猪发病可流产，公猪有跛行。哺乳母猪的跛行可能导致母性的极端弱化。

（四）病　变

死亡时体表发紫，肚子大，有大量黄色腹水。剖检病死猪胸膜炎明显（包括心包炎和肺炎），有关节炎、腹膜炎和脑膜炎。以浆液性、纤维素性渗出为炎症（严重的呈豆腐渣样）特征。肺可有间质水肿、粘连，心包积液、粗糙、增厚，腹腔积液，肝脾肿大、与腹腔粘连，关节病变亦相似。最明显的是心包积液，心包膜增厚，心肌表面有大量纤维素渗出，喉管内有大量黏液，后肢关节切开有胶冻样物。

（五）防　制

严格消毒：彻底清理猪舍卫生，用2%氢氧化钠水溶液喷洒猪圈地面和墙壁，2 h后用清水冲净，再用其他消毒药喷雾消毒，连续喷雾消毒4～5 d。

加强饲养管理：对全群猪用电解质加维生素C粉饮水5～7 d，以增强机体抵抗力，减少应激反应。

治疗：隔离病猪，用大剂量的抗菌素进行治疗，口服抗菌素进行全群性药物预防。为控制本病的发生发展和耐药菌株出现，应进行药敏试验，科学使用抗菌素。

①重症注射液。肌内注射，每次0.2 mL/kg，每早肌注1次，连用5～7 d。②硫酸卡那霉素注射液肌内注射，每次20 mg/kg，每晚肌注1次，连用5～7 d。③大群猪口服土霉素纯原粉30 mg/kg，每日1次，连用5～7 d。④抗生素对严重的该病爆发可能无效。一旦出现临床症状，应立即采取抗生素拌料的方式对整个猪群治疗，发病猪大剂量肌注抗生素。大多数血清型的猪副嗜血杆菌对头孢菌素、氟甲砜、庆大霉素、壮观霉素、磺胺及喹诺酮类等药物敏感，对四环素、氨基苷类和林可霉素有一定抵抗力。

免疫：用自家苗（最好是能分离到该菌，增殖、灭活后加入该苗中）、猪副嗜血杆菌多价灭活苗能取得较好效果。种猪用猪副嗜血杆菌多价灭活苗免疫能有效保护小猪早期发病，降低复发的可能性。免疫的同时最好结合科学的药物治疗，能达到标本兼治的功效。猪副嗜血杆菌病是以多发性浆膜炎、关节炎和高死亡率为特征的传染病，严重危害仔猪和青年猪的健康，给养猪业带来巨大的经济损失。

母猪：初免猪产前40 d一免，产前20 d二免。经免猪产前30 d免疫一次即可。受本病严重威胁的猪场，小猪也要进行免疫，根据猪场发病日龄推断免疫时间，仔猪免疫一般安排在7日龄到30日龄内进行，每次1 mL，最好一免后过15 d再重复免疫一次，二免距发病时间要有10 d以上的间隔。消除诱因，加强饲养管理与环境消毒，减少各种应激，在疾病流行期间有条件的猪场仔猪断奶时可暂不混群，对混群的一定要严格把关，把病猪集中隔离在同一猪舍，对断奶后保育猪"分级饲养"，这样也可减少PRRS、PCV-2在猪群中的传播。注意保温和温差的变化；在猪群断奶、转群、混群或运输前后可在饮水中加一些抗应激的药物，如维生素E、C等，同时在料中添加以上推荐药物组合可有效防止本病的发生。猪副嗜血杆菌病的有效防制，如同猪场其他任何一种疾病的防治一样，是一项系统工程，需要我们加强主要病毒性疾病的免疫，选择有效的药物组合对猪群进行常规的预防保健，改善猪群饲养管理，重新思考我们的猪舍设计，只有这样，我们才能有一个猪群稳定的生产。

思考题

1. 急性猪瘟在症状和病变方面各有哪些特点？
2. 迟发性猪瘟的症状和病变有何特点？
3. 如何预防和扑灭猪瘟？
4. 猪传染性胃肠炎的病性特点是什么？如何防制本病？
5. 简述猪流行性腹泻的流行病学特点和防制办法。
6. 试述猪繁殖与呼吸综合征病性特点。本病与日本乙型脑炎在流行病学方面有何不同（着重从易感动物、传播媒介、传播途径和发病季节等方面进行比较）？
7. 如何防制猪细小病毒感染？
8. 简述猪丹毒的病性特点。猪丹毒和猪瘟在病变方面有何不同（着重比较脾、肾、淋巴结和肠道的病变）？
9. 如何防制猪丹毒？
10. 简述猪急性败血型链球菌病的症状和病变特点。如何防制本病？
11. 简述猪痢疾的病性特点。如何防制本病？
12. 试述猪萎缩性鼻炎的症状特点。
13. 简述猪气喘病的病性特点。建立健康猪群的主要措施有哪些？
14. 猪接触传染性胸膜肺炎是一种什么性质的传染病？病原是什么？

第五章 家禽的传染病

（1）掌握常见家禽传染病的病原学特性、流行特点、症状、病变、诊断方法及防制措施。
（2）掌握常见家禽传染病的简易实验室诊断方法。
（3）重点掌握类似症状和病变的家禽传染病的鉴别诊断。

第一节 新城疫

新城疫又称亚洲鸡瘟或伪鸡瘟，是由新城疫病毒引起禽类的一种急性、高度接触性传染病，常呈败血症经过。主要临诊特征是呼吸困难、下痢、神经症状、产蛋量及蛋壳品质下降。主要病理变化为喉头和气管出血；腺胃乳头、腺胃与肌胃交界处、肌胃角质膜下出血；肠黏膜出血、溃疡、坏死等。

本病1926年首次发现于印尼，同年发生于英国新城，故名新城疫。1928年我国就有本病的记载，于1946年证实有新城疫存在，但据载1935年我国河南地区首先有该病流行。本病发病急，死亡率高，呈世界性分布，是严重危害养鸡业的重要疾病之一。因此，被国际兽疫局（OIE）定为A类传染病。

（一）病 原

新城疫病毒属于副黏病毒科腮腺炎病毒属，呈球形，多数呈蝌蚪状，为单股RNA。有囊膜，在囊膜的外层呈放射状排列的突起物称为纤突，具有能刺激宿主产生抑制红细胞凝集素和病毒中和抗体的抗原成分。

新城疫病毒存在于病鸡的所有组织和器官内，包括血液、分泌物和排泄物，以脑、脾和肺含毒量最高，骨髓含毒时间最长。因此，分离病毒时多采用病鸡的肺、脾和脑作为接种材料。从不同地区和鸡群分离到的新城疫病毒，对鸡的致病性有明显差异。根据新城疫病毒毒力强弱及感染鸡的表现不同，可以分为以下几种类型：① 速发型或强毒型毒株，引起各种年龄的鸡急性致死性感染；② 中发型或中毒型毒株，仅引起易感的幼龄鸡死亡；③ 缓发型或极低毒型或无毒型毒株，表现为轻微的呼吸道感染或无症状的肠道感染。判断一株新城疫病毒属于哪一型，须进行生物学试验测定3个指数，即鸡胚平均死亡时间（马立克氏病T）、1日龄雏鸡脑内接种致病指数（ICPI）和6周龄鸡静脉注射致病指数（IVPI）。

新城疫病毒能在鸡胚中生长繁殖，以尿囊腔接种9~10日龄非免疫或SPF鸡胚，由于毒株不同，其致死鸡胚的能力和时间亦不同。强毒株可使鸡胚在30~60 h后死亡，弱毒株于3~6 d死亡。死亡胚胎全身出血，以头部、足趾、翅膀出血最为明显，尿囊液清亮且含毒量最高。

新城疫病毒能在多种细胞培养上生长，引起细胞病变形成蚀斑。因此，新城疫病毒在细胞培养中，可通过中和试验、蚀斑减数、血吸附抑制试验来鉴定病毒。

新城疫病毒另一个很重要的生物学特性是能吸附于鸡、火鸡、鸭、鹅及某些哺乳动物（人、豚鼠）的红细胞表面，并引起红细胞凝集（HA），这种特性与病毒囊膜上纤突所含血凝素（HA）和神经氨酸酶（NA）有关。这种血凝现象能被抗新城疫病毒的抗体所抑制（HI），因此可用HA和HI来鉴定病毒和进行流行病学调查。

新城疫病毒对高温、日光及消毒剂抵抗力不强。一般在60 ℃经30 min，55 ℃经45 min死亡。在30 ℃可存活30 d。病毒在直射阳光下30 min死亡。在冷冻尸体内可存活6个月以上。常用的消毒药如2%氢氧化钠、5%漂白粉等，20 min即可将其杀死。

（二）流行病学

鸡、火鸡、雉鸡及野鸭对本病均有易感性，以鸡最易感。各种年龄的鸡均可感染，但以幼雏和中雏易感性最强。哺乳动物对本病有很强的抵抗力，但人可感染，表现为结膜炎或类似流感症状。

由于新城疫病毒抗原变异和毒力增强，其宿主范围亦明显扩大，目前已知可自然或人工感染的有250多种。新城疫病毒对不同宿主致病性差异较大，除鸡外，尚有鸽、鸵鸟、鹌鹑、山鸡、鸬鹚、鹧鸪、孔雀等发病的报道，表明新城疫病毒感染的宿主范围正在扩大。过去虽有鸭、鹅等水禽自然感染新城疫病毒报道，但很少发病，认为水禽对新城疫病毒有较强抵抗力，感染后一般不易发病和流行。然而，近年来世界各地不断有新城疫病毒感染水禽造成发病和流行的报道。在我国水禽饲养密集的地区引起鹅发病和死亡的现象越来越普遍，从1997年开始，广东、江苏两省许多鹅群陆续发生新城疫病毒的感染，并造成发病和死亡，很快波及浙江、山东等省，同时逐渐向全国各地蔓延，造成了严重的威胁和损失，至今仍未找到有效的防控措施。而且也出现了鸭发生新城疫病毒的感染和发病的报道，并从发病鸭体中分离出新城疫病毒强毒株。

本病的主要传染源是病鸡以及在流行间歇期的带毒鸡，但鸟类的作用也不可忽视。受感染的鸡在出现症状前24 h即可通过口、鼻分泌物及粪便排出病毒。一般在症状消失后5~7 d停止排毒。但有的康复鸡在症状消失后2~3个月仍然带毒、排毒。

传播途径主要是消化道和呼吸道，其次是眼结膜，创伤及交配也可引起感染。关于新城疫是否可经卵垂直传播争议较大。原因是多数专家认为病禽所产的蛋在孵化初期会感染死亡。非易感的野禽、外寄生虫、人畜均可机械地传播病原。

本病一年四季均可发生，但以春秋两季较多。近年来，在我国屡有免疫鸡群发生新城疫的现象。其主要原因是：母源抗体干扰；疫苗质量和保存不当；免疫程序不合理。其他疫病的干扰以及新城疫强毒株毒力不同，造成鸡群免疫状态有差异，低抗体水平的免疫鸡不能抵抗强毒的侵袭，引起本病的传播，给防制新城疫工作带来较大困难。2003年以来，由于新城疫病毒毒株毒力的增强，使得全国许多地区，如辽宁、黑龙江、山东、广东等发生了强毒新城疫，以常规的疫苗预防效果较差，需引起足够重视。

（三）症　状

自然感染的潜伏期一般为3~5 d，根据临床表现和病程长短，可分为最急性、急性、亚急性或慢性3种类型。

最急性型：多见于流行初期。突然发病，常无特征症状而迅速死亡。雏鸡和中鸡多见。

急性型：病初体温升高达43～44℃，食欲减退或废绝，有渴感，精神沉郁，不愿走动，翅膀下垂，闭目缩颈，呈昏睡状，鸡冠及肉髯呈暗红色或暗紫色。母鸡产蛋率和蛋壳品质下降。病鸡咳嗽，呼吸困难，张口呼吸，常发出"咯咯"的怪叫声。嗉囊内充满液体内容物，倒提时常有大量酸臭液体从口腔流出。粪便稀薄，呈黄绿色、草绿色或黄白色，有时混有少量血液，后期排出蛋清样的排泄物。发病后期（约1周）出现神经症状，如翅、腿麻痹，扭头、转圈，前冲或后退等，最后体温下降，昏迷死亡。病程约2～5d。1月龄内的雏鸡病程较短，症状不明显，病死率高。

亚急性或慢性：初期症状与急性相似，但症状较轻，且病情逐渐减轻，出现神经症状。病鸡翅、腿麻痹，跛行或站立不稳，头颈向后或向一侧扭转，常伏地旋转，运动失调，反复发作，最终瘫痪或半瘫痪，一般经10～20d死亡。此型多发生于流行后期的成年鸡，病死率较低。少数耐过的病鸡，其神经症状可达数月之久。

非典型新城疫主要发生于免疫鸡群，发病率不高，一般为10%～30%，病死率也低，一般为15%～45%，临床表现不明显，病理变化不典型，且不同个体差异较大，缺乏典型新城疫的特征。仅表现为呼吸道和神经症状，产蛋鸡有时仅表现产蛋量下降。

火鸡感染新城疫时，临床表现大体与鸡相似，但成年火鸡症状不明显或无症状；鸽感染新城疫表现为下痢、神经症状、呼吸道症状；鹌鹑感染新城疫时，幼龄鹌鹑主要表现为神经症状，产蛋鹌鹑出现产蛋量及蛋壳品质下降。成年鹌鹑缺乏新城疫的典型症状和病理变化。

（四）病　变

本病的主要病变是全身黏膜和浆膜出血，淋巴系统肿胀、出血和坏死，尤其以消化道和呼吸道最为明显。嗉囊充满酸臭味的稀薄液体和气体。食道与腺胃交界处、腺胃乳头、腺胃与肌胃交界处、肌胃角质膜下有出血，或溃疡和坏死，这是新城疫的特征性病变。由小肠到盲肠和直肠黏膜有大小不等的出血点，肠黏膜上有纤维素性坏死性病变，有的形成假膜，假膜脱落后即成"枣核状"溃疡，具有诊断意义。盲肠扁桃体常见肿大、出血和坏死。

气管出血或坏死，周围组织水肿。心冠脂肪可见针尖大小的出血点。产蛋母鸡卵泡和输卵管显著充血，卵泡膜极易破裂以致卵黄流入腹腔引起卵黄性腹膜炎。肝、脾、肾无特殊病变；脑膜充血或出血。

免疫鸡群发生新城疫时，其病变不典型，仅见黏膜卡他性炎症，喉头和气管黏膜充血，腺胃乳头出血少见，但多剖检数只，可见有的病鸡腺胃乳头有少数出血点，直肠黏膜和盲肠扁桃体多见出血。

鸽感染新城疫的主要病理变化在消化道，如十二指肠、空肠、回肠、直肠、泄殖腔等多有出血性变化。有的在腺胃、肌胃角质膜下有少量出血点，颈部皮下广泛出血。

鹅感染新城疫时病理变化主要以消化道、脾脏、胰脏等广泛性渗出和坏死为特征。

（五）诊　断

根据本病的流行特点、典型症状和特征性病理变化，可做出初步诊断。确诊需进行实验室检查。病毒分离和鉴定是诊断新城疫最可靠的方法，常用的是鸡胚接种、HA试验、HI试验、中和试验及荧光抗体技术。但应注意，从鸡体内分离出新城疫病毒不一定是强毒，还不能证明该鸡群流行新城疫。因为有的鸡群存在强毒和中等毒力的新城疫病毒，必须针对分离的毒株做毒力测定后，才能做出确诊。还可应用ELISA和免疫组化来诊断本病。

（1）病毒分离：采取发病初期病死鸡的脾或脑，发病后期取脑或骨髓，如果鸡只已腐败，最好从骨髓分离。一定要注意无菌采取病料，将病料用微量匀浆器研成乳剂，按1∶4加入灭菌的生理盐水制成悬浮液，离心后取上清液。每毫升上清液加入青、链霉素各1 000~2 000 IU，置37 ℃温箱中作用30~60 min或置冰箱中作用4~8 h。取上清液0.1~0.2 mL接种9~11日龄鸡胚尿囊腔，若分离病毒为强毒株，则在接种后30~60 h即可致死鸡胚。若为弱毒株，接种后3~6 d鸡胚死亡。收获死亡鸡胚的尿囊液做病毒的鉴定。

（2）病毒的鉴定：将上述收取的尿囊液做红细胞凝集抑制试验（HA），如果具有血凝特性，必须与已知的抗新城疫病毒血清进行血凝抑制试验（HI）；如果所分离的病毒能被这种特异性抗体所抑制，则证明所分离的病毒为新城疫病毒。所分离的新城疫病毒为强毒株、中毒株还是弱毒株，还需进行毒力测定，主要依据鸡胚平均死亡时间（马立克氏病T）、1日龄雏鸡脑内接种致病指数（ICPI）和6周龄鸡静脉注射致病指数（IVPI）来判定。

（3）荧光抗体技术：是将荧光染料结合到抗体上，成为荧光染料标记抗体。当此标记抗体与相应的抗原相遇，可发生特异性结合形成抗原抗体复合物。该复合物在紫外光的照射下，可产生特定的荧光，可在荧光显微镜下观察到。荧光抗体技术对新城疫病毒的检查具有高度特异性和敏感性，而且具有快速的优点。

（4）酶联免疫吸附反应（ELISA）：此方法能够检验鸡新城疫病毒在细胞中的生长情况，若有新城疫病毒生长，则在细胞边缘可见到明显棕褐色酶染斑点，无新城疫病毒生长的细胞，则完全看不见酶染斑点。此方法比HA、HI、免疫荧光抗体技术更加敏感，特异性强。

（5）鉴别诊断：本病与禽霍乱、传染性支气管炎、禽流感、传染性喉气管炎等容易混淆，临床上应注意区分。

① 禽霍乱。可侵害各种家禽，鸭最易感，呈急性败血经过，病程短，死亡率高，慢性病例可见冠和肉髯肿胀、关节炎，无神经症状，肝脏有灰白色坏死点，心血涂片和肝触片，染色镜检可见两极浓染的巴氏杆菌，抗生素治疗有效。而新城疫有呼吸道和神经症状，腺胃乳头出血，消化道黏膜出血，盲肠扁桃体肿大、出血和坏死，肝脏没有坏死点。

② 传染性支气管炎。主要侵害雏鸡，成年鸡表现为产蛋量下降。病毒接种鸡胚，胚胎发育受阻或为侏儒胚，无神经症状和消化道无明显病变。

③ 高致病性禽流感。潜伏期和病程比新城疫短，人工感染的潜伏期为18~24 h，病程10~24 h，没有明显呼吸困难和神经症状，嗉囊没有大量积液。肉眼变化可见皮下水肿和黄色胶冻浸润，黏膜、浆膜和脂肪出血比新城疫更为明显和广泛，但确诊必须依靠病毒分离鉴定和血清学试验。低致病性禽流感在有新城疫病毒强毒感染流行的鸡群中发生时，往往发生致病协同作用，损失严重，在诊断时应特别注意这种情况。

④ 传染性喉气管炎。主要侵害成年鸡，表现为咳嗽、伸颈张口吸气、咳出带血的黏液，无神经症状和消化道出血病变。

（六）防　制

一般措施：鸡新城疫具有高度的传染性，易于通过直接接触传播。因此，在预防接种的同时，必须采取严格的综合防制措施。建立严格的卫生防疫制度，采取严格的生物安全措施，防止病毒入侵鸡群；对用具、运输工具、鸡笼鸡舍等严格消毒；饲料、种蛋和鸡苗应从非疫区购进；新购入的鸡应隔离观察两周以上，期间必须进行新城疫免疫接种，证明健康者方可混群。

免疫接种：免疫接种是预防新城疫的重要措施之一，通过制订科学的免疫程序，有计划、有目的地进行预防接种，可以提高鸡群免疫力，降低其易感性，减少新城疫造成的损失。

1. 疫苗种类

目前，我国生产和使用的新城疫疫苗有两大类，一类是活疫苗，如Ⅰ系苗、Ⅱ系苗（B_1株）、Ⅲ系苗（F株）、Ⅳ系苗及克隆化疫苗等。其中Ⅰ系苗属于中等毒力疫苗，多采用注射的方法，该苗具有产生免疫力快、免疫力坚强和保护期长的特点，适用于广大农村养鸡场，或该病严重流行区和受威胁区的鸡只使用，一般用于2月龄以上的鸡只，也可用于鸡群发病时紧急预防接种。Ⅱ、Ⅲ、Ⅳ系苗都是弱毒疫苗，大小鸡均可使用。其中Ⅱ系苗免疫后7~9 d产生免疫力，适用于肌注、点眼、滴鼻、气雾等多种免疫方法，该苗对呼吸道免疫效果最佳，在气管、肺、呼吸道等部位有形成局部免疫的性能，能产生中和抗体，可用喷雾接种法供紧急预防。Ⅲ系苗可用于雏鸡免疫，饮水免疫效果很好，滴鼻或肌肉注射有时引起轻微的呼吸道症状，翅膀刺种的免疫效果有时很理想。Ⅳ系苗多用于B_1株或F株初免后的加强免疫。另一类是灭活苗，如油乳剂灭活苗，安全性好，母源抗体对其影响小，产生的免疫力和免疫期超过任何种类的新城疫活苗，采用注射方法。在新城疫流行严重的地区，常将两类疫苗同时使用，以提高预防效果。

母源抗体对新城疫免疫应答有很大的影响，母鸡经过鸡新城疫疫苗接种后，可将其抗体通过卵黄传播给雏鸡，雏鸡在3日龄抗体滴度最高，以后逐渐下降。具有母源抗体的雏鸡既有一定的免疫力，又对疫苗接种有干扰作用，因此多数人主张最好在母源抗体刚刚消失之前的7日龄时做第一次疫苗接种，在30~35日龄时做第二次接种。但在有本病流行的地区是不安全的，因为母源抗体不足以抵抗强毒病毒的感染。在有条件的鸡场，一般根据对鸡群HI抗体免疫监测的结果确定初次免疫和再次免疫的时间，这是最科学的方法。对鸡群抽样采血做HI试验，如果HI效价高于2^5时，进行首免几乎不产生免疫应答，可以选在2^3时接种。免疫监测可以了解免疫接种的效果，也可为制订或修改免疫程序提供可靠依据。

2. 免疫程序制订

应根据生产的具体情况，包括疫苗种类、鸡龄、母源抗体水平、机体的健康状况、环境条件等因素来制订合适的免疫程序，以期达到预期的防制效果。常有以下几种程序供鸡场参考。

（1）7~10日龄首免，可选用弱毒苗如Ⅱ、Ⅲ、Ⅳ系疫苗，克隆-30苗滴鼻、点眼。二免在首免后15 d，即在22~25日龄时进行，方法及疫苗同前。如首免用克隆-30苗，二免用Ⅳ系苗。二免后20~25 d即鸡只在42~50日龄时进行三免，使用Ⅳ系苗，在本病安全地区采用饮水方法，不安全地区或高发季节用滴鼻和点眼，还可用气雾免疫。60日龄以上的鸡根据监测的抗体水平进行气雾免疫。

在农村鸡场，鸡只60日龄以后用Ⅰ系苗注射1次，鸡群开产前再注射Ⅰ系苗1次；当鸡群产蛋高峰过后仍用Ⅰ系苗注射免疫，可直至鸡群淘汰。

（2）7~10日龄首免，可选用弱毒活疫苗进行滴鼻、点眼，同时每只鸡注射油佐剂灭活苗0.5 mL。二免在鸡只开产前即120日龄左右进行，每只鸡注射油佐剂苗0.5 mL。整个饲养周期（500 d）内只免疫三次。或首免用弱毒苗滴鼻、点眼，首免后 15 d 进行二免，用Ⅳ系苗每只鸡注射 1 羽份，同时在另一部位注射油佐剂灭活苗 0.25 mL，三免在鸡只 120 日龄左右，每只鸡注射油佐剂灭活苗 0.5 mL。整个饲养周期内只免疫三次。

（3）对于母源抗体过低的鸡群，可考虑用Ⅳ系、Ⅱ系苗等弱毒苗于 1 日龄进行滴鼻、点眼、气雾免疫，30～40 日龄时再用同一种疫苗做饮水免疫，可在整个饲养期获得坚强的免疫力。或 1 日龄用Ⅳ系、Ⅱ系苗等做滴鼻、点眼、饮水或气雾免疫，同时应用油佐剂灭活苗 0.5 mL 皮下注射，免疫力持续 70 d 以上。70～80 日龄用Ⅳ系苗饮水或气雾方法进行二免，120 日龄后或产蛋前（140～150 日龄），再皮下或肌肉注射 1 mL 油佐剂灭活苗，可保持整个产蛋期免受新城疫的感染。

对于母源抗体不平衡、参差不齐的鸡群，应进行多次弱毒苗免疫，或应用弱毒苗和油佐剂灭活苗联合使用，才可能获得较好的免疫效果。同时要随时监测免疫鸡群的抗体水平，在鸡群抗体水平偏低或参差不齐时，特别是在鸡只 80 日龄和产蛋高峰过后应立即进行气雾免疫，以保持鸡群有高度一致的抗体水平。

3. 影响新城疫免疫效果的因素

（1）母源抗体。雏鸡体内母源抗体的干扰是抑制新城疫疫苗免疫效果的主要原因。由于雏鸡的母源抗体水平参差不齐，疫苗接种后产生的免疫应答也不一致，抗体愈高其抑制力愈强。如当母源抗体为 40 倍时，雏鸡对新城疫疫苗接种无反应。

（2）年龄。雏鸡由于免疫器官发育不健全，在 40 日龄前主要靠法氏囊的 B 细胞产生的体液免疫，40 日龄后 T 细胞参与免疫，70 日龄后免疫器官才发育成熟，所以雏鸡的免疫应答常不如成年鸡。

（3）免疫抑制病。雏鸡的免疫力主要依靠法氏囊产生，在接种后 1～2 周才能产生有效免疫应答。因此，鸡群发生 IBD（传染性法氏囊病）、马立克氏病、LL（淋巴白血病）等一些损害法氏囊或其他的疫病时，都可以使雏鸡的抵抗力降低，影响免疫功能，导致免疫效果降低。

（4）饲养环境与营养。当饲养管理不善、环境卫生差或饲料营养缺乏，鸡受高温、寒冷、饥饿、噪音、缺水等应激条件刺激，体质较弱，鸡体消耗增大等时，如进行新城疫免疫接种，会加重其疫苗反应，不能产生强大免疫力，影响免疫效果。

（5）霉菌毒素。鸡采食含有黄曲霉等毒素的饲料，对其免疫系统也会产生抑制作用，使免疫鸡的 HI 效价达不到所要求的水平，影响免疫效果。

（6）药物。在新城疫免疫前后，特别是接种弱毒苗时，给鸡群大量使用抗病毒和抗菌药物，也影响新城疫免疫效果。

（7）某些疫苗干扰。如当雏鸡先接种 IB（传染性支气管炎）疫苗，7 日内再接种新城疫疫苗时，则新城疫免疫力的产生会受到抑制；1 日龄的雏鸡接种鸡痘弱毒苗，在 7 日后可使新城疫疫苗所产生的 HI 效价受到抑制等。

（8）新城疫疫苗种类及质量。即新城疫灭活苗（单纯、油佐剂）和活苗（中毒型、弱毒型）在应用对象、免疫效果、免疫时间等方面的影响。疫苗因保存不当、污染、发霉、过期失效或私制苗等因素，均可导致新城疫免疫效果差或无效。

（9）免疫程序和接种方法。新城疫免疫程序设计不科学，未按规定程序操作，免疫时存在稀释不匀、用量过多或不足、漏免等现象，以及接种途径不同，等等，均直接影响鸡群的免疫效果。如鸡在个体免疫时，选用皮下或肌肉注射优于滴眼及滴鼻；群体免疫时，选用气雾免疫法优于饮水等。

4. 发生新城疫后的控制措施

发生新城疫后，应采取紧急措施，防止疫情扩大。

首先，应采取隔离饲养。一旦确诊，应及时上报当地政府，划定疫区进行封锁。

其次，尽快用新城疫疫苗紧急接种，一般用Ⅳ系苗或克隆-30 等 3～4 倍量紧急接种。在具体实践中发现，当发生强毒新城疫时，用国产Ⅳ系苗紧急接种效果较差，因毒株毒力强的缘故，可改为进口疫苗，如英特威的新威灵 2 倍量接种效果较好。同时，在使用疫苗紧急接种时，尽可能少用或不用Ⅰ系苗，原因为：一是使用后产生的应激大，易加剧鸡只死亡；二是病鸡接种后出现神经后遗症的数量比Ⅳ系苗多，淘汰率高；三是Ⅰ系苗最好采用注射免疫，不要随意变换接种方法，否则，易出现死亡。

紧急接种注意事项：① 接种顺序为：假定健康鸡→可疑鸡→发病鸡。② 对病鸡和可疑鸡群用新城疫高免血清或高免卵黄进行注射也可迅速控制本病，注射 1 周后需用新城疫疫苗再强化一次。同时，辅以抗菌素防止继发感染，配合对症治疗，可以降低鸡群死亡率。③ 紧急接种对发病初期接种效果较好，中后期使用易加剧死亡。解决方法：可先用抗病毒药物，包括西药和中药制剂治疗 3～5 d，停 24 h 后再使用疫苗紧急接种，这样对病鸡造成的应激较小，死亡率会大大降低。④ 若为新城疫与其他疾病的混合感染，采用疫苗紧急接种效果较单纯感染效果差，可能是病原之间相互干扰的缘故。

目前，使用细胞因子如干扰素、白细胞介素、转移因子等治疗新城疫，效果不确切，有待于在实践中进一步验证。

最后，对场地、物品、用具、鸡笼、鸡舍等严格消毒，做好病死禽的无害化处理。当疫区内最后一只病鸡死亡或扑杀后，经过两周的观察，如果再无新的病例出现，经严格的终末消毒后，方可解除封锁。

第二节　传染性喉气管炎

传染性喉气管炎是由疱疹病毒引起鸡的一种急性呼吸道传染病，其特征为呼吸困难，咳嗽，咳出含有血液的渗出物，产蛋鸡产蛋量下降。剖检可见喉部和气管黏膜肿胀、出血并形成糜烂，有时可见黄白色纤维素性假膜，在病的早期患部细胞可形成核内包涵体。

本病 1924 年首次报道于美国，我国于 1986 年发现血清阳性病例，但 1992 年才分离到病毒。目前，该病是严重危害养鸡业的呼吸道传染病之一。

（一）病　原

传染性喉气管炎病毒属于疱疹病毒科疱疹病毒属，呈球形，有囊膜，为双股 DNA。

病毒主要存在于病鸡的气管组织及其渗出物中。肝、脾和血液中较少见。病毒接种于鸡胚绒毛尿囊膜上可生长繁殖，接种后 2～12 d 死亡，可见胚体变小，绒毛尿囊膜增生和坏死，形成灰白色的斑块病灶。病毒易在鸡胚细胞上培养生长，引起核染色质变位和核仁变圆，胞浆融合，成为多核巨细胞，12 h 后核内可见 Cowdry 氏 A 型包涵体。

传染性喉气管炎病毒毒株不同，其致病性和抗原性存在差异，但被认为只有一个血清型。

病毒对外界环境因素的抵抗力中等，加热 55 ℃、10～15 min，37 ℃ 存活 22～24 h，但在 13～23 ℃ 中能存活 10 d，水煮沸后立即死亡。直射阳光 7 h，一般消毒剂如 3%来苏儿、1%火碱 12 min 都可将病毒杀死。耐低温，在-18 ℃ 条件下能存活 7 个月以上。冻干后，-20～60 ℃ 条件下能长期存活。

（二）流行病学

自然条件下，主要侵害鸡，各种年龄的鸡均可感染，雏鸡感染后最严重，育成鸡也有发生，但以成年鸡的症状最为特征。野鸡、孔雀、幼火鸡也可感染。

病鸡和康复后的带毒鸡是主要传染源，约有2%的康复鸡能带毒2年。传播途径主要是上呼吸道和眼内感染。病毒主要存在于气管和上呼吸道中，通过咳出血液和黏液经上呼吸道传播，被污染的垫草、饲料、饮水及用具可成为传染媒介。人及野生动物的活动，也可机械地传播。强毒疫苗接种鸡群后，能造成散毒污染环境，易感鸡与接种活苗的鸡长时间接触，也可感染本病。

鸡群拥挤、通风不良、饲养管理不善、维生素 A 缺乏和寄生虫感染等，都可促进本病的发生和传播。

本病一年四季均可发生，秋冬寒冷季节多发。感染率高可达 90%～100%，死亡率 5%～50%不等，耐过本病的鸡可获得免疫力。此病在同群鸡中传播速度快，群间传播速度较慢，常呈地方流行性。但致死率较低。

（三）症　状

自然感染的潜伏期 6～12 d。人工气管内接种为 2～4 d。由于病毒毒力和侵害部位不同，可分为喉气管型和眼结膜型两种。

（1）急性型（喉气管型）：由高度致病性病毒株引起，主要发生于成年鸡。病鸡鼻孔有分泌物，呈半透明状，流泪，伴有结膜炎。其后表现为特征性的呼吸道症状，即呼吸时发出湿性啰音，咳嗽，有喘鸣音。病鸡蹲伏地面或栖架上。每次吸气时头和颈向前、向上、张口，呈尽力吸气的姿势。严重病例，高度呼吸困难，痉挛咳嗽，可咳出带血的黏液。若分泌物不能咯出而堵住气管时，可窒息死亡。病鸡食欲减少或废绝，消瘦，鸡冠发紫，有时排出绿色稀粪，最后多因衰竭死亡。产蛋鸡的产蛋量下降10%～20%或更多，康复后 1～2 个月才能恢复。病程 5～10 d 或更长，不死者多经 8～10 d 恢复，但成为带毒鸡。

（2）温和型（眼结膜型）：由低致病性病毒株引起，主要发生于 30～40 日龄的鸡。症状较轻，发病缓和，呈地方流行性。其症状为生长迟缓，眼结膜红肿，1～2 日后流眼泪，眼分泌物从浆液性到脓性，最后导致眼盲，严重病例见眶下窦肿胀。产蛋鸡产蛋率下降，畸形蛋增多。病鸡偶见呼吸困难，生长迟缓，死亡率一般较低，为 5%左右。

（四）病　变

（1）喉气管型：特征性病变在喉头和气管。喉和气管内有卡他性或卡他出血性渗出物，渗出物呈血凝块状堵塞喉和气管。或有纤维素性干酪样物质，呈灰黄色附着于喉头周围，很容易从黏膜剥脱，堵塞喉腔，特别是堵塞喉裂部。干酪样物从黏膜脱落后，黏膜急剧充血，轻度增厚，散在点状或斑状出血，气管的上部气管环出血。鼻腔和眶下窦黏膜发生卡他性或纤维素性炎。产蛋鸡卵泡变软、变形、出血等。

（2）结膜型：既可单独侵害眼结膜，又可与喉、气管病变合并发生。结膜病变主要呈浆液性结膜炎，表现为结膜充血、水肿，有时有点状出血。有些病鸡的眼睑，特别是下眼睑发生水肿，而有的则发生纤维素性结膜炎、角膜溃疡。

（五）诊　断

根据流行特点、特征性症状和典型病变，即可做出诊断，确诊需进行实验室诊断。

鸡胚接种：取病鸡的喉头、气管黏膜和分泌物制成 1∶5～1∶10 的悬液，离心后取上清液，加入双抗（青、链霉素）在室温作用 30 min，取 0.1～0.2 mL 接种于 10～12 日龄鸡胚尿囊膜上，接种后 4～5 d 鸡胚死亡，可见绒毛尿囊膜增厚，有灰白色坏死斑。

包涵体检查：取发病后 2～3 d 的喉头黏膜上皮或者将病料接种鸡胚，取死胚的绒毛尿囊膜做包涵体检查，见细胞核内有包涵体。

动物接种：取病鸡的气管渗出物或组织悬液，或用有痘斑的绒毛囊乳剂，在易感鸡和免疫鸡的气管内接种，易感鸡于接种后 2～4 d 出现鸡传染性喉气管炎的典型症状，免疫鸡则不发病。此外用含病毒的材料涂擦易感鸡的泄殖腔黏膜，4～5 d 后涂擦处出现红肿等炎症反应。

此外，荧光抗体、琼脂扩散试验等也可作为诊断本病的方法。

鉴别诊断：易与传染性支气管炎、鸡毒支原体病、传染性鼻炎、黏膜型鸡痘、维生素 A 缺乏症等混淆，应注意区别。

（六）防　制

严格执行隔离、消毒等措施是防止本病流行的有效方法。封锁疫点，禁止可能污染的人员、饲料、设备和鸡只的移动是控制本病的关键。实行全进全出制。野毒感染和疫苗接种都可造成传染性喉气管炎病毒潜伏感染，因此避免将康复鸡或接种疫苗的鸡与易感鸡混群饲养尤其重要。在本病的常发地区或鸡场，应定期接种传染性喉气管炎疫苗。

目前使用的疫苗有两种：一是弱毒疫苗，经点眼、滴鼻免疫。一般毒力较强，接种后可出现轻重不同的反应，甚至引起死亡，接种途径和接种量应严格按说明书进行。另一种是强毒苗，采用涂肛法接种，4～5 d 后，泄殖腔黏膜出现水肿和出血性炎症，表示接种有效，但排毒的危险性很大，一般只用于发病鸡场。灭活疫苗的免疫效果一般均不理想。正在研制和开发的鸡传染性喉气管炎重组鸡痘基因工程疫苗，免疫鸡群后，接种反应小、安全，能有效地防止鸡传染性喉气管炎的发生，而且由于鸡群几乎没有接种反应，育成期死淘率低，鸡群生长发育整齐，产蛋期生产性能表现良好，显示出良好的应用前景。

无论疫苗的毒力强弱，都只能在疫区或发生过该病的地区使用，因为接种过疫苗的鸡群可向外界排出病毒。有的疫苗仍有较强的毒力，幼鸡接种后会出现肿眼、流泪等不良反应，甚至对雏鸡生长、育成鸡或鸡的产蛋量产生一定影响。

发病后的控制措施：① 用抗菌素防止继发感染，减少死亡。有结膜炎的病鸡可用氯霉素眼药水点眼。② 对症治疗。应用平喘药物如盐酸麻黄素、氨茶碱、氯化铵等饮水或拌料缓解症状。③ 利用喉气管炎疫苗紧急接种是控制本病的最好方法，或肌注喉气管炎高免卵黄抗体 2 mL，隔天再肌注 1 次。④ 中药喉症丸或六神丸对治疗喉气管炎效果也较好。每天 2～3 粒/只，每天 1 次，连用 3 d。

第三节 传染性支气管炎

传染性支气管炎是由冠状病毒引起的鸡的一种急性、高度接触传染性呼吸道和泌尿生殖系统疾病。特征是雏鸡咳嗽、打喷嚏、气管啰音、流涕、呼吸困难。产蛋鸡表现为产蛋量及蛋品质下降，输卵管受到永久性损伤而丧失产蛋能力。肾型传支可见白色水样下痢，肾脏苍白、肿大，肾小管和输尿管内有尿酸盐沉积。腺胃型传支可见病鸡消瘦、生长迟缓、腺胃炎。本病具有高度传染性，感染鸡生长受阻、耗料增加、产蛋和蛋质下降、死淘率增加，给养鸡业造成巨大经济损失。

本病1930年在美国首先发现。我国于1972年在广东首先发现，此后北京、上海相继报道，现已在我国大部分地区蔓延。

（一）病　原

传染性支气管炎病毒属于冠状病毒科冠状病毒属，多数呈圆形，有囊膜和纤突，为单股RNA。病毒主要存在于病鸡呼吸道渗出物中。肝、脾、肾和法氏囊中也能发现病毒。在肾和法氏囊内停留的时间可能比在肺和气管中还要长。

病毒能在10~11日龄的鸡胚中生长繁殖。自然毒初次接种鸡胚，多数鸡胚能存活，少数生长迟缓。但经若干继代后，对鸡胚的致病性增强。到第十代时，可在接种后的第9 d引起80%的鸡胚死亡，且死亡时间提前，鸡胚发育受阻，胚体萎缩成小丸形而出现"蜷曲胚"或"侏儒胚"。

病毒还能在15~18日龄的鸡胚肾、肺、肝细胞培养上生长，最常用的是鸡胚肾细胞，多次继代后可产生细胞病变作用，使细胞出现蚀斑，表现为胞浆融合，形成合胞体，继而细胞坏死。

传染性支气管炎病毒本身不能直接凝集红细胞，能够干扰新城疫病毒 B_1 株在鸡胚里的生长，此种特性可用于提纯、鉴定新分离的传染性支气管炎病毒，但经1%胰酶或磷脂酶C处理后，可具有血凝性。

传染性支气管炎病毒易发生变异，至少有14个血清型，各血清型之间没有或仅有部分交叉免疫力，因此必须选用多价苗进行免疫。

多数病毒株56 ℃、15 min被灭活，-20 ℃能保存7年之久。病毒对一般消毒剂敏感，如0.01%高锰酸钾3 min可将其杀死。病毒在室温中能抵抗1% HCl(pH 2)、1%石碳酸和1%NaOH（pH 12）1 h，新城疫、传染性喉气管炎和鸡痘病毒在室温中不能耐受pH 2，这在鉴别上有一定意义。

（二）流行病学

鸡是传染性支气管炎病毒的自然宿主，不同品种和品系的鸡均可发生，但易感性存在差异。除鸡感染外，小雉也可感染，其他家禽易感性差。各种年龄的鸡都可发病，但以雏鸡和产蛋鸡发病较多，其中雏鸡发病最为严重。有母源抗体的雏鸡有一定抵抗力。鸡群拥挤、过热、过冷、通风不良、温度过低、缺乏维生素和矿物质，以及饲料供应不足或配合不当，均可促使本病的发生。

鸡传染性支气管炎的主要传播途径是呼吸道，病鸡从呼吸道排出病毒，经空气飞沫传染给易感鸡。此外，也可通过污染的饲料、饮水等经消化道传染。病鸡康复后可带毒49 d，在35 d内具有传染性。

本病一年四季均可发生，但以冬春寒冷季节最严重。且传播迅速，几乎在同一时间内有接触史的易感鸡都发病。发病率和死亡率与毒株和不良的环境因素有很大关系。

（三）症　状

自然感染的潜伏期大约36 h或更长，人工感染为18~36 h。传染性支气管炎病毒由于血清型较多，且易变异，导致传染性支气管炎临诊表现类型复杂，通常可分为呼吸型、肾型、肠型等。

呼吸型：主要侵害雏鸡，引起呼吸器官功能障碍。无明显的前驱症状，常突然发病，出现呼吸道症状，并迅速波及全群，这些是本病的特征。幼雏表现为伸颈、张口呼吸、咳嗽，有"呼噜"音，尤以夜间最清楚。随着病情发展，全身症状加剧，病鸡精神萎靡，食欲废绝、羽毛松乱、翅下垂、昏睡、怕冷，常拥挤在一起。两周龄以内的病雏鸡，还常见鼻窦肿胀、流黏性鼻液、流泪等症状，病鸡常甩头。产蛋鸡感染后产蛋量下降25%~50%，恢复期6~8周，且多数情况下恢复不到原来的水平。同时蛋品质下降，产软壳蛋、畸形蛋、砂壳蛋、薄壳蛋、粗壳蛋，蛋清稀薄如水，蛋黄与蛋清分离等。如产蛋鸡在幼龄时感染鸡传染性支气管炎，相当多的雌雏输卵管发育受阻，造成生殖器官永久性损伤，成为表现上正常但不下蛋的"假母鸡"。

肾型：主要发生于2~6周龄的雏鸡。感染肾型支气管炎病毒后其典型症状分三个阶段。第Ⅰ阶段：病鸡表现为轻微呼吸道症状，被感染后24~48 h气管发出啰音、打喷嚏及咳嗽，并持续1~4 d，这些呼吸道症状一般很轻微，有时只有在晚上安静的时候才听得比较清楚，因此常被忽视。第Ⅱ阶段：病鸡表面康复，呼吸道症状消失，鸡群没有可见的异常表现。第Ⅲ阶段：受感染鸡群突然发病，并于2~3 d内逐渐加剧。病鸡挤堆、厌食，排白色稀便，粪便中几乎全是尿酸盐，迅速消瘦、脱水。雏鸡死亡率为10%~30%，6周龄以上鸡死亡率在0.5%~1%。病程比呼吸型稍长。

此外，有些鸡只表现渐进性消瘦，羽毛松乱、呆立、垂翅、体重减轻，有时伴有呼吸道症状，表现咳嗽、啰音等，被人们称之为"腺胃型传支"。

（四）病　变

鸡传染性支气管炎的病理变化主要发生在呼吸、泌尿和生殖系统。此外，也有一些发生于肌肉、肠道、肌胃的病变报道。

呼吸型：主要病变见于气管、支气管、鼻腔、肺等呼吸器官。表现为气管环出血，管腔中有黄色或黑黄色栓塞物。幼雏鼻腔、鼻窦黏膜充血，鼻腔中有黏稠分泌物，肺脏水肿或出血。产蛋鸡的腹腔内可以发现液状卵黄物质，卵泡充血、出血、变形，甚至破裂。18日龄以内幼雏感染时，可致输卵管发育异常，致使成熟期不能正常产蛋，剖检时见输卵管呈直型或萎缩，变细、变短、变薄或成囊状，长度平均为15~18 cm，同龄正常鸡为30~60 cm。

肾型：可见肾脏肿大，呈苍白色，肾小管充满尿酸盐结晶，扩张，外观呈斑驳状，俗称"花斑肾"。严重的病例在心包和腹腔脏器表面均可见白色的尿酸盐沉着。有时还可见法氏囊黏膜充血、出血，囊腔内有黄色胶冻状物；肠黏膜呈卡他性炎变化，全身皮肤和肌肉发绀，肌肉失水。

腺胃型：患腺胃炎的鸡腺胃严重肿大，如乒乓球，胃壁明显增厚，乳头水肿或脱落，呈平板状，少数黏膜出现溃疡、出血。肝脏瘀血肿大，脾稍肿，肺充血。

（五）诊　断

根据流行特点、症状和病理变化，可做出初步诊断。进一步确诊则有赖于病毒与鉴定及其他实验室诊断方法。

（1）病毒的分离鉴定：这是诊断传染性支气管炎的重要方法。无菌采取病死鸡的气管、肺、肾脏等，研磨后离心取上清液，每毫升上清液中加入青霉素、链霉素各1万单位，置4℃冰箱过夜，以抑制细菌感染。接种8~9日龄鸡胚的尿囊腔内，37℃培养1周。如含有传染性支气管炎病毒，则胚胎在接种后第3~5 d左右死亡，勉强存活的则见鸡胚发育不全和萎缩。但在第一代分离时很多不出现病变，需继代2~3代，随着继代次数增多，会出现特征性"蜷曲胚"或"侏儒胚"。用鸡胚分离病毒，然后用鸡传染性支气管炎病毒抗血清进行中和试验和琼脂扩散试验以鉴定病毒。

近年来，已建立起直接检查感染鸡组织中传染性支气管炎病毒核酸的RT-PCR方法。

（2）干扰试验：传染性支气管炎病毒在鸡胚内可干扰新城疫病毒B_1株产生血凝素，因此可利用鸡传染性支气管炎对新城疫B_1毒株的干扰现象对传染性支气管炎病毒进行诊断。具体做法是：取9~11日龄鸡胚10~20只，分成两组，一组先接种疑为传染性支气管炎病毒的鸡胚液，另一组做对照（不接种），10 h后两组鸡胚同时分别于尿囊腔内接种新城疫病毒-B1，孵化36~48 h后，置鸡胚4℃、8 h，取胚液做HA。若有传染性支气管炎病毒存在，则试验组的鸡胚液有50%以上的血凝价在1：20以下，而对照组鸡胚液则有90%以上的血凝价在1：40或以上。收取鸡胚液时间不要超过上述时间，因这种干扰作用56 h后会减弱，72 h后消失。

（3）血清学试验。

①琼脂扩散试验（AGP）。主要用于检测传染性支气管炎病毒抗体，用感染传染性支气管炎病毒的绒毛尿囊膜制作抗原。用1.25%的琼脂制作平板，琼脂厚约3 mm，用打孔器打成梅花孔，孔径3 mm，中心孔与周边孔距离为3 mm。中心孔加抗原，边缘孔加稀释的待检血清，在湿盒中37℃条件下作用24~28 h观察结果。琼脂扩散试验操作简便，但敏感性不高，一般适用于抗体的粗略检测。

②免疫荧光抗体技术（IFA）。可用于检测传染性支气管炎抗原和抗体。检测抗原时，将病料滴在载玻片上，固定后滴加传染性支气管炎抗体，37℃下在湿盒内作用1 h，冲洗20 min，加入荧光素标记的二抗，室温下作用1 h，冲洗20 min，镜检，阳性病料中会出现荧光。

③酶联免疫吸附试验（ELISA）。可用于检测传染性支气管炎病毒和抗体。间接法检测传染性支气管炎抗体水平时，先将提纯的抗原包被反应板，在4℃下作用16 h后冲洗，加入待检血清，37℃下温育40 min，洗涤，加入酶标抗体，温育3 h，洗涤，加入底物，反应显色，测定其吸光度。

（六）鉴别诊断

应注意与新城疫、传染性喉气管炎及传染性鼻炎相区别。鸡新城疫一般发病较本病严重，在雏鸡常可见到神经症状。传染性喉气管炎的呼吸道症状和病变比传染性支气管炎严重；传染性喉气管炎很少发生于幼雏，而传染性支气管炎则幼雏和成年鸡都能发生。传染性鼻炎的病鸡常见面部肿胀，这在本病是很少。肾型传染性支气管炎常与痛风相混淆，痛风时一般无呼吸道症状，无传染性，且多与饲料配合不当有关，通过对饲料中蛋白的分析、钙磷分析即可确定。

（七）防 制

严格执行隔离、检疫、消毒等卫生防疫措施。加强饲养管理，降低饲养密度，避免鸡群拥挤，注意温度、湿度变化，避免过冷、过热。加强通风，防止有害气体刺激呼吸道。合理配比饲料，防止维生素和矿物质，尤其是维生素A的缺乏，以增强机体的抵抗力。

适时接种疫苗是预防本病的主要措施。常用的疫苗有两种类型：一种是活苗，如 H_{120}、H_{52}，H_{120} 毒力较弱，适用于雏鸡；H_{52} 毒力较强，适用于 20 日龄以上的鸡。另一种是灭活苗，适用于各种年龄的鸡。一般免疫程序为：对呼吸型传染性支气管炎，首免可在 5~7 日龄用传染性支气管炎 H_{120} 弱毒疫苗点眼或滴鼻；二免可于 30 日龄用传染性支气管炎 H_{52} 弱毒疫苗点眼或滴鼻；开产前用传染性支气管炎灭活油乳疫苗或新支减三联苗肌肉注射。对肾型传染性支气管炎，可于 4~5 日龄和 20~30 日龄用肾型传染性支气管炎弱毒苗进行免疫接种，或用灭活油乳疫苗于 7~9 日龄颈部皮下注射。而对传染性支气管炎病毒变异株，可于 20~30 日龄、100~120 日龄接种 4/91 弱毒疫苗或皮下及肌肉注射灭活油乳疫苗。除此之外还有多价（2~3 个型毒株）灭活油剂苗，按 0.2~0.3 mL/雏、0.5 mL/成鸡皮下注射。

使用弱毒苗应与新城疫病毒弱毒苗同时使用或间隔 10 d，再进行新城疫病毒弱毒苗免疫，以免发生干扰作用。

本病目前尚无特异性治疗方法。改善饲养管理条件、降低鸡群密度、饲料或饮水中添加抗生素，对防止继发感染具有一定的作用。对肾型传染性气管炎，发病后可使用肾型传支疫苗紧急接种，配合使用肾肿解毒药，添加抗菌素，可降低死亡率，并能中止该病的流行。同时降低饲料中蛋白质的含量，并注意补充 K^+ 和 Na^+，具有一定的辅助治疗作用。对于腺胃型传支，可用含有腺胃型传支的多价灭活苗紧急接种，同时配合干扰素饮水治疗有良好效果。

第四节 鸡马立克氏病

马立克氏病是由疱疹病毒引起的鸡的一种最常见淋巴组织增生性肿瘤疾病，以外周神经、性腺、虹膜、各种脏器肌肉和皮肤的单核性细胞浸润为特征。该病传染性强，在病原学上与鸡的其他淋巴肿瘤病不同。具有传播速度快、传播范围广、潜伏期长（1~6 个月不等）等特点。患急性内脏型鸡马立克氏病的鸡群淘汰率及死亡率高达 8%~30%，严重发病的鸡群可造成全群覆灭，对我国养鸡生产造成严重威胁和巨大的经济损失。

该病 1907 年由匈牙利学者马立克氏首先报道，1961 年 Biggs 等提议定名为"马立克氏病"。马立克氏病存在于世界所有养禽国家和地区，自 20 世纪 70 年代广泛使用火鸡疱疹病毒（HVT）

苗以来，本病的损失已大大下降。但随着养鸡业集约化的发展，目前绝大多数养鸡地区都有本病流行。近年来，世界各国相继分离出毒力特别强的马立克氏病病毒，使得疫苗预防效果变差，免疫失败现象屡有发生。

由于马立克氏病毒破坏法氏囊、胸腺、脾脏等免疫器官，所以可引起严重的免疫抑制，增加受害鸡群对鸡白痢、球虫病、新城疫等敏感性，并影响各种疫苗的预防效果。

（一）病　原

马立克氏病病毒属于疱疹病毒科 α-疱疹病毒，双股 DNA，可在鸭胚成纤维细胞（DEF）和鸡肾细胞（CK）上繁殖，并产生蚀斑，是一种细胞结合性病毒。根据马立克氏病毒毒株的抗原差异可分为三个血清型，即血清 1 型、2 型和 3 型。其中 1 型为所有致瘤的马立克氏病毒，由于致瘤性或毒力的差异较大，又可分为不同的致病型，如强毒株、中等毒力株、低毒力株、超强毒株等，代表毒株有 CVI988/Rispens 株、Cu-2 株、JM 株、584A 株等；2 型为所有不致瘤的马立克氏病毒，这些毒株广泛存在于禽群中，起免疫保护作用，代表毒株有美国的 SB-1 株、301B/1 株等；3 型为火鸡疱疹病毒（HVT）毒株及变异毒株，代表毒株是 Fc-126 株。

血清 1 型病毒株初次分离时可在鸭胚成纤维细胞（DEF）和鸡肾细胞（CK）上繁殖，适应后可在鸡胚成纤维细胞（CEF）上生长。2 型和 3 型病毒在 CEF 上生长最好。被感染的细胞培养 5~14 d 后出现蚀斑。蚀斑由数目不等的圆形、折光性强的细胞构成，有些感染细胞融合在一起，形成合胞体。感染细胞内亦可见到核内包涵体。1 型病毒形成小蚀斑，2 型病毒产生中等大小蚀斑，3 型病毒产生大蚀斑。除细胞培养外，马立克氏病毒也可在发育鸡胚和雏鸡体内繁殖，接种 4 日龄鸡胚的卵黄囊，18 日龄左右可以看到在绒毛尿囊膜上有白色痘斑。

马立克氏病病毒属于细胞结合性疱疹病毒 B 群。病毒有两种存在形式，第一种是细胞结合病毒，称为不完全病毒（裸体病毒），呈六角形，直径为 85~100 nm，有严格的细胞结合性，离开细胞致病性即显著下降和丧失，在外界环境中生存活力很低，主要见于肾小管、法氏囊、神经组织和肿瘤组织中。大多数裸体病毒粒子存在于细胞核中，偶见于细胞浆或细胞外液中。第二种是有囊膜病毒，又称为完全病毒，后者主要存在于细胞核膜附近或者核空泡中，直径 130~170 nm，主要见于羽毛囊角化层中，多数是有囊膜的完整病毒粒子，非细胞结合性，可脱离细胞而存在，对外界环境抵抗力强，污染的垫料和羽屑在室温下其传染性可保持 4~8 个月，在 4 ℃至少保持 10 年，常随鸡的皮屑及灰尘散播，在传播本病方面有极其重要的作用。

马立克氏病毒对理化因素作用的抵抗力不强，对热、酸、有机溶剂及消毒药抵抗力较弱，常用的消毒剂，如 5%福尔马林、3%来苏儿、2%火碱等 10 min 即可杀死病毒。

（二）流行病学

鸡是最重要的自然宿主，此外，鹌鹑、山鸡、火鸡也可感染。但使火鸡感染致病的毒株与引起鸡发病的毒株不同。各种哺乳动物对强毒马立克氏病毒无感受性。不同品种或品系的鸡均能感染马立克氏病毒，但对发生马立克氏病（肿瘤）的抵抗力差异很大。感染时鸡的年龄对发病有很大影响，特别是出雏和育雏室的早期感染可导致很高的发病率和死亡率。年龄大的鸡发生感染，病毒可在体内复制，并随脱落的羽囊皮屑排出体外，但大多不发病。母鸡比公鸡对马立克氏病更易感。迄今未发现马立克氏病疱疹病毒和疫苗毒株对人体有害的证据。但因马立克氏病是动物癌症中第一个能用疫苗来预防的病种，它已成为人类癌症的一个理想的研究模型。

病鸡和带毒鸡是最主要的传染源，其传播途径是病毒通过直接或间接接触经气源传播。在羽囊上皮细胞中复制的病毒，随羽毛、皮屑排出，使鸡舍内的灰尘成年累月保持传染性。很多外表健康的鸡可长期持续带毒排毒，故在一般条件下马立克氏病毒在鸡群中广泛传播，于性成熟时几乎全部感染。本病不发生垂直传播。经口感染不是重要的传播途径。研究表明，吸血昆虫不能传播马立克氏病，而经卵垂直传播即使存在也属罕见，对本病的流行无实际意义。

根据HVT疫苗能否提供有效保护，将马立克氏病毒分为温和毒、强毒和超强毒。温和毒（mMDV），主要表现为脚翼神经麻痹和性腺病变，受感染鸡群的发病率较低。强毒（vMDV），主要引起各内脏器官、皮肤、肌肉的淋巴瘤及神经病变，用HVT免疫可使鸡获得有效的保护。超强毒（vvMDV），主要引起早期死亡综合症（EDS），表现为法氏囊、胸腺的严重萎缩，早期（4~35 d）无肿瘤死亡，对遗传抵抗力品系的鸡具有更高的致瘤性，对HVT免疫鸡群仍可引起马立克氏病而造成免疫失败，发病率可高达50%~60%，我国已有超强毒存在。鸡群感染马立克氏病后其发病率和死亡率受许多因素影响，如病原体的毒力、感染剂量、途径、受害鸡只的性别、被动抗体、年龄和遗传结构等。

各种环境因素如存在应激、并发感染和饲养管理不当等都可使马立克氏病的发病率和死亡率升高。鸡群中存在法氏囊病毒、鸡传染性贫血病毒、呼肠孤病毒、球虫等引起严重免疫抑制的感染均可加重马立克氏病的损失。

（三）症　状

本病是一种肿瘤性疾病，潜伏期较长，受病毒的毒力、剂量、感染途径和鸡的遗传品系、年龄和性别的影响，可以存在很大差异。自然感染的雏鸡，可在3周龄时发病，多是在出雏室或育雏室早期感染所致，但多数发生于2~5月龄的鸡。根据症状和病变发生部位的不同，马立克氏病在临诊上可分为4种类型：神经型、内脏型、皮肤型和眼型。

（1）神经型：又称古典型，主要侵害外周神经。由于侵害神经部位不同，症状也不同。以侵害坐骨神经最为常见。病鸡步态不稳，发生不完全麻痹，后期则完全麻痹，不能站立，蹲伏在地上，或表现为一腿伸向前方，另一腿伸向后方的特征性"劈叉"姿势。臂神经受侵害时，一侧或两侧翅膀下垂；当侵害支配颈部肌肉的神经时，病鸡发生头下垂或头颈歪斜；当迷走神经受侵时则可引起失声、嗉囊扩张以及呼吸困难；腹神经受侵时则常有腹泻症状。

（2）内脏型：多呈急性暴发，常见于幼龄鸡群，初期以大批鸡精神委顿，食欲减退，羽毛松乱，鸡冠和肉髯苍白或萎缩、下痢为主要特征，几天后部分病鸡出现共济失调，随后出现单侧或双侧肢体麻痹。部分病鸡死前无特征临床症状，很多病鸡表现脱水、消瘦和昏迷。

（3）皮肤型：较少见。一般缺乏明显的临诊症状，往往在宰后拔毛时发现羽毛囊增大，形成淡白色小结节或瘤状物。此种病变常见于大腿部、颈部及躯干背面生长粗大羽毛的部位。

（4）眼型：很少见到。病鸡虹膜受害，表现为一侧或两侧虹膜正常色素消失，由正常的橘红色变为灰白色，俗称"灰眼病"，呈同心环状或斑点状以至弥漫的灰白色。瞳孔开始时边缘变得不齐，后期则仅为一针尖大小孔，病鸡视力减退或消失。

上述各型的临诊表现经常可以在同一鸡群中存在。在商业鸡群，死亡常由饥饿和脱水直接造成，因为病鸡多因肢体麻痹而不能接近饲料和饮水。同栏鸡的踩踏也是致死的直接原因。

肉鸡感染马立克氏强毒或超强毒时，特别是在一周龄内感染，主要引起鸡群生长缓慢、消瘦、瘫痪，造成免疫抑制，抗病力下降，从而导致大肠杆菌病、新城疫、慢性呼吸道病以及其他一些传染病发生。抗菌素和疫苗使用效果差，死亡率增高。有少数鸡在出栏前有马立克氏病的病理变化。

（四）病　变

最恒定的病变部位是外周神经，以腹腔神经丛、前肠系膜神经丛、臂神经丛、坐骨神经丛和内脏大神经最常见。受害神经横纹消失，变为灰白色或黄白色，有时呈水肿样外观。病变常为单侧性，将两侧神经对比有助于诊断。除神经组织受损外，性腺、肝、脾、肾等内脏器官也会形成肿瘤。

内脏器官最常被侵害的是卵巢、肾、脾、肝、心、肺、胰、肠系膜、腺胃和肠道。肌肉和皮肤也可受害。其中以肝脏和腺胃的发生率最高。肝脏表现为肿大、质脆，有时为弥漫型的肿瘤，有时见粟粒大至黄豆大的灰白色肿瘤，几个至十几个不等。肿瘤质韧，稍突出于肝表面，有时肝脏的肿瘤如鸡蛋黄大小。腺胃肿大、增厚、质地坚实，浆膜苍白，切开后可见黏膜出血或溃疡。心脏的肿瘤常突出于心肌表面，米粒大至黄豆大。卵巢呈菜花状，肿大4~10倍不等。肺脏呈实质样变，质硬，在一侧或两侧可见灰白色肿瘤。脾脏肿大3~7倍不等，表面可见针尖大小或米粒大的肿瘤结节。肌肉肿瘤多发生于胸肌，呈白色条纹状。有时呈弥漫性肿大。

法氏囊的病变具有诊断意义。通常萎缩，极少数情况下发生弥漫性增厚的肿瘤变化，由肿瘤细胞的滤泡间浸润所致。

皮肤病变常与羽囊有关，但不限于羽囊，病变可融合成片，呈清晰的带白色结节，在拔毛后的胴体尤为明显。胸腺有时严重萎缩，累及皮质和髓质，有的胸腺亦有淋巴样细胞增生区，在变性病变细胞中有时可见到考德里氏（Cowdry）A型核内包涵体。

此外，大冠状动脉、主动脉和主动脉分支以及其他动脉出现眼观的类似人的脂肪动脉粥样病变。

（五）诊　断

马立克氏病毒是高度接触传染性的，在商品化鸡群中广泛存在，但在感染鸡中仅有一小部分发生马立克氏病。此外，接种疫苗的鸡虽能得到保护不发生马立克氏病，但仍能感染马立克氏病毒强毒。因此，是否感染马立克氏病毒不能作为诊断马立克氏病的标准，必须根据疾病特异的流行病学、临诊症状、病理变化和实验室检查做出诊断。

马立克氏病一般发生于1月龄以上的鸡，2~7月龄为发病高峰时间；病鸡常有典型的肢体麻痹症状，出现外周神经受害、法氏囊萎缩、内脏肿瘤等病理变化，这些都是马立克氏病的特征。

虽然检查鸡群感染马立克氏病毒情况对建立马立克氏病诊断并无多大帮助，但对流行病学监测和病毒特性研究具有重要意义。常用的方法有病毒分离、检查组织中的病毒标记和血清中的特异抗体。病毒分离常用DEF和CK细胞（1型毒）或CEF（2、3型毒），分离物用型特异单抗进行鉴定。组织中的病毒标记，可用FA、AGP和ELISA等方法查病毒抗原，或用DNA探针查病毒基因组。FA、AGP和ELISA等方法也可用于检查血清中马立克氏病毒特异抗体。

病毒分离：取鸡的血液或血液棕黄层细胞经卵黄囊或绒毛尿囊膜接种4日龄鸡胚，分别于接种后4~6 d或10~11 d在绒毛尿囊膜上产生痘样病变。

琼脂凝胶沉淀试验（AGP）：以马立克氏病标准阳性血清检测羽根或羽囊浸出物，或以马立克氏病阳性抗原检测鸡的血清，若出现白色沉淀线，则说明检测鸡感染过马立克氏病，排毒或有马立克氏病抗体存在。

免疫荧光技术：取鸡的淋巴细胞接种鸭胚或鸡胚成纤维细胞，培养5~7 d后可出现蚀斑，以马立克氏病Ⅰ型单抗做间接荧光试验，若为阳性则说明分离毒为马立克氏病Ⅰ型病毒。

鉴别诊断：马立克氏病的内脏肿瘤与鸡淋巴白血病（LL）、网状内皮增生症（RE）在眼观变化上相似，临诊时应注意鉴别（见表5.1）。

表5.1 马立克氏病、鸡淋巴白血病、网状内皮增生症的鉴别

病名	马立克氏病	鸡淋巴白血病	网状内皮增生症
病原	Ⅱ型疱疹病毒	反转录病毒	反转录病毒
最早发病日龄	3周	经典的：14周以上 J型：5周	2周
常发日龄	2~5月龄	经典的：16周~12月龄 J型：性成熟前后	2~25周
病毒与细胞结合性	结合	不结合	不结合
病程	常为急性	慢性	一过性
死亡率	10%~80%	经典的：3%~5% J型：5%~20%	1%
经蛋传染	不经蛋传播	经蛋传播	经蛋传播
法氏囊	萎缩或弥漫性肿瘤	经典的：结节状肿瘤 J型：萎缩	萎缩
瞳孔边缘不齐、缩小	经常出现	无	无
周围神经病变	常见	无	有时有
瘫痪或轻瘫	常见	无	有时有
皮肤肿瘤	+++	-	-/+
肌肉肿瘤	++	-/+	+++
肠道肿瘤	+/-	-	+++
肝、脾、肾、肺、性腺肿瘤	+++	+++	+++
肿瘤类型	T-细胞	B-细胞	B-细胞

（六）防制

综合防治措施：加强饲养管理、改善鸡群生活条件、增强鸡体抵抗力，对于预防本病有很大作用。饲养管理不善、环境条件差或某些疾病（如球虫病）等常是重要的诱发因素。坚持自繁自养，执行全进全出的饲养制度，避免不同日龄鸡混养；实行网上饲养和笼养，减少鸡只与羽毛粪便接触；严格执行卫生消毒制度，尤其是种蛋、出雏器和孵化室的消毒，常选

用熏蒸消毒法，防止雏鸡的早期感染，这是非常重要的，否则即使出壳后即刻免疫有效疫苗，也难防止发病；消除各种应激因素，注意对 IBD、ALV、REV 等的免疫与预防；加强检疫，及时淘汰病鸡和阳性鸡。

免疫接种：疫苗接种是预防本病的关键。

1. 马立克氏病疫苗的种类

用于制造疫苗的病毒有三种：第一种是人工致弱的 1 型马立克氏病毒，如荷兰 Rispens 氏等的 CV1988、美国 witter 氏的马立克氏病 11/75/R2、国内哈尔滨兽医研究所的 K 株（814）等。第二种是自然不致瘤的 2 型马立克氏病毒，如美国的 SB-1、301B/1 和国内的 Z_4。第三种是 3 型马立克氏病毒（HVT），如全世界广泛使用的 FC-126。HVT 与马立克氏病毒有交叉免疫作用，对鸡和火鸡均不致瘤，用它免疫后能抵抗强毒马立克氏病毒的致瘤作用。HVT 疫苗使用最广泛，因为生产成本低，而且可制成冻干制剂，便于保存和使用。细胞结合的 HVT 苗比冻干疫苗效果更好，且受母源抗体影响较小。多价疫苗主要由 2 型和 3 型或 1 型和 3 型马立克氏病毒组成。由于 1 型和 2 型马立克氏病毒之间存在很强的免疫协同作用，所以保护率比单价疫苗要高。双价疫苗不仅能抵抗强毒攻击，而且对存在母源抗体干扰和早期感染威胁的鸡群也能提供较好的保护。国外生产的 HVT+SB-1 双价苗，免疫效果良好。

1 型毒和 2 型毒只能制成细胞结合疫苗，需在液氮条件下保存，影响其在基层的使用。液氮疫苗的使用方法：用长镊子从液氮中取出疫苗安瓿，立即放入 38 ℃（或按产品说明）的温水中，并且不断轻轻摇动安瓿使超低温冷冻的疫苗在 1 min 内融化。操作时需带防护眼镜和手套以防安瓿爆裂；用消毒碘酒棉和酒精棉擦拭安瓿表面后打开安瓿瓶口，再用注射器（带 16～18 号针头）从安瓿中吸出疫苗注入疫苗稀释液中，使 0.2 mL 稀释液中含 1 羽份（即每 1 000 羽份/支应稀释至 200 mL）；将稀释后的疫苗轻轻摇匀，每只 1 日龄雏鸡肌肉或皮下注射 0.2 mL。

注意事项：保存疫苗的液氮罐应定期补充液氮，在疫苗运输或保存过程中，如液氮意外泄漏或蒸发完，疫苗失效不能继续使用；稀释疫苗和接种用的注射器、针头等器材，用高压或蒸馏水煮沸消毒，生理盐水冲洗后使用，切忌用消毒剂浸泡消毒；疫苗附带的专用稀释液，如有混浊、沉淀现象不能使用；疫苗速融后应立即稀释，在 1 h 内用完并在注苗过程中经常轻轻摇动，至少每 3～5 min 摇 1 次，以保证细胞成分均匀地悬浮于稀释液中，用剩的疫苗必须消毒后废弃，不能冻结保存和使用；稀释后的疫苗避免环境温度过高和日光直射，最好放在冰浴中，使用时间越短越好。

2. 马立克氏病疫苗的接种方法

疫苗的接种必须在雏鸡刚出壳后（24 h 内）立即进行，接种途径为颈部皮下注射，0.2 mL/只。不论哪种疫苗，使用时应注意以下问题：雏鸡在 1 日龄接种、稀释疫苗应放在冰箱内，并要在 1～2 h 内用完；疫苗接种要有足够的剂量；防止雏鸡早期感染，它可能是引起免疫鸡群超量死亡最重要的原因，因为疫苗接种后需 7 d 才能产生坚强免疫力，而在这段时间内在出雏室和育雏室都有可能发生感染，所以种蛋在入孵前必须对蛋壳、孵化箱、孵化室、育雏室、笼具等进行严格消毒；雏鸡应在严格隔离的条件下饲养，不同日龄的鸡只不能混养。

关于肉鸡的免疫，大多数人认为商品肉鸡由于饲养期短，出栏前极少出现因为马立克氏病而死亡的现象，因此肉鸡不需要接种马立克氏病疫苗。但随着疾病不断出现新的变异，饲养环境也不断发生改变，一些突发性的传染病变为隐性感染，一些传染病的发病日龄提前。

作为一种免疫抑制病，马立克氏病不仅本身会造成鸡的大批死亡，而且会影响鸡对法氏囊病、新城疫等病毒的免疫抑制。最新研究认为，对肉鸡接种马立克氏病疫苗不仅可以提高其成活率，还有助于提高增重和饲料转化效率，提高胴体质量。因此建议商品快大型肉鸡也要注射马立克氏病疫苗，为了降低成本，可以选择价格较便宜的HVT冻干疫苗。

3. 关于马立克氏病的二次免疫

据报道，马立克氏病二次免疫接种的鸡群，其发病率显著低于一次免疫接种鸡群。马立克氏病的2次免疫接种可大大降低鸡群的死淘率。在马立克氏病污染的鸡场，除严格执行生物安全措施外，二次免疫接种HVT疫苗对于预防马立克氏病效果明显。马立克氏病免疫属于细胞介导免疫，一般用常规剂量在1日龄进行一次免疫接种，即可达到终身保护。但在实践中发现，疫苗毒会被母源抗体中和而影响免疫力的产生。另一方面，由于饲养管理不善和一些免疫抑制因素的影响，抑制了机体的免疫应答，可导致马立克氏病疫苗免疫效力下降。再加上雏鸡日龄小，免疫系统不健全，免疫应答差。为弥补1日龄免疫效果的不足，可在雏鸡母源抗体逐渐消失、免疫功能日趋健全的10~21日龄进行第2次加强免疫注射。第2次加强免疫是激发起第1次免疫注射后致敏的免疫记忆细胞，引起更强烈的免疫应答，增强对马立克氏病的免疫力。因此，马立克氏病二次免疫接种，必须在加强饲养管理，消除不良刺激因素，并在1日龄注射的基础上进行，效果才理想。同时必须在育雏舍及雏鸡饲养的前几周真正做到严格消毒，做好环境卫生和隔离工作，以及全场的综合防制措施。因马立克氏病疫苗接种后一般需要1~2周才能产生免疫力，在未产生免疫力之前，则可发生严重的早期感染，使疫苗保护作用收效甚微。因此，只有加强综合性防制措施，才能使二次加强免疫发挥出显著的效果。

4. 导致免疫失败的因素

（1）母源抗体的感染。母源抗体对疫苗毒株在雏鸡体内的繁殖具有一定的干扰作用，可影响机体免疫力的产生。

（2）出雏或育雏期早期感染。雏鸡在未接种疫苗之前，或者雏鸡在接种疫苗后还未产生足够免疫力时，感染马立克氏病强毒也可能导致免疫失败。

（3）疫苗在运输、贮存、配制过程中处理不当，造成疫苗失活。马立克氏病冻干苗应冷藏于2~8 ℃的冰箱，细胞结合苗应保存于特制的液氮罐中，疫苗稀释液应保存在低于27 ℃的条件下，如果保存不当就会使疫苗免疫失效。

（4）其他疾病感染、应激及饲养管理因素导致机体发生免疫抑制，接种马立克氏病疫苗后，不能有效地产生免疫应答反应。此时，若外界环境中有马立克氏病病毒存在，则鸡只很容易感染发病。

（5）存在超强毒感染，或者是雏鸡受到极强程度的侵害，使得由疫苗建立起来的免疫屏障被突破。

由超强毒株引起的马立克氏病爆发，常在用HVT疫苗免疫的鸡群中造成严重损失，用1型CVI988疫苗，2型、3型毒株组成的双价疫苗可以控制。2型和3型毒株之间存在显著的免疫协同作用，由它们组成的双价疫苗免疫效率比单价疫苗显著提高。由于双价苗是细胞结合疫苗，其免疫效果受母源抗体的影响很小。

培育抗病品种：对不同品种或品系的鸡，疫苗产生的免疫力不一样，有人发现用HVT疫苗免疫有遗传抗病力的鸡，效果比双价苗（HVT+SB-1）免疫易感鸡的效果要好。因此提高鸡群的遗传抗病力，育成生产性能好、对马立克氏病抗病力强的品种或品系，是未来控制马立克氏病的一个重要方面。

治疗：本病目前无特效治疗方法。鸡群发病后，使用抗菌素可以防止继发感染，减少死亡。据报道，对发病初期的鸡用干扰素饮水和黄芪多糖拌料有一定的效果。病死鸡应进行无害化处理，防止病毒的散播。

第五节　禽白血病

禽白血病（AL）是由禽白血病/肉瘤病毒群中的病毒引起的禽类多种肿瘤性疾病的统称。以成年鸡中产生淋巴样肿瘤和产蛋量下降为特征。临诊有多种表现形式，在自然条件下以禽淋巴细胞白血病最为常见，其他如成红细胞白血病、成髓细胞白血病、髓细胞瘤、纤维瘤和纤维肉瘤、肾母细胞瘤、血管瘤、皮瘤等，出现频率较低。

本病自从1868年Roloff首次报道以来，一直被认为是严重危害养禽业的重要禽病之一，广泛存在于商品鸡群。

禽白血病是一种世界性分布的疾病，我国也普遍存在，甚至某些地区还十分严重。我国的哈尔滨、北京、江苏、广州、上海等地部分鸡场的阳性率在20%~100%之间。某鸡场白血病的全年死亡数占病死鸡的20%~30%，而且疫苗的污染率也十分惊人。本病的特征是肢体无麻痹症状，内脏器官虽有肿瘤，但外周神经无肿瘤，肿瘤由均一的成淋巴细胞组成，法氏囊一般不萎缩，常见肿瘤。

本病造成的经济损失主要有以下几个方面：第一，引发肿瘤导致感染鸡死亡，通常是造成鸡群1%~2%的死亡率，偶尔高达20%或以上。第二，引起生产性能下降，尤其是产蛋量和蛋品质下降。第三，是一种免疫抑制病，可影响机体免疫应答，造成免疫反应性降低。第四，可通过垂直传播，导致下一代免疫耐受，并严重污染疫苗，导致该病的传播。

（一）病　原

禽白血病病毒属于反录病毒科、禽C型反录病毒群。最近被称为α型反转录病毒，单股RNA。禽白血病病毒与肉瘤病毒紧密相关，因此统称为禽白血病/肉瘤病毒。

根据囊膜糖蛋白抗原差异，对不同遗传型CEF的宿主范围和各病毒之间的干扰情况，本群病毒被分为A、B、C、D、E和J等亚群。A和B亚群的病毒是现场常见的外源性病毒；C和D亚群病毒在现场很少发现；E亚群病毒是最常见的内源性白血病病毒，它以前病毒基因形式永久地与宿主细胞DNA结合在一起，几乎与肿瘤形成无关，致病力很低；J亚群病毒则是近年来从肉用型鸡中分离到的。此外，从一些禽类中也分离到F、G、H、I亚群。

禽白血病病毒的多数毒株能在11~12日龄鸡胚中良好生长，可在绒毛尿囊膜产生增生性痘斑。腹腔或其他途径接种1~14日龄易感雏鸡，可引起鸡发病。多数禽白血病病毒可在鸡胚成纤维细胞培养物内生长，通常不产生任何明显细胞病变，但可用抵抗力诱发因子试验（RIF）来检查病毒的存在。

白血病/肉瘤病毒对脂溶剂和去污剂敏感，对热的抵抗力弱。病毒材料需保存在-60℃以下，在-20 ℃很快死亡。本群病毒在pH 5~9之间稳定。

（二）流行病学

本病在自然情况下只有鸡能感染。Rous肉瘤病毒宿主范围最广，人工接种在野鸡、珍珠鸡、鸽、鹌鹑、火鸡和鹧鸪也可引起肿瘤，但属于其他亚群病毒。不同品种或品系的鸡对病毒感染和肿瘤发生的抵抗力差异很大。母鸡的易感性比公鸡高，多发生在18周龄以上的鸡，呈慢性经过，病死率为5%~6%，最高可达23%。

上述是以往的观点，人们大多认为禽淋巴白血病（LL）的临床显现期多半在30周龄左右，最早也要在14周龄以后出现，这是以往区别LL和马立克氏病的重要指标之一。一般认为马立克氏病发病较早，在4周龄左右即可发生。然而，J亚型白血病的出现打破了这一规律性。实际上，从6~8周龄的肉种鸡中就可以发现J亚型病状，大部分患病鸡群在13周龄即表现出典型的骨髓性肿瘤。性成熟期肝、脾及生殖器官肿瘤发展迅猛，"大肝病"日渐明显化。

病鸡和带毒鸡是本病的主要传染源。有病毒血症的母鸡，其整个生殖系统都有病毒繁殖，以输卵管的病毒浓度最高，特别是蛋白分泌部，因此其产出的鸡蛋常带毒，孵出的雏鸡也带毒。这种先天性感染的雏鸡常有免疫耐受现象，它不产生抗肿瘤病毒抗体，长期带毒排毒，成为重要传染源。后天接触感染的雏鸡带毒排毒现象与接触感染时雏鸡的年龄有很大关系。雏鸡在2周龄以内感染这种病毒，发病率和感染率很高，残存母鸡产下的蛋带毒率也很高。4~8周龄雏鸡感染后发病率和死亡率大大降低，其产下的蛋也不带毒。10周龄以上的鸡感染后不发病，产下的蛋也不带毒。

外源性LLV的传播方式有两种：通过蛋从母鸡到子代的垂直传播和通过直接或间接接触从鸡到鸡的水平传播。垂直传播在流行病学上十分重要，因为它使感染从一代传到下一代。大多数鸡通过与先天感染鸡的密切接触获得感染。因为病毒不耐热，在外界存活时间短，感染不易间接接触传播。通常感染鸡只有一小部分发生淋巴白血病，但不发病的鸡可带毒并排毒。出生后最初几周感染病毒的鸡LL发病率高，随感染时间后移，LL发病率迅速下降。

内源性白血病病毒通常通过公鸡和母鸡的生殖细胞遗传传递，多数有遗传缺陷，不产生传染性病毒粒子，少数无缺陷，在胚胎或幼雏也可产生传染性病毒，像外源病毒那样传递，但大多数鸡对它有遗传抵抗力。内源病毒无致瘤性或致瘤性很弱。

某些品种鸡群接种马立克氏病毒血清2型+3型的二价苗后，会出现禽白血病发病率上升的现象。

病毒感染鸡群后可出现以下4种状态：无病毒血症无抗体状态（V-A-）、无病毒血症而有抗体状态（V-A+）、有病毒血症而无抗体状态（V+A-）和有病毒血症也有抗体状态（V+A+）。先天性感染的鸡可形成免疫耐受，因而常常出现V+A-现象，这种病鸡是该病净化的主要对象。

（三）症状和病变

禽白血病由于感染的毒株不同，其症状和病理变化亦不同。

淋巴细胞性白血病：该型最常见。14周龄以下的鸡极为少见，至14周龄以后开始发病，性成熟期发病率最高。病鸡精神委顿，全身衰弱，进行性消瘦和贫血，鸡冠、肉髯苍白，皱缩，偶见发绀。病鸡食欲减少或废绝，腹泻，产蛋停止。腹部常明显膨大，用手按压可摸到肿大的肝脏，羽毛有时有尿酸盐和胆色素玷污的斑，最后病鸡衰竭死亡。

剖检可见肿瘤主要发生于肝、脾、肾、法氏囊，也可侵害心肌、性腺、骨髓、肠系膜和肺。肿瘤呈结节形或弥漫形，灰白色到淡黄白色，大小不一，以单个或大量出现，切面均匀一致，很少有坏死灶。粟粒状肿瘤多见于肝脏，呈均匀分布于肝实质中。肝发生弥散性肿瘤时，呈均匀肿大，且颜色为灰白色，俗称"大肝病"。

成红细胞性白血病：此病比较少见。通常发生于 6 周龄以上的高产鸡。临床上分为两种病型：增生型和贫血型。增生型较常见，主要特征是血液中存在大量的成红细胞，贫血型在血液中仅有少量未成熟细胞。两种病型的早期症状为全身衰弱，嗜睡，鸡冠稍苍白或发绀。病鸡消瘦、下痢。病程从 12 d 到几个月。

剖检时见两种病型都表现全身性贫血，皮下、肌肉和内脏有点状出血。增生型的特征性肉眼病变是肝、脾、肾呈弥漫性肿大，呈樱桃红色到暗红色，有的切面可见灰白色肿瘤结节。贫血型病鸡的内脏常萎缩，尤以脾为甚，骨髓色淡呈胶冻样。检查外周血液，红细胞显著减少，血红蛋白量下降。增生型病鸡出现大量的成红细胞，约占全部红细胞的 90%~95%。

成髓细胞性白血病：此型很少自然发生。其临床表现为嗜睡、贫血、消瘦、毛囊出血，病程比成红细胞性白血病长。剖检时见骨髓坚实，呈红灰色至灰色。在肝脏偶然也见于其他内脏发生灰色弥散性肿瘤环节。组织学检查见大量成髓细胞于血管内外积聚。外周血液中常出现大量的成髓细胞，其总数可占全部血细胞的 75%。

骨髓细胞瘤病：此型自然病例极少见。其全身症状与成髓细胞性白血病相似。由于骨髓细胞的生长，头部、胸部和跗骨异常突起。这些肿瘤很特别地突出于骨的表面，多见于肋骨与肋软骨连接处、胸骨后部、下颌骨以及鼻腔的软骨上。骨髓细胞瘤呈淡黄色、柔软脆弱或呈干酪状，呈弥散或结节状，且多两侧对称。

骨硬化病：在骨干或骨干长骨端区存在有均一的或不规则的增厚。晚期病鸡的骨呈特征性的"长靴样"外观。病鸡发育不良、苍白、行走拘谨或跛行。

其他：如血管瘤（见于皮肤或内脏表面，血管腔高度扩大形成"血疱"，通常单个发生。"血疱"破裂可引起病禽严重失血而死）、肾瘤、肾胚细胞瘤、肝癌和结缔组织瘤等，自然病例均极少见。

（四）诊　断

临诊诊断主要根据流行病学和病理学检查。临诊时首先应考虑发病鸡只的年龄，通常在 16 周龄以上。其次是病程和死亡率，本病在鸡群中发病是渐进性的，始终保持低的死亡率。此外，有中等数量典型病例，从病鸡肉眼的病变来看，几乎总是涉及法氏囊的病变。实际诊断中常根据血液学检查和病理学特征结合病原和抗体的检查来确诊。

病毒分离鉴定和血清学检查在日常诊断中很少使用，但它们是建立无白血病种鸡群所不可缺少的。

病毒的分离与鉴定：病毒分离可采取血浆、血清或肿瘤组织，接种 1~7 日龄易感雏鸡，可在 3~35 d 发生肿瘤，接种鸡胚的绒毛尿囊膜或卵黄囊内，可在绒毛尿囊膜产生痘斑；接种鸡胚成纤维细胞培养物，一般不引起细胞病变，需经长期继代培养，才可出现病灶。

荧光抗体技术：将肿瘤组织研磨，反复冻融 3 次，加生理盐水做 5~10 倍稀释，加双抗，用无菌滤膜过滤，然后将病料接种于易感鸡的成纤维细胞上继续培养 8~12 d。用特异的单克隆荧光抗体做间接免疫荧光实验，最后在荧光显微镜下观察，凡有明显亮绿色荧光者判为阳性,凡无明显亮绿色荧光者判为阴性。

此外,还有 ELISA 双抗体夹心法、中和试验、琼脂扩散试验、补体结合(COFAL)试验等也可用于确诊。上述几种试验均需一定条件,非一般实验室所能进行。

(五)防　制

本病主要为垂直传播,水平传播仅占次要地位,且病毒型之间交叉免疫力很低,雏鸡免疫耐受,对疫苗不产生免疫应答,所以对本病的控制尚无切实可行的方法。

减少种鸡群的感染率和建立无白血病的种鸡群是控制本病的最有效措施。种鸡在育成期和产蛋期各进行 2 次检测,淘汰阳性鸡。从蛋清和阴道拭子试验阴性的母鸡选择受精蛋进行孵化,在隔离条件下出雏、饲养,连续进行 4 代,建立无病鸡群。但由于费时长、成本高、技术复杂,一般种鸡场还难以实行。

鸡场的种蛋、雏鸡应来自无白血病种鸡群,同时加强鸡舍孵化、育雏等环节的消毒工作,特别是育雏期(最少 1 个月)封闭隔离饲养,并实行全进全出制。抗病育种,培育无白血病的种鸡群。生产各类疫苗的种蛋、鸡胚必须选自无特定病原(SPF)鸡场。

切实做好马立克氏病、传染性法氏囊病、呼肠孤病毒病以及球虫病的免疫预防。尤其是马立克氏病疫苗,一定要选择质量可靠、蚀斑单位保证、免疫效果确实的产品,并严格按照厂家要求,合理保存和使用疫苗。上述几种疾病都能引起免疫抑制,降低机体对 ALV-J 病毒的抵抗力,从而使本病趋向严重化。不提倡在 1 日龄除马立克氏病疫苗外,同时接种其他病毒疫苗,特别是 IBD、新城疫及 REO 多联疫苗,否则会对马立克氏病免疫不利。

确保种鸡饲料原料的高品质,特别要防止饲料霉变和霉菌毒素中毒,损害免疫功能。适当提高饲料中粗蛋白的含量。1～28 日龄应达到 20%,29～154 日龄应保持在 15%左右。这样做有助于种鸡免疫系统的正常发育。

尽可能减少各种应激。应激是造成免疫抑制和抵抗力下降的重要原因。在断喙、转群和免疫接种时要通过饮水投服优质的含某些氨基酸的多种维生素和电解质。

为减轻交叉传染,应提倡公母分养制,直至种鸡交配或母鸡转入成鸡舍,这样会减少公鸡对母鸡的 J 亚型病毒传递。

加强对注射用器械的消毒,尽可能减少一枚针头连续注射种鸡的数量。最好能做到每只鸡使用一枚针头。免疫注射和化验采血是造成包括 J 亚型在内的传染病经血传染的最直接也是最危险的可能传播途径。

第六节　传染性法氏囊病

传染性法氏囊病是由病毒引起幼鸡的一种急性、高度接触性传染病。本病发病率高、病程短、呈尖峰式死亡。主要症状为脱水、震颤、腹泻、极度虚弱。特征性的病变为前期法氏囊水肿、出血,有干酪样渗出物,后期萎缩,肾脏肿大,肾脏和输尿管有尿酸盐沉积,胸肌和腿肌出血,腺胃和肌胃交界处有出血。

本病最早于 1957 年发生于美国特拉华州的甘布罗地区,故又称甘布罗病。1962 年 Cosgrove 首先报道了此病,随后很快传遍世界各主要养禽国家和地区。我国于 1979 年先后在广州、北京等地发现本病并分离到病毒，之后逐渐蔓延到全国各地。进入80年代中期后，IBD的流行出现了许多新特点：一是传染性法氏囊病呈暴发性流行，区域广；二是在抗原性、发病率、死亡率、病理剖检变化方面与经典传染性法氏囊病有所不同；三是各国流行情况不同，呈现明显的地域差异性；四是疫苗免疫效果不佳，常导致免疫失败。传染性法氏囊病的这些流行新特点给养鸡业造成重大经济损失。近年来，本病被认为是与鸡新城疫、鸡马立克氏病并列在一起的危害养鸡业的三大传染病。

本病造成的经济损失巨大，一方面是鸡只死亡、淘汰率增加、影响增重等所造成的直接损失；另一方面是免疫抑制，使接种了多种疫苗的鸡免疫应答反应下降，或无免疫应答，也由于免疫机能下降，患鸡对多种病原的易感性增加。

（一）病　原

传染性法氏囊病病毒（IBDV）属于双股双节RNA病毒科，双股双节RNA病毒属。病毒是单层衣壳，无囊膜，无红细胞凝集特性。传染性法氏囊病病毒在宿主体内主要分布于法氏囊和脾脏，其次是肾脏。病毒血症期间血液和其他脏器中也有较多病毒。病毒能在鸡胚上生长繁殖，分离病毒最佳接种途径是绒毛尿囊膜（CAM）。病毒经接种后，鸡胚3~5 d死亡，胚胎全身水肿，头部和趾部充血和小点出血，肝有斑驳状坏死。传染性法氏囊病病毒在鸡胚中适应后可在鸡胚成纤维细胞上培养，经2~3代后可产生细胞病变，并能形成蚀斑。

目前已知IBDV有2个血清型，即血清Ⅰ型（鸡源性毒株）和血清Ⅱ型（火鸡源性毒株）。采取交叉中和试验，血清Ⅰ型毒株中可分为6个亚型（包括变异株）。这些亚型毒株在抗原性上存在明显的差别，亚型间的相关性在10%~70%，这种毒株之间抗原性差异可能是免疫失败的原因之一。

病毒对外界环境因素的抵抗力强。耐干燥，鸡舍中的病毒可存活100 d以上。病毒耐热、耐阳光及紫外线照射。56 ℃加热5 h仍存活，60 ℃可存活0.5 h，70 ℃则迅速灭活。病毒耐酸不耐碱，pH 2.0经1 h不被灭活，pH 12则受抑制。病毒对乙醚和氯仿不敏感。3%的煤酚皂溶液、0.2%的过氧乙酸、2%次氯酸钠、5%的漂白粉、3%的石碳酸、3%福尔马林、0.1%的升汞溶液可在30 min内灭活病毒。

（二）流行病学

传染性法氏囊病病毒的自然宿主仅为雏鸡和火鸡。从鸡分离的传染性法氏囊病病毒只感染鸡，感染火鸡不发病，但能引起抗体产生。同样，从火鸡分离的病毒仅能使火鸡感染，而不感染鸡。不同品种的鸡均有易感性。传染性法氏囊病母源抗体阴性的鸡可于1周龄内感染发病，有母源抗体的鸡多在母源抗体下降至较低水平时感染发病。3~6周龄的鸡最易感。近年报道138日龄的鸡也发生本病。成年鸡一般呈隐性经过。本病全年均可发生，无明显季节性。

病鸡的粪便中含有大量病毒，病鸡是主要传染源。鸡可通过直接接触和污染了传染性法氏囊病病毒的饲料、饮水、垫料、尘埃、用具、车辆、人员、衣物等间接传播，老鼠和甲虫等也可间接传播。有人从蚊子体内分离出一株病毒，被认为是一株传染性法氏囊病病毒自然弱毒，由此说明媒介昆虫可能参与本病的传播。本病毒不仅可通过消化道和呼吸道感染，还可通过污染了病毒的蛋壳传播，但未有证据表明可经卵传播。另外，经眼结膜也可传播。

本病一般发病率高（可达100%）而死亡率不高（多为5%左右，也可达20%~30%），卫生条件差而伴发其他疾病时死亡率可升至40%以上，在雏鸡甚至可达80%以上。

本病的另一流行病学特点是发生本病的鸡场，常常出现新城疫、马立克氏病等疫苗接种的免疫失败，这种免疫抑制现象常使发病率和死亡率急剧上升。传染性法氏囊病产生的免疫抑制程度随感染鸡的日龄不同而异，初生雏鸡感染传染性法氏囊病病毒最为严重，可使法氏囊发生坏死性的不可逆病变。1周龄后或传染性法氏囊病母源抗体消失后而感染传染性法氏囊病病毒的鸡，其影响有所减轻。

（三）症　状

潜伏期为2～3 d，易感鸡群感染后发病突然，病程一般为1周左右，典型发病鸡群的死亡曲线呈尖峰式。发病鸡群的早期症状之一是有些鸡啄自己的泄殖腔，随即病鸡出现腹泻，排出白色黏稠或水样稀便。随着病程的发展，采食减少，颈和全身震颤，病鸡步态不稳，羽毛蓬松，畏寒，精神委顿，卧地不动，体温常升高，泄殖腔周围的羽毛被粪便污染。病鸡脱水严重，趾爪干燥，眼窝凹陷，最后衰竭死亡。急性病鸡可在出现症状1～2 d后死亡，鸡群3～5 d达死亡高峰，以后逐渐减少。在初次发病的鸡场多呈显性感染，症状典型，死亡率高。以后发病多转入亚临诊型。

近年来发现部分Ⅰ型变异株所致的病型多为亚临诊型，主要表现为少数鸡精神不振，食欲减退，轻度腹泻，死亡率一般在3%以下。但病程和鸡群的流行期都较长，并可在一个鸡群中反复发生，直至开产。可引起法氏囊萎缩，造成严重的免疫抑制，危害性更大。

（四）病　变

病死鸡表现脱水，腿部和胸部肌肉条纹状或斑块状出血。法氏囊的病变具有特征性，可见法氏囊内黏液增多，法氏囊浆膜、黏膜水肿和出血，体积增大，重量增加，比正常重2倍以上，囊壁增厚，外形变圆，呈土黄色，外包裹有胶冻样透明渗出物。5 d后法氏囊开始萎缩，8 d后重量仅为正常重量的1/3左右。一些严重病例可见法氏囊严重出血，呈紫黑色，如紫葡萄状。切开后黏膜皱褶多混浊不清，黏膜表面有点状出血或弥漫性出血。严重者法氏囊内有干酪样渗出物。肾脏有不同程度的肿胀，常有尿酸盐沉积，输卵管有大量的尿酸盐而扩张。腺胃和肌胃交界处见有条状出血点。盲肠扁桃体肿大、出血。

（五）诊　断

根据本病的流行特点、临诊症状和病理变化，如突然发病，传播迅速，发病率高，有明显的高峰死亡曲线和迅速康复的特点；法氏囊水肿和出血，体积增大，黏膜皱褶多混浊不清，严重者法氏囊内有干酪样分泌物，可做出诊断。由传染性法氏囊病病毒变异株感染的鸡，只有通过法氏囊的病理组织学观察和病毒分离才能做出诊断。

（1）病原的分离鉴定。

病料采取：传染性法氏囊病病毒在早期引起全身性感染，除脑外，多数器官中都含有病毒，其中法氏囊和脾中的含毒量最高，其次为肾脏。因脾污染杂菌的机会较少，所以常用脾来分离病毒。将其用加有抗生素的胰蛋白酶磷酸缓冲液制备成20%的匀浆悬液，离心后取上清液，-20 ℃冻结备用。

病毒分离培养：用SPF鸡胚或不带母源抗体的鸡胚，在9～11日龄时经绒毛尿囊膜接种，被接种鸡胚常在 3~7 d 死亡。鸡胚出现腹部水肿,皮肤充血、出血,肝有斑点状坏死和出血斑,肾充血并有少量斑状坏死,肺高度充血,脾苍白并偶有小坏死点,趾关节和脑部偶有出血,绒毛尿囊膜偶有小出血点,鸡胚的法氏囊没有明显变化。

适应于鸡胚的传染性法氏囊病病毒可在鸡胚法氏囊细胞、肾细胞和成纤维细胞上增殖,产生细胞病变。鸡胚适应毒还可在非鸡源性细胞如火鸡和鸭胚细胞、兔肾细胞、猴肾细胞上生长,其中 BGM-70 细胞已被成功地用于从自然感染的病鸡法氏囊中分离传染性法氏囊病病毒,分离物经 2~3 代盲传后引起细胞病变。

(2)分离出的病毒可经过血清学试验等方法鉴定。

琼脂扩散试验(AGP):常用于 IBD 的诊断。可以检测康复鸡的传染性法氏囊病病毒的群特异性抗体,采集接种标准强毒后 3~4 d 的法氏囊匀浆制备抗原。法氏囊匀浆用灭菌盐水做 1:1 混匀,反复冻融 3 次,离心取上清液制作抗原。试验时将待检血清做 2 倍系列稀释,沉淀抗体在感染后的 7~10 d 可被检出,并维持一年以上。也可用标准血清来检测传染性法氏囊病病毒群特异性抗原。

其他实验室诊断方法如荧光抗体技术、中和试验、免疫组化、ELISA、对流免疫电泳等均可用于本病的诊断。但是,在本病的抗体检测中,无论哪种方法,一般都无法区分免疫抗体和自然感染抗体,因此应根据具体情况对所测结果进行分析,最后做出正确诊断。

(六)鉴别诊断

本病主要应与雏鸡白痢、肾型传染性支气管炎、鸡球虫病、鸡新城疫、磺胺类药物中毒等相区别。

雏鸡白痢:发病日龄在 14~21 d,粪便呈糨糊状,肛门常有干石灰样粪便封堵,病死鸡常有肺炎、坏死结节和肝肿大、变性、坏死,抗菌药治疗有效,这些都有别于传染性法氏囊病。

肾型传染性支气管炎:可见肾肿大,有时输尿管扩张并有尿酸盐沉积,但法氏囊不肿,耐过鸡法氏囊也不见萎缩,腺胃和肌胃交界处无出血;而其他原因引起的肾脏肿大的病例一般有明显的病史,如磺胺类药物中毒和痛风引起的肾肿等。

鸡球虫病:多为血便,且用抗球虫药治疗有效。

硒和 VE 缺乏症:亦可出现肌肉出血,但缺乏硒和 VE 法氏囊无病变,饲料中补充硒和 VE 后,病症逐渐减轻或消失。

鸡新城疫:都会在腺胃乳头及其他器官出血,但新城疫病程长,有呼吸道和神经症状,无法氏囊特征性病理变化。

住白细胞原虫病:病鸡鸡冠苍白、精神沉郁、内脏器官和肾脏出血以及胸肌、心肌等部位有小白色结节或血肿,结肠上有小的囊肿。

磺胺类药物中毒:有用药史,胸部、腿部肌肉出血,骨髓黄染。停药后病情好转。

(七)防 制

严格执行卫生管理,加强净化消毒措施。做好环境卫生、加强消毒是控制本病的关键措施,种蛋、孵化、育雏必须全程消毒,选用有效消毒药对育雏舍、用具、鸡笼等进行喷洒消毒,间隔 4~6 h,反复消毒 2~3 次。在彻底消毒的育雏舍内育雏可以防止早期感染。

加强饲养管理:鸡群要采用全进全出制和使用全价饲料。鸡舍通风良好,温度、湿度适宜，消除各种应激条件，提高鸡体免疫应答能力。对60日龄内的雏鸡最好实行隔离封闭饲养，杜绝传染来源。

提高种鸡的母源抗体水平：生产中应提高种鸡的母源抗体水平，保护子代雏鸡避免早期感染。应用油乳剂灭活苗对18～20周龄种鸡进行第一次免疫，于40～42周龄时进行第二次免疫，母源抗体能保护雏鸡至2～3周龄。

雏鸡的免疫接种：雏鸡的母源抗体只能维持一定的时间。首次接种应于母源抗体降至较低水平时进行，因为母源抗体高会影响疫苗免疫效果，过迟接种疫苗会使传染性法氏囊病感染母源抗体低或无的雏鸡，所以确定鸡只的首免日龄非常重要。可利用琼脂扩散试验测定雏鸡母源抗体的消长情况，当1日龄雏鸡沉淀抗体阳性率不到80%，鸡群应在10～16日龄首免。阳性率达80%～100%的鸡群，在7～10日龄再检测一次抗体，阳性率为50%时，可确定在14～15日龄首免。在养鸡生产中，由于传染性法氏囊病病毒变异株感染引起免疫失败时，可用当地分离的毒株制成灭活疫苗进行免疫接种，常收到良好的效果。

目前，我国常用的疫苗有两大类：活疫苗和灭活疫苗。活疫苗有三种类型：一是弱毒苗，对法氏囊无任何损伤，但免疫后抗体产生迟，效价较低，在自然界遇到毒力较强的传染性法氏囊病病毒时，保护率较低，如PBG98、LKT、Bu-2、LZD258等属于此类型疫苗，现不常使用。二是中等毒力疫苗，接种后对法氏囊有轻微的损伤，这种反应在10 d后消失，但保护率高，在污染场使用这种疫苗效果好，其代表有：Cu-IM、D_{78}、TAD、B_{87}、BJ_{836}疫苗。三是中等偏强毒力型，对法氏囊损伤严重，并有免疫干扰，故现在不用。灭活疫苗是用鸡胚成纤维细胞毒或鸡胚毒的油佐剂灭活苗，一般用于活疫苗免疫后的加强免疫。

鸡群发病后，必须立即清除患病鸡、病死鸡，应深埋或焚烧。选择合适的消毒药对鸡舍、鸡体表周围环境进行严格彻底消毒。病雏早期用高免血清或卵黄抗体治疗可获得较好疗效。雏鸡0.5～1.0 mL/羽，大鸡1.0～2.0 mL/羽，皮下或肌肉注射，必要时次日再注射一次，同时于使用卵黄1周后再用中等毒力疫苗巩固一次。也可用中药制剂如黄连解毒汤、板蓝根冲剂等来治疗，效果良好。为防止免疫失败，注射卵抗10～15 d后，应考虑鸡新城疫、鸡传染性支气管炎、鸡传染性法氏囊病的重新免疫，因为感染法氏囊病后，前两者的免疫很有可能失败，因此，应重新免疫。为减少鸡只死亡，可在进行特异性治疗的同时，在饲料或饮水中添加抗病毒药物如黄芪多糖等，可以降低死亡率。另外，应加强饲养管理，降低饲料中的蛋白质含量，提高维生素含量。饮水中添加0.3%～0.5%的小苏打或口服补盐液，有利于减少对肾脏的损害，防止尿酸盐沉积。使用抗生素防止继发感染。

第七节 禽呼肠孤病毒感染

呼肠孤病毒感染（ARI）可引起鸡多种疾病，包括病毒性关节炎/腱鞘炎、矮小综合征、呼吸道疾病、肠道疾病、免疫抑制和所谓吸收不良综合征。疾病的表现很大程度上取决于鸡的年龄、病毒的致病型、感染途径和其他病原体的混合感染。临诊正常的鸡也常有呼肠孤病毒感染。经济损失常由病毒性关节炎/腱鞘炎和感染鸡增重减少、饲料转化率下降等引起。该病呈世界性分布。

1954年Fahey等首次从病鸡呼吸道内分离到病毒，1957年Olson等在美国从滑膜炎病鸡中分离到"关节炎病毒",并于 1972 年被鉴定为呼肠孤病毒。目前本病已遍布世界各养禽国家和地区。我国于1980年以后陆续有本病的报道。

（一）病　原

禽呼肠孤病毒属呼肠病毒科、正呼肠病毒属，双股 RNA，呈正二十面体对称，无囊膜，有双层衣壳结构。

病毒通过卵黄囊或绒毛尿囊膜接种，易在鸡胚内繁殖。初次分离以卵黄囊接种为佳，3~5 d 后胚胎死亡，因大片皮下出血而使体表变紫。绒毛尿囊膜接种，鸡胚在 7~8 d 后死亡，可见胚体稍小，有时可见肝、脾肿大并有坏死灶，绒毛尿囊膜有白色病变。

病毒也可在 2~6 周龄鸡原代肾细胞上繁殖，若是初次分离或蚀斑计数，则以胚肝原代细胞为好。呼肠孤病毒也可在 CEF 上生长，但常需要适应。

不同的毒株在抗原性和致病性方面有差异，据此可将呼肠孤病毒分类。已有不少划分血清型的报告，但有很大的随意性，不同血清型之间有相当大的交叉中和反应。

病毒对外界环境因素的抵抗力强。对温热、乙醚、氯仿、来苏儿、福尔马林等不敏感。70%酒精、碘及碱性消毒剂对该病毒有较好的杀灭作用。

（二）流行病学

鸡和火鸡是呼肠孤病毒引起的关节炎——腱鞘炎的自然宿主。在没有母源抗体的 1 日龄鸡很容易复制本病，如感染年龄较大的鸡，则一般症状较轻且潜伏期较长。自然感染发病多见于 4~7 周龄的鸡。

病毒在鸡群的传播方式有两种：水平传播和垂直传播。水平传播是主要的传播方式。粪便污染是接触感染的主要来源。幼龄时感染，病毒可长时间存在于盲肠扁桃体和踝关节，意味着带毒鸡是感染的可能来源。禽呼肠孤病毒也可垂直传播，但这种通过蛋的传播率低，约 1.7%。

本病发生无季节性和周期性。饲养管理不善、卫生条件差、消毒不严格，特别是鸡群中有其他病原体存在如传染性法氏囊病毒、支原体、球虫病时可增加呼肠孤病毒感染和发病的机会。

（三）症　状

本病大多数呈隐性经过，有临诊症状的一般占鸡群总数的 1%~1.5%，死亡率一般低于2%。急性感染时，可见跛行，有些鸡发育不良。慢性感染跛行更显著，有一小部分病鸡的踝关节不能活动。有时可能看不到关节炎/腱鞘炎的临诊症状，但在屠宰时可见趾屈肌腱区域肿大。这样的鸡群增重慢，饲料转换率低，总死亡率高，屠宰废弃率高，属于不明显感染。

由呼肠孤病毒引起的吸收不良综合征，主要侵害 1~3 周龄肉用型鸡。病初表现为精神委顿，水样腹泻，粪便内含未消化饲料，病鸡腹部膨胀下垂。体重迅速下降，常仅为正常鸡体重的 1/3，个体矮小，生长明显受阻。羽毛发育异常，主翼羽生长推迟，羽毛蓬松，干枯无光泽，容易断裂。3 周龄以上病鸡骨髓变化较为明显，表现为站立无力或肢行。嘴、脚色苍白，色素消失。头颈、肉髯水肿。

病鸡血浆中类胡萝卜素和维生素 A、E、D 含量下降，碱性磷酸酶活性增高，淀粉酶活性明显升高，谷胱甘肽过氧化酶活性明显降低，认为是胰腺退行性变性所致。

（四）病　变

病毒性关节炎和腱鞘炎的自然感染鸡可见到趾屈肌和跖伸肌腱肿胀。踝关节常含有枯草色或带血色的渗出液，有些病例有多量脓性渗出物。踝上滑膜常有出血点。腱区炎症发展为慢性时，腱鞘硬化并融合在一起。胫跗远端的关节软骨出现小的凹陷溃疡，溃疡增大后融合在一起并侵害到下面的骨组织。

吸收不良综合征的主要病变是病死鸡矮小，消瘦，腹胀，胃肠道充满消化不良的食物。胰腺萎缩，苍白而坚硬，腺管堵塞。胸腺和法氏囊萎缩。腺胃肿大而增厚，有炎性反应。腔骨或肋骨变形，呈佝偻样变化，大腿骨骨质疏松，股骨头坏死、断裂。多数病例还有局灶性心肌炎。

（五）诊　断

根据症状和病变可做出病毒性关节炎的初步诊断。主要受害部位是跖伸肌腱和趾屈肌腱，心肌纤维之间有异嗜细胞浸润。这些特点有助于本病与细菌性和支原体滑膜炎相区别。用免疫荧光法查到腱鞘有呼肠孤病毒，或用鸡胚或鸡胚肝细胞培养分离病毒阳性，可进一步确诊。病毒的致病性可通过接种1日龄易感雏鸡的足垫得到证实，致病株在接种后72 h引起显著炎症。

呼肠孤病毒引起的吸收不良综合征比较难诊断，因为其病变和症状也可由其他致病因引起。确诊往往需进行病毒分离和鉴定。

病毒分离与鉴定：取病鸡关节炎或腱鞘水肿液或滑膜组织按常规方法处理后，接种5～7日龄鸡胚卵黄囊，观察鸡胚死亡及胚胎病变情况。也可用鸡胚肝细胞分离病毒，并用荧光抗体技术、AGP、IF和ELISA等方法做出鉴定。

（六）防　制

对该病目前尚无有效的治疗方法，所以预防是控制本病的唯一方法。一般的预防方法是加强卫生管理及鸡舍的定期消毒。采用全进全出的饲养方式，对鸡舍彻底清洗和用3%NaOH溶液对鸡舍消毒，可以防止由上批感染鸡留下的病毒的感染。由于患病鸡长时间不断向外排毒，是重要的感染源，因此，对患病鸡要坚决淘汰。

禽呼肠孤病毒无所不在的性质，以及对环境的抵抗力强和既可垂直传播又可水平传播的特点，使得消除鸡群的感染十分困难。在将感染鸡群清理后，鸡舍的彻底清洗消毒有利于防止以后鸡群的感染。因为1日龄雏鸡对呼肠孤病毒最易感，而至2周龄时已开始建立年龄相关抵抗力，所以疫苗接种的目标是提供早期保护。用活疫苗或死疫苗免疫种鸡是防制本病的有效方法，不仅通过母源抗体可保护1日龄仔鸡，而且对垂直传播有限制作用。如1日龄雏鸡接种疫苗，应注意有些疫苗毒株（如S1133）对同时接种的马立克氏病疫苗有干扰作用。

第八节　禽脑脊髓炎

禽脑脊髓炎（AE）是由病毒引起的主要侵害雏鸡的一种病毒性传染病。该病主要侵害雏鸡的中枢神经系统，以共济失调和头颈震颤为特征，故又称流行性震颤，主要病变为非化脓性脑脊髓炎。成年鸡感染后可出现产蛋率和孵化率下降。本病在经济上的损失主要是雏鸡的死亡和淘汰以及产蛋鸡暂时性产蛋量下降。

1932年美国Jones首先报道，随后遍及世界大多数国家和地区。我国于1982年发现该病以来，已证实在大多数商品化养禽地区存在。

（一）病　原

禽脑脊髓炎病毒（AEV）属小RNA病毒科中的肠道病毒，无囊膜。

禽脑脊髓炎病毒的不同毒株间无血清学差异，但野毒株和鸡胚适应毒株之间有明显的生物学区别。野毒株的致病性有差异，都嗜肠道，易经口感染雏鸡，从粪中排毒。有一些野毒株嗜神经性较强，在幼雏产生严重的中枢神经症状和损害。野毒在通过快速继代适应于鸡胚之前对鸡胚不致死。鸡胚适应毒株（VanRoekel株）是高度嗜神经的，注射接种可在所有年龄的鸡引起疾病。它们对非免疫鸡胚有致病性。

无论是自然野毒株或胚适应株，均可在敏感的雏鸡、鸡胚和鸡胚的多种细胞，如脑细胞、成纤维细胞、肾细胞、胰腺细胞及神经胶质细胞生长。细胞培养一般无细胞病变，通过卵黄囊接种于5～6日龄易感鸡胚是繁殖AEV最常用的方法。

本病毒对氯仿、酸、胰酶、胃蛋白酶、DNA酶有抵抗力，所有AEV的不同分离株属同一血清型。

（二）流行病学

自然感染见于鸡、雉、火鸡、鹌鹑、珍珠鸡等，鸡对本病最易感。各个日龄均可感染，但一般雏禽才有明显症状。雏鸭、雏鸽可人工感染。

此病具有很强的传染性，病毒通过肠道感染后，经粪便排毒，病毒在粪便中能存活相当长的时间。因此污染的饲料、饮水、垫草、孵化器和育雏设备都可能成为病毒传播的来源，如果没有特殊的预防措施，该病可在鸡群中传播。在传播方式上本病以垂直传播为主，有报道，种鸡群在5月龄有57%感染病毒，但在13月龄96%为血清学阳性，也能通过接触进行水平传播。产蛋鸡感染后，一般无明显临床症状，但在感染急性期可将病毒排入蛋中，这些蛋虽然大都能孵化出雏鸡，但雏鸡在出壳时或出生后数日内呈现症状。这些被感染的雏鸡粪便中含有大量病毒，可通过接触感染其他雏鸡，造成重大经济损失。

本病流行无明显季节性，一年四季均可发生，以冬春季节稍多。发病率及死亡率与鸡群的易感鸡多少、病原的毒力高低、发病的日龄大小而有所不同。雏鸡发病率一般为40%～60%，死亡率10%～25%，甚至更高。

（三）症　状

经胚胎感染的雏鸡的潜伏期为1～7 d，而通过接触传播或经口接种时至少11 d。自然发病通常在1～2周龄，但也有出壳即发病的。病鸡最初症状是目光呆滞，随后发生进行性共济失调，驱赶时走动显得不能控制速度和步态，最终倒卧一侧。呆滞显著时可伴有衰弱的呻吟。刺激或骚扰可诱发病雏的颤抖，持续长短不一的时间，并经不规则的间歇后再发。共济失调通常在颤抖之前出现，通常发展到不能行走，之后是疲乏、虚脱，最终死亡。少数出现症状的鸡可存活，但其中部分发生失明。

本病有明显的年龄抵抗力。2～3周龄后感染很少出现临诊症状。成年鸡感染可发生暂时性产蛋下降（5%~10%），蛋壳颜色基本正常，经1~2周恢复正常，但不出现神经症状。

（四）病　变

一般内脏器官无特征性肉眼病变，个别病例能见到脑膜血管充血、出血、小脑水肿。禽脑脊髓炎唯一可见的眼观变化是肌胃的肌层有细小的灰白区，它由浸润的淋巴细胞团块所致。这种变化不很明显，容易忽略。成年鸡发病无上述病变。

组织学变化表现为非化脓性脑炎，脑部血管有明显的管套现象；脊髓背根神经炎，脊髓根中的神经原周围有时聚集大量淋巴细胞。

（五）诊　断

根据流行特点和症状可做出初步诊断，确诊需进行组织学检查、病毒的分离与鉴定、血清学试验。

病毒的分离与鉴定：病毒分离方法有两种，一是将脑、胰脏等病料乳剂通过脑内接种1日龄易感雏鸡，这是分离病毒最好的方法，接种1~4周内发现雏鸡有特征性临床症状者取脑，并在易感鸡胚中连续传代。另一种方法是用鸡胚卵黄囊接种法分离病毒，该法是将病料接种于5~6日龄易感鸡胚卵黄囊，接种12 d后检测鸡胚是否有胚胎萎缩、爪卷曲、肌营养不良等特征性肉眼变化，存活的鸡胚出雏后饲养10 d，陆续出现特征性临床症状，然后采集脑分离原代病毒。获得病毒后，再用已知阳性血清在鸡胚或组织细胞上做中和试验，以便与其他肠道病毒相区别。

琼脂扩散试验（AGP）：琼脂扩散试验能检出感染后4~10 d的抗体，并可持续28个月。琼扩用的抗原可用已知发病鸡胚脑及胃肠道制备，也可用发病鸡胚绒毛囊膜和胚胎制备。

除上述诊断方法外，还可应用中和试验、荧光抗体技术及酶联免疫吸附试验进行诊断。

鉴别诊断：需与新城疫、维生素 B_1 和维生素 B_2 缺乏症及痢菌净等药物中毒相区别。

雏鸡新城疫常有呼吸困难、呼吸啰音。剖检时可见喉头、气管、肠道出血，这些均与禽传染性脑脊髓炎不同。雏鸡维生素 B_1 缺乏症主要表现为头颈扭曲，抬头望天的角弓反张状。在肌注维生素 B_1 之后大多能康复。雏鸡维生素 B_2 缺乏症主要表现为绒毛卷曲、趾爪向内侧屈曲、关节肿胀和跛行。在添加大剂量 B_2 后，轻症病例可以恢复，大群中不再出现新的病例。维生素E和硒缺乏也有头颈扭曲、前冲、后退、转圈运动等神经症状，但发病日龄多在3~6周，有时可见胸腹部皮下有紫蓝色胶冻状液体。

聚醚类抗生素中毒时，病鸡瘫痪，不能站立，双腿后拖，无头颈震颤现象；氟中毒时病鸡瘫痪，骨骼软，无头颈震颤现象。

（六）防　制

加强饲养管理，严格执行消毒与隔离，防止从疫区引进种蛋与种鸡。预防接种是控制本病最有效的方法。目前常用的疫苗有活毒疫苗、灭活疫苗两类。

活毒疫苗：一种是用1143毒株制成的活苗，可通过饮水法接种，鸡接种疫苗后1~2周排出的粪便中能分离出脑脊髓炎病毒，这种疫苗可通过自然扩散感染，且具有一定的毒力，故小于8周龄、处于产蛋期的鸡群不能接种这种疫苗，以免引起发病。建议于10周以上，但不能迟于开产前4周接种疫苗，接种后4周内所产的蛋不能用于孵化，以防雏鸡由于垂直传播而发病。另一种是活毒疫苗与鸡痘弱毒疫苗制成的二联苗，一般于10周龄以上至开产前4周之间进行翼膜制种。

灭活疫苗：用野毒或鸡胚适应毒接种SPF鸡胚，取其病料灭活制成油乳剂疫苗。这种疫苗安全性好，接种后不排毒、不带毒，特别适用于无脑脊髓炎病史的鸡群。可于种鸡开产前18~20周接种。

本病尚无有效的治疗方法。一般来说，应将发病鸡群扑杀并做无害化处理。如有特殊需要，也可将病鸡隔离，给予舒适的环境，提供充足的饮水和饲料，饲料和饮水中添加维生素E、维生素B_1，避免尚能走动的鸡践踏病鸡等，可减少发病与死亡。据报道，用干扰素饮水有一定效果。

第九节 禽腺病毒感染

腺病毒科中对动物致病的包括两个属，即哺乳动物腺病毒属和禽腺病毒属。禽腺病毒分为3个群：一是从鸡、火鸡、鹅和鹌鹑呼吸道感染分离出的禽腺病毒Ⅰ群，有共同的群特异性抗原；二是引起火鸡出血性肠炎、大理石脾病和鸡大脾病的禽腺病毒Ⅱ群，它含有与Ⅰ群腺病毒不同的群特异抗原；三是从鸡产蛋下降综合征和鸭分离到的腺病毒Ⅲ群，它仅含有部分的Ⅰ群共同抗原。现已知禽腺病毒有12个血清型，能引起多种禽类的几种疾病。在禽腺病毒感染中对鸡危害严重的有鸡包涵体肝炎、产蛋下降综合症，这两种病在世界上分布很广，对养禽业可造成严重的经济损失。

一、鸡包涵体肝炎

包涵体肝炎（IBH）又称贫血综合征，是由禽腺病毒引起的鸡的一种急性传染病，主要发生于肉用仔鸡，也可见于青年鸡。特征为病鸡死亡突然增多，严重贫血、黄疸、肝肿大，有出血和坏死灶，肝细胞核内可见包涵体。

1951年美国首次报道本病，随后意大利、加拿大、英国、墨西哥、葡萄牙、德国、日本均有本病发生的报道，我国也有此病发生。

（一）病 原

包涵体肝炎病毒属禽腺病毒Ⅰ群，无囊膜，双股DNA。病毒对热较稳定，能抵抗乙醚、氯仿及pH3。

病毒可在鸡胚肾细胞、鸡胚肝细胞、鸡胚成纤维细胞中繁殖，在鸡胚肾细胞上可形成蚀斑。该病毒有12个血清型（F_1~F_{12}），F_1型病毒能凝集大鼠红细胞，多数毒株不凝集绵羊红细胞。血凝最适pH 6~9之间，温度在20~45℃之间。病毒在室温存活时间长。

（二）流行病学

本病主要流行于肉用仔鸡饲养地区，多发生于3~15周龄的鸡，3~9周龄鸡最常见。产蛋鸡很少发病。病死率10%左右，如有其他疾病混合感染时，病情加剧，病死率上升。本病的传播方式是通过接触病鸡和污染的病鸡而感染，也可以通过鸡蛋垂直传播给雏鸡。母鸡发生本病后，往往造成种蛋的孵化率降低和雏鸡的死亡率增高。本病的发生常与其他诱发条件有关，例如发生过传染性法氏囊病的鸡容易感染发病。多发于春、秋两季。

（三）症状和突变

自然感染潜伏期为 1~2 d。幼龄鸡常突然发病，发病率很高，病程为 10~14 d，死亡率约 10%，如并发其他细菌（如大肠杆菌、梭菌等）感染，死亡率可高达 40%。病鸡初表现精神沉郁、嗜睡、下痢、羽毛粗乱。有的病鸡出现严重贫血和黄疸，感染后 3~4 d 突然出现死亡率高峰，第 5 d 后死亡减少或逐渐停止，病程一般为 10~14 d。

病理变化：肝脏肿胀和淤血，脂肪变性，质地脆弱易破裂，并有胆汁淤积的斑纹或点状、斑状出血，纤维素性肝周炎，显微镜下可见肝细胞核内产生一种嗜酸性包涵体，着染红色，这是本病的特征性病变，故称为包涵体性肝炎。肾和脾肿大。内脏器官和肌肉广泛性出血。骨髓苍白、贫血。

（四）诊　断

根据流行病学、典型症状和病变可以做出诊断，确诊需进行病原分离和血清学等实验室诊断。根据病鸡的病理变化，特别是急性病例的肝细胞印片染色后显微镜检查，发现具有特征性的嗜酸性核内包涵体，即可诊断为本病。也可以采取病变组织磨碎匀浆，制备悬液，取上清液接种 4 日龄的发育鸡胚卵黄囊，鸡胚一般在接种后 5~10 d 死亡，可发现死亡鸡胚出血和肝脏有坏死灶，胚肝印片之中也可以看到核内包涵体。可以用荧光抗体进行诊断。

（五）防　制

目前，对鸡包涵体性肝炎尚无有效疗法。主要措施为加强饲养管理，杜绝传染源传入，防止和消除应激因素。在雏鸡饲料中适当喂抗生素药物，可以减少并发细菌感染，降低病鸡死亡率。此外，结合补充维生素（主要是 B 族维生素）和微量元素（铁、铜和钴合剂），以促进贫血的恢复。本病的病毒血清型很多，所以还没有可靠的疫苗可供预防接种。

二、产蛋下降综合症

产蛋下降综合症（EDS_{76}）是由禽腺病毒Ⅲ群中的病毒引起鸡的以产蛋下降为特征的一种传染病，其主要表现为鸡群产蛋骤然下降，软壳蛋和畸形蛋增加，褐色蛋蛋壳颜色变淡。本病广泛流行于世界各地，对养鸡业危害较大，已成为蛋鸡和种鸡的主要传染病之一。

1976 年首次发生于荷兰，1977 年分离到病毒，目前，在欧、美、亚、非、大洋洲许多国家均有本病发生。我国在 1991 年分离到病毒证实有本病存在。

（一）病　原

产蛋下降综合症病毒属于禽腺病毒Ⅲ群，无囊膜，双股 DNA。能在鸭胚、鸭胚肾和鸭胚成纤维细胞、鸡胚肝和鸡胚成纤维细胞上生长繁殖，但在鸡胚肾和火鸡细胞中生长不良，在哺乳动物细胞上不能生长。接种在 7~10 日龄鸭胚中生长良好，可使鸭胚致死。其尿囊液具有很高的血凝滴度，接种 5~7 日龄鸡胚卵黄囊，则胚体萎缩。

产蛋下降综合症病毒含红细胞凝集素，能凝集鸡、鸭、火鸡、鹅、鸽的红细胞，但不凝集家兔、绵羊、马、猪、牛的红细胞,故可用于血凝试验及血凝抑制试验,血凝抑制试验具有较高的特异性,可用于检测鸡的特异性抗体。而其他禽腺病毒,主要是凝集哺乳动物红细胞,这与产蛋下降综合症病毒不同。

产蛋下降综合症病毒有抗醚类的能力,在 50 ℃ 条件下,对乙醚、氯仿不敏感。对不同范围的 pH 值性质稳定,即抗 pH 值范围较广,如在 pH 为 3~10 的环境中能存活。加热到 56 ℃ 可存活 3 h,60 ℃ 加热 30 min 丧失致病力,70 ℃ 加热 20 min 则完全灭活。在室温条件下至少存活 6 个月以上,0.3%甲醛 24 h、0.1%甲醛 48 h 可使病毒完全灭活。

当前,在国内外分离到 EDS_{76} 病毒株有十余个,国际标准毒株为 EDS_{76}-127,但各地分离到的毒株同属一个血清型。

(二)流行病学

本病只发生于产蛋鸡。但病毒的自然宿主为鸭、鹅和野鸭。不同品种或品系的鸡对产蛋下降综合症易感性有差异,尤其是产褐壳蛋的肉用种鸡和种母鸡最易感。本病主要侵害 26~32 周龄鸡,35 周龄以上较少发病。幼龄鸡感染后不表现症状,血清中查不出抗体,在性成熟开始产蛋后,血清才转为阳性。有人曾在 7 周龄鸡中检测到抗体,抗体的出现和发病无明显相关性。实验感染的鸡中,病毒在内脏增殖及排泄,随年龄增大而下降。成年鸡组织中带毒大约 3 周,粪便大约 1 周。产蛋下降综合症的流行特点是:病毒的毒力在性成熟前的鸡体内不表现出来,产蛋初期的应激反应,致使病毒活化而使产蛋鸡患病。6~8 月龄母鸡处于发病高峰期。鸭感染后虽不发病,但长期带毒,带毒率可达 85%以上。

产蛋下降综合症既可水平传播,又可垂直传播,被感染鸡可通过种蛋和种公鸡的精液传递。有人从鸡的输卵管、泄殖腔、粪便、咽黏膜、白细胞、肠内容物等分离到产蛋下降综合症病毒。可见,病毒可通过这些途径向外排毒,污染饲料、饮水、用具经水平传播使其他鸡感染。

(三)症 状

产蛋下降综合症感染鸡群无明显临诊症状,通常是 26~36 周龄产蛋鸡突然出现群体性产蛋下降,产蛋率比正常下降 20%~30%,甚至达 50%。与此同时,产出软壳蛋、薄壳蛋、无壳蛋、小蛋,蛋体畸形,蛋壳表面粗糙,如白灰、灰黄粉样,褐壳蛋则色素消失,颜色变浅,蛋白水样,蛋黄色淡,或蛋白中混有血液、异物等。异常蛋可占产蛋的 15%或以上,蛋的破损率增高。对受精率和孵化率没有影响,病程可持续 4~10 周。

(四)病 变

本病常缺乏明显的病理变化,其特征性病变是输卵管各段黏膜发炎、水肿、萎缩,病鸡的卵巢萎缩变小,或有出血,子宫黏膜发炎,肠道出现卡他性炎症。组织学检查,子宫输卵管腺体水肿,单核细胞浸润,黏膜上皮细胞变性、坏死,子宫黏膜及输卵管固有层出现浆细胞、淋巴细胞和异嗜细胞浸润,输卵管上皮细胞核内有包涵体,核仁、核染色质偏向核膜一侧,包涵体染色有的呈嗜酸性,有的呈嗜碱性。

(五)诊 断

根据流行病学特征和症状可做出初步诊断,确诊需进行实验室诊断。

1. 病原分离和鉴定

从患鸡的输卵管、变形卵泡、无壳软蛋、泄殖腔、鼻咽黏膜、肠内容物、粪便等采集病料，经灭菌处理后，接种于鸭肾或鸡肾细胞上，孵化数天后观察细胞病变及核内包涵体，并用血凝及血凝抑制试验进行鉴定。接种 5~10 日龄鸭胚尿囊腔，可使鸭胚致死，尿囊液有高的凝集滴度。从产蛋下降综合症血清阳性鸡中，病毒分离率约为 33%，从产蛋异常的鸡群中，分离率可达 60%。

2. 血清学试验

HI 试验是诊断产蛋下降综合症最常采用的方法之一。EDS_{76} 病毒可凝集鸡、鸭、鹅的红细胞，其凝集作用可被相应的产蛋下降综合症病毒抗血清所抑制。HI 试验可用于鸡群感染调查、抗体监测和病毒鉴定。HI 试验多采用微量法。试验用的抗原用鸭肾或鸡肾细胞培养制备，也可用鸭胚尿囊液制备。抗原采用 4 个血凝单位（4HAV），用 pH 7.1 PBS 配制 1%鸡红细胞（或 0.5%和 0.8%均可），采用常规术式进行。HI 阳性标准无统一意见，有人将 1:32 作为阳性，也有人将 1:8 作为阳性。如果鸡群 HI 效价在 1:8 以上，证明此鸡群已感染。

此外，还可采用中和试验、ELISA、荧光抗体技术等方法诊断本病。

鉴别诊断：本病应与鸡新城疫、传染性喉气管炎、传染性脑脊髓炎及钙、磷缺乏症等引起的产蛋下降相区别。

（六）防　制

主要采取综合性措施。无产蛋下降综合症的清洁鸡场，一定要防止从疫场将本病带入。不要到疫区引种，因已证实，本病可通过蛋垂直传播。原则上，要引种必须从无本病的鸡场引入，引后并需隔离观察一定时间，虽然这一点执行起来很难，但是十分关键。

产蛋下降综合症污染鸡场要严格执行兽医卫生措施。本病除垂直传染外，也可水平传染，污染鸡场要想根除本病是较困难的，必须花大力气。为防止水平传播，场内鸡群应隔离，按时进行淘汰。做好鸡舍及周围环境的清扫和消毒，粪便进行合理处理是十分重要的。加强鸡群的饲养管理，喂给平衡的配合日粮，特别是保证必需氨基酸、维生素和微量元素的平衡。

免疫接种是本病主要的防制措施。近年来国内外已开展了产蛋下降综合症病毒 127 株油佐剂灭活疫苗的研制，该疫苗接种 18 周龄后备母鸡，15 d 后产生免疫力，抗体可维持 12~16 周，以后开始下降，40~50 周后抗体消失。种鸡场发生本病时，无论是病鸡群还是同一鸡场其他鸡生产的雏鸡，必须注射疫苗，在开产前 4~10 周进行初次接种，产前 3~4 周进行第二次接种。也有使用新城疫-产蛋下降综合症二联油乳剂灭活苗或新支减三联苗，减少了接种次数和应激。

第十节　鸡传染性贫血

鸡传染性贫血（CIA）是由鸡传染性贫血病病毒引起鸡的一种以再生障碍性贫血和全身淋巴器官萎缩，造成免疫抑制为主要特征的病毒性传染病，又称出血综合征、贫血、出血性贫血综合征、出血性再生不良性贫血综合征、泛骨髓痨、贫血皮炎和蓝翅病等。因该病可造成免疫抑制，经常并发或继发或加重病毒、细菌和真菌性感染，是危害很大的鸡的传染病之一。

该病 Yuasa 于 1979 年首次在日本发现，随后在西德、瑞典、英国、丹麦、波兰、美国、澳大利亚、荷兰、巴西和阿根廷等国先后均发现此病毒的存在。我国于 1992 年首次在黑龙江省分离到鸡传染性贫血病病毒，之后在全国的其他地方如河南、山东、江苏、辽宁、吉林等省也陆续分离到该病毒。在我国鸡群中感染率高达 40%~70%。由此可知，鸡传染性贫血病在全世界范围内呈蔓延趋势，严重影响畜禽养殖业的发展。

（一）病　原

鸡传染性贫血病毒（CIAV）属于圆环病毒科圆环病毒属，呈球形或六角形，无囊膜，为单股 DNA，无血凝性。不同病毒株毒力有一定差异，但抗原性相同。病毒可在鸡胚中繁殖，但致死鸡胚。也能在部分淋巴瘤细胞系培养物中增殖并出现细胞病变。不凝集鸡、猪和绵羊的红细胞。

病毒对乙醚和氯仿有抵抗力；在 60 ℃耐 1 h 以上，100 ℃、15 min 可使病毒灭活；对酸稳定，在 pH 3 经 3 h 不死，对一般消毒剂的抵抗力较强。

（二）流行病学

鸡传染性贫血病病毒在鸡群中广泛存在。无论是健康鸡群还是贫血症、马立克氏病、IBD、蓝翅病（BWO）的鸡群都易检测到鸡传染性贫血病抗体，在某些 SPF 鸡群中也可检测出鸡传染性贫血病抗体。

鸡是本病毒唯一的宿主，所有年龄的鸡都可感染，自然发病多见于 2~4 周龄鸡，1~7 日龄雏鸡最易感，发病率为 20%~30%，有混合感染时发病可超过 6 周龄。随着日龄的增长易感性降低。垂直传播是本病主要的传播方式，母鸡感染后 3~14 d 内种蛋带毒，带毒的鸡胚出壳后发病和死亡，呈现典型的贫血和造血器官萎缩。也可通过消化道及呼吸道水平传播。水平传播虽可发生，但只产生抗体反应，而不引起临床症状。感染后 12~16 d 病变最明显，第 12~28 d 出现死亡，死亡率一般为 30%。有母源抗体的雏鸡和 2 周龄的鸡可被感染，但不发病。

传染性法氏囊病病毒、马立克氏病病毒、网状内皮组织增殖症病毒及其他免疫抑制药物能增强本病毒的传染性和降低母源抗体的抵抗力，从而增加鸡的发病率和病死率。

本病毒诱导雏鸡免疫抑制，不仅增加对继发感染的易感性，而且降低疫苗的免疫力，特别是对马立克氏病疫苗的免疫。

（三）症　状

潜伏期约为 8~12 d。其特征性症状是严重的免疫抑制和贫血，其他可见发育不全、精神不振、鸡体苍白、软弱无力、死亡率增加等。死亡高峰发生在出现临床症状后的 5~6 d，其后逐渐下降，5~6 d 后恢复正常。有的可能有腹泻，全身性出血或头颈皮下出血、水肿。血稀如水，血凝时间长，颜色变浅，血细胞比容值下降至低于 20%（正常值在 30% 以上，降至 25% 以下称为贫血），红细胞、白细胞数显著减少。死亡率高低不尽相同，低的为 10%，亦可高达 60%。

（四）病　变

全身性贫血，血液稀薄。特征性病变是骨髓萎缩，呈脂肪色、淡黄色或淡红色，导致再生障碍性贫血。胸腺萎缩，甚至完全退化，呈深红褐色。部分病例法氏囊萎缩，体积缩小，外观呈半透明状。肝、脾、肾肿大，褪色或有坏死斑点。心脏变圆，心肌、真皮和皮下出血。骨骼和腺胃固有层黏膜出血，严重的出现肌胃黏膜糜烂和溃疡。有的鸡有肺实质性变化。

（五）诊　断

根据临诊症状和病理变化一般可做出初步诊断。但本病所出现的精神沉郁、发育不良和贫血等症状并不是其特有的，有多种原因可以引起类似症状。如原虫病、真菌毒素和磺胺类药物中毒等，因为这些病均能导致再生障碍性贫血，引起出血性综合症和免疫抑制。此外，本病与其他疾病混合感染或继发感染，容易混淆。因此，要确诊还需进行病毒分离或血清学试验。

病毒的分离与鉴定：感染鸡的所有组织和粪便中均含有病毒，常取病鸡的胸腺、脾或肝，制成 1∶10 匀浆，离心取上清液，70 ℃加热 5 min 或用氯仿处理后备用。将病料经肌肉或腹腔接种于 1 日龄 SPF 雏鸡，1.0 mL/只，接种后 14～16 d，血细胞压积低于 27%，感染鸡表现贫血症状、胸腺萎缩、骨髓黄化呈黄白色，即可确诊。也可将病料接种于 MSB1 细胞，每隔 2～4 d 传代 1 次，经 1～6 次继代培养后产生细胞病变（CPE），表明有鸡传染性贫血病病毒感染。

血清学试验：可用病毒中和试验（VN）、间接荧光抗体试验（IFA）、ELISA 检测。这些方法中 VN 准确可靠，但操作复杂，要求条件高且费时，适合专业人员操作；IFA 操作简单、快速，但需借助荧光显微镜进行观察，并且不能定量。ELISA 技术快速、特异、敏感，适合大样本的检测。

（六）防　制

当前，鸡传染性贫血病病毒感染已成为世界范围的问题。除了鸡传染性贫血病病毒感染本身给养禽业带来的直接损失以外，由于感染鸡传染性贫血病病毒后伴有淋巴组织的萎缩，使免疫应答受到明显的抑制，因而自然病例常因细菌和霉菌的继发感染而出现高发病率。同时，鸡传染性贫血病病毒感染还能给疫苗接种带来麻烦，影响马立克氏病、新城疫和传染性法氏囊病等疫苗接种的免疫效果。再者，如果 SPF 鸡群存在本病，用该 SPF 蛋孵化的鸡胚及其细胞培养所制的疫苗就有被鸡传染性贫血病病毒污染的危险，不仅会影响到疫苗的免疫效果，还会造成鸡传染性贫血病病毒的大范围传播，因此在育成 SPF 鸡群的过程中，应重视对鸡传染性贫血病病毒的检查，并首先考虑从 SPF 鸡场清除该传染源。

本病无特异性治疗方法，通常采用抗生素控制继发性的细菌感染，但没有明显的治疗效果。尤其对肉鸡的威胁很大，可降低饮料转化率和体重，所造成的损失相当大。如与其他免疫抑制性传染病相互作用所造成的损失更大，所以对该病的防制具有双重意义。在引种前，必须对鸡传染性贫血病抗体进行监测，严格控制本病感染鸡进入鸡场。同时要加强卫生防疫措施，防止本病的水平感染。

该病的商品疫苗已经在国外市场上销售使用。据 Vielitz 等报道，13～15 周龄的种鸡用自然发病鸡肝乳剂或 SPF 鸡胚毒通过饮水免疫，能有效预防子代鸡本病的暴发，这是迄今为止唯一商品化的疫苗。野毒在马立克氏病 CC-MSB1 细胞上可连续传代，毒力减弱。实验证实，用马立克氏病 CC-MSB 细胞生产的鸡传染性贫血病毒灭活疫苗免疫接种鸡可使子代鸡免受鸡传染性贫血病病毒的感染。Koch 等和 Notebom 等研究表明，只有把 VP_1 和 VP_2 结合在一起才能对鸡产生有效的免疫原性，并且预言，由杆状病毒载体系统表达的鸡传染性贫血病病毒 VP 和 VP_2 重组蛋白可能成为预防鸡传染性贫血病病毒感染的亚单位疫苗。

随着对鸡传染性贫血病疫苗研究的不断深入，相信在不远的将来，鸡传染性贫血病疫苗将向更安全、更有效的方向取得更大的突破。

第十一节　病毒性关节炎

病毒性关节炎是由呼肠孤病毒引起的鸡的一种重要传染病。其特征是生长受阻，跛行，趾屈和趾伸肌腱肿胀，腓肠肌腱断裂。鸡群的饲料利用率下降，淘汰率增高，在经济上造成一定的损失。

（一）病　原

病原为禽呼肠孤病毒，与其他呼肠孤病毒形态基本相同，无囊膜，为双股 RNA。病毒通过卵黄囊和绒毛尿囊膜接种鸡胚后可生长繁殖。通过卵黄囊接种的鸡胚于 3～5 d 后死亡，经绒毛尿囊膜接种的鸡胚于 7～8 d 死亡。除鸡胚外，病毒还可在原代鸡胚成纤维细胞、肝、睾丸细胞中生长。

禽呼肠孤病毒对热有一定的抵抗能力，能耐受 60 ℃ 达 8～10 h。对乙醚不敏感，对 H_2O_2、2%来苏尔、3%福尔马林等均有抵抗力。用 70%乙醇和 0.5%有机碘可以灭活病毒。

（二）流行病学

自然感染发病多见于 4～7 周龄鸡，也有更大鸡龄发生关节炎的报道。感染率和发病率、死亡率因鸡的年龄不同而不同。一般年龄越大，易感性越低，10 周龄后明显降低。一般认为，雏鸡的易感性可能与雏鸡的免疫系统尚未发育完全有关。

病毒的传播方式有两种：水平传播和垂直传播。虽然有资料表明，Reov 可通过种蛋垂直传播，但水平传播是该病的主要传播途径。病毒感染鸡之后，呼吸道和消化道复制后进入血液，24～48 h 后出现病毒血症，随后即向体内各组织器官扩散，但以关节腱鞘及消化道的含毒量较高。排毒途径主要是经过消化道。

（三）症　状

多呈隐性感染或慢性感染。急性感染病鸡可见跛行，生长受阻；慢性感染期的跛行更加明显，少数病鸡跗关节不能运动。病鸡食欲和活力减退，不愿走动，喜坐在关节上，驱赶时勉强移动，但步态不稳，继而出现跛行或单脚跳跃。

病鸡因得不到足够的水分和饮料而日渐消瘦，贫血，发育迟滞，少数逐渐衰竭而死。检查病鸡可见单侧或双侧跗关节肿胀。在日龄较大的肉鸡中可见腓肠腱断裂导致顽固性跛行。

种鸡或蛋鸡群感染后，产蛋量下降 10%～15%。也有关于种鸡感染后种蛋受精率下降的报道，这可能是病鸡因运动功能障碍而影响正常的交配所致。

（四）病　变

患鸡跗关节上下周围肿胀，切开皮肤可见到关节上部腓肠腱水肿，滑膜内有充血或点状出血，关节腔内含有淡黄色或血样渗出物，少数病例的渗出物为脓性，与传染性滑膜炎病变相似，这可能与某些细菌的继发感染有关。其他关节腔淡红色，关节液增加。大雏或成鸡易发生腓肠腱断裂。换羽时发生关节炎，可在患鸡皮肤外见到皮下组织呈紫红色。病鸡跗关节上部肿胀块由于腱鞘发炎而呈暗红色肿胀或黄褐色坚硬的肿块。腱鞘内有血液或淡黄色的炎性渗出物，滑膜出血水肿，腓肠肌腱断裂或坏死。慢性病例可见腓肠肌腱增生硬化。有时可见心肌炎和肝脏坏死。

（五）诊　断

病毒性关节炎的初期诊断较为困难，关节肿胀与沙门氏菌病、大肠杆菌病和葡萄球菌病等引起的症状不易区分，同时也极易与这些病菌混合感染。因此，对此病的诊断，一般是根据症状及流行特点做出初步诊断，再根据病原学及血清学方法进行确诊。

（六）防　制

本病目前尚无有效的治疗方法，所以预防是控制本病的唯一方法。加强卫生管理及鸡舍的定期消毒，采用全进全出制，对鸡舍彻底清洗和消毒，可以防止由上批感染鸡留下的病毒的感染。由于患病鸡长时间不断向外排毒，是重要的感染源，因此，对患病鸡要坚决淘汰。

预防接种是目前条件下防止鸡病毒性关节炎的最有效方法。目前已有许多种疫苗，包括活疫苗和灭活疫苗。由于雏鸡对致病性 Reo 病毒最易感，而至少要到 2 周龄开始才具有对 Reo 病毒的抵抗力，因此，对雏鸡提供免疫保护应是防疫的重点。接种弱的活疫苗可以有效地产生主动免疫，一般采用皮下接种途径。但用 S1133 弱毒苗与马立克氏病疫苗同时免疫时，S1133 会干扰马立克氏病疫苗的免疫效果，故两种疫苗接种时间应相隔 5 d 以上。

肉仔鸡 8~12 日龄用病毒性关节炎弱毒疫苗皮下注射或饮水免疫。种鸡 8~14 周龄第二次免疫。开产前再用灭活油乳苗免疫一次。将活疫苗与灭活疫苗结合免疫种鸡群，可以达到很好的免疫效果。

第十二节　鸭　瘟

鸭瘟（DP）是由鸭瘟病毒引起的鸭和鹅的一种急性、热性、败血性传染病。临诊特点是体温升高，脚软，绿色下痢，流泪和部分病鸭头颈部肿大。剖检可见皮肤有出血斑点，皮下组织胶样浸润，食道黏膜有小出血点，有黄褐色假膜覆盖或溃疡，泄殖腔黏膜充血、出血、水肿和坏死；肝脏不肿，表面有不规则的出血点或坏死灶。本病传播迅速，发病率和病死率都很高，严重地威胁养鸭业的发展。

该病于 1923 年在荷兰首次报道，1967 年更名为鸭病毒性肠炎，几乎呈全球性分布，我国于 1957 年在广州首次发现该病。

（一）病　原

鸭瘟病毒（DPV）属于疱疹病毒科疱疹病毒属中的滤过性病毒，呈球形，有囊膜，为双股DNA，胰脂酶可消除病毒上的脂类，使病毒失活。病毒在病鸭体内分散于各种内脏器官、血液、分泌物和排泄物中，其中以肝、肺、脑含毒量最高。本病毒对禽类和哺乳动物的红细胞没有凝集现象，毒株间在毒力上有差异，但免疫原性相似。

病毒能在9~12日龄的鸭胚绒毛尿囊上生长繁殖，初次分离时，多数鸭胚在接种后5~9 d死亡，继代后可提前在4~6 d死亡。死亡的鸭胚全身水肿、出血、绒毛尿囊膜有灰白色坏死点，肝脏有坏死灶。此病毒也能适应于鹅胚，但不能直接适应于鸡胚。只有在鸭胚或鹅胚中继代后，再转入鸡胚中，才能生长繁殖，并致死鸡胚。此外病毒还能在鸭胚、鹅胚和鸡胚成纤维单层细胞上生长，并可引起细胞病变，最初几代病变不明显，但继代几次后，可在接种后的24~40 h出现明显的病变。经鸡胚或细胞连续传代到一定代次后，可减弱病毒对鸭的致病力，但保持有免疫原性，所以可用此法来研制鸭瘟弱毒疫苗。

病毒对外界抵抗力不强，温热和一般消毒剂能很快将其杀死；夏季在直接阳光照射下，9 h毒力消失；病毒在56 ℃下10 min即被杀死；在污染的禽舍内（4~20 ℃）可存活5 d；对低温抵抗力较强，在-5~-7 ℃经3个月毒力不减弱，对乙醚和氯仿敏感，5%生石灰作用30 min亦可灭活。在-10~-20 ℃约经1年仍有致病力。

（二）流行病学

自然条件下，本病主要发生于鸭，不同年龄、性别和品种的鸭都可感染。但以番鸭、麻鸭、绵鸭、绍兴鸭易感性较高，北京鸭次之。人工感染时小鸭较大鸭易感，自然感染则多见于1月龄以上的成年鸭，发病率可达100%，病死率达95%以上。这可能是由于大鸭常放养，有较多机会接触病原而被感染。近些年有报道称鹅也能感染发病，但很少形成流行。2周龄内雏鸡可人工感染致病。野鸭和雁也会感染发病。

病鸭和带毒鸭是本病的主要传染源。鸭瘟可通过病禽与易感禽的接触而直接传染，也可通过与污染环境的接触而间接传染。被污染的水源、鸭舍、用具、饲料、饮水是本病的主要传染媒介。某些野生水禽感染病毒后可成为传播本病的自然疫源和媒介，节肢动物因本病为病毒血症也可能是本病的传染媒介。调运病鸭可造成疫情扩散。

本病一年四季均可发生，但以春、秋季流行较为严重。在自然流行中，成年鸭和产蛋母鸭发病和死亡较为严重，一个月以下雏鸭发病较少。当鸭瘟传入易感鸭群后，一般3~7 d开始出现零星病鸭，再经3~5 d陆续出现大批病鸭，疾病进入流行发展期和流行盛期。鸭群整个流行过程一般为2~6周。如果鸭群中有免疫鸭或耐过鸭时，可延至2~3月或更长。

（三）症　状

自然感染的潜伏期3~5 d，人工感染的潜伏期为2~4 d。病初体温升高达43 ℃以上，高热稽留。病鸭表现为精神委顿，头颈缩起，羽毛松乱，翅膀下垂，两脚麻痹无力，脚软，卧地不愿行走，强行驱赶时常以双翅扑地行走，走几步即行倒地，病鸭不愿下水，驱赶入水后也很快挣扎回岸。病鸭食欲明显下降，甚至废绝，渴欲增加。

病鸭的特征性症状：流泪和眼睑水肿。病初流出浆液性分泌物，使眼睑周围羽毛粘湿，而后变成黏稠或脓样，常造成眼睑粘连、水肿，甚至外翻，眼结膜充血或小点出血，甚至形成小溃疡。病鸭鼻中流出稀薄或黏稠的分泌物，呼吸困难，并发生鼻塞音，叫声嘶哑，部分鸭见有咳嗽。病鸭发生下痢，排出绿色或灰白色稀粪，肛门周围的羽毛被玷污或结块。肛门肿胀，严重者外翻，翻开肛门可见泄殖腔黏膜充血、水肿、有出血点，严重病鸭的黏膜表面覆盖一层假膜，不易剥离。部分病鸭在疾病明显时期，可见头和颈部发生不同程度的肿胀，触之有波动感，俗称"大头瘟"。

病程一般为2～5 d，慢性可拖至1周以上，生长发育不良。

自然条件下鹅可以感染鸭瘟，其临诊特征为体温升高，两眼流泪，鼻孔有浆性和黏性分泌物。病鹅的肛门水肿，严重者两脚发软，卧地不愿走动。食道和泄殖腔黏膜有一层灰黄色假膜覆盖，黏膜充血或有斑点状出血和坏死。

（四）病　变

病变主要表现为急性败血症，全身小血管受损，导致组织出血和体腔溢血，尤其是消化道黏膜出血和形成假膜或溃疡，淋巴组织和实质器官出血、坏死。食道与泄殖腔的疹性病变具有特征性。食道黏膜有纵行排列呈条纹状的黄色假膜覆盖或小点出血，假膜易剥离并留下溃疡斑痕。泄殖腔黏膜病变与食道相似，即有出血斑点和不易剥离的假膜与溃疡。食道膨大部分与腺胃交界处有一条灰黄色坏死带或出血带，肌胃角质膜下层充血和出血。肠黏膜充血、出血，以直肠和十二指肠最为严重。位于小肠上的4个淋巴环状出现病变，呈深红色，散在针尖大小的黄色病灶，后期转为深棕色，与黏膜分界明显。胸腺有大量出血点和黄色病灶区，在其外表或切面均可见到。雏鸭感染时法氏囊充血发红，有针尖样黄色小斑点，到了后期，囊壁变薄，囊腔中充满白色、凝固的渗出物。

肝表面和切面上有大小不等的灰黄色或灰白色的坏死点，少数坏死点中间有小出血点，这种病变具有诊断意义。胆囊肿大，充满黏稠的墨绿色胆汁。心外膜和心内膜上有出血斑点，心腔里充满凝固不良的暗红色血液。产蛋母鸭的卵巢滤泡增大，卵泡的形态不整齐，有的皱缩、充血、出血，有的发生破裂而引起卵黄性腹膜炎。

病鸭的皮下组织发生不同程度的炎性水肿，在"大头瘟"典型的病例，头和颈部皮肤肿胀、紧张，切开时流出淡黄色的透明液体。

鹅感染鸭瘟病毒后的病变与鸭相似。

（五）诊　断

根据流行病学、临床症状和病理变化进行综合分析，一般即可做出诊断。本病传播迅速，发病率和病死率高，特征性症状为体温升高，流泪，两腿麻痹和部分病鸭头颈肿胀；有诊断意义的病变为食道和泄殖腔黏膜溃疡和有假膜覆盖的特征性病变和肝脏坏死灶及出血点。必要时进行病毒分离鉴定和中和试验加以确诊。Dot-ELISA可作为快速诊断。

病毒的分离与鉴定：取病鸭的肝、脾等组织研磨后制成悬液，离心取上清液，经绒毛尿囊膜接种于10～14日龄的非免疫鸭胚，或接种于9～11日龄SPF鸡胚的尿囊腔，每胚接种0.2 mL。如有病毒存在，接种后3～6 d鸭胚死亡，胚体广泛性出血，肝脏内有特征性坏死灶，部分绒毛尿囊膜发生水肿、充血和出血变化。连续传代后，鸭胚全部死亡，而鸡胚正常。也可将可疑病料接种鸭胚成纤维细胞，于39.5～41.5 ℃培养，根据致细胞病变效应（CPE）或空斑的产生做初步诊断。对培养物可用已知抗鸭瘟血清做中和试验，即可确诊。

动物接种试验：可将无菌处理的可疑病料或病毒分离物（尿囊液或细胞培养上清液）接种于1日龄非免疫健康小鸭，肌肉注射，每只0.2 mL。攻毒后3～12 d内注意观察是否出现特征性症状和病变。

血清学试验：常用的血清学方法包括中和试验、琼脂凝胶沉淀试验、ELISA 和 Dot-ELISA 等。

鉴别诊断：本病应注意与鸭巴氏杆菌病（鸭出败）、禽流感等病相区别。

鸭出败：能使鸡、鸭、鹅等多种家禽发病，常呈爆发性流行，一般病情急，病程短（数小时至 1 d 左右即死亡）。病鸭除体温升高、精神不振、食欲减退等症状外，一般无肿头、流泪、两脚发软、排绿色稀粪等鸭瘟特有的临床表现。在病变方面，鸭出败的特征是肝脏上出现大小均一的灰白色针尖大坏死点，内脏器官的浆膜及黏膜（如胸、腹腔的浆膜，心包膜及心外膜）充血、出血，尤其是心冠脂肪有大量出血斑点，但食道和泄殖腔黏膜上不形成假膜。取病死鸭的心、血或肝做抹片，经瑞氏染色镜检，可见两极浓染的小杆菌。此外，抗生素和磺胺类等药物对巴氏杆菌病有一定的疗效，而对鸭瘟则全无效果。

禽流感：病原为禽流感病毒。过去曾认为鸭、鹅对该病有较强的抵抗力，即使在感染后也不会发病，更不会引起死亡。但近年来的临床实践表明，该病对水禽养殖业已构成了严重威胁，特别是雏鸭和雏鹅感染后可造成高发病率和高死亡率，产蛋鸭、鹅则发生明显减蛋，其原因可能与毒株变异有关。从临床症状和病变上看，该病与鸭瘟有一定的相似之处，如都会出现肿头、流泪、内脏器官出血、坏死等，但通过病原鉴定方法可以很容易地将两者区别开。因为禽流感病毒可感染鸡胚，并有血凝活性，可用常规的微量血凝和血凝抑制试验进行鉴定。鸭瘟病毒未经适应前，不能感染鸡胚，也无血凝活性。

（六）防 制

预防鸭瘟应避免从疫区引进鸭，如必须引进，一定要经过严格检疫，并经隔离饲养 2 周以上，证明健康后才能合群饲养。还要禁止在鸭瘟流行区域和野水禽出没区域放牧。平时对禽场和工具进行定期消毒。在受威胁区内，所有鸭、鹅应注射鸭瘟鸭胚化弱毒疫苗或鸡胚化弱毒苗。产蛋鸭宜安排在停产期或开产前一个月注射。肉鸭一般在 20 日龄首免，4~5 月后加强免疫 1 次即可。发生鸭瘟时应立即采取隔离和消毒措施，禁止病鸭外调和出售，停止放牧，防止扩散病毒。在受威胁区内，对鸭群用疫苗进行紧急预防接种，必要时剂量加倍，可降低发病和死亡。病鸭扑杀，停止放牧，防止病毒传播。

对经济价值较高的鸭，可在病初肌注鸭高免血清，0.5 mL/只，也可用聚肌胞肌肉注射，1 mg/只，三日一次，连用 2~3 次，可收到良好疗效。

第十三节 鸭病毒性肝炎

鸭病毒性肝炎（DVH）是由鸭肝炎病毒引起的小鸭的一种传播迅速和高度致死性的病毒性传染病。特征是发病急、传播快、死亡率高。临诊特点为角弓反张。病变特征为肝脏肿大和出血。本病常给养鸭场造成巨大的经济损失。

本病最先发生于美国，并首次用鸡胚分离到病毒。其后在英国、加拿大、德国等许多养鸭国家陆续发现本病。我国于 20 世纪 60 年代在北京首次有本病流行，并分离到病毒，目前许多省市和地区都有本病的发生并有上升趋势，已成为养鸭业发展的重要威胁。

（一）病　原

病原为鸭肝炎病毒（DHV），属小核糖核酸病毒科、肠道病毒属。该病毒不凝集禽和哺乳动物红细胞。病毒有 3 个血清型，即 Ⅰ、Ⅱ、Ⅲ型，有明显差异，各型之间无交叉免疫性。我国流行的鸭肝炎病毒血清型为 1 型，是否有其他型，目前尚无全面的调查和报道。此病毒不能与人和犬的病毒性肝炎的康复血清发生中和反应，与鸭乙型肝炎病毒也没有亲缘关系。

病毒能在 9 日龄鸡胚尿囊腔中繁殖，10%～60%的鸡胚在接种后 5～6 d 死亡，表现为发育不良或出血水肿。病毒在鸡胚上连续传代 20～26 代后，对新孵出的雏鸭失去致病力。此种鸡胚适应毒在鸭胚成纤维细胞上培养，可产生细胞病变。鸭胚肝或肾原代细胞可用来培养鸭肝炎病毒。

病毒对外界的抵抗力很强，对氯仿、乙醚、胰蛋白酶和 pH3.0 都有抵抗力。在 56 ℃ 加热 60 min 仍可存活，但加热至 62 ℃、30 min 可以灭活，在 37 ℃ 中能抵抗 2%来苏儿作用 1 h 和 0.1%福尔马林 8 h，病毒在 1%福尔马林或 2%氢氧化钠中 2 h（15～20 ℃），在 2%的漂白粉溶液中 3 h，5%酚、碘制剂均可使病毒灭活。

在自然环境中，病毒可在污染的孵化器育雏室中存活 10 周，在阴湿处粪便中存活 37 d 以上，在 4 ℃ 存活 2 年以上，在-20 ℃ 则可长达 9 年。

（二）流行病学

自然条件下本病主要发生于 3 周龄以下雏鸭，随着日龄的增加，其易感性逐渐降低。5 周龄以上的鸭，经大剂量人工感染，仅出现免疫反应，但无临床症状。鸡、火鸡和鹅不感染，成年鸭可感染而不发病，但可通过粪便排毒，污染环境而感染易感小鸭。人工感染 1 日龄和 1 周龄的雏火鸡、雏鹅，能够产生本病的症状、病理变化和血清中和抗体，并从雏火鸡肝脏中分离到病毒。

本病的传播主要通过与接触病鸭或被污染的人员、工具、饲料、垫料、饮水等，经消化道和呼吸道感染。在野外和舍饲条件下，本病可迅速传给鸭群中的全部易感小鸭，表明它具有极强的传染性。野生水禽可能成为带毒者，鸭舍中的鼠类也可能散播本病毒，病愈鸭仍可通过粪便排毒 1～2 个月。尚无证据表明本病毒可经蛋垂直传播，相反，被慢性感染的蛋鸭所产之蛋的蛋黄，还有一定的免疫抗体。在出雏机内污染本病毒，可使雏鸭在出壳后 24 h 内就发生死亡。

本病一年四季均可发生，但主要在孵化季节，我国南方多在 2～5 月和 9～10 月之间，北方多在 4～8 月份。然而在肉鸭舍饲条件下，可常年发生，无明显季节性。饲养管理不当，鸭舍内湿度过高，密度过大，卫生条件差，缺乏维生素和矿物质等都能促使本病的发生。

（三）症　状

本病潜伏期短，仅 1～2 d。雏鸭都为突然发病。开始时病鸭表现精神萎靡、缩颈、翅下垂，不能随群走动，眼睛半闭，打瞌睡，共济失调。发病半日到一日，而发生全身性抽搐，身体倒向一侧，两脚痉挛性反复踢蹬，约十几分钟死亡。头向后背，呈角弓反张姿态，故俗称"背脖病"。喙端和爪尖淤血呈暗紫色，少数病鸭死亡前排黄白色和绿色稀粪。

本病的死亡率因年龄而有较大差异，1 周龄内雏鸭的病死率可达 95%，2～3 周的雏鸭病死率不到 30%～70%，4 周龄以上的雏鸭发病率和死亡率都很低。

（四）病　变

病变主要在肝脏，肝脏肿大，质地柔软，呈淡红色或外观呈斑驳状，表面有出血点或出血斑。胆囊肿胀呈长卵圆形，充满胆汁，胆汁呈褐色、淡黄或淡绿色。脾脏有时肿大，外观呈斑驳状，多数病鸭的肾脏发生充血和肿胀，其他器官没有明显变化。

病理组织学变化特征是肝组织的炎症变化，急性病例肝细胞坏死，其间有大量红细胞。慢性病变为广泛性胆管增生，不同程度的炎性细胞反应和出血。脾组织呈退行性变性坏死。

（五）诊　断

根据本病的流行特点，发病急，传播迅速，病程短；3周龄内死亡率高，成年鸭不发病；病鸭有明显的神经症状；病变主要表现为肝脏的变性和出血，这些特点可做出初步诊断。

确诊可用病毒分离物接种1～7日龄的敏感雏鸭，复制出该病的典型症状与病变，而接种同一日龄的具有鸭病毒性肝炎母源抗体的雏鸭，则有80%～100%的保护率，即可确诊。将病鸭肝细胞悬液或血液无菌处理后，接种9日龄鸡胚，根据所出现的鸡胚特征性病变也可确诊。也可利用直接荧光技术在自然病例或接种鸭胚的肝脏进行快速准确诊断。病毒的鉴定还可通过进一步做血清中和试验、琼脂扩散试验、对流免疫电泳试验及酶联免疫吸附试验。

鉴别诊断：应注意与鸭瘟、鸭巴氏杆菌病相区别。

鸭瘟：是由鸭瘟病毒引起鸭的一种高死亡率的急性传染病。虽然各种日龄的鸭均可感染发病，但3周龄以内的雏鸭较少发生死亡，而病毒性鸭肝炎对1～2周龄易感雏鸭有极高的发病率和致死率，超过3周龄雏鸭不发病；鸭瘟肝脏虽有出血病变和坏死灶，但尚有肠道出血，食道和泄殖腔出血及形成伪膜或溃疡，与鸭病毒性肝炎完全不同。用抗鸭瘟病毒高免血清和抗鸭病毒性肝炎高免血清，用易感1～7日龄雏鸭做交叉中和试验，或交叉保护试验，可作为实验室诊断方面的鉴别。

鸭巴氏杆菌病：是由多杀性巴氏杆菌引起的急性败血性传染病，发病率和死亡率很高。青年鸭、成年鸭比雏鸭更易感，3周龄以内的雏鸭很少发生。鸭巴氏杆菌病的鸭肝脏肿大，有灰白色针头大的坏死灶和心冠沟脂肪组织有出血斑，心包积液，十二指肠黏膜严重出血等特征性病变，与鸭病毒性肝炎完全不同。肝脏触片，心包液涂片，革兰氏或美蓝染色见有许多两极染色的卵圆形小杆菌。用肝脏和心包液接种鲜血培养基能分离到巴氏杆菌，而鸭病毒性肝炎均为阴性。

（六）防　制

严格的防疫和消毒是预防本病的积极措施，应避免从疫区或疫场购入带毒雏鸭，坚持自繁自养和全进全出的饲养管理制度，可有效防止疾病传入和扩散，定期对鸭场的环境、用具进行预防消毒是绝对有必要的。

由于本病毒抵抗力较强，在疫区仅靠消毒措施难以保证不发病，因此免疫是最有效的预防措施，可用鸡胚化鸭肝炎病毒疫苗免疫种母鸭，每只1 mL，隔两周再做一次，共二次。这些母鸭的抗体可维持4个月以上，其后代母源抗体可保持2周左右，足以保护雏鸭度过最易感的危险期。但在环境卫生条件差、疫情较重的鸭场，则在8～12日龄仍需进行鸭肝炎疫苗的主动免疫或使用免疫母鸭的蛋黄匀浆进行被动免疫。没有母源抗体保护的雏鸭，在疫情不严重的鸭场可在1日龄注射肝炎弱毒疫苗0.5～1.0 mL即可受保护。在疫情严重的鸭场，必须在1日龄注射鸭病毒性肝炎的卵黄抗体或高免血清0.5~1.0 mL，必要时于8~12日龄重复一次。对发病初期的病鸭及时注射鸭病毒性肝炎高免卵黄抗体或血清，每只1~1.5 mL，可治愈80%~90%病鸭，对中度病鸭也有一定疗效。目前尚无其他有效药物用于本病防治。此外，也可使用中药制剂进行治疗，如板蓝根、大青叶等。

注：免疫蛋黄匀浆的制备方法：取未发病鸭场的蛋（最好用近期免疫过鸭肝炎疫苗的种鸭所产的蛋），去掉蛋清，取出蛋黄，每个蛋黄加入80~100 mL灭菌生理盐水，用高速组织捣碎机搅拌成匀浆，每毫升匀浆加入青霉素、链霉素各1 000单位即可。

第十四节 番鸭细小病毒病

番鸭细小病毒病（马立克氏病P）俗称"三周病"，是由番鸭细小病毒引起的，以喘气、腹泻、软脚及胰脏坏死和出血为主要特征的传染病，主要侵害3周龄内的雏鸭，具有高度传染性，发病率和死亡率高，可达40%~50%以上，是目前番鸭饲养业中危害最严重的传染病之一。

本病最早于1985年在福建地区出现，90年代后相继在我国大部分地区都有流行。

（一）病　原

细小病毒的生物学特性与小鹅瘟病毒（GPV）相似。通过交叉中和试验可以把马立克氏病PV和GPV区分开来。病毒呈圆形或六边形，无囊膜，为单股DNA。该病毒不像其他哺乳动物细小病毒那样，在不同条件下能够和多种动物的红细胞发生凝集反应。

病毒能在番鸭胚和鹅胚中繁殖，并引起胚胎死亡。病毒在番鸭胚成纤维细胞上繁殖并引起细胞病变，荧光抗体染色在细胞核内出现明亮的黄绿色荧光，表明在细胞核内复制。

该病毒对乙醚、胰蛋白酶、酸和热等灭活因子作用有很强的抵抗力，胚液和细胞培养液中的病毒在60 ℃水浴120 min、65 ℃水浴60 min和70 ℃水浴15 min，其毒力没有明显变化。但对紫外线照射很敏感。

（二）流行病学

雏番鸭是唯一自然感染发病的动物，发病率和死亡率与日龄关系密切，日龄愈小发病率和死亡率愈高，3周龄以内的雏番鸭发病率为27%~62%，病死率为22%~43%不等。40日龄的番鸭也可发病，但发病率和死亡率低。麻鸭、半番鸭、北京鸭、樱桃谷鸭、鹅和鸡未见自然感染病例，即使与病鸭混养，或人工接种病毒也不出现临诊症状。

病鸭通过排泄物，特别是通过粪便排出大量病毒，导致病毒的水平传播和垂直传播。水平传播是病鸭污染饲料、饮水、用具、人员和周围环境造成传播。垂直传播是病鸭的排泄物污染种蛋外壳，则引起孵房内污染，使出壳的雏番鸭成批发病。

本病发生无明显季节性，但是由于冬春气温低，育雏室空气流通不畅，空气中氨和二氧化碳浓度较高，故发病率和死亡率较高。

（三）症　状

本病的潜伏期4~9 d，病程2~7 d，病程长短与发病日龄密切相关。根据病程长短可分为急性和亚急性两种类型。

急性型：主要见于 7~14 日龄雏番鸭，主要表现为精神委顿，羽毛蓬松，两翅下垂，尾端向下弯曲，两脚无力，懒于走动，厌食，离群；有不同程度腹泻，排出灰白或淡绿色稀粪，并黏附于肛门周围。部分病雏鸭流泪。呼吸困难，喙端发绀，后期常蹲伏，张口呼吸。病程一般为 2~4 d，濒死前两肢麻痹，倒地，衰竭死亡。

亚急性型：多见于发病日龄较大的雏鸭，主要表现为精神委顿，喜蹲伏，两脚无力，行走缓慢，排黄绿色或灰白色稀粪，并黏附于肛门周围。病程 5~7 d，病死率低，大部分病愈鸭颈部、尾部脱毛，嘴变短，生长发育受阻，成为僵鸭。

（四）病 变

大部分病死鸭肛门周围有稀粪粘附，泄殖器扩张、外翻；心脏变圆，心壁松弛，尤以左心室病变明显。肝脏稍肿大，胆囊充盈。肾和脾稍肿大，胰腺肿大且表面散布针尖大灰白色病灶。肠道呈卡他性炎症或黏膜有不同程度的充血和点状出血，尤以十二指肠和直肠后段黏膜为甚，少数病例盲肠黏膜也有点状出血。

（五）诊 断

根据流行特点、临诊症状和病理变化可以做出初步诊断。但是临诊上本病常与小鹅瘟、鸭病毒性肝炎和鸭传染性浆膜炎混合感染，故容易造成误诊和漏诊。确诊必须依靠病原学和血清学方法。

病毒分离与鉴定：无菌采取濒死雏鸭肝、脾和胰腺等组织与生理盐水研磨，制成 20%悬液，加入适量抗生素，低温冰箱冻融，离心取上清液，经尿囊腔接种于 11~13 日龄雏鸭胚，大部分胚胎于接种后 4~7 d 死亡，胚胎全身充血，头、颈、嘴、胸、翅、趾部等有针尖状出血点。但要把马立克氏病 PV 和 GPV 区分开来，必须收集胚液做血清学检查和鉴定。

乳胶凝集试验（LPA）：适用于本病的快速鉴别诊断。取病鸭的肝、脾、肾和胰腺等组织与蒸馏水研磨成 1∶1 匀浆液，加等体积氯仿，振荡数分钟，离心取水作为待检样品。在净玻片上滴加待检样品 10 微升，然后滴加等量致敏胶乳，充分混合，于室温（22~28 ℃）静置 10~20 min 观察结果。

判断标准：++++：1~3 min 内出现粗大凝集块，液体澄清；+++：形成较大凝集块，液体澄清；++：形成肉眼可见的凝集块，液体较澄清；+：部分形成肉眼可见的颗粒，但是液体不澄清；-：无凝集颗粒。"++"以上为阳性，"+"为可疑，重复试验，"-"为阴性。

此外，还有胶乳凝集抑制试验、间接荧光抗体试验、ELISA 等方法。

（六）防 制

严格的生物安全措施对本病的防制具有重要意义，对种蛋、孵房和育雏室的严格消毒尤为重要，结合预防接种，可减少或防止本病的发生和流行。

国内已研制出马立克氏病 PV 弱毒活疫苗供雏番鸭和种鸭免疫预防用，也可使用灭活疫苗。福建省农业科学院畜牧兽医研究所研制成雏番鸭细小病毒灭活苗，1 日龄雏鸭每只肌注 0.2 mL，3 d 后部分雏番鸭血清中出现抗体，7 d 95%以上雏番鸭得到有效保护，14~21 d 抗体效价达高峰，其有效抗体水平维持在 400 d 以上。种鸭接种疫苗后，通过卵黄把母源抗体转移给子代小鸭体内，这种被动抗体可在小鸭体内持续 10～12 d，且不良反应小。

目前对本病无特异性治疗方法，一旦发生本病，应立即将病雏隔离，场地进行彻底消毒，用高免卵黄紧急接种，每只 1 mL，治愈率 80% 以上。为防止和减少继发细菌和霉菌感染，可适当应用抗菌素。

第十五节 小鹅瘟

小鹅瘟（GP）是由细小病毒引起的雏鹅与雏番鸭的一种急性或亚急性高度致死性传染病。临诊特征为精神委顿，食欲废绝，严重腹泻和有时出现神经症状。主要病变特征为渗出性肠炎，小肠黏膜表层大片坏死脱落，与渗出物凝成假膜状，形成栓子阻塞肠腔。

本病主要侵害 4～20 日龄鹅，传播快，发病率和死亡率高，可达 90%～100%。随着日龄的增长，发病率和致死率逐渐降低。自然条件下，成年鹅感染后常不出现临诊症状，但经排泄物及卵传播疾病。

本病最早于 1956 年由方定一等人首先在江苏扬州地区发现本病，并用鹅胚分离到病毒。1961 年江苏扬州地区重新分离到病毒，并将该病及病原定名为小鹅瘟及小鹅瘟病毒。此后国内大多数养鹅省区均有发生。1965 年以后东欧和西欧很多国家报道有本病存在，在国际上又称为 Derzsey 氏病或鹅细小病毒感染。

（一）病　原

鹅细小病毒（GPV）属细小病毒科、细小病毒属，呈球形，无囊膜，单股 DNA。对哺乳动物和禽细胞无血凝作用，但能凝集黄牛精子。国内外分离到的毒株抗原性基本相同，仅有一种血清型，而与哺乳动物的细小病毒，如新城疫病毒、鸭瘟病毒、雏鸭肝炎病毒、猪细小病毒和犬细小病毒没有抗原关系。

病毒存在于病雏的肠道及其内容物、心血、肝脾、肾和脑中，首次分离宜用 12～15 日龄的鹅胚或番鸭胚，一般经 5～7 d 死亡，典型病变为绒毛尿囊膜水肿，胚体全身性充血、出血和水肿，心肌变性呈白色，肝脏出现变性或坏死，呈黄褐色。鹅胚和番鸭胚适应毒可稳定在 3～5 d 致死，胚适应毒能引起鸭胚致死，也可在鹅、鸭胚成纤维细胞上生长，3～5 d 内引起明显细胞病变，经 H.E 染色镜检，可见到合胞体和核内嗜酸性包涵体。

本病毒对环境的抵抗力强，经 65 ℃、3 min 滴度不受影响，在 pH 3.0 溶液中 37 ℃ 条件下耐受 1 h 以上，对氯仿、乙醚和多种消毒剂不敏感，能抵抗胰酶的作用。

（二）流行病学

本病仅发生于鹅与番鸭，不同品种的雏鹅易感性相似。其他禽类均无易感性。本病的发生及其危害程度与日龄密切相关，主要侵害 5～25 日龄的雏鹅与雏番鸭。10 日龄以内发病率和死亡率可达 95%～100%，以后随日龄增大而逐渐减少。1 月龄以上较少发病，成年禽可带毒排毒而不发病。

病雏及带毒成年禽是本病的主要传染源。自然条件下，与病禽直接接触或采食被污染的饲料、饮水是本病传播的主要途径。病毒还可附着于蛋壳上，通过蛋将病毒传给孵化器中易感雏鹅和雏番鸭，造成本病的垂直传播。当年留种鹅群的免疫状态对后代雏鹅的发病率和成活率有显著影响。如果种鹅都是经患病后痊愈或经无症状感染而获得了坚强免疫力的，其后代有较强的母源抗体保护，因此可抵抗天然或人工感染而不发生小鹅瘟。如果种鹅群由不同年龄的母鹅组成，而有些年龄段的母鹅未曾免疫，则其后代还会发生不同程度的疾病危害。

本病的爆发与流行具有明显的周期性，在每年全部更新种鹅的地区，大流行后的一、二年内都不致再次流行。有些地区并不是每年更新全部种鹅，本病的流行不表现明显的周期性，每年均有发病，但死亡率较低，在20%~50%之间。

（三）症　状

本病的潜伏期依感染时的年龄而定，1日龄感染为3~5 d，2~3周龄感染为5~10 d。根据病程长短可分为最急性、急性和亚急性等病例。

雏鹅感染本病时日龄不同，其临床症状、发病率、死亡率和病程长短有较大差异。

最急性型：多见于1周龄内雏鹅。往往无前期症状，一发现即极度衰弱或倒地乱划，不久即死亡。

急性型：2周龄内的雏鹅多见。病鹅表现为精神委顿，缩头，行走困难，常离群独处，食欲减退，进而废绝，严重腹泻，排出灰白色或黄绿色带有气泡的稀粪。呼吸困难，喙的前端色泽变暗（发绀），眼鼻端有浆性分泌物，嗉囊有多量气体和液体。病鹅临死前常出现神经症状，头颈扭转、两脚麻痹、全身抽搐，病程1~2 d。

亚急性型：2周龄以上的雏鹅发病多为此种类型。病鹅以精神委顿、拉稀、消瘦为主要症状。病死率一般在50%以下。大部分耐过鹅在一段时间内都表现为生长受抑制，羽毛脱落。少数病鹅可以自然康复。成年鹅经人工大剂量接种后也能发病，主要表现为排出黏性稀粪，两脚麻痹，伏地3~4 d后死亡或自愈。番鸭的临床症状与鹅相似。

（四）病　变

最急性型病例除肠道有急性卡他性炎症外，其他器官一般无明显病变。急性病例表现为全身性败血变化。心脏变圆，心房扩张，心壁松弛，心尖周围心肌晦暗无光，颜色苍白。肝脏肿大，呈深紫色或黄红色。胆囊肿大，充满暗绿色胆汁。脾脏和胰腺充血，部分病例有灰白色坏死点，部分病例有腹水。本病的特征性病变为小肠发生急性卡他性-纤维素性坏死性肠炎，小肠中下段整片肠黏膜坏死脱落，与凝固的纤维素性渗出物形成栓子或包裹在肠内容物表面的假膜，堵塞肠腔，外观极度膨大，质地坚实，状如香肠。剖开栓子，可见中心是深褐色的干燥的肠内容物。有的病例小肠内会形成扁平带状的纤维素性凝固物。亚急性型更易发现上述特有的变化。一些病鹅的中枢神经系统也有明显变化，脑膜及实质血管充血并有小出血灶。

（五）诊　断

根据本病仅引起雏鹅、雏番鸭发病的流行特点，结合严重腹泻与神经症状的出现以及小肠出现特征性的急性卡他性-纤维素性坏死性肠炎的病变，可做出初步诊断。确诊需经病毒分离鉴定或血清特异性抗体检查。病毒分离时，可取病雏的脾、胰或肝的匀浆上清液，经尿囊腔接种于12~15日龄鹅胚，可在5~7 d内死亡，胚胎主要变化为胚体皮肤充血、出血及水肿，心肌变性呈瓷白色，肝脏变性或有坏死灶。

检查血清中特异抗体的方法有病毒中和试验、琼脂扩散试验和 ELISA 试验。

鉴别诊断：本病应注意与下列疾病相区别：鸭瘟特征性病变是在食道和泄殖腔出血和形成伪膜或溃疡，必要时以血清学试验相区别。鹅流感、鹅副伤寒可通过细菌学检查和敏感药物治疗实证来区别。鹅球虫病通过镜检肠内容物和粪便是否发现球虫卵囊相区别。番鸭肠道发生急性卡他性-纤维素性坏死性肠炎是与鸭病毒性肝炎在病变方面的显著区别。

（六）防　制

本病目前无有效治疗药物，各种抗菌药物对本病无治疗作用。除采取常规的卫生防疫措施外，主要依靠疫苗、高免血清和卵黄液进行防治。对于发病初期的病雏及早注射抗小鹅瘟高免血清，抗血清的治愈率约 40%～50%。血清用量，对处于潜伏期的雏鹅每只 0.5 mL，已出现初期症状者为 2～3 mL，日龄在 10 日以上者可相应增加，一律皮下注射。能阻止 80%～90%已被感染的雏鹅发病。由于病程太短，对于症状严重的病雏，抗血清的治疗效果甚微。

小鹅瘟主要是通过孵房传播的，因此孵房中的一切用具设备，在每次使用后必须清洗消毒，收购来的种蛋应用福尔马林熏蒸消毒，以消除蛋壳表面污染。对于已被本病污染的炕坊，每批种蛋、孵化器、出雏器以及其他用具均应用福尔马林熏蒸消毒。刚出炕的雏鹅切勿与新收进的种蛋或成鹅接触，以切断炕坊的污染环节。

在本病严重流行的地区，利用弱毒苗甚至强毒苗免疫母鹅是预防本病最经济有效的方法。但在未发病的受威胁区不要用强毒免疫，以免散毒。种鸭在产蛋前 15 d 左右，用鹅胚化种鹅弱毒苗皮下注射，每只 1 mL。在免疫 12 d 至 4 个月内鹅群所产蛋孵化的雏鹅群能抵抗人工及自然病毒感染。种鹅免疫 4 个月以后，雏鹅的保护率会下降，须进行二次免疫。未经免疫的种鹅群，或种鹅群免疫 4 个月以上所产蛋孵化的雏鹅群，在出炕 48 h 内应用鹅胚化雏鹅弱毒苗或细胞弱毒苗进行免疫，每只雏鹅皮下注射 0.1 mL，免疫后 7 d 内严格饲养，防止强毒感染，保护率达 95%以上。对已被污染的雏鹅群做紧急预防，保护率达 70%～80%以上，已被感染发病的雏鹅进行免疫注射无明显防治效果。

第十六节　多病因呼吸道病

鸡多病因呼吸道病，又称鸡多病因呼吸道综合征。是由病毒、细菌、支原体、免疫抑制性病原、不良环境等多种病因引起的并发或混合感染的呼吸道病，这种病比单一感染更为多见，而且诊断和治疗难度大。此外，常规免疫接种引起的呼吸道反应在其呼吸道病的发生中起主要作用。

虽然我们对由某个病原体引起的家禽呼吸道疾病已了解了不少，但这种没有其他复杂因素的单一病原体感染在自然情况下可以说是绝无仅有。我国目前大多数鸡群都存在新城疫强毒感染，并且为了控制它而频繁使用各种弱毒疫苗；由于种鸡群普遍未采取净化措施，使大多数商品化鸡群的支原体感染的阳性率都较高；大多数鸡群的大肠杆菌感染一般都比较严重。上述 3 种呼吸道病原体可以说是我国大多数鸡群呼吸道疾病的背景，不是有无的问题，只是程度的差异。在这个意义上说，我国商品鸡群中的呼吸道病都是多因素呼吸道病。

（一）呼吸道疾病之间的相互作用

多病因呼吸道疾病最好的例子是支原体与新城疫病毒和传染性支气管炎病毒之间的相互作用。鸡毒支原体或滑液囊支原体的单纯感染，在鸡只能引起轻微的亚临床表现。与新城疫病毒或传染性支气管炎病毒相互作用则可大大增强鸡毒支原体或滑液囊支原体的致病作用。呼吸道病毒的毒力可影响支原体感染的严重程度。一般说野毒的影响大于经鸡传代的疫苗毒，而经鸡传代的疫苗毒的影响又大于原来的疫苗毒。在复杂感染中各病原体暴露的时间对发病也很重要。一般说，呼吸道病毒与支原体要产生致病协同作用，必须同时感染或在短时间内相继感染，但是无支原体鸡对传染性支气管炎病毒攻击的临诊应答比慢性感染鸡毒支原体的鸡要轻。

其他传染性病原体也可与鸡毒支原体相互作用，产生致病协同效果，如鸡副嗜血杆菌、腺病毒、禽流感病毒、呼肠孤病毒和喉气管炎病毒等。疫苗病毒（新城疫病毒和/或传染性支气管炎病毒）、支原体和大肠杆菌三元相互作用比任何二元相互作用产生的呼吸道疾病都严重得多，而用三者中单一的病原体攻击，仅导致很轻微的疾病或不产生疾病。暴露于传染性支气管炎病毒和鸡毒支原体的鸡需在暴露后 8 d 才对大肠杆菌易感。一般认为是对鸡不致病的鸡支原体，如与新城疫/IB 疫苗病毒结合使用可诱发肉鸡的气囊炎。

大肠杆菌和其他呼吸道病原体常在无支原体存在时发生相互作用。单独暴露于传染性支气管炎病毒或大肠杆菌产生轻微或没有临诊症状或死亡，但各种传染性支气管炎病毒毒株与大肠杆菌一起攻击都能引起临诊症状和死亡的显著加重。这种与大肠杆菌一道的联合攻击为评价传染性支气管炎病毒疫苗对各种毒株的保护作用提供了一种有用的方法。

（二）免疫抑制性病原体的影响

免疫抑制性病原体，尤其是 IBDV、马立克氏病毒、CIAV 等可使鸡对呼吸道感染的易感性大大增加。用 IBDV 攻击鸡对鸡的抗体应答产生负面影响并降低对新城疫、IB、支原体等的抵抗力。中等毒力的 IBD 疫苗对新城疫疫苗使用后，新城疫抗体产生的干扰作用差异很大，国内有的鸡场因使用中等偏强的 IBD 疫苗，而使呼吸道疾病长期得不到控制，这种情况应引起业者高度重视。感染 IBDV 和大肠杆菌的 SPF 鸡，再用各种腺病毒攻击，可产生呼吸道症状和病变；但感染 IBDV 和大肠杆菌，而不感染腺病毒，则不产生症状和病变。在肉鸡场控制 IBD 是控制呼吸道疾病的关键因素。

新城疫病毒和各种禽流感病毒（AIV）在本质上都是免疫抑制性的，它们本身也是呼吸道病原体，这两种病毒的感染都会使鸡的呼吸道疾病更加复杂，更难控制。低致病性的 H_9N_2 亚型禽流感，在肉鸡可表现出严重的呼吸道症状和相当高的死亡率，究其原因很可能是与其产生免疫抑制和存在与其他呼吸道病原体的致病协同作用有关。最近的研究表明，低致病性 AIV 感染，胸腺、法氏囊和脾脏均有明显的组织病理学变化，而低致病性 AIV 和低毒力大肠杆菌联合感染可使死亡率比任何一种单独感染大大升高。

马立克氏病毒是可引起严重免疫抑制的病原体，马立克氏病疫苗免疫失败的鸡群，除马立克氏病本身引起死亡外，严重的呼吸道疾病是死淘率升高的重要原因。我国的肉鸡群除生长期较长的三黄鸡外，都不使用马立克氏病疫苗，马立克氏病毒强毒感染引起肿瘤而致死的比例可能不高，但造成的免疫抑制则是鸡群呼吸道疾病难以控制的重要原因。

(三) 环境因素的作用

环境因素与传染性病原体相互作用，在引起家禽呼吸道疾病方面，也扮演了重要角色。已做了深入研究的环境因素包括禽舍空气中氨和尘埃含量及温度等。持续暴露于 20 mg/kg 氨气的鸡和火鸡，6 周后均可显示大体或组织学病变，暴露鸡对新城疫病毒感染更敏感。氨气的浓度在 25～50 mg/kg，用传染性支气管炎病毒攻击鸡，可导致体重和饲料效率降低，肺变大，气囊炎加重。空气中的尘埃对呼吸道感染也产生有害影响，常使大肠杆菌病加重。呼吸道疾病和气囊炎造成的废弃在冬季均明显增加，但温度对呼吸道疾病的影响还研究得不多。

(四) 疫苗接种反应

鸡对呼吸道病毒抵抗力依赖于广泛使用活的呼吸道病毒疫苗，如新城疫和 IB 活疫苗。所有的呼吸道病毒疫苗都在鸡体内复制，并引起某种程度的细胞损伤。这种病毒复制的临诊表现和导致的病理变化称为"疫苗接种反应"。在良好环境中的健康鸡，呼吸道病毒活疫苗可引起免疫应答而仅引起很轻的病理变化和最小的疫苗接种反应。对传染性支气管炎病毒或新城疫病毒正常的疫苗接种反应应在接种后 3～5 d 在临诊表现出来，再持续 3～5 d。如疫苗接种反应在临诊上表现得异常严重或延长，即是严重的疫苗接种反应，在商业鸡群，这种情况在接种新城疫和 IB 活疫苗后很常见。最典型的是经受严重疫苗接种反应的鸡群发生呼吸道大肠杆菌病，其致病机理与强毒呼吸道病毒和大肠杆菌之间的相互作用相同。大多数家禽保健专家都有这样的共识，即呼吸道病毒活疫苗与大肠杆菌相互作用造成的呼吸道疾病，是商业鸡群最常见的呼吸道病。

虽然不论是何种诱发因素，典型的严重疫苗接种反应，导致发生呼吸道大肠杆菌病，有几种不同的情况可以造成这种后果，很值得认真对待。首先，免疫抑制可以增强病原体引起疾病的能力，免疫抑制同样可以妨碍鸡体限制呼吸道疫苗病毒复制的能力，从而产生严重的疫苗接种反应。第二，接种呼吸道病毒活疫苗的鸡，如果其呼吸道污染有支原体、大肠杆菌、鸡波氏杆菌等其他病原体，则可产生严重疫苗接种反应。第三，有些新城疫、IB 和 ILT 活疫苗，让其从鸡到鸡传播以后可以增强毒力，在商业鸡群，如果部分鸡得到疫苗的免疫剂量而余下的鸡通过免疫鸡散布的疫苗病毒感染，就可发生疫苗病毒"回传"，这样产生的疫苗接种反应通常时间长而强度大。第四，空气中氨的浓度、尘埃含量和温度等环境因素也可影响疫苗接种反应的严重程度。第五，不适当的疫苗接种方法可以使疫苗接种反应增强，如很小微粒的喷雾免疫和气溶胶免疫，都可使接种反应变得严重，而不适当的饮水免疫不能使所有的鸡得到免疫剂量的疫苗，让疫苗病毒有从鸡到鸡的传播机会，产生由疫苗病毒增强引起的严重疫苗接种反应。第六，不同疫苗的毒力有一定差异，有的适用于雏鸡，有的适用于已进行过基础免疫的生长鸡或成年鸡，所以疫苗选用不当也可造成疫苗接种反应。

(五) 防 制

由于多病因呼吸道病病因复杂，单一采取某种方法预防效果不好，因此应采取综合性控制措施来减少该病带来的损失。

(1) 对发病鸡群可能参与的病原体进行摸底了解，在分析的基础上，确定主要的致病原因。

(2) 在确定呼吸道病的主要致病因素后，必须针对它们采取有力措施，而对其他参与致病的因素在条件许可的情况下采取改善措施。H_9 亚型禽流感病毒是致病的主要因素，这时针对禽流感的免疫是最关键的措施；又如鸡群的支原体感染率高，大肠杆菌污染严重，又存在法氏囊疫苗引起的免疫抑制，这时针对这些采取改进措施就是很有必要的了。如果肉鸡群马立克氏强毒感染率很高，而呼吸道疾病又很严重，则马立克引起的免疫抑制就可能是呼吸道疾病严重的主要原因，在针对呼吸道病原体采取对应措施的同时，一定要通过生物安全或疫苗免疫降低马立克强毒感染率。

（3）大中型养禽企业控制呼吸道疾病必须抓种鸡群支原体的净化，降低商品代支原体和大肠杆菌的感染率。做好法氏囊病、马立克氏病等免疫抑制病的预防工作。

（4）要加强种鸡群胚传疾病的净化，提高鸡苗质量；要保证禽用活疫苗的 SPF 鸡胚来源化，防止多种胚传疾病的人为传播；要做好养禽业的生物安全系统，改变多年来形成的依赖疫苗和药物控制传染病的错误观念。此外，还应重点做好新城疫、传染性支气管炎、H_9型禽流感的防疫接种，活疫苗的使用频率不宜太高，除非不得已，不使用Ⅰ系新城疫活疫苗。

第十七节　家禽的其他传染病

一、肉鸡传染性生长障碍综合症

本病是一种主要侵害肉用仔鸡，引起肉用仔鸡严重生长抑制的传染病。主要特征是肉鸡发育迟缓或停滞，饲料报酬低，鸡冠和胫部苍白，羽毛生长不良，腿软、运动障碍等多种临床症状。

（一）病　原

目前对于传染性发育障碍综合症在病原或发病原因方面尚无一致意见。许多研究者证实，用病鸡小肠组织匀浆的无菌滤液给无母源抗体的易感雏鸡口服接种，能复制出与自然病例相同的病鸡，因此认为本病的病原可能是病毒。此外，许多学者还从病鸡的肠道组织中分离到呼肠孤病毒、冠状病毒、细小病毒、披膜病毒、肠道病毒和禽反转录病毒等。多数学者认为本病的主要病原是禽呼肠孤病毒。但是将这些病毒提纯后做致病试验，任何一种病毒都不能单独完全复制成功。因此有人认为除病毒外，还可能有细菌参与致病，亦即多种病原共同致病的结果。当然不排除存在新的病毒的可能性。也有报告认为与微量元素硒缺少有关。

（二）流行病学

主要发生于肉用仔鸡，特别是3周龄内的鸡最易感，最早发生于3～7日龄，亦见于幼龄蛋鸡、火鸡和珍珠鸡。病鸡和带毒鸡是主要传染源，病毒主要从肠道排出，通过污染的饲料和饮水，经消化道感染。也可能通过种蛋垂直传播。本病在一个地区或鸡场一旦发生则很难彻底消灭，水平传播迅速，将1～3日龄健康雏鸡放入病鸡群中，很快发生同居感染，出现明显症状。通常发病率为5%～20%，6～14日龄鸡死亡率可达15%左右。发病率和病死率与饲养管理条件有密切关系。

此外，霉菌毒素及其他一些毒素也可能与这种发育障碍综合症有关，应引起重视。

（三）症　状

病初表现为精神倦怠，水样腹泻，粪便内含未消化的饲料，病鸡腹部膨胀下垂。体重迅速下降，仅为正常鸡体重的 1/3，个体矮小，生长明显受阻。羽毛发育异常，受感染的小鸡绒毛保持较长时间，主翼羽生长推迟，羽毛蓬松，干枯无光泽，容易断裂。3周龄以上病鸡骨骼变化较为明显，表现为站立无力、跛行。嘴、脚色苍白，色素消失。头颈、肉髯水肿。

特征性的临床表现是：整个鸡群生长不均匀，大小不一，1周龄或更小时表现较为明显，一群鸡中一般有 5%～20%的鸡受感染，这些鸡到4周龄时只有同栏鸡的一半那么大，甚至更小。在 6～14 日龄时，可见死亡率有所升高。病鸡过量饮水、下痢、排黄色至橙咖啡色带黏液的稀粪。羽毛粗乱、无光泽，颈部单留有绒毛，翅膀上常伴有位置不整的羽毛，或断裂，故称为"直升飞机病"。

（四）病　变

病死鸡矮小、消瘦。剖检时可见肠道肿胀、苍白，胃肠道充满未消化的食物。腺胃肿大且增厚，有炎性反应，甚至坏死。肌胃缩小并糜烂。心包发炎，心包液增多，可见局灶性心肌炎。肝脏苍白和炎症，胰腺通常有不同程度的损害，见胰腺萎缩，腺管堵塞，苍白而坚实，尤其是在胰脏远侧 1/3 段表现更为明显。胸腺和法氏囊萎缩变小。胫骨或肋骨变形，呈佝偻样变化，大腿骨骨质疏松，股骨坏死，易断裂。长骨变软，生长板变厚。

病鸡血浆中类胡萝卜素和维生素 A、D、E 含量降低，碱性磷酸酶活性升高，淀粉酶活性上升，血浆中的谷胱甘肽过氧化物酶活性降低。

（五）诊　断

由于目前对本病的病原尚未最后确定，因此在诊断上只能根据临床观察到的生长发育迟缓，结合病理解剖学上的变化做出初步诊断，如发病年龄、腹泻、羽毛蓬乱、体形矮小、跛行以及腿骨的变化等。进一步确诊需要进行病原分离和电镜观察，有条件的实验室可采取小肠、胰脏、腺胃等进行组织切片观察。也可测定血浆中碱性磷酸酶的活性和类胡萝卜素的浓度作为辅助诊断方法。

确诊时也应与其他类似疾病如饲料、营养消化不良等相区别。

（六）防　制

由于病因复杂，在防制方面目前仍没有特异性的措施，需采用综合性防疫措施。

加强鸡场的综合防疫工作，育雏结束后必须更换垫料，严格消毒。做好饲料的贮存工作，防止受潮和发霉。消除免疫抑制因素，特别是要做好传染性法氏囊病的免疫接种工作，减少鸡群可能出现的免疫抑制现象。防止球虫感染，因两者之间有相互加强的效应。

改善饲料的营养水平，提供质优价全的配合饲料对预防本病有一定效果。饲料必须含有高度可消化的营养物，最好添加足量的必需氨基酸，以提高饲料的利用率。此外，维生素量的增加一般也是有益的，而脂溶性维生素好处更多。但维生素 A 的含量要限制在 12 000 单位/kg 饲料以下，以避免阻碍维生素 D 的吸收。每千克饲料中添加 0.25 mg 硒和 25～100 mg 维生素 E，可防止胰脏的损害。

二、网状内皮组织增殖症

网状内皮组织增殖症（RE）是由网状内皮组织增殖病毒引起的鸭、火鸡、鸡和野鸡等禽类的以淋巴网状细胞增生为特征的肿瘤性疾病。包括免疫抑制、致死性网状细胞瘤、生长抑制综合症以及淋巴组织和其他组织的慢性肿瘤。

RE 不仅是一种肿瘤病，而且还引起感染宿主的免疫抑制。鸡在感染 RE 后其体液免疫和细胞免疫功能会受到抑制，会增强对传染性喉气管炎疫苗的接种反应，增加对禽痘和传染性支气管炎的敏感性，提高鸡患球虫病和沙门氏菌病的死亡率，且易患坏死性皮炎。据报道，REV 感染可抑制机体对马立克氏病毒、HVT、NFV 及绵羊红细胞、牛血清白蛋白的免疫应答。REV 还是家禽疫苗的一种潜在污染物，在接种了受 REV 污染的生物药品的鸡中发生严重的免疫抑制。

由于诸多原因，过去 RE 未被考虑为严重的经济问题，后来发现此病是引起感染鸡免疫抑制、生长迟缓、废弃淘汰率升高和污染禽用疫苗的潜在因素。而且 20 世纪 90 年代以来，它在感染率、致病性和传播力方面都发生了显著变化，因此是养禽业的又一潜在威胁。

本病 1958 年英国的 Robinson 和 Twiehaus 首先从患内脏肿瘤的火鸡中分离到 TEV，1960 年后期又陆续从马立克氏病鸡、原虫病鸭等体内分离出病毒，但均属 REV 群。

（一）病　原

病毒粒子大小与禽白血病病毒相似。但其类核体具有链状或假螺旋状结构，这一点与禽白血病病毒不同。REV 可以在鸡胚绒毛尿囊膜上产生痘样病变，并常导致鸡胚死亡。用 REV 接种 1 日龄雏鸡，导致严重的肝脾肿大，具有显著的坏死或淋巴组织增生性病变。可在鸡胚、鸭胚、火鸡胚和鹌鹑胚等成纤维细胞培养物增殖，一般不产生细胞病变。

REV 分为复制缺陷型和非缺陷型两种。1958 年首次从患有内脏肿瘤的火鸡分离出来的 REV 原型病毒，称为 T 株，为复制缺陷型病毒，具有严重的致瘤性。其他毒株，包括 T 株辅助病毒、DIA 株（鸭传染性贫血病毒）、SN 株（鸭脾坏死病毒）和 CS 株（鸡合胞体病毒）均为非缺陷型病毒，它们与矮小综合征和慢性肿瘤有关。矮小综合征和慢性肿瘤均可自然发生，但 T 株引起的急性网状细胞瘤尚未发现自然病例。目前，从各禽类分离到的 REV 近 30 个分离株，抗原均十分接近，同属于一个血清型。

病毒对乙醚、氯仿、消毒剂敏感，对热敏感，4 ℃ 条件下病毒比较稳定，37 ℃、20 min 活力丧失 50%，1 h 失活 99%，56 ℃、30 min 可失活，不耐酸（pH 3.0）。耐低温和紫外线照射，-70 ℃ 可长期保存而活性不变。

（二）流行病学

自然宿主包括火鸡、鸭、鹅、鸡和日本鹌鹑，此外还有野鸡和珍珠鸡等，其中以火鸡发病最为常见，2~6 周龄的家禽多发。本病在商品鸡群中呈散在发生，危害最为严重。但尚未见哺乳动物发病的报道。在火鸡和野水禽中可呈中等程度流行。病禽的泄殖腔排出物、眼和口腔分泌物常带有病毒。病毒可通过与感染鸡和火鸡的接触而发生水平传播。亦有报道指出本病毒可通过蚊子传播和鸡胚垂直传播。

使用污染 REV 的疫苗接种鸡在本病的传播上具有重要作用。已有报道，用污染 REV 的马立克氏病火鸡疱疹病毒疫苗或禽痘疫苗对鸡进行接种可引起 REV 的人工传播，这种情况往往导致免疫失败或大批发生矮小综合征。

(三) 症状和病变

本病是除马立克氏病和淋巴细胞性白血病以外病因清楚的第三种禽病毒性肿瘤病。

1. 急性网状细胞瘤

急性网状细胞瘤由复制缺陷型REV-T株引起。人工接种后潜伏期最短为3 d，但死亡常发生于接种后3周左右。由于临诊症状出现迅速，几乎见不到症状就已死亡，病死率可高达100%。病禽可见肝、脾肿大，并伴有局灶性或弥散性浸润病变。病变还常见于胰、心、肾和性腺。组织学变化以大的空泡样淋巴网状内皮细胞的浸润和增生为特征。

2. 矮小综合征

矮小综合征是指由几种与非缺陷型REV毒株感染有关的非肿瘤病变，它包括生长抑制、胸腺和法氏囊萎缩、外周神经肿大、羽毛发育异常、肠炎和肝脾坏死等。临诊上鸡群表现为明显的发育迟缓和消瘦苍白，羽毛粗乱和稀少。以非缺陷型REV感染鸡后常发生细胞免疫和体液免疫抑制。已有资料报道，它能抑制马立克氏病病毒、火鸡疱疹病毒、新城疫病毒等抗体的产生。抑制程度与接种剂量和毒株有关。实际上这组病毒最有经济意义的特点是引起免疫抑制。

3. 慢性肿瘤

由非缺陷型REV毒株引起的慢性肿瘤可分为两种类型：第一类包括鸡和火鸡经漫长的潜伏期后发生的淋巴瘤，这种肿瘤与淋巴细胞性白血病的主要区别在于前者是以淋巴网状细胞为主组成的。第二类是指那些具有较短潜伏期的肿瘤，这些肿瘤的特征大多尚未进行深入研究。

(四) 诊　断

根据典型的肉眼病变和组织学变化可以做出本病的初步诊断，但确诊还需要进一步证明REV或抗REV抗体的存在。

病原学检查可取病禽的组织悬液（最好采取脾或肿瘤组织，制备10%悬液）、全血、血浆等接种在易感的组织培养物中。组织培养物至少应坚持两次7 d的盲传继代，观察细胞致病作用，并用抗REV的特异性血清检查免疫荧光抗原。按此法分离出来的病毒，可以腹腔接种于1日龄雏鸡，以复制典型病例和进一步做包括中和试验在内的血清学分析加以鉴定。

血清学检查应用直接免疫荧光或病毒中和试验，可以测出感染禽血清或卵黄中的特异性抗体。间接免疫荧光试验可以测出多数血清中的抗体。

本病应与马立克氏病或淋巴细胞性白血病相区别诊断。马立克氏病为一侧坐骨神经肿胀，而本病为两侧坐骨神经肿胀；内脏型马立克在各个脏器上基本均有肿瘤，并有皮肤与眼的肿瘤，本病仅在肝脾上出现肿瘤。肿瘤病变中如有淋巴网状细胞，应认为对本病有相当高的诊断价值，因为这种细胞对后两种病都不是典型的病变。

(五) 防　制

至今尚无适用于本病的特异性防制办法。现阶段RE防制的主要对策是加强原种鸡群中

REV抗体和蛋清样本中病毒抗原的检测，淘汰阳性鸡，净化鸡群，同时对阳性鸡所污染的鸡舍及其环境进行严格消毒。目前，RE疫苗的研究仅处于实验室阶段，尚无商业化生产。

第十八节 鸡毒支原体感染

鸡毒支原体感染在鸡主要表现为呼吸道症状，如气管炎、气囊炎等，过去称之为慢性呼吸道病（CRD）。本病的特征是咳嗽、流鼻液、呼吸啰音和张口呼吸。疾病发展缓慢，病程长，成年鸡多为隐性感染，可在鸡群长期存在和蔓延。在火鸡除去气囊炎外主要造成传染性窦炎。

据调查，本病在我国的一些大中型鸡场均有不同程度的发生，感染率达20%~70%，病死率的高低取决于管理条件和是否有继发感染，一般达20%~30%，本病的危害还在于使病鸡生长发育不良，胴体降级，成年鸡产蛋量减少，饲料利用率下降，同时病原体还能通过隐性感染的种鸡经卵传递给后代，这种垂直传播可造成本病代代相传，是危害养鸡业的重要传染病之一。

（一）病 原

鸡毒支原体是霉形体属内的致病种。到目前为止，只发现1个血清型，但各个分离株之间的致病性和抗原性存在差异。一般分离株主要侵犯呼吸道，但S6株对于火鸡脑有趋向性，A514株对火鸡足关节有趋向性。鸡毒支原体呈球形，革兰氏染色弱阴性，姬姆萨染色效果较好，培养要求高，需在含有10%~15%的鸡、猪或马血清的培养基上才可生长。菌落微小、光滑、圆形、透明，具有致密突起的中心。

本菌为好氧和兼性厌氧，在液体培养基中培养5~7d，发酵葡萄糖、麦芽糖、糊精、糖原、淀粉，某些菌株也发酵果糖而产酸，不水解精氨酸，不能从尿素取得能源。对毛地黄皂苷敏感，还原四氮唑。

大多数菌株能凝集鸡、火鸡、豚鼠和人的红细胞。琼脂上菌落吸附大鼠、豚鼠、鸡、猴的红细胞及气管上皮细胞，也能吸附人和牛精子以及Hela细胞，抗体能抑制吸附能力。支原体接种7日龄鸡胚卵黄囊中，能生长繁殖，但只有部分鸡胚在接种后5~7d死亡，鸡胚的病变为胚体发育不全，全身水肿，关节肿大，尿囊膜、卵黄囊出血。如连续在卵黄囊继代，则死亡更加规律，病变更明显。死胚的卵黄囊、卵黄绒尿膜中含霉形体的浓度最高。

鸡败血霉形体对环境抵抗力低弱。一般消毒药物均能将它迅速杀死，但对青霉素有抵抗力。在水内立刻死亡，在20℃的鸡粪内可生存1~3d。在卵黄内37℃能生存18周，20℃存活6周，在45℃中经12~14h死亡。液体培养物在4℃中不超过1个月，在-30℃中可保存1~2年，在-60℃中可生存多年，冻干培养物在-60℃中存活时间更长。

（二）流行病学

本病主要感染鸡和火鸡，各种年龄的鸡和火鸡都能感染，珠鸡、鸽、鸭、鹌鹑、松鸡、野鸡和孔雀也有感染，某些哺乳动物可呈混合型感染。鸡以4~8周龄最易感，火鸡多见于5~16周龄。纯种鸡较杂交鸡严重，成年鸡常为隐性感染。

病鸡和隐性感染鸡是本病的传染源。本病的传播方式为水平传播和垂直传播。水平传是病鸡通过咳嗽、喷嚏或排泄物污染空气，经呼吸道传染，也能通过饲料或水源由消化道传染，也可经交配传播。垂直传播是由隐性或慢性感染的种鸡所产的带菌蛋，可使 14～21 日龄的胚胎死亡或孵出弱雏，这种弱雏因带病原体又能引起水平传播。

本病在鸡群中流行缓慢，仅在新疫区表现急性经过，当鸡群遭到其他病原体感染或寄生虫侵袭时，以及影响鸡体抵抗力降低的应激因素如预防接种、卫生不良、鸡群过分拥挤、营养不良、气候突变等均可促使或加剧本病的发生和流行。如继发和并发感染时，能使本病更加严重，其中主要有传染性支气管炎病毒、传染性喉气管炎病毒、新城疫病毒、传染性法氏囊病毒、鸡嗜血杆菌和大肠杆菌等。带有本病病原体的幼雏，用气雾或滴鼻的途径免疫时，能诱发致病。若用带有病原体的鸡胚制作疫苗时，则能污染疫苗。

本病一年四季均可发生，但以寒冷季节多发。

（三）症　状

本病的潜伏期，在人工感染约 4～21 d，自然感染可能更长。

病初流浆液性或黏液性鼻液，打喷嚏，频频摇头，鼻孔周围和颈部羽毛常被玷污。其后炎症蔓延到下呼吸道即出现咳嗽，呼吸困难，呼吸有气管啰音等症状。病鸡食欲不振，体重减轻，消瘦。后期鼻腔和眶下窦中蓄积渗出物，引起眼睑肿胀，眶下窦肿胀，发硬，眼部突出如肿瘤状。眼球受到压迫，发生萎缩和造成失明，可以侵害一侧眼睛，也可能两侧同时发生。

母鸡常产出软壳蛋，同时产蛋率和孵化率下降，后期常蹲伏一隅，不愿走动。公鸡的症状常较明显。在肉用仔鸡和火鸡可见严重的气囊炎、咳嗽、啰音和生长不良，本病在成年鸡多呈散发，幼鸡群则往往大批流行，特别是冬季最严重。

火鸡的症状基本上与鸡相似，常呈窦炎，鼻侧的窦部出现肿胀，有的病例不出现窦炎，但呼吸道症状显著，病程可延长数周至数月。雏火鸡有气囊炎。滑液膜支原体引起鸡和火鸡发生急性或慢性的关节滑液膜炎、腱滑液膜炎或滑液囊炎。

（四）病　变

肉眼可见的病变主要是鼻腔、气管、支气管和气囊中有渗出物，气管黏膜常增厚。胸部和腹部气囊的变化明显，早期为气囊膜轻度浑浊、水肿，表面有增生的结节病灶，外观呈念珠状。随着病情发展，气囊膜增厚，囊腔中含有大量干酪样渗出物，有时能见到一定程度的肺炎病变。在严重的慢性病例，眶下窦黏膜发炎，窦腔中积有浑浊黏液或干酪样渗出物，炎症蔓延到眼睛，往往可见一侧或两侧眼部肿大，眼球破坏，剥开眼结膜可以挤出灰黄色的干酪样物质。有大肠杆菌混合感染时，常发生严重的纤维素性或纤维素性化脓性心包炎、肝周炎和气囊炎。出现关节症状时，尤其是跗关节，关节周围组织水肿，关节液增多，开始时清亮而后浑浊，最后呈奶油状黏稠度。

（五）诊　断

根据流行病学、症状和病变，可做出初步诊断，但进一步确诊需进行病原分离鉴定和血清学检查。做病原分离时，可取气管或气囊的渗出物制成悬液，直接接种支原体肉汤或琼脂培养基；血清学方法主要以血清平板凝集试验（SPA）最常用，其他还有 HI 和 ELISA。

鸡毒支原体病与鸡传染性支气管炎、传染性喉气管炎、传染性鼻炎、曲霉菌病等呼吸道传染病极易混淆，应注意鉴别诊断，见表5.2。

表5.2 慢性呼吸道病、传染性鼻炎、传染性喉气管炎、传染性支气管炎、曲霉菌病的鉴别诊断

	慢性呼吸道病	传染性鼻炎	传染性喉气管炎	传染性支气管炎	曲霉菌病
病原	鸡毒支原体	鸡副嗜血杆菌	疱疹病毒	冠状病毒	主要是烟曲霉菌
侵害对象	鸡和火鸡能自然感染	只有鸡能自然感染	只有鸡能自然感染	只有鸡能自然感染	鸡、鸭、鹅等均能自然感染
流行病学	主要侵害4~8周龄幼鸡，呈慢性经过，可经蛋传染	3~4日龄幼雏有一定抵抗力，4周龄以上的鸡均易感，呈急性经过	主要侵害成年鸡，传播迅速，发病率高	各种年龄的鸡均可发病，但雏鸡最严重，传播迅速，发病率高	各种禽类均可发病，但幼禽最易感，常因接触发霉饲料和垫料而感染，曲霉菌的孢子可穿过蛋壳，引起胚胎感染
主要症状	流浆液或黏性鼻液，喷嚏，咳嗽，呼吸困难，出现啰音；后期眼睑肿胀，眼部突出，眼球萎缩，甚至失明	鼻腔与窦发炎，流鼻涕，喷嚏，脸部和肉髯水肿；眼结膜发炎；眼睑肿胀，严重者引起失明	呼吸困难，呈现头颈上伸和张口呼吸的特殊姿势，呼吸时有啰音，咳嗽，咳出血性黏液	咳嗽，喷嚏，张口呼吸，气管有啰音；鼻窦肿胀，流黏性鼻液；产蛋鸡产量下降，产软壳蛋、畸形蛋或粗壳蛋	沉郁，呼吸困难，喘气，肉髯发绀，饮水增多，常有下痢，鼻和眼睛发炎
病程	1个月以上，甚至3~4个月	人工感染4~18 d	5~7 d，长的可达一个月	1~2周，有的可延长到3周	2~7 d，慢性者可延至数周
病理变化特征	鼻、气管、支气管和气囊内有黏稠渗出物，气囊膜变厚和浑浊，表面有结节性病灶，内含干酪样物	鼻腔和鼻窦黏膜卡他性炎症，表面有大量黏液；严重时，鼻窦、眶下窦和眼结膜囊内有干酪样物	轻者，喉头和气管黏膜呈卡他性炎症；重者，该黏膜变性、出血、坏死，上面覆有纤维素性干酪样假膜，气管内有血性渗出物	鼻腔、鼻窦、气管、支气管黏膜呈卡他性炎症，有浆液性或干酪样渗出物；产蛋鸡卵巢滤泡充血、出血、变形，有的腹腔内有卵黄物	肺、气囊和胸膜腔浆膜上有针帽大至小米大的灰白色或淡黄色的霉斑结节，内含干酪样物
实验室诊断方法	分离培养支原体；或取病料接种7日龄鸡胚卵黄囊，5~7 d死亡，检查死胚；活鸡检疫可用凝集试验	分离培养鸡嗜血杆菌；或取病料接种健康幼鸡，可在1~2 d后出现鼻炎症状	取病料接种9~12日龄鸡胚绒毛尿囊膜，3 d后绒毛尿囊膜出现增生性病灶，细胞核内有包涵体	取病料接种9~11日龄鸡胚绒毛尿囊腔，可阻碍鸡胚发育，胚体缩小成小丸形，羊膜增厚，紧贴胚体，卵黄囊缩小，尿囊液增多	取霉斑结节，涂片检查曲霉菌菌丝，或取病料做曲霉菌分离培养
治疗	链霉素及四环族抗生素有效	磺胺药、链霉素、土霉素、泰勒菌素有效	尚无有效药物治疗	尚无有效药物治疗	制霉菌素、硫酸铜、碘制剂有一定效果

（六）防　制

综合措施：健康鸡场要做好预防工作，杜绝本病的传染来源。引进种鸡、苗鸡和种蛋，都必须从阴性鸡场购买。平时要加强饲养管理，尽量避免引起鸡体抵抗力降低的一切应激因素，如鸡群饲养密度不能太高，鸡舍通风良好，空气清新，阳光充足，防止受冷，饲料配合适宜，定期驱除寄生虫。这些措施对于防止感染鸡败血霉形体病十分重要。

幼鸡到 2~4 月龄时，应定期进行血清凝集试验，淘汰阳性反应鸡，要求与鸡白痢检疫相同。

清除种蛋内鸡败血霉形体。本病可以通过鸡蛋传染，因此对于孵化用的种蛋必须严格控制，尽量减少种蛋带菌。有两种方法可以用来降低或消除种蛋内的霉形体：一是在种蛋入孵之前用 0.04%~0.1%的红霉素溶液浸泡 15~20 min。另一种方法是种蛋加热处理，即在入孵之前，先将种蛋在 45 ℃温度中处理 14 h，效果也很好。也可两种方法并用。已经感染本病的种鸡，在产蛋前和产蛋期间，肌肉注射链霉素 20 万单位，每隔 1 个月注射 1 次，同时在种鸡的饲料中添加土霉素，也能够减少种蛋的带菌。另外在雏鸡出壳时，再用链霉素溶液（每 1 mL 蒸馏水中含链霉素 100 单位）喷雾，或用链霉素滴鼻（每只幼雏 2 000IU），以控制发病。

培养无霉形体感染鸡群。鸡群一经感染鸡败血霉形体后，很不容易消灭，最根本的防制方法是建立无病鸡群，这对种鸡场来说尤为重要。主要措施有：

（1）用有抑制作用的抗生素处理种鸡，降低母鸡霉形体带菌率和带菌强度，从而降低蛋的污染率和污染强度。

（2）用 45 ℃经 14 h 处理种蛋，消灭蛋中的霉形体。

（3）种蛋小批量孵化，每批 100~200 只，减少孵出的雏鸡相互之间可能的传染机会。

（4）小群分群饲养，定时进行血清学检查，一旦出现确实的阳性鸡，立即将小群淘汰。

（5）在进行全部程序时，要做好孵化箱、孵化室、用具、房舍等的消毒和隔离工作，防止外来感染进入群内。

用这种程序育成的鸡群，在产蛋前全部进行血清学检查一次，必须是无阳性反应群才能用作种鸡。当完全阴性反应亲代鸡群所产生的蛋，不经过药物或热力处理孵出的子代鸡群，经过几次检测都未出现一只阳性反应鸡后，可以认为已建立成无霉形体感染群。

疫苗接种：疫苗接种是一种减少霉形体感染的有效方法。疫苗有两种：弱毒活疫苗和灭活疫苗。① 弱毒活疫苗：目前国际上和国内使用的活疫苗是 F 株疫苗。F 株致病力极为轻微，给 1 日龄、3 日龄和 20 日龄雏鸡滴眼接种不引起任何可见症状或气囊上的变化，不影响增重。② 灭活疫苗：油佐剂灭活疫苗效果良好，能防止本病的发生并减少诱发其他疾病。

对其他传染性疾病进行预防接种活疫苗时，应严格选择无霉形体污染的疫苗。许多病毒性活疫苗中常常有致病性霉形体的污染，鸡由于接种这种疫苗而受到感染，所以选择无污染活疫苗也是一种极为重要的预防措施。

治疗：链霉素、土霉素、泰乐菌素、壮观霉素、林可霉素、四环素、红霉素等治疗本病都有一定疗效。链霉素的剂量在成年鸡为每只肌肉注射 20 万单位，5~6 周龄幼鸡为 5~8 万单位，早期治疗效果很好，2~3 d 即可痊愈。土霉素和四环素的用量，一般为每千克体重肌肉注射 10 万单位；大群治疗时，可在饲料中添加土霉素 0.4%，充分混合，连喂 1 周。支原净饮水含量为 120~150 mg/L，氟哌酸对本病也有疗效。

注意：有些鸡败血霉形体菌株对链霉素和红霉素具有抗药性。此外，本病的药物治疗效果与有无并发感染的关系很大，病鸡如果同时并发其他病毒病（如传染性喉气管炎），疗效不明显。

第十九节　传染性鼻炎

传染性鼻炎（IC）是由副鸡嗜血杆菌引起鸡的一种急性呼吸道疾病。主要症状为鼻腔和窦的炎症，表现为流涕、颜面水肿和结膜炎。本病分布于世界各地，由于感染产蛋减少10%～40%，生长鸡增重停滞及淘汰鸡数增加，常造成严重经济损失。

本病最早于1920年首次在美国报道，1932年De Blieck分离到病原体。随后不少国家相继发现本病，现已遍布世界各主要养鸡国家和地区，我国各地均有发生和流行。

（一）病　原

副鸡嗜血杆菌（HPG）属于巴氏杆菌科嗜血杆菌属，呈多形性，为革兰氏阴性的小球杆菌，两极染色，不形成芽孢，无荚膜、鞭毛，不能运动。

本菌为兼性厌氧，在含5%～10%CO_2的环境中生长较好。该菌对营养的需求较高，过去认为需要X因子（氯高铁血红素）和V因子（烟酰胺腺嘌呤二核苷酸NAD）。但是，近来的分离菌株已证明只需要V因子。鲜血琼脂或巧克力琼脂可满足本菌的营养需求，经24 h培养后，在琼脂表面形成细小、柔嫩、透明的针尖状小菌落，不溶血。本菌可经鸡胚卵黄囊内接种，24～48 h内致死鸡胚，在卵黄和鸡胚内含菌量较高。有些细菌，如葡萄球菌在生长过程中可排出V因子。因此，副鸡嗜血杆菌在葡萄球菌菌落附近可长出一种卫星菌落。若把副鸡嗜血杆菌均匀涂布在2%示陈琼脂平板上，再用葡萄球菌做一直线接种，则在接种线的边缘有副鸡嗜血杆菌生长，这可作为一种简单的初步鉴定。若用含5%～10%鸡血清的糖发酵管，可测定本菌的生化特性。本菌分为A、B、C三个血清型。我国流行的以A血清型为主。各型之间无交叉保护作用。

本菌的抵抗力很弱，培养基上的细菌在4℃时能存活两周，在自然环境中数小时即死。对热及消毒药也很敏感，在45℃存活不过6 min，在真空冻干条件下可以保存10年。

（二）流行病学

本病可发生于各种年龄的鸡，老龄鸡感染较为严重。4周龄至3年的鸡最易感，但个体差异较大。人工感染4～8周龄小鸡有90%出现典型的症状。13周龄和大些的鸡则100%感染。在较老的鸡中，潜伏期较短，而病程长。

病鸡及隐性带菌鸡是传染源，而慢性病鸡及隐性带菌鸡是鸡群中发生本病的重要原因。其传播途径主要以飞沫及尘埃经呼吸传染，但也可通过污染的饲料和饮水经消化道传染。不能垂直传播。麻雀也能成为传播媒介。

雉鸡、珠鸡、鹌鹑偶然也能发病，但病的性质与鸡不同，具有毒性反应。

本病的发生与应激因素有关。如鸡群拥挤，不同年龄的鸡混群饲养，通风不良，鸡舍内闷热，氨气浓度大，或鸡舍寒冷潮湿，缺乏维生素A，受寄生虫侵袭等都能促使鸡群严重发病。鸡群接种禽痘疫苗引起的全身反应，也常常是传染性鼻炎的诱因。本病多发于秋冬两季，可能与气候和饲养管理条件有关。

（三）症　状

潜伏期短，自然接触感染，在 1~3 d 内出现症状。

病的损害在鼻腔和鼻窦发生炎症者常仅表现为鼻腔流浆液性液体，常不令人注意。一般常见症状为鼻孔先流出清液以后转为浆液黏性分泌物，有时打喷嚏。脸肿胀或显示水肿，眼结膜炎、眼睑肿胀。食欲及饮水减少，或有下痢，体重减轻。病鸡精神沉郁，缩头，呆立。雏鸡生长不良，成年母鸡产蛋减少，公鸡肉髯常见肿大。如炎症蔓延至下呼吸道，则呼吸困难，病鸡常摇头欲将呼吸道内的黏液排出，并有啰音。咽喉亦可积有分泌物的凝块，最后常窒息而死。

（四）病　变

本病发病率虽高，但死亡率较低，尤其是在流行的早、中期鸡群很少有死鸡出现。但在鸡群恢复阶段，死淘率增加，但不见死亡高峰。这部分死淘鸡多属继发感染所致。病理剖检变化也比较复杂多样，有的死鸡具有一种疾病的主要病理变化，有的鸡则兼有 2~3 种疾病的病理变化特征。具体来说，在本病流行中由于继发症致死的鸡中常见慢性呼吸道病、大肠杆菌病、鸡白痢等。病死鸡多消瘦，不产蛋。

育成鸡发病死亡较少，流行后期死淘鸡及不产蛋鸡群多。主要病变为鼻腔和窦黏膜呈急性卡他性炎，黏膜充血肿胀，表面覆有大量黏液，窦内有渗出物凝块，后成为干酪样坏死物。常见卡他性结膜炎，结膜充血肿胀。脸部及肉髯皮下水肿。严重时可见气管黏膜炎症，偶有肺炎及气囊炎。卵泡变性、坏死和萎缩。

（五）诊　断

根据流行特点、症状和病理变化可做出初步诊断。确诊需进行病原的分离鉴定、血清学试验、动物接种试验和鉴别诊断。

病原分离鉴定：可用消毒棉拭子自 2~3 只早期病鸡的窦内、气管或气囊无菌采取病料，直接在血琼脂平板上划直线，然后再用葡萄球菌在平板上划横线，放在有螺旋盖的大广口瓶中，旋紧螺盖让其中点燃的蜡烛自熄，置 37 ℃ 培养，24~28 h 后在葡萄球菌菌落边缘可长出一种细小的卫星菌落，这有可能是副鸡嗜血杆菌。然后钓取单个菌落，获得纯培养物，再做其他鉴定。

动物接种试验：以病鸡的窦分泌物或培养物，窦内接种于 2~3 只健康鸡，可在 24~48 h 出现传染性鼻炎的病状。如保存时间长的接种材料含菌量少，则其潜伏期可能延长至 7 d。

血清学诊断：可用加有 5% 鸡血清的鸡肉浸出液培养副鸡嗜血杆菌制备抗原，用凝集试验检查鸡血清中是否有相应的抗体，通常鸡被副鸡嗜血杆菌感染后 7~14 d 即可出现阳性反应，可维持一年或更长的时间。这对流行病学调查、研究菌苗接种后的应答及血清型的抗原分析均有价值。

此外，血凝抑制试验（HI）和琼脂扩散试验（AGP），也可用于本病诊断。近年来，使用的 PCR 技术，只需 6 h 就能出检验结果，并可检出 A、B、C 3 个血清型的菌株。

鉴别诊断：本病和慢性呼吸道病、慢性禽霍乱、禽痘和维生素A缺乏症等相似，应注意区分。因为副鸡嗜血杆菌感染常以混合感染发生，所以应考虑到其他细菌或病毒使本病复杂化的可能性，特别是如果死亡率高和病程延长的话。

传染性鼻炎：脸部大多数呈单侧性肿胀，不发紫。蛋壳质量变化不大，死亡率低。磺胺类药物治疗有效。

禽流感：脸部大多数呈双侧性浮肿，发紫。死亡快，死亡率高，抗菌药物治疗无效。

传染性支气管炎：传播迅速，成鸡感染后主要表现为产蛋急剧下降，呼吸道症状不明显，蛋畸形，大小不一，软壳蛋，沙皮蛋较多，蛋清稀薄如水，浓蛋白层消失。

支原体病：呼吸道症状时间较长，肿脸的鸡在鸡群中传播较慢，并且精神和采食变化不大。

油苗注射不当：注射靠近头部时，免疫后1周左右可出现肿头，眼眶周围肿胀，发硬。切开有干酪物、未吸收的油苗或肉芽肿，若无感染一般可自然康复。

（六）防　制

加强饲养管理，改善鸡舍通风条件，做好鸡舍内外的卫生消毒工作，以及病毒性呼吸道疾病的防制工作，提高鸡只抵抗力对防制本病具有重要意义。

鸡场内每栋鸡舍应做到全进全出，禁止不同日龄的鸡混养。清舍之后要彻底进行消毒，空舍2周后方可让新鸡群进入。

目前我国已研制出鸡传染性鼻炎油佐剂灭活苗，经实验和现场应用对本病流行严重地区的鸡群有较好的保护作用，根据本地区情况可自行选用。免疫接种用多价灭活油剂菌苗，可于3~5周龄和开产前分两次接种，预防本病有效。发病群也可做紧急接种，并配合药物治疗，对饮水和鸡舍带鸡消毒，可以较快地控制本病。

副鸡嗜血杆菌对磺胺类药物非常敏感，是治疗本病的首选药物。但对于产蛋鸡使用这类药养殖户有所顾忌，主要是担心影响鸡群产蛋或怕引起药物中毒。但是，本病的传播速度相当快，一旦在产蛋鸡群中发生，即使不使用磺胺类药也必然会引起减蛋，而如果及时（特别是在发病初期）合理地用药，则有助于迅速控制病情，减少继发感染机会，同时可起到缩短病程、加快鸡群康复的作用。实际应用时可根据饲养管理水平、鸡群发病程度和免疫情况综合考虑，权衡利弊而定。

一般用复方新诺明或磺胺增效剂与其他磺胺类药物合用，或用2~3种磺胺类药物组成的联磺制剂均能取得较明显效果。具体使用时应参照药物说明书。若鸡群食欲下降，经饲料给药血中达不到有效浓度，治疗效果差。此时可考虑用抗生素采取注射的办法同样可取得满意效果。一般选用链霉素或青霉素、链霉素合并应用。红霉素、土霉素及喹诺酮类药物也是常用治疗药物。总之磺胺类药物和抗生素均可用于治疗，关键是给药方法能否保证每天摄入足够的药物剂量，这是值得注意的问题。

第二十节　禽曲霉菌病

曲霉菌病是由曲霉菌属真菌引起多种禽类、哺乳动物和人的真菌病，主要侵害呼吸器官。特征是形成肉芽肿结节，在禽类以肺及气囊发生炎症和小结节为主，故又称曲霉菌性肺炎。

多见于雏禽，常呈急性暴发。

（一）病　原

主要病原体为烟曲霉，其次为黄曲霉。均为需氧菌，在室温和 37～45 ℃ 均能生长。在马铃薯培养基和其他糖类培养基上均可生长。烟曲霉在固体培养基中，初期形成白色绒毛状菌落，经 24～30 h 后开始形成孢子，菌落呈面粉状、浅灰色、深绿色、黑蓝色，而菌落周边仍呈白色。曲霉菌能产生毒素，可使动物痉挛、麻痹、致死和组织坏死等。

霉菌在常温下能存活很长时间，在温暖、潮湿的适宜条件下 24～30 h 即产生孢子。孢子对外界环境理化因素的抵抗力很强，在干热 120 ℃ 1 h，煮沸 5 min 才能杀死。对化学药物也有较强的抵抗力。在一般消毒药物中，如 2.5%福尔马林、3%的烧碱、水杨酸、碘酊等，需经 1～3 h 才能灭活。

（二）流行病学

曲霉菌可引起多种禽类发病，鸡、鸭、鹅、火鸡、鹌鹑、鸽及多种鸟类（水禽、野鸟、动物园的观赏禽等）均有易感性，以幼禽易感性最强，特别是 20 日龄以内的雏禽呈急性暴发和群发性发生，而成年家禽常散发。出壳后的幼雏在进入曲霉菌严重污染的育雏室或装入被污染的装雏器内而感染，48 h 后即可开始发病和死亡，4～12 日龄是本病流行的最高峰，以后逐渐减少，至 1 月龄时基本停止。如果饲养管理条件不好，流行和死亡可一直延续到 2 月龄。

污染的木屑垫料、空气和发霉的饲料是引起本病流行的主要传染源，其中可含有大量烟曲霉菌孢子。曲霉菌的孢子广泛存在于自然界，家禽在污染的环境里带菌率很高。病菌主要是通过呼吸道和消化道传染。育雏阶段的饲养管理、卫生条件不良是引起本病爆发的主要诱因，育雏室内日温差大、通风换气不好、过分拥挤、阴暗潮湿以及营养不良等因素都能促使本病发生和流行。同样，孵化环境阴暗、潮湿、发霉甚至孵化器发霉等，都可能使种蛋污染，引起胚胎感染，出现死亡或幼雏过早感染发病。

（三）症　状

自然感染的潜伏期 2～7 d，人工感染 24 h。病禽可见精神委顿，不愿走动，多伏卧，呼吸困难、喘气、张口呼吸，常缩头闭眼，流鼻液，食欲减退，口渴增加，消瘦，体温升高，后期表现腹泻。在食管黏膜有病变的病例，表现为吞咽困难。病程一般在 1 周左右。有的表现神经症状，如摇头、头颈不随意屈曲、共济失调和两腿麻痹。禽群发病后如不及时采取措施，死亡率可达 50% 以上。放养在户外的家禽对曲霉菌的抵抗力很强，几乎能避免传染。

有些雏鸡可发生曲霉菌性眼炎，通常是一侧眼的瞬膜下形成一黄色干酪样小球，致使眼睑鼓起。有些鸡还可见角膜中央形成溃疡。

（四）病　变

主要集中在肺和气囊。肺可见充血，切面上流出灰红色泡沫液。胸腹膜、气囊和肺上有粟粒到黄豆大小的坏死肉芽肿结节，有时可以相互融合成大的团块，最大的直径 3～4 mm，结节呈灰白或淡黄色，柔软有弹性，内容物呈干酪样。腺胃胃壁增厚，乳头肿胀。在肺的组织切片中，可见到多发性的支气管肺炎病灶和肉芽肿，病灶中可见分节清晰的霉菌菌丝、孢子囊及孢子。其他器官如胸腔、腹腔、肝、肠浆膜等处有时亦可见到。有的病例呈局灶性或弥漫性肺炎变化。

（五）诊　断

根据流行病学、症状和剖检可做出初步诊断，确诊则需进行微生物学检查。

取病禽肺或气囊上的霉菌结节病灶，置载玻片上，加生理盐水 1 滴或加 15%～20%苛性钠（苛性钾）少许，用针划破病料，加盖玻片后用显微镜检查，肺部结节中心可见曲霉菌的菌丝；气囊、支气管等接触空气的病料，可见到分隔菌丝特征的分生孢子柄和孢子。接种于马铃薯培养基或其他真菌培养基，生长后进行检查鉴定。

幼禽急性病例，应注意与雏鸡白痢、雏鸡霉形体病、大肠杆菌病的区别，除一般症状和呼吸道症状有相似之处外，病理剖检变化和病原学检查即可区分开。霉菌性脑炎病例，其神经症状要与雏鸡脑脊髓炎、雏鸡新城疫等区别。

（六）防　制

不使用发霉的垫料和饲料是预防曲霉菌病的主要措施，垫料要经常翻晒，妥善保存，尤其是阴雨季节，防止霉菌生长繁殖。种蛋、孵化器及孵化厅均按卫生要求进行严格消毒。育雏室应注意通风换气，保持室内干燥、清洁。长期被烟曲霉污染的育雏室、土壤、尘埃中含有大量孢子，雏禽进入之前，应彻底清扫、换土和消毒。消毒可用福尔马林熏蒸法，或 0.4%过氧乙酸、5%石碳酸喷雾后密闭数小时，经通风后使用。发现疫情时，迅速查明原因，并立即排除，同时对环境、用具等严格消毒。

本病目前尚无特效治疗方法。用制霉菌素防治本病有一定效果，剂量为每 100 只雏鸡 1 次用 50 万单位，每天 2 次，连用 2 d。此外，也可用克霉唑（人工合成的广谱抗霉菌药），剂量为每 100 只雏鸡用 1 g，拌料喂服。或以硫酸铜 1∶2 000 稀释饮水，连喂 3～5 d，或碘化钾内服也有一定效果。

第二十一节　鸭传染性浆膜炎

鸭传染性浆膜炎又称鸭疫里氏杆菌病，原名鸭疫巴氏杆菌病，是鸭、鹅、火鸡和多种禽类的一种急性或慢性传染病。本病临诊特点是倦怠、眼与鼻孔有分泌物、绿色下痢、共济失调和抽搐。病变特征为纤维素性心包炎、肝周炎、气囊炎、干酪性输卵管炎、关节炎及脑膜炎。本病广泛分布于世界各地，常引起小鸭大批死亡和生长发育迟缓，给养鸭业造成巨大的经济损失，是当前危害养鸭业的主要传染病之一。

本病 1932 年最早发生于美国纽约州的长岛，其后在英国、加拿大、澳大利亚等国亦发现。我国于 1982 年在北京地区首次发现本病的流行，目前各养鸭省区均有发生。

（一）病　原

病原为鸭疫里氏杆菌，为革兰氏阴性小杆菌，无芽孢，不能运动，有荚膜。初次分离可将病料接种于胰蛋白胨大豆琼脂（TSA）或巧克力琼脂平板，在含有二氧化碳的环境中培养，形成表面光滑、稍突起、圆形、直径 1~1.5 mm 的菌落。纯培养菌落涂片可见菌体呈单个、成对或偶呈丝状,菌体大小不一,(0.2~0.4)μm×(1~5)μm,用瑞特氏法染色时,菌体两端浓染,呈两极染色特性,用印度墨汁染色可见到荚膜。不能在营养琼脂和麦康凯培养基上生长。在血琼脂上不产生溶血。

本菌不发酵碳水化合物,但少数菌株对葡萄糖、果糖、麦芽糖或肌醇发酵。不产生吲哚和硫化氢,不还原硝酸盐。

到目前为止共发现有 21 个血清型。我国调查目前至少存在 13 个血清型(即 1、2、3、4、5、6、7、8、10、11、13、14 和 15 型),以 1 型最为常见,各血清型之间无交叉保护力。

在室温下,大多数鸭疫里氏杆菌菌株在固体培养基上存活不超过 3~4 d。4℃ 条件下,肉汤培养物可存活 2~3 周,欲长期保存菌种需冻干。

(二)流行病学

主要感染 1~8 周龄的鸭,尤以 2~3 周龄雏鸭最易感,1 周龄内幼鸭和 8 周龄以上大鸭较少发病。除鸭外,小鹅亦可感染发病。在污染鸭场的感染率可达 90% 以上,病死率高低不一,为 5%~75%,与感染鸭的日龄、环境条件、病毒毒力、应激因素等有关。曾有鸡、黑天鹅、火鸡感染本病的报道。

本病的传播途径主要是水平传播,病毒通过污染的饲料、饮水、飞沫、尘土等经呼吸道和损伤的皮肤等途径传播,用上述途径人工感染可复制本病。另一个传播途径是可经蛋垂直传播,但未从死胚和 1 日龄雏鸭卵黄囊中分离到鸭疫巴氏杆菌。

该病一年四季都可发生,尤以冬季为甚,常表现明显的"疫点"特征,即在本病流行较为严重的鸭场,其周围鸭场也常有此病流行。

被本病感染而无应激的鸭通常不表现临床症状。但如受应激因素的影响,如育雏室饲养密度过大、通风不良、地面潮湿、卫生条件差、饲料中蛋白质水平过低、维生素和微量元素缺乏、转舍时受寒冷或雨淋的刺激、其他传染病(鸭大肠杆菌病、禽霍乱、沙门氏菌病、葡萄球菌病、鸭病毒性肝炎等),均可引起本病爆发流行,加剧本病的发生和病鸭死亡。

(三)症 状

潜伏期 1~3 d,有时可达 1 周。常有 3 种类型。

(1)最急性型:常见不到任何明显症状而突然死亡。

(2)急性型:多见于 2~4 周龄小鸭。病初可见眼流出浆液性或黏性分泌物,常使眼周围羽毛粘连或脱落。鼻孔流出浆液性或黏液性分泌物,有时分泌物干涸,堵塞鼻孔。轻度咳嗽和打喷嚏。粪便稀薄呈绿色或黄绿色。嗜睡、缩颈或喙抵地面,腿软,不愿走动、步态蹒跚。濒死前出现神经症状,如痉挛、背脖、两腿伸直呈角弓反张状,尾部摇摆等,不久抽搐而死,病程一般 2~3 d。

(3)慢性型:多见于 4~7 周龄的雏鸭,病程 1 周以上。病鸭表现为精神沉郁,食欲减少,肢软卧地,不愿走动,常呈犬坐姿势,进而共济失调、痉挛性点头运动、前仰后翻、翻转后仰卧、不易翻起等症状。少数鸭出现头颈歪斜,遇惊扰时不断鸣叫和转圈、倒退等,而安静时头颈稍弯曲,犹如正常,因采食困难,逐渐消瘦而死亡。这样的病例能长期存活,但发育不良。

(四) 病　变

主要病变是在心包膜、肝表面、气囊等浆膜上出现纤维素性渗出物。

纤维素性心包炎：心包内积有淡黄色并含有絮状物的渗出液，心包膜外面覆盖淡黄色或干酪样纤维素性渗出物，使心外膜与心包膜形成粘连。

纤维素性肝周炎：肝脏表面覆盖一层灰白色或灰黄色纤维素膜，易剥离。肝肿大呈土黄色或棕红色。病程较长者，纤维素性渗出物被肝被膜生长出的肉芽组织机化，呈淡黄色干酪样团块。

纤维素性气囊炎：气囊浑浊增厚，气囊壁上附有纤维素性渗出物。

慢性病例可见到纤维素性化脓性肝炎和脑膜炎，也可感染皮肤或关节，出现坏死性皮炎和关节炎。脾肿大，表面有灰白色斑点，以及干酪性输卵管炎和关节炎等。脑膜及脑实质血管扩张、淤血。少数病例见有输卵管炎，即输卵管膨大，内有干酪样物蓄积。

(五) 诊　断

根据流行特点、临床症状和病理变化，可做出初步诊断，确诊有赖于实验室诊断。

涂片镜检：取血液、肝脏、脾脏或脑做涂片，经瑞氏染色镜检可见两端浓染的小杆菌，但往往菌体很少，不易与多杀性巴氏杆菌区别。

细菌的分离与鉴定：无菌采集心血、肝或脑等病变材料，接种于TSA培养基或巧克力培养基上，在含CO_2的环境中培养24~48 h，观察菌落形态并做纯培养，对其若干特性进行鉴定。

荧光抗体法检查：取肝或脑组织做触片，火焰固定，用鸭疫里氏杆菌特异的荧光抗体染色，在荧光显微镜下检查。鸭疫里氏杆菌呈黄绿色环状结构，多为单个存在，其他细菌不着染。

血清学试验：通常不用血清学实验来诊断鸭疫巴氏杆菌病，但用于细菌抗原的鉴定和分型。常用的血清学方法有平板和试管凝集试验、琼脂扩散试验、酶联免疫吸附试验等。

鉴别诊断：应注意与鸭大肠杆菌败血症、鸭病毒性肝炎等相区别。

雏鸭大肠杆菌病：雏鸭在15日龄前发病死亡高，日龄越大，死亡率越低，一般没有明显的神经症状，无角弓反张症状。

鸭病毒性肝炎：发病日龄比本病小，无明显腹泻症状，临死前和死后大多呈角弓反张姿态，剖检时肝肿大，表面有出血斑点，看不到浆膜的纤维素性炎症。

(六) 防　制

加强饲养管理，注意育雏室的通风换气，干燥保温，适宜的饲养密度，清洁卫生等是控制和预防本病的有效措施。

疫苗预防：我国已研制出油佐剂和氢氧化铝灭活菌苗，在7~10日龄接种一次即可。由于鸭疫巴氏杆菌血清型较复杂，各型之间缺乏交叉免疫反应，且易变异，因此在制苗时最好针对当地流行菌株的血清型制成自家菌苗才能取得良好预防效果。

药物防治：多种抗生素及磺胺类药物对本病均有一定的防治效果。但由于鸭疫巴氏杆菌易产生耐药性，用药前最好做药敏实验，在药敏结果的基础上筛选高敏药物，并注意药物的交替和联合使用。一般可选用下列药物，如氟苯尼考、庆大霉素、利高霉素、复方敌菌净、磺胺类药、喹诺酮类等，在治疗病鸭时应选用几种药物联合使用效果较好，如氟苯尼考+环丙沙星+磷霉素等。

第二十二节 鹅口疮

鹅口疮又称霉菌性口炎、白色念珠菌病,是由白色念珠菌引起的家禽上消化道的一种霉菌病,特征是上消化道黏膜发生白色假膜和溃疡。

(一)病 原

白色念珠菌属于类酵母状的真菌,为兼性厌氧菌。接种于沙氏琼脂培养基上,可见菌落呈白色金属光泽,菌体小而椭圆,能够长芽、伸长而形成假菌丝。革兰氏染色阳性,但着色不甚均匀。能发酵葡萄糖和麦芽糖,对蔗糖、半乳糖产酸,不分解乳糖、菊糖,这些特性有别于其他念珠菌。病鸡的粪便中含有多量病菌,在病鸡的嗉囊、腺胃、肌胃、胆囊以及肠内,都能分离出病菌。

白色念珠菌在自然界广泛存在,可在健康畜禽及人的口腔、上呼吸道和肠道等处寄居。各地不同禽类分离的菌株其生化特性有较大差别。该菌对外界环境及消毒药有很强的抵抗力。

(二)流行病学

本病主要见于鸡、火鸡、鸽、鸭、鹅等。以幼禽多发,成年禽亦有发生。鸽以青年鸽易发且病情严重。多发生在夏秋炎热多雨季节。病禽和带菌禽是主要传染源。病原通过分泌物、排泄物污染饲料和饮水,经消化道感染。也可能通过蛋壳传染。雏鸽感染主要是通过带菌亲鸽的"鸽乳"而传染。本病发病率、死亡率在火鸡和鸽均很高。

禽念珠菌病的发生与禽舍环境卫生状况差、饲料单纯和营养不足、长期应用广谱抗生素或皮质类固醇等有关。鸽群发病往往与鸽毛滴虫并发感染有关。

(三)症 状

依家禽的种类不同,临诊表现有所差异。

(1)鸡:雏鸡、成年鸡均可发生。病鸡精神不振,食欲减少或停食,消瘦,羽毛粗乱,消化障碍。有的在眼睑、口角出现痂皮样病变,开始为基底潮红,散在大小不一的灰白色丘疹,继而融合成片,高出皮肤表现凹凸不平。病鸡嗉囊胀满,但明显松软,挤压时有痛感,并有酸臭气体自口中排出。有时病鸡下痢,粪便呈灰白色。一般1周左右死亡。

(2)火鸡:火鸡雏多发。表现为精神委顿,食欲减退,口腔内有黏液并黏附着饲料,除去饲料在黏膜上见有一层白色的膜。病雏常伸颈甩头,张口呼吸。部分雏火鸡有不同程度的下痢。火鸡一旦发病,死亡逐日增多,发病率和死亡率高。

(3)鸽:大小鸽均可感染,但尤以青年鸽最严重。成年鸽一般无明显症状。雏鸽感染率亦较高,但症状不严重。口腔与咽部黏膜充血、潮红、分泌物稍多且黏稠。青年鸽发病初期可见口腔、咽部有白色斑点,继而逐渐扩大,最后变成黄白色干酪样假膜。口气微臭或带酒糟味。个别鸽引起软嗉症,嗉囊胀满,软而无收缩力。食欲废绝,拉墨绿色稀粪,多在病后2~3 d或1周左右死亡。一般可康复,但在较长时间内成为无症状带菌者。

（四）病　变

主要集中在上消化道，可见喙缘结痂，口腔、咽和食道有干酪样假膜和溃疡。嗉囊内有酸臭内容物，嗉囊黏膜明显增厚，被覆一层灰白色斑块状假膜，易刮落。假膜下可见坏死和溃疡。少数病禽出现腺胃黏膜肿胀、出血和溃疡，颈胸部皮下形成肉芽肿。

（五）诊　断

一般根据流行特点、典型临诊症状和特征性的病理变化可以做出诊断。确切诊断必须采取病变器官的渗出物做抹片检查，观察酵母状的菌体和菌丝，或是进行霉菌的分离培养和鉴定。

（六）防　制

本病与卫生条件有密切关系，因此，要改善饲养管理及卫生条件，室内应保持干燥通风，防止拥挤、潮湿。种蛋表面可能带菌，在孵化前要消毒。

本病常用 1∶2 000 硫酸铜溶液或在饮水中添加 0.05%的硫酸铜连服 1 周，制霉菌素按每千克饲料加入 50～100 mg（预防量减半）连用 1～3 周，或每只每次 20 mg，每天 2 次连喂 7 d。投服制霉素时，还需适量补给复合维生素 B，对大群防治有一定效果。此外，灰黄霉素、两性霉素 B 等控制霉菌药物也可应用。

个别治疗，可将鸡口腔假膜刮去，涂碘甘油。嗉囊中可以灌入数毫升 2%硼酸水。或以 0.5%硫酸铜液，盛放在陶器上喂服。

思考题

1. 近年来免疫鸡群中常发生新城疫，试分析引起这种情况的有关原因。
2. 简述鸭瘟和鸭巴氏杆菌病的区别诊断，在鸭群中两病同时发生时，该怎么办？
3. 试列出鸡马立克氏病和淋巴白血症的主要异同点。
4. 传染性法氏囊病的流行病学和病理变化有何特点？该病有何危害性？如何防制？
5. 简述鸭病毒性肝炎的主要病状及病理特征。如何进行预防？
6. 简述禽曲霉病诱发的主要原因。其病状及病理剖检方面有何主要特征？
7. 试述鸡传染性支气管炎和传染性法氏囊病的区别。
8. 怎样防治鸡传染性鼻炎？
9. 引起鸡产蛋量下降的传染病有哪些？如何预防？
10. 小鹅瘟有哪些特征性的临诊症状和病理变化？

第六章 反刍动物的传染病

(1) 掌握主要反刍动物传染病的主要特征和流行特点。
(2) 掌握主要反刍动物传染病的症状和病变。
(3) 掌握主要反刍动物传染病诊断方法。
(4) 掌握主要反刍动物传染病的防制措施。

第一节 牛 瘟

牛瘟又称牛疫、烂肠瘟,是牛的一种急性、热性、病毒性传染病。其特征为体温升高、病程短促、黏膜特别是消化道黏膜发炎、出血、糜烂和坏死。牛瘟是一种古老的传染病,曾给世界养牛业造成了毁灭性的打击,在公元7世纪的100年中,欧洲约有2亿头牛死于牛瘟,直到19世纪末牛瘟在欧洲才得到了控制。欧洲学者认为亚洲是牛瘟的起源地。牛瘟在巴基斯坦、印度和斯里兰卡至今仍有发生。中国在1949年以前牛瘟几乎遍及全国,中华人民共和国成立后,由于广泛开展以疫苗免疫接种为主的综合防制工作,于1956年宣布消灭本病。目前世界上还有20多个国家和地区有牛瘟流行,所以还要提高警惕,防止从国外输入本病。

(一)病 原

牛瘟病毒属于副黏病毒科麻疹病毒属。本病毒在结构上和麻疹、犬瘟热、鸡新城疫以及其他副黏病毒极为相似,在形态上几乎一样。病毒粒子呈多形性,成熟粒子为圆形,平均直径120~300 nm,含有单股的RNA,有囊膜,在囊膜上有纤突。病毒在宿主细胞浆里繁殖,能够刺激机体产生中和抗体、补体结合抗体和沉淀抗体。该病毒各毒株抗原相同,且与犬瘟热病毒和小反刍兽疫病毒有较强的抗原相关性,并对裂谷热病毒有干扰作用。本病毒没有红细胞凝集和吸附作用。病毒能够在鸡胚上生长,还能在牛、绵羊、山羊、人、兔和大鼠的肾细胞培养物中繁殖,并产生致病作用,各毒株在毒力上有所差别。

牛瘟病毒对外界环境的抵抗力弱,高温、日光、超声波、冻融、冻干等理化因素易使病毒失去活力。而且常用消毒剂如1%~2%烧碱、5%甲醛、10%石灰乳能很快杀灭。病牛的分泌物、排泄物中的病毒一般可存活36 h。病牛的皮张在日光下曝晒48 h可被灭活。但风干骨髓30 d后还有传染性。盐渍后的牛皮置于阴湿处,病毒可生存12 d。

(二)流行病学

牛瘟病毒主要感染牛和水牛,致死率较高,但不同年龄和品种牛的易感性有明显差异,其中以牦牛最易感,黄牛和水牛次之。绵羊、山羊和猪对该病也有一定的易感性。病牛和带毒牛是该病主要的传染源，病牛能通过分泌物和排泄物排出大量病毒，但大多数都是由于健康牛与病牛的直接接触而感染。亚临床感染的绵羊和山羊可将牛瘟病毒传染给牛。健牛多因吸入污染的空气或食入污染饲料和饮水经呼吸道和消化道感染，也可通过眼结膜、子宫或吸血昆虫而感染。本病有明显的季节性。流行期间疫情可随运输路线扩展，耐过病牛可获得足够的免疫力，并且多发于12月份到次年的4月份。应激或牛群转移可促进本病发生。

（三）症　状

潜伏期视牛的品种、感染途径、病毒毒株的致病力和饲养条件等因素的差异有所不同。自然感染潜伏期3～8 d，一般不超过5 d。病牛恶寒战栗，体温突然升高至40～42 ℃，稽留3～5 d，到开始腹泻或到病的后期体温下降。精神沉郁，食欲减退或废绝，反刍迟缓或停止。呼吸心跳加快。眼结膜和鼻黏膜潮红肿胀，且有淤斑性出血小点。分泌物初为浆黏性，后转为黏液脓性，干结成褐色痂，盖于眼窝、鼻镜及鼻孔四周。常打喷嚏与摇头。呼出气体恶臭难闻。角膜发炎。母牛可从阴道流出黏性或黏性脓性分泌物，有时混有血液。阴户红肿，阴道黏充血，孕牛常发生流产。口液增多，流出口外，夹杂有气泡，有时混有血液。口腔黏膜充血潮红，且有许多浅黄或微白色斑点，大小如栗状大，初坚硬而渐变成水疱状，破溃后形成糜烂，最后融合成地图样烂斑或变为深层溃疡，形态不规则，边缘不整齐，以口角、齿龈、齿垫、颊内面、硬腭及舌腹面常见。最后，大片口腔黏膜坏死，大量的坏死物脱落而形成浅表的、不出血的黏膜糜烂或溃疡。此外，鼻孔、阴门和阴道以及阴茎的包皮鞘等处也可见明显的坏死变化。发病初期牛常便秘，粪便干燥并覆盖黏液和血液；以后腹泻拉稀呈水样、恶臭，粪便含有血液和上皮碎屑，并伴有动物努责。后期大便失禁，粪便呈红黑稀糊，杂有条状伪膜。尿少、色红黄。病畜迅速消瘦，两眼深陷，奶产量下降，奶稀如水呈黄色或停止泌乳。病势严重牛发病后4～7 d内死亡，甚至2～3 d死亡。

绵羊和山羊发病后的症状轻微。

（四）病　变

病牛尸体外观消瘦。呈脱水状态，天然孔周围有黏膜附着。口腔内混有血液的液体，肛门周围有粪便污染。早期，口腔黏膜有灰黄色小结节，结节糜烂，有的形成溃疡。胃部病变主要在第四胃，胃内空虚或附有少量的血液或黏液。黏膜肿胀，有鲜红色或暗红色斑点或条纹。胃底黏膜下层广泛水肿，黏膜增厚，切面胶冻样。胃壁上附着纤维素伪膜的溃疡。小肠内容物稀薄，混有血液、纤维蛋白和坏死组织凝块。黏膜出血，严重时偶见糜烂区。在回肠、结肠联结部和直肠中有显著病变。回盲瓣黏膜肿胀出血是牛瘟特征病变之一。肠系膜淋巴结肿胀、出血。肝、脾无明显变化。胆囊肿大，充满胆汁，黏膜有出血点。肾脏充血肿大。呼吸道黏膜充血、出血和水肿。上呼吸道黏膜覆盖有假膜。

（五）诊　断

根据流行病学、临床症状，结合剖检变化可做出初步诊断。确诊需进行病毒分离和血清学试验。病原学检查，取急性感染动物的脾、淋巴结、血液或口、鼻的分泌物等病料处理后，接种适宜的细胞培养物，观察特征性的细胞病变，如发现有折射性、细胞变圆、皱缩、胞浆拉长或形成巨细胞，可判为可疑。然后对病毒进一步鉴定。可使用免疫过氧化酶染色或特异性血清进行中和试验。常用血清学诊断方法有琼脂扩散试验、反向对流免疫电泳、中和试验、间接血凝试验和竞争 ELISA 试验及 PCR 试验。

本病与口蹄疫、牛病毒性腹泻-黏膜病、牛蓝舌病、恶性卡他热病等做鉴别诊断。

（六）防　制

牛瘟是我国规定的一类传染病。严格执行国境检疫制度，禁止从有牛瘟的国家和地区进口反刍动物及畜产品，如牛、羊、精液、胚胎、鲜肉等。发现可疑病例，立即向主管部门通报，确诊后立即封锁，扑杀病畜，并做无害化处理。彻底消毒被污染的环境和用具。受威胁的牛，应用牛瘟山羊化兔化弱毒苗进行紧急接种，建立免疫防护带。

第二节　牛病毒性腹泻-黏膜病

本病简称牛病毒性腹泻或牛黏膜病，是由牛病毒性腹泻-黏膜病毒引起的一种急性、热性传染病。其临床特征为黏膜发炎、糜烂、坏死和腹泻。

本病呈世界性分布，广泛存在于欧美等许多养牛发达国家。1980 年以来，我国从西德、丹麦、美国、加拿大、新西兰等十多个国家引进奶牛和种牛，将本病带入我国，并分离鉴定出了病毒。

（一）病　原

牛病毒性腹泻病毒，又名黏膜病病毒，是黄病毒科瘟病毒属的成员，与猪瘟病毒和边界病毒同属，该病毒为一种单股 RNA，有囊膜，呈圆形。该病毒各个分离株之间虽然没有明显的血清型差异，但已证明他们之间具有较大的抗原差异。此外，该病毒与猪瘟病毒、边界病毒之间有免疫关系，他们之间有共同的可溶性抗原，有些病毒接种猪可以产生抗黏膜病和猪瘟病毒的抗体，被接种猪可以抵抗低毒猪瘟病毒的攻击。本病毒能在胎牛肾、睾丸、肺、皮肤、肌肉、鼻甲、气管、胎羊睾丸、猪肾等细胞培养物中增殖传代，也适应于牛胎肾传代细胞系。有些分离株在不同的组织培养系统中产生病变，但多数不产生病变。

该病毒对外界环境抵抗力不强，pH3.0 以下或 56 ℃很快被灭活，对一般消毒剂敏感，也对氯仿、乙醚和胰酶敏感，但病毒在低温情况下可以长期存活。

（二）流行病学

本病可感染黄牛、水牛、牦牛、绵羊、山羊、猪、鹿及小袋鼠，家兔可实验感染。患病动物和带毒动物是本病的主要传染源。病畜的分泌物和排泄物中含有病毒。绵羊多为隐性感染，但妊娠绵羊常发生流产或生产先天性畸形羔羊，这种羔羊也成为传染源。康复牛可带毒 6 个月。直接或间接接触均可传染本病，主要通过消化道和呼吸道而感染，也可通过胎盘感染。本病的流行特点是：新疫区急性病例多，不论放牧牛或舍饲牛，大或小均可感染发病，发病率通常不高，约为 5%，其病死率为 90%~100%，发病牛以 6~18 个月者居多。老疫区则急性病例很少，发病率和病死率很低，而隐性感染率在 50% 以上。本病常年均可发生，通常多发生于冬末和春季。本病也常见于肉用牛群中，关闭饲养的牛群发病时往往呈爆发式。

(三)症 状

自然感染的潜伏期7~14 d，人工感染2~3 d。根据临床表现，有急性和慢性过程。急性病牛突然发病，体温升高至40~42 ℃，持续4~7 d，有的还有第二次升高。病畜精神沉郁，厌食，鼻眼有浆液性分泌物，2~3 d内可能有鼻镜及口腔黏膜表面糜烂，舌面上皮坏死，流涎增多，呼气恶臭。通常在口内损害之后常发生严重腹泻，开始水泻，以后带有黏液和血液。有些病牛常有蹄叶炎及趾间皮肤糜烂坏死，从而导致跛行。急性病例恢复的少见，通常多死于发病后2~3周，此型多见于犊牛。

慢性病牛很少有明显的发热症状，但体温可能有高于正常的波动。最引人注意的症状是鼻镜上的糜烂，此种糜烂可在全鼻镜上连成一片。眼常有浆液分泌物。在口腔内很少有糜烂，但门齿齿龈通常发红。由于蹄叶炎及趾间皮肤糜烂坏死而致的跛行是最明显的症状。大多数患牛均死于2~6个月内。

母牛在妊娠期感染本病时常发生流产，或产下有先天性缺陷的犊牛。最常见的缺陷是小脑发育不全。患犊可能只呈现轻度共济失调或完全缺乏协调和站立的能力，有的可能失明。

绵羊可以用黏膜病病毒实验感染，但仅在妊娠绵羊被感染而病毒通过胎盘及胎儿时才会发病。妊娠12~80 d之间的绵羊，可能导致胎儿死亡、流产、早产或足月羔羊。

(四)病 变

肉眼可见鼻镜、鼻孔出现糜烂和浅溃疡，齿龈、上腭、舌侧面及颊黏膜也有糜烂，严重的病例在咽喉头黏膜出现弥漫性坏死。特征性损害是食道黏膜糜烂，呈大小不等形状与直线排列。瘤胃黏膜偶见出血和糜烂，第四胃炎性水肿和糜烂。肠壁因水肿增厚，肠淋巴结肿大，小肠有急性卡他性炎症，空肠、回肠较为严重，盲肠、结肠、直肠有卡他性、出血性、溃疡性以及坏死性等不同程度的炎症。蹄部在趾间皮肤及全蹄冠有急性糜烂炎症、溃疡和坏死。流产胎儿的口腔、食道、真胃及气管内可能有出血斑及溃疡。运动失调的犊牛，严重的可见小脑发育不全及两侧脑室积水。

(五)诊 断

在本病严重暴发流行时，可根据其发病史、症状及病理变化做初步诊断，最后确诊需依赖病毒的分离鉴定及血清学检查。

病毒分离：急性黏膜病具有持续性病毒血症，血液是最好的病毒分离材料。也可采取病牛急性发热期间尿、鼻液或眼分泌物，剖检时采取脾、骨髓、肠系膜淋巴结等病料。人工感染易感犊牛或用乳兔来分离病毒，也可用牛胎肾、牛睾丸细胞分离病毒。

血清学试验：可用血清中和试验、酶联免疫吸附试验、补体结合试验、免疫荧光抗体技术、琼脂扩散试验以及聚合酶链反应（PCR）等方法来诊断本病。中和试验时采取双份血清（间隔3~4周），滴度升高4倍以上者为阳性，本法可用来定性，也可用来定量。酶联免疫吸附试验方法诊断本病除具有敏感、快速、特异等优点外，还可以将该病毒与猪瘟病毒区分开来，具有很好的应用前景。

本病应注意与恶性卡他热、口蹄疫、水疱性口炎、牛传染性鼻气管炎、副结核、牛冬痢等相区别。恶性卡他热全身症状严重，角膜混浊，死亡率高；口蹄疫除口、鼻有溃疡外，还可形成水疱，食道和胃肠病变不明显；水疱性口炎流行范围小，发病率低，马、驴也可感染；

牛传染性鼻气管炎鼻孔两翼坏死，呼吸困难，外阴黏膜散在多量白色小脓疱，结膜表面有白色斑点，犊牛发生抽搐和痉挛，反应性增高；副结核和冬痢不会出现口腔黏膜充血、糜烂。

（六）防　制

本病在目前尚无有效疗法。应用收敛剂和补液疗法可缩短恢复期，减少损失。用抗生素和磺胺类药物，可减少继发性细菌感染。平时预防要加强口岸检疫，从国外引进种牛、种羊、种猪时必须进行血清学检查，防止引入带毒牛、羊和猪。国内在进行牛只调拨或交易时，要加强检疫，防止本病的扩大或蔓延。近年来，猪对本病病毒的感染率日趋上升，不但增加了猪作为本病传染来源的重要性，而且由于本病病毒与猪瘟病毒在分类上同属于瘟病毒属，有共同的抗原关系，使猪瘟的防制工作变得复杂化，因此在本病的防制计划中对猪的检疫也不容忽视。一旦发生本病，对病牛要隔离治疗或急宰。对受威胁的无病牛可应用弱毒疫苗或灭活疫苗来预防和控制本病。目前牛群应用的弱毒疫苗多为牛病毒性腹泻-黏膜病、牛传染性气管炎及钩端螺旋体病三联疫苗。

第三节　牛传染性鼻气管炎

牛传染性鼻气管炎，又称"坏死性鼻炎""红鼻病""牛媾疫"，是由牛传染性鼻气管炎病毒引起牛的一种急性、热性、接触性呼吸道传染病，表现为上呼吸道黏膜充血、出血、坏死和烂斑引起体温升高、流鼻涕、咳嗽和呼吸困难等特征。还可引起生殖道感染、结膜炎、脑膜炎、流产、乳房炎等多种病型。由于本病可延缓肥育牛群的生长和增重，使患病奶牛产奶量明显减少甚至停产，感染的公牛带毒，给养殖业带来很大损失。本病自1955年美国首次报道以来，世界许多国家和地区都相继发生和流行。1980年我国从新西兰进口奶牛中首次发现本病，并分离到了牛传染性鼻气管炎病毒，目前在我国一些地区的牛群中发现了血清学阳性的牛。

本病的危害性在于，病毒侵入牛体后，可潜伏于一定部位，导致持续性感染，病牛长期乃至终生带毒，给控制和消灭本病带来极大困难。

（一）病　原

牛传染性鼻气管炎病毒，又称牛（甲型）疱疹病毒1，是疱疹病毒科、疱疹病毒亚科甲、水痘病毒属的成员。本病毒为双股RNA，有囊膜，只有一个血清型。与马鼻肺炎病毒、马立克氏病病毒和伪狂犬病病毒有部分相同的抗原成分。本病毒可于猪、羊、马、兔肾，牛胎肾细胞上生长，并可产生病变，使细胞聚集，出现巨核合胞体。无论在体内或体外被感染细胞用苏木紫伊红染色后，均可见嗜酸性核内包涵体。所形成的包涵体呈圆形或椭圆形，周边绕以透明的晕带，而且可在易感细胞上形成蚀斑，接种后3～4 d的蚀斑直径可达1～2 mm，并且同一株病毒在细胞培养物中可形成中型和小型蚀斑。当培养物进行超速离心使病毒浓缩500倍时，对小鼠红细胞的最高血凝价1∶1 024，但至今没有发现牛传染性鼻气管炎病毒有直接凝集红细胞的性能。

该病毒对外界环境的抵抗力较强，在细胞培养液中十分稳定，4 ℃以下保存30 d，其感染滴度无变化。在寒冷季节，相对湿度较大时，病毒可存活 30 d，-70 ℃ 保存病毒可存活数年。该病毒对热敏感，高温条件下很快被杀死，在 56 ℃ 需 21 min，不同毒株对乙醚的敏感有差异，但对氯仿都敏感。丙酮、紫外线、酒精均可破坏其感染力，常用的消毒剂可使其灭活。

（二）流行病学

本病感染谱较窄，主要感染牛，尤以肉用牛较为多见，其次是奶牛。肉用牛群的发病有时高达 75%，其中又以 20~60 日龄的犊牛最为易感，病死率也较高。各种野生动物可储存病毒。病牛和带毒牛为主要传染源，病毒大量存在于呼吸道、唾液和精液中，也可存在于阴道分泌物、流产胎儿和胎盘中。常通过空气经呼吸道传染，交配也可传染；病毒也可通过胎盘侵入胎儿引起流产；隐性带毒牛往往是最危险的传染源，病牛康复后 3~4 个月还可以从呼吸道排毒。本病在秋冬寒冷季节较易流行，特别是舍饲的大群奶牛，环境条件差，饲养密度大，更容易迅速传播。一般发病率 10%~100%，死亡率 1%~12%。

（三）症　状

潜伏期一般为 4~6 d，有时可达 20 d 以上，人工滴鼻或气管内接种可缩短到 18~72 h。本病可表现多种类型，主要有：

（1）呼吸道型。临床上多见，多发生于寒冷季节。常伴有结膜炎、流产和脑膜炎。症状有轻有重，有的病牛在发病后数天死亡，大多数病例病程在 10 d 以上。急性病例可侵害整个呼吸道，也可侵害消化道。病初发高热至 39.5~42 ℃，极度沉郁，拒食，有多量黏液脓性鼻漏，鼻黏膜高度充血，出现浅溃疡，鼻窦及鼻镜因组织高度发炎而称为"红鼻子"。有结膜炎及流泪。常因炎性渗出物阻塞而发生呼吸困难及张口呼吸。因鼻黏膜的坏死，呼气中常有臭味。呼吸常加快，常有深部支气管性咳嗽。有时可见带血腹泻。乳牛病初产乳量即大减，后期完全停止，7 d 后则可逐渐恢复产乳量。有些呼吸型病牛还常伴有结膜炎，病初可见眼睑水肿和结膜高度充血、流泪，角膜轻度混浊，病程进一步发展，结膜形成灰黄色针头大颗粒，致使眼睑粘连或结膜外翻，眼分泌物为脓性。怀孕中后期的母牛流产。犊牛常出现脑膜脑炎变化。牛群的发病率不一致，通常为 20%~30%，严重流行的牛群发病率可达 75% 以上。

（2）生殖道感染型。又称传染性脓疱性外阴道炎，由配种传染。潜伏期很短，常为 1~3 d，可发生于母牛及公牛。发病初期，轻度发热，可持续数天，精神沉郁，无食欲。排尿频繁，有痛感，严重时尾巴高举，摆动不安。母牛产乳量明显下降。阴门水肿，阴户联合处流出大量黏液，呈线条状，污染附近皮肤，阴门阴道发炎充血，阴道底面上有不等量黏稠无臭的黏液性分泌物。阴门黏膜上出现小的白色病灶，可发展成脓疱，大量小脓疱使阴户前庭及阴道壁形成广泛的灰色坏死膜，当擦掉或脱落后留下一个红色的创面，随后在阴道前和整个阴道壁均可发生此现象。急性期消退时开始愈合，经 10~14 d 痊愈，但阴道污物可持续排泄数周，孕牛一般不发生流产。公牛感染时，潜伏期 2~3 d，精神沉郁，拒食，有时出现一过性发热，数天后可痊愈。严重的病例发热，包皮、阴茎上发生脓疱，随即包皮肿胀、水肿、疼痛，排尿困难。病程一般 10~14 d。有时细菌感染时，则出现严重的全身症状。个别公牛可不表现症状而带毒，从精液中可分离出病毒。

（3）脑膜脑炎型。主要发生于犊牛，体温升高达 40 ℃ 以上，精神沉郁，食欲减退。鼻黏膜充血、发红，流出多量浆液性鼻液；流泪，偶尔出现呼吸困难。病牛出现神经症状，共济失调，随后兴奋、吼叫、乱跑乱撞、惊厥，感觉和运动失常，口吐白沫，最终倒地，角弓反张，磨牙，四肢划动，病程短促，多2～7日内死亡。发病率低，约1%～2%，但死亡率高，可达50%。

（4）眼炎型。一般无明显全身反应，有时也可伴随呼吸型一同出现。主要症状是结膜角膜炎。表现为结膜充血、水肿，并可形成粒状灰色的坏死膜。角膜轻度混浊，但不出现溃疡。眼、鼻流浆液脓性分泌物。很少引起死亡。

（5）流产型。一般见于初产青年母牛怀孕期的任何阶段，多发生于怀孕后第5～8个月流产。认为是病毒经呼吸道感染后，从血液循环进入胎膜、胎儿所致。胎儿感染为急性过程，7～10 d后以死亡告终，再经24～48 h排出体外。因组织自溶，难以证明有包涵体。

（四）病　变

呼吸型时，呼吸道黏膜高度充血、潮红、肿胀，有出血斑、出血点和散在的灰黄色小豆粒大脓疱。脓疱破溃后形成糜烂和溃疡，其上被覆腐臭黏液脓性渗出物，包括咽喉、气管及大支气管。可能有成片的化脓性肺炎。脾脏脓肿，肝脏表面和肾脏包膜下有灰白色或灰黄色的坏死灶，第四胃黏膜常有发炎及溃疡。大小肠有卡他性肠炎。生殖道型阴道出现特征性的白色颗粒和脓疱。脑膜脑炎的病灶呈非化脓性脑炎变化，除血管轻度充血外，眼观上无明显变化。流产胎儿肝、脾有局部坏死，有时皮肤有水肿。组织学检查呼吸道上皮细胞中有核内包涵体，于病程中期出现，脑膜炎型病例可见淋巴细胞性脑膜炎和以单核细胞为主的血管套。一般认为非化脓性感觉神经节炎和脑脊髓炎，与黏膜炎症一样，都是本病的主要特征性病变。

（五）诊　断

根据病史及临床症状，可初步诊断为本病。确诊本病要做病毒分离。分离病毒的材料的采取：用灭菌拭子伸入早期呼吸道严重的鼻道采取分泌物，一般采取数头。对于外阴道炎和龟头炎的病例，应用生殖道拭子，在生殖道上反复刮取，龟头包皮可用生理盐水反复冲洗，收集洗液。剖检时，需收集呼吸道黏膜、扁桃体、肺和支气管淋巴结。流产胎儿可取其胸腔液，或用胎盘子叶。可用牛肾细胞培养分离，再用中和试验及荧光抗体来鉴定病毒。间接血凝试验或酶联免疫吸附试验等均可作本病的诊断或血清流行病学调查。近年来，检测病毒DNA的核酸探针技术，国内外均已有报道。诊断本病的聚合酶链反应（PCR）技术也已建立。据报道，应用核酸探针、PCR技术检测潜伏的病毒取得了较好的效果。

本病应与牛流行热、牛病毒性腹泻-黏膜病、牛蓝舌病和茨城病等相区别。

（六）防　制

由于本病病毒导致的持续性感染，防制本病最重要的措施是必须实行严格检疫，防止引入传染源和带入病毒（如带毒精液）。有证据表明，抗体阳性牛实际上就是本病的带毒者，因此具有本病血清阳性的任何动物都应视为危险的传染源，应采取措施对其严格管理。发生本病时，应采取隔离、封锁、消毒等综合性措施。由于本病尚无特效疗法，病畜应及时严格隔离，最好予以扑杀或根据具体情况逐渐将其淘汰。如本地是老疫区，则可通过隔离病牛，消毒污染牛棚，应用广谱抗生素治疗而防止细菌感染，再配合对症治疗来促进病牛的痊愈。

疫区或受威胁区牛群可对未感染牛进行弱毒疫苗或油佐剂灭活疫苗的免疫接种。但免疫接种时应注意免疫母牛后代血清中的母源抗体有时可以持续4个月，对主动免疫力的产生可能有干扰作用。通常犊牛在半岁以上时进行免疫接种，其免疫期可达半年以上。病愈康复牛可获得坚强免疫力。

第四节　牛流行热

牛流行热又称三日热或暂时热，是由牛流行热病毒引起牛的一种急性热性传染病，其临床特征为突发高热、流泪、有泡沫样流涎、鼻漏、呼吸促迫、后躯僵硬、跛行，一般取良性经过，发病率高，病死率低，2~3 d即可康复。由于大批牛只发病，严重影响奶牛的产奶量、出肉率以及役用牛的使役能力，尤其对奶牛的产奶量影响最大，且流行后期部分牛因瘫痪常被淘汰，故对养牛业影响很大。1867年，在南非首次报道了本病的大流行。本病广泛流行于非洲、亚洲及大洋洲，20世纪50年代在日本多次流行，我国在1938年就有该病流行，而且分布面较广。

（一）病　原

牛流行热病毒又名牛暂时热病毒，属弹状病毒科、暂时热病毒属的成员，像子弹形或圆锥形。含单股RNA，有囊膜。对乙醚、氯仿等敏感。除典型的子弹形病毒粒子外，还常见到T形粒子，即截断的窝头样病毒粒子，特别是在高浓度病毒的传代的培养物中。牛流行热病毒具有血凝性抗原，能凝集鹅、鸽、马、仓鼠、小鼠和豚鼠的红细胞，而且能被相应的抗血清所抑制。虽然该病毒有不同的名称，但各地分离株在血清学上没有差别，只有一个血清型。

本病毒可在牛肾、牛睾丸以及牛胎肾细胞上繁殖，并产生细胞病变。也可在仓鼠肾原代细胞和传代细胞（BHK-21）上生长并产生细胞病变。绿猴肾传代细胞（Vero）上也能繁殖。病毒存在于血液中，用高热期病牛的血液1~5 mL经静脉接种易感牛后经3~7 d即可发病。用高热期病牛血液中的白细胞及血小板层脑内接种新生小鼠，可使小鼠发病。初代潜伏期为10~17 d，发病率低，连续继代时潜伏期很快缩短为3 d左右，发病率可达100%。乳鼠表现为神经症状，易兴奋，步态不稳，常倒向一侧，皮肤痉挛性收缩，发病后多经1~2 d死亡。

该病毒对外界环境的抵抗力不强，对热敏感，56 ℃、10 min，37 ℃、18 h灭活；pH2.5以下或pH9以上在数十分钟内灭活，对一般消毒剂敏感。但在血液中的病毒2~4 ℃储存8 d后仍有敏感性；感染脑悬液4 ℃放置1个月后，毒力仍无明显下降；反复冻融对病毒也无明显影响；-20 ℃以下可长期保持毒力。

（二）流行病学

本病主要侵害奶牛和黄牛，水牛较少感染。以3~5岁牛多发，1~2岁牛及6~8岁牛次之，犊牛及9岁以上牛少发。6月龄以下的犊牛不显有临床症状。肥胖的牛病情较严重。母牛尤以怀孕牛发病率略高于公牛。产奶量高的母牛发病率高。绵羊可人工感染并产生病毒血症，继则产生中和抗体。

病牛是本病的主要传染源，吸血昆虫是重要的传播媒介。实验证明该病毒能在蚊子和库蠓体内繁殖，因此该类吸血昆虫对此病有很强的传播和扩散能力。

本病的发生具有明显的季节性，一般在夏末到秋初、高温炎热、多雨潮湿、蚊蠓多生的季节流行。北方地区于 7～10 月份；南方可提前，在 7 月份以前发生。该病的传染力强，传播迅速，短期内可使很多牛发病，呈流行性或大流行性。有时疫区与非疫区交错相嵌，呈跳跃式流行，同一牛场或牛棚内的牛只不一定同时发病。此外该病的发生具有明显的周期性，约 6～8 年或 3～5 年流行一次，一次大流行之后，常隔一次较小的流行。

（三）症　状

潜伏期 2～11 d，一般为 3～7 d。病牛往往发病突然，体温升高达 39.5～42.5 ℃，维持 2～3 d 后，降至正常。在体温升高的同时，病牛流泪、畏光、眼结膜充血、眼睑水肿。呼吸促迫，患牛发出哼哼声，食欲废绝，咽喉区疼痛，反刍停止。多数病牛鼻炎性分泌物成线状，随后变为黏性鼻涕。口腔发炎、流涎、口角有泡沫。有的患牛四肢关节浮肿、僵硬、疼痛，病牛站立不动并出现跛行，最后因站立困难而倒卧。皮温不整，特别是角根、耳、肢端有冷感。有的便秘或腹泻。发热期尿量减少，尿液呈暗褐色，混浊，妊娠母牛可发生流产、死胎、泌乳量下降或停止。多数病例为良性经过。病程 3～4 d，很快恢复。少数严重者可于 1～3 d 内死亡，但病死率一般不超过 1%。有的病例常因跛行或瘫痪而淘汰。

（四）病　变

本病的剖检变化与临床症状有关，主要病变在呼吸道，喉黏膜充血、水肿，气管、支气管黏膜潮红，有出血点，管腔内有大量液体，有的混有血液。可见有明显的肺间质气肿，还有一些牛可有肺充血与肺水肿。肺气肿的肺高度膨隆，间质增宽，内有气泡，压迫肺呈捻发音。肺水肿病例胸腔积有多量暗紫红色液，两侧肺肿胀，间质增宽，内有胶冻样浸润，肺切面流出大量暗紫红色液体。淋巴结充血、肿胀和出血。瘤胃鼓气，内容物干燥，真胃黏膜充血、肿胀，内有出血，有的病例见有粟粒大溃疡灶。小肠和盲肠呈卡他性炎症和渗出性出血。心包腔积液，心冠、纵沟点状出血，心内膜有出血点、斑状或条状出血。实质器官浑浊肿胀。四肢关节病变常见，关节肿胀，关节液增多、混浊，其中混有数量不等的纤维素絮状物或纤维素凝块。

（五）诊　断

本病的特点是大群发生，传播快速，有明显的季节性，发病率高，病死率低，结合病畜临床上表现的特点，不难做出诊断。但确诊本病还要做实验室诊断，主要有以下几种方法。

病原学检查：可采取高热期病牛的血液加入抗凝剂，人工感染乳鼠或乳仓鼠并通过中和试验鉴定病毒。或将病牛的脾脏、肝、肺等组织及人工感染乳鼠的脑组织制成超薄切片，电镜检查子弹状或圆锥形病毒颗粒。也可取高热期病牛的血液或病料人工接种乳鼠后采取的含毒组织接种适宜的细胞培养物进行病毒分离，通过中和试验或免疫荧光试验进行病毒抗原的检查和鉴定。另外，由于荧光抗体技术简便、快速，除用于检查细胞培养物外，还可将病牛肝、脾、肾、肺等器官或细胞培养物制成涂片或压印片，用特异性荧光抗体染色和镜检。

血清学检查：中和试验是将乳鼠脑组织或细胞培养物制成 PBS 悬液作为病毒抗原，其含量为 200 个/mL LD_{50}。待检血清经 56 ℃、30 min 灭活后，从 1∶5 起做 2 倍递进稀释，每一稀释度吸取 1 mL 于试管内，另取一支试管加入 1∶5 稀释的正常血清作为对照。然后各试管加入等量的上述病毒悬液。根据乳鼠死亡和存活数，计算出被检血清的 50%中和效价。

此外，用补体结合试验、琼脂扩散试验、免疫荧光法、酶联免疫吸附试验等进行检验。必要时采取病牛全血，用易感牛做交叉保护试验。

在诊断本病时，要注意与茨城病、牛呼吸道和胞体病毒病、牛传染性鼻气管炎、牛鼻病毒病等相区别。① 茨城病：病牛在体温恢复正常后出现明显的咽喉、食道麻痹，头下垂时瘤胃内容物可自鼻溢出并诱发咳嗽，血液学检查白细胞明显减少，而牛流行热白细胞数增多。② 牛呼吸道和胞体病毒病：流行季节多在晚秋、严冬和早春，以支气管肺炎为主，病程长。③ 牛传染性鼻气管炎：多发生于寒冷的冬季，以发热、鼻漏、流泪、呼吸困难和咳嗽等症状为主。④ 牛鼻病毒病：也诱发牛急性呼吸道疾病，流行不广泛，呼吸道症状持续时间长，康复缓慢，有的病例达 1 个月以上。

（六）防 制

本病可选用 β-丙内酯灭活苗、亚单位疫苗及病毒裂解疫苗接种牛只。病初可根据具体情况酌用退热药及强心药，停食时间长可适当补充生理盐水及葡萄糖溶液。用抗生素等抗菌药物防止并发症和继发感染。治疗时，切忌灌药，因病牛咽肌麻痹，药物易流入气管和肺里，易引起异物性肺炎。

自然病例恢复后可获得 2 年以上的坚强免疫力，而人工免疫迄未达到如此效果。但是，由于本病发生有明显的季节性，因此在流行季节到来之前及时用能产生一定免疫力的疫苗进行免疫接种，即可达到预防的目的。

在本病的常发区，除做好人工免疫接种外，还必须加强消毒，扑灭蚊、蠓等吸血昆虫，切断本病的传播途径。发生本病时，要对病牛及时隔离，及时治疗，对假定健康牛群及受威胁牛群可采用高免血清进行紧急预防接种。

第五节 牛白血病

牛白血病，又称牛地方性白细胞组织增生、牛造血细胞增生等，是由反转录病毒属牛白血病病毒引起的，牛白血病是牛的一种慢性肿瘤性疾病，其特征为淋巴样细胞恶性增生，进行性恶病质和高度病死率。本病早在 19 世纪末即被发现，目前本病分布广泛，几乎遍及全世界养牛的国家。我国自 1977 年发现本病以来，先后在多个省份发现本病，并有不断扩大和蔓延趋势，给养牛业造成了严重威胁。

（一）病 原

本病病原为牛白血病病毒（简称 BLV）。本病毒属于反录病毒科、丁型反录病毒属。病毒粒子呈球形，外包双层囊膜，病毒含单股 RNA，能产生反转录酶。本病毒是一种外源性反转录病毒，存在于感染动物的淋巴细胞 DNA 中。本病毒具有凝集绵羊和鼠红细胞的作用。该病毒具有囊膜糖蛋白抗原和内部结构蛋白抗原，该病毒与其他反转录病毒的囊膜糖蛋白抗原之间无交叉免疫反应。病毒可用羊胎肾传代细胞系和蝙蝠肺传代细胞系进行培养。

该病毒对外界环境抵抗力很弱，紫外线直接照射和反复冻融均可杀灭，0.5%石碳酸溶液、

0.4%福尔马林溶液能使其失去活性，56 ℃、30 min 能使其大多数毒株灭活，乙醚和胆盐也能使其迅速死亡。

（二）流行病学

本病主要发生于牛、绵羊、瘤牛，水牛和水豚也能感染。对牛而言，本病主要发生于成年牛，尤以 4~8 岁的牛最常见。病畜和带毒者是本病的传染源。潜伏期平均为 4 年。血清流行病学调查结果表明，本病可水平传播、垂直传播。在自然条件下，该病主要通过吸血昆虫而传播。医源性传播对本病也起到重要作用，如普查疫病使用的注射针头，治疗其他疾病或衰弱牛的输血，不更换塑料手套直接进行的直肠检查，污染牛群使用同一条件挤奶、断角或打耳标等均可造成本病的蔓延。肿瘤期的怀孕母牛可以经胎盘将白细胞病毒或肿瘤细胞转移给胎儿，造成胎儿感染或肿瘤形成。感染母牛也可在分娩时将病毒经子宫传染给胎儿，或在分娩后经初乳传染给新生犊牛。感染母牛所生的胎儿在摄食初乳前约 10%抗体阳性，而在摄食后 24 h 则全部阳转，并且初乳在犊牛体内维持的时间也较长，故在诊断或检疫时应在犊牛 6 个月以后进行。

目前尚无证据证明本病毒可以感染人，但要做出本病毒对人完全没有危险性的论断还需进一步研究。

（三）症　状

由于牛只发病年龄不同，临床上表现为不同的类型，一般为亚临床经过，表现为淋巴细胞增生，少数可进一步发展为淋巴肉瘤。

（1）典型型：常见于 3 岁以下的牛，病牛体温一般正常，贫血，奶产量明显下降，易疲劳，喜卧，呈进行性消瘦。体表淋巴结如颌下、肩前、乳房上淋巴结肿大，触诊无疼痛、无热，能滑动。当肿瘤性细胞大量增生，向多组织器官弥漫性浸润时，常形成肿瘤硬块。易侵害的部位为真胃壁、子宫、心脏、胸腔及膀胱等，同时出现相应的临床表现。如眼眶内被肿瘤细胞浸润时，可使眼球突出；腹腔脏器受侵害时可表现为消化不良、瘤胃鼓气、顽固性下痢，甚至排出黑色粪。从体表或直肠可摸到某些淋巴结呈对称性增大；腮淋巴结或股前淋巴结显著增大，触摸时可移动。

（2）犊牛型：多见于 6 个月以下的犊牛，在伴有发热的同时，全身淋巴结肿大，呼吸困难。体表淋巴结肿大通常为成对的颈浅、股前、下颌和耳后淋巴结。

（3）胸腺型：多发于 4~6 月龄的白血病病毒阴性牛。所有病牛都可出现胸腺进行性增大，最明显的是颈部增大，从后部向前部腹侧发展，手摸有时柔软、水肿，有波动感，有的坚硬。

（4）皮肤型：主要发生于 2~3 岁的牛，从背部到腹部乃至臀部或四肢上部、颜面部等处皮肤出现荨麻疹样肿块，肿胀部敏感，病牛拒绝触摸，局部伴有硬结、脱毛、发红或轻度渗出，有时病灶逐渐退化。病牛生长缓慢，体重减轻，多以死亡告终。

（5）亚临床型：无肿瘤形成，无全身明显症状。病牛生长缓慢，奶产量可能下降，可持续多年或终生，也可转为典型型。

（四）病　变

尸体常消瘦、贫血。腮淋巴结、肩前淋巴结、股前淋巴结、乳房上淋巴结和腰下淋巴结常肿大,被膜紧张,呈均匀灰色,柔软,切面突出。心脏、皱胃和脊髓常发生浸润。心肌浸润常发生于右心房、右心室和心隔,色灰而增厚。循环扰乱导致全身性被动充血和水肿。脊髓被膜外壳里的肿瘤结节,使脊髓受压、变形和萎缩。皱胃壁由于肿瘤浸润而增厚变硬。肾、肝、肌肉、神经干和其他器官亦可受损,但脑的病变少见。

(五) 诊 断

临床诊断基于触诊发现增大的淋巴结(腮、肩前、股前)。在疑有本病的牛只,直肠检查具有重要意义。尤其在病的初期,触诊骨盆腔和腹腔的器官可以发现白血组织增生的变化,常在表现淋巴结增大之前。具有特别诊断意义的是腹股沟和髂淋巴结的增大。

对感染淋巴结做活组织检查,发现有成淋巴细胞(瘤细胞),可以证明有肿瘤的存在。尸体剖检可以见到特征的肿瘤病变。最好采取组织样品(包括右心房、肝、脾、肾和淋巴结)做显微镜检查以确定诊断。

根据牛白血病病毒能激发特异抗体反应的观察,已创立了许多血清学试验,包括琼脂扩散、补体结合、中和试验、间接免疫荧光技术、酶联免疫吸附试验和PCR扩增以直接检查病毒DNA方法等,一般认为这些试验都比较特异,可用于本病的诊断。

(六) 防 制

本病尚无特效疗法。根据本病的发生呈慢性持续性感染的特点,防制本病应采取以严格检疫、淘汰阳性牛为中心,包括定期消毒、驱除吸血昆虫、杜绝因手术、注射可能引起的交互传染等在内的综合性措施。无病地区应严格防止引入病牛和带毒牛;引进新牛必须进行认真的检疫,发现阳性牛立即淘汰,但不得出售,阴性牛也必须隔离3～6月以上方能混群。疫场每年应进行3～4次临床、血液和血清学检查,不断剔除阳性牛;对感染不严重的牛群,可借此净化牛群,如感染牛只较多或牛群长期处于感染状态,应采取全群扑杀的坚决措施。对检出的阳性牛,如因其他原因暂时不能扑杀时,应隔离饲养,控制利用;肉牛可在肥育后屠宰。阳性母牛可用来培养健康后代,犊牛出生后即行检疫,阴性者单独饲养,喂以健康牛乳或消毒乳,阳性牛的后代均不可作为种用。

第六节 蓝舌病

蓝舌病是由蓝舌病病毒引起的反刍动物的一种病毒性传染病。该病是OIE规定的A类传染病。主要发生于绵羊,其临床特征为发热、消瘦以及口、鼻和胃黏膜的溃疡性炎症变化。由于病羊,特别是羔羊长期发育不良、死亡、胎儿畸形、羊毛的破坏,造成的经济损失很大。
本病最早在1876年发生于南非的绵羊,1949年后呈世界性分布,很多国家均有本病存在,1979年我国云南省首次确定绵羊蓝舌病,1990年在甘肃省又从黄牛中分离出蓝舌病病毒。

(一) 病 原

蓝舌病病毒属于呼肠孤病毒科、环状病毒属。为一种双股RNA病毒,病毒基因组由10个分子质量大小不一的双股RNA片段组成。已知病毒有24个血清型,各型之间无交互免疫力。血清型的地区分布不同,如非洲有9个,中东有6个,美国有6个,澳大利亚有4个。

由于病毒有基因序列漂移和重配现象存在,今后还会有新的血清型出现。该病毒具有血凝素,能凝集绵羊和人的 O 型红细胞,血凝抑制试验具有型特异性。病毒通过静脉接种 10~11 日龄鸡胚或卵黄囊接种 8 日龄鸡胚,都易生长并可致鸡胚死亡,死亡的鸡胚有明显的出血现象。经鸡胚连续传代的病毒,其毒力迅速减弱,但仍保持良好的抗原性。羊肾、胎牛肾、犊牛肾、小鼠肾原代细胞和继代细胞都能培养增殖并产生蚀斑或细胞病变。也可用核酸探针进行鉴定。

该病毒对外界理化因素抵抗力不强,可耐干燥和腐败。病毒在 50%甘油内于室温下可存活多年,血液中的病毒经 60 ℃、30 min 不能完全灭活,但对 3%氢氧化钠溶液、2%过氧乙酸溶液很敏感,在 pH 值 3.0 或更低时则迅速灭活。

(二)流行病学

几乎所有的反刍兽对该病都敏感,但绵羊最易感,不分品种、性别和年龄,以 1 岁左右的绵羊最易感,吃奶的羔羊有一定的抵抗力。牛和山羊的易感性较低,多为隐性感染。

病畜是本病的传染源。病愈绵羊血液能带毒达 4 个月之久,牛、山羊这些带毒动物也是传染源。本病主要通过库蠓传递,绵羊虱蝇也能机械传播本病。公牛感染后,其精液内带有病毒,可通过交配和人工授精传染给母牛。病毒也可通过胎盘感染胎儿,导致母畜流产、死胎或胎儿先天性异常。

本病的发生有严格的季节性和地区性,多发生在湿热的夏季和早秋,特别是池塘、河流较多的低洼地区。

(三)症 状

潜伏期为 5~12 d,病初体温升高达 40.5~41.5 ℃,稽留 5~6 d,表现厌食、精神沉郁,落后于羊群。流涎,口唇水肿,蔓延到面部和耳部,甚至颈部、腹部。口腔黏膜充血,后发绀,呈青紫色。在发热几天后,口腔连同唇、齿龈、颊、舌黏膜糜烂,致使吞咽困难;随着病的发展,在溃疡损伤部位渗出血液,唾液呈红色,口腔发臭。鼻流炎性、黏性分泌物,鼻孔周围结痂,引起呼吸困难和鼾声。有时蹄冠、蹄叶发生炎症,触之敏感,呈不同程度的跛行,甚至膝行或卧地不动。病羊消瘦、衰弱,有的便秘或腹泻,有时下痢带血,早期有白细胞减少症。病程一般为 6~14 d,发病率 30%~40%,病死率 2%~3%,有时可高达 90%。患病不死的病畜经 10~15 d 痊愈,6~8 周后蹄部也恢复。怀孕 4~8 周的母羊遭受感染时,其分娩的羔羊中约有 20%发育缺陷,如脑积水、小脑发育不足、回沟过多等。

山羊的症状与绵羊相似,但一般比较轻微。

牛通常缺乏症状。约有 5%的病例可显示轻微症状,其临床表现与绵羊相同。

(四)病 变

主要见于口腔、瘤胃、心、肌肉、皮肤和蹄部。口腔出现糜烂和深红色区,舌、齿龈、硬腭、颊黏膜和唇水肿。瘤胃有暗红色区,表面有空泡变性和坏死。真皮充血、出血和水肿。肌肉出血,肌纤维变性,有时肌间有浆液和胶冻样浸润。呼吸道、消化道和泌尿道黏膜及心肌、心内外膜均有小点出血。严重病例,消化道黏膜有坏死和溃疡。脾脏通常肿大。肾和淋巴结轻度发炎和水肿,有时有蹄叶炎变化。

(五) 诊　　断

根据典型症状和病变可以做临床诊断。为了确诊可采取病料进行人工感染或通过鸡胚或乳鼠和乳仓鼠分离病毒。也可进行血清学诊断。血清学试验中，琼脂扩散试验、补体结合反应、免疫荧光抗体技术具有群特异性，可用于病的定性试验；中和试验具有型特异性，可用来区别蓝舌病病毒的血清型。也可采用 DNA 探针技术。

牛羊蓝舌病与口蹄疫、牛病毒性腹泻-黏膜病、恶性卡他热、牛传染性鼻气管炎、水疱性口炎、茨城病、牛瘟等有相似之处，应注意鉴别。

(六) 防　　制

对病畜要精心护理，严格避免烈日风雨，给以易消化的饲料，每天用温和的消毒液冲洗口腔和蹄部。预防继发感染可用磺胺药或抗生素，有条件时病畜或分离出病毒的阳性畜应予以扑杀；血清学阳性畜，要定期复检，限制其流动，就地饲养使用，不能留作种用。

严防用带毒精液进行人工授精。定期进行药浴、驱虫，控制和消灭本病的媒介昆虫（库蠓），做好牧场的排水工作。

在流行地区可在每年发病季节前 1 个月接种疫苗，母羊可在配种前或怀孕 3 个月后接种，羊羔在出生后 3 个月再接种一次；在新发病地区可用疫苗进行紧急接种。目前所用疫苗有弱毒疫苗、灭活疫苗和亚单位疫苗，以弱毒疫苗比较常用，二价或多价疫苗可产生相互干扰作用，因此二价或多价疫苗的免疫效果会受到一定影响。

第七节　羊传染性脓疱

羊传染性脓疱，俗称羊口疮，传染性脓疱性皮炎是由羊口疮病毒引起绵羊和山羊的一种急性传染病。临床上以唇、鼻、眼睑、乳房、四肢皮肤及口腔黏膜发生丘疹、水疱、脓疱和痂皮为特征。羔羊常因继发感染而死亡。

本病几乎在所有养羊国家和地区都有发生，属全球性分布。在我国羊业中，本病是山区及农区集约化养羊的一种常发疾病，在哺乳羔羊、育肥羔羊中经常发生，引起羔羊生长发育缓慢和体重下降，给养羊业造成较大的经济损失。由于本病可感染与病羊直接接触过的人，故在公共卫生上也具有一定的意义。

(一) 病　　原

传染性脓疱病毒又称羊口疮病毒，属于痘病毒科、副痘病毒属。病毒粒子呈砖形，含有双链 DNA 核心和由脂类复合物组成的囊膜，病毒粒子大小为 260 nm×150 nm。通过电镜观察，病毒颗粒表面呈微管状条索编织的螺旋状结构。

采用交叉免疫保护试验证明，来自英国、美国、法国及澳大利亚的分离株存在抗原多型性。在补体结合试验和琼脂扩散试验中该病毒与其他副痘病毒，如假牛痘病毒、牛丘疹性口炎病毒等具有明显的抗原交叉反应。

该病毒在鸡胚绒毛尿囊膜上不能增殖，但可在多种动物的细胞培养物上生长并产生细胞病变。常用的细胞有胎羊皮肤细胞、牛和羊的睾丸细胞、胎羊和胎牛肾细胞。

病毒对外界环境的抵抗力很强，干燥痂皮中的病毒能够在 7 ℃存活 23 年，但病毒对高温及氯仿敏感，60 ℃、30 min 可被杀死。病毒对大多数消毒剂敏感。

（二）流行病学

本病主要危害 1 岁以内的羔羊，而以 3~4 月龄羔羊发病率最高，常为流行性。在集中产羔的产房内，出生 1~7 d 的羔羊也可发病，成年绵羊多呈散发性，发病率较低。也可感染山羊、猫和人。

该病的传染源主要是病羊。通过直接与间接接触传染，病毒存在于污染的圈舍饲槽、栏杆、垫草、饲草等，通过受伤的皮肤黏膜而感染。圈舍潮湿和拥挤、饲喂带芒刺或尖硬的饲草、羔羊的出牙均可促使本病的发生。在未免疫和新引进的易感羊群中，本病在短期内可使大多数羊感染，发病率达 20%~60%。在育肥羔羊中可达 90% 以上，但病死率较低。

本病多发生于每年的秋初（8、9 月份）和早春（2、3 月份），前者以育肥羔羊多发，后者以新生羔羊多发。

（三）临床症状与病变

本病潜伏期 2~3 d。病羊唇部、口角、鼻镜或眼睑皮肤上出现散在或融合性丘疹、水疱、脓疱与痂皮。水疱的持续时间较短，常难以察觉，脓疱呈暗黄色且易破溃，经过约 1 周，脓疱表面形成一层坚硬的褐色痂皮，突出于皮肤表面，呈结节状，强行剥离痂皮后可留下易于出血的浅粉红色乳头状真皮，呈"桑葚样"外观，为本病特征性的病变。散在性的脓疱经过 2~3 周可康复，不影响采食。融合性脓疱则引起羊唇部严重疼痛与厌食，病羔由于衰竭而死亡。严重病例可波及口腔黏膜，引起舌、齿龈、咽部的水泡、脓疱和烂斑，常由于继发坏死杆菌感染而造成局部化脓与坏死，病羔口腔流出恶臭的液体，个别出现掉牙和部分舌面脱落。羔羊死亡多由于坏死杆菌引起的肺、肝脓肿所致。

少数病羊可在外阴、蹄叉和蹄冠以及母羊的乳房、乳头上出现水疱、脓疱与结痂，病羊表现跛行和拒绝羔羊吮乳，个别母羊则伴发乳房炎。

（四）诊　断

根据本病主要发生于哺乳羔羊与育肥羔羊，在唇、鼻、口腔和眼睑上出现特征性脓疱与痂皮，诊断不难。必要时可采取痂皮通过电镜直接检查病毒。也可用血清学方法，如补体结合试验、琼脂扩散试验、对流免疫电泳、酶联免疫吸附试验、免疫荧光技术和变态反应等方法进行诊断。

本病在临床上与绵羊痘、蓝舌病、口蹄疫、坏死杆菌病有相似之处，应进行鉴别诊断。绵羊痘仅发生于绵羊，以全身无毛处皮肤上出现坚硬、扁平、圆形、中央凹的脐状丘疹为特征，且病羔全身症状明显，致死率较高。蓝舌病主要发生于昆虫盛行的季节，病羊持续高热，口唇肿胀与糜烂，舌发蓝，严重跛行及高致死率。口蹄疫以口腔与蹄部出现水疱和烂斑，病羊表现流涎、跛行为突出症状，成年绵羊的发病率较高，但病死率很低，羔羊的病死率达 40%以上，剖检可见心肌坏死及出血性胃肠炎。由坏死杆菌引起成年绵羊的腐蹄病及羔羊"白喉"，常以蹄部组织的坏死与脓肿、口腔灰白色假膜及溃疡为特征，缺乏羊口疮特有的脓疱与结节痂皮，从坏死组织与健康组织交接处可检出坏死杆菌。

（五）防　制

防止羔羊口腔等处的皮肤和黏膜出现创伤是减少本病发生的有效手段。为此，应给羔羊提供柔软的垫草和粉细的草料，尽可能挑出带芒刺尖硬的垫草与饲草；给育羔圈内放置矿物质盐和优质苜蓿草，让羔羊自行舔食，以减少啃土啃墙，保护皮肤黏膜不被损伤。

羊群发生本病时，应将病羊及时隔离，做好环境的消毒，减少羊群密度。病羊在隔离状态下局部涂擦碘甘油或广谱抗生素软膏，必要时肌肉注射抗生素以防止继发感染。在本病常发地区，可在羔羊进入育肥圈前14 d用羊口疮弱毒疫苗进行免疫接种，10 d后产生免疫力，免疫期为一年。由于本病以细胞免疫为主，抗血清的治疗作用有限，且疫苗产生免疫力较慢，因此对于新生期羔羊的防制目前尚无有效方法。

第八节　气肿疽

气肿疽又称黑腿病或鸣症，是气肿疽梭菌引起反刍动物的一种急性、发热性传染病。其特征为肌肉丰满部位发生炎性气性肿胀，并常有跛行。

本病在1875年被发现，遍布世界各地，所有养牛国家都有发生。我国在1950年以前缺乏记载，中华人民共和国成立初期在中原地区曾有较大流行，由于采取气肿疽疫苗接种，现已基本控制，目前仅少数地区偶尔有病例发生。

（一）病　原

气肿疽梭菌，属于梭状芽孢杆菌属。为圆端杆菌，有周身鞭毛，能运动，在体内外均可形成中立或近端芽孢，呈纺锤状，专性厌氧，革兰氏染色阳性。在接种豚鼠腹腔渗出物中，单个存在或呈3～5个菌体形成的短链，这是与能形成长链的腐败梭菌形态上的主要区别之一。气肿疽梭菌有鞭毛抗原、菌体抗原及芽孢抗原，与腐败梭菌有共同芽孢抗原；也产生包括具有溶血性和坏死活性α毒素、透明质酸酶及脱氧核糖核酸酶的毒素。该菌在血液培养基上形成边缘整齐、扁平、灰白色纽扣状的圆形菌落，呈β-型溶血环，有时出现一个或多个同心圆。在厌氧肝肉汤中生长时培养基混浊，产气。能分解葡萄糖、蔗糖产酸产气，不分解杨苷和甘露醇，此点与腐败梭菌不同。

实验动物中以豚鼠最敏感，仓鼠也易感，小鼠和家兔也可感染发病。

本菌的繁殖体对理化因素的抵抗力不强，而芽孢的抵抗力则极大，在土壤内可以生存5年上，干燥病料内芽孢在室温中可以生存10年以上，在液体中的芽孢可以耐受20 min煮沸。0.2%升汞在10 min内杀死芽孢，3%福尔马林15 min杀死，盐腌肌肉中可存活2年以上，在腐败的肌肉中可存活6个月。胃液不影响芽孢毒力。

（二）流行病学

在自然情况下，气肿疽主要侵害黄牛，而水牛、绵羊患病者少见，山羊、鹿及骆驼有过发病报道，猪与貂类虽可感染但更少见。马、骡、驴、狗、猫不感染。人对此病有抵抗力。本病常在地区的牛只，6个月至3岁期间容易感染，但幼犊或更大年龄者也有发病的。肥壮牛似比瘦弱牛更易罹患。性别在易感性方面无差别。

本病传染源为病畜，但并不是由病畜直接传给健康家畜，主要传递因素是土壤。即病畜体内的病原体进入土壤，以芽孢形式长期生存于土壤中，动物采食被这种土壤污染的饲草或饮水，经口腔和咽喉创伤侵入组织，也可由松弛或微伤的胃肠黏膜侵入血液。绵羊气肿疽则多为创伤感染，即芽孢随着泥土通过产羔、断尾、剪毛、去势等创伤进入组织而感染。草场或放牧地被气肿疽梭菌污染，此病将会年复一年在易感动物中有规律地重新出现。

本病多发生在潮湿的山谷牧场及低湿的沼泽地区。较多病例见于夏季，常呈地方流行性。舍饲牲畜则因饲喂了疫区的饲料而发病。

（三）发病机理

病原体常以芽孢形态进入机体，在混有腐败物质的无氧肠腺中出芽繁殖，再通过淋巴及血液循环散播于肌肉及肝组织中潜伏，直待肌肉群受伤或其他原因发生改变，给病原体生长繁殖提供适宜环境。本病在绵羊中常发生在产羔、断尾及剪毛之后，似是创伤传染。病原体繁殖部位，由于 α 毒素及透明质酸酶的作用促使发生典型的肌坏死。由于碳水化合物分解，产生酸臭的有机酸和气体，使受损害部位有捻发音及海绵结构。由于蛋白质和红细胞分解形成硫化氢及含铁血黄素等致使肌肉颜色由暗红色至黑色。循环系统的毒素及组织损坏产物导致心肌及实质器官变性的致死性毒血症。在本病后期也有菌血症。动物死亡后，细菌还能借尸体温度繁殖，分解实质组织中碳水化合物及蛋白质。肝脏含肝糖较多，所以产气膨胀也较为明显。

（四）症　状

潜伏期 3～5 d，最短 1～2 d，最长 7～9 d。人工感染 4～8 h 即有体温反应及明显局部炎性肿胀。黄牛发病多为急性经过。体温升高到 41～42 ℃，早期即出现跛行。相继出现本病特征性肿胀，即在多肌肉部位发生肿胀，初期热而痛，后来中央变冷、无痛。患部皮肤干硬呈暗红色或黑色，有时形成坏疽。触诊有捻发音，叩诊有明显鼓音。切开患部，从切口流出污红色带泡沫酸臭液体。此等肿胀多发生在腿上部、臀部、腰部、肩部、颈部及胸部。此外，局部淋巴结肿大，触之坚硬。食欲反刍停止，呼吸困难，脉搏快而弱，最后体温下降或再稍回升，随即死亡。一般病程 1～3 d，也有延长至 10 d 者。若病灶发生在口腔，腮部肿胀有捻发音，发生在舌部则舌肿大伸出口外，有捻发音。老牛患病，其病势常较轻，中等发热，肿胀也较轻，有时疝痛臌气，可能康复。

绵羊多创伤感染，即感染部位肿胀。非创伤感染病例多与病牛症状相似，即体温升高、食欲不振、跛行，患部（常为颈和胸部）发生肿胀，触之有捻发声。皮肤蓝红色以至黑色，有时有血色浆液渗出（血汗）和表皮脱落。常在 1～3 d 内死亡。

骆驼患病后，病程短促，常在 37～63 h 内死亡。幼驼死亡更快。病初体温升高，食欲反刍停止，步态僵硬，不愿站立。肿胀常发生在肩和臀部，开始不甚明显，逐渐增大，呼吸困难，痛苦呻吟，死前体温下降。

本病在未发生过的地方出现，其发病率可达 40%～50%。病死率近于 100%。

（五）病　变

因本病而死的尸体只表现轻微腐败变化，但因为皮下结缔组织气肿及瘤胃膨胀而尸体显著膨胀。又因肺脏在濒死期水肿的结果,由鼻孔流出血样泡沫,肛门与阴道口也有血样液体流出。在肌肉丰厚部位如股、肩、腰等部有捻发音性肿胀,肿胀可以从患部肌肉扩散至邻近的广大面积,但也有的只限于身体任何部位的骨骼肌。患部皮肤或正常或表现部分坏死。皮下组织呈红色或金黄色胶样浸润,有的部位杂有出血或小气泡。肿胀部的肌肉潮湿或特殊干燥,呈海绵状,有刺激性酪酸样气体,触之有捻发音,切面呈一致污棕色,或有灰红色、淡黄色和黑色条纹,肌纤维束为小气泡胀裂。如病程较长,患部肌肉组织坏死性病变明显。这种捻发音性肿胀,也可偶见于舌肌、喉肌、咽肌、膈肌、肋间肌等。

胸腹腔有暗红色浆液,心包液暗红而增多。心脏内外膜有出血斑,心肌变性,色淡而脆。肺小叶间水肿,淋巴结急性肿胀和出血性浆性浸润。脾常无变化或被小气泡所胀大,血呈暗红色。肝切面有大小不等棕色干燥病灶,这种病灶,死后仍继续扩大,由于产气结果,形成多孔的海绵状态。肾脏也有类似变化,胃肠有时有轻微出血性炎症。

(六)诊　断

根据流行病学资料、临床症状和病理变化,可做出初步诊断。进一步确诊需采取肿胀部位的肌肉、肝、脾及水肿液,做细菌分离培养和动物试验。动物试验时可用厌气肉肝汤中生长的纯培养物肌肉接种豚鼠,豚鼠在 6~60 h 内死亡。

气肿疽易与恶性水肿混淆,也与炭疽、巴氏杆菌病有相似之处,应注意鉴别。恶性水肿多因创伤引起,病畜无年龄区别,气肿不显著,发生部位不定,肌肉无海绵状病变,肝表面触片染色镜检,可见到特征的长丝状的腐败梭菌。炭疽可使各种动物感染,局部肿胀为水肿性,没有捻发音,脾高度肿大,取末梢血涂片镜检,可见到有荚膜竹节状的炭疽杆菌,炭疽沉淀试验阳性。巴氏杆菌病的肿胀部主要见于咽喉部和颈部,为炎性水肿,硬固热痛,但不产气,无捻发音,常伴有急性纤维素性胸膜肺炎的症状与病变,血液或实质脏器涂片染色镜检,可见到两极着色的巴氏杆菌。

(七)防　制

本病的发生有明显的地区性。采取土地耕种或植树造林等措施,可使气肿疽梭菌污染的草场变为无害。疫苗预防接种是控制本病的有效措施。我国于 1950 年以后相继研制出几种气肿疽疫苗,效果良好。近年来又研制成功气肿疽、巴氏杆菌病二联疫苗,对两种病的免疫期各为 1 年。

病畜应立即隔离治疗,死畜严禁剥皮吃肉,应深埋或焚烧,以减少病原的散播。病畜圈栏、用具以及被污染的环境用 3%福尔马林或 0.2%升汞液消毒。粪便、污染的饲料和垫草等均应焚烧销毁。

治疗早期可用抗气肿疽血清,静脉或腹腔注射 150~200 mL,同时大剂量注射青霉素,效果较好。病死牛及其污染物在严格消毒的基础上进行焚烧处理。

第九节　副结核病

副结核病,也叫副结核性肠炎,是由副结核分枝杆菌引起牛的一种慢性传染病。病的显著特征是顽固性腹泻和逐渐消瘦；肠黏膜增厚并形成皱襞。

该病在1846年就有记载，目前广泛流行于世界各地，一般养牛发达的国家和地区受害严重。我国在1950年报道了本病的存在。

（一）病　原

副结核分枝杆菌，属于分枝杆菌科、分枝杆菌属。为革兰氏阳性小杆菌，具有抗酸染色的特性，与结核杆菌相似。该菌主要存在于患病动物及隐性感染动物的肠壁黏膜、肠系膜淋巴结及粪便中，在组织和粪便中多排列成团或成丛。初次分离培养比较困难，所需时间也较长，通常在5~14周内看到副结核分枝杆菌的菌落；培养基中加入一定量的甘油和非致病性抗酸菌的浸出液，有助于其生长。

本菌对热和消毒药的抵抗力较强，在污染的牧场、厩肥中可存活数月至1年，直射阳光下可存活10个月，但对湿热的抵抗力弱，60 ℃ 30 min、80 ℃ 15 min即可被杀死。3%~5%苯酚溶液、5%来苏儿溶液、4%福尔马林10 min可将其杀灭，10%~20%漂白粉乳剂20 min、5%氢氧化钠溶液2 h也可杀灭本菌。

（二）流行病学

副结核分枝杆菌主要引起牛（尤其是乳牛）发病，幼年牛最易感。除牛外，绵羊、骆驼、猪、马、驴、鹿等动物也可罹患。

病牛和隐性感染牛是传染源，它们可以通过乳汁、尿液和粪便排出大量病原菌，病原菌对外界环境的抵抗力较强，因此可以存活很长时间（数月）。经过消化道传播，犊牛吸乳感染或子宫内感染本病。

本病的散播比较缓慢，各个病例的出现往往间隔较长的时间，因此从表面上似呈散发性，实际上它是一种地方流行性疾病。虽然幼年牛对本病最为易感，但潜伏期甚长，可达6~12个月，甚至更长，一般在2~5岁时才表现出临床症状，特别是在母牛开始怀孕、分娩以及泌乳时，易于出现临床症状。因此在同样条件下，此病在公牛和阉牛比母牛少见得多；高产牛的症状较低，产牛较为严重。饲料中缺乏无机盐，可能促进疾病的发展。

（三）症　状

病牛体温正常，早期症状为间断性腹泻，以后变为经常性的顽固拉稀。排泄物稀薄、恶臭，带有气泡、黏液和血液凝块。食欲起初正常，精神也良好，以后食欲有所减退，逐渐消瘦，眼窝下陷，精神不好，经常躺卧。泌乳逐渐减少，最后全部停止。皮肤粗糙，被毛粗乱，下颌及垂皮可见水肿。尽管病畜消瘦，但仍有性欲。腹泻有时可暂时停止，排泄物恢复常态，体重有所增加，然后再度发生腹泻。给予多汁青饲料可加剧腹泻症状。如腹泻不止，一般经3~4个月因衰竭而死。

绵羊和山羊的症状相似。潜伏期数月至数年。病羊体重逐渐减轻。间断性或持续性腹泻，但有的病羊排泄物较软。保持食欲，体温正常或略有升高。发病数月以后，病羊消瘦、衰弱、脱毛、卧地。病的末期可并发肺炎。羊群的发病率为1%~10%，多数归于死亡。

（四）病　变

病畜的尸体消瘦。主要病变在消化道和肠系膜淋巴结。消化道的损害常限于空肠、回肠和结肠前段,特别是回肠。有时肠外表无大变化,但肠壁常增厚。浆膜下淋巴管和肠系膜淋巴管常肿大,呈索状。浆膜和肠系膜都有显著水肿。肠黏膜常增厚3~20倍,并发生硬而弯曲的皱褶,黏膜色黄白或灰黄,皱褶突起处常呈充血状态,黏膜上面紧附有黏液,稠而混浊,但无结节和坏死,也无溃疡。肠腔内容物甚少。肠系膜淋巴结肿大变软,切面浸润,上有黄白色病灶,但无干酪样变。

羊的病变与牛基本相似。

(五)诊 断

根据症状和病理变化,一般可做出初步诊断。但顽固性腹泻和消瘦现象也可见于其他疾病,如冬痢、沙门氏菌病、内寄生虫、肝脓肿、肾盂肾炎、创伤性网胃炎、铅中毒、营养不良等,因此,应进行实验诊断以资区别。

(1)细菌学诊断:已有临床症状的病牛,可刮取直肠黏膜或取粪便中的小块黏液及血液凝块,尸体可取回肠末端与附近肠系膜淋巴结或取回盲瓣附近的肠黏膜,制成涂片,经抗酸染色后镜检。副结核杆菌为抗酸性染色(红色)的细小杆菌,成堆或丛状。镜检时,应注意与肠道中的其他腐生性抗酸菌相区别,后者虽然亦呈红色,但较粗大,不呈菌丛状排列。在镜检未发现副结核杆菌时,不可立即做出否定的判断,应隔多日后再对病牛进行检查。有条件或必要时可进行副结核杆菌的分离培养。

(2)变态反应诊断:对于没有临床症状或症状不明显的家畜,可以用副结核菌素或禽结核菌素做变态反应试验。变态反应能检出大部分隐性型病畜(副结核菌素检出率为94%,禽型结核菌素为80%),这些隐性型病畜,尽管不显临床症状,但其中部分病畜(约30%~50%)可能是排菌者。

(3)血清学诊断。

① 补体结合反应。补体结合反应最早用于本病的诊断。与变态反应一样,病牛在出现临床症状之前即对补体结合反应呈阳性反应,但其消失却比变态反应迟。据实际观察,补体结合反应与变态反应具有互补关系,两者不能互相代替,而应配合使用。

② 酶联免疫吸附试验(ELISA)。近年来,国内外应用ELISA诊断本病的报道日益增多,认为其敏感性和特异性均优于补体结合反应,尤其适宜于检测无症状的带菌牛和症状出现前补体结合反应呈阴性反应的牛。从世界趋势看,ELISA有可能代替补体结合反应而获得广泛应用。

③ 琼脂扩散试验。本法可用于确诊临床上疑似患病的绵羊和山羊。

④ 免疫斑点试验。本法的敏感度可与ELISA相比,其优点是简便、快速,并且可在野外使用。

此外,还有间接血凝试验、免疫荧光抗体及对流免疫电泳等均可用来诊断本病。

(4)DNA技术:最近,副结核分枝杆菌的特异性DNA探针已经研制成功。这项技术可快速地检测出牛粪便中的副结核分枝杆菌DNA片段,使从粪便中检测病菌的时间从以往培养8~12周缩短到24 h以内。本法比其他免疫学方法要特异得多,除了与禽分枝杆菌Ⅱ型有交叉外,可以与其他分枝杆菌区别开来。

(六)防 制

由于病牛往往在感染后期才出现临床症状,因此药物治疗常无效。预防本病重在加强饲养管理，特别是对幼年牛只更应注意给以足够的营养，以增强其抗病力。不要从疫区引进牛只，如已引进，则必须进行检查，确诊健康时，方可混群。

曾经检出过病牛的假定健康牛群，在随时做观察和定期进行临床检查的基础上，对所有牛只用副结核菌素做变态反应进行检疫，每年要做4次（间隔3个月）。变态反应阴性牛方准调群或出场。连续3次检疫不再出现阳性反应，可视为健康牛群。

对应用各种检查方法检出的病牛，要及时扑杀处理，但对妊娠后期的母牛，可在严格隔离不散菌的情况下，待产犊后3d扑杀处理。对变态反应阳性牛，要集中隔离，分批淘汰，在隔离期间加强临床检查，有条件时采取直肠刮下物、粪便内的血液或黏液做细菌学检查；对变态反应疑似牛，隔15~30d检疫一次，连续3次呈疑似反应的牛，应酌情处理；变态反应阳性母牛所生的犊牛，以及有明显临床症状或菌检阳性母牛所生的犊牛，立即和母牛分开，人工喂母牛初乳3d后单独组群，人工喂以健康牛乳，长至1、3、6个月龄时各做变态反应检查一次，如均为阴性，可按健康牛处理。

被病牛污染过的牛舍、栏杆、饲槽、用具、绳索和运动场等，要用生石灰、来苏儿、苛性钠、漂白粉、石碳酸等消毒液进行喷雾、浸泡或冲洗。粪便应堆积高温发酵后作肥料用。

关于本病的人工免疫，尚未获得满意的解决方法。国外曾应用菌苗对牛、绵羊进行预防接种，但因免疫效果不佳和使接种牛对变态反应呈阳性反应等问题，而未能推广。但也有弱毒疫苗和灭活苗佐剂试验应用的报道。

第十节 牛传染性角膜结膜炎

牛传染性角膜结膜炎又名红眼病，是主要侵害反刍动物的一种急性传染病。以眼结膜和角膜发生明显的炎症变化，伴有大量眼泪，随后发生角膜混浊或呈乳白色为主要特征。主要通过局部刺激和视觉扰乱影响动物健康。

本病广泛分布于世界各地。发病母羊的产双羔率下降，羔羊生长缓慢，双侧眼睛失明及治疗费用增高。

（一）病　原

牛传染性角膜结膜炎是一种多病原疾病。其中牛摩勒氏杆菌（又名牛嗜血杆菌）是本病重要的病原菌，但立克次氏体、支原体、衣原体和某些病毒已被证实参与致病。牛摩勒氏杆菌感染角膜结膜炎，只有在太阳紫外光照射下才会产生典型症状。但以此菌单独感染眼，或仅用紫外线照射，都不能引起发病，或仅产生轻微症状。故认为本病是靠摩勒氏杆菌和紫外线联合作用所致，其他微生物可加强这种致病作用。康复犊牛有持久的抵抗力。牛摩勒氏杆菌呈短粗状，革兰氏染色阴性，多呈双链或短链，幼龄时有荚膜，无芽孢，无鞭毛，不产生外毒素。本菌对外界抵抗力很弱。一般浓度的消毒剂或加温至59℃经50 min均有杀灭作用。离开病牛的病原在外界环境中仅能存活24 h。

（二）流行病学

各种年龄的牛均可感染，但以2岁以内的牛发病率最高，病情亦严重，成年牛次之，公牛最低。另外，绵羊、山羊、骆驼等也可发生，但以幼龄动物发病较多。本病主要通过直接接触带菌的眼渗出物和分泌物发生传播。强烈的阳光，阴暗、潮湿的牛舍，拥挤的牛群，刮风，带菌（毒）的飞沫、尘土等因素均能作为本病广泛传播的诱因。引进病牛和带菌牛是本病爆发的一个常见原因。牛和羊之间一般不能交互感染。本病多发于炎热、高温、高湿的夏季。一旦发生，迅速传播，常呈地方流行性，青年牛群的发病率可达60%～90%。以后，随着气温的下降和光照时间的减少，发病率明显降低。有时也流行于冬季，主要是由于牛舍过于拥挤、密切接触所引起，但流行程度较轻。

（三）临床症状

潜伏期3～7d，病初患眼畏光、流泪、眼睑肿胀、疼痛，眼不能张开。结膜潮红，血管弩张，流出黏性脓性分泌物。病轻时，仅是结膜炎或轻微角膜炎，并在短期内恢复。严重时，在2～4d内，角膜的中央稍混浊，其后扩散，伴有角膜增厚。部分病例，角膜中央有一黄白区，外有以白色硬组织带环绕着，血管从边缘分布，致使不透明的角膜外围呈红色，上面覆盖着黄色沉着物。随着病程的延长，眼内压增高，使角膜向外凸出，呈尖圆形的丘疹状隆起，造成视觉失明，间有破裂形成溃疡，溃疡如波及上皮和角膜前弹力层，则1～2周内可以康复，如波及固有膜，尤其是化脓，细菌的继发感染，则转入慢性型。此时，由于溃疡的扩散和角膜的厚度增加，尤其是固有膜的间质组织增加，角膜色灰暗，溃疡面上可清楚见到黄色脓性纤维性沉着物。边缘血管移动至角膜，角膜后弹力层和角膜内皮常通过固有膜脱出，致使眼前房感染，造成眼前房积脓，严重时角膜破裂，虹膜粘连，晶状体可能脱落。一般排除后，往往出现斑痕毒后遗症。多数病例先为单眼患病，后为双眼患病，病程一般为20～30d。一般无全身症状，很少有发热现象。但当眼球化脓时，常伴发全身症状，如体温升高、食欲减退、精神沉郁、产乳量明显减少等。大多数病牛能自然痊愈。但有的可导致角膜混浊、角膜斑或角膜白斑的形成，严重时可引起虹膜粘连和形成白内障或失明。康复后的病牛在一定时期内可能继续带菌，成为传染源。

（四）病　变

结膜浮肿及高度充血，结膜组织学变化表现为含有多量淋巴细胞及浆细胞，上皮细胞之间有中性细胞。角膜变化多种多样，可呈现出凹斑、白斑、白色混浊、隆起、突出等，角膜组织学变化视不同类型而异，如白斑类型，固有层局限性胶原纤维增生和纤维化；白色混浊类型，可见上皮增生，固有层弥漫性玻璃样变性。

（五）诊　断

根据本病在明显季节性、传染迅速等流行病学特点和眼角膜混浊的典型临床症状可做出诊断。必要时可进行实验室检查，进行微生物学检查或应用荧光抗体技术确诊。本病临床上还必须与维生素A缺乏症、眼丝虫病及其他因素（如感觉过敏等）所引起的角膜炎相鉴别。通过流行病学的调查、病原的鉴定（如眼丝虫簧）较易区别。传染性鼻气管炎和急性卡他热也可能出现与本病相似的眼部症状，但前者有呼吸道症状，而后者伴有口腔黏膜纤维素性坏死性炎症。

(六) 防 制

严防引入带菌牛。一旦发病，立即隔离，将病牛饲养在无阳光前牛舍内。早期治疗，同时彻底清扫粪便，消毒灭蝇。在牧区流行时，划定疫区，禁止牛羊等出入，要避免阳光刺激。因摩勒氏杆菌不同菌株不产生交叉免疫，故一般疫苗预防不能完全阻止新病例的产生。

可用2%~5%硼酸水冲洗患眼，拭干后滴入氯霉素眼药水，每日2~3次。也可滴入青霉素溶液，或涂四环素眼药膏，如有角膜混浊，可涂1%~2%黄降汞软膏。此外，应用青霉素、庆大霉素、卡那霉素、醋酸泼尼松进行病眼侧太阳穴注射，也有较好疗效。中药治疗可用三砂粉（硼砂、朱砂、硇砂各等份，研为细末）适量，用竹管吹入眼内；或甘汞粉适量，用竹管吹入眼内，主要用于治疗角膜混浊或穿孔。国外治疗方法：结膜下注射庆大霉素20~50 mg或青霉素G300万IU单位，每天一次，连用3 d；局部应用1%阿托品软膏每天一次，并按每千克体重20 mg肌肉注射长效四环素，3 d后重复一次。除药物治疗以外，要避免阳光直射，并注意驱除蚊蝇及加强营养。对严重感染的发生角膜穿孔或全眼球炎，为防止疼痛、苍蝇和眼分泌物的刺激加剧而引起牛生长停止，需进行眼球摘除术。

患过本病的动物对重复感染有一定抵抗力，这也许是成年动物发病较少的原因之一。牛摩勒氏杆菌有许多免疫性不同的菌株，用具有菌毛和血凝性的菌株制成多价苗才有预防作用。犊牛注苗后大约经过4周产生免疫力。

第十一节　牛传染性胸膜肺炎

牛传染性胸膜肺炎也称牛肺疫，是由丝状支原体所致牛的一种特殊的传染性肺炎，以纤维素性胸膜肺炎为主要特征。本病曾在许多国家的牛群中引起巨大损失。

该病是一种古老的疾病，广泛分布于世界各个养牛国家。中华人民共和国成立前我国东北、内蒙古和西北一些地区时有本病发生和流行，中华人民共和国成立后，由于成功地研制出了有效的牛肺疫弱毒疫苗，结合严格的综合性防制措施，已于1997年宣布在全国范围内消灭了此病。

(一) 病　原

病原体为丝状支原体丝状亚种，是属于支原体科支原体属的微生物。过去经常使用的名称为类胸膜肺炎微生物。支原体极其多形，可呈球菌样、丝状、螺旋体与颗粒状。细胞的基本形状以球菌样为主，革兰氏染色阴性。本菌在加有血清的肉汤琼脂中可生长成典型菌落。接种小鼠、大鼠、豚鼠、家兔及仓鼠，在正常情况下不感染，若将支原体混悬于琼脂胶或黏蛋白则常可使之感染。鸡胚接种也可感染。

支原体对外界环境因素抵抗力不强。暴露在空气中，特别是在直射日光下，几小时即失去毒力。干燥、高温都可使其迅速死亡，但在病肺组织冻结状态，能保持毒力1年以上，培养物冻干可保存毒力数年，对化学消毒药抵抗力不强，对青霉素和磺胺类药物、醋酸铊和龙胆紫则有抵抗力。

(二) 流行病学

本病易感动物主要是牦牛、奶牛、黄牛、水牛、鹿及羚羊。各种牛对本病的易感性，依其品种、生活方式及个体抵抗力不同而有区别，发病率为 60%~70%，病死约 30%~50%，山羊、绵羊及骆驼在自然情况下不易感染，其他动物及人无易感性。

传染源主要是病牛及带菌牛。据报道，病牛康复 15 个月甚至 2~3 年后还能感染健牛。病原体主要由呼吸道随飞沫排出，也可由尿及乳汁排出，在产犊时还可由子宫渗出物中排出。

自然感染主要传播途径是呼吸道。当传染源进入健牛群时，其咳出的飞沫首先被其邻近牛只吸入而感染，再由新传染源逐渐扩散。通过被病牛尿污染的饲料、干草，牛可经口感染。年龄、性别、季节和气候等因素对易感性无影响。饲养管理条件差、畜舍拥挤，可以促进本病的流行。牛群中流行本病时，流行过程常拖延甚久。舍饲者一般在数周后病情逐渐明显，全群患病要经过数月。带菌牛进入易感牛群，常引起本病的急性暴发，以后转为地方流行性。

（三）症　状

潜伏期为 2~4 周，短则 8 d，长可达 4 个月。症状发展缓慢者，常是在清晨冷空气或冷饮刺激或运动时，发生短干咳嗽，初时咳嗽次数不多，而后逐渐增多，继之食欲减退，反刍迟缓，泌乳减少，此症状易被忽视。症状发展迅速者则以体温升高 0.5~1 ℃ 开始。随着病程发展，症状逐渐明显。按其经过可分为急性和慢性两型。

（1）急性型。症状明显而有特征性，体温升高到 40~42 ℃，呈稽留热，干咳，呼吸加快而有呻吟声，鼻孔扩张，前肢外展，呼吸极度困难。由于胸部疼痛不愿走动或下卧，呈腹式呼吸。咳嗽逐渐频繁，常带有疼痛短咳，咳声弱而无力。有时流出浆液性或脓性鼻液，可视黏膜发紫。呼吸困难加重后，叩诊胸部，患侧肩胛骨后有浊音或实音区，上界为一水平线或微凸曲线。听诊患部，可听到湿性啰音，肺泡音减弱乃至消失，代之以支气管呼吸音，无病变部分则呼吸音增强，有胸膜炎发生时，则可听到摩擦音，叩诊可引起疼痛。病后期，心脏常衰弱，脉搏细弱而快，每分钟可达 80~120 次，有时因胸腔积液，只能听到微弱心音或不能听到。此外还可见到胸下部及肉垂水肿，食欲丧失，泌乳停止，尿量减少而比重增加，便秘与腹泻交替出现。病畜体况迅速衰弱，眼球下陷，眼无神，呼吸更加困难，常因窒息而死。急性病程一般在症状明显后经过 5~8 d，约半数取死亡转归，有些患畜病势趋于静止，全身状态改善，体温下降，逐渐痊愈。有些患畜则转为慢性，整个急性病程约为 15~60 d。

（2）慢性型。多数由急性转来，也有开始即取慢性经过者。除体况消瘦，多数无明显症状。偶发干性短咳，叩诊胸部可能有实音区。消化机能扰乱，食欲反复无常，此种患畜在良好护理及妥善治疗下，可以逐渐恢复，但常成为带菌者。若病变区域广泛，则患畜日益衰弱，预后不良。

（四）病　变

特征性病变主要在胸腔。典型病例是大理石样肺和浆液纤维素性胸膜肺炎。肺和胸膜的变化，按其发生发展过程，分为初期、中期和后期三个时期。

初期病变以小叶性支气管肺炎为特征。肺炎灶充血、水肿，呈鲜红色或紫红色。中期呈浆液性纤维素性胸膜肺炎，病肺肿大、增重，灰白色，多为一侧性，以右侧较多，多发生在膈叶，也有在心叶或尖叶者。切面有奇特的图案色彩，犹如多色的大理石，这种变化是由于肺的实质呈不同时期的肝变所致。肺间质水肿变宽，呈灰白色，淋巴管扩张，也可见到坏死灶。胸膜增厚，表面有纤维素性附着物，多数病例的胸腔内积有淡黄透明或混浊液体，多的可达 1 000 ~ 2 000 mL，内杂有纤维素凝块或凝片。胸膜常见有出血、肥厚，并与肺病部粘连，肺膜表面有纤维素附着物，心包膜也有同样变化，心包内有积液，心肌脂肪变性。肝、脾、肾无特殊变化，胆囊肿大。后期，肺部病灶坏死，被结缔组织包围，有的坏死组织崩解，形成脓腔或空洞，有的病灶完全瘢痕化。本病病变还可见腹膜炎、浆液性纤维性关节炎等。

（五）诊　断

现场可依据流行病学资料、临床症状及病理变化各方面综合判断。如有典型胸腔病变，则结合流行病学资料及临床症状常可做出初步诊断。确诊有赖于血清学检查和细菌学检查。本病常用的血清学检查方法为补体结合试验。此法对本病已被消灭地区或无病地区进行检疫时，可能有 1% ~ 2% 的非特异性反应。接种本病疫苗的牛群，有部分可出现阳性或疑似反应，故对接种疫苗的牛群用补体结合反应检验，在一定时期内无诊断意义。也可应用凝集反应试验，此法操作较简便，但因凝集素在病牛体内持续时间短，故其准确性不如补体结合试验。在本病疫区，也有应用间接血凝试验、玻片凝集试验作为辅助诊断之用者。细菌学检查时，用无菌手术采取肺组织、胸腔渗出液及淋巴结等接种于 10% 马血清马丁肉汤及马丁琼脂，37 ℃培养 2 ~ 7 d，如有生长，即可进行支原体的分离、鉴定。

本病应与牛巴氏杆菌病、牛肺结核病等进行区划诊断。

（六）防　制

我国已经消灭了该病，但目前仍应警惕从有该病的国家和地区再次传入，因此，加强国境检疫，禁止从该病疫区输入任何牛只。如在实践中发现该病或血清阳性牛只，应及时采取扑杀销毁和彻底消毒等处理措施，防止疫情扩散。

第十二节　无浆体病

无浆体病是由无浆体引起反刍兽的一种急性或慢性蜱媒性传染病，临床发病以高热、贫血、消瘦、衰弱和黄疸为特征。本病主要分布于热带和亚热带，我国也有该病的流行。

（一）病　原

本病病原为无浆体科、无浆体属的几种无浆体，对动物致病的常有以下 3 种：引起牛和鹿重症感染的边缘无浆体，引起牛轻症感染的中央无浆体，引起山羊、绵羊和鹿轻症或重症感染的绵羊无浆体。该菌曾归类于原虫中的边虫，所致疾病也曾称为边虫病，现已明确改称为无浆体和无浆体病。

无浆体主要寄生于红细胞的胞浆中，除中央无浆体常位于红细胞中央外，其余几种无浆体多位于红细胞的边缘。该菌在红细胞内可单个存在，但更多是以致密球团状的包涵体形式存在。每小包涵物由 1 ~ 8 个初体即菌体组成，外有一层薄膜。菌体呈球形，直径 0.3 ~ 0.4 μm，外有一层膜，无明显的细胞浆。革兰染色阴性，姬姆萨染色呈紫红或蓝色。上述 3 种无浆体有宿主特异性，在补体结合反应中具有抗原交叉性。

无浆体对理化因素的抵抗力较弱，56 ℃、10 min 或在普通消毒液中很快死亡。但耐低温和干燥，在干燥昆虫粪便中或在 4 ℃ 以下可长期存活。在加有保护剂的血液中可存活数月至 1 年。对氯霉素、金霉素、四环素等敏感，但对青霉素和磺胺类药物不敏感，磺胺类药物甚至可以促使其繁殖。

（二）流行病学

黄牛、水牛、奶牛、野牛、山羊、绵羊、骆驼和鹿等均可感染发病，幼龄动物易感性低，而 1 岁以上动物发病严重。耐过动物可成为带菌者。传播媒介主要是蜱，多数为机械性传播，少数为生物学传播。其他媒介还包括虻、蝇和蚊类等多种吸血昆虫。传播途径主要是通过叮咬经皮肤感染。另外，手术、器械等消毒不严也可机械传播本病。本病有明显的季节性和地区性，多在高温季节发生。我国南方于 4~9 月份发生，北方在 7 月份以后多发。

带菌蜱吸食动物血液时，无浆体随其唾液进入动物体内，在内脏器管中繁殖后再侵入血液循环。由于红细胞受损及造血系统受抑制而引起贫血。无浆体侵入红细胞后体积增大并分裂成 2~8 个初体，再侵入新的红细胞，这一过程不断重复，从而使大量红细胞被破坏、红细胞总数明显下降。

（三）症　状

潜伏期牛为 17~45 d，羊为 20~30 d。

（1）牛：中央亚种的病原性弱，引起的症状轻，有时出现贫血、衰弱和黄疸，一般没有死亡。边缘亚种病原性强，引起症状重。急性的体温突然升高达 40~42 ℃。病牛唇、鼻镜变干，食欲减退，反刍减少，贫血，黄疸。黏膜或皮肤变为苍白和黄染。呼吸与心跳增数。虽可见腹泻，但便秘为常见，常伴有顽固性的前胃弛缓。粪暗黑，常血染并有黏液覆盖。患病后 10~12 d 病牛的体重可减少 7%，还可出现肌肉震颤、流产和发情抑制。血液检查可发现感染无浆体的红细胞。慢性病呈渐进性消瘦、黄疸、贫血、衰弱，红细胞数和血红素均显著减少。

（2）羊：病羊体温升高、衰弱无力、贫血和黄疸、委顿、厌食，失重很明显。血液检查发现红细胞总数、血红素和血细胞压容积均减少。在染色的血片中，可见到许多红细胞中存在无浆体，感染后 20~60 d，即可辨认出这种微生物。

本病的发病率可达 10%~20%，病死率可达 5%。死亡多半是无浆体和其他病原微生物（如焦虫）的联合作用引起或营养缺乏、微量元素缺乏所致。

（四）病　变

病畜体表有蜱附着，大多数器官的变化都和贫血有关。牛尸消瘦，内脏器官脱水、黄染。体腔内有少量渗出液，颈部、胸下与腋下的皮下轻度水肿。心内外膜下和其他浆膜上可见大淤斑。血液稀薄。脾肿大 3~4 倍，髓质变脆如果酱。淋巴结肿大，水肿。骨髓增生呈红色。气肿，胆囊扩张，充满胆汁。肝脏显著黄疸。真胃有出血性炎症。大、小肠有卡他性炎症。病羊的剖检特点为血液稀薄、黏膜苍白、黄染。

（五）诊　断

根据症状、剖检变化和血片检查即可做出临床诊断。

在病畜体表发现有传染媒介寄生，发热、贫血、黄疸、尿液清亮但常常起泡沫，对诊断具有重要意义。血片用瑞特氏法或姬姆萨氏法染色，可在一些红细胞中发现单个存在的或多个无浆体，红细胞的侵袭率超过 0.5%，即可做出阳性诊断。

带菌动物可用补体结合试验、毛细管凝集试验、琼脂扩散试验和酶联免疫吸附试验检查。在野外，可应用卡片凝集试验，几分钟内即可得出结果。在进行血清学试验时，要考虑到无浆体种间由于存在共同抗原而出现的交叉反应。

本病应与钩端螺旋体病以及焦虫病相鉴别。

（六）防　制

由于吸血昆虫，尤其是蜱作为该病传播的主要媒介，因此在该病的疫区应根据吸血昆虫的生物学特性，经常性地喷洒杀虫药杀灭吸血昆虫及其虫卵，并及时消灭体表寄生虫。

引进牛只应做药物灭蜱处理。在本病常发区，有的国家用无浆体灭活苗或弱毒苗进行免疫接种，获得良好效果。有的国家为了防止牛进入疫区大批发病，用含有纯中央亚种的新鲜脱纤血给牛皮下注射 5 mL，在 3～6 周牛出现轻微反应，同时牛体产生抵抗力。对幼龄牛或犊牛，在冬季接种带无浆体牛血 1～2 mL，一般在接种后 17～48 d 发生反应，愈后可产生带菌免疫。

发现患病动物应及时进行隔离治疗，常用的药物有四环素、金霉素或土霉素等。同时应用杀虫剂杀灭环境和动物体表的吸血昆虫，防止新的病例继续出现。

第十三节　恶性卡他热

牛恶性卡他热是由恶性卡他热病毒引起多种反刍动物如牛、水牛和鹿等的一种急性高度致死性传染病。临床上以持续性发热、口鼻流出黏脓性鼻汁、双侧性角膜混浊、伴发严重神经扰乱、淋巴结肿大、全身性单核细胞浸润及血管炎为特征。该病通常为散发性，对养牛业可造成一定的损失。

18 世纪末欧洲就有本病存在，到 19 世纪中叶南非发生的鼻水病就是本病，20 世纪初该病在北美被发现，亚洲则是在近半个世纪因引进非洲角马才被发现。目前本病呈世界性分布。欧洲、非洲、美洲、亚洲都有该病报道。

（一）病　原

本病病原为狷羚疱疹病毒 I 型，属于疱疹病毒科、疱疹病毒亚科丙。

病毒粒子主要是由核芯、衣壳和囊膜组成。核芯由双股线状 DNA 与蛋白质缠绕而成，直径约为 30～70 nm；也见无感染性缺核芯的中空衣壳。衣壳由 162 个相互连接呈放射状排列且具中空轴孔的壳粒构成，核衣壳的直径约为 100 nm。囊膜由两层结构组成，比较宽厚，带囊膜的完整病毒粒子的直径约为 140～220 nm。

病毒存在于病牛的血液、脑、脾等组织中，在血液中的病毒紧紧附着于白细胞上，不易脱离，也不易通过细菌滤器。病毒能在胸腺和肾上腺细胞培养物上生长，并产生 Cowdry A 型核包涵体及合胞体。在这种细胞培养物几次传代后，移种于犊牛肾细胞中可能生长。适应了的病毒也可以在绵羊甲状腺、犊牛睾丸、角马及家兔肾细胞中生长，并产生细胞病变。病毒可适应于鸡胚卵黄囊。

病毒对外界环境的抵抗力不强，不能抵抗冷冻及干燥。含病毒的血液在室温中 24 h，冰点以下温度可使病毒失去传染性，因而病毒较难保存。较好的保存方法是将枸橼酸盐脱纤的含毒血液保存在 5 ℃ 环境中。但也有报道，适应于卵黄囊的病毒，将卵黄囊贮存于-10 ℃，经 8 个月后仍可复制此病。

（二）流行病学

恶性卡他热在自然情况下主要发生于黄牛和水牛，其中 1~4 岁的牛较易感，老牛发病者少见。绵羊及非洲角马可以感染，但其症状不易察觉或无症状，成为主病毒携带者。此外，还有山羊、狷羚、非洲紫褐羚、曲角羚、大羚羊、梅花鹿、红鹿、中国水鹿、长颈羚等对恶性卡他热有易感性的报道。

本病在流行病学上的一个明显特点是不能由病牛直接传递给健康牛。一般认为绵羊无症状带毒是牛群爆发本病的来源。许多工作者早就注意到，发病牛多与绵羊有接触史。在非洲，恶性卡他热是当牛群放牧在被角马产犊污染的草原上时发生。实验调查认为成年角马可能起着健康带毒作用，角马犊在子宫内感染，出生后当其发展至毒血症阶段，可能将病毒传递给其他角马及牛。据报道，狷羚在非洲也可带毒传播本病。

本病一年四季均可发生，更多见于冬季和早春，多呈散发，有时呈地方流行性。多数地区发病率较低，而病死率可高达 60%~90%。昆虫传播此病的作用，有待进一步证实。

（三）症　状

自然感染的潜伏期，长短变动很大，一般 4~20 周或更长，最多见的是 28~60 d。人工感染犊牛通常 10~30 d。

恶性卡他热已经报道有几种病型，即最急性型、消化道型、头眼型、良性型及慢性型等。头眼型认为最典型，在非洲是常见的一型。在欧洲则以良性型及消化道型最常见。这些型可能互相混合。

最初症状有高热稽留，体温达 41~42 ℃，肌肉震颤，寒战，食欲锐减，瘤胃弛缓，泌乳停止，呼吸及心跳加快，鼻镜干热等。呈最急性经过的病例可能在此时即行死亡。高热同时还伴有鼻眼少量分泌物，一般在第二日以后，发生各部黏膜症状，口腔与鼻腔黏膜充血、坏死及糜烂。数日后，鼻孔前端分泌物变为黏稠脓样，在典型病例中，形成黄色长线状物直垂于地面。这些分泌物干涸后，聚集在鼻腔，妨碍气体通过，引起呼吸困难；口腔黏膜广泛坏死及糜烂，并流出带有臭味涎液。每一典型病例，几乎均具有眼部症状，畏光、流泪、眼睑闭合，继而出现虹膜睫状体炎和进行性角膜炎，可能在 8 h 内变得完全不透明，也有发展较为迟缓的。如咽黏膜肿胀，可以引起窒息。炎症蔓延到额窦，会使头颅上部隆起；如蔓延到牛角骨床，则牛角松离，甚至脱落。体表淋巴结肿大，白细胞减少。初便秘，后拉稀，排尿频繁，有时混有血液和蛋白质。母畜阴唇水肿，阴道黏膜潮红、肿胀。有些患牛发生神经症状。病程较长时，皮肤出现红疹、小疱疹等。

最急性型，病程短至 1~3 d，不表现特征症状而死亡。消化道型常取死亡的结局。头眼型常伴发神经扰乱，预后不良。一般病程为 4~14 d，病程轻微时可以恢复，但常复发，病死率很高。

（四）病　变

病理解剖变化依临床症状而定。最急性病例没有或只有轻微变化，可以见到心肌变性，肝脏和肾脏浊肿，脾脏和淋巴结肿大，消化道黏膜特别是真胃黏膜有不同程度发炎。

头眼型以类白喉性坏死性变化为主，可能由骨膜波及骨组织，特别是鼻甲骨、筛骨和角床的骨组织。喉头、气管和支气管黏膜充血，有小点出血，也常覆有假膜。肺充血及水肿，也见有支气管肺炎。眼的变化已在症状中述及。

消化道型以消化道黏膜变化为主。口腔黏膜变化如症状中所述。真胃黏膜和肠黏膜出血性炎症，有部分形成溃疡。在较长的病程中，泌尿生殖器官黏膜也呈炎症变化。脾正常或中等肿胀，肝、肾混肿，胆囊可能充血、出血，心包和心外膜有小点出血，脑膜充血，有浆液性浸润。

组织学检查，在脑、肝、肾、心、肾上腺和小血管周围有淋巴细胞浸润；身体各部的血管有坏死性血管炎变化。

（五）诊　断

根据流行特点、症状及病变可做出初步诊断，确诊需进行实验室检查，包括病毒分离培养鉴定、动物试验和血清学诊断等。血清学诊断有病毒-血清中和、补体结合、间接免疫荧光、琼脂扩散、间接酶联免疫吸附试验等，近年来有人应用DNA探针和聚合酶链反应（PCR）确诊本病。

鉴别诊断在临床上应与牛瘟、牛口蹄疫、牛传染性角膜结膜炎等急性传染病加以鉴别。

牛瘟：恶性卡他热口腔黏膜和齿龈上皮坏死，严重的肠炎可能与牛瘟相混淆。但牛瘟传播迅速，呈流行性，主要表现为消化道病变，无眼部变化和神经症状。口蹄疫：在口蹄疫流行地区，可能与恶性卡他热相混淆。但口蹄疫流行面积大，传播迅速，仅在口腔内、鼻镜及蹄趾间有水疱，而无角膜浑浊现象。牛传染性角膜结膜炎：集中于眼部病变，很少见全身症状。

（六）防　制

本病目前尚无有效的治疗方法，一旦发现应及时扑杀并销毁，污染的场地应用卤素类消毒药物进行彻底消毒。有人曾应用皮质类固醇类、抗生素，点眼药治疗，有一定疗效。

防制该病的主要措施是使牛、水牛、鹿不接触媒介动物角马、山羊和绵羊，特别是在媒介动物的分娩期，更应阻止相互接触。当动物园和养殖场必须引进媒介动物时，必须经血清中和试验证明其为阴性，并隔离观察一个潜伏期后才能允许其活动。

第十四节　羊梭菌性疾病

羊梭菌性疾病是由梭状芽孢杆菌属中的微生物所致羊的一组传染病，包括羊快疫及羊猝击、羊肠毒血症、黑疫、羔羊痢疾等病。这一类疾病在临床上有不少相似之处，容易混淆。这些疾病特点是发病快、病程短、死亡率高，对养羊业危害很大。

一、羊快疫及羊猝击

羊快疫及羊猝击是梭状芽孢杆菌属中两种不同病原菌引起的最急性传染病。羊快疫系由腐败梭菌引起，以突然发病、病程短促、真胃（第四胃）黏膜呈出血性炎症为特征。羊猝击系由 C 型魏氏梭菌的毒素所引起，以溃疡性肠炎和腹膜炎为特征。两者可发生混合感染，其特征是突然发病，病程极短，几乎看不到症状即死。胃肠道呈出血性、溃疡性炎症变化，肠内容物混有气泡；肝肿大、质脆、色多变淡，常伴有腹膜炎。

羊快疫在百余年前就出现于北欧一些国家，在苏格兰称为"Braxy"，在冰岛称为"Bradsot"，都是"急死"之意。本病现已遍及世界各地。

羊猝击最先发现于英国，1931 年 McEwen 和 Robert 将其命名为"Struk"。本病在美国和前苏联也曾发生过。1953 年春夏期间，我国内蒙古东部地区发生羊快疫及羊猝击的混合感染，造成流行。在我国其他地区，也曾发生过类似疫情，但相比之下以羊快疫单发者居多。

（一）病　原

腐败梭菌是革兰氏染色阳性的厌气大杆菌。当取病羊血液或脏器做抹片镜检时，常能发现单在及二三个相连的粗大杆菌，见其中一部分已形成卵圆形膨大的中央或偏端芽孢，有的呈无关节长丝状（长者可达 500 μm），其中一些可发现已断为数段。这种无关节长丝状的形态，在肝被膜的触片更易发现，这是腐败梭菌极突出的特点，具有重要的诊断意义。幼龄培养物菌体有周身鞭毛，能运动，不形成荚膜。在机体内外可形成芽孢，但在体内形成较差。芽孢呈卵圆形，位于菌体中央或近端，常较菌体为宽。革兰染色阳性，但陈旧的培养物可能为阴性。

腐败梭菌为专性厌氧菌，对营养要求不严格。在普通琼脂上形成半透明、边缘不齐的菌落。在葡萄糖血液琼脂上的菌落微隆起、边缘厚薄不齐、淡灰色或近似无色，并且有较长的柔弱分枝，在不太干燥的培养基上易融合成一片，菌落周围有微弱的溶血区。在肉肝汤培养基中，生长 16~24 h 后均匀混浊，并产生气体，以后培养基透明，在管底形成多量絮状灰白色沉淀，带有脂肪腐败的气味。本菌可产生四种毒素，即 α、β、γ、δ。一般消毒液在短时间内均能杀死腐败梭菌的繁殖体，但芽孢抵抗力很强，在腐败尸体中可存活 3 个月，在土壤中存活 20~50 年，煮沸 2~10 min、3%福尔马林溶液 10 min 内能将芽孢杀死，消毒需用 20%漂白粉或 3%~5%氢氧化钠溶液等强力消毒剂。

魏氏梭菌又称产气荚膜梭菌，为两端钝圆的粗大杆菌，单在或成双排列，无鞭毛，不能运动，在动物体内形成荚膜，能产生与菌体直径相同的卵圆形芽孢，位于菌体中央或近端。革兰染色阳性，但陈旧培养物可变为阴性。

本菌对厌氧要求不十分严格。在普通培养基上迅速生长。在葡萄糖血液琼脂上形成中央隆起，表面有放射状条纹，边缘呈锯齿状、灰白色、半透明的大菌落，直径 2~4 mm，菌落周围有棕绿色溶血区，有时出现双层溶血环，内环透明为 β-型溶血，外环为 α-型溶血。在厌氧肉肝汤中生长迅速，5~6 h 出现混浊，产生大量气体。大多数菌株发酵葡萄糖、麦芽糖、乳糖和蔗糖。不发酵甘露醇。发酵水杨苷不稳定。发酵的主要产物有乙酸和丁酸。液化明胶，吲哚阴性。在蛋黄琼脂上生长，说明该菌产生卵磷脂酶，但不产生酯酶。在牛乳培养基中能迅速分解糖产酸，凝固酪蛋白，产生大量气体，并将凝固的酪蛋白迅速冲散成海绵状碎块，称为"暴发酵"，这是本菌的特征。

本菌能产生强烈的外毒素，现已知有 α、β、γ、δ、ε、η、θ、ι、κ、λ、μ、ν 等共 12 种，在传染病学中较重要的有 α、β、ε 及 ι 四种。这四种毒素均为蛋白质，具有酶活性，不耐热，有抗原性，用化学药物处理可变为类毒素。本菌根据毒素-抗毒素中和试验分为 A、B、C、D、E 五型。每型魏氏梭菌产生一种主要毒素，一种或数种次要毒素。A 型菌主要产生 α 毒素，引起绵羊、山羊肠毒血症；B 型菌主要产生 β 毒素，引起羔羊痢疾，绵羊、山羊和犊牛的出血性肠炎；C 型菌主要产生 β 毒素，引起绵羊猝击、仔猪坏死性肠炎；D 型菌主要产生 ε 毒素，引起绵羊、山羊和犊牛的肠毒血症；E 型菌主要产生 ι 毒素，引起羔羊和犊牛的肠毒血症。

一般消毒药均易杀死本菌繁殖体，但芽孢抵抗力较强，在 95 ℃下经 2.5 h 方可被杀死；环境消毒时，必须用强力消毒药如 20%漂白粉、3%～5%的氢氧化钠溶液等。

（二）流行病学

（1）羊快疫。绵羊对羊快疫最易感。发病羊的营养多在中等以上，年龄多在 6～18 个月之间。一般经消化道感染（腐败梭菌如经伤口感染则引起各种家畜的恶性水肿）。山羊、鹿也可感染本病。

腐败梭菌常以芽孢形式分布于低洼草地、熟耕地及沼泽之中。羊只采食污染的饲料和饮水后，芽孢便随之进入羊的消化道。许多羊的消化道平时就有这种细菌存在，但并不发病。当存在不良的外界诱因，特别是在秋、冬和初春气候骤变、阴雨连绵之际，羊只受寒感冒或采食了冰冻带霜的草料，机体遭受刺激，抵抗力减弱时，腐败梭菌即大量繁殖，产生外毒素，其中的 α 成分使消化道黏膜，特别是真胃黏膜发生坏死和炎症，同时经血液循环进入体内，刺激中枢神经系统，引起急性休克，使羊只迅速死亡。该病具有明显的地方性特点。

（2）羊猝击。本病发生于成年绵羊，以 1～2 岁绵羊发病较多。常见于低洼、沼泽地区，多发生于冬、春季节。常呈地方流行性。C 型魏氏梭菌随污染的饲料和饮水进入羊只消化道后，在小肠（特别是十二指肠和空肠）里繁殖，产生 β 毒素，这种毒素通过肠道黏膜进入血流，立即引起毒血症的症状。

（三）症状与病变

（1）羊快疫。突然发病，病羊往往来不及出现临床症状，就突然死亡。常见在放牧或早晨发生死于圈内。有的病羊离群独处，卧地，不愿走动，强迫行走时，表现虚弱和运动失调。腹部膨胀，有疝痛症状。排粪困难、里急后重，排黑色软粪或稀粪，混杂有黏液或脱落的黏膜，间或有血丝。体温表现不一，有的正常，有的升高至 41.5 ℃左右。病羊最后极度衰竭、昏迷，通常于数小时至 1 h 内死亡，极少数病例可达 2～3 d，罕有痊愈者。

病羊新鲜尸体的主要损害为真胃出血性炎症变化显著。黏膜，尤其是胃底部及幽门附近的黏膜，常有大小不等的出血斑块，其表面发生坏死，出血坏死区低于周围的正常黏膜；黏膜组织常水肿。胸腔、腹腔、心包有大量积液，暴露于空气易于凝固。心内膜下（特别是左心室者）和心外膜下有多数点状出血。肠道和肺脏的浆膜下也可觉察到出血。胆囊多肿胀。如病羊死后未及时剖检，则尸体因迅速腐败而出现其他死后变化。

（2）羊猝击。病程短促，常未及见到症状即突然死亡。有时发现病羊掉群、卧地、表现不安、衰弱、痉挛、眼球突出，在数小时内死亡。

病变主要见于消化道和循环系统。十二指肠和空肠黏膜严重充血、糜烂，有的区段可见大小不等的溃疡。胸腔、腹腔和心包大量积液，后者暴露于空气后，可形成纤维素絮块。浆膜上有小点出血。病羊刚死时骨骼肌表现正常，但在死后 8 h 内，细菌在骨骼肌里增殖，使肌间隔积聚血样液体，肌肉出血，有气性裂孔，骨髓肌的这种变化与黑腿病的病变十分相似。

（3）羊快疫及羊猝击混合感染。根据在我国观察所见，该病有最急性型和急性型两种临床表现。

最急性型：一般见于流行初期。病羊突然停止采食，精神不振。四肢分开，弓腰，头向上。行走时后躯摇摆。喜伏卧，头颈向后弯曲。磨牙，不安，有腹痛表现。眼畏光流泪，结膜潮红，呼吸促迫。从口鼻流血泡沫，有时带有血色。随后呼吸愈加困难，痉挛倒地，四肢作游泳状，迅速死亡。从出现症状到死亡通常为 2~6 h。

急性型：一般见于流行后期。病羊食欲减退，行走不稳，排粪困难，有痢疾后重表现。喜卧地，牙关紧闭，易惊厥。粪团变大，色黑而软，其中杂有黏稠的炎症产物或脱落的黏膜；或排油黑色或深绿色的稀粪，有时带有血丝；有的排蛋清样稀粪，带有难闻的臭味。心跳加速。一般体温不升高，但临死前呼吸极度困难时，体温可升至 40 ℃ 以上，维持时间不久即死亡。从出现症状到死亡通常为 1 d 左右，也有少数病例延长到数天的。

发病率 6%~25%，个别羊群高达 97%。山羊发病率一般比绵羊低。发病羊几乎 100% 归于死亡。

混合感染死亡的羊，营养多在中等以上。尸体迅速腐败，腹围迅速胀大，可视黏膜充血，血液凝固不良，口鼻等处常见有白色或血色泡沫。最急性的病例，胃黏膜水肿，增厚数倍，黏膜上有紫红斑，十二指肠充血、出血。急性病例前三胃的结膜有自溶脱落现象，第四胃黏膜坏死脱落，黏膜水肿，有大小不一的紫红斑，甚至形成溃疡；小肠黏膜水肿、充血；尤以前段黏膜为甚，黏膜面常附有糠皮样坏死物，肠壁增厚，结肠和直肠有条状溃疡，并有条、点状出血斑点，小肠内容物呈糊状，其中混有许多气泡，并常混有血液。肝脏多呈水煮色，混浊，肿大，质脆，被膜下常见有大小不一的出血斑，切开后流出含气泡的血液，肝小叶结构模糊，多呈土黄色，有出血，胆囊胀大，胆汁浓稠呈深绿色，少数病例肝面有绿豆至核桃大的淡黄色坏死灶，在黄色死灶之间，有出血斑块，因而呈大理石样外观。肾脏在病程短促或死后不久的病例，多无肉眼可见变化，病程稍长或死后时间较久的，可见有软化现象，肾盂常储积白色尿液。大多数病例出现腹水，带血色。脾多正常，少数淤血。膀胱积尿，量多少不等，呈乳白色。部分病例胸腔有淡红色混浊液体，心包内充满透明或血染液体，心脏扩大，心外膜有出血斑点；肺呈深红色或紫红色，弹性较差，气管内常有血色泡沫。全身淋巴结水肿，颌下、肩前淋巴结充血、出血及浆液浸润。肌肉出血，肌肉结缔组织积聚血样液体和气泡。肩前、股前、尾底部等处皮有红黄色胶样浸润，在淋巴结及其附近尤其明显。

（四）诊 断

羊快疫和羊猝击病程急速，生前诊断比较困难。如果羊突然发病死亡，死后又发现第四胃及十二指肠等处有急性炎症，肠内容物中有许多小气泡，肝肿胀而色淡，胸腔、腹腔、心包有积水等变化时，应怀疑可能是这一类疾病。确诊需进行微生物学和毒素检查。

羊快疫的病原腐败梭菌虽然可产生毒素，但直到目前，还没有直接从病羊体内检查出毒素的有效方法。它的微生物学诊断，是根据死亡羊只均有菌血症而检查心血和肝、脾等脏器中的病原菌。本菌在肝脏的检出率较其他脏器为高。由肝脏被膜做触片染色镜检，除可发现两端钝圆、单在及呈短链的细菌之外，常常还有呈无关节的长丝状者。在其他脏器组织的涂片中，有时也可发现。但并非所有病例都能发现这种特征表现。必要时可进行细菌的分离培养和实验动物感染。

分离培养是从疑似病样尸体采取病料，接种于葡萄糖琼脂和肝片肉汤进行厌氧培养，分离鉴定腐败梭菌。动物实验是取患病动物的新鲜血液或组织乳剂肌肉注射于小白鼠或豚鼠，接种动物于 24 h 内死亡，此时迅速采取死亡脏器进行分离培养或肝脏表面触片染色检查，可见无关节长丝状、两端钝圆杆菌，即可确诊。据报道，荧光抗体技术可用于本病的快速诊断。

羊猝击的诊断，是从体腔渗出液、脾脏取材做 C 型魏氏梭菌的分离和鉴定，以及用小肠内容物的离心上清液静脉接种小鼠，检测有无 β 毒素。

羊快疫、羊猝击与羊肠毒血症、黑疫、巴氏杆菌病、炭疽容易混淆，应注意区别。

（五）防　制

由于本病的病程短促，往往来不及治疗，因此，必须加强平时的防疫措施。发生本病时，将病羊隔离，对病程较长的病例进行对症治疗。当本病发生严重时，转移牧地，可收到减少和停止发病的效果。因此，应将所有未发病羊只，转移到高燥地区放牧，加强饲养管理，防止受寒感冒，避免羊只采食冰冻饲料，早晨出牧不要太早。同时用菌苗进行紧急接种。在本病常发地区，每年可定期注射 1~2 次羊快疫-猝击二联菌苗或快疫、猝击、肠毒血症三联苗。近年来，我国又研制成功了厌气菌七联干粉苗（羊快疫、羊猝击、羔羊痢疾、肠毒血症、黑疫、肉毒中毒、破伤风七联菌苗），这种菌苗可以随需配合。由于吃奶羔羊产生主动免疫力较差，故在羔羊经常发病的羊场应对怀孕母羊在产前进行两次免疫，第一次在产前 1~1.5 个月，第二次在产前 15~30 d，母羊获得的免疫抗体，可经由初乳授给羔羊。但在发病季节，羔羊也应接种疫苗。

二、羊肠毒血症

羊肠毒血症又称软肾病，是由 D 型魏氏梭菌在肠道中大量繁殖产生毒素所引起的一种急性传染病。临床特征为腹泻、惊厥、麻痹和突然死亡。死后肾组织易于软化如泥。

（一）病　原

本病病原为 D 型魏氏梭菌，其特征见"羊猝击"。

（二）流行病学

D 型魏氏梭菌为土壤常在菌，也存在于污水中。羊只采食被病原菌芽孢污染的饲料与饮水，芽孢便随之进入羊的消化道，其中大部分被真胃里的酸杀死，一小部分存活者进入肠道。在正常情况下，细菌缓慢地增殖，产生少量的 ε 毒素，由于肠蠕动不断将肠内容物推出体外，因而防止了细菌及其产生的毒素在肠道内大量积聚。但当饲料突然改变，特别是从干草改吃了大量谷类或青嫩多汁和富有蛋白质的草料之后，瘤胃里正常分解纤维素的菌群一时不能适应。并且由于饲料发酵产酸，使瘤胃的 pH 降到 4.0，在此情况下，大量未消化的淀粉颗粒经真胃进入小肠，导致 D 型菌迅速繁殖和产生大量 ε 原毒素，经膜蛋白酶致活后变为 ε 毒素。高浓度的毒素改变了肠道的通透性，使毒素大量进入血液，引起全身毒血症，发生休克而死。

因此，羊肠毒血症的发生，就表现出明显的季节性和条件性。在牧区，多发于春末夏初青草萌发和秋季牧草结籽后的一段时期；在农区，则常常是在收菜季节，羊只吃了多量菜根菜叶，或收了庄稼后羊群抢茬吃了大量谷类的时候发生此病。

本病多呈散发，绵羊发生较多，山羊较少。2~12 月龄的羊最易发病。发病的羊多为膘情较好的。

（三）症　状

本病的特点为突然发作，很少能见到症状，往往在发生可以看出来的症状后绵羊便很快死亡。病状可分为两种类型：一类以抽搐为其特征，重者在倒毙前，四肢出现强烈的划动，肌肉颤搐，眼球转动，磨牙，口水过多，随后头颈显著抽搐，往往死于 2～4 h。另一类以昏迷和静静地死去为其特征，病程不太急，其早期症状为步态不稳，以后卧倒，并有感觉过敏，流涎，上下颌"咯咯"作响，继以昏迷，角膜反射消失，有的病羊发生腹泻，通常在 3～4 h 内静静地死去。抽搐型和昏迷型在症状上的差别是由于吸收的毒素多少不一的结果。体温一般不高，血、尿常规检查常有血糖、尿糖升高现象。

（四）病　变

病变常限于消化道、呼吸道和心血管系统。真胃含有未消化的饲料。肠道（尤其小肠）黏膜充血、出血，严重时整个肠壁呈血红色，有时出现溃疡。心包、胸腔、腹腔有大量渗出液呈灰黄色并含有纤维素絮块，左心室的心内外膜下有多数小点出血。肺脏出血和水肿。胸腺常发生出血。肾脏比平时更易于软化，像脑髓那样，稍加触压随烂，一般认为这是一种死后变化，但不能在死后立刻见到。组织学检查，可见肾皮质坏死，脑和脑膜血管周围水肿，脑膜出血，脑组织液化性坏死。

（五）诊　断

初步诊断可以依据本病发生的情况和病理变化。突然发病、迅速死亡，散发，多发生于春夏之交抢青时和秋收草籽成熟时等流行特点。剖检特征为肾脏比平时更易于软化，像脑髓那样，稍加触压随烂，心包积液，肺充血。发现高血糖和糖尿也有诊断意义。确诊本病需依靠实验室检验。

实验室检验：取肠内容物，如内容物稠，可用生理盐水稀释 1～3 倍（若内容物稀薄，则不用生理盐水稀释），用滤纸过滤或 3 000 r/min 离心 5 min，取上清液给家兔注射 2～4 mL 或静注小白鼠 0.2～0.5 mL。如肠内容物毒素含量高，小剂量即可使实验动物于 10 min 内死亡；如肠毒素含量低，动物于注射后 0.5～1 h 卧下，呈轻度昏迷，呼吸困难，经 1 h 后可恢复。也可用标准魏氏梭菌抗毒素和肠内容物做中和试验以确定菌型。

（六）防　制

当羊群中出现本病时，可立即搬圈，转移到高燥的地区放牧。在常发地区，应定期注射羊肠毒血症疫苗，羊快疫、猝击、肠毒血症三联苗。在牧区夏初发病时，应该少抢青，而让羊群多在青草萌发较迟的地方放牧，秋末发病时，可尽量到草黄较迟的地方放牧；在农区针对引起发病的原因，减少或暂停抢茬，少喂菜根菜叶等多汁饲料。要加强羊只的饲养管理，加强羊只的运动。病羊治疗方面，目前没有较好的方法。病程短者，来不及治疗就死亡，病程长者可对症治疗，用抗生素结合强心、镇静、解毒，有一定疗效。

三、羊黑疫

羊黑疫又名传染性坏死性肝炎，是由 B 型诺维氏梭菌引起绵羊和山羊的一种急性高度致死性毒血症。其特征是肝实质发生坏死性病灶。

本病发生于澳大利亚、新西兰、法国、智利、英国、美国、德国，亚洲也有此病存在。

（一）病　原

诺维氏梭菌又称水肿梭菌，为革兰氏阳性大杆菌，但大小不均匀，呈单个或短链排列。有周身鞭毛，能运动，无荚膜。较易形成芽孢，通常在生长24 h后即可看到，芽孢呈卵圆形，较菌体略宽，位于菌体的近端。

本菌是严格的厌氧菌，需有良好的厌氧条件才能生长。根据产生的毒素不同将本菌分为A、B、C、D 4个菌型。A型能产生α、γ、ε、δ 4种外毒素，B型菌产生α、β、ζ、η 4种外毒素，C型菌不产生外毒素，D型产主β、ζ、η、θ 4种外毒素。

本菌的抵抗力与一般致病梭菌相似，有的芽孢能耐100 ℃、5 min。

（二）流行病学

本菌能使1岁以上的绵羊感染，以2~4岁的肥胖绵羊发生最多；牛和山羊也可感染。实验动物中以豚鼠最敏感，家兔、小白鼠易感性较低。诺维氏梭菌广泛存在于土壤中，羊采食被此菌芽孢污染的饲料而感染。

本病主要在春夏发生于肝片吸虫流行的低洼潮湿地区。羊采食被此菌芽孢污染的饲料后，芽孢由胃肠壁经门脉进入肝脏。正常肝脏由于氧化-还原电位高，不利于其发芽变为繁殖体而仍以芽孢形式潜藏于肝脏中。当肝脏因受未成熟的游走肝片吸虫损害发生坏死以致其氧化还原电位降低时，存在于该处的芽孢即可迅速生长繁殖并产生毒素，进入血液循环后可发生毒血症，损害神经元及其他与生命活动有关的细胞，导致急性休克而死亡。

（三）症状与病变

本病在临床上与羊快疫、羊肠毒血症等极其类似。病程十分急促，绝大多数情况是未见有病而突然发生死亡。少数病例病程稍长，可拖延1~2 d，但没有超过3 d的。病畜掉群，不食，呼吸困难，体温41.5 ℃左右，呈昏睡俯卧，并保持在这种状态下毫无痛苦地突然死去。

病羊尸体皮下静脉显著充血，其皮肤呈暗黑色外观（黑疫之名即由此而来）。胸部皮下组织经常水肿。胸腔、腹腔、心包腔有液体渗出，暴露于空气易凝固，液体常呈黄色，但腹腔液略带血色。左心室心内膜下常出血。真胃幽门部和小肠充血和出血。肝脏充血肿胀，从表面可看到或摸到有一个到多个不规则凝固性坏死灶，坏死灶的界限清晰，灰黄色，不整圆形，周围常为一鲜红色的充血带围绕，坏死灶直径可达2~3 cm，切面成半圆形。羊黑疫肝脏的这种坏死变化是很特别的，具有很大的诊断意义。

（四）诊　断

在肝片吸虫流行的地区发现急死或昏睡状态下死亡的病羊，剖检见特殊的肝脏坏死变化，有助于诊断。必要时可做细菌学检查和毒素检查。毒素检查可用卵磷脂酶试验。此法检出率和特异性均较高。其法为用病死动物的腹水或坏死灶组织悬浮液的沉淀上清液或澄清的滤液，加入试管4支，每支0.5 mL，再于第1~3管中分别加入A型诺维氏梭菌抗毒素血清、B型诺维氏梭菌抗毒素血清及魏氏梭菌δ抗毒素血清0.25 mL，第4管不加抗毒素血清而加同量生理盐水，作为对照。混合均匀，置室温下作用30 min，然后每管加入卵磷脂卵黄磷蛋白液0.25 mL，混合后置温箱内 1~2 h，取出观察结果。若对照产生乳光层，即表示被检材料中含有卵磷脂酶，在第 1~3 管中此反应被何种细菌的抗毒素所抑制，即证明此卵磷脂酶为该种细菌所产生。

卵磷脂卵黄磷蛋白液的制备方法是：打散鸡蛋黄一个，混于 250 mL 生理盐水中，将此混合液以赛氏滤器过滤，无菌分装为小量，5 ℃ 冰箱保存备用。

据报道，荧光抗体技术可用来检查诺维氏梭菌，但其结果应结合病史、病状和剖检变化做综合判断。

羊黑疫、羊快疫、羊猝击、羊肠毒血症等梭菌性疾病由于病程短促，病状相似，在临床上不易互相区别，同时，这一类疾病在临床上与羊炭疽也有相似之处，因此，应注意类症区别。

（五）防　制

预防此病首先在于控制肝片吸虫的感染。特异性免疫可用黑疫、快疫二联苗或厌气菌七联干粉苗进行预防接种。发生本病时，应将羊群移牧于高燥地区。对病羊可用抗诺维氏梭菌血清治疗。

四、羔羊痢疾

羔羊痢疾是由 B 型魏氏梭菌引起初生羔羊的一种急性毒血症，以剧烈腹泻和小肠发生溃疡为其特征。本病常可使羔羊发生大批死亡，给养羊业造成重大经济损失。

（一）病原及流行病学

本病病原为 B 型魏氏梭菌。羔羊在生后数日内，魏氏梭菌可以通过羔羊吮乳、饲养员的手和羊的粪便而进入羔羊消化道。在外界不良诱因如母羊怀孕期营养不良，羔羊体质瘦弱；气候寒冷，羔羊受冻；哺乳不当，羔羊饥饱不匀，羔羊抵抗力减弱时，细菌大量繁殖，产生毒素。

羔羊痢疾的发生和流行，就表现出一系列明显的规律性。草差而又没有做好补饲的年份，羔羊常易发病；气候最冷和变化较大的月份，发病最为严重；纯种细毛羊的抵抗力差，发病和死亡率最高，杂种羊则介于纯种和杂种之间。

本病主要危害 7 日龄以内的羔羊，其中又以 2~3 日龄的发病最多，7 日龄以上的很少患病。传染途径主要是通过消化道，也可能通过脐带或创伤。本病呈地方性流行。

（二）症　状

自然感染的潜伏期为 1~2 d，病初精神委顿，低头躬背，不想吃奶。不久就发生腹泻，粪便恶臭，有的稠如面糊，有的稀薄如水，粪便呈黄绿色、黄白色甚至灰白色。到了后期，有的还含有血液并含有黏液和气泡，直到成为血便；肛门失禁，病羔逐渐虚弱，卧地不起。若不及时治疗，常在 1~2 d 内死亡，只有少数轻者可自愈。个别羔羊不下痢或只排少数稀粪（也可能带血），羔羊以神经症状为主者，四肢瘫软，卧地不起，呼吸急促，口流白沫，最后昏迷，头向后仰，体温降至常温以下，常在数小时到十几小时内死亡。

（三）病　变

尸体脱水现象严重，尾部沾有稀粪痕迹。最显著的病理变化是在消化道。第四胃内往往存在未消化的凝乳块。小肠（特别是回肠）黏膜充血发红，溃疡周围有一出血带环绕；有的肠内容物呈血色。肠系膜淋巴结肿胀充血，间或出血。心包积液，心内膜有时有出血点。肺常有充血区域或淤斑。

（四）诊　断

在常发地区，本病多发于 7 日龄以内的羔羊，剧烈腹泻，很快死亡，并迅速蔓延全群，剖检小肠发生溃疡即可做出初步诊断。确诊需进行实验室检查，以鉴定病原菌及其毒素。

沙门氏菌、大肠杆菌和肠球菌也可引起初生羔羊下痢，应注意区别。

（五）防　制

本病发病因素复杂，应综合实施抓膘保暖、合理哺乳、消毒隔离、预防接种和药物防治等措施，才能有效地予以防制。

每年秋季注射羔羊痢疾苗或厌气菌七联干粉苗，产前 2~3 周再接种一次。

羔羊出生后 12 h 内，灌服庆大霉素，每日二次，连续灌服 3 d，有一定的预防效果。治疗羔痢的方法很多，各地应用效果不一，应根据当地条件和实际效果，试验选用土霉素、磺胺类药物治疗，同时，还应针对其他症状进行对症治疗。也可使用中药治疗。

思考题

1. 牛恶性卡他热在临诊上分为哪几型？恶性卡他热的传播媒介是何种动物？头眼型的主要症状是什么？
2. 牛流行热在流行病学上有哪些特点？
3. 牛病毒性腹泻-黏膜病的主要特征是什么？
4. 牛海绵状脑病有何临诊特点？怎样预防？
5. 试述羊快疫、羊肠毒血症、羊黑疫的区别要点（病原、主要症状及病变）。

第七章 马的传染病

（1）掌握马属动物主要传染病的特征、诊断技术和防制方法。
（2）了解国外马属动物主要传染病的分布状况和诊断方法。

第一节 鼻 疽

鼻疽是由鼻疽杆菌引起的一种接触性传染病，主要在马、骡、驴等单蹄动物中传播蔓延，也可感染骆驼、狮、虎、猫等猫科动物和其他一些肉食动物和人类。该病的临床特征是鼻腔、喉头和气管黏膜以及皮肤上形成鼻疽结节、溃疡和瘢痕，在肺脏、淋巴结或其他实质脏器中形成特异性的鼻疽结节。马多呈慢性经过，驴、骡呈急性，人感染后也多呈急性，对养马业的威胁很大。

鼻疽是一种很古老的疫病，1882年分离病原菌获得成功，并通过动物试验证实。1890年制成鼻疽菌素对于本病诊断具有极大的作用。此后有大批学者致力于鼻疽的病原学、流行病学、发病机理及病理学、诊断及防治等方面研究，使本病得到了基本控制，目前该病在我国境内也几乎被消灭。

（一）病 原

该病的病原为鼻疽杆菌。该菌革兰染色阴性，两端钝圆，无运动性，不形成荚膜和芽孢。幼龄菌的形态比较整齐，老龄培养物中菌体则呈明显的多形态性，用美蓝染色后再用鞣液处理老龄菌体时可见其内部有着色不均的颗粒或菌体两端浓染现象。

鼻疽杆菌是需氧或兼性厌氧菌。最适生长温度为37 ℃，最适 pH 6.4~6.8。在含有 3%~4%甘油的琼脂或肉汤中生长良好，在甘油琼脂上经 24 h 培养后形成灰白色或灰黄色的小菌落，培养 48 h 后可达 2~3 mm，形成表面光滑、湿润、圆形的半透明、黏性菌落或黄褐色菌苔。在甘油肉汤中呈轻度均匀混浊，在管底形成灰白色黏稠的沉淀物，摇动试管时沉淀物呈螺旋状上升，培养时间久者可形成菌环或菌膜。在甘油马铃薯培养基上经 48 h 培养后形成棕黄色黏稠蜂蜜样菌苔，随着培养时间的延长其颜色也逐渐变深。在血琼脂上不溶血，在石蕊牛乳中培养时间长时可见试管底部凝固。

该菌具有两种抗原，即特异性抗原和与类鼻疽共同的抗原。鼻疽杆菌与类鼻疽杆菌在凝集试验、补体结合试验和变态反应中均有交叉反应。菌体中具有特异性的致死性毒素及致细胞反应物质，还含有不耐热的坏死毒素和耐热的内毒素。

本菌对外界抵抗力较强，在室温下可存活数月到 1.5 年，在潮湿的马厩内可生存 20~30 d，一般化学消毒剂杀死本菌则需要 1 h 左右。但 55 ℃时 10 min、80 ℃时 5 min 内可被杀死;在直射阳光下经 24 h 即可被灭活;在含有 0.5%有效氯的消毒液中 5 min 内被杀死;对金霉素、土霉素、四环素、新霉素、氯霉素及磺胺嘧啶等磺胺类药物敏感,但对青霉素、红霉素、杆菌肽、呋喃西林等不敏感。

（二）流行病学

单蹄兽中,马多呈慢性经过,驴等呈急性经过。不同品种马的感受性有一定差异。埃及、土耳其、俄罗斯及我国的马种发病时多呈现慢性经过,而日本、德国、法国等马发病多呈急性经过。不同性别、不同年龄马对鼻疽的感受性无显著差异。另外,猫科动物也有因饲喂鼻疽马肉和内脏而感染的报导。

鼻疽的传染源是鼻疽病畜,特别以开放性及活动性的病畜危害最大,这些病畜的鼻漏、肺及支气管和皮肤溃疡的分泌物能排泄大量的病原菌而感染健康马匹。慢性无症状的鼻疽患马可长期带菌、周期性地排菌,成为马群中常被忽略的传染源。

被病马污染的饲料、饮用水、垫草、厩舍以及所有用具均可成为病原体的传播因素,引起间接接触感染。此外,病畜与健畜之间相互啃咬也可造成直接接触感染。鼻疽杆菌的传播途径主要是消化道,也可经呼吸道、结膜囊、胎盘、交配等途径感染。

本病可在马群中缓慢地、延续地传播,流行没有明显的季节性。由于群养群放、密集饲养,通过健康马与病马之间的频繁接触以及马匹的调拨、转运等大范围转移可促进鼻疽发生、传播和流行。

（三）症　状

鼻疽的潜伏期长短与病原菌的毒力、感染数量、感染途径、感染次数及机体的抵抗力等有直接关系,自然感染的潜伏期 4 周或更长。鼻疽在临床上分为急性型、慢性型和隐性型,但三者可以相互转化。

1. 急性型鼻疽

病马最初体温升高（39～40 ℃）,精神沉郁,食欲减退或消失,可视黏膜潮红,脉搏加快（60～80 次/min）,呼吸加快。颌下淋巴结肿大,有痛感。急性型鼻疽主要表现为鼻腔鼻疽、肺鼻疽和皮肤鼻疽 3 种形式。

（1）鼻腔鼻疽：发病初期鼻腔黏膜潮红,一侧或两侧鼻孔流出少量浆液-黏液性鼻汁,不久鼻腔黏膜表面出现微突起的、边缘红色的、透明的小结节。随着疾病发展,结节的中心溃烂,形成大小不等、边缘稍隆起的溃疡,并排出黏液-脓性或混有血液的分泌物。由于病情的恶化,溃疡融合,溃疡面扩大、加深,引起鼻中隔和鼻甲骨壁黏膜的坏死脱落,甚至使鼻中隔穿通。此时,可从一侧或两侧鼻孔流出大量恶臭的脓性鼻漏。病畜呼吸时可听到拉风箱式的鼾声。最后由于病情恶化,病畜极度衰竭而死或由于饲养环境条件的改善,鼻腔溃疡逐渐愈合形成灰白色星芒状瘢痕而转为慢性鼻疽。

（2）肺鼻疽：除有不同程度的全身性症状之外,病畜日渐消瘦,时而干咳,时而咳出带血的黏液。呼吸次数加快,肺部可听到干性或湿性啰音。

（3）皮肤鼻疽：病初皮肤某处发生局部性浮肿、疼痛、发热,肿胀部位出现大小不等的结节,结节破裂可排出灰黄色或带血的黏稠分泌物,并形成边缘不整溃疡,形如喷火口状。鼻疽结节可沿淋巴管蔓延,形成念珠状肿。当腿部局部皮肤高度增厚时可形成"橡皮腿"。

上述表现常见于前肢,也可发生于后肢、胸前、腹部。该型发展到后期多因为发生鼻腔鼻疽而死亡。

2. 慢性型鼻疽

可由急性鼻疽转化而来,也可发生原发性慢性鼻疽。病马全身症状不明显或逐渐消失,但可查到某些残留区的感染表现或鼻症病灶。我国马匹多呈慢性经过。

3. 隐性型鼻疽

无任何可见的临床症状。

猫科动物感染鼻疽杆菌后可出现急性鼻疽的表现,即从患病动物的眼睛、鼻孔中流出脓性带血的灰绿色分泌物,呼吸道黏膜肿胀、呼吸困难,动物身体各处皮下出现鼻疽结节或溃疡,经1~2周后常因腹泻而死亡。

（四）病　变

除上述皮肤鼻疽和鼻腔鼻症的病理变化外,鼻疽病马在肺脏、淋巴结、肝脏和脾脏等处也具有明显的病理变化。其中以肺脏的病变最具有特征性,表现为鼻疽性结节和鼻疽性肺炎的变化。在该病的早期,各器官的鼻疽性结节以渗出性结节为主,结节大小不一,从粟粒大到核桃大小,并伴有充血和出血变化；随着病情的发展可转化为增生性结节,即中心坏死、化脓、干酪化,周围有增生性组织形成的红晕包裹。病的后期,结节性病灶可能被机体吸收或被钙化。此外可见淋巴管化脓并形成糜烂性溃疡,全身淋巴结出现髓样肿胀,进而化脓形成干酪样的结节。

（五）诊　断

根据急性型鼻疽的临床症状、流行病学及病理学检查可以做出初步诊断,但对该病的确诊或对慢性型和隐性型病例的诊断则需要细菌学、血清学和变态反应等方法。

细菌学检查可分离到病原体做出确诊。此法只限于确诊开放性鼻疽和对病畜尸体的诊断,而对慢性鼻症的生前诊断不适用。由于细菌学检验手续麻烦、操作安全性要求比较高,故实际检疫工作中很少应用。

变态反应诊断时,多使用鼻疽菌素多次点眼法和注射法。在检疫时必须按鼻疽检疫规程进行,这是多年来行之有效的检疫方法。在鼻疽检疫实践中,常常将鼻疽菌素多次点眼与临床检查相结合,必要时用补体结合试验作为辅助手段。

血清学检验包括补体结合试验、团集反应、凝集反应、沉淀反应和间接血凝试验、酶联免疫吸附试验、荧光抗体间接法、乳胶凝集试验、对流免疫电泳、双扩散试验及固相补体结合试验等方法。

（六）防　制

本病目前尚理想的疫苗,应通过检疫摸清鼻疽的流行情况、感染程度及其危害,采取综合性措施进行控制和消灭。

1. 检　疫

鼻疽的防制应加强对相应动物的检疫工作。该病的检疫分为调查性检疫、输出输入性检疫和大群防制性检疫。检疫时除进行鼻疽菌素点眼之外，还可进行补体结合试验、间接血凝试验、对流免疫电泳和 ELISA 等来提高检疫的准确性和检出率。在国际贸易中，OIE 推荐的检疫方法为变态反应试验和补体结合试验，前者可通过眼睑皮内注射、点眼和皮下注射等途径之一进行具体的检查。

2. 隔 离

检疫阳性的感染或发病马应立即扑杀，尸体进行焚烧或深埋。但对于某些价值较高的非开放性种马，经过治疗后则可集中隔离饲养于一个特定区域并严格限制其活动，通过培育无该病的健康幼驹而逐渐更新马群。

3. 治 疗

磺胺类药物和四环素族抗生素对鼻疽有疗效。常用的药物包括磺胺二甲基嘧啶、四环素、土霉素等。在治疗过程中应加强隔离和消毒措施，防止病原菌的散播。

4. 扑杀病马

由于病马，特别是开放性鼻疽病马的危害很大，易造成病原体的传播，经确诊后应立即扑杀。同时通过加强消毒、深埋尸体来达到消灭传染源的目的。

第二节 类鼻疽

类鼻疽是类鼻疽假单胞菌，又称类鼻疽杆菌，是引起马的一种细菌性传染病。临床特征是急性败血症，皮肤、肺、肝、脾、淋巴结等处结节和脓肿，鼻腔和眼有脓性分泌物，有时出现关节炎。

该病的病原菌最早是在 1913 年分离于仰光一位患有类似鼻疽的病人。由于病原菌对外界的抵抗力较强，因而作为热带地区土壤和滞水的常在菌，主要存在于日本、印度以及南亚、东南亚和澳洲北部的一些国家和地区。我国目前也曾有从患病动物中分离到该菌的报道。

(一) 病 原

类鼻疽假单胞菌为革兰染色阴性，单个、成双、短链或栅状排列，形似别针或呈不规则形态，具有两极浓染的特性。该菌有 3~8 根端鞭毛，菌体两端钝圆，呈球杆状；病料用姬姆萨染色可见假荚膜。

该菌在 25~27 ℃ 生长良好，42 ℃ 仍可生长，最适 pH 值 6.8~7.0 环境，在培养过程中该菌能够散发出一种特殊的土霉味。在 4%甘油琼脂上，可形成 0.3~0.6 mm 半透明的光滑菌落；随着培养时间延长，菌落增大，表面粗糙并出现皱纹。血琼脂上生长良好，缓慢溶血。该菌的培养滤液对葡萄球菌、大肠杆菌、炭疽菌、土拉杆菌、布鲁氏菌、鼠疫杆菌、伪结核杆菌、霍乱弧菌等具有抑制生长作用。

该菌与鼻疽杆菌之间有共同的抗原成分，在琼脂扩散试验中类鼻疽菌可溶性抗原与抗血清可出现 2~7 条沉淀线，与鼻疽杆菌抗血清可产生 1~3 条沉淀线。本菌可分为两个血清型，Ⅰ型具有耐热和不耐热两种抗原，主要存在于包括中国在内的亚洲；Ⅱ型只有耐热抗原，主要存在于澳洲和非洲。

类鼻疽杆菌对多种抗生素有天然耐药性，但对四环素、强力霉素、氯霉素、卡那霉素、磺胺和TMP敏感。在自然环境如水和土壤中可以存活1年以上，在个别水样可存活20个月，在自来水中也可存活28~44 d。

（二）流行病学

在自然条件下，类鼻疽杆菌主要感染啮齿动物，也可使马、牛、绵羊、山羊、猪、犬、猫等感染发病，人类也能感染。此外，兔、灵长类、骆驼、袋鼠等也有感染发病报道。

该病患病动物和病人的临床症状与鼻疽相似，主要经伤口、呼吸道或消化道感染。由于类鼻疽杆菌是热带地区土壤和滞水中的常在菌，与人和动物的接触机会较多，因而通过污染的水土经外伤、呼吸道或消化道感染，如在水田中劳作的人和动物可因外伤感染。

该病的自然疫源性与病原菌生存环境的温度、湿度及水和土壤性状均有密切关系。如在冰冻条件下不超过2周，4 ℃ 58 d，8 ℃ 163 d，12 ℃ 207 d，16~32 ℃ 1年以上。在干燥土壤中存活不超过30 d，湿度大于20%时可存活1年以上。我国南方热带甚至某些亚热带地区对该菌的生存比较适合，其中以稻田水、土壤以及稻田的泥土分离率最高。地表下25~45 cm的黏土层也适合本菌生存。降雨量与类鼻疽菌的发生呈正相关。

（三）症　状

自然感染时的症状比较复杂，一般可归纳为肠炎、肺炎和脑炎几种类型。临床上肠炎型的急性病马可见高热、腹泻、疝痛和局部水肿，慢性型表现为虚弱和水肿症状；肺炎型表现为咳嗽，肺部叩诊有浊音区和啰音，最后可出现肺部感染症状。脑炎型表现为眼球震颤、步履蹒跚、肌肉痉挛或强直、角弓反张、横卧倒地，此型病马的死亡率极高。

（四）病　变

主要病变局限在肺脏，以形成结节、脓肿、急性肺炎为特征。鼻腔、肝、脾、肾、淋巴结、睾丸或关节有散在的、大小不等的结节，其内常含有浓稠的酪样物质。有神经症状的病例可见脑膜脑炎；后躯麻痹的病例多在腰、肩部脊髓出现脓肿。组织学病变可见渗出型结节中心灶状化脓，嗜中性白细胞，外围多无包囊形成；增生型结节，坏死灶周围有上皮样细胞增生和薄层纤维细胞环绕，浸润有较多的淋巴细胞、嗜中性白细胞、浆细胞和单核细胞。在脑脊髓感染部位，嗜中性白细胞聚集，血管周围有大单核细胞和淋巴细胞形成的"袖套"样结构，并明显水肿。

（五）诊　断

根据流行病学、临床症状和病理剖检变化，可对该病做出初步诊断，但由于其临床表现复杂多样，感染马有急性、慢性之分，病理损伤的部位也不尽相同等，因此该病的确诊需要实验室检查。

（1）细菌学诊断：取病料直接涂片染色镜检，可见革兰染色阴性，形似别针或呈不规则形态，经酶标抗体或荧光抗体检测阳性，可做出诊断。也可进行病原菌的分离培养，即在无菌条件下取病料如脓汁、内脏器官或血液接种于4%甘油琼脂进行培养，挑选培养48 h后有皱纹的菌落用阳性血清进行玻片凝集试验等鉴定。

（2）动物接种：取病料直接接种豚鼠腹腔，动物将于接种后48 h开始死亡，剖检肝、脾、睾丸等器官可见典型病变，可进一步做分离培养鉴定。

（3）免疫学诊断：目前常用的抗体检测方法有间接血凝试验、补体结合试验、间接荧光抗体染色和变态反应等。其中间接血凝试验是取该菌的甘油琼脂48 h培养物，经100 ℃、2 h煮沸后离心，上清中含有多糖抗原，用其适宜浓度致敏鸡或绵羊的红细胞，其冻干保存的有效期可达1年；该方法具有较好的特异性和敏感性，适于人和动物的血清学调查和大量被检血清样品的筛选，是美国疾病控制中心推荐的血清学检查方法。变态反应适用于与类鼻疽感染的鉴别诊断，通过用亲和层析提纯的抗原点眼，全部类鼻疽实验感染马出现反应，而鼻疽马仅个别有反应。

（六）防　制

加强引进动物的检疫，防止引入患病马和带菌马而污染原来清净的地区。新发病地区或养殖场应对患病马采取严厉的措施，扑杀并销毁感染患病马及其周围的啮齿动物，对同群动物进行抗菌药物的预防性治疗，同时采取严格彻底的消毒措施，防止病原体污染土壤和水源而造成疫情的扩散传播。该病的疫区应定期检疫、消毒，消灭鼠害，防止水源、饲料和土壤污染；发现患病马应及时隔离、消毒和治疗；常用的治疗药物有四环素、强力霉素、氯霉素、卡那霉素和磺胺类等。无治疗价值的应及时淘汰扑杀；死亡和患病马的尸体应焚烧或高温化制处理。

第三节　流行性淋巴管炎

马流行性淋巴管炎又称假性皮疽，是由皮疽组织胞浆菌引起的马属动物的一种慢性传染病。其临诊特征是在皮下淋巴管及其邻近的淋巴结、皮肤和皮下结缔组织形成结节、脓肿和溃疡，也可感染肺部、鼻黏膜及眼结膜。

本病很早就流行于非洲和欧洲地中海沿岸地区，以后蔓延于世界各地。我国各地区的马群中都有发生，主要呈散发，有时呈地方流行性。

（一）病　原

皮疽组织胞浆菌属于半知菌亚门、丝孢菌纲、丝孢菌目、丛梗孢科的组织胞浆菌属。曾被命名为皮疽隐球菌和皮疽酵母菌，国内习惯上将其称为流行性淋巴管炎囊球菌。本菌为双相型形态，在动物体内寄生阶段以孢子繁殖为主，在病料（如脓汁）中呈圆形、卵圆形或西瓜籽形，一端或两端尖锐，长3~5 μm，宽2.4~3.6 μm，细胞原浆均质，半透明，具有双层细胞膜，多单在，也有2~3个菌体相连的，有时在菌体的一端有芽状突起；人工培养基上生长的菌体完全不同于上述病料中的菌体形态结构，呈相互交织的不规则菌丝体，菌丝直径2~9 μm，有中隔，隔距约10~20 μm。有些菌丝末端有膨大的假分生孢子。

脓汁内的菌体不染色就可以看到其特征的形态，一般染液不易着色，革兰氏染色时，用丙酮短时脱色，则呈鲜明的阳性。当脓汁标本用龙胆紫加温染色、姬姆萨染色或革兰氏染色检查时，可见菌体边缘着染明显、内膜淡染或不着色，小颗粒浓染。人工培养基上生长的菌体，一般染色液均可着色。

本菌为需氧菌，培养困难，发育缓慢，培养适温为 22~28 ℃，pH 值为 5.0~9.0。在我国于 1955 年分离培养本菌成功。在固体培养基上于第 6~10 d 开始生长，30~40 d 生长最旺盛，菌落大如蚕豆，为不整形多皱襞隆起，呈淡黄褐色，初期湿润，以后变干燥，呈爆玉米花状。在液体培养基上于第 6~13 d 开始生长，第 30 d 左右生长旺盛，形成较厚的多皱褶淡黄褐色菌膜，液体保持透明。

本菌对外界因素的抵抗力极强。5%石碳酸、3%来苏儿、1%福尔马林、0.2%升汞，需经 1~5 h 才能将其杀死。

（二）流行病学

病畜是本病的主要传染源，脓汁内含有大量病原菌，脓肿破溃后病原菌可随流出的脓汁及溃疡分泌物而排出，当病畜与健畜直接接触时可经损害的皮肤或黏膜而感染，被污染的褥草、粪肥、马具、饲槽、医疗器械和保定绳索等也是传播本病的间接媒介物。当公马阴囊或包皮有病变时，也可经交配传染。蝇、虻等昆虫可能因将病原菌带入健畜创口而起机械传播作用。含有本菌的泥土也可成为传播媒介。本病主要发生于马、骡、驴、骆驼、水牛、猪，人也偶能感染。

本病多为散发，常发生于低凹潮湿地区，尤其在多雨及洪水泛滥之后发生更多，无季节性。一旦发生往往在短期内不易扑灭。一切可使皮肤、黏膜损伤的因素，厩舍潮湿、马匹拥挤都是感染本病的诱因。

（三）症状和病变

本病的潜伏期长短不一，数周至数月。症状主要表现为皮肤、皮下组织及黏膜发生结节、溃疡和淋巴管索肿及念珠状结节。

（1）皮肤结节：最常发生于四肢、头部、颈部及胸侧等处。在皮肤和皮下组织发生豌豆大至鸡蛋大的结节。初期硬固无痛，以后逐渐化脓，顶端变软脱毛，形成脓肿，最后破溃，流出黄白色极为黏稠的脓汁，有时混有血液，继而形成溃疡。初期溃疡底部凹陷，以后在本菌及其毒素的刺激下，肉芽组织赘生，溃疡面凸出于周围的皮肤而呈蘑菇状，溃疡不易愈合，痊愈后常遗留疤痕。

（2）黏膜结节：黏膜的病变多见于全身感染病例，有时可因黏膜损伤而出现原发性感染病灶。多在鼻腔、口唇、眼结膜及生殖器官黏膜等处发生大小不同的黄白色或灰白色圆形、椭圆形结节。结节扁平呈盘状突起，表面光滑干燥，边缘整齐，周围无红晕。结节破溃后，形成单在的或融合的高低不同的溃疡面。病变发生在鼻黏膜时，流出少量黏液性鼻液。同侧的颌下淋巴结也常肿大，可能化脓、破溃。

（3）淋巴管索肿及念珠状结节：如果病菌侵入淋巴管，则可引起淋巴管炎，使淋巴管变粗变硬，如同绳索状。如若病菌在淋巴管瓣膜上发育繁殖，则在肿大的淋巴管上形成许多小结节，如同串株状。结节软化破溃后，也形蘑菇状溃疡。有的由于四肢多数淋巴管发炎，使皮下结缔组织增厚 3 cm 以上。

在病变未侵害较大面积的病例，全身症状不明显，食欲正常，体温不高，体况不见消瘦，皮肤上的结节破溃后，易于愈合。倘若病情严重，病菌经血流扩散于全身时，使患畜各部皮肤、皮下结缔组织及淋巴管形成较多而大的结节和溃疡，或互相融合，导致溃疡面长时不愈合，不断流出脓汁，并逐渐蔓延扩大。当形成转移性脓肿时，患畜则表现体温升高，食欲减退，逐渐消瘦，常由于其他细菌的继发感染而迅速死亡。

（四）诊　断

根据临床上患畜体表的淋巴管索肿、念珠状结节、散在结节及蘑菇状溃疡和全身症状等明显等特点，结合流行病学情况，即可做出初步诊断。为了与类似疫病的鉴别，可进行细菌学检查和变态反应试验。

（1）细菌学检查：取患畜病变部的脓汁，置于载玻片上，以10%苛性钠或生理盐水稀释，盖上盖玻片，在显微镜下，可见圆形或椭圆形的组织胞浆菌。病马的脓汁中病原菌的检出率，我国资料为83.5%，国外为88%。因此，对细菌学检查阴性而临床上可疑的患畜，应进行变态反应试验。由于病原菌培养比较困难，且需10 d以上时间，又无适当的实验动物，所以一般只在实验研究时进行分离培养。

（2）变态反应诊断：这种方法不仅特异性强，检出率高，而且还可检出潜伏期的患畜。皮疽组织胞浆菌素对患畜检出的阳性率为93.4%，浓缩皮疽组织胞浆菌素对患畜检出的阳性率为97.8%。

（3）鉴别诊断。

① 鼻疽。皮鼻疽与流行性淋巴管炎患畜体表上的结节、溃疡、淋巴管索肿及念珠状结节极其相似，应仔细对溃疡进行鉴别。皮鼻疽的溃疡底部凹陷、湿润如油脂样，溃疡面由肉芽组织构成堤状边缘，使整个溃疡呈喷火口状，不易愈合。愈合后，往往遗留放射形的礼花状瘢痕。在鼻腔鼻疽时，鼻腔黏膜上的结节呈黄色，周围绕以红晕。结节坏死崩解后，形成大小不等、边缘不整的浅溃疡，长时流出脓性鼻汁，并伴有呼吸困难。流行性淋巴管炎溃疡呈蘑菇状，镜检其脓汁可见组织胞浆菌。必要时，可用鼻疽菌素与皮疽组织胞浆菌素进行鉴别。

② 溃疡性淋巴管炎。溃疡性淋巴管炎的病变多发生于后肢下部，初期患部呈弥漫性肿胀，有疼痛，以后病变部出现界限明显的结节，结节破溃后形成不整的溃疡，肉芽组织活跃，易于愈合。不侵害邻近淋巴结。镜检其脓汁可见到伪结核棒状杆菌。皮疽组织胞浆菌素试验阴性。

③ 颗粒性皮炎（夏疮）。此种病多发生于夏季，是由于携带蝇柔线虫幼虫或大口柔线虫幼虫的蝇类叮咬马皮肤伤口而感染的。伤口呈颗粒性肉芽增生，周围变硬，不易愈合。但在入冬后，却能自行愈合。在其整个病程中不见形成结节及淋巴管索肿。

（五）治　疗

本病是一种顽固性疾病，应早期发现，及时治疗。采取药物疗法与手术疗法相结合才能取得较好的治疗效果。

手术疗法：将结节、脓肿等用外科手术摘除。这在病变轻微时效果较好。如果病变多，面积广，可分期分批摘除。切除后的创面涂擦20%的碘酊，以后每天用1%的高锰酸钾溶液冲洗，再涂以上述药剂，并覆盖灭菌纱布。头部及四肢的小块病变，不便施行手术摘除时，可用烙铁烘烙。

药物疗法：新砷凡纳明（914）疗法。将新砷凡纳明4 g溶于5%葡萄糖盐水200 mL中，一次静脉注射，间隔3~4d天重复一次，4次为一疗程。也可用黄色素、土霉素治疗。

（六）防 制

应加强国境检疫，防止引进阳性或感染动物。在该病的疫区，发现病马后及时隔离治疗或扑杀，除止该病的扩散传播。扑杀或自然死亡的动物尸体、治疗过程中摘除的病变组织以及其他含有病原菌的物质，如换下的敷料、分泌物、排泄物等应进行焚烧或其他无害化处理。病马污染的厩舍及其用具可用氢氧化钠或甲醛溶液进行严格消毒。

第四节 马传染性贫血

马传染性贫血（简称马传贫）是由马传染性贫血病病毒引起马、骡、驴的一种慢性传染病。临床上该病可以反复发作，以发热（稽留热、间歇热）、贫血、出血、黄疸、心脏衰弱、浮肿和消瘦等为特征；发热期间症状明显，无热期间症状减弱或暂时消失，慢性或隐性病马长期持续带毒。

马传贫于1843年首次在法国发生，目前呈世界性分布。我国原本并无此病，1931年日本侵华时带进了东北和华北等地，1954年和1958年由前苏联进口马匹时又将该病传入我国，并广为散布。1965年我国首次分离马传贫病毒成功，并于1975年首次研制成功了马传贫弱毒苗，目前马传贫疫情在我国已得到控制，疫区逐渐消失。

（一）病 原

马传贫病毒是反转录病毒科慢病毒属，属于RNA病毒。该病毒粒子呈球形，有囊膜，直径为90~120 nm，囊膜厚度为9 nm左右，囊膜表面有纤突。病毒粒子的中心电子密度较高，并有一直径为40~60 nm的类核体。在氯化绝中该病毒的浮密度1.18 g/cm^3，沉淀系数110~120 S。

马传贫病毒的不同毒株都具有两种抗原，即群特异性抗原和型特异性抗原。群特异性抗原是可溶性的，存在于所有毒株中，因其抗原性保守而被用于大多数的诊断实验中，如补体结合实验及沉淀反应等。型特异性抗原位于囊膜表面，属于中和性抗原，但不同毒株之间该抗原的差别很大，目前至少有14个型。该病毒极易变异，通常在病毒持续感染期间，病马出现反复发作的病毒血症，而每次病毒血症出现时其体内病毒抗原性均可发生改变，即出现抗原漂移现象。

马传贫病毒在体外培养较困难，在马属动物的白细胞、骨髓细胞和胎组织（脾、肺、皮肤、胸腺等）传代细胞上培养时可以复制。马属动物以外的动物细胞，如蚊的卵巢细胞、犬源和猫源细胞培养物也可以培养马传贫病毒。该病毒主要存在于病马体内，尤其是发热期病马的血液及各脏器（主要肝、脾）中病毒滴度最高。在不发热期间，各脏器及血液中病毒含量降低或消失。

此病毒在低温条件下稳定，-20 ℃时可保存7年。对乙醚、甲醛、石碳酸等敏感。对热抵抗力较弱，血清中病毒60 ℃处理60 min可失去感染力，煮沸15 min可用于各种器械的消毒。临床上常用5%来苏儿溶液消毒马厩和被病毒污染的环境，效果很好。

（二）流行病学

病马带毒马是主要的传染源，特别是发热期的病马血液和脏器中含有大量病毒，并可随分泌物和排泄物排出体外而散播传染。慢性和隐性感染马能长期带毒是危险的传染源。

马、骡、驴对该病毒易感，以马的敏感性最高，骡、驴次之。各种品系、年龄、性别的马属动物均具易感性。

该病的传播途径主要是吸血昆虫的机械性传播，能传播马传贫的吸血昆虫有虻类、蚊类等，尤其以大中型的山虻危害较大，这与其体躯大、口器粗、吸血量大等有关。此外，也可通过污染的医疗器械、消化道、直接接触和胎盘等途径感染。本病呈地方性流行或散发，通常无严格的季节性，但在吸血昆虫活动季节（7~9月份）较多发。饲养管理不良、过劳、长途运输、内寄生虫及马匹的调拨、购入、集结等都能促进本病的发生和传播。

（三）发病机理

感染初期实验感染马的肝和脾含病毒量最大，有人认为这些脏器是病毒增殖的最初部位。感染后或在机体抵抗力下降时，病毒进入血液并进行大量增殖引起病毒血症，此时在血液中马传贫病毒和组织分解产物的作用下，病马体温升高。当机体抵抗力增强时，病毒可暂时从血液中减少或消失，体温下降或恢复。

实验感染还表明，肝脏星状细胞、脾和其他脏器的巨噬细胞及血管内皮细胞均含有高滴度病毒。当发生网状内皮系统机能失常、病毒抗原变异和无效的免疫应答等现象时常导致马传贫的持续感染。

（四）症　状

该病的潜伏期长短不一，人工感染病例一般为 10~30 d，短为 2~5 d，长可达 90 d。在临床上通常将病马分为急性、亚急性、慢性及隐性 4 种病型。流行初期多为急性经过，死亡率高。以后逐渐转为亚急性或慢性，病死率降低，最后以慢性为主。新疫区多呈爆发，急性病例多；老疫区则断断续续发生，慢性病例多。

1. 各型病马的共同症状

（1）发热：主要表现为稽留热和间歇热，也可出现不规则热。患马可能高热稽留直至死亡，也可能发热几天至 3 周后恢复正常，然后出现长短不一的间歇热。发热期间病马出现血液学变化及全身状况恶化的临床表现。除体温升高外，病马还可出现温差倒转现象（上午体温高、下午体温低），特别是慢性型病马更为明显。

（2）贫血、黄疸及出血：发热初期，病马可视黏膜潮红、充血及轻度黄染。随着病程的发展，贫血逐渐加重，可视黏膜随之变为黄白至苍白。同时常在眼结膜、鼻翼黏膜、齿龈黏膜、阴道黏膜，尤其是舌下可能出现大小不一的出血点。

（3）心脏机能紊乱：表现为心搏动亢进，第一心音增强、混浊或心音分裂，心律不齐，出现缩期杂音等。脉搏增数可达 60~100 次/min 以上。

（4）浮肿：病马四肢下部、胸前、腹下、包皮、阴囊等处出现无热无痛的面团样肿胀。

（5）全身状态：病马表现为精神沉郁、低头耷耳、站立不动、食欲减退、逐渐消瘦、极易疲劳和出汗。在中后期，由于肌肉变性、坐骨神经遭受损害，病马表现后躯无力，运动时左右摇晃、步履不稳、急转弯困难、尾力减退或消失等现象。

(6）血液学变化：病初红细胞被大量吞噬破坏，但由于骨髓造血机能的代偿性增强使红细胞数量仍能基本保持正常。但随着病程的发展，红细胞数量下降，常在 500 万个/mm^3 以下，严重病例可达 300 万个/mm^3 以下。此外，还可发现血液稀薄、血红蛋白量减少、红细胞沉降速度加快等表现。

2. 不同病型的临床特点

（1）急性型：多见于新疫区的流行初期或老疫区内突然暴发的病马。发病时，体温骤升达 39～41 ℃ 以上，高热稽留 8～15 d 后可降至常温，以后又急骤升高达 40～41 ℃，并稽留至死亡。临床症状及血液学变化明显。病程短者 3～5 d，最长不超过 1 个月。

（2）亚急性型：常见于流行中期，病程较长为 1～2 个月。主要呈现反复发作的间歇热和温差倒转现象，通常反复发作 4～5 次，有热期体温升到 39.5～40.5 ℃，持续 4～6 d，部分病例可延长至 8～10 d，然后转为无热期。若病马趋于死亡，则发热次数较频繁，无热期缩短，有热期延长，反之则发热次数减少，无热期变长，有热期缩短，此时病马可转为慢性型。临床症状及血象随体温变化而变化，即有热期临床症状和血液变化明显，无热期症状减弱或消失，但心脏机能仍然不正常。

（3）慢性型：常见于老疫区，病程长可达数年或数月。其特点与亚急性型基本相似，呈现反复发作的间歇热，但发热程度不高、维持时间短，一般 2～3 d。无热期长，可达数周、数月。温差倒转现象明显。

上述 3 种病型并不是静止不变的，可随机体抵抗力增强或减少而相互转变。

（4）隐性型：无明显临床症状，但能长期带毒，只有实验室检验才能查出。

（五）病　变

本病主要表现为全身性败血症变化。最明显的病理变化是脾和淋巴结肿大、槟榔肝、贫血、出血、水肿和消瘦。但组织学变化具有一定的诊断价值，主要包括早期的淋巴样细胞增生和实质细胞坏死。随后各器官中血管周围出现淋巴细胞浸润，淋巴样组织及脾、肝、肾、心脏、淋巴结等内部的网状内皮细胞增生及铁代谢障碍。肝脏出现特征性病变，即肝细胞变性，星状细胞肿大、增生及脱落，肝细胞索紊乱，在中央静脉周围的窦状间隙内和汇管区见有多量吞铁细胞，同时淋巴样细胞在肝细胞索、汇管区的血管和胆管周围弥散性浸润。肾脏可见肾小球肾炎。此外，由于病马肝、脾等内部的网状内皮细胞大量增殖，吞噬能力增强，变性的红细胞被大量吞噬，在吞噬细胞酶的作用下，被吞噬红细胞的血红蛋白转变成含铁血黄素，因此静脉血中出现大量含铁血黄素的细胞即吞铁细胞。

（1）急性型：主要表现为败血症变化，即在舌下、鼻翼、第三眼睑、阴道、胸腔、腹腔、膀胱、输尿管以及盲肠和大肠等处的黏膜及浆膜表面出血点或出现斑。淋巴结肿大，切面充血、出血、水肿。脾脏肿大，切面呈暗红色，有时因白髓增生而呈颗粒状。肝肿大，切面小叶明显，呈槟榔样花纹。肾肿大，肾实质和肾盂黏膜有出血点。心脏脆弱，呈灰黄熟肉样，心内外膜有出血点。

（2）亚急性和慢性型：尸体消瘦和贫血、可视黏膜苍白、全身轻微出血，一般仅在肠浆膜及心内外膜等处见有少量出血点。脾肿大、质地坚实，表面粗糙不平，脾小体肿大。肝肿大，暗红色或铁锈色，切面呈槟榔样花纹，肝小叶明显，呈网状结构。肾轻度肿大，呈灰黄色，切面皮质增厚，肾小球明显，呈慢性间质性肾炎的变化。心脏迟缓、扩张，心肌脆弱褪色呈煮熟状。淋巴结肿大，坚硬，切面呈灰白色，淋巴小结增生呈颗粒状。长骨骨髓红区扩大，黄区内有红髓增生，慢性严重病例骨髓呈乳白色胶冻状。

（六）诊　断

根据临床症状、血液学变化及流行病学可为本病提出诊断的线索，但确诊需要进行抗体检测及病毒分离鉴定，其中任何一种方法呈现阳性都可判断为马传贫。

1. 临床综合诊断

即根据该病的流行病学、临床症状、血液学变化以及病理剖检结果进行综合分析，以获得初步的诊断结果。该方法虽然是非特异的，但可为进一步诊断提供依据。

流行病学调查：首先调查症状的流行情况和病史，进一步再调查该病的流行特点、近年购入马匹的来源、时间和活动范围，药物治疗效果以及蚊虻等昆虫的活动情况等。

临床检查和血液学检查：由于传贫病马的临床症状和血液学变化具有随体温变化而变化的特点，因此可应用该特点进行本病的诊断。为了解这一变化规律，应每日早晚对被检马定时测温 2 次，连续 1 个月或更长时间，以观察热型和温差倒转现象。血液学检查应在有热期间隔 2~3 d，无热期间隔 7~10 d 进行 1 次，以分析其相互关系。该项检查的项目应包括全身状态、心机能、可视黏膜、浮肿、红细胞数、血沉及吞铁细胞。

病理学检查：马传贫的病理变化虽无特异性，但对自然死亡的病马或在发热期或退热后不久捕杀的病马进行病理检查，结合其他检查综合分析也有一定的诊断价值。但对慢性病例的诊断意义不大。

2. 血清学诊断

补体结合反应（CF）：该法具有较高的特异性和敏感性，对隐性感染马和慢性病马也有很大的诊断价值。

琼脂扩散试验（AGID）：马传贫诊断的琼脂扩散试验也具有很高的特异性，抗体在病马体内的持续时间可长达数年，对慢性及隐性病马检出率为 96.88%，对急性、亚急性型病马检出率 88.15%。另外，该方法可用于检测幼驹体内的母源抗体，它是一种简便、易于推广使用的检测方法，同时也是 OIE 指定的诊断方法。与补反及临床综合诊断法相比，琼扩检出率最高，其次是补反，临床综合诊断最低，但该 3 种诊断方法的结果并不一致，必须同时使用才能提高检出率。

中和试验：马、骡感染产生的中和抗体晚于沉淀抗体及补反抗体，但抗体效价波动较少。该抗体可用于鉴别不同毒株的病毒型，而很少用于诊断。

免疫荧光技术：可分为直接法和间接法两种，直接法用于对抗原的检验，间接法主要用于检查抗体，但都具有很高的敏感性和特异性。

酶联免疫吸附实验（ELISA）：与琼扩和补反相比，该方法敏感度高、特异性强，已用于马传贫的检疫、定性和疫场净化。

斑点酶联免疫吸附实验：可用于鉴别疫苗接种马与传贫病马。

3. 鉴别诊断

马传贫、马梨形虫病、马锥形虫病、马钩端螺旋体病、马营养性贫血等疾病，在临床上都具有高热（营养性贫血除外）、贫血、黄疸、出血等症状，容易混淆。因此，诊断时通常需要采用血清学方法进行鉴别诊断。

(七) 防 制

为了预防和扑灭马传贫,必须贯彻执行"马传染性贫血防治办法"等有关法规文件规定,切实做好养、防、检、隔、封、消、处等综合性防治措施。

1. 一般性防治措施

加强饲养管理,实行科学养马,增强马匹体质,提高抗病能力,慎重引进马匹。必须引进时要注意做好检疫工作。对环境、马厩定期消毒,防灭蚊、虻等吸血昆虫,严格限制马群混牧。

2. 免疫防制

马传贫的免疫应答包括体液和细胞免疫,细胞免疫的抗感染作用比体液免疫更有效。哈尔滨兽医研究所研制成功的驴白细胞弱毒疫苗,对马的保护率可达74%。在疫区及受威胁区对健康马或假定健康马可实行疫苗接种,以达到防制本病的目的。

3. 发病后的防制措施

封锁:发生马传贫后应迅速作出诊断,划定疫区进行封锁。假定健康马不得出售、串换、转让或调群。种公马不得调出疫区配种,繁殖母马一律人工授精配种。自疫点检出最后一匹病马之日起,一年内未再检出时方可解除封锁。

检疫:经过检疫将马群分为病马、假定健康马。检疫的方法除进行测温、临床及血液学检查外,应以1个月间隔做3次补反和琼扩试验。在临床综合诊断、补反和琼扩诊断中,任何一种判定为阳性的马属动物都被视为传贫病马。可疑病马要进行1个月的观察,排除传贫后方可消毒归群。

隔离:病马和可疑病马必须与健康马匹分别隔离以防传播该病。

消毒:被病马或可疑病马污染的马厩、马场应彻底消毒。粪便应堆积发酵消毒。为了防止吸血蚊、虻等昆虫,可喷洒0.5%二溴磷或0.1%敌敌畏溶液。

处理:病马应集中捕杀处理并对捕杀或自然死亡病马尸体进行焚烧或深埋。

免疫:经检疫认定的假定健康马可进行弱毒苗接种。

第五节 马传染性鼻肺炎

马传染性鼻肺炎是幼龄马的一种急性传染病,其特征为发热、白细胞减少和呼吸道卡他性炎症。孕马感染后可发生流产,故又称为马病毒性流产。

自20世纪30年代在美国发现本病以后,目前已分布于世界各地,许多国家和地区都证明本病的存在。在我国于1980年从东北两个马场的流产胎儿首次分离到了马鼻肺炎病毒,随后又开展了流行病学调查,结果表明本病在我国马群中广泛存在。

(一) 病 原

马传染性鼻肺炎病毒属于疱疹病毒科的马疱疹病毒1型(EHV-1),它具有疱疹病毒的一般共性。该病毒含有双链 DNA 核心，外包以脂蛋白囊膜。EHV-1 不仅能在马属动物的组织细胞内增殖，还能在一些异种动物的组织细胞内生长。但初代分离培养时以马、猪和仓鼠肾等原代细胞最为敏感，在出现细胞病变的同时，感染细胞内可形成核内包涵体。

该病毒可分为 2 个亚型，即亚型 1 又称胎儿亚型，主要引起流产；亚型 2 又称呼吸系统型，主要引起呼吸道症状。亚型 1 和亚型 2 在许多特性上都有差异，表现为抗原性上与单克隆抗体的反应不同，基因组核酸仅有 20%的同源性等。

EHV-1 比较脆弱，不能在宿主体外长时间存活，在生理盐水中不稳定，对乙醚、氯仿、膜蛋白酶等都敏感，能被很多表面活性剂灭活，福尔马林溶液可迅速被灭活。但保存该病毒时，pH6.0~6.7 的环境条件最适合；冷冻保存时以-70 ℃ 以下为最佳。

（二）流行病学

病马和恢复后的带毒马是本病的主要传染源。病毒存在于病马的鼻汁、血液和粪便中；流产马的胎膜、胎液和胎儿组织内也含有大量的病毒。该病的传播途径主要是呼吸道，也可通过消化道或交配传染。犬、鼠和腐食鸟类可能机械传播本病。

在自然条件下，本病毒只感染马属动物，其他动物不感染。实验感染时病毒可在仓鼠、鸡胚、豚鼠和小鼠体内增殖。

该病常呈地方性流行，多发生于秋冬和早春季节。初次发生本病的马群，往往先在育成马群中出现鼻肺炎表现，并迅速蔓延传播，通常可在 3~4 个月内使 80%~100%的马匹遭受感染。在幼马发病 1~4 个月后，孕马可能出现流产，并多发生于怀孕第 8~11 个月。但在老疫区，大多只见幼马鼻肺炎，孕马群中的流产率不高。

（三）症　状

潜伏期为 2~4 d，个别的可达 1 周。

常见的临床症状是鼻肺炎，病驹体温升高达 39.5~41 ℃ 之间，流多量浆液乃至黏脓性鼻汁，鼻黏膜和眼结膜充血。在体温上升的同时，白细胞数量减少。病程可持续 1~3 周。继发细菌感染时可导致肺炎的表现。但多数病例呈隐性型感染，往往不被察觉。

成年马或怀孕马患病后，临床表现远较幼驹轻微，仅个别病马有一过性体温升高。但怀孕母马感染后可导致流产，通常在流产前怀孕马无前驱症状，突然发生不明原因的流产，无胎衣滞留现象。流产后的病马能够很快恢复正常，也不影响以后的配种。有些接近临产期的母马被感染后，胎儿产出时即呈昏睡状，不能站立，吮乳，存活 1~2 d 即死亡。

感染马偶尔呈现严重的神经症状，表现为运动失调、后肢和腰部僵硬麻痹以至瘫痪不能起立。病程长短不一，短的数天，长的可持续 10 d，但以死亡转归。

（四）病　变

鼻肺炎患驹上呼吸道充血、发炎和糜烂，局部腺体呈增生变化。侵及肺脏时，间质发生水肿和纤维蛋白浸润。严重感染病例呼吸道上皮细胞和淋巴结中心显著坏死，并可在细支气管上皮细胞看到典型嗜酸性核内包涵体。

流产胎儿具有特征性病理变化。体表外观新鲜，皮下常有不同程度的水肿和出血，可视黏膜黄染。心肌出血，肺水肿和胸、腹水增量。肝包膜下散在针尖大到粟粒大灰黄色坏死灶，是本病的主要眼观特征。组织学检查时可在坏死灶周围细胞、小叶间胆管上皮细胞和肺细支气管上皮内发现嗜酸性核内包涵体。肺脏可见支气管上皮细胞坏死，肺泡上皮细胞核内有包涵体。脱落的支气管上皮使很多细支气管堵塞。脾淋巴组织呈现以细胞核破裂为特征的坏死。生前呈现神经症状的病马，大脑显示化脓性脑炎变化。

（五）诊　断

在疫区，可根据流行病学、临床症状、流产胎儿病变，尤其是嗜酸性核内包涵体做出初步诊断。但应注意与马腺疫、马流行性感冒、病毒性动脉炎等区别，确诊要靠病毒分离或血清学试验。

病毒分离：母马流产时，可取胎儿肺、肝、脾、胸腺等组织；发生鼻肺炎时，可用灭菌棉拭子采取鼻分泌物作为病毒分离的检样。初代分离培养以马肾细胞最敏感，也可以用乳仓鼠肾和猪胎肾原代细胞。

血清学诊断：主要包括病毒中和试验、补体结合试验、琼脂扩散试验和免疫荧光试验等。

（六）防　制

本病的预防应采取综合性防疫措施，尤其要加强怀孕马的饲养管理，不使其与流产母马和患驹接触。由于2岁以下幼驹最为易感，因而断奶后应即时与患病母马隔离并防止与其他马群接触，以防感染发病。流产母马应及时隔离，并对其污染的环境和流产后的分泌物、排泄物及胎儿等进行严格的消毒处理。

20世纪70年代后欧洲和美洲研制了几种经过细胞培养传代致弱的活疫苗。这些疫苗在应用时无不良反应，但免疫期短，需要接种2次。

第六节　非洲马瘟

非洲马瘟是由非洲马瘟病毒引起马属动物的一种急性或亚急性传染病。该病在临床上以发热、肺和皮下组织水肿及部分脏器出血为特征。本病主要发生在非洲，在非洲以外的地区也有发生。目前，我国没有该病的流行。

（一）病　原

非洲马瘟病毒为呼肠孤病毒科、中环状病毒属的成员，与蓝舌病病毒同属。该病毒为圆形，基因组由双股RNA组成。本病毒有9个血清型。

本病毒对酸的抵抗力弱，pH9以下则被灭活。该病毒对热的抵抗力强，45 ℃以下可以存活6 d，50 ℃ 10 min 或 70 ℃ 5 min 病毒仍具有感染活性。该病毒对乙醚等具有耐受性。液态下在-20 ℃时效价会逐渐消失，但在4 ℃或-40 ℃以下可以保存组织中的病毒，在冷冻干燥状态下的病毒也可以长期保存。

（二）流行病学

病马和带毒马以及感染的斑马是本病的主要传染源。感染马在康复后的90 d内仍然存在病毒。斑马感染后仅出现轻微的发热而无其他症状，但在相当长的时间内持续存在病毒血症。本病主要经过库蠓等昆虫传播，不能经口和接触传播。但犬可以经过摄食感染马的脏器和肉而经口感染。马属动物对本病易感，且马最为易感，特别是幼龄马，骡次之，驴具有耐受力。除此之外，斑马、犬、山羊、黄鼠狼、大象和骆驼等动物也可以感染本病。该病毒在库蠓体内可以越冬，温暖地带的马群可呈持续性感染状态，在寒冷地带，本病存在明显的季节性。

（三）症　状

本病的潜伏期 3~9 d。由于感染动物和病毒株的不同，临床表现有较大差异。根据临床症状可以将该病分为4种类型。

（1）急性肺炎型：多见于流行初期和新发病地区，潜伏期 3~5 d。病马体温迅速升高达 40~42 ℃，咳嗽、呼吸困难，不久鼻孔扩张，流出大量泡沫样的鼻汁，头向下伸直，耳向下垂，前肢开张并有大面积出汗。该类病马多于出现症状后不久因呼吸困难而死亡。

（2）亚急性心脏型：多见于部分免疫马匹或弱毒株感染的马匹。潜伏期和病程均较急性长。表现为头部、颈部皮下水肿，发热，上眼睑、口唇和腭等部位肿胀，并向胸、肩及腹部扩展。有时呼吸次数增加，呈腹式呼吸。濒死期病马出现呼吸次数迅速增加、倒地横卧、肌肉震颤、出汗等表现。

（3）肺心型：表现为肺、心两型的综合临床症状，多呈亚急性经过。

（4）发热型：该型症状轻微，多发生于具有一定抵抗力的动物感染。潜伏期 5~9 d 后体温升高，经过 4~5 d 后又恢复。表现为发热初期的食欲不振、结膜轻度发炎、脉搏和呼吸次数增加等症状，病程为 1~2 周。

（四）病　变

（1）肺炎型：本病的特征是肺水肿、小叶间充满透明的液体；全肺呈粉红色或红色，压迫肺组织时则从切面流出泡沫样液体；急性死亡的病马可见气管和鼻腔内具有来自肺脏的白色泡沫；胸腔内充满大量黄色透明的液体。

（2）心型：常见皮下组织和肌间组织出现大量的黄色明胶样水肿，肌肉呈茶褐色并有出血。心包内充满黄色或红褐色液体，心脏表面存在点状或斑状出血。肺脏在非混合型感染时萎陷，有时有点状出血。消化道变化与急性型相似，胃底部充血，肠系膜、腹膜、盲肠和结肠的浆膜存在点状出血。肝脏肿大呈暗褐色，脂肪变性及充血。脾脏肿大，有大量出血点。

（五）诊　断

可以根据上述各型的临床症状和剖检变化进行初步诊断。该病的临床症状与病变相当特异，但由于感染动物及毒株的差异，也可能出现不典型的变化，故应该与马传染性贫血、炭疽、马病毒性动脉炎、马病毒性关节炎等疾病加以区别，必要时需要进行实验室检查。

病毒分离：取血液或肺、脾、淋巴结等组织材料的灭菌上清，脑内接种 1~3 日龄乳鼠，观察 4~10 d；若出现神经症状则需要在小鼠脑内继代接种。也可用感染组织处理后的上清液、红细胞裂解液接种仓鼠肾细胞、马肾细胞及鸡胚细胞进行病毒培养，观察细胞病变或进行荧光抗体染色检查。

补体结合（CF）试验：由于非洲马瘟的 9 种 CF 抗原具有群特异性反应，因此该病的诊断可用感染小鼠脑组织乳剂的蔗糖和丙酮抽提物或灭活的血清进行补体结合试验。同时，该方法也是 OIE 推荐的用于非洲马瘟诊断的方法之一。

此外，ELISA 法具有群特异性和高敏感性，是 OIE 推荐在国际贸易中采用的诊断方法。琼脂扩散试验则用于 CF 检测出现非特异性反应的血清进行检查。

（六）防　制

该病是马属动物唯一的 A 类疫病，可通过库蠓属雌蠓传播。因此，季节、生态和地理等因素对本病的流行具有重要影响。

禁止从本病流行国家进口单蹄动物是杜绝引进本病的最好方法。控制方法包括禁止进口或过境运输该病感染国家或地区的马科动物及其精液和胚胎等相关材料；对从无该病国家进口的马科动物要经过法定检验程序；从污染国参赛返回的马匹，必须进行严格的检疫，并隔离观察 2 个月。

当发现可疑病例时应及时确诊，并进行严格的隔离。病死马尸体应焚烧或深埋，周围环境进行严格消毒处理。

思考题

1. 马传贫病有何临诊特点？怎样预防？
2. 马流感的症状有哪些？如何预防？
3. 马鼻疽如何诊断？治疗措施有哪些？

第八章 犬、猫、兔和貂的传染病

（1）重点掌握犬瘟热、犬细小病毒、犬副流感疾病。
（2）掌握猫杯状病毒感染、猫泛白细胞减少症、兔梭菌性下痢等疾病。

第一节 犬瘟热

犬瘟热是由犬瘟热病毒引起的，是感染肉食兽中的犬科（尤其是幼犬）、鼬科及一部分浣熊科动物的高度接触传染性、致死性传染病。病犬早期表现双向热型、急性鼻卡他，随后以支气管炎、卡他性肺炎、严重胃肠炎和神经症状为特征，少数病例出现鼻端和脚垫的高度硬化。本病极易继发细菌感染和二次感染，使病情加重，其死亡率高达80%以上；康复犬还易遗留抽搐、癫痫、麻痹样后遗症。该病是危害养犬业最严重的疫病之一。

犬瘟热最早发现于18世纪后叶。1905年卡尔（Carre）发现其病原为病毒，所以本病也叫Carre氏病，1951年Dedie首次用组织培养的方法培养出犬瘟热病毒。此病分布于全世界。1980年我国分离获得本病毒，目前我国各地亦时有发生。

（一）病 原

犬瘟热病毒（CDV）在分类上属副黏病毒科、麻疹病毒属。核酸型为单股RNA病毒粒子，呈圆形或不整形，有时呈长丝状。粒子中心含有直径15~17 nm的螺旋形核衣壳，外面被覆一近似双层轮廓的膜，膜上排列有长约1.3 nm的纤突病毒（H和F糖蛋白）。

犬瘟热病毒与麻疹病毒和牛瘟病毒在抗原性上密切相关，表现为：①牛瘟病毒可使机体对犬瘟热产生一定程度的免疫力；②牛瘟抗血清中含有对麻疹病毒的中和抗体；③犬瘟热康复犬的血清中含有抗麻疹的抗体，同样，麻疹患者的血清中也含有对犬瘟热的中和抗体；④犬和雪貂接种麻疹病毒后对犬瘟热有一定的免疫力。他们对各自宿主和某些细胞培养物所致的病变也具有某些相似之处。研究证实，来源于不同地区、不同动物和不同临床病型的犬瘟热病毒毒株属同一个血清型。

犬瘟热对热和干燥敏感，50~60 ℃、30 min即可灭活，在炎热季节犬瘟热病毒在犬群中不能长期存活，这可能是犬瘟热多流行于冬春寒冷季节的原因。在较冷的温度下，犬瘟热病毒可存活较长时间，在2~4 ℃可存活数周，在-60 ℃可存活7年以上，冻干是保存犬瘟热病毒的最好方法。

犬瘟热病毒对紫外线和有机溶剂敏感，最适pH 4.5~9.0条件下均可存活。0.75%石碳酸和0.3%季胺类消毒剂4 ℃、10 min不能灭活该病毒，临床上常用3%的氢氧化钠作为消毒剂，效果很好。

犬瘟热病毒经各种途径实验接种均可使雪貂、犬和水貂发病，也可实验感染其他动物，脑内接种乳小鼠、乳仓鼠和猫可产生神经症状；猪感染犬瘟热病毒强毒可产生支气管肺炎；兔和大鼠对非肠道接种具有抵抗力，猴和人类非肠道接种可产生不明显的感染。犬瘟热病毒对不同易感动物的致病性有所差异，这种差异的存在与病毒本身的适应性有关。随着病毒对某种动物的适应，对该动物的致病力不断增加，而对其他动物的致病力相应减低。将犬瘟热病毒接种鸡胚绒毛尿囊膜，传 3~10 代后产生病变，适应于鸡胚 80~100 代的犬瘟热病毒对犬和貂的毒力减弱，可以用作弱毒疫苗。

犬瘟热病毒能适应多种细胞培养物，包括原代和继代犬肾细胞、雪貂肾细胞、鸡胚成纤维细胞、Vero 细胞和 FL 细胞等。在犬肾细胞上，犬瘟热病毒产生的细胞病变包括细胞颗粒变性和空泡形成，形成巨细胞和合胞体，并在细胞中（偶尔在核内）出现包涵体。

（二）流行病学

犬瘟热病毒感染分布于世界各地。在自然条件下，犬瘟热病毒可感染犬、貉、貂、小熊猫、黄鼠狼以及豺、狼、獾等多种犬科、鼬科和浣熊科动物，其中以 1 岁以下的动物最为易感。猫科动物如虎、豹、狮等也可感染发病，甚至致死。病后可获得较强的免疫力。仔犬通过胎盘和初乳获得母犬 70%~80%的被动免疫。猴可被实验感染，人尚未见犬瘟热病毒感染的报道。

犬瘟热的传染来源，主要是病犬和带毒犬，其次是患犬瘟热的其他动物和带毒动物。病毒存在于肝、脾、肺、脑、肾、淋巴结等多种脏器与组织中，通过眼泪、鼻汁、唾液、尿液以及呼出的空气等排出病毒，污染周围空气、饮水、食物、用具等。有些病犬临床恢复后，可长时间向外界排毒，成为不被人们注意的传染来源。不少犬场因为购进带毒犬引起了本病流行。犬瘟热病毒的传染性极强，同一环境饲养的动物，无论采取怎样的隔离措施，最后还是难免互相传染。试验证明，传播的途径主要是呼吸道，其次是消化道。通过飞沫、食物或不洁的医疗卫生用具，经眼结膜、口腔、鼻腔黏膜以及阴道、直肠黏膜而感染。有人提出犬瘟热病毒在犬科通过胎盘垂直传播，造成流产和死胎。尚无发现节肢动物传播犬瘟热病毒的报道。犬瘟热康复犬可获终身免疫力。

犬瘟热的发生流行具有明显的品种、年龄和季节性，而且似有 2~3 年流行一次的周期性。离乳至 1 岁的犬发病率最高，老龄犬和哺乳犬虽有发病报道，但为数极少。纯种犬与当地土种犬相比，易感性明显增高。秋末夏初犬瘟热明显增多。近年来，由于养犬业的发展，犬的频繁交流调运，以致犬群的免疫水平动荡不定，发病周期性不再明显。

（三）发病机理

犬瘟热之所以危害严重，是因为它是一种泛嗜性病毒，可感染多种细胞与组织，造成相应的症状。病毒最初通过气溶胶与上呼吸道黏膜上皮接触而感染，24 h 后扩散至扁桃体、咽喉和支气管淋巴结，表现出发烧和温和的上呼吸道症状。2~4 d 后病毒大量繁殖并进入血液，扩散到肝、脾、肺、胸腺、胃、小肠、骨髓等组织和器官，表现再次发烧及全身症状，并使机体免疫功能受到严重破坏，导致其他细菌、病毒的继发感染。8~9 d 后病毒进一步扩散至上皮细胞和神经组织，表现出神经症状和鼻涕，脚垫皮肤角化病。

（四）症　状

潜伏期随机体的免疫状况和所感染病毒的毒力与数量而不同，一般为 3~6 d，多数于感染后的第 4 天体温升高，少数于第 5 天、极少数于第 3 天或第 6 天。多数病例首先表现为上呼吸道的感染症状，体温升高，食欲降低，倦怠，眼、鼻流出水样分泌物，并常在 1~2 d 内转变为黏液性、脓性；血液检查则可见淋巴细胞减少，白细胞吞噬功能下降，偶尔可在淋巴细胞和单核细胞中检出犬瘟热病毒抗原和包涵体。此后可有 2~3 d 的缓解期，病犬体温趋于正常，精神食欲有所好转，此时如不加强护理和防止继发感染等全身性治疗，就会很快发展为肺炎、肠炎、脑炎、肾炎和膀胱炎等全身性炎症。

以支气管肺炎和上呼吸道炎症症状为主的病犬，鼻镜干裂，呼出恶臭的气体，排出脓性鼻液，严重时将鼻孔堵塞，病犬张口呼吸，并不时以爪搔鼻，眼因脓性结膜炎而分泌出大量脓性分泌物，严重时甚至将上下眼睑黏合到一起，角膜发生溃疡，甚至穿孔。病犬发生先干性后湿性的咳嗽，肺部听诊时，呼吸音粗糙，有湿性啰音或捻发音。

以消化道炎症为主的病犬，食欲降低或完全丧失，呕吐，排带黏液的稀便或干粪，严重时排高粱米汤样的血便。病犬迅速脱水、消瘦，与病毒性肠炎病犬症状十分相似。尤其是那些离乳不久的幼犬，有时仅表现为出血性肠炎症状，只有通过病原检验，才可发现为犬瘟热病毒感染。

以神经症状为主的病犬，有的开始就出现，有的先表现为呼吸道或消化道症状，7~10 d 后再呈现神经症状。病犬轻则口唇、眼睑局部抽动，重则流涎空嚼，或转圈、冲撞，或口吐白沫，到严重破坏，招致呼吸道支气管博代氏菌、溶血性链球菌，消化道的沙门氏菌、大肠杆菌、变形杆菌等的继发感染，引起体温升高等临床症状。本病的病程及预后与动物的品种、年龄、免疫水平及所感染病毒的数量、毒力、继发感染的类型等有关。无并发症的病犬，通常很少死亡。并发肺炎和脑炎的病犬，死亡率高达 70%~80%。未发生过犬瘟热的地区发生犬瘟热时，动物的易感性极高，死亡率可达 90% 或以上。有些毒株仅使犬表现呼吸道症状或消化道症状，有些毒株则使多数感染犬呈现神经症状。3~6 月龄的纯种仔犬发病率与死亡率明显高于其他犬。

近年来发现，除了并发大肠杆菌、葡萄球菌、沙门氏菌、败血杆菌、星形诺卡氏菌感染以外，还有腺病毒、冠状病毒的混合感染，因此死亡率表现明显不同。

（五）病　变

犬瘟热的病理变化随病程长短、临床病型和继发感染的种类与程度而不同。早期尚未继发细菌感染的病犬，仅见胸腺萎缩与胶样浸润，脾、扁桃体等组织脏器中的淋巴组织减少。发生细菌继发感染的病犬，则可见化脓性鼻炎、结膜炎、支气管肺炎或化脓性肺炎。消化道则可见卡他性乃至出血性胃肠炎。死于神经症状的病犬，眼观仅见脑膜充血、脑室扩张及脑脊液增多等非特异性脑炎变化。

组织学检查可见全身淋巴系统的退行性变化，在肺泡和细支气管内充有巨噬细胞与炎性渗出物，在支气管、细支气管及巨噬细胞内可见有包涵体。早期死于神经症状的病犬，可见有非化脓性脑炎与白质中的空泡形成。晚期病犬则有可能见到由自体抗原-抗体反应引起的脱髓鞘现象。

在脱髓鞘病犬的脑室膜细胞、小胶质细胞中，有可能见到类似犬瘟热病毒核衣壳的晶状结构，与人类由麻疹病毒引起的亚急性硬化性全脑炎十分相似。

（六）诊　断

根据流行病学资料和临床症状，可以做出初步诊断。确诊需通过病原学与血清学检查。

（1）病原学检查：有病毒分离、电镜观察、荧光抗体染色等方法。犬瘟热病毒培养比较困难。动物试验以雪貂最为敏感，幼犬和鸡胚较为困难。细胞培养以犬肺巨噬细胞最易成功，一旦适应某种细胞后，即可在犬、猴、鸡、人等多种原代和传代细胞上生长。

为检查细胞培养物或外周血白细胞与肝、脾、肺等病料中的犬瘟热病毒，国内外已建立荧光抗体染色检查法，在被检标本的细胞浆内发现特异的荧光斑，即可确诊。用上述标本的冻融液，进行直接负染或加犬瘟热特异血清的免疫电镜观察，可迅速做出诊断。

（2）血清学检查。

① 中和试验。用标准的犬瘟热病毒与等量的被检血清，于室温感作 1 h 后，接种 6~8 日龄鸡胚的绒毛尿囊膜，于 35~37 ℃ 温箱中孵育 6~7 d，通过绒毛尿囊膜上的小"痘斑"出现情况，按统计学的方法，计算该血清的中和指数。也可用敏感细胞，以细胞病变为指标进行微量细胞中和试验。由于试验条件，尤其是所用病毒剂量的差别，所测出的血清中和效价也不完全一致，为此一定要用已知效价的标准血清做参照。

② 补体结合试验。多以犬瘟热病毒的 Vero 细胞或鸡胚成纤维细胞培养物为抗原，检测被检血清中的补体结合抗体。由于该抗体出现较晚，感染后 2~3 周才出现，维持的时间也较短，所以只能作为一种证明近期感染的方法。

③ 间接酶标或荧光抗体法。应用间接酶标或间接荧光抗体法检查血清中的犬瘟热病毒特异 IgM 抗体，有可能用于本病的早期诊断。试验发现，人工感染的犬瘟热病犬，7 d 后即开始出现 IgM 特异抗体，14 d 后达到最高，此后逐渐下降，至 28 d 基本消失；而疫苗接种与回忆反应仅出现 IgG，故检出犬瘟热病毒特异性 IgM 抗体，即可做出犬瘟热病毒感染的诊断。

包涵体检查在犬瘟热病毒诊断中有一定的意义。犬瘟热病毒感染犬常可在其眼结膜、膀胱、肾盂、支气管上皮等细胞的胞浆或胞核内检出包涵体。但由于与狂犬病病毒、犬传染性肝炎病毒等所形成的包涵体以及细胞本身某些反应产物难以区分，所以在判定时，应全面综合考虑。

分子生物学诊断技术国内外均已将 RT-PCR 和核酸探针技术用于本病诊断。该法简便快速，灵敏特异，有广阔应用前景。

（七）防　制

及时发现病犬，早期隔离治疗，预防继发感染，这是提高治愈率、减少死亡率的关键。病的初期可肌内或皮下注射抗犬瘟热高免血清（或犬五联高免血清）或本病康复犬血清（或全血）。血清的用量应根据病情及犬体大小而定，通常使用 5~10 mL/次，连续使用 3~5 d，可获一定疗效。有资料报道，在用高免血清治疗的同时，配合应用抗毒灵冻干粉针剂，可提高治疗效果，其用法及用量为：治疗前用灭菌生理盐水或注射用水 20 mL 将抗毒灵溶解，中等大的犬静脉滴注 2~4 瓶，月龄较小的犬，用量可酌减。据近期资料报道，在病的初期应用犬病康注射液治疗，具有较好的疗效，尤其在与高免血清同时使用时，其疗效都要比单用的好。犬病康的用法及用量为 0.1 ~ 0.3 mL/kg 体重，肌内注射 1 ~ 2 次，重危病例可酌情加量。此外，早期应用抗生素（如青霉素、链霉素等）并配合对症治疗，对于防止细菌继发感染和病犬康复均有重要意义。

为防止疫情蔓延，必须迅速将病犬严格隔离，用火碱、漂白粉或来苏儿对犬舍进行彻底消毒，停止动物调动和无关人员来往。

对于尚未发病的假定健康动物和受疫区威胁的其他动物，可考虑用犬瘟热高免血清或小儿麻疹疫苗做紧急预防注射，待疫情稳定后，再注射犬瘟热疫苗。目前国内用于预防本病的疫苗有单价苗（鸡胚细胞弱毒冻干苗）、三联苗（犬瘟热、犬传染性肝炎和犬细胞病毒病）、五联苗（犬瘟热、传染性肝炎、犬细胞病毒病、犬副流感和狂犬病）以及麻疹苗等多种疫苗，按厂家说明书使用。

第二节 犬传染性肝炎

犬传染性肝炎是由犬 I 型腺病毒引起的犬的一种急性、高度接触传染性败血性的传染病，本病主要发生于犬，也见于其他犬科动物，以肝小叶中心坏死、肝实质细胞和上皮细胞出现核内包涵体、出血时间延长和肝炎为特征。

1925 年，Green 首先发现犬 I 型腺病毒引起狐的脑炎，因此又称狐脑炎。1947 年 Rubarth 又发现可引起犬肝炎症状，故曾称狐脑炎和犬传染性肝炎。1983 年 6 月，我国解放军兽医大学从病犬的肝组织中分离到 1 株犬传染性肝炎病毒，从而证实了我国也有本病的存在。

（一）病　原

犬 I 型腺病毒（CAV-1）属于腺病毒科、哺乳动物腺病毒属。病毒粒子呈圆形，无囊膜，直径 70 ~ 80 nm，为 20 面体对称，有纤突，纤突顶端有一个直径 4 nm 的球形物，具有吸附细胞和凝集红细胞的作用。基因组为双股线状 DNA。

犬 I 型腺病毒的抵抗力较强，对温度和干燥有很强的耐受力。50 ℃、150 min 或 60 ℃、3 ~ 5 min 才能将其杀死。在室温和 4 ℃ 条件下，可分别存活 90 d 和 270 d。对乙酸、氯仿和 pH3.0 具有抵抗力。甲醛、碘仿和氢氧化钠可用于杀灭犬 I 型腺病毒。

犬 I 型腺病毒易在犬肾和犬睾丸细胞内增殖，但也可在猪、豚鼠和水貂等的肺和肾细胞中不同程度的增殖。感染细胞出现肿胀变圆，聚集成葡萄串样，并能使单层细胞产生蚀斑。形成的核内包涵体，最初为嗜酸性，随后变为嗜碱性。犬 I 型腺病毒感染的细胞不产生干扰素，病毒的增殖也不受干扰素的影响。病毒在细胞内连续传代后易于降低其对犬的致病性。已经感染犬瘟热病毒的细胞，仍可感染和增殖犬腺病毒。

犬 I 型腺病毒可凝集人 O 型和豚鼠的红细胞（但 2 型犬腺病毒不能凝集豚鼠的红细胞，利用这一特性，可将 2 型犬腺病毒鉴别开来），对鸡红细胞的凝集性很差，不能凝集犬、小鼠、兔、绵羊、马和牛的红细胞。

（二）流行病学

犬 I 型腺病毒感染遍布世界各地，不仅可感染家养的犬、狐，而且广泛流行于野生的狐、熊、狼、郊狼和浣熊等野生动物。

犬Ⅰ型腺病毒感染一年四季均有发生，各种性别、年龄和品种的犬、狐对本病均易感，但其中以离乳至1岁的动物，发病率和死亡率为最高。如与犬瘟热混合感染，则死亡率更高。

本病的传播途径主要经消化道传染。病犬和带毒犬通过眼泪、唾液、粪、尿等分泌物和排泄物排出病毒，污染周围环境、饲料和用具等。易感犬通过舔食、呼吸而感染。通过眼内、皮下、肌肉、静脉、口服和气雾等人工接种均可引起发病，康复后带毒的动物是本病最危险的传染来源，尿中排毒可达6~9个月。

（三）发病机理

病毒从消化道上皮散布到局部淋巴结，随后发生病毒血症，进而病毒广泛地散布到身体的其他部位（特别是肝、肾、淋巴结和血管内皮）。由于这些部位组织的损害，而出现相应的临床症状。在疾病的急性发热阶段病毒侵入眼，可出现角膜水肿和严重的角膜炎。肝脏的损害自始至终存在（尽管通过免疫荧光技术证明病毒早已从肝脏消失），其肝细胞仍然存在着不同程度的病变，很可能是自身免疫的原因。

全身感染后，病毒长期存在于肾中，并通过尿液排毒。最初病毒局限在血管内皮，特别是肾小球的毛细血管内皮，引起轻度的肾小球病变，出现蛋白尿。随后，病毒从肾小球血管内皮消失，而出现在肾小管上皮中，引起局灶性间质性肾炎。所以肝炎病犬的肾损害是原发性损伤和自身免疫反应的联合表现。

（四）症状及病变

犬肝炎型潜伏期人工接种2~6 d，自然发病6~9 d。病犬食欲缺乏，渴欲增加。常见呕吐、腹泻和眼、鼻流浆性黏性分泌物。常有腹痛（剑状软骨部位）和呻吟。某些病例头颈和下腹部水肿。一般没有神经症状，也很少出现黄疸，除非肝脏损害严重。病犬体温升高到40~41℃，持续1 d。然后降至接近常温，持续1 d，接着又第二次体温升高，呈所谓马鞍形体温曲线。病犬黏膜苍白，有时牙龈有出血斑。扁桃体常急性发炎肿大，心搏增强，呼吸加速，很多病例出现蛋白尿。病犬血液不易凝结，如有出血，往往流血不止，出血时间较长的转归不良。在急性症状消失后7~10 d，约有20%康复犬的一眼或两眼呈暂时性角膜混浊（眼色素层炎），称之谓"肝炎性蓝眼"病。病程一般2~14 d，大多在2周内康复或死亡。幼犬患病时，常于1~2 d内突然死亡，如耐过48 h，多能康复。成年犬多能耐过，产生坚强的免疫力。

剖检病变相当特征：常见皮下水肿。腹腔积液，暴露空气常可凝固。肠系膜可有纤维蛋白渗出物。肝略肿大，包膜紧张，肝小叶清楚。胆囊黑红色，胆囊壁常水肿、增厚、出血，有纤维蛋白沉着，脾肿大。胸腺点状出血。体表淋巴结、颈淋巴结和肠系膜淋巴结出血。

组织学变化：肝实质呈不同程度的变性、坏死，窦状隙内有严重的局限性淤血和血液淤滞。肝细胞及窦状隙内皮细胞内有核内包涵体，呈圆形或椭圆形，一个核内一个。通过肝切面印片或抹片染色镜检即可检查到。此外，脾、淋巴结、肾、脑血管等处的内皮细胞也见有核内包涵体。

剖检可见各脏器组织尤其心内膜、脑膜、脑脊髓膜、唾液腺、胰腺和肺点状出血。组织学检查可见脑脊髓和软脑膜血管呈袖套现象。各器官的内皮细胞和肝上皮细胞中，可见有和犬肝炎同样的核内包涵体。

（五）诊　断

一般根据流行病学、临诊症状和剖检病变（包括包涵体检查）可以做出初步诊断。本病的肝炎型早期症状与犬瘟热、钩端螺旋体病等相类似，且有时混合感染，必须注意区别。其区别要点见犬瘟热诊断。狐的急性病程和严重的神经症状，使狐脑炎型的临诊诊断较犬肝炎容易。这两个病型确诊方法一样，主要依靠病毒分离、鉴定和血清学试验。

病毒分离：生前采发热初期血液、扁桃体拭子和尿液，死亡动物则采肝、脾等病料，处理后，接种犬肾原代和继代细胞、易感幼犬或仔狐眼前房。腺病毒的特征性细胞病变在接种后 30 h 至 6~7 d 出现，并可检出包涵体；后者可见角膜混浊，产生包涵体。

血清学试验：荧光抗体检查扁桃体涂片可提供早期诊断。采取发病初期和其后 14 d 的双份血清，进行凝集抑制试验。当抗体升高 4 倍以上时即可作为现症感染的证明。此外补体结合试验、琼扩试验、中和试验和皮内变态反应等亦可用于诊断。

分子诊断技术：近年来犬腺病毒分子生物学研究异常活跃，国外已建立了多种分子诊断技术，如在病毒的早期转录区选择适当的保守区域作引物，建立了 PCR 方法。有希望用于本病的临床实践。

（六）防　制

预防本病主要依靠定期进行免疫接种和实施一般的兽医卫生措施，近年来国内已报道研制出两种疫苗，一种为犬五联弱毒疫苗。另一种为公安部南京警犬研究所研制的犬传染性肝炎氢氧化铝灭活疫苗，该苗对犬有较好的免疫力，但发现母源抗体明显影响免疫接种犬的免疫应答反应。如对妊娠中后期的母犬接种灭活苗，可提高母犬血清和初乳中的抗体滴度，这对提高新生仔犬的被动免疫力有重要意义。灭活苗的免疫方法为 1.5~2 个月龄的犬，以 15 d 的间隔接种两次灭活苗，每次 1 mL，可获 6 个月的免疫力，免疫犬无任何局部或全身反应。

发现病犬，应及时隔离，病初可用成年犬血清做皮下注射，每次 10~30 mL，每日 1 次，共 2~3 次。此外，每日应静脉注射 50%葡萄糖液 20~40 mL，维生素 C 250 mL 或三磷酸腺苷（ATP）15~20 mg，连用 3~5 d，并口服肝泰乐片。要节制饮水，可每 2~3 h 喂 1 次 5%葡萄糖盐水。

第三节　犬细小病毒感染

犬细小病毒感染是由犬细小病毒引起的犬的一种急性传染病，特征为出血性肠炎或非化脓性心肌炎，多发生于幼犬，病死率 10%~50%。

本病于 1978 年同时在澳大利亚（Kelley 氏）和加拿大（Thomson 氏等）证实以来，美国、英国、德国、法国、意大利、俄罗斯和日本等国相继发现。1982 年我国的警犬中发生一种以呕吐和腹泻为主症的肠炎病犬，经解放军兽医大学的诊断并首次分离出细小病毒，从而证实了我国也有本病的存在，据各地的报道，不仅警犬中存在，而且农村家养的犬中也普遍存在，是目前犬的重要的传染病之一。

（一）病　原

犬细小病毒（CPV）属于细小病毒科、细小病毒属。犬细小病毒具有本属病毒的典型形态和结构，粪便中负染的病毒颗粒外观呈圆形或六边形，直径约 20~22 nm，呈 20 面体对称，无囊膜，由 32 个颗粒组成，基因组为单股线状 DNA。有血凝活性。

犬细小病毒具有较强的血凝活性，病毒在 4 ℃和 25 ℃都能凝集猪和恒河猴的红细胞，但不能凝集其他动物的红细胞，这一特性可作为病毒鉴定的参考指标。

已报道发现了犬细小病毒抗原漂移的变异株，对猪和恒河猴的红细胞无血凝性和丢失了与猫泛白细胞减少症病毒抗原相关性的特性。杨得威等分离得到 1 株新型犬细小病毒株 HN1，HN1 基因组成部分序列，测定结果显示与犬细小病毒株 CPVN 株的 VP2 基因抗原域序列有 85% 以上的同源性。人工攻毒发现能导致犬肺病变，是世界首例能引起犬细小病毒的报道。犬细小病毒可在多种不同类型的细胞内增殖，但目前通常用马立克氏病 EK 和 F81 等传代细胞分离培养病毒。由于其无囊膜、不含脂类和糖类、结构坚实致密等特点，犬细小病毒对外界理化因素抵抗力非常强。粪便中的犬细小病毒可存活数月至数百年，室温下可存活 90 d，在 pH 值 3~9 和 56 ℃条件下至少能稳定 1 h。紫外线、福尔马林、β-丙内酯、次氯酸钠、氨水和氧化剂能使之灭活，但犬细小病毒对乙醚、氯仿、醇类和去氧胆酸盐有抵抗力。

（二）流行病学

犬是本病主要的自然宿主。其他犬科动物，如丛林犬、霞狗、郊狼和食蟹狐等也可感染。各种年龄和不同性别的犬都有易感性，但小犬的易感性更高。断乳前后的仔犬易感性最高，其发病率和病死率都高于其他年龄组，往往以同窝暴发为特征。3~4 周龄犬感染后呈急性致死性心肌炎的为多；8~10 周龄的犬则以肠炎为主，但心肌细胞有核内包涵体。小于 4 周龄的仔犬和大于 5 岁龄的老犬发病率低，一般分别为 2% 和 16%。

本病引进新疫区或以前从未发生过本病的商品犬饲养场或犬繁殖场，在早期由于易感性高和犬群密集，大小犬只都感染，可导致暴发性流行。病程较短，病死率较高。几个月后，则只有在小犬中发生新病例。本病主要由直接或间接接触而传染。感染犬和康复带毒犬是传染源。病犬从粪便、尿液、唾液和呕吐物中排毒；而康复犬可能从粪尿中长期排毒，污染饲料、饮水、垫草、食具和周围环境。一般认为传染途径主要是消化道。

本病的发生无明显的季节性。一般夏、秋季多发。天气寒冷，气温骤变，拥挤，卫生水平差和并发感染，可加重病情和提高病死率。

（三）症　状

潜伏期随动物机体的自身免疫力和所感染病毒的毒力与数量而不同，一般为 7~14 d，病毒侵入后在感染的头 2 天，病毒在咽喉部复制，3~5 d 后出现病毒血症。研究表明，单纯细小病毒感染，一般症状较轻，由于混合细菌感染或继发感染而表现出明显的临床症状，多数呈肠炎综合征，少数呈心肌炎综合征，也有报道在 1 只犬身上兼有 2 型症状的。犬细小病毒还经常与其他病毒，特别是与引起肺病变的犬瘟热一起形成混合感染。

（1）肠炎型：潜伏期 1~2 周，多见于青年犬。本型的特征症状是呕吐、腹泻、便血、白细胞显著减少，在病程的早、中、晚期表现各不相同。早期：多数犬体温升高达 40~41 ℃（少数犬体温正常），精神不振，采食量减少或绝食，呕吐食物及黄白色泡沫状液体，排便次数增多，大便正常或稍带黏液，1~2 d后进入中期症状。中期：食欲废绝，频繁呕吐和剧烈腹泻，多数犬呈喷射状排出番茄汁样粪便，带有血液，发出特别难闻的腥臭味，少数犬黏液便呈黄色或乳白色果冻样；极少数犬呈间歇性腹泻。后期：病犬迅速脱水，眼窝下陷，皮肤弹性降低，可视黏膜苍白，舌面皱缩，最后因水、电解质平衡失调，并发酸中毒而于数小时至 2 d 死亡。病程短的 4~5 d，长的 1 周以上。成年犬发病一般不发热。血液学检查发现，白细胞总数明显减少，尤其在发病后 4~5 d 最为明显。如果继发感染，白细胞总数可增高。

（2）心肌炎型：多见于流行初期或缺乏母源抗体的 4~6 周龄幼犬。发病初期精神尚好或仅有轻度腹泻，个别病例有呕吐。常突然发病，表现为可视黏膜苍白、衰弱、呻吟、干咳，呼吸极度困难。听诊时心有杂音，心律不齐。心电图 R 波降低，S-T 波升高。常因急性心力衰竭而死亡，只有极少数轻度病例可以治愈，致死率为 60%~100%。

（四）病　变

病理变化随病程长短、临床病型和继发感染的种类与程度不同而异。

（1）肠炎型：剖检可见腹部蜷缩，腹腔积液。病变主要见于空肠、回肠（即小肠中、后段），血液黏稠暗紫，严重时肠管外观紫红，浆膜下充血出血、黏膜坏死、脱落，肠管扩张，内容物水样，混有血液和黏液，肠系膜淋巴结充血、出血、肿胀。组织学检查，肠炎综合征的最突出变化是小肠隐窝上皮坏死脱落，固有层有充血、出血和炎性细胞浸润，绒毛萎缩，隐窝肿大，数目减少。

（2）心肌炎型：剖检病变主要限于肺和心脏。肺水肿，局灶性充血、出血，致使肺表面色彩斑驳。心脏扩张，心房和心室内有淤血块。心肌和心内膜有非化脓性坏死灶。心肌纤维严重损伤，常见出血性斑纹。组织学特征为心肌纤维的弥漫性淋巴细胞浸润，间质水肿与局限性心肌变性，在病变的心肌细胞中有时可发现包涵体和犬细小病毒粒子。

（五）诊　断

根据特征性临床症状（先呕吐后急性出血性肠炎，白细胞显著减少以及幼犬急性心肌炎等），再结合流行病学和病理变化的特点，可以做出初步诊断。但由于肠炎型犬瘟热、犬冠状病毒、轮状病毒感染以及某些细菌、寄生虫感染和急性胰腺炎，也常出现肠炎综合征，所以诊断时一定要注意鉴别。

（1）电镜和免疫电镜观察：采集患犬粪便，进行氯仿处理后低速离心，取上清液进行负染后电镜观察，在病初期可见大量直径 20~22 nm 圆形或六边形的病毒粒子。在病的后期，由于肠黏膜分泌性抗体的出现，常可见到大块聚集状态的病毒粒子，效果欠佳，而许树林等人探索测定出了使犬细小病毒免疫电泳复合物中抗原抗体解离的物理振荡、电解度浓度、缓冲液 pH 值及作用温度的条件，从而使免疫复合物中的抗原抗体解离，为应用对流免疫电泳方法对犬细小病毒免疫复合物中抗体的检测奠定了基础。

（2）病毒分离鉴定：对于新疫区或为了对流行毒株进行研究比较可采用此法。最简便的病毒鉴定方法是接种 3~5 d 后用荧光抗体检测细胞中的病毒或测定培养液的血凝性。

（3）血凝（HA）与血凝抑制（HI）试验：在发病早期，可取病犬细胞培养物和粪便进行 HA 试验。在发病后期，由于 IgM 等抗体的出现，使犬细小病毒抗原失去血凝性。此时，用二巯基乙醇处理，便可检查到粪便中的 IgM 等抗体和犬细小病毒抗原。

（4）酶联免疫吸附试验：采用双抗体法，应用特制的酶标反应小管、板或纤维素膜。国内外已研制出多种试剂盒。田可恭等人用犬细小病毒单克隆酶标抗体制成犬细小病毒快速诊断盒，可在 2 h 内检出粪便中的犬细小病毒抗原。

（5）PCR 诊断技术：刘忠华等研制的 PCR 诊断试剂盒能检出痕量（10 ng）的犬细小病毒 DNA，被测样品只需进行简单煮沸就能进行 PCR 反应，而且此试剂盒具有灵敏、特异等优点。此外，还可利用核酸探针技术对犬细小病毒进行探测。

（六）防 制

心肌炎型病例转归不良，只要出现心电图变化都难免死亡。发现肠炎型病例立即隔离饲养，加强护理，采用对症治疗（呕吐注射阿托品等；腹泻口服次硝酸铋、鞣酸蛋白和注射 VK、安络血等止血剂；脱水输液，注意先盐后糖，最好静脉注射，先快后慢，有困难时可行腹腔输液；结膜发绀时则加入碳酸氢钠防止酸中毒，也可口服补液 ORS）、支持疗法（静脉输进健康犬或康复犬的全血 30～200 mL；也可注射其血清或血浆 30～50 mL；还可使用 VC、肌苷、ATP 等以增强支持疗法的效果）和防治继发感染（用庆大霉素、红霉素、卡那霉素等抗菌和抑制病毒的药物）等治疗措施，可能获得痊愈或好转。总之，及时、大量（500～1 000 mL）、快速、多途径补液，结合抗菌、解毒、抗休克、对症等疗法，可较快解除症状和缩短病程。降低病死率，是一个切实可行的治疗措施。如有条件使用单克隆抗体（军事医学科学院实验动物中心有产品供应。体重 10 kg 以下幼犬 3～5 mL；10～20 kg 犬 4～6 mL，肌注。根据病情和体重可酌情增加用量或次数，一般一次即可），特异性治疗效果可靠。在护理上要注意病初应禁食 1～2 d；恢复期应控制饮食，给予稀软易消化的食物，少量多次，逐渐恢复到正常饮食。

污染的病犬舍，在彻底消毒并空关一个月后，方可启用。

预防本病主要依靠注射疫苗和严格犬的检疫制度。目前国内使用的疫苗有同源和异源的灭活苗和弱毒苗两类。异源的是指猫泛白细胞减少症灭活苗或弱毒苗，安全可靠，曾在法国和澳大利亚等国广泛使用过。现在国外多倾向于使用犬细小病毒灭活苗或弱毒苗。国内早已研制成功，有多家生物制品厂生产单苗、二联苗（犬细小病毒和传染性肝炎）、三联苗（犬瘟热、犬细小病毒和传染性肝炎）和五联苗（犬瘟热、犬细小病毒、传染性肝炎、狂犬病和犬副流感）满足供应。按说明书使用。一般幼犬于 7～8 周龄首免，灭活苗接种两次，间隔 2～3 周；弱毒苗接种一次。以后每年加强免疫一次。母犬则在产前 3～4 周免疫接种。

近年有关犬细小病毒基因工程疫苗研究报道较多。Lope 等人（1992）在昆虫杆状病毒表达系统中表达了犬细小病毒的 VP_2 基因。表达的 VP_2 蛋白可自我装配成空衣壳，并可使犬产生良好的免疫反应。Langeveld 等人（1994）合成的位于 VP_2 氨基端 21 个氨基酸内有部分重叠的两段多肽，分别免疫犬，不仅能产生免疫保护反应，还可针对第二个多肽 3～10 个氨基酸的单克隆抗体区别疫苗接种和自然感染的犬。

第四节 犬冠状病毒感染

犬冠状病毒病是由犬冠状病毒引起的一种急性肠道性传染病，以呕吐、腹泻、脱水及易复发为特性。是当前对养犬业危害较大的一种病。本病病毒于 1971 年首次在美国发生腹泻军犬的粪便中电镜检出，于1974年首先由Binn在德国报告分离获得。

（一）病　原

犬冠状病毒（CCV）属冠状病毒科、冠状病毒属成员，呈圆形或椭圆形，表面具有长约20 nm的纤突。冠状病毒为单股RNA病毒，有6～7种多肽，其中4种是糖肽，不含RNA聚合酶及神经氨酸酶。犬冠状病毒存在于感染犬的粪便、肠内容物和肠上皮细胞内。犬冠状病毒通过细胞吸液作用而进入易感细胞浆内繁殖，它能在许多种的犬原代细胞和传代细胞上生长，并出现细胞病变。犬的原代肾细胞和胸腺细胞、胚胎、滑膜和A-72细胞对犬冠状病毒都易感。犬冠状病毒导致细胞病变，通常于感染后第2天发生，其程度和状况类似于其他冠状病毒。犬冠状病毒对乙醚、氯仿及去氧胆酸钠敏感，对热也敏感。在pH值3.0的条件下不能灭活。紫外线和一些能够灭活猪、羊、牛及其他动物的冠状病毒的化学药品都可灭活犬冠状病毒。

（二）流行病学

犬冠状病毒仅感染犬科动物，犬、貂、狐均有易感性，不同年龄、性别、品种均可感染，幼犬的发病率和死亡率较高。尚未见人感染犬冠状病毒的报道，病犬管理人员体内也未检出犬冠状病毒抗体。

传染来源主要是病犬和带毒犬，病犬排毒时间为14 d，保持接触性传染的能力为期更长。病犬经呼吸道、消化道随口涎、鼻液和粪便向外排毒，污染饲料、饮水、笼具和周围环境，直接或间接地传给有易感性的动物。犬冠状病毒在粪便中可存活6～9 d，在水中也可保持数日的传染性，因此一旦发病，则很难控制传播流行。

本病一年四季均可发生，以冬季多发，可能与犬冠状病毒对热敏感，对低温有相对的抵抗力有关。过高的饲养密度、较差的饲养卫生条件、断乳、分窝、调运等饲养管理条件突然改变，气温骤降等都会提高感染和临床发病的几率。犬冠状病毒经常和犬细小病毒、轮状病毒、类星状病毒等混合感染，往往可从一窝患肠炎的幼犬中同时检出这几种病毒，诊断时应予以注意。

（三）发病机理

犬冠状病毒具有高度的接触传染性，感染后迅速扩散至整个小肠。人工感染，口腔接种2 d病毒到达并侵染十二指肠上部，4 d侵害到整个小肠。与犬细胞病毒侵害腺体细胞不同，犬冠状病毒主要侵害位于小肠绒毛上2/3处的消化吸收细胞。犬冠状病毒能侵害局部肠系膜淋巴结，偶尔也可侵害肝和脾。犬冠状病毒可使小肠上皮细胞死亡、脱落，导致小肠绒毛发生萎缩。未受侵害的腺体细胞则大量增殖，以补充脱落的绒毛上皮细胞，结果使小肠上皮细胞发生下移。含有病毒粒子的脱落细胞随肠道下泄，引起肠道下段的进一步感染，同时也使病犬粪便排毒。消化酶和吸收功能的丧失导致腹泻。

有些因素可能使新生幼犬对犬冠状病毒的易感性增加。幼犬具有吸收大分子蛋白的功能，这也许会使其更容易摄入病毒粒子，黏膜的免疫性对抵抗病毒感染起着重要作用。成年犬比幼犬免疫功能更强，因此，抵抗病毒感染的能力强。经口感染犬冠状病毒的犬康复后能产生坚强的免疫力，可免受再次感染，但其保护期还不清楚。人工感染未食初乳的新生幼犬容易成功，常在1~3d死于出血性肠炎，新生幼犬也曾有生后1~2d感染发病的报道，而且死亡率极高。值得注意的是，病犬临床症状消失后14~21d，中和抗体虽有明显的上升，但仍可再次出现犬冠状病毒感染症状，给这些犬注射犬瘟热、犬细小病毒疫苗，免疫应答反应也比较低，提示该病的免疫不易形成且依靠肠道的局部免疫，犬冠状病毒感染对抗体的免疫功能是否有抑制作用有待进一步研究。

（四）症 状

潜伏期1~5d，临床症状轻重不一。主要表现为呕吐和腹泻，严重病犬精神不振，呈嗜眠状，食欲减少或废绝，多数无体温变化。口渴、鼻镜干燥，呕吐，持续数天后出现腹泻。粪便呈粥样或水样，红色或暗褐色、黄绿色，恶臭，混有黏液或少量血液。白细胞数正常，病程7~10d，有些病犬尤其是幼犬发病后1~2d内死亡，成年犬很少死亡。

（五）病 变

剖检病变主要是胃肠炎。肠壁菲薄、肠管内充满白色或黄绿色、紫红色血样液体，胃肠黏膜充血、出血和脱落，胃内有黏液。其他如肠系膜淋巴结肿大，胆囊肿大。组织学检查主要见小肠绒毛变短、融合、隐窝变深，绒毛长度与隐窝深度之比发生明显变化。上皮细胞变性，胞浆出现空泡，黏膜固有层水肿，炎性细胞浸润，上皮细胞变平，杯状细胞的内容物排空。

（六）诊 断

根据流行病学、临床症状及剖检变化可怀疑本病，确诊则依靠实验室检查。

电镜检查：取粪便用氯仿处理，低速离心，取上清液，滴于铜网上，经磷钨酸负染后，用电镜观察是否有特殊形态的病毒粒子，该法快速。若取上清液与免疫血清作用，使病毒粒子特异性凝集，则有助于诊断。

病毒分离鉴定：取典型病犬新鲜粪便，经常规处理后，接种于A72细胞或犬肾原代细胞培养，用特异抗体染色检测是否存在病毒，或待细胞出现CPE后，用已知阳性血清做中和试验鉴定病毒。为提高病毒分离率，粪样要新鲜，避免反复冻结，最好先将病料实验感染健康幼犬，取典型发病犬腹泻粪便作为样品分离病毒。也可试用濒死期幼犬肾脏直接进行细胞培养以分离病毒。

此外，中和试验、乳胶凝集试验、ELISA等方法也可用于诊断本病检测血清抗体。

（七）防 制

对于病犬，主要采取对症治疗，如止吐、止泻、补液，用抗生素防止继发感染等。由于病犬粪便中含有大量的传染性病毒粒子，因此，对病犬的严格隔离和保持良好的卫生条件尤为重要。一旦有该病发生，如不进行粪便处理和适当的消毒，就会在犬群中迅速传播，1∶30浓度的漂白粉水溶液和0.1%~1%的甲醛是经济有效的消毒剂。目前国内外已有疫苗用来预防。

第五节 犬副流感病毒感染

犬副流感病毒感染是由副流感病毒5型引起犬的一种传染病，特征为突然发热、卡他性鼻炎和支气管炎为特征。本病于 1967 年由 Binn 首次报告,并一直认为仅局限于呼吸道感染。1980 年 Evermann 等发现,患犬也可因急性脑脊髓炎和脑内积水,表现后躯麻痹和运动失调。

(一) 病 原

犬副流感病毒(CPIV)为副黏病毒科中 2 型副流感病毒亚群的成员之一,又称猴病毒 5 型(SV5)。病毒颗粒基本上为圆形,但大小不等,呈多态性,直径在 80~300 nm 之间,有的呈长丝状。病毒粒子有囊膜,表面有纤突,并具有血凝作用。基因组为单股负链 RNA。

病毒不稳定,4 ℃和室温条件下保存,感染性很快下降。pH3.0 和 37 ℃可迅速灭活病毒。对氯仿和乙醚敏感,季胶盐类是有效的消毒剂。病毒能凝集人、绵羊、豚鼠、猪、鸡、狐和犬 O 型红细胞。血凝最适条件为 22 ℃、pH7.4、0.5%绵羊或人红细胞。

病毒可在鸡胚、犬、猴、肾等细胞上增殖,产生多核合胞体病变,并出现核内嗜酸性包涵体。产毒细胞对豚鼠红细胞有吸附作用。

(二) 流行病学

犬副流感病毒可感染玩赏犬、实验犬和军、警犬,在军犬中常发生呼吸道病,在实验犬中产生犬瘟热样症状。成年犬和幼龄犬均可发生,但幼龄犬病情较重。犬副流感病毒在军犬和实验犬中具有很高的传染性。急性期病犬是最主要的传染来源。自然感染途径主要是呼吸道。

(三) 症 状

潜伏期较短。病犬突然发热,精神沉郁、厌食、鼻腔有大量黏性脓性分泌物。结膜炎,咳嗽和呼吸困难。若与支气管败血波氏菌混合感染,则临床表现更严重,成窝犬咳嗽、肺炎,病程 3 周以上。11~12 周龄幼犬死亡率较高。成年犬病症较轻,死亡率较低。有的犬感染犬副流感病毒后表现为后躯麻痹和运动失调等神经症状。

(四) 病理变化

剖检可见鼻孔周围有黏性脓性分泌物,结膜炎、气管炎和肺炎病变。神经型主要出现急性脑脊髓炎和脑积水。组织学检查鼻上皮细胞水泡变性,纤毛消失,黏膜和黏膜下层有大量白细胞浸润,肺、气管及支气管有炎性细胞浸润。神经型可见脑皮质坏死,血管周围有大量淋巴细胞浸润及非化脓性脑膜炎。

(五) 诊 断

由于犬副流感病毒感染和 CAV-2、疱疹病毒、呼吸型犬瘟热病毒、呼肠孤病毒感染十分相似,因此,根据临床症状很难确诊。病毒分离和鉴定较为可靠。通常在发病早期,采取呼吸道分泌物,以除菌上清液接种犬肾或鸡胚成纤维细胞,若出现多核融合细胞,细胞具有吸附豚鼠红细胞特性,或培养物可凝集绵羊或人红细胞,并可被特异性抗体抑制,即可确诊。也可用荧光标记的特异性抗体,与气管、支气管上皮细胞进行反应,如出现特异荧光细胞,即可确诊。取发病初期和恢复期双份血清,用特异性抗原测定中和抗体或血凝抑制抗体,血清滴度增高 2 倍以上者,即可判为副流感病毒感染。这一方法可作为回顾性诊断和流行病学调查的一种方法。

(六) 防 制

临床上采用化痰止咳剂，可减轻病情；注射抗生素，可防止博代氏菌继发感染；注射高免血清，具有紧急预防作用。犬副流感病毒感染的预防疫苗多数为致弱活疫苗，与犬瘟热、病毒性肠炎、传染性肝炎等弱毒苗制成联合疫苗。夏威柱等研制的五联弱毒疫苗已通过国家批准生产，免疫效果可靠。

第六节 犬疱疹病毒感染

本病主要是仔犬的一种急性致死性传染病。影响犬的繁殖，常可引起严重的经济损失。本病自1965年分别在美国和英国首先分离到病毒并确定其病性后，才引起人们的注意。仔犬感染后的特征是呈现全身性的出血和坏死，3周龄以上的犬感染时，则主要呈现上呼吸道感染的症状。

(一) 病 原

犬疱疹病毒（CHV）属于疱疹病毒科甲疱疹病毒亚科、水痘病毒属成员。病毒具有疱疹病毒所共有的形态特征。本病毒只有1个血清型，不同毒株毒力有差异，病毒无血凝性。

本病毒对犬胎肾和新生犬肾原代细胞和传代细胞系最易感，对犬肺和子宫组织细胞也敏感，在35~37℃条件下可迅速增殖，感染后12~16 h即可出现CPE，初期呈局灶性细胞圆缩、变暗，逐渐向周围扩展，随后由灶状中心部细胞开始脱落。部分细胞胞核内出现着色不明显的嗜酸性包涵体，感染细胞核内的染色质大部分集聚于核膜位置。本病毒还可在琼脂和甲基纤维素覆盖层下形成界限明显、边缘不整的小型蚀斑。本病毒对热的抵抗力较弱，-70℃保存的毒种（含10%血清的病毒悬液）只能存活数月。冻干毒种保存数年毒价无明显变化。

病毒对乙醚等脂溶剂、胰蛋白酶、酸性和碱性磷酸酶等敏感。pH4.5时，经30 min失去感染力，但在pH6.5~7.0之间比较稳定。

(二) 流行病学

本病毒只感染犬，2周龄内仔犬最易感，病死率可达80%，成年犬感染，常无明显临床症状。患病仔犬和康复犬是主要传染源，仔犬主要通过分娩过程中与带毒母犬阴道接触或生后由母犬含毒的飞沫及仔犬之间接触感染发病。康复犬长期带毒，潜伏感染是本病毒的又一特征，病毒还可由母体通过胎盘感染胎儿，但母源抗体滴度的高低可影响仔犬临床症状的严重程度。

(三) 发病机理

该病可以在子宫内感染，也可当仔犬通过感染阴道或通过和同窝病犬接触，或者吃入、吸入被污染的物质而感染。大犬是无症状的带毒者，为小犬提供感染来源。一周龄以内的小犬通过口、咽感染，病毒在扁桃体、鼻甲骨和咽黏膜处繁殖，以后随白细胞进入血液发生病毒血症。进而病毒在全身繁殖，产生弥漫性局灶坏死，出血；于感染后5~12 d死亡。超过两周龄的动物感染时，病毒主要局限在鼻腔、目和咽，导致亚临床感染，或引起很轻微的鼻炎和咽炎。亚临床感染时，病毒可在这些部位和体内各器官长期存在。试验表明，体温是影响犬疱疹病毒活性的重要因素。病毒在细胞培养中于 37 ℃ 条件下能迅速繁殖，但在 39 ℃ 时，病毒生长明显下降。新生小犬所以有很高的敏感性，是由于它们有相对低的体温，故易爆发和散播疱疹病毒感染。

（四）症　状

该病潜伏期 3~8 d，2 周龄以内犬常呈急性型，开始排出软的淡黄绿色的粪便，随后 1~2 d 出现病毒血症。病犬体温升高，精神沉郁，不吃，呼吸困难，呕吐，腹痛，嘶叫，常于 1 d 内死亡。个别耐过仔犬常遗留中枢神经症状，如共济失调，向一侧做圆周运动或失明等。2~5 周龄仔犬常呈轻度鼻炎和咽炎症状，主要表现打喷嚏，干咳，鼻分泌物增多，经 2 周左右自愈。母犬出现繁殖障碍，如流产、死胎、弱仔或屡配不孕，其本身无明显症状。公犬可见阴茎炎和包皮炎。

（五）病　变

死亡仔犬的典型剖检变化为实质脏器表面散在多量芝麻大小的灰白色坏死灶和小出血点，尤其以肾和肺的变化更为显著。胸腹腔内常有带血的浆液性液体积留，脾常肿大，肠黏膜呈点状出血，全身淋巴结水肿和出血，鼻、气管和支气管有卡他性炎症。组织学变化主要为肝、肾、脾、小肠和脑组织内有轻度细胞浸润，血管周围有散在的坏死灶，上皮组织损伤、变性。在肝和肾坏死区邻近的细胞内可见嗜酸性核内包涵体。妊娠母犬胎儿表面和子宫内膜出现多发性坏死。少数病犬有非化脓性脑膜脑炎变化。

（六）诊　断

据流行病学、症状和病理变化可做出初步诊断，确诊必须依靠实验室检查。

病毒抗原检测：采取症状明显幼龄犬肾、脾、肝和肾上腺，或用棉拭子蘸取成年犬或康复犬口腔、上呼吸道和阴道黏膜，制成切片或组织涂片，用荧光抗体染色检测是否存在犬疱疹病毒特异抗原，本法准确快速。

病毒分离鉴定：按上述方法采样，无菌处理后接种于犬肾单层细胞，逐日观察有无 CPE，再用中和试验鉴定病毒分离物。

血清学试验：包括血清中和试验和蚀斑减数试验，用于检测本病血清抗体。

鉴别诊断本病各实质脏器有坏死灶和出血点特征性病变，应与犬传染性肝炎和犬瘟热等鉴别。

（七）防　制

自然感染康复犬和人工感染耐过犬均能产生低水平的中和性抗体，对感染具有足够的保护力。犬疱疹病毒感染的免疫力和免疫持续期都较难测定，因为 5 周龄以上犬感染该病毒后不呈现临床症状。

给妊娠母犬接种疫苗是防治本病的有效办法，即通过母源抗体保护仔犬。但目前尚无有效的弱毒苗。灭活苗制备复杂，成本较高，尚无推广报道。犬疱疹病毒感染的治疗通常采用支持疗法，控制犬疱疹病毒感染传播的途径是不让已知受感染母犬繁殖子代。

第七节 犬埃里希氏体病

犬埃里希氏体病是由犬埃里希氏体引起的一种犬败血性传染病。特征为出血、消瘦，多数脏器浆细胞浸润，血液血细胞和血小板减少。1935年Donatien等人于阿尔及利亚发现本病，当时称犬立克次体（R.canis）。1945年德国人Moshkovski又重新将其命名为犬埃里希氏病。以后，非洲南部和北部以及叙利亚、印度和美国均报道此病。1999年我国军犬中出现该病并分离到病原。

（一）病　原

犬埃里希氏体（Ehrilichia.canis）属立克次体科、埃里希氏体属，呈圆形、椭圆形或杆状，球状直径 $0.2\sim0.5~\mu m$，杆状为 $(0.3\sim0.5)~\mu m\times(0.3\sim2.0)~\mu m$，革兰氏阴性。以单个或多个形式寄生于单核白细胞内和嗜中性粒细胞的胞质内膜空泡内。本菌繁殖类似于衣原体，分为原体、始体和桑葚状包涵体三个阶段，原体通过吞噬作用进入宿主细胞内，开始以二分裂法进行繁殖，形成始体。始体发育成熟为包涵体。在每个包涵体内含有数量不等的原体。光镜下包涵体呈桑葚状结构，此为埃里希氏体特征。当感染细胞破裂时，成熟的包涵体释放出原体，即完成了一个繁殖周期。犬埃里希氏体只能在组织培养的犬单核细胞及6~7日龄鸡胚内生长繁殖。本菌对理化因素抵抗力较弱，氯霉素、金霉素和四环素等广谱抗生素能抑制其繁殖。

（二）流行病学

家犬、野犬和啮齿类动物是本病的宿主。多种不同性别、年龄和品种的犬均可感染本病。鼠感染本菌发病，称鼠血巴尔通氏体病。

本病多散发，也可呈流行性。有季节性，一般夏末秋初发生，主要传染媒介为血红扇头蜱。幼蜱和若蜱叮咬病犬获得病原体，蜱感染后至少155d内能传染此病，越冬的蜱第2年冬天仍可传染易感犬。

（三）症　状

轻症病例仅见体温升高、食欲下降，口、鼻流黏液脓性分泌物，呼吸困难等症状。重症病例可见贫血和低血压性休克和出血的症状，有30%~50%的病犬呈现鼻腔出血，部分病犬的腹腔黏膜，生殖道黏膜和口腔黏膜等处出现出血，甚至发生内出血（黏膜苍白、虚弱、黑粪或眼前房积血）。当与犬巴贝斯虫混合感染时，还可出现黄疸症状。病初血液学检查时，可见病犬的单核细胞增多，嗜酸性粒细胞几乎消失，随贫血症状的发展，红细胞压积、血红蛋白和红细胞总数明显下降。

大部分病例在急性期症状出现1~2周后逐渐消失而转为慢性，持续40~120d，部分慢性病犬可重复感染，并再次出现急性症状。

幼犬的致死率较成年犬高。

（四）病　变

剖检可见消化道溃疡，胸水，腹水和肺水肿。器官和皮下组织浆膜和黏膜面上有出血点或淤斑。全身淋巴结肿大，有的见有黄疸。组织学检查可见多数器官尤其在脑膜、肾和淋巴组织的血管周围有很多浆细胞浸润。慢性病例，骨髓单核细胞和浆细胞显著增加。

（五）诊　断

根据临床症状和剖检变化可怀疑本病，确诊依靠实验室检查。

血液涂片检查病原：取病犬初期或高热期血液涂片，姬姆萨氏染色，镜检，在单核白细胞和嗜中性粒细胞中可见犬埃里希氏体和膜样包裹的包涵体。

病原分离鉴定：取病犬急性期或发热期血液，分离白细胞，接种于犬单核细胞或DH82犬巨噬细胞系细胞，培养后用电镜检查感染细胞胞质中的包涵体，或用免疫荧光抗体检查病原体。用PCR技术和核酸探针检测，敏感性和特异性更高。

血清学检查：病犬感染后7 d产生抗体，2~3周达高峰。间接荧光抗体技术和ELISA法可用于检测该抗体。

鉴别诊断：要注意与犬布氏杆菌病、霉菌感染、淋巴肉瘤及免疫介导性疾病相区别，尤其血小板减少症也可出现免疫介导性血小板减少性紫斑，应予鉴别。

（六）防　制

由于目前尚无有效的疫苗可供应用，且本病的传播媒介血红扇头蜱宿主范围广，不易消灭，这给本病的防疫带来一定的困难。有人用口服四环素预防本病，其用量为每日混料内服250 mg，在血红扇头蜱的生活周期内连续用药，有一定的预防效果。对供血用犬需经常做血清学检查，只有阴性反应的犬，才能做供血犬用。对病犬可用广谱抗生素及磺胺类药物治疗，但仅可改变病程，减轻症状，不能阻止带菌状态的出现。贫血严重者，可用维生素B_{12}，用量0.1~1.2 mg/kg体重，每日2次。

公共卫生：目前犬埃里希氏病主要发生于美国，男性比女性更易感染，大多数人在出现症状前4周有过蜱叮咬史，主要临床特征有急性发热、头痛、厌食、肌痛、恶寒/寒战，恶心/呕吐，体重减轻。最近，从人分离到的E.chaffesis与犬埃里氏体之间的抗原性十分密切。

第八节　猫泛白细胞减少症

猫泛白细胞减少症又称猫传染性肠炎或猫瘟热，是由猫细小病毒引起的一种高度接触性急性传染病，以突发双向型高热、呕吐、腹泻、脱水、明显的白细胞减少及出血性肠炎为特征，是猫最重要的传染病。

本病于1930年首先由Hammon和Ender报告。现在德、匈、法、英、美和日本等很多国家都发生和分布。我国在20世纪50年代初即有关于此病的记载，1984年首次从自然病例中分离出一株猫泛白细胞减少症病毒，即FNF_8毒株。近年来，本病在江苏、安徽等十多个省市时有发生。

（一）病　原

猫细小病毒（FPV）属于细小病毒属成员。本病毒粒子无囊膜，直径20~40 nm。病毒基因组为单股 DNA。本病毒与犬细小病毒和水貂肠炎病毒都有抗原相关性。用 56 个限制性内切酶进行核酸物理图谱分析，毛细小病毒与水貂肠炎病毒仅有一个酶切位点不同，与犬细小病毒有 20%位点不同。用犬细小病毒单克隆抗体分析，三个病毒琼扩抗原存在一定差异。猫细小病毒的复制对分裂盛期的细胞有高度亲和性，故做同步接种培养有利于病毒复制增殖。

病毒能在猫肾、肺和睾丸等原代细胞及 F81、CRFK、FK、NLFK 和 FLF 等传代细胞上生长繁殖，能产生 CPE，但较难识别。经 HE 或 Giemsa 染色后镜检，10~12 h 感染细胞表现核仁肿大，另外围绕以清晰的晕环，培养 24 h，少数细胞出现核内包涵体，开始呈嗜酸性，逐渐变为嗜碱性。细胞形态变化往往呈专一性，但有些毒株经连续传代后可产生明显的 CPE 和核内包涵体。

世界各地分离的本病毒只有一个血清型。本病毒在（pH6.0~6.4）4 ℃ 和 37 ℃ 对猪红细胞都有凝集性。

本病毒对乙醚、氯仿等有机溶剂、酸、碱、酚（0.5%）、胰蛋白酶等具有一定的抵抗力，也能耐热（66 ℃、30 min）。含毒组织中的病毒在低温下或 50%甘油盐水中能保持相当长期的感染性。福尔马林和次氯酸则能有效地将其杀灭。

（二）流行病学

猫细小病毒除能感染家猫外，还可感染其他猫科动物（虎、猎豹和豹）及鼬科（貂、雪貂）和浣熊科（长吻浣熊、浣熊）动物。各种年龄的猫均可感染。由于种群的免疫状况不同，发病率和死亡率的变化相当大。母源抗体通过初乳可使出生小猫受到保护。多数情况下，1 岁以下的幼猫较易感，感染率可达 70%，死亡率为 50%~60%，最高可达到 90%。成年猫也可感染，但常无临床症状。

自然条件下可通过直接接触及间接接触而传播。处于病毒血症期的感染动物，可从粪、尿、呕吐物及各种分泌物排出大量病毒，污染饮食、器具及周围环境而经口传播。康复猫和水貂可长期排毒达一年之久。除水平传播外，妊娠母猫还可通过胎盘垂直传播给胎儿。

本病流行特点为冬末至春季多发，尤以 3 月份发病率最高，1 岁以内的幼猫多发，随年龄增长发病率降低，因饲养条件急剧改变、长途运输或来源不同的猫混杂饲养等不良因素影响，可能导致急性爆发性流行。

（三）发病机理

当鼻内或口服接种后全身所有组织均有病毒侵入。病毒进入体内后首先居留口咽部，18 h 形成病毒血症，48 h 全身所有组织均有病毒，7 d 后病毒滴度最高。随着血清抗体的出现，病毒滴度急剧下降，14 d 时大多数组织很少或无病毒。在某些组织如肾脏可持续一年存在少量病毒。在妊娠母猫，病毒很容易感染仔猫，并通过胎盘进入胎儿体内，侵害胎儿脑部造成畸胎。

（四）症　状

潜伏期 2~6 d。本病在易感猫群中感染率可达 100%，但并非所有感染猫都出现临床症状。根据临诊表现可分为最急性、急性、亚急性和阴性等四个类型。

最急性型：病猫突然死亡，来不及出现症状，往往误认为中毒。

急性型：病猫仅有一些前驱症状，很快于 24 h 内死亡。

亚急性型：病猫初委顿，食欲不振，体温升高到40 ℃以上，24 h后下降到常温。2～3 d后体温再度上升到40 ℃以上，呈明显的双向热。第二次发热时症状加剧。高度沉郁、衰弱、俯卧、头搁于前肢。发生呕吐和腹泻，粪便水样，内含血液，迅速脱水。白细胞数减少（主要为淋巴细胞和嗜中性白细胞减少）。当体温升到最高峰时，白细胞可减少到2 000/mm^{3}以下。一般减少到5 000以下为重症，2 000以下多数预后不良。约有20%的病例白细胞数仅有0～200。病程3～6 d，如能耐过7 d，多能康复。病死率一般为60%～70%，高的可达90%以上。妊娠母猫感染后可发生胚胎吸收、死胎、流产、早产或产小脑发育不全的畸形胎儿。

水貂感染本病后，症状与猫的相似。有的病例仅见拒食，于12～24 h死亡；有的发生肠炎，体温升高，拒食，呕吐，腹泻，脱水，粪便稀软，内含黏液、脱落肠黏膜碎片和血丝。病死率10%～80%。

（五）病　变

以出血性肠炎为特征。胃肠道空虚，整个胃肠道的黏膜面均有不同程度的充血、出血、水肿及被纤维素性渗出物覆盖，其中空肠和回肠的病变尤为突出，肠壁严重充血、出血及水肿，致肠壁增厚似乳胶管样，肠腔内有灰红或黄绿色的纤维素性坏死性假膜或纤维素条索。肠系膜淋巴结肿大，切面湿润，呈红、灰、白相间的大理石样花纹，或呈一致的鲜红或暗红色。肝脏大、呈红褐色。胆囊充盈，胆汁黏稠。脾脏出血，肺充血、出血、水肿。长骨骨髓变成液体，完全失去正常硬度。

（六）诊　断

根据流行病学、病史、典型的临床症状，如双相热型，白细胞大量减少及病理变化等可做出初步诊断。确诊要靠病毒分离或血清学试验。

由于健康猫也可从粪便排出FPV或CPV病毒，仅通过电镜观察病毒粒子也不能确定本病发生。因此，最好采用急性病例的脏器或血液作为接种物，以幼猫原代或次代细胞进行分离培养。

用荧光标记的阳性抗体对组织脏器的冰冻切片或细胞分离培养物进行特异性染色，可以直接做出诊断。分离的病毒可在4 ℃条件下凝集猪红细胞，可以作为辅助诊断的手段之一。应用已知标准毒株的免疫血清，在猫次代细胞培养物上进行中和试验，是最好的病毒鉴定方法。因细胞病变不明显，可检出核内包涵体作为判定标准。

尽管血凝抑制试验敏感性不如血清中和试验，但方法简便，仍不失为一种理想的病毒鉴定和血清学诊断手段。只能用猴或猪的红细胞，操作方法与一般常规相同。

（七）防　制

病猫在患病期间应禁食和饮水，否则可加重呕吐，影响肠细胞复制及降低肠内细菌含量。可采用支持疗法、补充体液和电解质以维持其平衡，并通过非肠途径注射敏感抗生素，以防止受损肠道中的细菌入侵。对某些体液严重失衡者可输以血浆及其他胶体物质，对剧烈呕吐的病猫可服用止吐药等。

FPV的灭活和弱毒活疫苗有市售，其中弱毒苗免疫效果较好，但因其对脑部组织发育具有明显影响，故只能用于4周龄以上的猫。FPV接种后，免疫力持久，甚至获得终生免疫。

因此，不必进行加强免疫。但如坚持接种，可每3年免疫1次。FPV疫苗常和猫型疱疹病毒（FHV-1）、猫杯状病毒一起以三联苗形式市售。这些疫苗一般经非肠道途径免疫（这样才可保证免疫力持久），也可通过鼻内接种，后者的免疫持续时间未知。

第九节 猫杯状病毒感染

猫杯状病毒感染是由杯状病毒科中的猫杯状病毒引起猫的一种多发性口腔和呼吸道传染病。以发热、口腔溃疡、鼻炎或关节疼、跛行（风湿型）等为特征。猫科动物均易感，发病率较高，但死亡率较低。

（一）病　原

猫杯状病毒（FCV）属杯状病毒科，病毒粒子是20面体对称，无囊膜，直径35～39 nm，衣壳由32处中央凹陷的杯状壳粒组成，衣壳在化学成分上只含有1种肽，分子量为73～76 ku，由180个这种多肽组装成衣壳。

病毒的基因组为线状，单股正链RNA，不分节段，有传染性，3'末端为poly A结构，在5'末端连接一个小的多肽VPg（分子量为10～15 ku）。VPg与病毒的感染性关系很大。

猫杯状病毒对乙醚和氯仿不敏感。对pH为3不稳定，对pH为5稳定。在50 ℃经30 min被灭活，$MgCl_2$不起保护作用，相反加速其灭活，2% NaOH能有效地将其灭活。

猫杯状病毒的抗原很容易变异，即所谓的抗原季风移，即使同一猫群分离的2个毒株也不一定完全相同，但在中和试验中，所有猫杯状病毒分离株之间的抗原性广泛交叉。所以，一般认为猫杯状病毒只有1个血清型，各种不同毒株都是该单一血清型的变异株。不同毒株用琼扩试验即可区别。猫杯状病毒不能凝集各种动物的红细胞。

猫杯状病毒可在猫的肾、口腔、鼻腔、呼吸道上皮和胎儿肺等原代细胞上增殖，也能在二倍体猫舌细胞以及胸腺细胞系上生长，通常在48 h内产生明显的细胞病变。猫杯状病毒还能够在来源于海豚、犬和猴的细胞上生长。病毒存在于细胞浆中，呈分散或格状排列，不形成包涵体。目前尚不能使其感染鸡胚或其他实验动物。

（二）流行病学

病猫可通过唾液、分泌物或排泄物将病毒传给健康猫，也可通过空气传播。但直接接触的方式起着更重要的作用。因此，在清扫和饲猫的过程中，防止猫和猫接触及用具交叉污染就可有效阻止本病的传播。

猫杯状病毒在环境中比较稳定，对脂溶剂、消毒剂和季胺盐类等不敏感，1∶32的次氯酸钙可将猫杯状病毒灭活。在猫集中的环境中，幼猫最易感染患病，并常与FHV-1和其他猫的上呼吸道致病因子发生共同感染，加重病情。拥挤、应激、较差的饲养条件也可促使本病发生或病情加重。

（三）症　状

猫杯状病毒主要通过摄入感染，最初病毒在咽喉部组织复制，随后病毒血症将病毒扩散至鼻腔、口腔、舌结膜等的上皮组织。

幼猫症状较重，单纯的实验性嗜肺型感染于 3 d 内出现发热、结膜炎及鼻炎。多数感染猫舌部出现囊、泡和糜烂，腭部坚硬。偶尔出现角膜炎和咳嗽，但这些表现都很轻微，并在 10～14 d 很快恢复。自然感染猫临床症状较严重，主要因并发或继发其他上呼吸道致病因子或细菌之故。

风湿型猫杯状病毒感染猫，表现为发热、关节肿胀、疼痛、肌痛及跛行等症状。不过这些症状不经特殊治疗也可在 2～4 d 内消失。接种猫杯状病毒弱毒苗时，个别猫也见有风湿型症状。

康复猫终生带毒，并通过口腔等向外排毒。在某些病例发生淋巴浆细胞性口炎和齿龈炎，可能和慢性带毒状态有关。

（四）病　变

剖检主要表现为结膜炎、鼻炎、舌炎和气管炎，舌和颚黏膜有溃疡或胃有溃疡。肺腹缘出现暗红色实变区。组织学检查可见舌溃疡的边缘和基质有大量嗜中性白细胞浸润。肺表现间质性肺炎，肺泡内有蛋白渗出物和肺泡巨噬细胞聚积，肺泡及其间隔有单核细胞浸润，支气管和细支气管内有大量蛋白性渗出物、单核细胞及脱落的上皮细胞。

（五）诊　断

1 岁以上的猫大都能检出该病毒抗体，但与猫鼻气管炎难以区分，故单项检查难以对本病正确诊断，应结合临床症状、病理变化、病毒分离鉴定和血清学试验等进行综合分析判断。病毒分离时，可采集呼吸道组织和鼻分泌液接种原代或传代细胞。应注意细胞病变，其特征为核固缩，而猫鼻气管炎病毒的细胞病变为合胞体，二者明显不同。对分离的病毒可与已知抗血清做中和、琼扩、免疫荧光或补体结合试验进一步鉴定。琼扩试验能检出毒株之间的差异，荧光抗体和酶标试验可以直接检出病料中的病毒，双份血清中和抗体效价的检测具有回顾性诊断意义。

（六）防　治

猫感染猫杯状病毒 1 周后，即可检出特异性抗体。该抗体可与其他许多毒株发生交叉反应，但不能完全中和。国外广泛应用灭活疫苗和弱毒疫苗。弱毒疫苗都来源于 F9 株。该病毒株是自然弱毒，仅引起温和的呼吸道症状。F9 株经进一步致弱和筛选，选育出注射和滴鼻两种弱毒疫苗，也可与猫鼻气管炎病毒或猫泛白细胞减少症病毒制成二联苗或三联苗。幼猫 3 周龄以后即可接种，每年重复免疫 1 次。猫杯状病毒疫苗只能保护动物不发病而不能抵抗感染，免疫后的猫可能成为带毒者，有时也可造成暴发，因此有人建议只用灭活苗。由于猫杯状病毒具有抗原漂移现象，应尽快研制新流行株疫苗。

采用对症治疗，对出现结膜炎症状的病猫可施用四环素软膏防止继发感染。风湿型猫杯状病毒感染通常可在 2～3 d 内自愈。发病期间可维持体液及营养平衡，并服用少量阿司匹林解热和减轻病猫关节疼病。对淋巴浆细胞口炎治疗时应注射低剂量的皮质类固醇或其他免疫抑制药物，并加少量抗生素防止继发感染。

第十节 猫白血病

猫白血病病毒（Feline leukemia virus，FeLV）可引起猫的多种类型白血病和其他疾病，如淋巴细胞、成红细胞、骨髓细胞的增生或减少，以及肠炎、流产、神经失常等疾病。不同株病毒引起的疾病类型并不固定，并随不同的感染或接种条件以及不同的宿主而变化。猫白血病病毒对猫的危害很大，由它引起的各种疾病，是猫非意外死亡最常见的原因。同时，人们还首先从猫白血病病毒中发现了反转录病毒的水平传播方式，并首先发现了"肿瘤"反转录病毒感染不但导致肿瘤的发生，更常见的是引起退行性病变如贫血和免疫抑制。免疫-血清学方法在反转录病毒中的应用，也首先是从本病毒开始的。

（一）病　原

猫白血病病毒为转录病毒科、哺乳动物 C 型反转录病毒属。病毒粒子呈圆形，直径 80～120 nm，有囊膜，囊膜表面有少量突起，核衣壳为 20 面体对称，呈球状至棒状，病毒粒子中央为核心。基因组为单股正链线状 RNA 二聚体。

在猫白血病病毒的复制过程中，很多过量的结构蛋白并没有组装进病毒粒子，因而在感染动物的血浆、组织液和细胞膜、细胞浆中含有大量游离的病毒蛋白。猫白血病病毒的核心蛋白具有抗原性，可以从感染的组织细胞中检出，是猫白血病和猫肉瘤临床诊断和流行病学调查的主要目标抗原；表面蛋白（gp70）诱导产生中和抗体，具有型特异性，是区分猫白血病病毒亚型的主要抗原。

猫白血病病毒分为 3 个型：FeLV-A、FeLV-B、FeLV-C。A 型为嗜亲性病毒，在所有感染猫中均可发现；B 型为双嗜性病毒，可在大约一半感染猫中发现；C 型为嗜异性病毒，只在 1%的感染猫中检出。

FeLV-A 型病毒只能在猫的细胞上生长；FeLV-B 型病毒的宿主细胞范围很广，可在猫、貂、仓鼠、犬、猪、牛、猴和人的细胞上生长；FeLV-C 型病毒的宿主范围较广，可在猫、犬、貂、豚鼠和人的细胞上培养。

（二）流行病学

健康猫通过与感染猫的长期接触而感染。猫白血病病毒主要经唾液排出，每微升唾液可含 $2×10^6$ 个病毒粒子。唾液中的猫白血病病毒经眼、口和鼻黏膜进入猫体内，并在头、颈部的局部淋巴结中增殖，大部分猫可将病毒消灭并产生免疫力，但也有部分猫不能完全将病毒消灭而使其进入骨髓，在成髓细胞系和成红细胞系中大量增殖，产生很高滴度的病毒。病毒随白细胞、血小板和血浆扩散至全身，几周内病毒即可抵达唾液腺、口腔黏膜和呼吸道的上皮细胞，并从那里向外界排毒。猫白血病病毒也可经感染母猫的子宫感染胎儿，还可经乳汁传播。猫白血病的潜伏期平均为 3 个月，但变化很大。83%的感染猫会在 3.5 年内死亡。观察发现，猫白血病病毒在 97%的感染猫的骨髓中持续存在，终生带毒，只有 3%的猫可完全清除病毒。

（三）症　状

在自然情况下，宠物猫死于猫白血病病毒感染的直接原因多是免疫缺陷，死于淋巴肉瘤和白血病的相对较少。猫白血病病毒引起猫的疾病有以下几种类型。

1. 肿瘤性（增生性）疾病

（1）淋巴肉瘤。淋巴肉瘤是猫最常见的肿瘤，约占猫肿瘤的1/30。虽然猫的淋巴肉瘤是由猫白血病病毒引起的，但30%淋巴肉瘤中不能检查出猫白血病病毒，为猫白血病病毒阴性淋巴肉瘤，说明其发生并不依赖猫白血病病毒的进行性复制。猫淋巴肉瘤可分为：①多发型。全身多处淋巴样组织器官发生淋巴肉瘤。②胸腺型。仅发生于青年猫的胸腺。③消化道型。主要发生于老年的猫，肿瘤首先形成于消化道和/或中胚层淋巴结。④未分类型。肿瘤仅发生于非淋巴组织，如皮肤、眼睛、中枢神经系统等。这4种肿瘤的发生率依次降低，未分类型很少见。

（2）骨髓增生病。猫白血病病毒可在骨髓的所有有核细胞中增殖，引起多种类型的骨髓细胞增殖，导致骨髓增生病，如红细胞增生性骨髓病、红细胞白血病、粒细胞白血病、骨纤维瘤等。骨髓增生病的特征是血液和骨髓中大量出现异常细胞，发生非再生性贫血。

2. 猫白血病病毒性贫血

猫白血病病毒诱生的贫血是猫白血病病毒感染后常见的疾病，包括3种类型：①猫白血病病毒成红细胞增多症（再生障碍性贫血），占猫白血病病毒感染后出现贫血病例的15%~18%。②FeLV成红细胞减少症（非再生障碍性贫血）；③猫白血病病毒全细胞减少症，以造血干细胞减少为特征，某些病猫还伴有骨髓纤维瘤。

3. 免疫性疾病

猫白血病病毒感染可引起多种免疫性疾病，包括髓细胞减少综合征、免疫器官萎缩、免疫缺陷、免疫复合物病等。

（1）髓细胞减少综合征。猫白血病病毒可直接诱导致死性的成髓细胞减少综合征，其特点为全白细胞减少、贫血、出血性淋巴腺病、出血性肠炎等。

（2）免疫器官萎缩。猫白血病病毒感染引起幼猫和成年猫的胸腺萎缩。幼猫患本病后，表现为生长障碍、复合感染、胸腺和淋巴结萎缩，一般死于8~12周龄。成猫患本病后，表现为淋巴组织的胸腺依赖区萎缩，引起免疫抑制，最后死于继发感染。

（3）免疫缺陷。免疫缺陷导致继发感染，是猫白血病病毒感染致死动物的主要原因。调查发现，大约45%的慢性传染病患猫感染有猫白血病病毒，这些传染病包括慢性传染性腹膜炎（猫冠状病毒引起）、慢性胃炎和齿龈炎，上呼吸道感染和肺炎，久治不愈的皮肤创伤，皮下脓肿和一般的慢性感染。

（4）猫白血病病毒免疫复合物肾小球肾炎。猫白血病病毒感染后，诱导机体产生大量的抗体，抗体与可溶性的病毒抗原结合，形成免疫复合物，沉积于肾小球，即引起肾小球肾炎。这种病在临床上比较常见，患猫往往以死亡而告终。

此外，猫白血病病毒感染还可引起流产、胚胎吸收综合征和猫白血病病毒神经综合征等。个别情况下，猫白血病病毒还能与细胞的原癌基因重组，产生致病性很强的FeSV，可使青年猫发生纤维肉瘤。

4. FeSV 纤维肉瘤 有 3 种猫肉瘤病毒分离自纤维肉瘤病猫

纤维肉瘤占猫所有肿瘤的 6%~12%，主要发生于老年猫。

猫白血病病毒对犬也有致病性，可引起犬的多种淋巴肉瘤。将猫白血病病毒注射到母犬的子宫内，其后代可发生淋巴肉瘤，并可从中检出猫白血病病毒；幼犬感染猫白血病病毒，也可发生淋巴肉瘤，但不能重新分离出病毒。

（四）诊　断

通过临床观察可初步诊断猫白血病，但确诊必须依赖病理学、病毒学和免疫学方法，其中以免疫学方法最为常用。

（1）IFA。该方法检测的猫白血病病毒抗原敏感、特异，但 IFA 阳性只说明感染，不能证明是否患病。97.5%的 IFA 阳性猫可分离出病毒，而 98%的 IFA 阴性猫不能分离出病毒，说明 IFA 和病毒分离的符合率很高。

（2）ELISA 可以大规模应用，比 IFA 方便。ELISA 与 IFA 相比较，其阴性结果的符合率尚可，为 86.7%，但阳性结果的符合率太低，只有 40.8%。所以 ELISA 得到的结果必须经 IFA 确证。

（五）防　制

感染猫可产生高滴度的抗病毒囊膜表面蛋白（gp70）的中和抗体。体内中和抗体效价在 1：10 以上者，既可抵抗猫白血病病毒感染，也可防止猫白血病病毒诱发病理过程。我国已经研制了多种猫白血病病毒疫苗，包括活病毒疫苗、灭活疫苗、重组疫苗和亚单位疫苗等。1985 年即有商品化的弱毒疫苗上市，活疫苗可诱导机体产生高滴度的中和抗体和 mCMA 抗体，但个别免疫猫不能抵抗感染或强毒攻击。

猫白血病可通过净化来控制。净化程序是，以 IFA 对全群猫进行检疫，剔除阳性猫，3 个月时（因为猫白血病的潜伏期为 2 个月）进行第 2 次检疫，如检出阳性猫，则再过 3 个月进行第 3 次检疫。第 2 次和第 3 次检疫无阳性猫的猫群可视为健康群。

疫苗免疫是一个很好的方案，免疫可防止发病，但不能防止感染；还应注意，疫苗接种后可引起猫白血病血清阳转，对检疫不利，故应在接种前检疫。对猫淋巴瘤多采用免疫疗法，即大剂量输注正常猫的全血浆或血清，可使患猫的淋巴肉瘤完全消退。小剂量输注含有高滴度 FOCMA 抗体的血清，治疗效果也不错。采用免疫吸收疗法，即将淋巴肉瘤患猫的血浆通过金黄色葡萄球菌 A 蛋白柱，除去免疫复合物，消除与抗体结合的病毒和病毒抗原。经此治疗的病猫，淋巴肉瘤完全消退，体内不再检出猫白血病病毒。

第十一节　猫病毒性鼻气管炎

猫病毒性鼻气管炎是由猫疱疹病毒 1 型引起的猫的一种急性、高度接触性上呼吸道疾病，主要侵害仔猫，发病率可达 100%，死亡率约 50%。

本病 1957 年由 Crandell 首先报道，以后英国、荷兰、瑞士、匈牙利、加拿大及日本等很多国家均有报道，是猫的重要传染病之一。我国也存在本病。

（一）病　原

猫疱疹病毒 1 型（FHA-1）在分类上属于疱疹病毒科、甲型疱疹病毒亚科，具有疱疹病毒的一切特征。位于细胞核内的病毒粒子直径约 148 nm，胞浆内 126~167 nm，细胞外约 164 nm。病毒粒子中心致密，外有囊膜。双股 DNA。立体对称的核衣壳上分布有 162 个壳粒。

猫疱疹病毒 1 型对外界环境抵抗力较弱，对酸、热和脂溶剂敏感。甲醛和酚易将其杀灭。在 -60 ℃条件下可存活 180 d，50 ℃时 4~5 min 灭活。在干燥条件下，12 h 以内即可灭活。

猫疱疹病毒 1 型可在猫肾、肺及睾丸内增殖。在兔肾细胞也能较好生长。接种病毒后，24~48 h 出现细胞病变，表现为单层细胞呈灶状圆缩、变暗以致全部脱落，有时出现多核巨细胞或合胞体细胞。1~3 d 后病毒滴度可达 $10^4 \sim 10^6$ TCID$_{50}$/0.1 mL。病毒在细胞核内增殖，感染细胞经包涵体染色后，可见到大量嗜酸性核内包涵体。

猫疱疹病毒 1 型可吸附和凝集猫红细胞，可以采用血凝试验及血凝抑制试验检测病毒抗原和抗体。猫疱疹病毒 1 型仅有 1 个血清型。它与猫泛白细胞减少症病毒、传染性牛鼻气管炎病毒、伪狂犬病毒、猫杯状病毒及人单纯疱疹病毒均无交叉反应。

（二）流行病学

本病的病原体是猫鼻气管炎疱疹病毒。在自然条件下，一般都经呼吸道和消化道感染。猫感染本病后，病毒能在病猫的鼻腔、咽喉、气管、结膜和舌的上皮细胞内繁殖，并随其分泌物排到体外。有些猫感染后不呈现症状，称为隐性感染，但仍能向外排出病毒。因此，当健康猫接触了被病毒污染的饲料、水、用具和周围环境时，就可引起本病的扩大传播。试验证明，病毒也可通过飞沫迅速传播。本病成年和幼体猫均易发生，特别是幼仔感染后，严重的会引起死亡。

（三）症　状

潜伏期 2~6 d，幼猫比成年猫易感，且症状更明显。发病初期体温升高，上呼吸道感染症状明显，出现阵发性咳嗽，打喷嚏，流泪，结膜炎，食欲减退，体重下降，精神沉郁，鼻腔分泌物增多，开始为浆液性，后变为脓性。仔猫患病约半个月死亡，继发感染死亡率更高。成年猫感染以结膜炎症状出现，角膜充血，口腔糜烂溃疡，进食困难，由口腔不断流出黏性分泌物，有臭味。慢性的以鼻窦炎、溃疡性结膜炎和眼球炎为主要特征，重者可造成失明，鼻腔由于炎症可使呼吸道狭窄，以至呼吸困难，窒息。成年猫死亡率约 20%~30%。猫经过治疗耐过 7 d 后可逐渐恢复健康。

（四）病　变

主要表现在上呼吸道。病初，鼻腔和鼻甲骨黏膜呈弥漫性充血，喉头和气管也可出现类似变化。较严重病例为鼻腔、鼻甲骨黏膜坏死，眼结膜、扁桃体、会厌软骨、喉头、气管、支气管，甚至细支气管的部分黏膜上皮也发生局部灶性坏死，坏死区上皮细胞中可见嗜酸性核内包涵体。对于全身性感染的仔猫，血管周围局部坏死区域的细胞也可见嗜酸性核内包涵体。慢性病例可见鼻窦炎。表现下呼吸道症状的病猫，可见间质性肺炎及支气管和细支气管炎周围组织坏死。

（五）诊　断

从临床症状看，猫疱疹病毒1型所致疾病，与FCV感染、FPV感染和猫肺炎（衣原体感染）很难区分，只有靠特异性的血清学反应或病原分离才能做出准确诊断。

剖检时，在上呼吸道黏膜上皮细胞中可见典型的嗜酸性核内包涵体，具有一定的诊断价值。病猫眼结膜和上呼吸道黏膜的涂片或切片标本，用猫疱疹病毒1型荧光抗体染色，可做出准确快速的诊断。中和试验（病毒感染21 d后中和抗体可达64倍）及血凝抑制试验也具有诊断意义。

最可靠的诊断是分离病毒。该病毒可在病猫鼻咽部黏膜和结膜持续存在30 d以上。出现7 d后，在肝、肺、肾、脾等实质脏器也可分离出病毒。成功率较高的分离方法是，在急性发热期，以灭菌棉拭子在鼻咽、喉头和结膜部取样，接种于原代猫肾细胞，逐日观察有无细胞病变，对新分离的病毒，可用已知猫疱疹病毒1型免疫血清进行中和试验鉴定。对于细胞培养物，也可进行荧光抗体染色而做出快速鉴定。

（六）防　制

我国防制本病除采用一般性、综合性措施外，对新引进种猫应严格加强检疫，隔离观察，确定无本病后方可入群。带毒猫不留做种用。美国已研制出弱毒疫苗，对63~64日龄猫首免，肌肉注射，以后每隔半年免疫1次。日本用猫病毒性鼻气管炎、猫泛白细胞减少症及猫杯状病毒三联灭活苗预防本病。我国尚未使用疫苗。

本病无特效疗法，一般认为人工合成的核苷类药物有抗本病毒效果。本病毒引起的溃疡性角膜炎可用5-碘氧尿嘧啶核苷治疗，其他方法包括对症治疗，如口服或肌注维生素A，用等渗葡萄糖盐水补液，或选用抗生素防止继发感染

第十二节　泰泽氏病

泰泽氏病是由毛样芽孢杆菌引起的多种实验动物、畜禽和野生哺乳动物的一种共患传染病，特征为肝多发性灶样坏死、出血性坏死性肠炎和在病灶周围尚有生命活力的肝细胞、肠上皮和平滑肌细胞内能检测到病原菌。本病于1917年由Tyzzer氏首先发现于日本舞蹈小鼠得名。兔的泰泽氏病发现于1965年，以后在大鼠、仓鼠、麝鼠和棉尾兔等啮齿类动物及猫、犬、郊狼、马和罗猴也发现了本病。目前很多国家和地区的家兔中有本病流行。我国家兔中也有本病发生。

（一）病　原

毛样芽孢杆菌为严格细胞内寄生，迄今不能在无细胞培养基上培养生长。有关它的一些生物学特征不明，在分类学上地位尚未确定。本菌菌体细长，大小$0.5\times(8\sim10)$ μm。可在发育鸡胚卵黄囊中生长繁殖，在肝细胞、平滑肌和上皮细胞浆中呈束状。革兰氏染色阴性，高碘酸Schiff氏染色阳性，姬姆萨氏染色良好。本菌具多形性，有密生周鞭毛，能运动，能产生芽孢，但产生率较低。虽然本菌在体外容易自溶，但感染动物的肝病料贮存于-10 ℃经16个月仍有传染性。青霉素能抑制本菌在鸡胚卵黄囊内增殖，但不能阻止对小鼠的试验感染。

（二）流行病学

感染动物谱较广，如小鼠、仓鼠、砂鼠、麝鼠、棉尾兔、家兔、郊狼、犬、猴、马和罗猴等都可感染发病，但主要侵害实验动物。小鼠、大鼠、犬和猫的易感性较高。家兔对本病的易感性也高，各种年龄都可感染发病。但一般多发生于幼龄或断奶动物。隐性感染比显性的更为普遍。不良环境条件或注射皮质类甾醇可诱发本病。

患病的、隐性感染的和耐过的动物是传染源。传播途径和方式多样。隐性感染或耐过动物的销售或转移，是本病由疫群（场）传染给无病群的重要传播途径和方式。消化道感染是自然传播的主要途径。感染动物从粪中排出含有芽孢的病原菌，通过污染环境、棚舍、饲料饮水、用具以及管理人员，而传染给易感动物。此外本病还可通过同类相食传染和经胎盘传染。种间传播虽可通过人工接种完成，但迄今未见自然实例。

（三）症　状

自然感染潜伏期尚不清楚。经口人工感染麝鼠和仓鼠分别于 5~10 d 和 10~14 d 发病死亡。不同种类的动物，症状基本相似。一般没有前驱症状，呈急性经过。腹泻，常伴黄疸。血浆中转氨酶（GPT）明显升高，如小鼠人工接种感染后血浆 GPT 升高到 100~1 000 单位/mL，死亡时可高达 5 000 单位/mL（正常者为 50 单位/mL 以下）。幼兔表现腹泻，粪呈水样或黏液状，暗黑色。病兔委顿，减食或废食，脱水，消瘦，死亡迅速；也有无腹泻症状而突然死亡的；还有少数病兔耐过，但生长发育停滞。在实验动物中黑粪不常见。

（四）病　变

病变主要局限于消化道。各种动物自然病例一般都有出血性肠炎和多发性灶样坏死。但也有的可能有肠病变而无肝病变。肠病变最常见于盲肠、结肠前段和回肠后段。肠黏膜萎缩坏死，浆膜面充血、出血。盲肠壁水肿增厚或坏死而发黄皱褶，盲肠和结肠腔内容物液体，常含有鲜血。各种动物的肝病变相似，有白色坏死灶，散在肝实质中，直径 1~3 mm，病例后期，病灶融合，中心暗红色。家兔和马等动物的病例，又可见坏死性心肌病变，呈灰白色条纹或小灶，宽 0.5~2 mm，长 4~8 mm。

组织学变化为在急性病变边缘、显然有活力的肝细胞内见有毛样芽孢杆菌，在胆管上皮和星状细胞内及心肌坏死灶周缘附近的心肌纤维中可见到病菌。在具有上皮坏死和溃疡的肠黏膜固有层下、浆膜下和肌层可见有坏死、出血和水肿。在盲肠和结肠起始部的上皮和平滑肌细胞内可见有病原菌。肝的坏死灶多数呈类圆形，坏死部和其周围有嗜中性白细胞浸润。

（五）诊　断

确诊必须依靠肝和肠的病变及其周缘活细胞内检出的毛样芽孢杆菌。也可采取新鲜的肝病料乳剂，脑内或静脉内接种小鼠等实验动物，同时皮下注射可的松。检查其发病后的肝和肠病灶，在其周围附近观察到本病菌科可确定诊断。最好将病料同时接种血琼脂平板培养基，做分离其他病原的常规检查，以排出并发感染。

血清学诊断方法，包括荧光抗体技术、补体结合试验和琼扩试验等，也可用于检查和证明血清抗体以判定动物群是否感染。

（六）防 制

迄今尚无有效治疗方法。抗生素治疗本病的效果不确切。一般认为四环素、金霉素和土霉素有些疗效。用氯霉素和红霉素治疗需用大剂量。磺胺类药物治疗无效。目前国内外尚无有效疫苗供应。在大的感染动物群中消灭本病比较困难。只有及早发现和淘汰患病动物以及适时定期进行消毒。在小的动物群特别是家兔和试验动物群中，一旦发生本病，最好淘汰清场，彻底消除粪尿和消毒棚舍、笼具及全部设备，烧毁被污染的垫草和干草。空关一段适当时间后，重新饲养完全健康的动物。

平时对动物群严格执行防疫措施。做好灭鼠工作。防鼠进入动物饲养舍、饲料和用具间、饲草和垫料间，尽量减少和消除各种应激因素。

第十三节 兔梭菌性下痢

兔梭菌性下痢是由 A 型魏氏梭菌及其毒素引起的兔的一种消化道为主的全身性疾病，特征为水样腹泻和脱水死亡。我国于 1979 年首先在江苏省昆山种兔场发现本病，迄今很多省、市和自治区有本病发生。

（一）病 原

A 型魏氏梭菌属梭状芽孢杆菌属成员，革兰氏阳性，大小（1~1.5）μm×（4~8）μm，有荚膜，产芽孢，一般为单个或成双存在。在羊血琼脂平板厌氧培养 20~24 h，菌落圆形，边缘整齐，表面光滑隆起，直径 2 mm，四周有双溶血圈；内圈为透明溶血，直径 4~5 mm；外圈较暗为 α 溶血，直径 4~6 mm。

本菌为厌氧菌，接种在厌氧肉汤中 37 ℃ 培养，培养基很快出现一致性混浊，产生气体。

本菌在动物机体或培养基中产生强烈的外毒素。根据毒素-抗毒素中和试验，本菌主要产生 α 毒素，具有坏死、溶血和致死作用。

（二）流行病学

各品种的兔均有易感性，但毛用兔高于皮肉用兔，尤以纯种长毛兔和獭兔高于杂交毛兔。本地毛兔和其他皮肉用兔，各种年龄（除未用料的乳兔外）的兔都可感染发病，但以 1~3 月龄的仔兔发病率最高。一半在冬春季节青饲料缺乏时容易发病，这与青饲料显著减少，而饲喂过多的谷类饲料有关。因为低纤维高淀粉饲料，容易造成胃肠道碳水化合物过度负荷，肠道正常均呈失调和厌氧状态，从而魏氏梭菌可以大量繁殖、产生毒素引起腹泻。

A 型魏氏梭菌芽孢广泛分布于土壤、粪便、污水和劣质面粉中，可经消化道和伤口进入机体。在饲养管理不当、突然更换饲料、气候骤变、长途运输等应激因素作用下，极易导致本病的爆发。消化道是本病主要的传染途径。

（三）症 状

潜伏期较短的为 2~3 d，长的为 10 d。急剧腹泻是本病特征性的临诊症状。病初排灰褐色软便，随后出现水泻。粪便黄绿、黑褐或腐油色，水样或呈胶冻样，具特殊的腥臭味。病兔委顿、拒食、消瘦、脱水，大多于出现水泻的当天或次日死亡，少数可拖一周，极个别的拖一个月最终死亡。发病率为90%，病死率几乎达100%。

（四）病　变

尸体肛门附近和后肢飞节下端被毛染粪，剖开腹腔可嗅到特殊臭味。胃多充满饲料，胃底黏膜脱落，常见有出血或黑色溃疡点，小肠和盲结肠充满气体。小肠卡他性炎症，管壁菲薄透明。盲结肠内容物稀薄呈黑绿色，具腐败味，肠黏膜弥漫性充血或出血。肝质脆，脾深褐色，膀胱积有茶色尿。

（五）诊　断

根据流行病学特点、临诊症状和病理变化的特征，可以做出初步诊断。确诊则需做微生物学诊断或血清学试验。

（1）微生物学诊断：① 检查病原。取空肠内容物或其黏膜刮下物做涂片，或取肝、脾、肾抹片，革兰氏染色，镜检有大量革兰氏阳性大杆菌，单在或成双，有荚膜；取肠内容物加热 80 ℃ 10 min，2 000 r/min 离心 10 min，上清液接种厌氧肉肝汤，37 ℃ 培养 20~24 h，可见到特征性产气；取肝、脾或心血画线接种血平板，厌氧培养，可见到典型的双重溶血圈的菌落，经过生化试验和标准血清定型即可确诊。② 检查毒素。取大肠内容物用生理盐水 1∶3 稀释，3 000 r/min 离心 10 min，上清经除菌滤器过滤。滤液腹腔注射体重 16~20 g 的小鼠数只，剂量 0.1~0.5 mL，均在 24 h 内死亡。证明肠内容物中有外毒素存在，进一步做毒素中和试验，确定毒素的类型。

（2）血清学诊断：对流免疫电泳、间接血凝抑制试验以及 SPA 介导酶联免疫吸附试验（SPA-ElISA）等方法都可在必要时选用，以进一步确诊本病。

（3）鉴别诊断。

① 与兔沙门氏菌病鉴别。急性沙门氏菌病以败血症、下痢和流产为特征，主要发生于断乳前后仔兔和青年兔。蚓突黏膜有弥漫性淡灰色粟粒大的小结节，肠淋巴结水肿。从病兔的血液及各脏器可分离出沙门氏菌。

② 与兔球虫病的鉴别。急性肠球虫病多发于断乳前后的仔兔，成年兔不发生。病兔消瘦，营养不佳，有黄疸和贫血症状。剖检可见肠黏膜或肝表面有淡黄色结节。取结节或肠黏膜压片镜检，可见球虫卵囊。

（六）防　制

平时加强兔场的饲养管理，消除诱发因素，少喂含有过高蛋白质的饲料和过多的谷物类饲料，并注意饲料卫生及适当的搭配。严禁引入病兔，坚持各项兽医卫生防疫制度。发生疫情时，立即隔离治疗或淘汰病兔。兔舍、兔笼及用具用 3% 热碱水消毒，病死兔及其分泌物、排泄物一律深埋或烧毁。注意灭鼠、灭蝇。

定期进行菌苗接种或紧急预防注射，可有效地预防本病的发生和蔓延。兔魏氏梭菌灭活菌苗，30 日龄以上的兔每只皮下或肌内注射 1 mL，间隔 14 d，再注射 1 mL，免疫期半年。兔魏氏梭菌与巴氏杆菌二联菌苗，20~30 日龄仔兔，每只皮下或肌内注射 1 mL；30 日龄以上的兔，每只皮下或肌内注射 2 mL，免疫期为半年。

病初可用特异性高免血清进行治疗，每千克体重 2~3 mL，皮下或肌内注射，每日 2 次，连用 2~3 d，疗效良好。药物治疗可用喹乙醇，5 mg/kg 体重，口服，每日 2 次，连用 4 d。金霉素，20~40 mg/kg 体重，肌内注射，每日 2 次，连用 3 d。红霉素，20~30 mg/kg 体重，肌内注射，每日 2 次，连用 3 d。卡那霉素，20 mg/kg 体重，肌内注射，每日 2 次，连用 3 d，均有一定的疗效。同时配合对症治疗，如腹腔注射 5% 葡萄糖生理盐水，内服食母生（每只兔 5~8 g）和胃蛋白酶（每只兔 1~2 g）等，可提高疗效。

第十四节 兔密螺旋体病

密螺旋体病又称兔梅毒病，是由兔类梅毒密螺旋体所致的成年家兔和野兔的一种常见的慢性传染病，特征为外生殖器、肛门和颜面等部的皮肤和黏膜发生炎症、结节和溃疡，本病在世界各地兔群中都有发生，我国也很普遍。

（一）病　原

兔类梅毒密螺旋体属于螺旋体科、密螺旋体属成员，在形态上和人梅毒苍白密螺旋体相似，很难区别。大小 0.25 μm×（10~30）μm。暗视野显微镜检查可见其呈旋转运动。病原主要存在于病兔的外生殖器官病灶中，不能在人工培养基、鸡胚和组织培养中培养。对小鼠和豚鼠等实验动物人工接种均不感染。

本菌染色困难，常用印度墨汁、姬姆萨或镀银染色。

本菌抵抗力不强，3% 来苏儿、1%~2% 烧碱和 1%~2% 甲醛都可使之在短时间内失去感染性。在厌氧条件下，于 4 ℃ 可存在 4~7 d，-2 ℃ 可存活 24 d。

（二）流行病学

本病只发生于家兔和野兔，人和其他动物概不感染。病兔和痊愈带菌兔是主要传染源。交配是主要的传染途径，因此发病的绝大多数是成年兔。间或也可由污染的垫料、笼架和饲料传播，所以亦有少数 6 月龄以内未配过种的兔发病，但其具体的传播途径尚不清楚。兔群中流行本病时，发病率较高，但几乎无死亡。

（三）症状和病变

潜伏期 2~10 周。发病后呈慢性经过，可持续数月。无明显全身症状，仅见局部病变。病初公兔的龟头、包皮和阴囊皮肤，母兔的阴唇和肛门皮肤、黏膜红肿，并形成粟粒大的结节，以后结节及肿胀部位湿润，有黏脓性分泌物并结成棕色的痂，痂皮剥下时可见稍凹陷的溃疡面，溃疡边缘不齐，易出血。病兔因搔抓可将病部分泌物中的病原体带至其他部位，如鼻、眼睑、唇和爪等。慢性者病部呈干燥鳞片状，稍突起，睾丸也会有坏死灶，腹股沟与腘窝淋巴结常肿大。此病对兔性欲影响不大，但母兔则失去配种能力，受胎率下降，所生仔兔生活力差。诊断本病可由外生殖器的典型病变做出初步诊断，但确诊应以病原体的检出为根据。

（四）诊　断

根据流行病学和临诊症状特点可以做出初步诊断。如需进一步确诊，则应采取病变部的汁液或溃疡面的渗出液，用暗视野显微镜检查，或做涂片用姬姆萨染色镜检密螺旋体。另外，免疫荧光试验、玻片沉淀试验及快速血浆反应素凝集试验等均可诊断本病。

（五）防 制

本病目前尚无疫苗，预防主要靠加强一般的兽医卫生防疫措施。健康兔群自繁自养。新购进的种兔应严格检疫隔离观察1个月，并定期检查外生殖器，无病者可入群饲养。配种时要详细进行临床检查或做血清学试验，健康者才能参加配种。病兔和可疑兔应停止配种，隔离治疗，病重者要坚决淘汰。彻底清除污物，用2%火碱或3%来苏儿消毒兔笼和用具等。

（六）治 疗

可用新胂凡钠明（914），40~60mg/kg，以灭菌蒸馏水配成5%溶液静脉注射。必要时隔两周重复一次。同时配合青霉素进行治疗，效果更佳。青霉素每天50万IU，分2次肌肉注射，连用5 d。除全身治疗外，局部用2%硼酸溶液或0.1%高锰酸钾溶液冲洗后，涂擦碘甘油或青霉素软膏。溃疡面冲洗后涂擦25%甘汞软膏，可加快愈合。

第十五节 兔黏液瘤

兔黏液瘤病是由兔黏液瘤病毒引起的一种高度接触传染性和高度致死性传染病，特征为全身皮肤尤其是面部和天然孔周围发生黏液瘤样肿胀。本病最早于1898年发现于乌拉圭。20世纪80年代以来已有30多个国家和地区发生本病。

（一）病 原

兔黏液瘤病毒属痘病毒科、兔痘病毒属成员。病毒粒子呈砖形，大小（280~230）nm×75 nm。在抗原上与兔纤维瘤病毒有亲缘关系，血清学上存在交叉反应，且可与纤维瘤病毒发生遗传复活现象，即将本病毒75 ℃加热或用乙醚灭活后，加入活的松鼠纤维瘤病毒，混合后接种家兔，可因黏液瘤病毒复活而使家兔发生典型的黏液瘤。本病毒包括几个不同毒株，具有代表性的是南美毒株和美国加州毒株。各毒株之间的毒力和抗原性互有差异，这与病毒基因组大小有关。本病毒易在鸡胚绒尿膜上生长繁殖，并形成特殊痘斑。病毒还可在鸡胚成纤维细胞、兔肾细胞和兔睾丸细胞培养中繁殖，产生典型的痘病毒细胞病变，即胞浆包涵体和核内空泡。

本病毒存在于病兔全身体液和脏器中，尤以眼垢和病变部皮肤渗出液中含量最高。病毒抵抗力低于大多数其他痘病毒。病毒不耐pH4.6以下的酸性环境。对热敏感，55 ℃10 min、60 ℃以上几分钟内灭活，但病变部皮肤中的病毒可在常温下活好几个月，如置50%甘油盐水中，更可长期保持其活力。本病毒对干燥的抵抗力相当强，在干燥的黏液瘤结节中可保持毒力达3周之久。对石碳酸、硼酸、升汞和高锰酸钾有较强的抵抗力，但对福尔马林则较敏感，0.5%~2%福尔马林液1 h使之致死。对乙醚敏感但能抵抗去氧胆酸盐和胰蛋白酶，这是本病毒的特有性质。

（二）流行病学

本病只侵害家兔和野兔，人和其他动物无易感性。在野兔中易感性差异很大，有的易感（如欧洲野兔），有的完全不易感（如北美的黄色野兔等）。病兔和带毒兔是传染源。本病的主要传染方式是与病兔或带毒兔的直接接触，或与其污染物的间接接触而传染。在自然界中最主要的传播方式是通过节肢动物媒介。最常见的是蚊和蚤，病毒在媒介昆虫体内并不繁殖，仅起单纯的机械传播作用。伊蚊、库蚊、按蚊、兔蚤、刺蝇和蚋等昆虫，甚至秃鹰和乌鸦等鸟类都可传播病毒。在蚊虫大量滋生季节，尤其是洼湿地带发病最多。冬季蚤类是主要的传播媒介。黏液瘤病毒在蚊体内可越冬，在兔蚤体内能存活 105 d 以上，在蚊体内可活存达 7 个月之久。本病发生有明显季节性，夏、秋季为发病高峰季节。

临床症状：潜伏期 4~11 d，平均约 5 d，由于病毒不同，毒株之间毒力差异较大，与兔的不同品种及品系间对病毒的易感性高低不同，所以本病的临诊症状比较复杂。

感染强毒力南美毒株的易感兔，3~4 d 即可看到最早的肿瘤，但要第 6 d、7 d 才出现全身性肿瘤。病兔眼睑水肿，黏脓性结膜炎和鼻漏，头部肿胀呈"狮子头"状。耳根、会阴、外生殖器和上下唇显著水肿。身体的大部分、头部和两耳，偶尔在腿部出现肿块。初硬而凸起，边界不清楚，进而充血，破溃流出淡黄色的浆液。病兔直到死前不久仍保持食欲。病程一般 8~15 d，死前出现惊厥，病死率 100%。

感染毒力较弱的南美毒株或澳大利亚毒株，轻度水肿，有少量鼻漏和眼垢以及界限明显的结节，病死率低。

感染加州毒株的易感兔，经 6~7 d 眼睑、肛门、外生殖器以及口、鼻周围发生炎性水肿。第 9 或 10 d 皮肤出血，伴有坏死。病兔肿瘤症状不明显。病死率 90% 以上，死前也常有惊厥。

感染强毒力欧洲毒株病兔，全身各部都可出现肿瘤；但耳部较少见到。10 d 后肿瘤破溃，流出浆液性液体。颜面明显水肿，头呈狮子头外观。眼鼻流出浆液性分泌物。病死率 100%。

自然致弱的欧洲毒株，所致疾病比较轻微，肿块扁平。病死率较低。

近年来，在一些集约化养兔业较发达的疫区，本病常呈呼吸型。潜伏期长达 20~28 d。接触传染，无媒介昆虫参与，一年四季都可发生。病初出现卡他性鼻炎，继而出现脓性鼻炎和结膜炎。皮肤病损轻微，仅在耳部和外生殖器的皮肤上见有炎症斑点，少数病例的背部皮肤有散在性肿瘤结节。

痊愈兔可获 18 个月的特异性抗病力。

（三）病　变

特征性的眼观病变是皮肤肿瘤（加州毒株所致的黏液瘤除外）、皮肤和皮下组织显著水肿，尤其颜面和天然孔周围的皮下组织水肿，切开病变皮肤，见有黄色胶冻液体聚集。液体中含有处于分裂期的黏液瘤细胞和白细胞。皮肤可见出血。胃肠浆膜和黏膜下有痕血斑点。这在加州毒株所致的黏液瘤尤为常见。心内外膜下出血。有时脾肿大，淋巴结水肿出血。

皮肤肿瘤切片检查，可见许多大型的星状细胞——未分化的间质细胞、上皮细胞肿胀和空泡化。胞浆内含有嗜酸性包涵体。包涵体内有蓝染的球菌样小颗粒——原生小体。

（四）诊　断

根据本病的特征性症状和病变，结合流行病学资料不难做出诊断。但在新疫区或毒力较弱的毒株所致的非典型病例或因兔群抵抗力较高，症状和病变不明显时，则诊断比较困难。可取病变组织做切片或涂片检查星状细胞和包涵体，或取新鲜病料接种家兔、鸡胚、兔肾原代细胞或 RK13 传代细胞，分离和鉴定病毒，予以确诊。

我国科学家研究证明，琼脂凝胶双向扩散试验无论用已知病毒检测病兔体内特异性抗体，或用标准阳性血清检测病毒抗原，都可在 12~24 h 内判定结果，准确率极高，不仅可用于临诊诊断，更适用于口岸检疫。

诊断本病的血清学方法还有 EIISA、dot-ELISA、IFA 及补体结合试验等。

（五）防 制

严禁从有黏液瘤病发生和流行的国家或地区进口兔及兔产品。毗邻国家发生本病流行时，应封锁国境。引进兔种及兔产品时，应严格执行港口检疫。新引进的兔需在防昆虫动物房内隔离饲养 14 d，检疫合格者方可混群饲养。在发现疑似本病发生时，应向有关业务单位报告疫情，并迅速做出确诊，及时采取综合性防制措施扑杀病兔，销毁尸体，用 2%~5%福尔马林液彻底消毒污染场所，紧急接种疫苗，严防野兔进入饲养场以及杀灭吸血昆虫等。

本病目前无特效的治疗方法。预防主要靠注射疫苗。国外使用的疫苗有 SImpe 氏纤维瘤病毒疫苗，预防注射 3 周龄以上的兔，4~7 d 产生免疫力，免疫保护期 1 年，免疫保护率达 90%以上。近年来推荐使用的 MSD/S 株和 MEI116005 株疫苗，都安全可靠，免疫效果更好。

第十六节 兔病毒性出血症

兔病毒性出血症俗称"兔瘟"，或称兔出血症，是由兔病毒性出血症病毒引起的兔的一种急性、高度接触性传染病，特征为呼吸系统出血、肝坏死、实质脏器水肿、淤血及出血性变化。本病于 1984 年首先在江苏无锡、宜兴、淮阴等地暴发，继而逐渐蔓延，而后波及全国 20 余省、市。迄今亚洲的朝鲜、印度和黎巴嫩，美洲的墨西哥，非洲的喀麦隆和欧洲的奥地利、比利时、捷克、丹麦、法国、德国、希腊、卢森堡、荷兰、波兰、西班牙、瑞典、瑞士及塞黑等国也都有发生。本病常呈爆发性流行，发病率及病死率极高，至今本病已成为全世界养兔业的大敌。

（一）病 原

兔病毒性出血症病毒（RHDV）是一种新发现的病毒，分类学位置尚未最后定论。单链正股 RNA 病毒。分离自埃及、法国、德国、西班牙的多株 RDHV，其差异仅有 1.3%~1.4%。病毒颗粒无囊膜，直径 25~35 nm，表面有短的纤突。病毒可凝集人的 O 型红细胞，凝集特性较稳定，除被抗 RHDV 血清特异性抑制外，一般在一定范围内不受温度、pH、有机溶剂及某些无机离子的影响，但不凝集马、牛、羊、犬、大鼠、豚鼠、棕鼠和仓鼠等动物的红细胞。HI 试验、琼脂扩散试验、ELISA 与中和试验证实，世界范围内的 RHDV 均为同一血清型。病毒存在于病兔所有的器官组织、体液、分泌物和排泄物中，以肝、脾、肺、肾及血液含量最高。RHDV 可在乳鼠体内生长增殖，引起规律性发病死亡，且可回归兔发病死亡。因此可用乳鼠作为实验动物模型进行种毒保存、病毒特性测定及血清中和试验。用常规方法，病毒不能在兔的各种细胞、鸡胚、鸭胚和鹅胚成纤维单层细胞以及实验室各种原代、继代和传代细胞培养物中生长繁殖。病毒对氯仿和乙醚不敏感,能耐 pH3 和 50 ℃、40 min 处理。含毒病料(如肝)保存于-8~20 ℃冰箱中 560 d 和室内污染环境经 135 d 仍有致病性,病毒对紫外线和干燥等不良环境的抵抗力较强。1%氢氧化钠 4 h、1%~2%甲醛、1%漂白粉 3 h、2%农乐 1 h 才被灭活。生石灰和草木灰对病毒几乎无作用。

(二)流行病学

本病只发生于家兔和野兔。各种品种和不同性别的兔都可感染发病,长毛兔的易感性高于皮肉兔。60 日龄以上的青年兔和成年兔的易感性高于 2 月龄以内的仔兔。未断乳的幼兔很少发病死亡。但近期流行特点有幼龄化的倾向,病兔、隐性感染兔和带毒的野兔是传染来源。本病在新疫区多呈暴发性流行,病势凶猛。本病一年四季都可发生,但北方一般以冬、春寒冷季节多发。这可能与气候寒冷、饲料单一、兔体抵抗力下降有关。

(三)症 状

潜伏期:自然感染 2~3 d,人工接种 38~72 h。根据症状分为最急性、急性和慢性三个类型。

最急性型:多发生在流行初期。突然发病,迅速死亡,几乎无明显症状。一般在感染后 10~12 h 体温升高到 41 ℃,经 6~8 h 而死。有的死前还在吃食,突然抽搐几下即刻死亡。

急性型:多在流行中期发生。感染后 24~40 h 体温升高到 41 ℃以上,病兔食欲减退,渴欲增加。精神委顿,皮毛无光泽,迅速消瘦。死前有短期兴奋、挣扎、狂奔、咬笼架,继而前肢俯伏,后肢支起,全身颤抖,倒向一侧,四肢划动,惨叫几声而死。少数病死兔鼻孔中流出泡沫样血液。病程 1~2 d。

慢性型:多见于老疫区或流行后期,潜伏期和病程较长,病兔体温升高到 41 ℃左右,精神委顿,食欲不振,被毛杂乱无光泽,最后消瘦、衰弱而死。耐过病兔生长迟缓,发育较差,粪便排毒至少一个月之久。

(四)病 变

据王永坤等人的研究,感染后病毒首先侵害感染兔的肝脏,在其中大量复制,干扰细胞代谢,细胞死亡。病毒释放入血液,特别是引发急性弥散性血管内凝血和大量血栓形成。结果造成本病病程短促、死亡迅速和特征性的病理变化。鼻腔、喉头和气管黏膜淤血和出血。气管和支气管内有泡沫状血液。肺有不同程度充血,一侧或两侧有数量不等的粟粒至绿豆大的出血斑点。切开肺叶流出多量红色泡沫状液体,肝淤血、肿大、质脆,被膜弥漫性网状坏死,而致表面呈淡黄或灰白色条纹,切面粗糙,流出多量暗红色血液。胆囊胀大,充满稀薄胆汁。有的脾变化不明显,有的充血增大 2~3 倍。肾皮质有散在的针尖状出血点。胸腺肿大,常出现水,并有散在性针尖至粟粒大出血点。胃肠多充盈,胃黏膜脱落,小肠黏膜充血、出血,膀胱积尿。孕母兔子宫充血、淤血和出血,多数雄性病例睾丸淤血。肠系膜淋巴结水样肿大,其他淋巴结多数充血。脑和脑膜血管淤血,松果体和脑下垂体常有血肿。此外有些病例眼球底部常有血肿,胸水增多。

组织学变化:非化脓性脑炎,脑膜和皮层毛细管充血及微血栓形成。肺出血、间质性肺炎、毛细血管充血、微血栓形成。肝细胞变性、坏死。肾小球出血、肾小管上皮变性、间质水肿、毛细血管有较多的微血栓形成。心肌纤维变性、坏死、肌浆溶解和纤维断裂消失以及淋巴组织萎缩等。

（五）诊　断

在疫区，根据流行病学特点、典型的临诊症状和病理变化，一般可以做出诊断。在新疫区要确诊可进行病原学检查和血清学试验。

（1）病毒检查：取肝病料10%乳剂，超声波处理，高速离心，收集病毒，负染色后电镜观察。可发现一种直径 25~35 nm、表面有短纤突的病毒颗粒。

（2）血凝和血凝抑制试验：取肝病料制成 10%乳剂，高速离心后取上清液，用生理盐水配制的 0.75%人 O 型红细胞进行微量血凝试验，在 4 ℃或 25 ℃作用 1 h，凝集价大于 1∶160 判为阳性。再用已知阳性血清做血凝抑制试验，如血凝作用被抑制（血凝抑制滴度大于 1∶80 为阳性），则证实病料中含有本病毒。Guttre 等以 RDHV5'端衣壳蛋白基因为对象建立了 RT-PCR 和套式 RT-PCR，具有很高的特异性和敏感性。

（3）鉴别诊断。

① 与兔巴氏杆菌病区别。兔巴氏杆菌病是由多杀性巴氏杆菌引起，主要侵害 2 月龄以内的幼兔，一般呈散发。最急性型也是突然死亡；急性型可见病兔打喷嚏，鼻孔流出浆液性以及脓性分泌物，有的下痢；亚急性型病兔呈现鼻炎、肺炎和胸膜炎症状或脓性结膜炎和关节炎等症状；慢性型呈现慢性鼻炎症状。兔巴氏杆菌病无神经症状，肝脏不肿大、间质不增宽，但有散在性或弥漫性灰白色坏死灶，肾脏不肿大。肝脏接种病料，有细菌生长，培养物镜检可见到巴氏杆菌，而兔瘟则查不到。

② 与兔痘的区别。兔痘的临床特征主要是出现红斑样疹，接着出现与人类天花样病毒很相似的皮肤痘疹。而兔瘟主要出现皮肤丘疹、坏死和出血等特征性病变，内脏器官均有灰白色的小结节出现。如果将患兔瘟的病兔肝脏病料磨细后做 1∶5~1∶10 倍数稀释，取离心后的上清液，加双抗后接种于鸡胚绒尿膜，可产生特殊的瘟斑病变；若将被检材料上清液进行乙醚和 pH3.0 处理，以及未经处理的上清液分别接种易感兔，如两组兔均发病死亡，即可确诊为兔瘟病；如接种处理后病料组的兔只健活，而未经处理组的兔只发病死亡，可认为是兔痘（因为兔痘病毒对乙醚敏感，而兔瘟病毒不敏感）。

（六）防　制

本病尚无特效治疗药物，疫情一旦发生，对全群兔进行加倍剂量疫苗紧急预防接种，在一周之内疫情可得到基本控制，并产生坚强免疫力。有条件的地方，可用兔瘟高免血清治疗，于发病后还未出现高热等症状时颈部皮下注射 3~4 mL，可获得 15 d 左右的保护期。发病初期也可注射干扰素，干扰兔瘟病毒的复制，同时应用青霉素、土霉素及磺胺类等抗菌药物以控制继发感染。对体质虚弱或多天不吃的病兔辅以对症疗法和支持疗法。

1. 发病原因分析

（1）饲养管理因素。饲养管理不完善，没有进行定时定量投喂，缺乏科学饲养技术，兔舍卫生条件太差，舍内空气质量不好，保温控湿不良，兔子感染其他疾病后没有得到及时治疗等原因，以致兔子在接种疫苗后，产生的免疫力不够坚强或没有产生免疫抗体，而不能抵抗兔瘟病毒的感染。

（2）品种品质的原因。由于品种品质方面的原因，兔子的体质和抗病力存在差异，可不同程度地受到兔瘟病毒的侵袭而感染。

（3）超强毒感染。在生产实践中，已注射疫苗的兔群，且抗体水平较高，但仍然发病，正是由于病原微生物多个亚型或超强毒株的存在所致。

（4）免疫失败。免疫失败是由多方面的原因造成的，如疫苗质量低下、免疫程序不合理、疫苗保存不当、免疫接种剂量不足、免疫操作不严、防疫制度不健全、消毒不当及母兔免疫空白、防疫密度不能达到100%、存在人为的免疫空档等。

2. 综合防制

兔瘟发病急、死亡率高，无特效治疗方法，因此采取综合性防治措施，做好该病的预防工作是兔群健康发展的保障。

（1）加强饲养管理，做好环境卫生。做好兔群的日常饲养管理工作，提高兔群的整体抗病能力。在饲养过程中，不仅要注意饲料的营养水平，而且还要注意其调制方法。并根据不同日龄、季节、气候，确定合理的饲养管理制度，精细管理。

（2）严格做好日常防疫工作。严禁场外人员入场，场门口消毒池内的消毒液要定期更换。做好兔舍和周围环境的消毒卫生工作，场地可用10%石灰乳、10%~20%的漂白粉液或2%~4%氢氧化钠溶液等消毒。保持兔舍及食具的清洁卫生，及时清除粪便。严禁从疫区购入种兔，引种后应立即接种兔瘟疫苗并做好隔离观察工作，确定所引种兔健康后方可进行混群饲养。

（3）病兔、死兔深埋或烧毁，兔舍彻底消毒。一旦发生兔瘟，立即封锁兔场，隔离病兔，深埋死兔，兔舍、笼具彻底消毒。消毒液可用2%氢氧化钠溶液。未经消毒的兔舍、笼具不能让健康兔进入，以免造成新的病毒传染源。

（4）抓好兔瘟疫苗的预防接种工作。最好在仔兔断奶后、母兔怀孕前用兔瘟疫苗进行预防注射。目前，我国兔瘟疫苗主要是组织灭活疫苗，对兔瘟具有很好的预防效果。生产上使用的疫苗有兔瘟组织甲醛灭活苗、兔瘟-巴氏杆菌二联苗、兔瘟-魏氏梭菌二联苗、兔瘟-巴氏-魏氏三联苗等。实践证明，单苗的免疫效果要优于二联苗、三联苗。应选择优质疫苗按合理的免疫程序注射免疫。根据生产实际，可参考以下免疫程序：仔兔25~30日龄首免，每只颈部皮下注射2 mL兔瘟组织灭活苗，60日龄再次免疫，每只兔皮下注射1 mL，以后每6个月免疫一次。成年兔每次注射2 mL，每年2次，注射后5~7 d产生免疫力，保护率可达98%~100%。

（5）药物预防。发病季节或出现发病迹象时，在饲料或饮水中加入药物进行群体预防。如喹乙醇、氟呱酸可预防巴氏杆菌病，球虫灵、氯苯胍可预防球虫病，磺胺类药物可预防多种疾病，以尽量避免兔瘟发生的诱导因素，但要注意定期更换药物，以免产生耐药性。

第十七节　貂病毒性肠炎

貂病毒性肠炎，又称貂泛白细胞减少症或貂传染性肠炎，是由貂细小病毒引起的一种急性传染病，主要特征为急性肠炎和白细胞减少。

1947年本病最早报道于加拿大。1949年首先由Schofield证实其病原为病毒，并予命名。目前，在丹麦、瑞典、荷兰、美国、日本和俄罗斯都有本病的发生报告。我国于1985年证实了此病。

（一）病　原

貂肠炎病毒（MEV）也叫貂细小病毒（Minit parvovirus），属细小病毒属成员。其形态、大小、理化和生物学特性抗原性及基因组结构特点都与猫的泛白细胞减少症病毒十分相似，常规血清学方法不能区分，两者的基因组在56个酶切点中，仅有一个不同。目前，我国流行的MEV主要属B型（吴威，1996）。MEV可在猫肾细胞系中生长，接种4~6 d后，病毒达最高滴度。

本病毒主要存在于脾和肠管。水貂在发热出现症状两天以内，肠道粪便含毒量最高，以后迅速下降。本病耐过者可获得较强的免疫力，免疫持续期较长。但在较长时间内体内带毒，并通过消化道排毒。

（二）流行病学

本病多发生于貂。雪貂、猫、小鼠、家鼠和田鼠都不感染，即使人工接种也都不出现症状和病变。各种品种和不同年龄的组都有易感性，但以当年生水貂更易感，而50~60日龄的仔貂和幼貂最为易感。发病率50%~60%。病貂的年龄越小病死率越高，最高可达90%。病貂、痊愈带毒貂和患泛白细胞减少症病猫是主要传染源。它们从粪、尿、唾液中排毒，通过污染物和场舍内外环境，经消化道和呼吸道传染给易感健貂。此外，鸟类、鼠类和昆虫等也可成为传播媒介。

本病全年都可发生，但南方多发生于5~7月份，北方则以8~10月份较为多见。本病常呈地方流行性。一旦引入貂场，如没有良好的兽医防疫卫生措施，常常导致长期存在和周期性发生流行。

（三）症　状

潜伏期4~9 d，症状与猫泛白细胞减少症相似，但肠炎更为严重。病貂体温升高到40~40.5 ℃。减食或拒食，但渴欲明显增加。有的于12~24 h迅速死亡；有的发生急性肠炎，腹泻，粪便稀软，或呈水样、粉红色、褐色、灰白色或绿色，内中含有脱落的肠黏膜、黏液或血液。白细胞明显减少，由正常的9 500下降到5 000以下。病貂消瘦、虚弱、脱水，常常伸展四肢平卧。最后衰竭而死。或逐渐恢复健康，长期带毒，生长发育迟缓。病死率因貂的品种和流行情况而异，一般为10%~80%，高的可达90%以上。病程12 h到14 d不等。

（四）病　变

剖检病变主要是小肠呈急性卡他性纤维素性或出血性小肠炎。肠管变粗，肠壁菲薄，肠内容物中含有脱落的黏膜上皮和纤维蛋白样物质及少量血液。肠系膜淋巴结充血、水肿，其他如肝肿大、质脆，胆囊胀大，充满胆汁。脾肿大，暗紫色。组织学检查主要的变化是小肠黏膜上皮变性、坏死。有的上皮细胞内见有核内包涵体。而貂感染猫细小病毒所发生的肠炎时则见不到此种包涵体。

（五）诊　断

根据病例为幼貂（50～60日龄），临诊表现主要为腹泻和白细胞减少等特点，可以做出初步诊断。确诊则需依靠实验室检查。常用的实验室检查方法有：

本动物接种：采取新鲜病料（肝、脾乳剂或小肠内容物低速离心，上清液分为两半，一半加双抗处理，另一半不加）灌服易感幼貂至少两只，剂量10～20 mL；或腹腔注射，剂量3～40 mL。观察有无明显腹泻和检查肠上皮有无核内包涵体，即可做出诊断。

琼扩试验：取病貂黏液管状粪便、生理盐水按1:3稀释，加双抗处理，离心沉淀后的上清液作为抗原，置冰箱中备用。阳性血清可用康复貂血清或用家兔按常规方法制备，置-20 ℃低温冰箱中，可保存一年以上。一般感染本病后14 d，病貂血清中即可出现1:8～1:16的沉淀抗体。用已知抗原检查未知抗体或相反。按常规方法进行琼扩试验，观察结果做出判断。

血凝抑制（HI）试验：采病貂粪便或双份血清与已知阳性血清或病毒培养物做HI试验。试验时，抗原为乙烯亚胺（BEI）灭活的病毒培养物，使用4～8个单位；被检血清用10%红细胞液吸收。用1%猪红细胞液作观察系统。本诊断法具有简单、快速等优点。

荧光抗体染色：取病貂小肠制成冰冻组织切片，用特异荧光抗体染色，在小肠黏膜上皮细胞胞质内出现绿色荧光。通常每个阳性细胞含1～7个荧光体，判为阳性。

分子诊断技术：赵永军等人（1992）建立了核酸探针诊断方法，大大提高了诊断的敏感性。

（六）防　制

本病目前尚无有效的治疗方法。一旦貂群发生本病，立即采取隔离、消毒、封死疫点，对受威胁的易感貂立即用细病毒性肠炎弱毒苗紧急接种和对病貂施以对症、支持疗法及用抗菌药物，防止并发感染等综合性防制措施，可望在10 d到两周内不再出现新病例而控制疫情。

预防本病主要依靠免疫接种疫苗。我国已生产有病毒性肠炎组织灭活苗（皮下注射，剂量1 mL）和貂病毒性肠炎与犬瘟热二联组织灭活苗及二联弱毒苗。种貂一般在配种前（即1月或2月份）免疫接种；仔貂则以在4～5周龄或断乳后（即6～7月份）接种为好，一般不受母源抗体干扰。灭活苗接种两次，间隔7 d。弱毒苗接种1次。接种后3 d产生免疫力。免疫保护率100%。

第十八节　貂阿留申病

水貂阿留申病是由阿留申病毒引起的水貂接触性、慢性传染病，主要侵害网状内皮系统。本病的特征为患病动物浆细胞增多、血液丙种球蛋白增高、持续性病毒血症、免疫复合物肾小球肾炎和肝炎、坏死性动脉炎、出血性素质、贫血及进行性衰竭。本病广泛流行于世界各养貂国家。在我国各饲养场均有此病发生，发病率在70%左右，死亡率也很高。毛皮质量降低，母貂空怀，流产及传染子代，成活率降低；公貂配种能力差，精液质量低劣。每年都造成巨大的经济损失，严重阻碍了养貂业的发展。该病被公认为是世界养貂业的三大疫病之一。

（一）病　原

本病的病原是一种病毒。主要存在于感染水貂的血液、血清、骨髓、脾脏、粪尿和唾液中。感染组织的无细胞滤液和离心沉淀沉渣都具有传染性，可在水貂中继续传代，亦可在水貂肾和睾丸细胞培养中繁殖。从感染水貂的脾制得的 DNA 具有传染性，而且 DNA 酶可使之失活，可见本病毒是一种 DNA 病毒。本病毒对热的抵抗力很强，常用的消毒药要作用较长时间才能使之失去活性，在 pH2.8～10 均能保持活力。用中和试验、补体结合试验和沉淀试验等血清学方法均不能证明病兽血清中有与本病毒发生反应的抗体。用病兽的血清注射健康水貂可复制本病，但此种血清若除去两种球蛋白则失去传染性。在血清中病毒是和丙种球蛋白结合在一起的，所以，即使有抗体存在也是和病原相结合的。

（二）流行病学

本病主要感染水貂，对其他动物的感染情况尚不清楚。有人报道雪貂中有类似疾病存在，而且人工感染时雪貂也能发病。水貂易感性无年龄和性别的差异，但水貂的遗传类型与对本病的易感性有密切关系，蓝色和黄色彩貂发病率较高，而黑色和其他颜色较深的水貂易感性则低得多。这两类水貂不但发病率高低不同，而且育成率和成年后的不妊娠率也有很大差别。本病有明显的季节性，秋、冬季节发病率和死亡率均大大增加。

本病的主要传染源是病兽和带毒兽。病毒长期存在于患貂体内，并从尿、粪和唾液中排出而污染外界环境，经过消化道和呼吸道传染健康水貂。另外，考虑到本病有长时间的持续性病毒血症存在，通过节肢动物媒介传播也是可能的。有人报道治疗和预防接种时针头污染可引起本病流行。此外，还可发生垂直传播，即感染母兽可将病传染给仔兽。

本病传入貂群开始多呈隐性流行，随着时间延长和病兽的累积，表现出地方流行性，造成严重损失。

（三）症　状

潜伏期较长，一般 60～90 d，长的可达 7～9 个月甚至 1 年以上。临诊上可分为急性和慢性两个型，急性经过的病例，精神委顿，食欲不振或丧失，可于 2～3 d 内死去，死前常有痉挛。慢性病例病程数月或数周不等。呈慢性和隐性经过的水貂，临床上表现为生长发育迟缓，被毛焦燥、无光泽，高度消瘦衰竭，皮下脂肪几乎消耗殆尽，皮板小，不够等级，基本为等外皮，严重影响皮张的等级。病貂食欲下降或时好时坏，渴欲明显增加。进行性消瘦、贫血，可视黏膜苍白。有时口腔、齿龈、软腭和肛门出血和溃疡。粪便烂稀发黑，呈煤焦油状。间有抽搐、痉挛、共济失调，后肢麻痹或不全麻痹等神经症状。感染母貂空怀，胎儿被吸收，流产或产衰弱、成活率低的仔貂。公貂配种能力下降，精子活力降低。外周血液浆细胞或淋巴细胞增多。血清丙种球蛋白增高 4～5 倍以上（3.5～11 g/100 mL，正常为 0.74 g/100 mL）。重症貂血清中存在 9～14S 和 22～30S 的免疫复合物，比完整病毒（125S）还要小，可用尿素和酸分解，最后病貂发生尿毒症和恶病质而死。病死率甚高。

（四）病　变

最明显的病变在肾，肿大 2～3 倍，灰色或淡黄色，有出血斑点或灰黄色斑点。肝肿大，有散在的灰白色坏死灶。脾、肝、淋巴结和骨髓的浆细胞增多，动脉炎，肾小球炎，肾小管上皮变性及透明管型，其中肾的浆细胞增多最为引人注目，因为正常情况下，肾内不存在此细胞。

（五）诊　断

根据流行病学材料、典型的症状和病理变化（进行性消瘦、衰弱、浆细胞大量增生），可对本病做出初步诊断。确诊需做分离病毒等实验室试验。

（1）分离病毒：采取病貂的血液或脾、淋巴结等组织，经常规处理后接种貂和猫肾、睾丸细胞或CRFK猫肾传代细胞培养中生长增殖，产生CPE可做出确诊。

（2）碘凝集试验：采受检貂后趾枕血液分离血清。滴1滴血清和1滴新配制的鲁戈氏碘溶液于载玻片上，充分混合，于1~2 min发生暗褐色絮状凝集反应的，说明血清中丙种球蛋白增多，为阳性反应。此法为非特异性方法，虽然简便易行，但有对早期（3~5周以内）感染出现假阴性，而对由于肝实质损伤导致的球蛋白增多的疾病又出现假阳性的缺点。

（3）对流免疫电泳（CIEP）：是目前国内外普遍推广和采用的诊断方法，特异性强，检出率高，且能检出早期（7~9 d）感染貂。我国农业科学院特产研究所已于1984年用83左01株感染银蓝色CIEP阴性成年水貂研制成功了"846" CIEP纯化抗原，供应各地貂场检疫使用。美国和丹麦还用CRFK细胞培养毒制成了细胞抗原，出口世界很多国家。

此外，免疫荧光、琼脂扩散、病毒凝集以及ELISA等特异性方法也可用于诊断，检出此病，中和试验不能用于诊断。

（六）防　制

（1）群体检疫：目前控制水貂阿留申病较有效的方法是采用对流免疫电泳法对全群进行定期检疫，淘汰阳性水貂。此法准确、简便、易操作，一学就会，小场1 000多只水貂2 d就可检疫完成。检疫一般在7~9月或11~12月进行。

（2）免疫：① 单纯地进行定期检疫，靠淘汰阳性貂来净化貂群，不仅费时费力，效果也不理想。显然，尽快控制本病，预防接种是关键。② 每年在7~8月，仔兽离奶分窝后，应用对流免疫电泳法进行普检，将检出的本病阴性水貂立即接种灭活疫苗；然后集中在一定区域做好标记，单独饲养到取皮期，欲留种用的水貂可再次接种疫苗。③ 本病灭活苗的研制成功，为净化、扑灭本病创造了良好条件。灭活苗的免疫期为6个月，按免疫程序要求，1年应接种2次（与其他疫苗接种程序同步），每只貂不分大小（已分窝离奶月余），一律接种1 mL。

思考题

1. 犬瘟热的症状有哪些？如何防治？
2. 犬细小病毒的症状有哪些？如何防治？

第九章 畜禽传染病实验指导

一、实验教学目的及学生能力标准

（1）通过实验教学验证部分教学传染病学的基础理论，加强学生对一些基本概念、基本原理的理解与掌握。

（2）通过实验教学，学生掌握一些畜禽传染病的诊断、治疗以及预防的基本操作和基本方法。

（3）通过实验教学培养学生的动手能力和创新能力，加强学生基本技能的训练，培养学生运用畜禽传染病学知识和技能解决生产实践中有关问题的能力。

二、实验教学要求

人类的各种活动是动物传染病在不同地区和动物群间传播和流行的主要助动力。在此过程中，人畜共患性的疾病如炭疽、狂犬病、布鲁氏菌病、结核病、禽流感、猪链球菌病、鼻疽等还能造成人类感染、发病，甚至在人群中引起广泛流行。除了对人类健康造成重大危害的、大家公认的人畜共患病外，目前已知能够感染人类的病原体达1 415种，其中868种（占61%）可在人和动物间交互感染和传播，皆为人畜共患病原体。在兽医传染病学实验中，由于实验的对象和材料大多与患病动物及其病原微生物有关，操作者稍一疏忽就有可能引起疾病流行，甚至感染自身、危及生命。因此，实验过程中必须严格遵循兽医传染病学实验室操作规程，具体措施如下：

（1）进入实验室先把个人书包放到指定地点，实验台上只放实验指导、记录本和文具。实验室内必须肃静，整洁，不得高声谈笑和随便走动。

（2）不经指导老师同意不能擅自使用或操作实验室的物品和仪器。

（3）实验时（接近病畜或进行操作），必须穿着工作衣帽及口罩，必要时（接触或操作危险材料时），须穿戴胶靴、围裙、袖套、手套及眼镜。上述衣物使用后应立即就地消毒清洗，必须携回处理时，要包扎严密，保证安全。

（4）实验进行期间，不得进食、饮水和吸烟，勿以手指或其他器物等接触口唇、眼、鼻及面部。操作时（尤其是危险的操作），务必严肃认真，聚精会神，不得顾盼言他。手及面部有伤口时，应避免危险的操作，必须操作时应涂碘酒，用胶布包扎，或戴橡皮手套。

（5）注意危险材料的使用及处理。危险材料以及被其污染的器物不能及时正确地处理，是人畜的严重威胁及发生事故的重要原因。为此，应做到下列各点：

① 使用危险材料应进行无菌操作，盛危险材料的器皿应慢拿轻放，拿牢放稳，以防液体流出。

② 实验用过的动物尸体、内脏、血液等废弃病料，以及废弃的病原培养物、生物制品等，须严加消毒（焚烧、煮沸、高压灭菌等）或深埋，严禁到处玷污。用过的棉球、纱布等污物，

亦须放入固定的容器内统一处理，不得任意抛弃。

③被污染的器械应放入一定的器皿中消毒、清洗，不得随处乱放。

④万一危险材料滴出或打翻，或发生其他意外，应立即报告指导教师及时处理。如手指及皮肤被污染，应立即用2%～3%来苏儿（或其他适当的消毒药）洗涤，或用酒精棉球擦拭。若被溅入眼中，应即用5%硼酸溶液冲洗，吸入口中的可用10%硼酸溶液漱口，必要时立即就医。衣帽被污染，可用5%石碳酸、10%福尔马林等浸湿消毒，必要时须用碱水煮洗或高压灭菌，桌面、地板或土地被污染时，应用5%石碳酸或10%福尔马林或其他适当消毒药液蘸湿布片覆盖，经半小时拭去洗净，或倾注多量药液使充分湿透。

（6）实验完毕，将实验台收拾整齐，擦净桌面，然后脱下白大衣反叠好放入衣柜内，必须洗手消毒后方得离去。消毒时可先用1%～3%来苏儿液或其他适当消毒药液清洗，然后在普通水中用肥皂及指刷充分洗刷干净。

三、一般注意事项

（1）实验前应对实验内容进行预习。明确实验目的，复习有关的基础知识及操作技术，以免做实验时计划不周，徒劳忙乱，影响实验效果。

（2）实验时应做记录。事先准备一个专用的笔记本，在实验时就实验的题目、内容、方法和结果等做必要的或详细的记录，以供日后查阅参考。

（3）遵守实验程序，服从教师指导，尤应注意实验室的组织性和纪律性。

（4）要有谦虚认真、实事求是的科学态度，对任何细微或简单的操作，均不可潦草应付或不动手。

（5）爱惜药械和仪器。使用药品力求节省，不可浪费。对器械，特别是精密仪器，必须按照教师指导的方法和步骤进行操作，切不可粗心大意，草率从事，以免发生意外。

（6）实验过后应认真填写实验报告，包括实验目的、实验步骤、出现的问题以及教师所布置的习题。

（7）实验完毕，值日生做好室内卫生，关上门窗，切断电源，防止发生安全事故。

实验1 消 毒

目 的：(1) 掌握畜舍、土壤、粪便等的消毒方法。(2) 了解检查消毒质量的方法。

内容及方法：本实习的内容较多，教师在布置实习时，可根据具体情况，分数次或选择其中某几项进行。

一、消毒的器械

喷雾器：用于喷洒消毒液的器具称为喷雾器，按其原理来说，喷雾器与吸入或压力唧筒相似。喷雾器有两种：一种是手动喷雾器，一种是机动喷雾器。前者有背携式和手压式两种，常用于小量消毒；后者有背携式和担架式两种，常用于大面积消毒。

欲装入喷雾器的消毒液，应先在一个木制或铁制的桶内充分溶解、过滤，以免有些固体消毒剂不清洁，或存有残渣以致堵塞喷雾器的喷嘴，而影响消毒工作的进行。喷雾器应经常注意维修保养，以延长使用期限。

火焰喷灯：是利用汽油或煤油做燃料的一种工业用喷灯，因喷出的火焰具有很高的温度，所以在兽医实践中常用以消毒各种被病原体污染了的金属制品，如管理畜禽用的用具，金属的鼠笼、兔笼、捕鸡笼等。但在消毒时不要喷烧过久，以免将被消毒物品烧坏，在消毒时还应有一定的次序，以免发生遗漏。

二、畜舍的消毒

畜舍的消毒分两个步骤进行：第一步先进行机械清扫，第二步是化学消毒液消毒。

机械清扫是做好畜舍环境卫生最基本的一种方法。采用清扫方法，可以使鸡舍内的细菌数减少21.5%，如果清扫后再用清水冲洗，则鸡舍内细菌数即可减少54%~60%。清扫、冲洗后再用药物喷雾消毒，鸡舍内的细菌数即可减少90%。

用化学消毒液消毒时，消毒液的用量一般是以畜舍内每平方米面积用1 L 药液。消毒的时候，先喷刷地面，然后墙壁，先由离门远处开始，喷完墙壁后再喷天花板，最后再开门窗通风，用清水刷洗饲槽，将消毒药味除去，否则畜禽闻到消毒药味不愿吃食。此外，在进行畜舍消毒时，也应将附近场院以及病畜污染的地方和物品同时进行消毒。

（1）畜舍的预防消毒。畜舍预防消毒在一般情况下，每年可进行两次（春秋各一次）。在进行畜舍预防消毒的同时，凡是畜禽停留过的处所都需进行消毒。在采取"全进全出"管理方法的机械化养畜场，应在全出后进行消毒。产房的消毒，在产仔前应进行一次，产仔高峰时进行多次，产仔结束后再进行一次。

畜舍预防消毒时常用的液体消毒剂有10%~20%的石灰乳和10%的漂白粉溶液，消毒方法如上。

畜舍预防消毒也可应用气体消毒,药品是福尔马林和高锰酸钾。方法是按照畜舍面积计算所需用量,其比例是:每立方米的空间,应用福尔马林 25 mL,水 12.5 mL,高锰酸钾 25 g(或以生石灰代替)。计算好用量以后将水与福尔马林混合。畜舍的室温不得低于正常的室温(15~18 ℃)。将畜舍内的管理用具、工作服等适当地打开,箱子和柜橱的门都开放,使气体能够通过其周围。再在畜舍内放置几个金属容器,然后把福尔马林与水的混合液倒入容器内,将牲畜迁出,畜舍门窗密闭。其后将高锰酸钾倒入,用木棒搅拌,经几秒钟即见有浅蓝色刺激眼鼻的气体蒸发出来,此时应迅速离开畜舍,将门关闭。经过 12~24 h 后方可将门窗打开通风。倘若急需使用畜舍,则需用氨蒸气来中和甲醛气。按畜舍每 100 m^3 取 500 g 氯化铵,1 kg 生石灰及 750 mL 的水(加热到 75 ℃),将此混合液装于小桶内放入畜舍。或者用氨水来代替,即按每 100 m^3 畜舍用 25%氨水 1 250 mL,中和 20~30 min 后,打开畜舍门窗通风 20~30 min,此后即可将畜禽迁入。

在集约化饲养场,为了预防传染病的发生,平时可用消毒剂进行"带畜禽消毒"。如用百毒杀、过氧乙酸等消毒剂对鸡、猪舍进行气雾消毒,对畜舍地面、墙壁、畜体表面上的菌和肠道菌有较强的杀灭作用。"带畜禽消毒"法在疫病流行时,可作为综合防制措施之一。

(2)畜舍的临时消毒和终末消毒。发生各种传染病而进行临时消毒及终末消毒时,用来消毒的消毒药随疾病的种类不同而异。

在病畜舍、隔离舍的出入口处应放置浸有消毒液的麻袋片或草垫,如为病毒性疾病(猪瘟、口蹄疫等),则消毒液可用 2%~4%氢氧化钠,而对其他的一些疾病则可浸以 10%克辽林溶液。

三、地面土壤的消毒

病畜的排泄物(粪、尿)和分泌物(鼻汁、唾液、奶汁和阴道分泌物等)内常常含有病原微生物,可污染地面、土壤,因此应对地面、土壤进行消毒,以防传染病继续发生和蔓延。消毒土壤表面可用含 2.5%有效氯的漂白粉溶液、4%福尔马林或 10%氢氧化钠溶液。

停放过芽孢杆菌所致传染病(如炭疽、气肿疽等)病畜尸体的场所,或者是此种病畜倒毙的地方,应严格加以消毒处理。首先用含 2.5%有效氯的漂白粉溶液喷洒地面,然后将表层土壤掘起 30 cm 左右,撒上干漂白粉并与土混合,将此表土运出掩埋。在运输时应用不漏土的车以免沿途漏撒,如果无条件将表土运出,则应多加干漂白粉的用量(1 m^2 面积加漂白粉 5 kg),将漂白粉与土混合,加水湿润后原地压平。

其他传染病所污染的地面土壤消毒,如为水泥地,则用消毒液仔细刷洗;如为土地,则可将地面翻一下,深度约 30 cm。在翻地的同时撒上干漂白粉(用量为 1 m^2 面积用 0.5 kg),然后以水湿润、压平。

如果放牧地区被某种病原体污染,一般利用自然力(如阳光,种植某些对病原微生物起有害作用的植物,如黑麦、小麦、葱等)使土壤发生自净作用来消除病原微生物。但在牧场土壤自净之前,或是被接种疫苗的动物产生免疫之前,畜禽不应再在这种地区放牧。如果污染的面积不大,则应使用化学药剂消毒。

四、粪便的消毒

1. 焚烧法

此种方法是消灭一切病原微生物最有效的方法，故用于消毒最危险的传染病病畜的粪便（如炭疽、马脑脊髓炎、牛瘟等）。焚烧的方法是在地上挖一个壕，深75 cm，宽5~100 cm，在距壕底40~50 cm处加一层铁梁（要比较密些，否则粪便容易落下），在铁梁下面放置木材等燃料，在铁梁上放置欲消毒的粪便。如果粪便太湿，可混合一些干草，以便迅速烧毁。此种方法的缺点是：能损失有用的肥料，并且需要用很多燃料。故此法除非必要很少应用。

2. 化学药品消毒法

消毒粪便用的化学药品有含2%~5%有效氯的漂白粉溶液、20%石灰乳。但是这种方法既麻烦，又难达到消毒的目的，故实践中不常用。

3. 掩埋法

将污染的粪便与漂白粉或新鲜的生石灰混合，然后深埋于地下，埋的深度应达2 m左右。此种方法简单易行，在目前条件下实用。但病原微生物可经地下水散布以及损失肥料是其缺点。

4. 生物热消毒法

这是一种最常用的粪便消毒法。应用这种方法，能使非芽孢病原微生物污染的粪便变为无害，且不丧失肥料的应用价值。粪便的生物热消毒方法通常有两种：一为发酵池法，一为堆粪法。

（1）发酵池法：此法适用于饲养大量畜禽的农牧场，多用于稀薄粪便（如牛、猪粪）的发酵。其设备为距农牧场200~250 m以外无居民、河流、水井的地方挖筑两个或两个以上的发酵池（池的数量与大小决定于每天运出的粪便数量）。池可筑成方形或圆形，池的边缘与池底用砖砌后再抹以水泥，使不透水。如果土质干固、地下水位低，可以不用砖和水泥。使用时先在池底倒一层干粪，然后将每天清除出的粪便垫草等倒入池内，直到快满时，在粪便表面铺一层干粪或杂草，上面盖一层泥土封好，如条件许可，可用木板盖上，以利于发酵和保持卫生。粪便经用上述方法处理后，经过1~3个月即可掏出作肥料用。在此期间，每天所积的粪便可倒入另外的发酵池，如此轮换使用。

（2）堆粪法：此法适用于干固粪便（如马、羊、鸡粪等）的处理。在距农牧场100~200 m以外的地方设一堆粪场。堆粪的方法如下：在地面挖一浅沟，深约20 cm，宽约1.5~2 m，长度不限，随粪便多少而定。先将非传染性的粪便或稻秆等堆至25 cm厚，其上堆放欲消毒的粪便、垫草等，高达1~1.5 m，然后在粪堆外面再铺上10 cm厚的非传染性的粪便或谷草，并覆盖10 cm厚的沙子或土，如此堆放三个星期到三个月，即可用以肥田。

当粪便较稀时，应加些杂草，太干时倒入稀粪或加水，使其不稀不干，以促其迅速发酵。通常处理牛粪时，因牛粪比较稀不易发酵，可以掺马粪或干草，其比例为四份牛粪加一份马粪或干草。

五、污水的消毒

兽医院、牧场、产房、隔离室、病厩以及农村屠宰畜禽的地方，经常有病原体污染的污水排出，如果这种污水不经处理任意外流，很容易使疫病散布出去，而给邻近的农牧场和居民造成很大的威胁。因此对污水的处理是很重要的。

污水的处理方法有沉淀法、过滤法、化学药品处理法等。比较实用的是化学药品处理法。方法是先将污水处理池的出水管用一木闸门关闭，将污水引入污水池后，加入化学药品（如漂白粉或生石灰）进行消毒，消毒药的用量视污水量而定（一般1 L污水用2~5 g漂白粉）。污水池的闸门平时可以打开，使污水直接流入渗井或下水道。

六、皮革原料和羊毛的消毒

患炭疽、口蹄疫、猪瘟、猪丹毒、传染性贫血、传染性脑脊髓炎、布氏杆菌病、羊痘及坏死杆菌病的畜禽皮毛均应消毒。在发生炭疽、鼻疽、流行性淋巴管炎、气肿疽以及牛瘟时，不应从尸体剥皮。在储存的原料中即使只发现一张炭疽患畜的皮，则整堆与它接触过的皮张均应加以消毒。

常用于皮毛消毒的药品和方法，是用福尔马林气体在密闭室中蒸熏。但此法可损坏皮毛品质，且穿透力低，较深层的物品难于达到消毒目的。目前广泛利用环氧乙烷（C_2H_4O）气体来进行消毒。此法对细菌、病毒、立克次氏体及霉菌均有良好的消毒作用，对皮毛等畜产品中的炭疽芽孢也有较好的消毒效果。消毒时必须在密闭的专用消毒室或密闭良好的容器（常用聚乙烯或聚氯乙烯薄膜制成的篷布）内进行。环氧乙烷的用量，如消毒病原体繁殖型，每立方米用300~400 g，作用8 h；如消毒芽孢和霉菌，每立方米用700~950 g，作用24 h。环氧乙烷的消毒效果与湿度、温度等因素有关，一般认为，相对湿度为30%~50%，温度在18 ℃以上，38~54 ℃以下，最为适宜。环氧乙烷是一种化学活性很强的烷基类化合物，其沸点为10.7 ℃，沸点以下的温度为易挥发的液体，遇明火易燃易爆，对人有中等毒性，应避免接触其液体和吸入气体。因此，使用环氧乙烷消毒装置时，应经过专门的培训，或在有经验的工作人员指导下进行。

如皮张被炭疽菌污染，也可用酸渍法消毒，即在专用消毒池内用含盐酸2.5%（按重量折合）和食盐15%的溶液进行消毒。消毒时先将池内消毒液用热气管加温至35 ℃。皮张称重后堆放于事先铺在池边地面的麻袋上。皮重应是全池溶液的10%。向池内放皮张时应边放边压，最后连麻袋也放入池内一起消毒。此时池内温度应保持30 ℃，不可过高过低，并随时加以翻动，到第20 h将皮张大翻一次，滴定并补足池内溶液盐酸含量，使为2.5%，到第40 h消毒完毕。取出皮张，挂在特制的架上，待消毒液流净后，放入1.5%~2%烧碱液中中和1.5~2 h，中和后用自来水冲洗10~15 min，即可送往加工厂加工，如欲储存，则需加盐。

消毒过程中补足溶液中盐酸含量的方法：吸取池内溶液10 mL，用0.1 mol氢氧化钠（或氢氧化钾）滴定。设池内溶液量为2 000 L，0.1 mol氢氧化钠滴入量为50 mL，则应加工业盐酸的计算方法如下：

（1）消毒溶液内含盐酸百分比=50×0.00365+10×100%=1.825%（0.003 65为0.1 mol盐酸中的重量）。

（2）溶液中不足盐酸量=2 000×（2.5%-1.825%）=13.5 kg。

（3）应补足波美式18.3度工业盐酸（1 L含盐酸0.328 kg）=13.5÷0.328=41.2 L。

七、消毒质量的检查

1. 房舍机械清扫效果检查

在检查房舍机械清的质量时，检查地板、墙壁以及房舍内所有设备的清洁程度。此外，检查挽具和管理用具的消毒程度以及检查所采取的消毒粪便的方法（是否进行生物热消毒、焚烧等）。

2. 消毒药剂选择正确性的检查

了解消毒工作记录表，消毒药的种类、浓度、温度及其用量。检查消毒药剂浓度时，可以从剩余未用完的消毒液中取样品进行化学检查（如测定含甲醛、活性氯的百分数）。

检查含氯制剂的消毒效果时，可应用碘淀粉法。即取玻瓶两个，第一个瓶盛 3%碘化钾和 2%淀粉糊的混合液（加等量的 6%碘化钾和 4%淀粉糊即成 3%碘化钾和 2%淀粉糊的混合液，淀粉糊最好用可溶性淀粉配制）。第二个瓶装上 3%次亚硫酸盐。已装溶液的这些瓶上应有标签，并保存在暗处。

检查的方法如下：在火柴棒的一端卷上少量的棉花，将做成的这个棉球置入第一个瓶，沾上碘化钾液和淀粉糊的混合液。如果用浸湿了的棉球接触消毒过的表面，就可以看到在被检对象的表面上（即在与棉球接触过的地方）以及在棉球上都呈现出一种特殊的蓝棕色，而着色的强度取决于游离氯的含量及被消毒表面的性质。在表面染上的颜色用另一个浸上次亚硫酸盐溶液的棉球擦其表面之后，则颜色即消失。此种检查可以在消毒之后的两昼夜内进行。

3. 消毒对象的细菌学检查

消毒以后由地板（在畜舍的畜禽后脚停留的地方）、墙壁上、畜舍墙角以及饲槽上取样品，用小解剖刀在上述各部位划出大小为 10 cm×10 cm 的正方形数块，每个正方形都用灭菌的湿棉签（干棉签的重量为 0.25~0.33 g）擦拭 1~2 min，将棉签置入中和剂（30 mL）中并沾上中和剂然后压出、沾上、压出，如此进行数次之后，再放入中和剂内 5~10 min，用镊子将棉签拧干，然后把它移入装有灭菌水（30 mL）的罐内。

当以漂白粉作为消毒剂时，可应用 30 mL 的次亚硫酸盐中和之；碱性溶液用 0.01%醋酸 30 mL 中和；福尔马林用氢氧化铵（1%~2%）作为中和剂。当以克辽林、来苏儿以及其他药剂消毒时，没有适当的中和剂，而是在灭菌的水中洗涤两次，时间为 5~10 min，依次地把棉签从一个罐内移入另一个罐内。

送到实验室去的灭菌水里的样品在当天经仔细地把棉签拧干和浆液体搅拌之后，将此洗液的样品接种在远藤氏培养基上。为此，用灭菌的刻度吸管由小罐内吸取 0.3 mL 的材料倾入琼脂平皿表面，并且用巴氏吸管做成的"刮"，在琼脂平皿表面涂布，然后仍用此"刮"涂布第二个琼脂平皿表面。接种了的平皿置入 37 ℃温箱，24 h 后检查初步结果，48 h 后检查最后结果。如在远藤氏培养基上发现可疑菌落时，即用常规方法鉴别这些菌落。

在所取的样品中没有肠道杆菌培养物存在时，证明所进行的消毒质量是良好的，有肠道杆菌的生长，则说明消毒质量不良。

4. 粪便生物热消毒效果的检查

常用下列两种方法检查：

（1）测温法。应用装在金属套管内的最高化学用温度计测定粪便的温度，根据在规定的时间内粪便的温度来决定消毒的效果。

（2）细菌学方法。利用细菌学方法测定粪便中的微生物数量及大肠杆菌菌价。方法是：将样品称重，与砂混合置研钵内研碎，然后加入 100 mL 的灭菌水稀释。将液体与沉淀从研钵移入含有玻珠的小烧瓶内，振荡 10 min 后用纱初过滤。将过滤液分别接种于普通琼脂平皿及远藤氏培养基上，置 37 ℃ 温箱培养一昼夜，然后在琼脂平皿上计算微生物的数量，在远藤氏培养基上测定大肠杆菌价。

样品应当在粪便发热，例如温度升高到 60～70 ℃ 时采取。因为粪便冷却后，渗入下部的微生物（例如随雨水渗入的微生物），会重新散布到粪便内，从而改变微生物的数量和成分。为了对照起见，还应测定欲消毒粪便在消毒前的微生物数和大肠杆菌价。

八、畜禽药物消毒的关键技术和误区

1. 消毒前不做机械性清扫的误区

消毒药物作用的发挥，必须使药物接触到病原微生物。但被消毒的现场会存在大量的有机物，如粪便、饲料残渣、畜禽分泌物、体表脱落物以及鼠粪、污水或其他污物，这些有机物中藏匿有大量病原微生物。同时，消毒药物与有机物，尤其是与蛋白质有不同程度的亲和力，可结合成为不溶性的化合物，并阻碍消毒药物作用的发挥。再者，消毒要被大量的有机物所消耗，严重降低了对病原微生物的作用浓度，所以说，彻底的机械清扫是有效消毒的前提。机械清扫前应先将可拆卸的用具如食槽、水槽、笼具、护仔箱等拆下，运至舍外清扫、浸泡、冲洗、刷刮，并反复消毒。舍内在拆除用具设备之后，从屋顶、墙壁、门窗，直至地面和粪池、水沟等按顺序认真打扫清除，然后用高压水冲洗直至完全干净。在打扫清除之前，最好先用消毒药物喷雾和喷洒，以免病原微生物四处飞扬和顺水流出，扩散至相邻的畜禽舍及环境中，造成扩散污染。

2. 对消毒程序和全进全出认识的误区

消毒应按一定程序进行，不可杂乱无章随心所欲。一般可按下列顺序进行：舍内从上到下（从屋顶、墙壁、门窗至地面，下同）喷洒大量消毒液→搬出和拆卸用具和设备→从上到下清扫→清除粪尿等污物→高压水充分冲洗→干燥→从上到下并空中用消毒药液喷雾，雾粒应细，部分雾粒可在空中停留 15 min 左右→干燥→换另一种类型消毒药物喷雾→安装调试→密闭门窗后用甲醛熏蒸，必要时用20%石灰浆涂墙，高约 2 m→将已消毒好的设备及用具搬进舍内安装调试→密闭门窗后用甲醛熏蒸，必要时三天后再用过氧乙酸熏蒸一次→封闭空舍 7～15 d，才可以认为消毒程序完成。如急用时，在熏蒸后 24 h，打开门窗通风 24 h 后使用。有的人对全进全出不甚了解，往往在清舍消毒时，将转群或出栏时剩余的数头（只）生长落后或有病无法转出的畜禽留在原舍内，可以认为，在原舍内存留一头（只）畜禽，都不能认为做到了全进全出。

3. 使用石灰消毒的误区

石灰具有消毒力好，无不良气味，价廉易得，无污染的特征，但往往使用不当。新出窑的生石灰是氧化钙，加入相当于生石灰重量 70%～100%的水，即生成疏松的熟石灰，也即

$Ca(OH)_2$（氢氧化钙），只有这种离解出的 OH^-（氢氧根离子）才具有杀菌作用。有的场、户在入场或畜禽舍入口池中，堆放厚厚的干石灰，让鞋踏而过，这起不到消毒作用。也有的用存放时间过久的熟石灰做消毒用，但它已吸收了空气中的 CO_2（二氧化碳），成了没有 OH^- 的 $CaCO_3$（碳酸钙），已完全丧失了杀菌消毒作用，所以也不能使用。还有的直接将石灰粉撒在舍内地面上一层，或上面再铺一层垫料，这样常造成雏禽或幼仔的蹄爪灼伤，或因啄食而灼伤口腔及消化道。有的将石灰直接撒在鸡笼下圈舍内，致使石灰粉尘大量飞扬，必定会使畜禽吸入呼吸道内，引起咳嗽、打喷嚏、甩鼻、呼噜等一系列症状，人为地造成了一种呼吸道炎症。使用石灰最好的消毒方法是：加水配制成 10%~20% 的石灰乳，用于涂刷畜舍墙壁 1~2 次，称为"涂白覆盖"，即可消毒灭菌，又有覆盖污斑、涂白美观的作用。

4. 饮水消毒的误区

许多消毒药物，按其说明书称，可用于畜禽的饮水消毒，并称"高效、广谱、对人畜无害"，更有称"可杀灭 100% 某某菌及某某病毒，用于饮水及拌料内服，在 1~3 d 可扑灭某某病"等等，这显然是一种夸大其辞以致误导。饮水消毒实际上是对饮用水的消毒，畜禽喝的是经过消毒的水，而不是消毒药水，饮水消毒实际是把饮水中的微生物杀灭或控制畜禽体内的病原微生物。如果任意加大水中消毒药的浓度或长期饮用，除可引起急性中毒外，还可杀死或抑制肠道内的正常菌群，对畜禽健康造成危害。所以饮水消毒应该是预防性的，而不是治疗性的。在临床上常见的饮水消毒剂多为氯制剂、季铵盐类和碘制剂，中毒原因往往是浓度过高或使用时间过长。中毒后多见肠道炎症并积有黏液、腹泻，以及不同程度的死亡。产蛋鸡造成产蛋下降。还有的按某些资料，给雏鸡用 0.1% 高锰酸钾饮水，结果造成口腔及上消化道黏膜被腐蚀，往往造成雏鸡较多的死亡。

5. 使用甲醛的误区

甲醛是一种有强烈刺激气味的气体，溶于水中的 38%~40% 的甲醛称为甲醛溶液或福尔马林。甲醛对绝大多数病原微生物包括芽孢和真菌等，都有较强的杀灭作用，而且价格低，没有腐蚀性。但它有穿透力差、作用力缓慢的缺点，而且在低温下存放的甲醛溶液，可生成絮状的三聚甲醛，致使杀菌力下降，应防止出现此种"聚合"作用的发生。甲醛溶液最常用做熏蒸消毒，它消毒的作用受温度和湿度的影响很大，温度越高消毒效果越好，温度每升高 10 ℃，消毒力可提高 2~4 倍。在温度为 0 ℃ 的环境下，几乎没有消毒作用，所以应保持在 20 ℃ 以上使用。还要注意，所说的温度是指被消毒物体表面的温度，而不是空气的温度，也不是使用甲醛时短时内的温度。在用甲醛熏蒸消毒时，还应使环境相对湿度达到 80%~90%，消毒作用才得以发挥。熏蒸消毒时可将甲醛溶液加 3~5 倍的水，放入大铁锅中加热煮沸，直至将水蒸发耗干，这样既提高了舍内湿度，又提高了温度，大大增强了消毒效果。用高锰酸钾做氧化剂促使甲醛蒸发的方法时，在甲醛溶液中也应加入 2 倍量的水。还应注意，不要将高锰酸钾投入甲醛溶液中，以免溅出使人灼伤，应将加水的甲醛溶液缓缓加入放有高锰酸钾的容器中。容器应选陶瓷，不要用塑料等不耐热的容器，容器的容积应大于甲醛溶液加水后容积的 3~4 倍。熏蒸要先计算出畜禽舍内的体积，按每立方米用甲醛溶液 8~46 mL 计算用量。畜舍内、外环境消毒，也常用甲醛溶液喷雾，可配成 5% 的甲醛溶液，最好用机动或电动大型喷雾器，以便在短时间内完成。它效率高、喷射得远而雾粒细，并减少了对操作者黏膜的刺激。

6. 对带畜禽喷雾消毒的误区

带畜禽消毒的着眼点不应限于畜禽的体表，而应包括整个畜禽所在的空间和环境，因许多病原微生物是通过空气传播的，不进行空气消毒就不能对此类疾病取得较好的控制，所以将带畜禽消毒视为全方位消毒可能更为全面。带畜禽消毒应将喷雾器喷头高举空中，喷嘴向上喷出雾粒，雾粒可在空中缓缓下降，除与空气中的病原微生物接触外，还可与空气中的尘埃结合，起到杀菌、除尘、净化空气、减少臭味的作用，在夏季并有降温的作用。带畜禽消毒喷出雾粒直径大小应控制在 80~120 微米，雾粒过大则在空中下降速度太快，起不到消毒空气的作用；雾粒过细则易被畜禽吸入肺泡，引起肺水肿、呼吸困难。做喷雾消毒的药物应选杀菌谱广、刺激性小的药物；水溶性不好、带有异味、刺激性强的消毒药物均不宜使用。喷雾用药物的浓度必须按照使用说明，不可任意加大或降低。临床曾用二醛喷雾消毒因浓度过大，引起鸡发生严重呼吸道症状及较多死亡，因浓度大的二醛可造成上皮细胞（包括肺泡上皮）的变性、死亡，其后果往往非常严重。喷雾用量可按每立方米空间 5~25 mL 计算。因每进行喷雾一次，可降低舍温 2~4℃。所以在冬、夏不同季节，可灵活调节药液浓度或用量。带畜禽消毒根据情况每 3~5 d 一次至每天 1~2 次。使用的喷雾器最好为电动或机动，压力为 0.2~0.3 kg/cm^2，喷出的雾粒大小及流量可进行调节，用一般手动喷雾器不易达到此种要求。

7. 选用消毒药的误区

使用消毒药有时要调换不同类型的药物，有的认为是避免病原微生物产生抗药性，实际病原微生物对消毒药是不会产生抗药性的。调换消毒药要根据消毒对象、目的、疫病种类、以及使用方法而决定，不能随心所欲，任意调换，既要考虑对病原微生物的杀灭作用，又要考虑对人畜无害。甲醛、二醛、氢氧化钠、过氧乙酸等消毒作用都较强，对病毒、细菌、芽孢、真菌等都有较好的杀灭作用，但它们的副作用也较大，对有些消毒不适用。而季铵盐类、氯制剂等相对副作用小，但对芽孢、真菌等杀灭作用较差。季铵盐类消毒剂对非囊膜病毒（又称亲水性病毒）如口蹄疫病毒、鸡法氏囊病毒、猪水疱病病毒及呼肠孤病毒等灭活作用则较低。为了弥补各消毒药的某些缺点，增强消毒力，已研制了许多复合制剂，如复合碘制剂、复合季铵盐类、复合酚制剂、复合醛制剂等可供选用。但是，有些药应严格按要求配制后使用。如过氧乙酸是一种消毒作用较好、价廉易得的常用消毒药，按正规包装应将 30%过氧化氢及 16%醋酸分开包装，称为二元包装或 A、B 液，用前将两者等量混合，放置 10 h 后可配成 0.3%~0.5%浓度喷雾消毒，或用做熏蒸消毒，A、B 液混合后在 10 h 内效力不会降低，但 60 d 后消毒力已下降 30%以上，并逐渐完全失效。有的厂家将二者混合后包装，有的场、户为了方便省事，选用了这种过氧乙酸，使用后可能是一次都未起到消毒作用。

8. 选购、保存及配制消毒药的误区

在畜禽养殖生产中，评定消毒药的作用较评定治疗药物的疗效更为困难。但兽药市场上多种多样、不同名称的消毒药令人眼花缭乱，难以选择。现在的上百种甚至上千种商品名的消毒药，如按成分分类只有 10 多种，选购时应清楚是属于哪一种类型，便可以知道它的作用、特点以及是否适合你的需求。同时不要只凭广告宣传，如有的消毒药宣传"对病毒的强毒株、超强毒株、变异株等等都有杀灭力，既可做平面消毒，又可做立体消毒"等等，是不真实的。其实消毒药对不同的毒株消毒作用应是一样的，这是一种消毒药应有的起码作用；所谓平面是喷在地面或墙壁上，立体是喷在空中，实际上是一些玩弄文字游戏的宣传而已。选购消毒药时要注意品牌，是否有信誉的厂家，不要盲目相信宣传或贪图价格低廉。有的场、户在使用消毒药时，将消毒药放置室外，任其风吹日晒，配置时只凭估计，"倒上一点，加上一些"，这样很难保证消毒药的有效浓度，有时还发生中毒等意外事故。临床曾见到有的场、户，为了"彻底消毒"，加大氢氧化钠的配制浓度（事后估计为 10%~20%的浓度），用于喷洒地面和猪栏床，又不用清水冲洗，待水分蒸发干燥后，装入畜禽，致使猪、鸡的蹄、爪及腹部皮肤等处被严重腐蚀，甚至肚皮爆裂。配制消毒药并不是浓度越高越好，要针对不同杀菌谱选药，并按使用方法确定配制浓度，同时还要注意水的硬度、酸碱度等，以确保消毒药的作用得以充分发挥。

9. 盲目消毒的误区

消毒应分为定期消毒和临时消毒，定期消毒是针对当地常发生的疫病种类、畜禽种类、不同季节等综合因素进行分析安排，如药物的种类、使用浓度、消毒方法、次数，以及消毒药物的轮换等。这种消毒是预防性的，但它至关重要，要制订周密的计划，不可随心所欲。在受到某种疫病威胁，或已发生疫情时，要根据情况制订临时消毒计划，除考虑选用针对性的消毒药物、消毒方法之外，还必须全面彻底地进行全方位大扫除、大消毒，并应反复进行数次。定期性消毒对行政区和生产区可有不同的要求，对进入生产区的人员必须严格按程序和要求进行消毒，不论是行政领导、技术人员或饲养工人，都应按一个标准执行。许多养殖场对外来人员要求严，对本场人员松的"外紧内松""偷工减料"现象常有发生，如不经任何消毒从饲料间、粪场等通道进入生产区的，基本都是本场人员。

10. 过分依赖消毒的误区

消毒是贯彻"预防为主"的重要内容之一，其目的是消除外界环境中的病原微生物，切断传播途径，防止疫病的蔓延。与其同等重要的还有许多环节，如对病死畜禽做无害化处理，做好环境控制，改善养殖条件，处理好污水粪便，消灭蚊蝇和老鼠，加强饲养管理，免疫预防，增强畜禽抗病能力等综合性防制措施。应树立兽医保健的新概念，它针对的是预防保健，不是治疗；面对的是群体，而不是个体。不难看出，消毒只是控制疫病发生的手段之一，而不是也不可能是防制疾病的唯一措施，一定要全面理解，认真落实。

思考题

1. 试述消毒的种类和意义。
2. 分别列举适用于杀灭芽孢菌、非芽孢菌和病毒的化学消毒药。
3. 粪便生物热消毒的原理是什么？
4. 试拟定用漂白粉消毒畜舍后的消毒质量检查方案。

实验2　病料的采取、送检及尸体处理

目　　的：通过本次实训，学生初步掌握动物传染病病料的采取、包装、送检和传染病动物尸体的运送及正确处理方法。

一、病料的采取及送检

（一）病料的采取

采取病料前需做尸体检查，当怀疑是炭疽时，不可随意解剖，应先由末梢血管采血涂片镜检。操作时应特别注意，勿使血液污染他处。不是炭疽时采取有病变的组织器官。

1. 材料准备

煮沸消毒器、外科刀、外科剪、镊子、试管、平皿、广口瓶、包装容器、注射器、采血针头、脱脂棉、载玻片、酒精灯、火柴、保存液、来苏儿、铁锹、运尸车、绳子、棉花、纱布、工作服、口罩、风镜、胶鞋、消毒剂、燃料、新鲜动物尸体或病、死动物等。

2. 采取时间

内脏病料的采取，最好死后立即进行，以不超过6 h为宜。否则时间过长，由肠内侵入其他细菌，易使尸体腐败，影响病原微生物的检出。

3. 器械的消毒

刀、剪、镊子、注射器、针头等煮沸消毒 30 min；器皿（玻璃制品、陶制品、珐琅制品等）可用高压灭菌或干热灭菌，或于0.5%~1%碳酸氢钠水中煮沸 30 min；软木塞、橡皮塞置于0.5%石碳酸水溶液中煮沸 10 min；载玻片在1%~2%碳酸氢钠水中煮沸 10~15 min。水洗后用清洁纱布擦干，将其保存于酒精与乙醚等份液中备用。采取一种病料，使用一套器械和容器，不可混用。

4. 各种组织脏器病料的采取

应根据不同的传染病，相应地采取该病常侵害的脏器或内容物。如败血性传染病可采取心、肝、脾、肺、肾、淋巴结、胃、肠等；肠毒血症采取小肠及其内容物；有神经症状的传染病采取脑、脊髓等。如无法估计是哪种传染病，可进行全面采取。检查血清抗体时，采取血液，凝固后析出血清，将血清装入灭菌小瓶送检。为了避免杂菌污染，病变检查应待病料采取完毕后再进行。各种组织及液体的病料采取方法如下。

（1）脓汁及渗出液。用灭菌注射器或吸管抽取或吸出，置于灭菌试管中。若为开口的化脓灶或鼻腔时，则用无菌棉签浸蘸后，放在灭菌试管中。

（2）淋巴结及内脏。将淋巴结、肺、肝、脾及肾等有病变的部位各采取 $1~2~cm^3$ 的小方块,分别置于灭菌试管或平皿中。若为供病理组织切片的材料,应将典型病变部分及相连的健康组织一并切取,组织块的大小每边约 2 cm 左右。

(3)血液。

血清:以无菌操作吸取血液 10 mL,置于灭菌试管中,待血液凝固(经 1~2 d)析出血清后,吸出血清置于另一灭菌试管内,如供血清学反应时,可于每毫升中加入 5%石碳酸水溶液 1~2 滴。

全血:采取 10 mL 全血,立即注入盛有 5%柠檬酸钠 1 mL 的灭菌试管中,旋转混合片刻后即可。

心血:心血通常在右心房处采取,先用烧红的铁片或刀片烙烫心肌表面,然后用灭菌的尖刃外科刀自烙烫处刺一小孔,再用灭菌吸管或注射器吸出血液,盛于灭菌试管中。

(4)乳汁。乳房和取乳者的手先用消毒药水洗净,并把乳房附近的毛刷湿,最初所挤的 3~4 股乳汁弃去,然后再采集 10 mL 左右乳汁于灭菌试管中。若仅供显微镜直接染色检查,则可于其中加入 0.5%的福尔马林液。

(5)胆汁。先用烧红的刀片或铁片烙烫胆囊表面,再用灭菌吸管或注射器刺入胆囊内吸取胆汁,盛于灭菌试管中。

(6)肠。用烧红刀片或铁片将欲采取的肠表面烙烫后穿一小孔,持灭菌棉签插入肠内,以便采取肠管黏膜或其内容物;亦可用线扎紧一段肠道(约 6 cm)两端,然后将两端切断,置于灭菌器皿内。

(7)皮肤。取大小约 10 cm×10 cm 的皮肤一块,保存于 30%甘油缓冲溶液中,或 10%饱和盐水溶液中,或 10%福尔马林液中。

(8)胎儿、小动物及家禽。将整个尸体包入不透水塑料薄膜、油纸或油布中,装入木箱内送检。

(9)骨头、脑、脊髓。将脑、脊髓浸入 50%甘油盐水液中,或将整个头部割下,或将整个管骨包入浸过 0.1%升汞液的纱布或油布中,装箱送检。

(10)供镜检涂片。先将脓汁、血液及黏液等病料置于玻片上,可用一灭菌签均匀涂抹,或用另一玻片抹之。组织块、致密结节及脓汁等,亦可夹在两张玻片之间,然后沿水平面向两端推移,制成推压片。用组织块做触片时,持小镊子将组织块的游离面在玻片上轻轻涂抹即可。每份病料制片不少于 2~4 张。制成后的涂片自然干燥,彼此中间垫以火柴棍或纸片,重叠后用线缠住,用纸包好。每片应注明号码,并附说明。

(二)病料的保存

病料采取后,如不能立即检验,或需送往有关单位检验,应当加入适量的保存剂,使病料尽量保持新鲜状态。

1. 常用的保存剂

(1)病毒检验材料。一般用 50%甘油缓冲盐水或鸡蛋生理盐水。

(2)细菌检验材料。一般用灭菌的液状石蜡,或 30%甘油缓冲盐水,或饱和氯化钠溶液。

(3)血清学检验材料。固体材料(小块肠、耳、脾、肝、肾及皮肤等)可用硼酸或食盐处理。液体材料如血清等可在每毫升中加入 3%~5%石碳酸溶液 1~2 滴。

（4）病理组织材料。用10%福尔马林溶液和95%酒精等。

2. 常用保存液的配制

（1）30%甘油生理盐水溶液。中性甘油30 mL、氯化钠0.5 g、碱性磷酸钠1.0 g、0.02%酚红1.5 mL。

方法：加中性蒸馏水至100 mL，混合后高压灭菌30 min备用。

（2）50%甘油缓冲盐水溶液。氯化钠2.5 g、酸性磷酸钠0.46 g、碱性磷酸钠10.74 g。

方法：将三种药物溶于100 mL中性蒸馏水中，加纯中性甘油150 mL，中性蒸馏水50 mL，混合分装后，高压灭菌30 min备用。

（3）饱和氯化钠溶液。氯化钠38~39 g、蒸馏水100 mL。

方法：将食盐充分搅拌溶解后，用数层纱布过滤，高压灭菌后备用。

（4）鸡蛋生理盐水溶液。鸡蛋、碘酒、生理盐水。

方法：先将新鲜的鸡蛋表面用碘酒消毒，然后打开将内容物倾入灭菌容器内，按全蛋9份加入灭菌生理盐水1份，摇匀后用灭菌纱布过滤，再加热至56~58 ℃，持续30 min，第2天及第3天按上法再加热一次，即可应用。

3. 检验病料的保存

（1）细菌检验材料的保存。将采取的脏器组织块，保存于饱和的氯化钠溶液或30%甘油缓冲盐水溶液中，容器加塞封固。如系液体，可装在封闭的毛细玻管或试管运送。

（2）病毒检验材料的保存。将采取的脏器组织块，保存于50%甘油缓冲盐水溶液或鸡蛋生理盐水中，容器加塞封固。

（3）病理组织学检验材料的保存。将采取的脏器组织块放入10%福尔马林溶液或95%酒精中固定；固定液的用量应为送检病料的10倍以上。如用10%福尔马林溶液固定，应在24 h后换新鲜溶液一次。严寒季节为防病料冻结，可将上述固定好的组织块取出，保存于甘油和10%福尔马林等量混合液中。

（三）病料的运送

1. 病料的包装

液体病料（如黏液、渗出液、尿及胆汁等），最好收集在灭菌玻璃管中，管口用火焰封闭，封闭时注意勿使管内病料受热。将封闭的玻璃管用棉花纸包裹，装入较大的试管中，再装盒运送。用棉签蘸取的鼻液及脓汁等物，可置于灭菌试管内，剪除多余的棉签，严密加塞，用蜡密封管口，再装盒送寄。

装盛组织或脏器的玻璃容器，包装时力求细致而结实，最好用双重容器或广口保温瓶。将盛材料的器皿和塞，用蜡封口后，置于内容器中，内容器中需垫充棉花或废纸。气温高时需加冰块，但避免病料与冰块直接接触，以免冻结。外容器内垫以废纸、木屑、石灰粉等，装入内容器后封好，外容器上需注明上下方向，最好以箭头注明，并写明"病理材料""小心玻璃"等标记。当怀疑为危险传染病（如炭疽、口蹄疫等）的病料时，应将盛病料的器皿置于金属匣内，将病匣焊封加印后装入木盒寄送。

病料装于容器内至送到检验部门的时间越快越好。运送途中应避免病料接触高温及阳光，以免材料腐败或病原微生物死亡。

2. 病料送检

应附病料送检单，该单需复写三份，其中一份留为存根，两份送检验室，待检查完毕后，退回一份。送样单格式，见表9.1。

表 9.1 动物病理材料送检单

送检单位		地址		检验单位		材料收到日期	年 月 日 时
病畜种类		发病日期	年 月 日 时	检验人		结果通知日期	年 月 日 时
死亡时间	年 月 日 时	送检日期	年 月 日 时	检验名称	微生物学检查	血清学检查	病理组织学检查
取材时间	年 月 日 时	取材人					
疫病流行简况							
主要临床症状					检验结果		
主要剖检变化							
曾经何种治疗							
病料序号名称		病料处理方法		诊断和处理意见			
送检目的							

二、传染病动物尸体的处理

（一）尸体的运送

尸体运送前，工作人员应穿戴工作服、口罩、风镜、胶鞋及手套。运送尸体应用特制的运尸车（车的内壁衬钉铁皮，以防漏水）。装车前应将尸体各天然孔用蘸有消毒液的湿纱布、棉花严密填塞，小动物和禽类可用塑料袋盛装，以免流出粪便、分泌物、血液等污染周围环境。在尸体躺过的地方，应用消毒液喷洒消毒，如为土壤地面，应铲去表层土，连同尸体一起运走。运送过尸体的用具、车辆应严加消毒，工作人员用过的手套、衣物及胶鞋等亦应进行消毒。

（二）处理尸体的方法

应按 GB16458—1996《畜禽病害肉尸及其产品无害化处理规程》的规定，不同疫病采取不同的处理方式。在实际工作中应根据具体情况和条件加以选择。

1. 掩埋法

该方法虽不够可靠，但操作简单，故生产实践中仍常采用。

（1）场地选择。应选择远离住宅、农牧场、水源、草原及交通干道的僻静地方；土质宜干而多孔，以便尸体快速腐败分解；地势高、地下水位低，并避开山洪的冲刷。

（2）挖坑。坑的大小以能容纳侧卧之尸体即可，从坑沿到尸体表面不得少于 1.5~2 m。

（3）掩埋。坑底铺以 2~5 cm 厚的石灰，放入尸体使之侧卧，并将污染的土层、捆尸体的绳索一起抛入坑内，然后再铺 2~5 cm 厚的石灰，填土夯实。尸体掩埋后，上面留出高 0.5 m 的土丘。

2. 焚烧法

它是毁灭尸体最彻底的方法，可在焚尸炉中进行。如无焚尸炉，则可挖掘焚尸坑。焚尸坑有以下几种：

（1）十字坑：按十字形挖两条沟，沟长 2.6 m，宽 0.6 m，深 0.5 m。在两沟交叉处坑底堆放干草和木柴，沟沿横架数条粗湿木棍，将尸体放在架上，在尸体的周围及上面再放上木柴，然后在木柴上倒以煤油，并压以砖瓦或铁皮，从下面点火，直到把尸体烧成黑炭为止，并把它掩埋在坑内。

（2）单坑：挖一长 2.5 m、宽 1.5 m、深 0.7 m 的坑，将取出的土堵在坑沿的两侧。坑内用木柴架满，坑沿横架数条粗湿木棍，将尸体放在架上，以后处理如（1）法。

（3）双层坑：先挖一长、宽各 2 m，深 0.75 m 的大沟，在沟的底部再挖一长 2 m、宽 1 m、深 0.75 m 的小沟，在小沟沟底铺以干草和木柴，两端各留出 18~20 cm 的空隙，以便吸入空气，在小沟沟沿横架数条粗湿木棍，将尸体放在架上，以后处理如（1）法。

3. 化制法

这是一种较好的尸体处理方法，因它不仅对尸体做到无害化处理，并保留了有价值的畜产品，如工业用油脂及骨、肉粉。此法要求在有一定设备的化制厂进行。化制尸体时，对烈性传染病，如鼻疽、炭疽、气肿疽、羊快疫等病畜尸体可用高压灭菌；对于普通传染病可先切成 4~5 kg 的肉块，然后在水锅中煮沸 2~3 h。

4. 发酵法

这种方法是将尸体抛入专门的尸体坑内，利用生物热的方法将尸体发酵分解以达到消毒的目的。这种专门的尸体坑是贝卡里氏设计出来的，所以叫做贝卡里氏坑。建筑贝卡里氏坑应选择远离住宅、农牧场、草原、水源及道路的僻静地方。尸坑为圆井形，深 9~10 m，直径 3 m，坑壁及坑底用不透水材料做成（可用水泥或涂以防腐油的木料）。坑口高出地面约 30 cm，坑口有盖，盖上有小的活门（平时落锁），坑内有通气管。如有条件，可在坑上修一小屋。坑内尸体可以堆到距坑口 1.5 m 处。经 3~5 个月后，尸体完全腐败分解，此时可以挖出作肥料。

如果土质干硬，地下水位又低，加之条件限制，可以不用任何材料，直接按上述尺寸挖一深坑即可，但需在距坑口 1 m 处用砖头或石头向上砌一层坑缘，上盖木盖，坑口应高出地面 30 cm，以免雨水流入。

思考题

1. 写出动物传染病病料的采取、包装和送检的方法。
2. 拟订一份炭疽病畜尸体的处理方法。

实验3 免疫接种

目 的：结合生产实践掌握免疫接种的方法和步骤；熟悉兽医生物制品的保存、运送和用前检查方法。

一、接种前的准备

1. 材料准备

注射器（1、2、5、10、20 mL 等规格）、皮内注射器、针头（兽用 12~14 号、人用 6~9 号、螺口皮 19~25 号）、消毒锅、剪毛剪、镊子、气雾免疫器、脱脂棉、出诊箱、动物保护用具等。5%碘酒、70%酒精、新洁尔灭、疫苗、免疫学清等。

2. 确定日期

根据动物疫病免疫接种计划，统计接种对象及数目，确定接种日期（应在疫病流行季节前进行接种），准备足够的生物制剂、器材和药品，编订登记表册或卡片，安排及组织接种和保护动物的人员，按免疫程序有计划地进行免疫接种。

3. 人员培训

接种前，对饲养人员进行一般地免疫接种知识教育，包括免疫接种的重要性和基本原理、接种后饲养管理及观察等，以便与群众合作。

4. 事前检查

接种前，必须对所使用的生物制剂进行仔细检查，如有不符合要求者，一律不能使用。

5. 临诊观察

为保证免疫接种的安全和效果，接种前应对预定接种的动物进行了解及临诊观察，必要时进行体温检查。凡体质过于瘦弱的畜禽、妊娠后期的母畜、未断奶的幼畜、体温升高者或疑似患病动物均不应接种疫苗。对这类未接种的动物以后应及时补种。

二、免疫接种的方法

免疫接种的方法很多，主要有注射免疫法、经口免疫法、气雾免疫法等。

1. 注射免疫法

注射免疫法中可分为皮下接种、皮内接种、肌肉接种和静脉接种等四种。

（1）皮下接种法。对马、牛等大畜禽皮下接种时，一律采用颈侧部位，猪在耳根后方，家禽在胸部、大腿内侧。根据药液的浓度和畜禽的大小而异，一般用 16~20 号针头；家禽则应采用小于 20 号的针头。大部分常用的疫苗和免疫血清，一般均可采用皮下接种。

（2）皮内接种法。马的皮内接种采用颈侧、眼睑部位。牛及羊除颈侧外，可在尾根或肩胛中央部位。猪大多在耳根后。鸡在肉髯部位。使用带螺口的注射器及 19~25 号 1/4~1/2 螺旋注射针头，也可使用 1 mL 蓝心注射器和 24~26 号注射针头。

注射部位剪毛消毒后，左手拇指与食指将皮肤捏起一个皮皱，右手持注射器使针头几乎与皮肤面平行刺入真皮内。如感到药液注入困难，同时有一小泡，证明操作正确，然后用酒精棉球消毒针孔及周围。

（3）肌肉接种法。马、牛、猪、羊的肌肉接种，一律采用臀部和颈部两个部位。鸡可在胸肌部接种。一般使用 16~20 号针头。

肌肉接种的优点是药液吸收快，注射方法也较简便。其缺点是在一个部位不能大量注射。同时臀部接种如部位不当，易引起跛行。

（4）静脉接种法。现用兽医生物制品中的免疫血清，除了皮下或肌肉接种外，特别在紧急治疗传染病患畜时，亦可采用静脉接种。马、牛、羊的静脉接种部位在左右颈侧均可，一般以右侧较方便。根据畜禽的大小和注射剂量的多少，一般使用 14~20 号针头，猪的静脉接种在耳朵正面下翼的两侧。一般使用 19~23 号针头，鸡则在翼下静脉部位。

静脉接种的优点是可使用大剂量，奏效快，可以及时抢救病畜。缺点是手续比较麻烦，如设备与技术不完备时，难以进行。此外，如所应用的血清为异种动物者，可能引起过敏反应。

2. 经口免疫法

分饮水免疫和喂食免疫两种。前者是将可供口服的疫苗混于水中，畜、禽通过饮水而获得免疫，后者是将可供口服的疫苗用冷的清水稀释后拌入饲料，畜、禽通过吃食而获得免疫。疫苗经口免疫时，应按畜、禽头数和每头畜、禽平均饮水量或吃食量，准确计算需用的疫苗剂量。免疫前，应停水或停料半天，夏季停水或停料时间可以缩短，以保证饮喂疫苗时，每头畜、禽都能饮入一定量的水或吃入一定量的料。饮水免疫时，一定要增加饮水器，让每头畜、禽同时都能饮到足够量的水。稀释疫苗应当用清洁的水，禁用含漂白粉的自来水。混有疫苗的饮水和饲料一般不应超过室温。已稀释的疫苗，应迅速饮喂。适用规模化养畜、禽场的免疫。

3. 气雾免疫法

此法是用气泵产生的压缩空气通过气雾发生器（即喷头），将稀释疫苗喷出去，使疫苗形成直径 1~10 μm 的雾化粒子，均匀地浮游在空气之中，畜、禽通过呼吸道吸入肺内，以达到免疫的结果。适用于大群免疫。

气雾免疫的装置由气雾发生器（即喷头）及动力机械组成。可因地制宜，利用各种气泵或用电动机、柴油机带动空气压缩泵。无论以何种方法作动力，都要保持每平方厘米有 2 kg 以上的压力，才能达到疫苗雾化的目的。

雾化粒子大小与免疫效果有很大关系。一般粒子直径大小在 1~10 μm 为有效粒子。气雾发生器的有效粒子在 70%以上者为合格。

（1）室内气雾免疫法。疫苗用量主要根据房舍大小而定，以羊免疫为例可按下式计算：

$$疫苗用量 = (DA \times 1000)/TVB$$

式中，D——计划免疫剂量；A——免疫室容积（L）；T——免疫时间（分钟）；B——疫苗浓度；V——呼吸常数，即动物每分钟吸入的空气量，羊为 3~6。

疫苗用量计算好以后,即可将动物赶入室内,关闭门窗。操作者将喷头由门窗缝伸入室内,使喷头保持与动物头部同高,向室内四面均匀喷射。喷射完毕后,让动物在室内停留20~30 min。操作人员要注意自身防护,如出现症状,应及时就医。

(2)野外气雾免疫法。疫苗用量主要以动物数量而定。以羊为例,如为1 000只,每只羊免疫剂量为50亿活菌,则需50 000亿,如果每瓶疫苗含活菌4 000亿,则需12.5瓶,用500 mL灭菌生理盐水稀释。实际应用时,往往要比实际用量略高一些。免疫时,将畜群赶入四周有矮墙的圈内。操作人员手持喷头,站在畜群中,喷头与动物头部同高,朝动物头部方向喷射。操作人员要随时走动,使每一动物都有吸入机会。如遇微风,操作者应站在上风向,以免雾化粒子被风吹走。喷射完毕,让动物在圈内停留数分钟即可放出。野外气雾免疫时,操作者更应注意自身防护。

三、免疫接种用生物制品的保存、运送和用前检查

1. 保 存

兽医生物制品应保存在低温、阴暗、干燥的场所,灭活菌、致弱的细菌性菌苗、类毒素、免疫血清等应保存在2~15 ℃,防止冻结;致弱的病毒性疫苗,如猪瘟弱毒疫苗、鸡新城疫弱毒疫苗等,应置放在0 ℃以下,冻结保存。在规定的温度条件下保存,不得超过规定的期限,过期的生物制品不能使用。

2. 运 送

要求包装完善,尽快运送,运送途中避免日光直射和高温。致弱的病毒性疫苗应在低温条件下运送,大量运送应用冷藏车,少量运送可放在装有冰块的广口瓶或冷藏箱内运送,以免降低或丧失疫苗性能。

3. 用前检查

兽医生物制品在使用前,均需详细检查,如有下列情况之一者,不得使用:没有瓶签或瓶签模糊不清,没有经过合格检查的;过期失效的;制品的质量与说明书不符,如色泽、沉淀有变化,制品内有异物、发霉和有臭味的;瓶塞不紧或玻璃破裂的;没有按规定方法保存的。不能使用的疫苗应立即废弃,活菌应煮沸消毒或予以深埋。

四、畜禽免疫接种前及接种后的护理与观察

1. 接种前的健康检查

免疫接种前,应对畜禽进行健康检查(包括体温检查),根据检查结果,做如下处理:完全健康的畜禽可进行自动免疫接种;衰弱、妊娠后期的畜禽不能进行自动免疫接种,而应注射免疫血清;疑似病畜和发热病畜应注射治疗量的免疫血清或给予其他治疗。

2. 接种后的观察和护理

经受自动免疫的畜禽,应有较好的护理和管理条件,要特别注意控制畜禽的使役,以避免过分劳累和接种疫苗后出现的暂时性抵抗力降低而产生不良后果。有时,畜禽接种疫苗后可能会发生反应,故在接种后应详细观察7~10 d。如有反应,可给予适当治疗,反应极为严

重的，可予以屠宰。接种后的一切反应情况做出专门记录。

五、免疫接种的组织及接种时的注意点

在某一地区或农牧场进行免疫接种时的组织工作好坏，决定着免疫接种的结果和成效，其内容包括：对饲养人员讲解有关接种工作的基本原理及其在防制畜禽传染病上的重要性、接种后畜禽的饲养管理条件等；准备适当的场地和保定工具；准备给畜禽编号的器具；编订登记表册。在进行免疫接种时，应注意以下几点：

（1）工作人员需穿着工作服及胶鞋，必要时戴口罩，工作前后均应洗手消毒，工作中不准吸烟和吃食。

（2）接种时应严格执行消毒及无菌操作。注射器、针头、镊子等，临用时煮沸消毒至少15 min。注射时每头畜禽须调换一个针头，如针头不足，也应每吸液一次调换一个针头，但每注射一头后，应用酒精棉球将针头拭净消毒后再用。注射部位皮肤用5%碘酊消毒，皮内注射及皮肤刺种用75%酒精消毒，被毛较长的剪毛后再消毒。

（3）疫苗使用前，必须充分振荡，使其均匀混合后才能应用。免疫血清则不应振荡，沉淀不应吸取，并应随即注射。须经稀释后才能使用的疫苗，应按说明书的要求进行稀释，已经打开瓶或稀释过的疫苗，必须当天用完，未用完的处理后弃去。

（4）针筒排气溢出的药液，应吸积于酒精棉花上，并将其收集于专用瓶内，用过的酒精棉花或碘酒棉花及吸入注射器内未用完的药液也应收集于或注入专用瓶内，集中后烧毁之。

思考题

1. 试述免疫接种在疾病防治上的意义。
2. 常用的免疫接种法有几种？各有哪些优缺点？

实验4 畜禽传染病防疫计划的制订

目 的：了解和掌握畜禽传染病防疫计划的编制方法；了解和掌握养殖场畜禽疫病预防计划的编制方法。

一、畜禽传染病防疫计划的内容

各级动物疫病防疫机构和基层动物疫病防疫部门，每年年终以前都应制订出次年的畜禽传染病防疫计划。

畜禽传染病区域性防疫计划的范围包括一般传染病的预防、慢性传染病的检疫及控制遗留疫情的扑灭等问题。编写计划时可分为基本情况、预防接种、诊断性检疫、兽医监督和卫生措施、生物制品和抗生素贮备、耗损及补充计划、普通药械补充计划、经费预算等部分。

（1）基本情况。简述所属地区与流行病学有关的自然概况和社会、经济因素；畜牧业的经营管理；动物数目及饲养条件；兽医人员的工作条件，包括人员、设备、基层组织和以往的工作基础等；本地区及周围地带目前和最近两三年的疫情，对第二年的疫情估计。

（2）预防接种计划表（见表9.2）。

表9.2 预防接种计划表

接种名称	地区范围	畜别	应接种头数	计划接种的头数				
				1季度	2季度	3季度	4季度	合计

（3）检疫计划表。格式与预防接种计划表，只需将表中的接种改为检疫。

（4）兽医监督和卫生措施计划。除了预防接种和检疫以外的疫病，以消灭现有传染病及预防出现新疫点为目的的一系列措施的实施计划。

（5）生物制品及抗生素计划表（见表9.3）。

表9.3 生物制品及抗生素计划表

名称	单位	全年需要量					库存		需要补充量					备注
		1季度	2季度	3季度	4季度	合计	数量	失效期	1季度	2季度	3季度	4季度	合计	

制表人　　　　　　审核人　　　　　　　　　　　　年　月　日

（6）普通药械计划表（见表9.4）。

表9.4 普通药械计划表

名称	用途	单位	现有数	需补充数	需要规格	代用规格	需用时间	备注

二、畜禽传染病防疫计划的编制

编制畜禽传染病区域性防疫计划时，首先要了解该区域的全部情况。熟悉本地区的地理、地形、植被、气候条件及气象资料；了解区域养殖户的养殖方向，尤其是研究和明确目前和以往的有关动物传染病的资料、疫病流行资料、病原微生物化验资料及尸体剖检报告等。切实分析本地区有哪些有利于或不利于某些传染病发生和传播的自然因素及社会因素，以便充分考虑利用或避免这些因素的可能性。

为了正确地制订计划，应掌握本地区各种动物现有的以及一年内可能达到的数量；应充分考虑到兽医人员的配备和技术力量；应估计到在开展防疫计划的过程中培训基层力量的可能性。另外，还要考虑到应用新的科学成就，但推广前应进行试点，效果良好而又符合经济原则的新成就才有推广的价值。

在计划使用的药械时，应坚持经济有效的原则，尽量避免使用不易获得的药械。

计划初稿拟定并在本单位讨论、修订通过后，再征求有关方面的意见，最后报请上级审批备案。

三、畜禽养殖场的疫病预防计划

动物饲养场动物密集，如果疫病预防不严，易引起传染病蔓延，必然导致重大损失，甚至某些本来不很严重的疫病，也会使动物生长停滞，饲养期延长，饲料消耗增多。控制畜禽养殖场的疫病，制定切实可行的卫生防疫制度，做好检疫、免疫、消毒和药物防治，杜绝传染病传入。

思考题

1. 畜禽传染病防疫计划的编制应考虑哪些因素？
2. 根据疫情调查编制该疫区某种动物疫病预防计划。

实验5 炭疽的诊断

目 的：掌握炭疽实验室诊断的步骤和方法。

一、炭疽病畜的生前检查

流行病学：应了解病畜所在地区以往有无炭疽的发生、流行形式、发病季节、动物种类、发病和死亡情况、采取过哪些相应的措施、对尸体如何处理以及近年来炭疽预防接种工作，最近有无动物引进等情况。

临诊检查：除精神、食欲、结膜、体温等一般检查外，应特别注意喉部、腹下等处有无肿胀、肿胀的性质，病畜有无疝痛症（应与真疝痛区别），天然孔是否出血、粪便是否带血，病程长短。

二、炭疽的实验室诊断

1. 检验材料的采取

疑为炭疽死亡的动物尸体，通常不做剖检，应先自末梢血管采血涂片镜检，做初步诊断。不进行剖检的尸体可做局部解剖，采取小块脾脏，然后将切口用浸透了浓漂白粉液的棉花或纱布堵塞，妥为包装后送检。

2. 镜 检

取病畜濒死时或刚死亡动物的血液做涂片标本，最好用瑞氏或姬姆萨染色法染色，用病料制成涂片或触片，干燥固定、镜检。牛羊炭疽常可见到数量很多的有荚膜粗大杆菌，单个或成对存在，偶有短链，菌体相连处平直或微凹，如竹节状，有荚膜呈深红紫色，有时仅能看到"菌影"；猪炭疽要采取病变部淋巴结或渗出液涂片检查。

3. 培养检查

无菌采取病畜濒死期或刚死动物的病理材料，直接接种于普通琼脂平板及肉汤中，置37 ℃培养 18～24 h，检查有无炭疽杆菌生长。如果检查材料已经陈旧或污染时，可将血液或组织乳剂先放到肉汤中加温 65～70 ℃ 经 10 min，杀死无芽孢的细菌，然后吸取 0.5 mL，接种于普通琼脂平板进行分离培养。

检查生长的菌落，如有疑似炭疽的菌落，则应取得纯培养。为了鉴定分离的细菌为炭疽杆菌，必须接种各种培养基，观察菌体的形态、菌落的形态及生化反应，同时接种实验动物观察菌体的致病能力。炭疽杆菌与伪炭疽杆菌有某些类似之处，可参照下表9.5 予以鉴别。

表 9.5　炭疽杆菌与伪炭疽杆菌的鉴别要点

鉴别方法	炭疽杆菌	伪炭疽杆菌
运动力测定	无	一般有运动
高浓度 CO_2 下培养子血清培养	有荚膜	无荚膜
基上生长物	常成长链	常成短链
普通琼脂培养基上生长物	不浑浊,无菌膜	常浑浊,有菌膜
普通肉汤培养物	倒立松树样生长	无倒立松树样生长
明胶穿刺培养	液化缓慢	液化常快速
羊血琼脂平板培养	溶血弱或不溶血	溶血明显
发酵杨苷	发酵缓慢或不发酵	快速发酵
美蓝还原试验	还原缓慢	还原快速
卵磷脂酶	产生量小,为弱阳性	蜡样杆菌常呈强阳性
对实验动物致病能力	有致病力	大量产生 大多数没有致病力

上述试验中,以运动力测定、荚膜形成、致病力,以及卵磷脂酶试验较为重要。

4. 串珠试验

炭疽杆菌在适当浓度青霉素溶液作用下,菌体肿大形成串珠,这种反应为炭疽杆菌所特有,因此可用此法与其他需氧芽孢杆菌相鉴别。取培养 4~12 h 的肉汤培养物三管,其中二管各及时加入每毫升含 5 单位和 10 单位青霉素溶液 0.5 mL(最终浓度含 0.5 和 1.0 单位)混匀,另一管加生理盐水 0.5 mL,作为对照。置 37 ℃ 孵育 1~4 h(时间过久,串珠继续肿胀,容易破裂),取出加入 20%福尔马林溶液 0.5 mL,固定 10 min 后,涂片显微镜检查,找到典型串珠状者可判定为炭疽杆菌。

5. 环状沉淀(Ascoli)试验

这是一种热沉淀反应,已被用于检查镜检和培养不能获得阳性结果,陈旧可疑尸体的感染兽皮、器官和组织中炭疽杆菌(炭疽免疫血清能与炭疽芽孢杆菌的抗原浸出物形成一种沉淀物)。一般用已知的抗体(炭疽阳性血清),检查未知抗原(沉淀原),这种试验是有一定特异性,仍在许多国家应用。

(1)沉淀原的制备。

热浸出法:血液、实质器官多用此法。取被检材料 1 g 在乳钵中研细,加生理盐水 5~10 mL(血液、渗出液直接用生理盐水稀释 5~10 倍)混匀后,移入试管内,置水浴中煮沸 15~30 min,取出冷却后,用中性石棉或滤纸过滤,获得透明的液体即沉淀原。

冷浸出法:干燥皮毛多用此法。取干皮毛(鲜皮需 37 ℃ 下放置 48 h)于高压灭菌器内 718 Pa、30 min,取出冷却后剪成碎块,称重,加入 5~10 倍 0.3%石碳酸生理盐水,于室温下浸泡 18~24 h,用中性石棉或滤纸过滤,获得透明液体即沉淀原。

(2)操作方法及判定结果。用毛细吸管吸取炭疽沉淀素血清于沉淀管内,约至管的下 1/3

处，另取一毛细吸管，吸取制备的沉淀原，沿管壁缓缓加入使之重叠于沉淀素血清上至管的 2/3 处（注意不要有气泡和混合），将反应管直立于架上，15 min 内，如于两液面交界处出现清晰的白环者，为阳性反应；无白环者为阴性；如白环模糊不清为可疑，应重作。

6. 炭疽杆菌荚膜荧光抗体染色

（1）抗炭疽杆菌沉淀素荧光抗体的制备。取生物制品厂所生产的炭疽沉淀血清，或用炭疽杆菌免疫家兔制得抗血清，用硫酸铵沉淀提纯所得球蛋白与异硫氰酸荧光素标记。

（2）以病死畜的血液或脾脏涂片，固定后滴加标记过的抗体，满盖玻片，置室温或 37 ℃ 染色 30 min，倒去荧光抗体液，采用 pH8 的 PBS 浸洗 10 min（中间换液一次），最后用蒸馏水轻轻冲洗 2 次，晾干。

（3）在荧光显微镜下检查，找到菌体周围有发光的荚膜，菌体较暗或不被染色，可判为阳性。如发现不带荚膜而发均匀荧光的杆菌，则不能判定为炭疽杆菌。

思考题

简述炭疽的综合性诊断要点。

实验6 链球菌病的实验室诊断

目　的：初步掌握猪、羊链球菌病和马腺疫链球菌病的实验室诊断步骤和方法。

一、检查材料的采集

（1）猪链球菌病在临床上可表现为三型，即急性败血性型、脑膜脑炎型和亚急性型。败血型时，无菌采取病猪的鼻漏、气管分泌物、血液、肝、脾、肾、肺等。脑膜脑炎型时，采取病猪的脑组织和血液。亚急性型，采取病猪肿胀的淋巴结、关节液。

将无菌采取的组织放入消毒的小瓶内，用无菌注射器抽取未破溃的淋巴结内的脓汁或关节腔内关节液，放入灭菌的试管或小瓶送检，或用灭菌的棉球，蘸取鼻漏或脓汁置于盛有25%甘油盐水的试管或小瓶中，但甘油盐水的分装量不宜过多，以将棉球润湿为宜。在送检的病料中，不可加入其他的防腐剂或抗生素。

（2）羊链球菌病无菌采取病羊血液、肝、脾、肾、肺、肿胀的淋巴结、颌下淋巴结等。

（3）马腺疫采取病马的鼻液和颌下淋巴结的脓汁，在恶性腺疫时，除采取脓汁和鼻漏外，也可采取脏器和淋巴结。

二、检查方法

1. 涂片镜检

将新鲜病料（心血、肝、脾、肾、肺、脑、淋巴结或胸水等）制成涂片，用革兰氏法染色或碱性美蓝染色法染色后镜检。链球菌的直径为 0.5~1.0 μm，圆形或椭圆形，成对或3~8个菌体排列成短链。偶尔可见30~70个菌体相连接的长链，但不成丛、成堆，不运动，无芽孢，偶见有荚膜存在。革兰氏染色阳性，经数日培养的老龄链球菌可染成革兰氏阴性。猪链球菌病病料涂片中可见有呈单个、成对或3~8个短连排列的革兰氏阳性近乎圆形或卵圆形球菌，见不到30~70个菌体相连接的长链。但马腺疫颌下淋巴结的脓汁或羊的胸水涂片偶尔可见30~70个菌体相连接的长链。

2. 分离培养

将脓汁或其他分泌物、排泄物画线接种于血液琼脂平板上，置37 ℃培养24 h或更长。已干固的病料棉拭可先浸于无菌的脑心浸液或肉汤中，然后挤出0.5 mL进行培养。为了提高链球菌的分离率，先将培养基置于37 ℃温箱中预热2~6 h。培养基中加有5%无菌的绵羊血液，细菌生长良好并可发生溶血。有的实验室用牛血琼脂平板进行画线接种培养较为满意。链球菌在普通培养基上多生长不良。

链球菌在血液琼脂上呈小点状，培养 24 h 溶血不完全，48～72 h 菌落直径大约为 1 mm，呈露珠状，中心浑浊，边缘透明，有些黏性菌株融合粘连，菌落呈单凸或双凸，有 α-溶血（绿色）、β-溶血（完全透明）或 γ-溶血（无变化），这在链球菌在鉴定中是很重要的。多数具有致病性的链球菌呈 β-溶血。

3. 动物接种

将病料制成 5～10 倍生理盐水悬液，接种家兔和小鼠，剂量为兔腹腔注射 1～2 mL，小鼠皮下注射 0.2～0.3 mL。接种后的家兔于 12～26 h 死亡，但有个别猪链球菌对家兔致病力不强；小鼠于 18～24 h 死亡。死后采心血、腹水、肝、脾抹片镜检，均见有大量单个、成对或 3～5 个菌体相连的球菌。也可用细菌培养物制成的菌液或肉汤培养物接种家兔或小鼠。

三、培养特性

1. 猪链球菌

在普通琼脂平板上 24 h 左右均能长出灰白色、圆形、透明、闪光、中央隆起、表面光滑露珠状小菌落。在血液琼脂平板上生长良好，菌落周围呈 α 或 β 型溶血。分别挑取单个菌落涂片，革兰氏染色镜检，该细菌形态与病死猪心血直接涂片镜检具有一定的差异。在血清肉汤及厌氧肉汤中培养 24 h 后，可见肉汤浑浊，但无絮状物沉淀，继而于管底形成沉淀，上部澄清，不形成菌膜。将其涂片镜检，同样可以见到革兰氏阳性球菌，呈单个、双球状或 5～6 个菌体构成的短链存在，但以 5～6 个菌体构成的短链居多。实验动物中，小鼠、家兔、仓鼠、鸽等对此菌敏感，而豚鼠、鸡、鸭等则无感受性。

2. 羊链球菌

羊链球菌在组织涂片中，以瑞特氏染色，见许多是有荚膜的双球菌。少数是短链状。在胸水、腹水以及营养丰富的液体培养基中长成长链。本菌在血液琼脂平板上形成淡灰色半透明、湿润、黏稠的菌落，呈 β 型溶血。在马丁肉汤中培养呈中等混浊。

实验动物中，家兔和小鼠最为敏感。小鼠腹腔接种后很快死亡。用本菌培养物给家兔接种，剂量为 70～100 个菌（强毒株），于 10 d 内死亡。

3. 马腺疫链球菌

营养要求较高，初次分离时，培养基里需要加血液、血清或腹水。在血液琼脂平板上形成透明、闪光、微隆起有黏性的露珠状菌落，产生明显的 β 型溶血，直径达 2 mm 以上。强毒菌的菌落表面常呈颗粒构造。于弱扩大下观察最为明显。在血清肉汤中培养 24～48 h 轻微浑浊，在管底很快形成黏稠沉淀。上部又变为透明，这是形成长链菌株的特征。

实验动物以小鼠最为敏感，腹腔接种肉汤培养物，在 2～10 d 内因败血症或脓毒血症而死亡。

四、生化特性

几种主要链球菌的生化特性见表 9.6。

表 9.6 主要病原链球菌的特性

菌种	兰氏分群	6.5%NaCl生长	马尿酸钠	七叶苷	甘露醇	山梨醇	乳糖	菊糖	棉实糖	海棠糖	水杨苷
化脓链球菌	A	-	-	d	-	-	+	-	-	+	+
无乳链球菌	B	-	+	-	-	-	+	-	-	+	(+)
停乳链球菌	C	-	-	-	-	-	-	-	-	+	-
停乳链球菌类马亚种	C	-	-	-	-	-	d	-	-	+	(+)
马链球菌马亚种	C	-	-	-	-	-	-	-	-	-	+
马链球菌兽疫亚种	C	-	-	-	-	-	-	-	-	-	+
粪肠球菌	D	+	d	+	+	+	+	-	-	+	+
牛链球菌	D	-	-	+	d	-	+	+	+	d	+
类马链球菌	D	-	-	-	-	-	-	-	-	-	(+)
类猪链球菌	E	+	-	+	-	+	(+)	-	-	+	+
犬链球菌	G	-	-	d	-	-	(+)	-	-	(+)	-
禽肠链球菌	Q	(+)	-	d	-	-	-	-	-	-	-
猪链球菌	R、S	-	-	d	-	-	+	(+)	(+)	+	+
乳房链球菌		(+)	-	-	-	-	-	-	-	-	-
肺炎链球菌		-	-	(+)	-	-	+	-	-	+	d
海豚链球菌		-	-	+	?	-	-	-	?	+	+

注：+阳性反应，-阴性反应，(+)反应缓慢，d阳性或阴性因菌株而不同

五、血清学鉴定

由于链球菌的生化指标差异较大，因此仅以形态、培养和生化等表型特征难以将所分离的菌株准确归类，应该用血清学方法进行鉴定。目前国际通用的方法是链球菌 A~G 乳胶分型诊断液和猪链球菌1、2型标准阳性血清检测。

1. 乳胶凝集试验

取分离菌株分别与链球菌乳胶凝集标准诊断试剂盒兰氏分群 A~G 的乳胶诊断试剂做凝集试验（按说明书的方法进行），并设生理盐水空白对照、A~G 群混合阳性抗原对照和标准菌株对照。此法也有其局限性，有些病原不在该法检查的范围内。

据我国8个省区分离的28株猪链球菌，先以兰氏血清学方法分群；其次根据溶血性能、生长耐性和生化特性定种；并通过血清学交互吸收试验以环状沉淀反应方法分型。结果表明：其中1株为兰氏D群粪链球菌；2株可疑为R群链球菌，其余25株C群链球菌中，4株为类马链球菌，21株为兽疫链球菌。以前一直认为我国猪链球菌病是C群链球菌流行为主，目前我国猪链球菌病的病原相当复杂，除C群外还有A、B、D、E、L、R等群。2005年四川省资阳地区发生的人感染猪链球菌的病原是猪链球菌R群的猪链球菌2型。

我国各地分离的羊链球菌，据初步研究，多属兰氏C群链球菌，与兽疫链球菌基本一致，

但对动物的易感性、血清型、水杨苷发酵等特性又与兽疫链球菌有差异，故有人建议命名为兽疫链球菌绵羊变种。

马腺疫的病原属兰氏 C 群链球菌。

2. 玻片凝集试验

取分离菌株，用结晶紫染液染色，按常规方法做玻片凝集试验。

目前，诊断猪链球菌还采用 PCR 进行诊断，该方法具有特异性高、快速等优点。

思考题

1. 叙述链球菌病实验室诊断的步骤和方法。
2. 比较链球菌病的不同实验室诊断方法优缺点。

实验 7　布氏杆菌病的检疫

目　的：初步掌握布氏杆菌病的细菌学、血清学诊断及变态反应等检疫方法。

内容及方法：家畜布氏杆菌病的检疫，即通过流行病学调查、临诊检查、细菌学检查、血清学诊断及变态反应等方法，检出畜群中的患畜。实验诊断的材料可采取胎儿、胎衣、阴道分泌物、乳汁、血液、血清、动物尸体以及马的脓肿中脓汁等。

一、细菌学检查

（一）染色检查

病料以绒毛叶渗出液、胎儿的胃内容物及肺脏、阴道分泌物及脓肿中的脓汁，以及培养物等制成抹片，除用革兰氏染色法染色外，应用鉴别染色法进行显微镜检查。布氏杆菌为球杆菌，无鞭毛，不产生芽孢，不呈两极浓染，病料抹片呈密集菌丛，成对或单个排列，短链较少，革兰氏染色阴性。它虽然不是抗酸性细菌，但可以抵抗脱色用的弱酸，例如 0.5%乙酸。这种特性结合布氏杆菌鉴别染色技术用于诊断有一定实际意义。下面将列出两种较常用方法。

1. 改良 Ziehl-Neelsen 氏法

适于做胎膜和流产胎儿内容物染色之用。流产数日内取阴道拭子制作抹片，也可用此法染色。

（1）抹片晾干，在火焰上固定。

（2）用 Ziehl—Neelsen 氏石碳酸复红原液的 1∶10 稀释液染 10~15 min（原液为碱性复红 1 g，溶于 10 mL 无水乙醇中，加入 5%石碳酸溶液 90 mL）。

（3）水洗后，用 0.5%乙酸脱色 15~30 s。

（4）充分水洗后，用 1%美蓝复染 20~60 s。

（5）水洗、干燥、镜检。

布氏杆菌染成红色，背景为蓝色。在胎膜抹片中经常看到布氏杆菌在染成蓝色的组织细胞中集结成团。此法对诊断绵羊地方流行性流产、胎儿弯杆菌及其他传染病也有价值。用此法染色时，胎儿弯杆菌和衣原体也染成红色，但可以从形态上区别。

2. 改良 Koster 氏法

（1）抹片自然干燥，用火焰固定。

（2）用新配制的番红和氢氧化钾混合液（番红饱和水溶液 2 份与 1 mol 氢氧化钾 5 份混合）染 1 min。

（3）水洗后，用 0.1%硫酸脱色 10 s（或在 10~20 s 内用 0.1%硫酸处理两次）。

（4）水洗后，用 1%美蓝复染 3 s。布氏杆菌呈橘红色，背景为蓝色。

（二）培　养

布氏杆菌在普通培养基上虽可生长，但更适宜的是肝汤培养基，有些菌株需要有血清或吐温40才能生长，所以血清葡萄糖琼脂或吐温葡萄糖琼脂被认为是较好的常规培养基。此外，有的以胰蛋白胨琼脂、胰蛋白酶消化大豆琼脂等为最常用的基础培养基。在这些常用培养基内每100 mL中加入放线酮10 mg，杆菌肽2 500单位，乙种多黏菌素600单位及乙基紫最终浓度80万分之一。也可在常用培养基内加入结晶紫（最终浓度为20万分之一至70万分之一），或乙基紫80万分之一制成选择培养基。

未经污染的材料接种于血清琼脂或肝汤琼脂上进行培养。为了抑制杂菌生长，特别是有可能被污染的材料接种于选择培养基上。同时接种两份，一份置于含有10%二氧化碳的密封容器中，以利于在初分离时，需要二氧化碳的布氏杆菌生长。

（三）动物试验

在试验动物中，豚鼠用于布氏杆菌的分离检查上最为适宜。将布氏杆菌注射于豚鼠皮下或腹腔后，将发生慢性疾病，表现脾肿、肝脏与肾脏有炎性坏死小病灶。注射3~4周已能在脾脏和淋巴结中找到细菌。小鼠、家兔、大鼠也用作试验动物。病料内含菌量少而能检出的可靠方法就是接种豚鼠。如果病料污染较轻，可接种于豚鼠腹腔内，如果病料系乳汁或腐败组织，可做皮下或肌肉注射。接种乳汁时，取20 mL乳样离心，将其沉淀物和乳皮层混合，接种两只豚鼠，每只接种一半混合物。每种病料至少接种豚鼠两只，一只在接种后3周剖杀，另一只在6周剖杀。剖杀前需采血做凝集反应，滴度1∶5以上者为阳性。剖检豚鼠时，需注意肉眼可见病灶，如淋巴结肿大、肝的坏死灶、脾肿大或发生结节、睾丸及附睾脓肿、四肢关节肿胀等。脾和接种部位的淋巴结以及其他有病灶的组织均应剪碎，接种于不含抑菌染料或抗生素的固体培养基上。最好用血清葡萄糖琼脂。若剖杀前的血清凝集反应为阳性，即使剖检时的培养为阴性，也可诊断为布氏杆菌病。

二、血清学诊断

应用血清学方法检出血清中有抗体存在，则说明被检动物为布氏杆菌病患畜。动物感染布氏杆菌以后首先出现的是凝集抗体，再过一段时间才出现补体结合抗体，最后产生变态反应性。补体结合反应是一种高度特异性的，其阳性反应与感染的符合率，比血清凝集试验与感染的符合率高。此种方法用来鉴别注苗后和自然感染所引起的血清学反应很有价值，如4~8个月犊牛注射19号菌苗，山羊注射Revl号菌苗，经过6个月后补体结合反应为阴性，而血清凝集反应仍为阳性或可疑。

我国的家畜布氏杆菌病检疫应用的免疫生物学方法主要是凝集试验、补体结合试验及变态反应试验。

1. 试管凝集反应

本试验按《家畜布氏杆菌病试管凝集反应技术操作规程及判定标准》进行。

（1）材料准备。

抗原：由兽医生物药品厂生产供应。使用时用0.5%石碳酸生理盐水做1∶20稀释，长霉或出现凝集块的抗原不能应用。

被检血清：必须新鲜，无明显蛋白凝固，无溶血现象和腐败气味。

阳性血清和阴性血清：由兽医生物药品厂生产供应。

稀释液：0.5%石碳酸生理盐水，用化学纯石碳酸与氯化钠配制，经高压灭菌后备用。检疫羊用稀释液 0.5%石碳酸、10%氯化钠溶液。

（2）操作步骤。

被检血清稀释度：一般情况，牛、马和骆驼用 1∶50、1∶100、1∶200 和 1∶400 四个稀释度；猪、山羊、绵羊和狗用 1∶25、1∶50、1∶100 和 1∶200 四个稀释度。大规模检疫时也可用两个稀释度，即牛、马和骆驼用 1∶50 和 1∶100；猪、羊、狗用 1∶25 和 1∶50。

稀释血清和加入抗原的方法：以羊、猪为例：每份被检血清用 5 支小试管（8~10 mL），第 1 管加入稀释液 2.3 mL，第 2 管不加，第 3、4 和第 5 管各加入 0.5 mL，用 1 mL 吸管取被检血清 0.2 mL，加入第 1 管中，混匀（一般吸吹 3~4 次）吸取混合液分别加入第 2 管和第 3 管各 0.5 mL，将第 3 管混匀，吸 0.5 mL 加入第 4 管，第 4 管混匀吸取 0.5 mL 加入第 5 管，第 5 管混匀后弃去 0.5 mL。如此稀释后从第 2 管起血清稀释度分别为 1∶12.5、1∶25、1∶50 和 1∶100。然后将 1∶20 稀释的抗原由第 2 管起，每管加入 0.5 mL，血清最后稀释度由第 2 管起依次为 1∶25、1∶50、1∶100 和 1∶200。

牛、马和骆驼的血清稀释和加抗原的方法与前述者一致，不同的是仅第 1 管加稀释液 2.4 mL 及被检血清 0.1 mL。加抗原后从第 2 管到第 5 管血清稀释度依次为 1∶50、1∶100、1∶200 和 1∶400。

每次试验需做三种对照，阴性血清对照需将血清稀释到其原有滴度，其他步骤同上。抗原对照即将当时使用的已稀释抗原 0.5 mL 加稀释液 0.5 mL。

每次试验需制备比浊管，作为记录结果的依据，配制方法即以当时使用的已稀释抗原加等量稀释液，按下表 9.7 比例配制。

表 9.7　比浊管配制方法

管　号	抗原稀释液（mL）	试验用稀释液（mL）	清亮度（%）	标　记
1	0.0	1.0	100	++++
2	0.25	0.75	75	+++
3	0.5	0.5	50	++
4	0.75	0.25	25	+
5	1.0	0	0	-

全部试管充分振荡后，置 37~38 ℃温箱中，22~24 h 后用比浊管对照检查记录结果。出现 50%以上凝集的最高稀释度就是这份血清的凝集价，因此 50%亮度的比浊管很重要。

（3）结果判定。

牛、马和骆驼血清凝集价为 1∶100 以上，猪、羊和狗 1∶50 以上者，判为阳性。牛、马和骆驼血清凝集价为 1∶50，猪、羊和狗为 1∶25 者判为可疑，可疑反应的家畜经 3~4 周重检，牛、羊重检时仍为可疑，判为阳性。猪和马重检时仍为可疑，但农场中未出现阳性反应及无临诊症状的家畜，判为阴性。

鉴于猪血清常有个别出现非特异性凝集反应，在试验时需结合流行病学判定结果。如果出现个别弱阳性（例如凝集价为 1∶100~1∶200），但猪群中均无临诊症状（流产、关节炎、睾丸炎），可以考虑此种反应为非特异性，经 3~4 周可采血重检。检疫后应将结果通知畜主，通知单样式如下表 9.8 所示。

表 9.8 检疫后结果通知单样式

登记号码		采血日期：　　年　　月　　日					畜主姓名		判定	备注
		收到日期：　　年　　月　　日								
通知号码		检验日期：　　年　　月　　日					住址			
畜别	畜号	血　清　凝　集　价								
		1∶25	1∶50	1∶100	1∶200	1∶400				

2. 平板凝集反应

这种试验反应按《家畜布氏杆菌病平板凝集反应技术操作规程及判定标准》进行。

（1）操作步骤。最好用平板凝集试验箱。无此设备可用清洁玻璃板，划成 4 cm² 方格，横排 5 格，纵排可以数列，每一横排第一格写血清号码，用 0.2 mL 吸管将血清以 0.08、0.04、0.02、0.01 mL 分别依次加于每排 4 小方格内，吸管需稍倾斜并接触玻璃板，然后以抗原滴瓶垂直于每格血清上滴加 1 滴平板抗原（1 滴等于 0.03 mL），或用 0.2 mL 吸管每格加 0.03 mL。用牙签或细金属棒将血清抗原混合、均匀。一份血清用一根牙签，以 0.01、0.02、0.03 和 0.04 的顺序混合。混合完毕将玻板均匀加温约 30 ℃ 左右（无凝集反应箱可使用灯泡或酒精火焰），5~8 min 后按下列标准记录反应结果：

++++：出现大凝集片或小粒状物，液体完全透明，即 100% 凝集。

+++：有明显凝集片和颗粒，液体几乎完全透明，即 75% 凝集。

++：有可见凝集片和颗粒，液体不甚透明，即 50% 凝集。

+：仅仅可以看见颗粒，液体浑浊，即 25% 凝集。

−：液体均匀浑浊，无凝集现象。

平板凝集反应的血清量 0.08、0.04、0.02 和 0.01 mL 加入抗原后，其效价相当于试管凝集价的 1∶25、1∶50、1∶100 和 1∶200。

每批次平板凝集试验须以阴、阳性血清做对照。

（2）结果判定。判定标准与试管凝集反应相同。结果通知单只在血清凝集价的格内分别换成 0.08（1∶25）、0.04（1∶50）、0.02（1∶100）和 0.01（1∶200）。

3. 虎红平板凝集试验

这种试验是快速玻片凝集反应。抗原是布氏杆菌加虎红制成。它可与试管凝集及补体结合反应效果相比，且在犊牛菌苗接种后不久，以此抗原做试验就呈现阴性反应，对区别菌苗接种与动物感染有帮助。

（1）材料准备。目前在国内只有中国医学科学院流行病学微生物学研究所生产供应布氏杆菌虎红平板试验抗原，可按说明书使用，阴、阳性血清同于试管凝集反应的阴阳性血清。

（2）操作步骤。被检血清和布氏杆菌虎红平板凝集抗原各 0.03 mL，滴于玻璃板的方格内，每份血清各用一支火柴棒混合均匀。在室温（20 ℃）4～10 min 内记录反应结果。同时以阳、阴性血清做对照。

（3）结果判定。在阳性血清及阴性血清试验结果正确的对照下，被检血清出现任何程度的凝集现象均判为阳性，完全不凝集的判为阴性，无可疑反应。

4. 全乳环状反应

这是用乳汁进行的凝集反应。环状反应用于乳牛及乳山羊布氏杆菌病检疫，以监视无病畜群有无本病感染。也可用于个体动物的辅助诊断方法。可由畜群乳桶中取样，也可由个别动物乳头取样。按《乳牛布氏杆菌病全乳环状反应技术操作规程及判定标准》进行。

（1）材料准备。

抗原：由兽医生物药品厂生产供应。全乳环状反应抗原有两种：一种为苏木紫染色抗原，呈蓝色。另一种是四氮唑染色抗原，呈红色。

被检乳汁需为新鲜全脂乳；凡腐败、变酸和冻结的不适于本试验用（夏季采集的乳汁应于当天内检验，如保存于 2 ℃时，7 d 内仍可使用）。患乳房炎及其他乳房疾病的乳汁、初乳、脱脂乳及煮沸乳汁也不能作环状反应用。

（2）操作步骤。取新鲜全乳 1 mL 加入小试管中，加入抗原 1 滴（约 0.05 mL）充分振荡混合，置 37～38 ℃水浴中 60 min，小心取出试管，勿使振荡，立即进行判定。

（3）判定标准。判定时不论哪种抗原，均按乳脂的颜色和乳柱的颜色进行判定。

强阳性反应（+++）：乳柱上层的乳脂形成明显红色或蓝色的环带，乳柱呈白色，分界清楚。

阳性反应（++）：乳脂层的环带虽呈红色或蓝色，但不如"+++"显著，乳柱微带红色或蓝色。

弱阳性反应（+）：乳脂层环带颜色较浅，但比乳柱颜色略深。

疑似反应（±）：乳脂层环带不甚明显，并与乳柱分界模糊，乳柱带有红色或蓝色。

阴性反应（-）：乳柱上层无任何变化，乳柱呈均匀浑浊的红色或蓝色。

5. 补体结合反应

本实验按《家畜布氏杆菌病补体结合反应技术操作规程及判定标准》进行。

6. 变态反应试验

本试验是用不同类型的抗原进行布氏杆菌病诊断的方法之一。布氏杆菌水解素即变态反应试验的一种抗原，这种抗原专供绵羊和山羊检查布氏杆菌病之用。按《羊布氏杆菌病变态反应技术操作规程及判定标准》进行。

（1）操作步骤。使用细针头，将水解素注射于绵羊或山羊的尾褶壁部或肘关节无毛处的皮内，注射剂量 0.2 mL。注射前应将注射部位用酒精棉消毒。如注射正确，在注射部形成绿豆大小的硬包。注射一只后，针头应用酒精棉消毒，然后再注射另一只。

（2）结果判定。注射后 24 h 和 48 h 各观察反应一次（肉眼观察和触诊检查），若两次观

察反应结果不符时,以反应最强的一次作为判定的依据。判定标准是:

强阳性反应(+++):注射部位有明显不同程度肿胀和发红(硬肿或水肿),不用触诊,一望而知。

阳性反应(++):肿胀程度虽不如上述现象明显,但也容易看出。

弱阳性反应(+):肿胀程度也不显著,有时需靠触诊才能发现。

疑似反应(±):肿胀程度似不明显,通常需与另一侧皱褶相比较。

阴性反应(-):注射部位无任何变化。

阳性牲畜,应立即移入阳性畜群进行隔离,可疑牲畜需于注射后30日进行第二次复检,如仍为疑似反应,则按阳性牲畜处理,如为阴性则视为健畜。

思考题

1. 疑似布氏杆菌病绵羊流产胎儿一只,如何进行细菌学检查?
2. 布氏杆菌病主要血清学诊断方法有几种?其优缺点如何?

实验8　巴氏杆菌病的实验室诊断

目　的：初步掌握巴氏杆菌病的微生物学诊断步骤和方法。

一、细菌学检查

1. 检查材料

大的家畜取新鲜的实质器官（肝、脾、肾、患病的肺脏等）、管状骨、心血（焊封于毛细管内），另做心血和实质器官的涂片数张；小动物或家禽可取完整的尸体。

2. 镜　检

用镊子夹持病变组织肝或脾，然后以灭菌剪刀剪取小块，夹出后将其新鲜切面在载玻片上压印或涂抹成薄层；若取血液，用灭菌剪刀剪开心脏进行蘸取或剪取凝血块，用新鲜切面在载玻片上压印或涂抹成薄层。自然干燥。将干燥好的抹片，涂抹面向上，以其背面在酒精火焰上来回通过数次，略作加热进行固定。将病料涂片染色（美蓝染色、革兰氏染色、瑞氏染色、姬姆萨染色等）镜检时，多杀性巴氏杆菌呈卵圆形，有明显的两极性染色，并可看到两极之间两侧的连线。血片用瑞氏或姬姆萨染色时，两极性菌呈蓝色或淡青色，红细胞染成淡红色（家禽红细胞含有紫色的核）。

3. 培　养

将病料分别接种于血琼脂培养基（配制见附录A）和普通肉汤，在37℃进行培养。多杀性巴氏杆菌在鲜血琼脂上呈较平坦、半透明的露滴样菌落，不溶血；在普通肉汤中呈均匀混浊，以后便有沉淀，振摇时沉淀物呈辫状升起。麦康凯琼脂上不生长。当分得纯培养后，可由培养物做涂片检查（多杀性巴氏杆菌在从培养基上所做的涂片中，大部分不表现两极染色性，而常呈球杆状或双球状）。并根据其形态学染色性（革兰氏染色）、培养特性、发酵性状及胆汁试验进行鉴定。本菌的主要生化特性如表9.9所示。

表9.9　多杀性巴氏杆菌的主要生化特性

运动力	靛基质试验	胆汁试验	葡萄糖	甘露醇	蔗　糖	卫矛醇	乳　糖	鼠李糖
－	＋	－	A+	A	A	A	－	－

4. 动物试验

将病料研磨成糊状或用分得纯培养物，用灭菌生理盐水稀释成1∶5~1∶10乳剂，接种于实验动物皮下或肌肉内，剂量为0.2~0.5 mL。猪、牛、羊等家畜的病料可用小鼠或家兔；家禽的病料可用鸽、鸡或小鼠。实验动物如于接种后18~24 h左右死亡，则采取心血及实质脏器做涂片镜检和接种培养基进行分离培养。根据病原菌的形态、染色、培养、生化等特性加以鉴定。在采取材料做培养、镜检完毕后，尚需对实验动物尸体进行剖检做病理变化观察。

在接种局部可见到肌肉及皮下组织发生水肿和发炎灶；胸腔和心包有浆液性纤维素性渗出物；心外膜有多数出血点；淋巴结水肿并增大；肝脏淤血（如用鸡接种，尚可见到密布之小点坏死灶）。

二、免疫学诊断

琼脂扩散试验（用于禽霍乱监测免疫效果和追溯性诊断）。

1. 材料准备

（1）禽霍乱琼脂扩散抗原、标准阳性血清和标准阴性血清，按说明书使用。

（2）溶液配制：1%硫柳汞溶液、pH6.4 的 0.01 mol/L 磷酸盐缓冲（PBS）溶液和生理盐水（配制方法见附录B）。

（3）琼脂板的制备：取 pH6.4 的 0.01 mol/LPBS 溶液 100 mL 放于三角瓶中，加入 0.8~1.0 g 琼脂糖，8 g 氯化钠。三角瓶在水浴中煮沸使琼脂糖等熔化，再加 1%硫柳汞 1 mL 冷至 45~50 ℃时，将洁净干热灭菌直径为 90 mm 的平皿置于平台上，每个平皿加入 18~20 mL。加盖待凝固后，把平皿倒置以防水分蒸发，放普通冰箱中保存备用（时间不超过2周）。

2. 操作方法

（1）打孔。在制备的琼脂板上，用直径 4 mm 的打孔器按六角形图案打孔，或用梅花形打孔器打孔，外周孔距离为 3 mm。将孔中的琼脂用 8 号针头斜面向上从右侧边缘插入，轻轻向左侧方向将琼脂挑出，勿伤边缘，避免琼脂层脱离平皿底部。

（2）封底。用酒精灯轻烤平皿底部到琼脂微熔化为止，封闭孔的底部，以防侧漏。

（3）加样。用微量移液器吸取用灭菌生理盐水稀释的抗原悬液滴入中间孔，标准阳性血清分别加入外周的 1、4 孔中，标准阴性血清（每批样品仅做一次）和受检血清按顺序分别加入外周的 2、3、5、6 孔中。每孔均以加满不溢出为度，每加一个样品应换一个吸头。

（4）感作。加样完毕后，静止 5~10 min，将平皿轻轻倒置，放入湿盒内置 37 ℃温箱中反应，分别在 24 h 和 48 h 观察结果。

3. 结果判定

（1）判定方法。将琼脂板置日光灯或侧强光下观察，标准阳性血清与抗原孔之间出现一条清晰的白色沉淀线，标准阴性血清与抗原孔之间不出沉淀线，则试验可成立。

（2）判定标准。

① 若被检血清孔与中心孔之间出现清晰沉淀线，并与阳性血清孔与中心孔之间沉淀线的末端相吻合，则被检血清判为阳性。

② 若被检血清孔与中心孔之间不出现沉淀线，但阳性血清孔与中心孔之间的沉淀线一端在被检血清孔处向抗原孔方向弯曲，则此孔的被检样品判为弱阳性，应重复试验，如仍为可疑，则判为阳性。

③ 若被检血清孔与中心孔之间不出现沉淀线，阳性血清孔与中心孔之间的沉淀线直向被检血清孔，则被检血清判为阴性。

④ 若被检血清孔与中心抗原孔之间沉淀线粗而混浊，同标准阳性血清孔与中心孔之间的沉淀线交叉并直伸，待检血清孔为非特异性反应，应重复试验，若仍出现非特异性反应则判

为阴性。判阳性者视为禽体内存在禽霍乱抗体。

附录 A

培养基的配制

A.1　5%鸡血清葡萄糖淀粉琼脂培养基制备

营养琼脂	85 mL
3%淀粉溶液	10 mL
葡萄糖	10 g
鸡血清	5 mL

将灭菌的营养琼脂加热熔化，使冷却到 50 ℃，加入灭菌的淀粉溶液、葡萄糖及鸡血清，混匀后，倾注平板。

A.2　鲜血琼脂培养基制备

肉浸液肉汤	1 000 mL
蛋白胨	10 g
磷酸氢二钾（K_2HPO_4）	1.0 g
氯化钠（NaCl）	5 g
琼脂	25 g

灭菌加热熔化，使冷却到 50 ℃，加入无菌鲜血达 10%，混匀后，倾注平板。

附录 B

溶液配制

B.1　1%硫柳汞溶液的配制

硫柳汞	0.1 g
蒸馏水	100 mL

溶解后，存放备用。

B.2　pH6.4 的 0.07 mol/L PBS 溶液的配制

甲　液

磷酸氢二钠（$Na_2HPO_4 \cdot 12H_2O$）	3.58 g
加蒸馏水至	1 000 mL

乙　液

磷酸二氢钾（KH_2PO_4）	1.36 g
加蒸馏水至	1 000 mL

待溶解后分别保存。

用时取甲液 24 mL、乙液 76 mL 混合即为 100 mL pH6.4 的 0.01 mol/L PBS 溶液。

思考题

1. 试述家畜、家禽巴氏杆菌病的微生物学检查程序。

2. 当猪群中同时有猪肺疫和猪瘟存在的可疑时，从猪体分得巴氏杆菌是否可以确定猪肺疫的诊断？为什么？

实验9　结核病的检疫

目　的：掌握牛结核菌素变态反应的诊断方法。

内容及方法：牛结核菌素变态反应诊断有三种方法，即皮内反应、点眼反应及皮下反应。我国现在主要采用前两种方法，而且前两法最好同时并用。

一、牛型结核菌素变态反应

（一）材料准备

牛型提纯结核菌素（PPT）、酒精棉、卡尺、1~2.5 mL 注射器、针头、工作服、帽、口罩、胶鞋、记录表、线手套等。如果冻干菌素，还需准备稀释用注射用水或灭菌的生理盐水，带胶塞的灭菌小瓶。

（二）操作方法

1. 牛结核菌素皮内反应

注射部位及术前处理：将牛只编号后在颈侧中部上 1/3 处剪毛（或提前一天剃毛），3 个月以内的犊牛也可在肩胛部进行，直径约 10 cm，用卡尺测量术部中央皮皱厚度，做好记录。如术部有变化时，应另选部位或在对侧进行。

注射剂量：不论牛只大小，一律皮内注射 10 000IU。即将牛型提纯结核菌素（PPT）稀释成每毫升含 100 000IU 后，皮内注射 0.1 mL。如用 2.5 mL 注射器，应再加等量注射用水皮内注射 0.2 mL。冻干提纯结核菌素稀释后应当天用完。

注射方法：先以 75%酒精消毒术部，然后皮内注入定量的牛型提纯结核菌素，注射后局部应出现小泡，如注射有疑问时，应另选 15 cm 以外的部位或对侧重做。

注射次数和观察反应：皮内注射后经 72 h 时判定，仔细观察局部有无热痛、肿胀等炎性反应，并以卡尺测量皮皱厚度，做好详细记录。对疑似反应牛应即在另一侧以同一批菌素同一剂量进行第二回皮内注射，再经 72 h 后观察反应。

如有可能，对阴性和疑似反应牛，于注射后 96 h、120 h 再分别观察一次，以防个别牛出现较迟的迟发型变态反应。

结果判定：

（1）阳性反应。局部有明显的炎性反应。皮厚差等于或大于 4 mm 以上者，其记录符号为（+）。对进出口牛的检疫，凡皮厚差大于 2 mm 者，均判为阳性。

（2）疑似反应。局部炎性反应不明显，皮厚差在 2.1~3.9 mm 之间，其记录符号为（±）。

（3）阴性反应。无炎性反应。皮厚差在 2 mm 以下，其记录符号为（-）。

2. 结核菌素点眼反应

牛结核菌素点眼，每次进行两回，间隔 3~5 d。

点眼方法：点眼前对两眼做详细检查，正常时方可点眼，有眼病或结膜不正常者，不可作点眼检疫。结核菌素一般点于左眼，左眼有眼病可点于右眼，但需在记录上说明。用量为 3~

5 滴，约 0.2~0.3 mL。点眼后，注意将牛拴好，防止风沙侵入眼内，避免阳光直射牛头部以及牛与周围物体摩擦。

观察反应：点眼后，应于 3、6、9 h 各观察一次，必要时可观察第 24 h 的反应。应观察两眼的结膜与眼睑肿胀的状态，流泪及分泌物的性质和量的多少，由于结核菌素而引起的食欲减少或停止以及全身战栗、呻吟、不安等其他变态反应，均应详细记录。阴性和可疑的牛 72 h 后，于同一眼内再滴一次结核菌素，观察记录同上。

判定：

（1）阳性反应。有两个大米粒大或 2 mm×10 mm 以上的呈黄白色的脓性分泌物自眼角流出，或散布在眼的周围，或积聚在结膜囊及其眼角内，或上述反应较轻，但有明显的结膜充血、水肿、流泪并有其他全身反应者，为阳性反应。

（2）疑似反应。有两个大米粒或 2 mm×10 mm 以上的灰白色、半透明的黏液性分泌物积聚在结膜囊内或眼角处，并无明显的眼睑水肿及其他全身症状者，判为疑似反应。

（3）阴性反应。无反应或仅有结膜轻微充血，流出透明浆液性分泌物者，为阴性反应。

3. 综合判定

结核菌素皮内注射与点眼反应两种方法中的任何一种呈阳性反应者，即判定为结核菌素阳性反应牛；两种方法中任何方法为疑似反应者，判定为疑似反应牛。

4. 复 检

在健康牛群中（即无一头变态反应阳性的牛群）经第二次检疫判定为可疑牛，要单独隔离饲养，1 个月后做第二次检疫，仍为可疑时，经半个月做第三次检疫，如仍为可疑，可继续观察一定时间后再进行检疫，根据检疫结果作出适当处理。

如果在牛群中发现有开放性结核牛，同群牛如有可疑反应的牛只，也应视为被感染。通过两次检疫均为可疑者，即可判为结核菌素阳性牛。

二、其他家畜结核病结核菌素诊断法

1. 适用家畜

马、绵羊、山羊和猪仅使用牛结核菌素（O.T）—回皮内注射法进行检疫。

2. 注射部位及剂量

马位于左颈中部上 1/3 处；猪和绵羊在左耳根外侧；山羊在肩胛部。剂量：成年家畜为 0.2 mL，3 个月至 1 年的幼畜为 0.15 mL，3 个月以下的幼畜为 0.1 mL。除猪用结核菌素原液外，马、绵羊和山羊则用稀释的结核菌素（结核菌素 1 份，加灭菌 0.5%石碳酸蒸馏水 3 份）。

3. 观察反应时间及判定标准

于注射后 48 h、72 h 进行再次观察。猪、绵羊或山羊，可按牛的判定标准进行判定。

4. 疑似反应

判定为疑似反应的马、绵羊、山羊和猪，经 25~30 d 后于第一次注射后的对侧再做一次复检，如仍为疑似反应时，可参照对疑似反应牛只办法处理。

三、感染禽型结核菌或副结核菌牛群的诊断方法

如果牛群有感染禽型结核菌或副结核菌病可疑时，可以应用牛、禽两型提纯结核菌素的比较试验进行诊断。其方法和判定如下：

1. 注射部位及术前处理

将牛只编号后在同一颈侧的中部选两个注射点。一个点在上 1/3 处，一个点在下 1/3 处。剪毛（或提前一天剃毛）直径约 10 cm，用卡尺测量术部中央皮皱厚度，做好记录。两个注射点之间的距离不得少于 10 cm，注射点距离颈项顶端和颈静脉沟也不得少于 10 cm。如术部皮肤有变化时，选对侧颈部进行。

2. 注射剂量

在上 1/3 处皮内注射禽型提纯结核菌素 0.1 mL（每毫升含 25 000IU），在下 1/3 处皮内注射牛型提纯结核菌素 0.1 mL（每毫升含 100 000IU）。不论大小牛只，注射剂量相同。如用 2.5 mL 注射器注射剂量（0.1 mL）不易掌握，应加等量生理盐水或注射用水稀释后皮内注射 0.2 mL，冻干菌素稀释后应当天用完。

3. 注射方法

以 75%酒精消毒术部，然后皮内注射定量的牛、禽两种提纯结核菌素。注射后局部应出现小泡，如注射有疑问时，可另选 15 cm 以外的部位或对侧颈部重做。

4. 观察反应

注射后 72 h 判定（可于 48 h 和 96 h 各进行一次判定）。详细观察和比较两种菌素炎性反应的程度。并用卡尺测量其皮厚，分别计算出牛、禽两种菌素皮内变态反应的皮厚差，然后比较二者之间的皮差（如果增加了 48 h 和 96 h 的判定时间，即可比较出两种菌素反应消失的快慢）。

5. 判定结果

（1）牛型提纯结核菌素反应大于禽型提纯结核菌素反应，两者皮差在 2 mm 以上，判为牛型提纯结核菌素皮内反应阳性牛，其记录符号为 M+。对已经定性的结核牛群，少数牛即使牛、禽两型之间的皮差在 2 mm 以下，或牛型提纯结核菌素反应略小于禽型提纯结核菌素的反应（不超过 2 mm），也应判牛结核菌素反应牛（但牛型提纯结核菌素本身反应的皮厚差应在 2 mm 以上）。

（2）禽型提纯结核菌素反应大于牛型提纯结核菌素的反应，两者的皮差在 2 mm 以上，判为禽型提纯结核菌素皮内变态反应阳性牛，其记录符号为 A+。对已经定性的副结核菌或禽结核菌感染的牛群，即使禽、牛两型提纯结核菌素之间的反应皮差小于 2 mm，或禽型提纯结核菌素略小于牛型提纯结核菌素的反应（不超过 2 mm），也应判为禽结核菌素反应牛（但禽型提纯结核菌素本身反应的皮差应在 2 mm 以上）。

对进出口牛的检疫，任何一种菌素（牛、禽、副）皮差超过 2 mm 以上（或局部有一定炎性反应），均认为是不合格。

思考题

在进行牛结核病的变态反应诊断时，为什么要同时用皮内和点眼两种方法？

实验10　钩端螺旋体病的实验室诊断

目　的：(1)初步掌握钩端螺旋体病的病原学检查技术。(2)初步掌握钩端螺旋体病凝集溶解反应的操作方法。

内容及方法：从有疑似急性钩端螺旋体病症状的动物的血液和乳中分离到钩端螺旋体是有诊断价值的。但从血液中分离有一定难度，因为菌血症和临床症状往往不是同时出现。如在动物死后采集器官进行分离，能证明是全身性钩端螺旋体感染，则认为有诊断意义。从流产胎儿或死产胎儿的体液或各脏器中证实有钩端螺旋体，也可被诊断为母畜慢性钩端螺旋体病，而且也是胎儿活动性感染的见证，所以病原学检查是很灵敏的一种方法。

一、钩端螺旋体病的病原学检查

1. 检查材料

（1）生前。血液（病畜发热期未出现黄疸前采取）和尿液（发病后 6~10 d 后采取）。

（2）死亡。取肝、脾、肾及脑，应不迟于死后 1~3 h 采取。

（3）流产或死产胎儿的体液或各脏器。

2. 镜　检

（1）直接镜检法。静脉采血 3~5 mL，加入 1/10 量的 10%枸橼酸钠或 10%草酸钠溶液混合；吸取中段尿 5~10 mL。上述两样本均用 1 500 r/min 离心 5 min，血液样本取上层血浆；尿取上清液，再以 3 000~4 000 r/min 离心 1~2 h，然后取沉淀物制片在暗视野显微镜下检查。

肝、肾组织制成 1∶5 或 1∶10 悬液，经 1 500 r/min 离心 5 min，取上清液涂片；或再以 3 000 r/min 离心 1 h，取沉淀物制片在显微镜下检查。

在暗视野显微镜下，可见到形态如一长链，长约 4~20 μm，直径 0.15~0.2 μm，在靠近其菌体的 1/3 处比较柔软，常弯曲成钩状的钩端螺旋体。其活动以菌体轴为中心，做回旋运动，或扭曲或以波浪式依菌体直端方向前进。

（2）染色镜检。

① 姬姆萨染色法：涂片自然干燥，浸于盛有甲醇的玻缸中或滴加甲醇数滴于玻片上固定 3~5 min，干后将玻片浸于盛有姬姆萨染液的染色缸中，染色半小时至数小时（过夜亦可），水洗，吸干，镜检，钩端螺旋体呈红色或紫色。

② 方登纳氏镀银染色法：

染色液配制：固定液为冰醋酸 1 mL、40%甲醛 10 mL 及蒸馏水 10 mL 混合。鞣酸媒染剂为鞣酸 5 g 与蒸馏水 100 mL 混合。染色液为硝酸银 5 g，蒸馏水 100 mL；临用前取硝酸银液 20 mL，缓缓滴加 10%氨液至所产生的褐色沉淀，经摇动后恰能完全溶解为止，然后再滴加硝酸银溶液数滴，以溶液于摇匀后仍显轻度浑浊为度；经氨液处理的硝酸银溶液不耐保藏，每次染色应以新鲜配制的为佳。

染色法：标本制成薄层涂片，自然干燥；用固定液固定 1~2 min；加无水酒精数滴，洗去固定液（如涂片系由动物的组织材料制备的，还应再用乙醚洗涤以除去脂肪，再用酒精清除乙醚）；滴加鞣酸媒染剂，并加热使发生蒸汽，染 30 s；用水冲洗后，滴加经氨液处理的硝酸银溶液，加热使发生蒸汽，染 30 s；水洗、干燥，加盖玻片，用加拿大树胶固封，用油镜检查（如不加盖玻片镜检，可因香柏油而致螺旋体脱色）。

在油镜下检查时，可见底黄，菌黑，菌体与背景界限清晰，菌体形态绝大多数为两头尖的梭状形，有时菌形弯曲如蚯蚓。

3. 分离培养

（1）培养基：柯托夫（Korthof）氏培养基。

基础液制备：

蛋白胨	0.8 g	
氯化钠	1.4 g	
氯化钾	4 mL	1%溶液
碳酸氢钠	2 mL	1%溶液
碱性磷酸钠	0.96 g	
酸性磷酸钾	1.8 g	
氯化钙	4 mL	1%溶液

上述成分置水浴中 100 ℃、30 min 使之充分溶化，用滤纸过滤，分装前校正 pH7.3~7.4，分装后经 101 b、30 min 灭菌，应完全透明，无沉淀物。如果碱性磷酸钠用 12H$_2$O，其用量应为 1.76 g。

健康兔血清：无菌采集健康兔血分离血清，在水浴中 56~58 ℃ 灭能 1~2 h，4 ℃ 冰箱保存备用。

上述基础液在无菌条件下添加 1/10 量已灭活的健康兔血清，经无菌检验合格即可用于培养。

（2）培养材料：无菌采取病畜血液，同时接种三管培养基，第一管加 1 滴，第二管加 2 滴，第三管加 3 滴。

无菌采集病畜新鲜中段尿接种于数管培养基内，以 3 000 r/min 离心 30 min，取沉淀物 1~2 mL 进行培养。为防尿内污染杂菌，可在培养基内加入 0.05 g 磺胺嘧啶，也可用细菌滤器除杂菌。

用作培养的脏器（主要是肝、肾），用吸管插入脏器内并向不同方向，从脏器不同部位吸取些粉碎的组织出来，并将取得材料接种 2~3 管培养基内，亦可以用无菌剪刀剪碎组织进行培养。

（3）培养观察：接种病料的培养基于 28~30 ℃ 温箱内，每 5 d 做一次悬滴压片在暗视野显微镜下观察其生长情况。钩端螺旋体通常在 7~20 d 内开始生长，有时要到 30~60 d，甚至 90 d 才出现。

二、钩端螺旋体病凝集溶解试验

钩端螺旋体抗体可以与相应的抗原出现凝集溶解反应，且在高浓度抗体时发生溶菌现象，在低浓度抗体时发生凝集现象。被检血清中如有特异性抗体，则与抗原相遇时，就会出现这两种现象。本试验适用于诊断钩端螺旋体病和鉴定其菌型。一般先以被检血清低倍稀释液与各个血清群的标准菌株抗原进行初筛凝溶试验（即定性试验），以查明被检血清是否有钩端螺旋体抗体及其型别。若有，则将血清作进一步稀释，与已查出的型别的同源抗原做定量试验，测定凝集效价，做出诊断。

1. 抗原制备

一般以活菌作抗原。将标准菌株分别接种于含 10%兔血清的柯托夫培养基中，在 28~30 ℃ 培养 5~7 d，用 400 倍暗视野显微镜检查。若菌数达到每视野 40 条以上，形态典型，运动活泼，无自凝现象，即可当作抗原。

2. 被检血清

按常规方法从动物采血，提取血清。血清必须保持新鲜。

3. 定性试验

用生理盐水将被检血清做 1：25 稀释，加入有孔塑料板的小孔中。上一排 14 个孔每孔加 0.1 mL，下一排 14 个孔每孔加生理盐水 0.1 mL，作为对照。上排和下排的第一孔，每孔加同一型的抗原 0.1 mL；上排和下排的第二孔加入另一型的抗原 0.1 mL，以此类推，直到 14 个型的抗原加完为止。将塑料板摇动混匀，放在 28~30 ℃ 作用 2~4 h。由每孔取出一滴混合液在载玻片上，加上盖玻片，在 150~200 倍暗视野显微镜下检查。若上排有一孔的混合液出现凝溶反应，而下排的相应对照孔无凝集现象，表示被检血清含有与加入该孔的抗原型相应的抗体。在表 9.10 的结果举例中，上排第一孔出现凝溶，表示被检血清的抗体属于黄疸出血型。

表 9.10 钩端螺旋体病定性凝溶试验程序

塑料板孔号		1	2	3	4	5	6	7	8	9	10	11	12	13	14
各型抗原加入上排和下排同号孔的量（mL）		56601 黄疸出血 0.1	56602 爪哇型 0.1	56603 犬型 0.1	56604 拜伦 0.1	56605 致热 0.1	56606 秋季热 0.1	56607 澳洲 0.1	56608 波摩那 0.1	56609 流感伤寒 0.1	56610 七日热 0.1	56612 巴达维亚 0.1	56613 猪型 0.1	67020 蛮耗 0.1	67028 七里斯裘型 0.1
上排加 1：25 血清（mL）		0.1	0.1	0.1	0.1	0.1	0.1	0.1	0.1	0.1	0.1	0.1	0.1	0.1	0.1
下排加生理盐水量(mL)		0.1	0.1	0.1	0.1	0.1	0.1	0.1	0.1	0.1	0.1	0.1	0.1	0.1	0.1
在 28~30 ℃ 作用 2~4 h 后镜检															
结果举例	上排	++	−	−	−	−	−	−	−	−	−	−	−	−	−
	下排	−	−	−	−	−	−	−	−	−	−	−	−	−	−

＊各群选一个代表型做试验

4. 定量试验

被检血清经定性试验查明其抗体属于何型后，用生理盐水将血清做连续倍量稀释。由

1:50 开始,直到 1:12 800。各稀释液取 0.1 mL 依次加于有孔塑料板上的一排小孔中,另在一个小孔加入 0.1 mL 生理盐水作为对照。然后加与该血清抗体同型的钩端螺旋体抗原于各孔,每孔 0.1 mL。如此血清稀释度依次变为 1:100 直到 1:25 600。摇动塑料板,使各孔血清稀释液与抗原混匀,在 28~30 ℃ 放 2~4 h,从各孔取 1 滴混合液制片,在暗视野显微镜下观察凝溶反应,记录反应的结果。操作程序见表 9.11。

表 9.11 钩端螺旋体病定量凝溶试验程序

孔号	1	2	3	4	5	6	7	8	9	10
血清稀释度	50×	100×	200×	400×	800×	1600×	3200×	6400×	12800×	对照盐水
加入稀释血清量(mL)	0.1	0.1	0.1	0.1	0.1	0.1	0.1	0.1	0.1	0.1
加入抗原量(mL)	0.1	0.1	0.1	0.1	0.1	0.1	0.1	0.1	0.1	0.1
血清最终稀释度	100×	200×	400×	800×	1600×	3200×	6400×	12800×	25600×	—

5. 结果判定

定性和定量试验的反应程度,用下列符号记录。

"++++":几乎全部菌体发生溶解、破坏或变型,间有极少数单个菌体存在;可有云彩状凝块,或凝块不太多,仅有大小不等的点状、块状残余。

"+++":75% 菌体被凝集,大部分菌体凝集成团状或蜘蛛状,仅有 25% 菌体游离,运动不活泼,折光力低。

"++":50% 菌体被凝集,形成许多蜘蛛状或小网状凝块;块边沾有活动菌体,有 50% 菌体游离。

"+":仅有 25% 菌体凝集成少数蜘蛛状或小网状凝块,75% 菌体游离。

"-":全部菌体正常、分散、无凝块,菌数与对照相同。

被检血清以出现 "++" 以上凝集现象的最高稀释度为其滴度终点(即效价)。马血清效价达 1:800 者判为阳性,1:400 者判为可疑;其他家畜血清 1:400 为阳性,1:200 为可疑,或第一次检验虽然效价不高,但隔一周左右采血重检,效价比第一次提高 4 倍者也判为阳性。

思考题

1. 试述钩端螺旋体病凝集溶解试验的原理及其操作方法。
2. 简述钩端螺旋体病的病原学检查的方法。

实验11　附红细胞体病的诊断

目　的：掌握附红细胞体病的流行特点、临床症状、尸体剖检和实验室诊断要点。
材料准备：（1）仪器及器材：荧光显微镜、冰冻切片机、染色缸、载玻片；（2）药品：生理盐水、姬姆萨染液、10%福尔马林液、肝素或柠檬酸钠；（3）实验动物：小白鼠、小猪；（4）病料：耳静脉血或抗凝血。

内容及方法：本病发病动物种类非常广泛，已报道的有兔、猪、牛、羊、鸡、犬、猫和人等，呈世界分布，无地域性分布特征。发病后主要表现发热，食欲不振，精神委顿，黏膜黄染，贫血，背腰及四肢末梢淤血，淋巴结肿大等，还可出现心悸及呼吸加快，腹泻，生殖力下降等。猪多发于高热、多雨且吸血昆虫繁殖滋生的季节，主要集中在6~9月份，在北方7月中旬到9月中旬为发病最高峰。不同年龄和品种的猪都易感，仔猪的发病率和死亡率较高。哺乳仔猪5日龄内发病症状明显，体温升高，眼结膜皮肤苍白或变黄，发抖，腹泻，粪便深黄色或黄色黏稠、腥臭，死亡率在10%~90%。断奶仔猪转入保育猪舍后3~5 d发病，全身皮肤呈浅紫红色，病程稍长皮肤苍白，后肢内侧及腹部有出血斑。怀孕母猪流产、早产，尤其临产母猪的流产率、早产率高。主要病变为贫血，黄疸，发病猪皮肤、黏膜苍白黄染，部分猪全身皮肤发红，以耳、鼻、腹部严重；血液稀薄，凝固不良；皮下组织和肌间胶冻样浸润；颌下、肺门、膈淋巴结肿胀多汁呈土黄色；脾脏肿胀呈蓝灰色；部分病猪肝脏肿大，脂肪变性；肾脏贫血，局部有淤血。根据临诊症状，可做出初步诊断，确诊需依靠实验室检查。

一、悬滴法

取耳静脉血（或抗凝血）1滴于载玻片上，加等量生理盐水混匀，加盖玻片，在400~600倍暗视野显微镜下观察，可见虫体呈球形、逗点形、杆状或颗粒状，由于虫体附着在红细胞表面有张力作用，红细胞在视野内上下震动或左右运动，红细胞形态也发生了变化，呈菠萝状、锯齿状、星状等不规则形状。单个附红细胞体有很强的运动性，可前、后、左、右做翻滚或扭转运动，一般单个大型附红体活动力弱于小型附红体，而聚成团状者，接近或附着于红细胞者其活动力减弱或无活动力。

二、直接涂片法

取新鲜或抗凝血少许置载玻片上推成薄层，然后在显微镜下直接观察。可看到附红细胞体呈球形、逗点形、杆状或颗粒状。寄生有附红细胞体的红细胞呈菠萝状、锯齿状、星状等不规则形状。该方法的优点是简单、快速。不足之处，一是对推片的技术有一定要求，红细胞必须推成薄层；二是容易和其他导致红细胞变形的情况混淆。

三、血液染色检查

取耳静脉血（或抗凝血）涂片，姬姆萨染色镜检，可见红细胞表面有许多圆形、椭圆形、杆状紫红色虫体，当调动微螺旋时，虫体折光性较强，中央发亮，形似气泡；红细胞边缘不光滑，凹凸不平。瑞氏染色镜检，虫体呈紫蓝色。如不能现场检查，则采取抗凝血 1 mL（加肝素或柠檬酸钠），加 10%福尔马林液 1 mL 混匀，送实验室用丫啶橙染色检查，可见附红细胞体呈浅至深橘黄色。

四、补体结合试验

本法首先被用于诊断猪的附红体病。病猪于出现症状后 1～7 d 呈阳性反应，于 2～3 周后即行阴转。本试验诊断急性病猪效果好，但不能检出耐过猪。

五、间接血凝试验

用此法诊断猪的附红体病的报道较多。滴度＞1∶40 为阳性，此法灵敏性较高，能检出补反阴转后的耐过猪。

六、荧光抗体试验

本法被最早用于诊断牛的附红体病，抗体于接种后第 4 d 出现，随着寄生率上升，在第 28 d 达到高峰。也曾被用于诊断猪、羊的附红体病，取得较好的效果。

七、酶联免疫吸附试验

1986 年 Lang 等人用去掉红细胞的绵羊附红体抗原对羊进行酶联免疫吸附试验，认为此法比间接血凝试验的敏感性高 8 倍。有人用此法检查猪，认为比补体结合试验敏感，而且猪附红体抗原与猪因其他疾病感染的血清无交叉反应，但不适用于小猪和公猪的诊断，也不适用于急性期诊断。

八、动物试验

常用的试验动物是小白鼠，用小猪做试验动物时则需摘除脾脏。怀疑为猪附红细胞体病的猪在切除脾脏后观察 3～20 d，若是带虫猪则会出现急性附红细胞体的症状，此时可通过查找血涂片中的虫体进行诊断。

猪附红细胞体病和猪瘟、猪呼吸与繁殖障碍综合症症状很相似，因此在诊断时应注意区别，区别如下：

1. 与猪瘟的鉴别诊断

（1）猪瘟流行无明显季节性。

（2）猪瘟无贫血和黄疸病症。

（3）猪瘟呈现以多发性出血为特征的败血症变化，在皮肤、浆膜、黏膜、淋巴结、肾、膀胱、喉头、扁桃体、胆囊等组织器官都有出血，淋巴结周边出血是猪瘟的特征病变。

2. 与猪呼吸与繁殖障碍综合症的鉴别诊断

（1）猪呼吸与繁殖障碍综合症无贫血和黄疸症状。

（2）猪呼吸与繁殖障碍综合症呼吸困难明显，剖检肺部有明显的病变。

（3）猪附红细胞体病用四环素类抗生素治疗有效。

思考题

叙述附红细胞体病的流行特点、临床症状、尸体剖检和实验室诊断要点。

实验 12　猪丹毒的诊断

目的：掌握猪丹毒的流行特点、临床症状、尸体剖检和实验室诊断要点。

材料准备：（1）器材和药品：包括病料采取的器材和药品、染色和镜检用器材和药品、分离培养用器材。（2）培养基：普通琼脂、普通肉汤、血液琼脂、明胶高层等培养基。（3）实验动物：猪丹毒病猪、尸体，或以猪丹毒杆菌人工感染的实验动物如鸽、小鼠和豚鼠等。

内容及方法：猪丹毒具有明显的季节性，一般每年4~5月份开始发生，7~8月流行达高峰，10月份以后逐渐减少，在南方冬季仍有散发病例发生，以3~12月龄的架子猪多发。根据病程可分为败血型、疹块型和慢性三种。败血型猪丹毒常见病猪突然发病、体温升高、皮肤充血，指压褪色，最急性往往突然死亡，致死率很高。疹块型猪丹毒见身体各部皮肤出现方形、菱形凸出皮肤表面的疹块，初期充血，后期淤血，指压不褪色，在疹块发生时体温升高，症状比败血型缓和，死亡率约25%~50%。慢性猪丹毒主要表现为关节炎、心内膜炎的杂音、皮肤坏死。剖检可见胃和十二指肠充血、出血、脾脏肿胀、充血、樱红色。淋巴结急性肿胀、充血。肺充血和水肿。肾充血肿大有"大红肾"之称。慢性者除关节炎和皮肤坏死外，心内膜炎的菜花样疣状增生。

一、病料采取

急性和亚急性病例高热菌血期可自耳静脉采血，疹块型可切开疹块挤出血液或渗出液，慢性者可采取关节液。

急性和亚急性病死猪可采取心、脾、肝、肾、淋巴结等脏器，慢性病例可采取心内膜炎的菜花样疣状赘生物、关节液、胆汁、骨髓等。

二、实验室诊断

1. 直接涂片染色检查

将肝、淋巴结、肾等组织直接涂片，自然干燥，经甲醇固定2~5min后用瑞氏或革兰氏染色、镜检。病料中丹毒杆菌呈细小杆菌、散在、成对、成堆，革兰氏阳性。

2. 分离培养

取病猪的血液、脾、肝、淋巴结等接种于鲜血琼脂培养基。对死亡过久的尸体，可取骨髓做分离培养。接种后置37℃培养24~48h，可见针尖样细小的菌落，经涂片染色镜检，为革兰氏阳性细小杆菌。再挑选典型菌落做纯培养后，做明胶穿刺培养，3~4d后呈试管刷状生长，明胶不液化。也可在培养基中加入叠氮钠和结晶紫各万分之一，制成选择培养基，只有猪丹毒杆菌能在这种培养基上正常生长繁殖，其他杂菌受到抑制。

3. 血清培养凝集试验

在3%胰蛋白胨肉膏汤（或肝化汤）中，加入1∶40~1∶80的猪丹毒高免血清，同时每毫升再加入400单位卡那霉素、50单位庆大霉素及25单位万古霉素（缺乏抗生素时，可加0.05%叠氮钠及0.0005%结晶紫，制成丹毒血清抗生素诊断液（分装安瓿管在4℃冰箱可保存2个月）。取病猪耳尖血1滴或死后取少许病料放入安瓿管内，37℃培养14~24 h。凡管底出现凝集颗粒或团块即判为阳性。此法检出率很高。

4. 动物接种

取病料（心血、脾、淋巴结）或纯培养物接种鸽、小鼠和豚鼠。病料先磨碎用灭菌生理盐水做1∶10稀成悬液。鸽胸肌注射0.5~1 mL，小鼠皮下注射0.2 mL，豚鼠皮下注射或腹腔注射0.5~1 mL。若为固体培养基上的菌落，则用灭菌生理盐水洗下，制成菌液进行接种。接种后1~4 d鸽子腿翅麻痹、精神委顿、头缩羽乱、不吃而死亡。小鼠出现精神委顿、背弓、毛乱、停食，3~7 d死亡。死亡的鸽和小鼠脾肿大，肺和肝充血，肝有时可见小点坏死，并可从其内脏分离出猪丹毒杆菌。豚鼠对猪丹毒杆菌有很强的抵抗力，接种后不表现任何症状。

猪丹毒杆菌和李氏杆菌均为革兰氏阳性的细小杆菌，形态很相似，因此在诊断时应注意区别，两种细菌的区别见下表9.12。

表9.12 猪丹毒杆菌与李氏杆菌的区别

项 目	猪丹毒杆菌	李氏杆菌
菌体形态	整齐，直或稍弯，有时呈线状，幼龄培养较老龄者苗体短	较粗大，多形怪，幼龄培养较老龄者苗体长
病料涂片	单个，有时成对或成堆	单个，有时成对构成"V"字形，有时平行成栏栅状
运动性	无	有
鲜血琼脂培养	弱α型溶血	弱β型溶血
明胶穿刺培养	呈试管刷状生长	沿穿刺线生长
牛奶培养基	凝固	不凝固
麦芽糖、甘露醇、鼠李糖、杨苷	均不发酵	均发酵、产酸
鸽子	发病，致死	不感染
豚鼠	不感染	发病、致死
细胞壁中DL-二胺基庚二酸	无	有
接触酶	不产生	产生

思考题

1. 猪丹毒的临诊和尸体剖检特点怎样？
2. 猪丹毒的培养特性和动物接种应掌握哪些要点？

实验 13　猪痢疾的诊断

目　　的：掌握猪痢疾的细菌学和动物试验及血清学诊断要点。

材料准备：(1) 仪器及器材：显微镜、载玻片、盖玻片、染色缸、冰箱、离心机、真空干燥箱、聚苯乙烯毛细塑料管、V 形微量反应板。(2) 药品：草酸铵结晶紫染色液或碱性美蓝、10 倍稀释复红、姬姆萨氏液、瑞氏染液染色、胰酶化酪蛋白胨豆胨琼脂培养基、生理盐水等。(3) 病料：疑似猪痢疾病料。

内容及方法：初步诊断此病应根据以下几点：主要发生于断奶后架子猪，哺乳仔猪和成猪很少发生；流行慢，持续久；病猪排灰黄色软粪至带血液、黏液或黏膜的稀便；剖检病变仅见于大肠，呈卡他性肠炎。但确诊需进行实验室检查，主要有以下几种方法。

一、显微镜检查

1. 病料采取

采取病猪粪便或带血丝的黏液等，也可用棉拭子从直肠采取血粪便或带血的黏液作为被检病料。对病死的猪或宰杀的病猪，可从结肠病变明显部位采取内容物，同时可刮取病变部的黏液及黏膜作为被检病料。

2. 检查方法

(1) 普通染色法。涂片、干燥，火焰固定后以草酸铵结晶紫染色液或碱性美蓝、10 倍稀释复红、姬姆萨氏液、瑞氏染液染色 3~5 min，水洗、吸干，油镜观察。每份病料做两张抹片，每片最少观察 10 个视野，当多数视野中至少有 3~5 条以上猪痢疾密螺旋体样时，可初步诊断为猪痢疾。草酸铵结晶紫染色结果：背景及其他杂菌为深紫色，密螺旋体为淡紫色。

(2) 暗视野活体检查法。将被检病料悬于生理盐水中，制成悬滴标本，吸取 1 滴于载玻片中央，并盖以盖玻片，轻轻压之使其密着。在暗视野显微镜观察（400 倍），菌体呈蛇样活泼运动。典型的猪痢疾密螺旋体，长 6~8.5 μm，有 3~5 个疏卷曲，两端尖锐，

二、细菌培养

1. 病料采取

取自病猪新排出的粪便或直肠刮取物，应尽量多收集含有黏液的粪便，对死猪或扑杀病猪，可将大肠分段结扎（每段 10 cm）后完整取出。

2. 病料保存

病料应尽早做分离培养，或置 0~4 ℃ 冰箱保存 4~7 d，或 -70 ℃ 冷冻结保存 3~6 个月，在 -20 ℃ 保存 20 d。用时分段取出，避免反复冻融。

3. 培养基的配制

（1）胰酶化酪蛋白胨豆胨琼脂（TSA）。

胰酶消化酪蛋白胨	1.5 g
大豆蛋白胨	0.5 g
氯化钠	0.5 g
琼脂	1.5 g
蒸馏水	100 mL

加热溶解，校正 pH 7.3～7.4，过滤，分装于三角烧瓶内，120 ℃、15～20 min 灭菌，冷至 45～50 ℃时，以无菌操作加入牛、绵羊、马、猪或家兔抗凝或脱纤血，使之含量为 5%～10%。若培养基加入壮观霉素 400 mg/mL，或多黏菌素 B 或多黏菌素 E 200 mg/mL，制成选择性培养基，可以提高分离效果。

（2）胰酶大豆胨汤（TSB）。

胰酶消化酪蛋白胨	1.70 g
大豆蛋白胨	0.30 g
磷酸氢二钾	0.25 g
氯化钠	0.50 g
葡萄糖	0.25 g
蒸馏水	100 mL

溶解后，校正 pH 7.2～7.3，灭菌，冷至 50 ℃时以无菌法加入胎牛血清，使之含量为 10%。此培养基为猪痢疾密螺旋体增菌培养之用。

上述培养基若无大豆蛋白胨或胰酶消化酪蛋白胨，可用胰蛋白胨（1～1.5）、水解乳蛋白（0.25%）等代替。培养基应尽量现配现用，或保存在含有 5%～10% CO_2 及 95% H_2 密闭容器内。

4. 病料处理和分离技术

将粪便、大肠内容物或黏膜刮取物悬于 5～10 倍的生理盐水或 PBS（0.01 mol/L pH7.2）中。然后抹片染色和活体检查。在含菌数少且无活者，则难于培养成功，分离方法有以下几种。

（1）直接画线法。取病料或直肠拭子，直接在选择性培养基上画线分离。

（2）集菌法。将病料悬液以 2 000 r/min 离心 15 min，弃去沉淀，将悬液再以 7 000 r/min 离心 20 min。取沉淀物在选择性培养基上画线分离培养。

（3）稀释法。将病料悬液以生理盐水或 PBS 做 10 倍梯度稀释至 10^{-6}～10^{-8}。取各梯度稀释液 1 滴，画线于血液 TSA 培养基上进行培养。

5. 厌氧培养技术

（1）装置。将冷钯 5～20 g（钯又名 105 催化剂，每次用后经 160 ℃干烤 2～4 h，可反复使用），与接种后的培养皿一起放入厌氧缸内（可用玻璃真空干燥器代替），以凡士林涂抹缸盖周边，加盖并以铁夹固定，然后接上抽气装置。

（2）操作方法。先抽气，使缸内的真空度为负一个大气压（即-760 mm 水银柱），打开 CO_2 瓶之旋钮，向缸内放入 CO_2，使缸内恢复到一个大气压（即水银柱降至为零），关闭 CO_2

瓶。再抽气至一个负大气压,扭开 CO_2 瓶之旋钮,放出 CO_2,使水银柱降到-608处(因-760 mm× 80% H_2= -608 mm)。关好 CO_2 旋钮,再扭开 H_2 瓶旋钮,向缸内放入 H_2,使水银柱降至 608 mm 至零(一个大气压),关好 H_2 瓶旋钮。此时罐内即达 CO_2 20%及 H_2 80%。关闭厌氧缸的活塞,去掉其他装置,在缸的周围夹以固定夹,放置 37~42 ℃温箱中培养。

(3)观察。每隔 2~4 d 开缸检查 1 次,共 2~4 次,观察有无溶血区及溶血菌落。病原性猪痢疾密螺旋体呈完全溶血(β型强溶血),一般看不见菌落;当培养条件适宜时,可见到云雾状菌苔。非致病性密螺旋体一般不溶血或 β 型弱溶血,一般在血液琼脂平板上可见到细小的菌落。

(4)移植。先挑取溶血区少量琼脂涂片、染色镜检。如见有猪痢疾密螺体典型形态,可在溶血区内移取小块琼脂画线于选择培养基上,如此每隔 2 d 移植 1 次,一般 2~4 次即可纯化。

(5)注意事项。新配制培养基应在温箱(40 ℃)6~12h,以消除表面水分。保存于 0~4 ℃的培养基在 2~3 周内使用。

三、动物试验

用试验动物进行肠致病性试验,是区别致病性猪痢疾密螺体与无害螺旋体一项重要鉴定方法,常用幼猪、幼小鼠及幼豚鼠等。被检菌株最好在 15 代以内。

1. 灌服感染试验

选择 30~60 周龄健康仔猪,每菌株培养物用猪两头。先饥饿 24~48 h,再用胃管投入,每天 1 次,每次 50 mL(含菌数 0.5~5 亿/mL),连服两天,观察 30 d。其中有 1 头发病,即表示此菌为致病性菌株。

2. 结扎肠段感染试验

方法:用 10~12 周龄猪 2 头,手术前饥饿 48 h。手术区在左侧腹壁,打开腹腔后,将结肠袢露出,先向预结扎肠段注入 250~500 mL 生理盐水,将试验区肠内容物冲洗干净,然后分段结扎肠管,每段 5~10 cm,间距为 2 cm。若被检菌株是 4 份,则结扎 5 段,其中一段为生理盐水对照。并分别向各结扎肠段注射培养物 5 mL(0.5~1 亿菌体/mL)。另一头做反方向结扎肠段注射。一头猪做 5~6 个肠段结扎。

结果:致病性菌株接种肠段后,肠段发生膨大,液体蓄积约 3~70 mL,或肠黏膜肿胀充血、出血,并有黏液或纤维素渗出,肠内容物涂片镜检可见到大量的密螺旋体,并重新分离到此菌,则可认为具有致病性。

这个试验,也可用兔(1.5~2 kg)回肠或结肠结扎肠段进行。但应在接种物内加入多黏菌素 B 或 E 200~40 μg/mL,才可保证反应的相对特异性。

四、免疫荧光抗体检查

将被检粪便或培养物直接涂片两张,一张做草酸铵结晶紫染色、镜检,先观察粪便中有无密螺体;另一张做荧光抗体,放潮湿的环境中,于 37 ℃染色 30 min,再用 PBS(pH7.2)冲洗 3 次,每次 3 min,最后用蒸馏水冲洗、晾干,用甘油缓冲油水封片,置荧光显微镜检查,如有黄绿色螺旋体样菌体，即可确诊。

五、微量凝集实验（MAT）

1. 抗原制备

选择一定菌株，接种 TSA 血液平板上作种子培养，在 $H_2:CO_2$ 为 $1:1$ 条件下，置 37 ℃ 培养 24 h，移植到 STB 上进行增菌培养，在 38 ℃ 培养 36h。培养物经 10 000~12 000 r/min 离心 30~60 min，弃上清液。其沉淀物以 PBS（pH7.2）离心洗涤 1~2 次。最后配成每毫升含 6~9 亿菌抗原，加入 0.01%硫柳汞，在 4 ℃经 24~36 h 灭活后备用。

如无液体培养条件时，可直接用 TSA 血液平板培养 4~6 d，以 0.01%硫柳汞 PBS 液将培养物洗下，取菌悬液，以 7 000 r/min 离心 15~30 min，弃上清液，并在沉淀物中加入 PBS 液，反复离心洗涤 2~3 次。最后配成约含 6~12 亿/mL 菌悬液，在 4 ℃经 24~36 h 灭活后备用。

2. 被检血清

从被检猪耳静脉采血，用聚苯乙烯毛细塑料管吸取血液少许，再将该管一端熔封，然后直立放置，析出血清，待用。或以干燥滤纸吸血 2 滴（相当于 0.1 mL），晾干低温保存，使用时加 1%新生犊牛血清（NCS）PBS 液 1 mL 浸泡 20 min，然后做 1:10 血清稀释液。也可直接采血分离血清，用时做 1:10 稀释。

3. 操作方法

采用聚苯乙烯 V 形微量反应板进行。先将 10 倍稀释被检血清做倍比稀释至 1:160 或更高，每个稀释度每孔加 0.05 mL，然后每孔各加 0.05 mL 抗原。试验时设阴性、阳性血清和抗原对照。加好抗原后，轻轻振荡，置 38 ℃ 温箱中 16~24 h 后观察结果。

4. 判定标准及结果

（1）凝集程度判定标准及记录。

"−"表示抗原不被凝集，全部抗原呈针帽大圆点沉积于管底。

"+"表示抗原 25%被凝集，管底圆点为 2/3 针帽大。

"++"表示抗原 50%被凝集，管底盾状结构清楚，中央圆点为 1/2 针帽大。

"+++"表示抗原 75%被凝集，管底盾状结构明显，中央圆点只有针尖大。

"++++"表示抗原 100%被凝集，管底盾状结构紧密、清晰。

出现 50%以上凝集的最高血清稀释度，为该份被检血清的凝集滴度。

（2）结果判定标准。

本实验可按猪群头数 10%（每群不应少于 10 头）取样进行微量凝集实验（MAT），计算几何平均滴度。一般健康猪群 MAT 的滴度在 1:40 以下，1:40 以上者可判为阳性。

思考题

叙述猪痢疾的诊断程序，比较各种诊断方法的优缺点。

实习14 猪瘟的诊断和抗体监测

目的：了解和掌握猪瘟的现场诊断和实验室诊断方法。

材料准备：（1）仪器及器材：消毒锅、染色缸、注射器（1 mL、5~10 mL）、注射针头、体温计、灭菌乳钵、剪刀、镊子、兔笼等。（2）药品：0.01 mol/L pH7.0~7.2 PBS、青霉素、链霉素、生理盐水、猪瘟兔化弱毒苗、70%酒精棉球、猪瘟病毒间接血凝抗原、猪瘟病毒阳性血清、96孔V型微量滴定板、微量加样器等。（3）病料：1.5 kg以上健康家兔、疑似猪瘟的病猪或疑似猪瘟新鲜病料等。

一、临诊诊断和尸体剖检诊断

详细询问和调查发病猪群的发病情况和有关的其他情况，包括发病猪头数、发病经过、可能的原因或传染源、主要临诊症状、治疗措施及效果、病程和死亡情况、发病猪的来源及预防接种的时间、发病猪群附近其他猪群的情况等。详细检查病猪的临诊症状，包括步态及精神状态，大便形状和质地及是否带血或黏液，眼结膜和口腔黏膜是否有出血变化，体表可触摸淋巴结（鼠蹊淋巴结）肿大情况，体温变化情况等。写出病历。

病猪急宰或死亡后，应进行剖检，全面检查，特别应注意各器官组织尤其是回盲口、淋巴结、肾脏的出血变化，写出剖检记录。

从临诊症状、流行病学和病理变化等方面，进行分析，注意有无其他疾病（如猪丹毒、猪肺疫、猪副伤寒等）的可能性，做出初步诊断。

二、细菌学检查

采取血液、淋巴结、脾脏等材料，接种于血液琼脂、麦康盖琼脂平板上，培养24~48 h，检查有无疑似的病原细菌。如有，需进一步鉴定和做动物接种试验。将检查结果记入病历或剖检记录内，并提出诊断意见。

三、猪体免疫实验

（1）病料采取与处理。采取猪脾脏和生理盐水剪碎，研磨制成1/10混悬液，用三层纱布过滤，滤液加入青、链霉素各500~1 000单位/mL，或将滤液用蔡氏滤器除菌备用。

（2）免疫健康猪。挑选未经免疫的易感健康猪4头，每头体重20 kg左右，分成两组，一组注射抗猪瘟血清1 mL/kg，也可注射猪瘟兔化弱毒疫苗（5~10头/份），4 d后产生免疫力。另一组不免疫。

（3）接种被检病料。取以上制备好的病料，给两组猪每头皮下或肌肉注射1~2 mL。

（4）观察和判定。隔离观察2周，如免疫猪不发病，而未免疫猪发病死亡（呈猪瘟的典型病状和病理变化），可确诊为猪瘟。如免疫猪和未免疫猪均发病，则证明不是猪瘟。

四、家兔接种试验

（1）选健壮、体重 1.5 kg 以上、未做过猪瘟试验的家兔 4 只，分成 2 组，试验前 3 d 测温，每天 3 次，间隔 8 h，体温应正常。

（2）采取病猪淋巴结和脾脏等病料做成 1∶10 悬液，取上清液加青霉素、链霉素各 500 单位处理后，给试验组肌注，每头 5 mL。如用血液需加抗凝剂，每头接种 2 mL。另一组不注射，做对照。

（3）继续测温，每隔 6 h 一次，连续 3 d。

（4）7 d 后，用猪瘟兔化弱毒疫苗 1∶20～1∶50 的清液各 1 mL 耳静脉注射，接种后，每隔 6 h 测温 1 次，连续 3 d。第二组也同时做同样处理，供对照。

（5）记录体温，根据发生的热反应，进行诊断。

① 如试验组接种病料后无热反应，后来接种猪瘟兔化弱毒也不发生热反应猪瘟。而对照组兔接种猪瘟兔化弱毒疫苗有定型热反应，则诊断猪瘟。

② 如试验组接种病料后有热反应，后来接种猪瘟兔化弱毒不发生热反应，则表明病料内含有猪瘟兔化弱毒。

③ 如试验组接种病料后无热反应，后来接种猪瘟兔化弱毒发生热反应，或接种病料后有热反应，后来对猪瘟兔化弱毒又发生热反应，则都不是猪瘟。

五、间接血凝实验

（1）实验准备。猪瘟病毒间接血凝抗原、猪瘟病毒阳性血清、含有 0.3%兔血清的磷酸缓冲液（PBS，pH7.0）96 孔 V 型微量滴定板、微量加样器等。

（2）操作方法。每份待检血清用 8 个孔，每孔先加 PBS 液 25 μL，取待检血清 25 μL 加入第一孔，然后倍比稀释至第 8 孔，弃去 25 μL。每孔加猪瘟病毒间接血凝抗原 25 μL，振荡 1～3 min，室温（20 ℃）反应 60～90 min，判定结果。

（3）判定标准。红细胞 100%被凝集者记为"++++"；75%被凝集者记为"+++"；50%被凝集者记为"++"；25%被凝集者记为"+"；无任何凝集者记为"-"。以上出现"++"以上者判为阳性。待检血清 1∶16（第 4 孔，即 4log2）以上仍为阳性者，判为猪瘟抗体阳性。

（4）注意事项。抗原不能冻结，用前摇匀，反应板应洁净，待检血清 56 ℃ 灭能 30min。

六、直接荧光抗体检查

（1）采样。选取可疑病猪 3 例以上，其中至少 2 例为早期患猪，剖杀后从活体摘取扁桃体、淋巴结、脾或其他组织一小片，用滤纸吸去外面的液体。

（2）切片。取干净载玻片一块，稍为烘热，将组织小片的切面触压玻片，略加转动，做成压印置室温内干燥。或用所采的病理组织，做成切片。

（3）固定。滴加冷丙酮数滴，置-20 ℃ 固定 15～20 min，取出用 0.01 mol/L pH7.2 的磷酸盐缓汁液（PBS）轻轻漂洗，阴干。

（4）荧光抗体染色。滴加荧光抗体于切面表面，置 37 ℃ 饱和湿度箱内处理 10～30 min。

取出用pH7.2的PBS漂洗3次，每次5~10 min。干后滴上甘油缓冲液数滴，加盖玻片封闭，用荧光显微镜检查。

（5）镜检判定。如细胞胞浆内有弥散性、絮状或点状的亮黄绿色荧光，为猪瘟，如仅见暗绿或灰蓝则不是猪瘟。

（6）对照试验用已知猪瘟病毒材料压印片先用抗猪瘟血清处理，然后用猪瘟荧光抗体如上检查，应不出现猪瘟病毒感染的特异荧光。

（7）标本染色和漂洗后，如浸泡于含有5%吐温80的0.01 mol/L pH7.2的PBS上，可除去非特异染色，晾干后，用0.1%伊文思蓝复染15~30 s于PBS中1 h，检查判定同上。

七、酶标抗体检查

（1）由病猪采血2~5 mL，注入1 mL 3.8%枸橼酸钠液的试管内，混匀，静置2 h左右。吸取上面的血浆部分，尽量避免吸取红细胞，以2 000 r/min，离心10 min，除去上清液。沉淀的白细胞用5~10倍量的0.83%氯化铵溶液（用pH7.4，0.0125mol的Tris-HCl缓冲液配制）处理30 min，使残留的红细胞溶解，以1500~2 000 r/min，离心5~10 min，除去上清液，再用氯化钠溶液处理，白细胞沉淀物用生理盐水洗2~3次，然后用生理盐水将白细胞沉淀物配成适当浓度的悬液，用细玻棒在清洁玻片上做成薄涂片，晾干，即以4 ℃的丙酮固定10 min，干后保存于冰箱内待检。

扁桃体、淋巴结、脾、肾等应去净外面结缔组织和脂肪，横切，在清洁玻片上做触片。晾干，即以4 ℃丙酮固定10 min，干后，置冰箱内保存，待检。

（2）量取0.015mol/L pH7.2的PBS 100 mL盛入染色缸中，再加入1%H_2O_2、1%NaN_3各1 mL混匀。将上述涂片或触片放入，室温内处理30 min，倒去缸内液体，加入PBS，浸泡1~2 min，倒去，如此反复泡洗5~6次，再用无离子水同样泡洗3次，取出玻片，晾干。

（3）取猪瘟酶标抗体（冻干）加0.015 mol PBS（pH7.2），做1:8~1:10稀释后，滴加于涂片或触片上，留一小部分不加酶标抗体，放入有湿纱布的盒内，置37 ℃内45 min，取出玻片，置染色缸内，按上法用PBS泡洗6次，取出玻片，晾干。

（4）取pH8 0.0125 mol Tris-HCl缓冲液100 mL，加入DAB（3, 3-二氨基联苯胺四盐酸盐）76 mg，避光搅拌溶解，加入1%H_2O_2 0.5 mL，倒入染色缸中，将洗好未干的玻片放入，避光放置30 min，用无离子水泡洗6次以上，晾干。

（5）将染色好的玻片，滴阿拉伯胶液一小滴，加盖玻片，先以低倍镜找到染色的细胞，然后用400~600倍或油镜检查。

（6）细胞浆呈棕黄色，细胞核不染色或呈淡黄色，则为猪瘟，未用酶标抗体染色的部分，细胞浆应无色或与背景呈同样颜色。

八、鸡新城疫病毒强化试验（E新城疫试验）

（1）将猪瘟病毒材料做成10倍级稀释的清液。

（2）经胰酶分散的猪睾丸细胞分装时，接种于稀释的上清液，或在培养至第三天睾丸细胞形成单层后接种，培养4 d后，再接种鸡新城疫病毒。

（3）再培养 4 d，检查。

（4）如鸡新城疫病毒滴度达 $10^{7.5}$ PFU/mL，并出现明显细胞病变，为猪瘟（阳性）。如滴度在 10^5 PFU/mL 以下，不出现细胞病变，为非猪瘟（阴性）。

（5）对照试验用抗猪瘟血清处理病猪材料，做同样试验应为阴性。

思考题

1. 写出猪瘟临诊病历和剖检记录，分析诊断结果。
2. 比较各种诊断方法的优缺点。

实习15 伪狂犬病的诊断

目的：掌握伪狂犬病的诊断方法。

材料准备：（1）器材：离心机、冰冻切片机、染色缸、注射器（1 mL、5~10 mL）、注射针头、体温计、剪刀、镊子、兔笼等。（2）药品：生理盐水、青霉素、链霉素、狂犬病毒致敏乳胶抗原、伪狂犬病毒阳性血清和阴性血清、96孔V型微量滴定板、微量加样器等。（3）病料：1.5 kg以上健康家兔、1~4周龄小鼠、疑似伪狂犬病的病猪或疑似伪狂犬病新鲜病料等。

一、伪狂犬病的临床特点

本病一年四季均发，但以冬、春两季和产仔旺季多发。发生于牛、绵羊、犬、猫、鼠及猪，野生动物亦可发生。牛、绵羊、犬及猫感染本病后症状很特殊而明显。主要表现为某部位皮肤的强烈痒觉。常使劲地于墙柱上摩擦，直到皮肤撕碎，仍不断摩擦，病畜像疯狂一样，用力制止亦无效果。体温可达40 ℃以上。常发病后48 h内死亡。成猪一般为隐性感染，怀孕母猪可发生流产、死胎、木乃伊胎。仔猪尤其新生仔猪病情极严重，常可发生大批死亡。主要侵害神经系统，表现为神经症状。

二、动物接种实验

采取病死猪神经干、脊髓以及脑组织用生理盐水制成1:10组织悬浮液，同时加入青、链霉素500~1 000单位/mL，取1~2 mL，经离心沉淀，取上清液接种于皮下、肌肉或脑内接种兔、小鼠等实验动物。家兔接种后约36~48 h在接种部发生典型的奇痒症状。家兔先舔接种部位，以后用力撕咬接种点，致使局部脱毛，皮肤破损出血，但这种症状只维持几小时，一般在48~72 h内死亡，但有时需要4~5 d才死亡。可见死兔口内有接种部位咬下的被毛。亦可脑内接种或鼻内接种1~4周龄小鼠，接种后出现的症状与家兔相似，可维持12 h，但其敏感性不如兔。与其他实验动物不同的是，当将病料给小鼠经口喂服时，可出现奇痒、唇部自残症状，3~5 d死亡。

三、病毒的分离培养与鉴定

分离病毒的材料于发热期最好采取中脑、脑桥及延脑，或采取病患部之水肿液、侵入部神经干及脊髓。应用9~11日龄鸡胚做绒毛尿囊膜接种，也是一种常用的病毒分离方法。感染鸡胚常可呈现特征性病变，如心、肝、脾增大；心包腔积液，液体混浊；肝、脾有大的坏死灶；皮肤和脑出血。在血管内皮细胞、脾基质细胞、肝的实质细胞和基质细胞内，镜检可见到核内包涵体。

也可用细胞培养法来分离病毒,许多哺乳动物细胞均能繁殖本病毒,但最常用的是猪肾传代细胞。兔、猪及牛肾原代细胞亦可用于分离病毒。病料接种细胞后,一般经 48 h 出现病变,如病毒含量多,则可在 18 h 出现病变,如病毒量低,要延迟到 96 h 才出现病变。其典型的病变是出现巨细胞,部分病变细胞胞浆内颗粒增多,细胞肿大变圆,而不互相融合,渐渐萎缩坏死。此时将细胞培养物做苏木紫-伊红染色,镜检可发现嗜酸性核内包涵体。当细胞全面出现病变后渐自瓶壁脱落。自出现病变到整个细胞层破坏约经 24~48 h。

分离获得病毒以后,即可对病毒进行鉴定。除病毒的形态结构、理化性质和培养特性检查外,要重点做病毒中和试验。应用已知标准毒株的免疫血清对新分离病毒做中和试验。采用常规的病毒稀释法或血清稀释法均可。将病毒—血清混合液置于 37 ℃ 作用 1~1.5 h 后,接种猪肾或兔肾细胞培养物,如能采用蚀斑减数法则更佳,不仅结果精确,而且还能根据蚀斑、直径大小,了解新分离毒株的毒力强弱情况。

四、特异性免疫荧光诊断

对可疑病畜或接种动物的中枢神经系统如中脑、脑桥、延脑或脊髓可做冰冻切片或压片,用免疫荧光直接法检查,阳性病例可见神经节细胞胞浆及核内均有荧光。感染的组织细胞亦可用此法来确定感染的病毒。

五、酶联免疫吸附试验

以抗原包被微量板,然后加入被检血清,在加入标记的抗猪 LgG 抗体,最后加入酶底物。用此法检查伪狂犬病的抗体比中和试验敏感。

六、乳胶凝集试验

目前华中农业大学、哈尔滨兽医研究所等科研单位已成功研制成猪伪狂犬病乳胶凝集试验诊断试剂盒,使用方法如下:

(1)试剂盒内容。包括伪狂犬病毒致敏乳胶抗原、伪狂犬病毒阳性血清和阴性血清、稀释液、玻片、吸头等。

(2)使用方法。

定性试验:取被检样品(血清、全血和乳汁)阳性血清和阴性血清、稀释液各 1 滴,分别置于玻片上,各加乳胶抗原 1 滴,用牙签混匀,搅拌并摇匀 1~2 min,于 3~5 min 内观察结果。

定量试验:先将血清在微量反应板或小试管内做连续稀释,各取 1 滴依次加于乳胶凝集反应板上,另设对照同上。随后各加乳胶抗原 1 滴,如上搅拌并摇匀判定结果。

(3)判定结果。

对照试验:出现如下结果试验方可成立,否则应重试:阳性血清加抗原呈"++++",阴性血清加抗原呈"-",抗原加稀释液呈"-"。

判定标准:"++++"全部乳胶凝集,颗粒聚于液滴边缘,液体完全透明;"+++"大部分乳胶凝集，颗粒明显，液体稍混浊；"++"约 5%乳胶凝集，但颗粒较细，液体较混浊；"+"有少许凝集，液体呈混浊；"-"液滴呈原有的均匀乳状。以出现"++"以上凝集者为阳性结果。

思考题

1. 伪狂犬病的临诊表现，猪与其他动物有什么不同？
2. 哪种伪狂犬病的诊断方法最简便而可靠？

参考文献

[1] 吴清民,等. 兽医传染病学. 北京:中国农业出版社,2002.
[2] 刘秀梵,等. 兽医流行病学. 北京:中国农业出版社,2000.
[3] 崔言顺,等. 人兽共患病. 北京:中国农业出版社,2007.
[4] B.E. 斯特劳,S.D. 阿莱尔,W.L. 蒙加林,等. 猪病学. 北京:中国农业大学出版社,2000.
[5] 刘金华,等. 中国禽病学. 北京:中国农业出版社,2016.
[6] 郑明球. 家畜传染病学实验指导. 北京:中国农业出版社,2009.